Peter Schopfer

Experimentelle Pflanzenphysiologie

Band 2 Einführung in die Anwendungen

Mit 47 Abbildungen

Springer-Verlag Berlin Heidelberg New York
London Paris Tokyo Hong Kong

Prof. Dr. Peter Schopfer
Albert-Ludwigs-Universität
Institut für Biologie II
Botanik
Schänzlestr. 1
7800 Freiburg i. Br.

ISBN-13: 978-3-540-51215-8 Springer-Verlag Berlin Heidelberg New York
ISBN-13: 978-0-387-51215-0 Springer-Verlag New York Berlin Heidelberg

CIP-Titelaufnahme der Deutschen Bibliothek
Schopfer Peter: Experimentelle Pflanzenphysiologie / Peter Schopfer. – Berlin ; Heidelberg ; New York ; London ; Paris ; Tokyo ; Hong Kong : Springer. Literaturangaben.
Bd. 2. Einführung in die Anwendungen. – 1989
ISBN-13: 978-3-540-51215-8   e-ISBN-13: 978-3-642-61336-4
DOI: 10.1007/978-3-642-61336-4

Dieses Werk ist urheberrechtlich geschützt. Die dadurch begründeten Rechte, insbesondere die der Übersetzung, des Nachdruckes, des Vortrags, der Entnahme von Abbildungen und Tabellen, der Funksendung, der Mikroverfilmung oder der Vervielfältigung auf anderen Wegen und der Speicherung in Datenverarbeitungsanlagen, bleiben, auch bei nur auszugsweiser Verwertung, vorbehalten. Eine Vervielfältigung dieses Werkes oder von Teilen dieses Werkes ist auch im Einzelfall nur in den Grenzen der gesetzlichen Bestimmungen des Urheberrechtsgesetzes der Bundesrepublik Deutschland vom 9. September 1965 in der Fassung vom 24. Juni 1985 zulässig. Sie ist grundsätzlich vergütungspflichtig. Zuwiderhandlungen unterliegen den Strafbestimmungen des Urheberrechtsgesetzes.

© Springer-Verlag Berlin Heidelberg 1989

Die Wiedergabe von Gebrauchsnamen, Handelsnamen, Warenbezeichnungen usw. in diesem Werk berechtigt auch ohne besondere Kennzeichnung nicht zu der Annahme, daß solche Namen im Sinne der Warenzeichen- und Markenschutz-Gesetzgebung als frei zu betrachten wären und daher von jedermann benutzt werden dürften.

Produkthaftung: Für Angaben über Dosierungsanweisungen und Applikationsformen kann vom Verlag keine Gewähr übernommen werden. Derartige Angaben müssen vom jeweiligen Anwender im Einzelfall anhand anderer Literaturstellen auf ihre Richtigkeit überprüft werden.

2131/3145-543210 – Gedruckt auf säurefreiem Papier

Vorwort

Der zweite Band der *Experimentellen Pflanzenphysiologie* ist mehr als eine Sammlung von 156 Arbeitsvorschriften für pflanzenphysiologische Versuche. In jedem der 17 Kapitel werden, nach einer knappen Einführung, zunächst *Demonstrationsexperimente* zur Veranschaulichung wichtiger physiologischer Sachverhalte dargestellt. Daran schließen sich aufwendigere *Analytische Experimente* an, in denen die Lösung praktischer Aufgaben unter Einsatz moderner Labormethoden vorgesehen ist (→ Hinweise auf S. XIX). Der Student soll auf diese Weise schrittweise von der rezeptiven, bevorzugt nachvollziehenden Beschäftigung zur aktiv fragenden, auf Problemlösung zielenden experimentellen Arbeit hingeführt werden und hierbei die wichtigsten experimentellen Systeme und die prinzipiellen Vorgehensweisen der pflanzenphysiologischen Forschung praktisch kennenlernen. Neben einer Auswahl klassischer Versuchsbeschreibungen aus dem Fundus älterer Praktikumsbücher wurden viele Experimente aus der neueren Originalliteratur übernommen und sind hier erstmals in Form von Praktikumsversuchen dargestellt. Diese Experimente berühren nicht selten den Bereich bisher ungelöster Fragen und sind daher besonders geeignet, zu einer selbstandigen, kreativen Auseinandersetzung mit der Physiologie der Pflanzen anzuregen.

Mein Dank gilt den Fachkollegen, die mir durch Diskussionen, Durchsicht einzelner Abschnitte, Literaturhinweise und viele andere Informationen sehr geholfen haben: H. Bauer (Innsbruck), M. Böttger (Hamburg), W. Eschrich (Göttingen), D.-P. Häder (Erlangen), R. Heyser (Göttingen), G. Kahl (Frankfurt), E. Schönbohm (Marburg), C. Schuster (Freiburg), E. Wellmann (Freiburg). Frau E. Ruth (Schreibarbeiten), Frau I. Dirr, Frau A. Fink und Frau U. Meurer (Zeichnungen, Photoarbeiten) haben wiederum wesentlich zur Fertigstellung des druckfertigen Manuskripts beigetragen.

September 1989   P. Schopfer

Inhalt

1. Qualitative und quantitative Analyse von Pflanzenmaterial ... 1

    Vorbemerkungen 1

Demonstrationsexperimente
- 1.1 Chemischer Nachweis der Makroelemente 2
- 1.2 Biologischer Nachweis verschiedener Kohlenhydrate mit Bäckerhefe 4
- 1.3 Präparative Trennung der Carotin-Isomeren aus Karottenwurzeln durch Säulenchromatographie 5

Analytische Experimente
- 1.4 Bestimmung von Frischmasse, Trockenmasse und Wassergehalt bei Weizenkeimlingen 9
- 1.5 Chemischer Nachweis verschiedener Kohlenhydrate 11
- 1.6 Isolierung und Nachweis von Fett (Triacylglycerol) 14
  - A. *SOXHLET-Extraktion* 16
  - B. *Extraktion nach BLIGH und DYER* 17
  - C. *Nachweis von Fett in der Lipidfraktion* 17
- 1.7 Isolierung und Nachweis von Protein 18
- 1.8 Isolierung und Nachweis von Nucleinsäuren 22
- 1.9 Trennung der Blütenfarbstoffe (Flavonoide) der Rose . . . 26
  - A. *Zweidimensionale chromatographische Analyse der Flavonoid-Glycoside* 27
  - B. *Chromatographische Analyse der Flavonoid-Aglyca nach saurer Hydrolyse* 29
- 1.10 Isolierung und Nachweis der Alkaloide des Schöllkrauts . . 30
- 1.11 Bestimmung und Trennung der Photosynthesepigmente . . 33
  - A. *Bestimmung der Pigmente im Rohextrakt* 36
  - B. *Isolierung der Pigmente durch Dünnschichtchromatographie* . 37

VIII Inhalt

1.12 Bestimmung der Speicherstoffe von Samen:
     Vergleichende Messungen an Weizen, Erbse und Raps ... 39
     A. *Proteinbestimmung* 42
     B. *Stärkebestimmung* 43
     C. *Triacylglycerolbestimmung* 45
1.13 Bestimmung des Gesamt-Zuckergehalts und des
     Ascorbatgehalts in Früchten 47
     A. *Zuckerbestimmung* 48
     B. *Ascorbatbestimmung* 49

2. Enzyme 52

Vorbemerkungen 52

Demonstrationsexperimente

2.1 Qualitativer Nachweis einiger Enzyme (Katalase,
    Peroxidase, Phenoloxidase, Amylase, Phosphorylase) ... 53
2.2 Histochemischer Enzymnachweis (Peroxidase) 60
2.3 Präparative enzymatische Darstellung von
    Glucose-1-Phosphat 61

Analytische Experimente

2.4 Nachweis und quantitative Bestimmung von Proteinase
    (Endopeptidase) aus Maisendosperm mit einem Radial-
    diffusionstest 62
2.5 Die kinetische Charakterisierung eines Enzyms
    (Peroxidase der Meerrettichwurzel) 64
2.6 Elektrophoretische Trennung von Isoenzymen
    (Peroxidase und Katalase von Senfkeimlingen) 68
2.7 Operationale Kriterien der Enzymaktivitätsbestimmung
    (Fumarase in den Kotyledonen des Senfkeimlings) 72

3. Isolierung von Zellen, Protoplasten und Organellen 76

Vorbemerkungen 76

Demonstrationsexperiment

3.1 Isolierung von Zellen aus Geweben 77

Analytische Experimente

3.2 Isolierung von Protoplasten aus Haferblättern 78
3.3 Isolierung von Chloroplasten aus Spinatblättern 82

A. *Isolierung durch fraktionierende Zentrifugation (ungereinigte Chloroplasten)* 83
B. *Weitere Reinigung durch Dichtegradientenzentrifugation* . . 84
3.4 Isolierung von Mitochondrien aus Kartoffelknollen 85
3.5 Trennung und enzymatische Charakterisierung von Chloroplasten, Mitochondrien und Peroxisomen aus Gurkenkotyledonen 88

4. Photosynthese 96

Vorbemerkungen 96

Demonstrationsexperimente

4.1 Photoreduktion von Methylenblau (Modellreaktion zur Funktion des photochemisch aktiven Chlorophylls) 97
4.2 Fluoreszenz von Chlorophyll in vitro und in vivo 98
4.3 Licht, CO_2, Chlorophyll und Enzyme als essentielle Faktoren der Photosynthese 101
4.4 Bildung von Assimilationsstärke im Blatt 102
4.5 Nachweis der Akkumulation von K^+ in den Schließzellen bei der lichtinduzierten Stomataöffnung 103

Analytische Experimente

4.6 Polarographische Messung der photosynthetischen O_2-Produktion (O_2-Elektrode) 105
4.7 Demonstration und Messung des photosynthetischen Elektronentransports (HILL-Reaktion) an isolierten Chloroplasten 108
  A. *Demonstration der HILL-Reaktion* 110
  B. *Photometrische Messung der HILL-Reaktion* 110
4.8 Messung der lichtinduzierten Protonenpumpe an isolierten Thylakoiden 112
4.9 Photosynthetische CO_2-Fixierung und Assimilattranslocation im Blatt der Gartenbohne 114
4.10 Induktion des diurnalen Säurerhythmus bei der fakultativen CAM-Pflanze *Mesembryanthemum crystallinum* 116
  A. *Messung des pH-Werts und des Säuregehalts* 118
  B. *Messung des Malatgehalts* 119
4.11 Bestimmung des Lichtkompensationspunktes und des CO_2-Kompensationspunktes der Photosynthese 120

X   Inhalt

    A. Lichtkompensationspunkt 123
    B. CO_2-Kompensationspunkt 124
4.12 Regulation der Stomataöffnungsweite von Maisblättern durch Umweltfaktoren 126

5. Dissimilation 130

    Vorbemerkungen 130

Demonstrationsexperimente
5.1 Fe-katalysierte Elektronenübertragung (Modellreaktion zur Funktion der Atmungskette) 131
5.2 Spektroskopische Demonstration des Redoxzustandes der Cytochrome 132
5.3 Wärmeabgabe atmender Gewebe 133
5.4 Manometrischer Nachweis von Atmung und Gärung . . . 134
5.5 Fermentation bei der höheren Pflanze 136
5.6 Aerobe und anaerobe Energiemobilisierung bei der Entwicklung von Weizen- und Reis-Keimlingen 137
5.7 Der Respiratorische Quotient (RQ) 138
5.8 Fett → Kohlenhydrat-Umwandlung bei der Keimung fetthaltiger Samen (*Ricinus communis*) 139
5.9 Nachweis der dissimilatorischen Aktivität verschiedener Organe und Gewebe 140

Analytische Experimente
5.10 Nachweis von Elektronen- und Protonentransport an der Plasmamembran von Maiswurzeln 141
5.11 Messung der aeroben und anaeroben Dissimilation von Hefezellen mit der WARBURG-Manometrie 145
5.12 Messung des respiratorischen Elektronentransports an isolierten Mitochondrien mit der O_2-Elektrode 147
5.13 Induktion fermentativer Enzyme durch Anaerobiose in der Wurzel von Maiskeimlingen 151

6. Pflanzenernährung 155

    Vorbemerkungen 155

Demonstrationsexperimente
6.1 Induktion katabolischer Enzyme durch das Substrat bei Bäckerhefe 156

6.2 Auslösung der Wurzelknöllchenbildung durch *Rhizobium* bei der Gartenbohne 157
6.3 Reduktion von Fe^{3+} an der Wurzeloberfläche von Gartenbohnen 160
6.4 Selektive Ionenaufnahme durch die Wurzel 161

Analytische Experimente

6.5 Nachweis essentieller Nährelemente durch Mangelkultur von Senfkeimlingen 162
6.6 Wirkung von Eisenmangel auf die Lntwicklung von Bohnenpflanzen 165
6.7 Ernährung heterotropher Pflanzenorgane: Kultur isolierter Tomatenwurzeln in künstlicher Nährlösung 168

7. Wasserzustand und Wassertransport 173

Vorbemerkungen 173

Demonstrationsexperimente

7.1 Osmose im ψ-Gradienten (PFEFFERsche Zelle, TRAUBEsche Zelle; Modellversuche zum Wassertransport) . 174
7.2 Beobachtung von Plasmolyse und Deplasmolyse, mikroskopische Bestimmung der Grenzplasmolyse 177
7.3 Beobachtung des Wassertransports in den Leitbündeln ... 178
7.4 Transpirationsmessung mit dem Potetometer 179
7.5 Demonstration von Wurzeldruck, Exudation und Guttation . 181

Analytische Experimente

7.6 Bestimmung des Wasserpotentials (ψ) und seiner Komponenten (π, P_T) als Funktion des Wassergehalts im Gewebe . 184
7.7 Bestimmung der Grenzplasmolyse mit einem Biegetest .. 188
7.8 Der Wassertransport durch die Pflanze und seine Steuerung 191
7.9 Die Wirkung von Wasserstreß auf das Wachstum und andere physiologische Prozesse bei der Gartenbohne ... 195

8. Aufnahme und Translocation von anorganischen Ionen und organischen Molekülen 199

Vorbemerkungen 199

Demonstrationsexperimente

8.1 Modellversuche zum Mechanismus des Phloemtransports . 200

XII Inhalt

8.2 Nachweis der Endodermisbarriere beim Wassertransport
durch die Wurzel 203
8.3 Lokalisierung der transportaktiven Zone der Wurzel
und Demonstration der Stoffwechselaktivität bei der
Ionenaufnahme 204

Analytische Experimente

8.4 Salzinduzierte pH-Veränderungen in der Umgebung
von Gerstenwurzeln 205
  A. *Messung der pH-Veränderung im Wurzelmedium* 207
  B. *Qualitativer Nachweis und Lokalisation der pH-Veränderung
     an der Wurzeloberfläche* 208
8.5 Protonenpumpe und aktive Zuckeraufnahme am Scutellum
von Maiskeimlingen 209
  A. *Messung der H^+-Pumpaktivität* 211
  B. *Messung der Zuckeraufnahme* 212
8.6 Phloembeladung und Zuckerferntransport im Maisblatt .. 213

9. Phytohormone 217

Vorbemerkungen 217

Demonstrationsexperimente

9.1 Multiple Wirkung von Auxin in der Sproßachse
von Bohnenkeimlingen 218
9.2 Spezifische Wirkungen zweier „Wuchsstoffe"
(Auxin, Gibberellin) auf das Wachstum der Organe
von Bohnenpflanzen 220
9.3 Wirkung von Cytokinin auf die Entwicklung von
Erbsenkeimlingen 221
9.4 Induktion von amylolytischer Aktivität im Endosperm
der Gerstencaryopse durch einen niedermolekularen Faktor
(Gibberellin) aus dem keimenden Embryo 222
9.5 Induktion des Internodienwachstums von Kopfsalatpflanzen
durch Gibberellinsäure 225
9.6 Gewebespannung und die Rolle der Epidermis beim Auxin-
induzierten Streckungswachstum der Maiskoleoptile ... 226
9.7 Nachweis der Auxin-induzierten Protonensekretion
von Maiskoleoptilen 228
9.8 Wirkung von Ethylen auf das Sproßwachstum
von Erbsenpflanzen 230

Inhalt XIII

Analytische Experimente
- 9.9 Zwergmutanten der Erbse und ihre Normalisierung durch Gibberellinsäure ... 232
- 9.10 Induktion des Streckungswachstums von Maiskoleoptilsegmenten durch Auxin ... 235
- 9.11 Überprüfung der CHOLODNY-WENT-Theorie für das tropische Krümmungswachstum von Sonnenblumenhypokotylen und Maiskoleoptilen ... 238
- 9.12 Umwandlung eines Speicherorgans in ein Assimilationsorgan und ihre Abhängigkeit von Cytokinin (Kotyledonen der Gurke) ... 242
- 9.13 Induktion der Synthese von α-Amylase durch Gibberellinsäure im Gerstenaleuron ... 246
- 9.14 Halmsegmenttest auf Gibberellin bei Haferpflanzen ... 251

10. Entwicklung von Pflanzenorganen ... 254

Vorbemerkungen ... 254

Demonstrationsexperimente
- 10.1 Lokalisierung der Wachstumszonen eines Maiskeimlings ... 255
- 10.2 Differentielles Flankenwachstum bei der Aufrechterhaltung und lichtinduzierten Öffnung des Plumulahakens der Gartenbohne ... 256
- 10.3 Die Rolle des Cytosekeletts für die Wachstumsallometrie der Organe des Maiskeimlings ... 259
- 10.4 Beeinflussen sich genetisch verschiedene Pfropfpartner gegenseitig in ihrer Entwicklung? ... 261
- 10.5 Repression des Wachstums von Seitenknospen durch den Apex (apikale Dominanz) ... 264
- 10.6 Differentielle Wirkung von Wasserstreß auf das Wachstum von Sproß und Wurzel ... 265

Analytische Experimente
- 10.7 Bestimmung der elastischen und der plastischen Zellwanddehnung beim Wachstum der Maiskoleoptile ... 266
- 10.8 Bestimmung des Wachstumspotentials von Maiskoleoptilsegmenten ... 268
- 10.9 Verteilungsfunktion (Probitanalyse) des Hypokotylwachstums in einer Population von Rapskeimlingen ... 271
- 10.10 Induktion von „negativem Wachstum" bei Bohnenblättern durch Wasserstreß ... 273

XIV Inhalt

11. Reifung und Keimung von Samen und Pollen 278

    Vorbemerkungen 278

Demonstrationsexperimente

11.1 Prüfung der Keimfähigkeit von Saatgut 280
11.2 Samendormanz und ihre Aufhebung durch Kältebehandlung
(Stratifikation) 281
11.3 Beschleunigung der Keimung durch Vorbehandlung
der Samen mit Osmoticum (seed priming) 282
11.4 Induktion der Dormanz durch Abscisinsäure 283

Analytische Experimente

11.5 Aktivierung des Energiestoffwechsels während der Quellungs-
und der Wachstumsphase keimender Rapssamen 285
11.6 Messung des Quellungsdrucks keimender Samen 287
11.7 Enwicklung und Verlust der Austrocknungstoleranz
während der Reifung bzw. Keimung von Senfsamen . . . 289
11.8 Bestimmung des Keimungspotentials von Rapssamen . . . 292
11.9 Lebensfähigkeit und Keimfähigkeit von Pollenkörnern
der Nachtkerze 295
    A. Cytologischer Test der Lebensfähigkeit 297
    B. Test der Keimfähigkeit 297

12. Seneszenz 299

    Vorbemerkungen 299

Demonstrationsexperimente

12.1 Blattseneszenz als intraorganismisch gesteuerter
Entwicklungsprozeß bei der Gartenbohne 300
12.2 Lokale Seneszenzverhinderung und Rejuvenation
von Bohnenblättern durch Cytokinine 302
12.3 Seneszenz der Blütenkronröhre bei der Prunkwinde
und ihre Steuerung durch Ethylen 303

Analytische Experimente

12.4 Einfluß der Stickstoffversorgung auf die Seneszenz
der Kotyledonen junger Senfpflanzen 305
12.5 Steuerung von Seneszenz und Rejuvenation
von Roggenblättern durch Cytokinine 307
12.6 Proteinstoffwechsel während der durch Verdunkelung
induzierten Seneszenz von Weizenblättern 310

12.7 Hormonelle Kontrolle der Blattabszission
bei der Gartenbohne 316
- A. *Förderung und Hemmung der Abszission durch Hormonbehandlung* 317
- B. *Quantitative Bestimmung der Ethylen-induzierten Abszission mit einem mechanischen Bruchtest* 318
- C. *Histologische Veränderungen in der Trennzone vor der Abszission* 318

13. Photomorphogenese 321

Vorbemerkungen 321

Demonstrationsexperimente

13.1 Skoto- und Photomorphogenese während der Keimlingsentwicklung bei Monokotylen und Dikotylen 323
13.2 Bedeutung des Plumulahakens für die Keimung unter der Erde 325
13.3 Regulation der photonastischen Blattbewegung bei *Albizzia* durch Phytochrom 326

Analytische Experimente

13.4 Phytochrominduzierte Keimung von *Lactuca*-Achänen .. 329
13.5 Phytochrominduzierte Flavonoidbiosynthese in den Kotyledonen des Senfkeimlings 334
- A. *Messung der Anthocyansynthesekinetik* 336
- B. *Messung der Flavonolakkumulation nach chromatographischer Reinigung* 337
- C. *Messung der Induktionskinetik von Phenylalaninammoniumlyase* 338

13.6 Messung der lichtinduzierten Chlorophyllbildung in Bohnenblättern in vivo und in vitro 342
- A. *In-vivo-Messung der Protochlorophyllidreduktion* 343
- B. *In-vitro-Messung der Protochlorophyllidreduktion* 345

13.7 Lichtregulation des Ascorbatgehalts in den Kotyledonen des Senfkeimlings. Identifizierung des verantwortlichen Photoreceptors 347
13.8 Lichtinduktion der Nitratreductase in den Kotyledonen des Senfkeimlings 349
13.9 UV-induzierte Flavonoidsynthese als Schutzmechanismus gegen kurzwellige Strahlung im Begonienblatt 353

XVI Inhalt

13.10 Photoreaktivierung eines UV-Schadens an Kotyledonen
des Senfkeimlings durch blauviolettes Licht 355

14. Regeneration 359

Vorbemerkungen 359

Demonstrationsexperimente

14.1 Regeneration von Adventivembryonen an isolierten
Begonienblättern 360
14.2 Adventivwurzelregeneration an isolierten Sprossen
und Blättern 362
14.3 Sproßregeneration an Wurzeln 363
14.4 Regeneration von Sproß und Wurzel an Segmenten
des *Linum*-Keimlings 363
14.5 Regeneration von Sklereiden im Blatt der Kamelie 365

Analytische Experimente

14.6 Induktion der Adventivwurzelbildung beim Senfkeimling
durch Licht und Hormone 367
14.7 Polare Adventivwurzelregeneration am Hypokotyl
von Bohnenkeimlingen 369
14.8 Wundinduzierte Regeneration von Xylemelementen
am Hypokotyl von Bohnenkeimlingen und ihre Bedeutung
für die Zelldifferenzierung 370
14.9 Stoffwechselaktivierung bei der Regeneration eines
neuen Abschlußgewebes an isoliertem Speichergewebe
der Kartoffelknolle 375
  A. *Analyse der cytologischen Veränderungen und der
     Atmungsaktivierung an der Wundfläche* 377
  B. *Abhängigkeit der Stoffwechselaktivierung von der RNA-
     und Proteinsynthese* 379
14.10 Bildung genetischer Tumoren als Entwicklungsanomalie
bei Tabakhybriden 380
  A. *Tumorinduktion an älteren Pflanzen durch Verletzung* . . . 382
  B. *Tumorinduktion an Keimlingen durch Auxin* 383

15. Wachstum und Differenzierung von Geweben und Zellen in vitro 385

Vorbemerkungen 385

Demonstrationsexperimente

15.1 Wundkallusbildung an Zweigsegmenten der Pappel 386

15.2 Adventivpflanzenbildung an Hypokotylexplantaten
 von *Linum*-Keimlingen 387
15.3 Regeneration haploider Embryonen aus unreifen
 Tabakpollen 388

Analytische Experimente

15.4 Regeneration von Sproß- und Wurzelanlagen
 an einer Kalluskultur aus Tabakgewebe 390
15.5 Herstellung einer Zellsuspensionskultur
 aus Karottenwurzelgewebe 395

16. Bewegung und Orientierung im Raum 400

 Vorbemerkungen 400

Demonstrationsexperimente

16.1 Photophobische Reaktion bei *Rhodospirillum* 401
16.2 Phototaxis bei *Euglena* 402
16.3 Lichtabhängige Chloroplastenorientierung bei *Funaria*
 und *Mougeotia* 404
16.4 Nachweis der photosynthetischen O_2-Produktion durch die
 Chemotaxis von Bakterien (ENGELMANNscher Versuch) 406
16.5 Plasmaströmung in den Epidermiszellen der Haferkoleoptile 407
16.6 Seismonastische Bewegung der *Mimosa*-Blätter 408
16.7 Grundphänomene und Wellenlängenabhängigkeit
 des Phototropismus junger Keimpflanzen 409
16.8 Photonastische und phototropische Bewegung
 der Primärblätter der Gartenbohne 410
16.9 Grundphänomene des Gravitropismus junger Keimpflanzen . 411

Analytische Experimente

16.10 Wirkungsdichroismus bei der lichtinduzierten Starklicht-
 orientierung der Chloroplasten im *Funaria*-Blatt 413
16.11 Gravitropische Reaktion des Sonnenblumenhypokotyls
 und der Maiskoleoptile – ein Vergleich 417
16.12 Die phototropische Reaktion der Haferkoleoptile 420
16.13 Auslösung der nastischen Bewegung des Bohnenprimärblattes
 durch Auxin 425

17. Biorhythmen: Endogene Rhythmik („innere Uhr")
und Photoperiodismus 429

 Vorbemerkungen 429

XVIII Inhalt

Demonstrationsexperimente
17.1 Schwingungsauslösung durch überschießende Reaktion bei der Gravireaktion des Sonnenblumenhypokotyls („gravitropisches Pendel") 430
17.2 Transpirationsrhythmik bei Bohnenpflanzen 431
17.3 Exudationsrhythmik der Wurzel dekapitierter Bohnenpflanzen 432
17.4 Photoperiodismus der Blühinduktion bei der Kurztagpflanze *Chenopodium rubrum* und der Landtagpflanze *Sinapis alba* . 433

Analytische Experimente
17.5 Kontinuierliche Registrierung der Blattbewegungsrhythmik bei Bohnenpflanzen 435
17.6 Auslösung der Knollenbildung an Kartoffelstecklingen durch unterkritische Photoperioden 437

Anhang 440

1. Herstellung einer HOAGLANDschen Nährlösung. 440
2. Physikalische Meßgrößen, Einheiten, Umrechnungsfaktoren und Konstanten 441
3. Anschriften der im Text erwähnten Firmen 444

Sachverzeichnis 446

Einige wichtige Hinweise zum Gebrauch dieses Buches

Jedes der folgenden 17 Kapitel enthält zwei Kategorien von Experimenten, die sich in ihrer Intention, und daher auch in der Art der Beschreibung, grundsätzlich unterscheiden. Die *Demonstrationsexperimente* (mit **D** gekennzeichnet) sind in der Regel einfach auszuführende Versuche zur Veranschaulichung bestimmter physiologischer Sachverhalte, welche im Prinzip bereits bekannt sind; sie haben vor allem didaktischen Charakter und sind weitgehend deduktiv dargestellt. Im Gegensatz hierzu wurde für die *Analytischen Experimente* (mit **A** gekennzeichnet) eine induktive Darstellung gewählt. Das Thema dieser Versuche ist als *Problem* formuliert. Ihre Durchführung wird im Detail nur für ein „Grundexperiment" dargestellt, welches den prinzipiellen experimentellen *Ansatz* und die *Methodenbeschreibung* enthält. Mit dieser Anleitung ist es dann möglich, bestimmte physiologische oder methodische Fragestellungen *selbständig* zu bearbeiten. Ausgewählte Beispiele hierfür sind im Abschnitt „Probleme" bei jedem dieser Experimente angefügt. Die analytischen Experimente sind also am Weg der praktischen Forschung orientiert; sie zielen darauf ab, prinzipiell neue Daten zu erarbeiten und daraus neue Einsichten in ungelöste Probleme zu gewinnen. Daher wurden bei diesen Experimenten auch keine Vereinfachungen aus didaktischen Gründen vorgenommen. Die erforderlichen Materialien und Geräte entsprechen vielmehr voll dem derzeit im Forschungslabor üblichen Standard.

In den kurz gefaßten Einführungen wird lediglich der theoretische Rahmen skizziert, in den die einzelnen Experimente einzuordnen sind. Es ist in aller Regel notwendig, sich zusätzlich anhand eines Lehrbuches intensiv mit dem angesprochenen Gebiet zu beschäftigen, um den physiologischen Hintergrund voll zu erfassen. Für die theoretischen Grundlagen von Methoden wird häufig auf Band 1 der „Experimentellen Pflanzenphysiologie" verwiesen. Die für die praktische Durchführung der Experimente erforderliche Information ist jedoch vollständig im vorliegenden Band 2 enthalten.

Alle angeführten Arbeitsvorschriften wurden in unserem Institut erfolgreich erprobt. Dies bedeutet jedoch keinesfalls, daß es hierzu keine gleichwertigen – oder vorteilhafteren – Alternativen gibt. Erfahrungsgemäß führt jede intensive Beschäftigung mit einer übernommenen Methode auch zu technischen Verbesserungen. Der Autor ist für alle diesbezüglichen Hinweise dankbar. Auch muß damit gerechnet werden, daß unvorhersehbare Unterschiede im verwendeten Versuchsmaterial unter Umständen Modifikationen der Arbeitsvorschriften notwendig machen, um zum Erfolg zu führen. Im Zweifelsfall können auch die bei den meisten Experimenten angeführten Literaturquellen als zusätzliches Hilfsmittel herangezogen werden.

Die angeführten Arbeitsmaterialien (Saatgut, Chemikalien, Geräte usw.) sind meist im Fachhandel ohne Schwierigkeiten erhältlich. Lediglich für einige weniger gängige Produkte sind spezielle Bezugsquellen angeführt. (→ S. 444). Die Nennung eines bestimmten Herstellers schließt jedoch nicht aus, daß entsprechende Produkte anderer Hersteller mit gleichem Erfolg verwendet werden können.

Um die Listen der für die einzelnen Experimente benötigten Materialien und Geräte übersichtlich zu halten, wurden alle Standardutensilien weggelassen, die üblicherweise in einem pflanzenphysiologischen Labor zur Verfügung stehen (z. B. einfache Glasgeräte, Laborwaagen usw.). Alle Lösungen sind mit *dest. Wasser* anzusetzen, wenn kein anderes Lösungsmittel angegeben ist. Wenn nicht anders vermerkt, ist für die Versuchsdurchführung *Raumtemperatur* (18–23 °C) vorgesehen.

Es werden folgende Abkürzungen ohne weitere Erläuterung verwendet:

α_λ	spezifischer Extinktionskoeffizient (→ Bd. 1: S. 84)
AMP, ADP, ATP	Adenosin-mono-, di-, -triphosphat
DNA	Desoxyribonucleinsäure
ε_λ	molarer Extinktionskoeffizient (→ Bd. 1: S. 84)
E	Extinktion
EC	Enzym Code
EDTA	Ethylendiamintetraessigsäure (= Titriplex III)
$\Delta E'_0$	Redoxpotential unter Standardbedingungen (pH 7)
$\Delta G^{0'}$	Freie Enthalpie unter Standardbedingungen (pH 7)
λ	Wellenlänge der elektromagnetischen Strahlung
NAD^+, NADH	oxidierte und reduzierte Form von Nicotinsäureamid-Adenin-Dinucleotid
$NADP^+$, NADPH	oxidierte und reduzierte Form von Nicotinsäureamid-Adenin-Dinucleotidphosphat
RNA	Ribonucleinsäure
Tris	Tris-(hydroxymethyl)-aminomethan (Tris-Puffer)

1. Qualitative und quantitative Analyse von Pflanzenmaterial

Vorbemerkungen

Der (qualitative) Nachweis und die (quantitative) Bestimmung der chemischen Bestandteile von Pflanzenmaterial spielt in der physiologischen Forschung eine überragende Rolle. Der Analytiker sieht sich hierbei mit einer Fülle von methodischen Problemen konfrontiert. Die lebende Pflanze enthält eine riesige Anzahl verschiedener Moleküle, welche die Molekülgarnitur tierischer Organismen meist weit übersteigt. Daher sind häufig sehr diffizile Nachweis- und Trennmethoden erforderlich, um bestimmte Molekültypen *spezifisch* zu erfassen. Darüber hinaus sind viele Inhaltsstoffe von Natur aus (oder nach Mischung mit anderen Inhaltsstoffen bei der Extraktion) instabil und erfordern daher spezielle Vorkehrungen bei ihrer Entnahme aus dem Gewebe.

In diesem Kapitel ist eine kleine Auswahl von analytischen Methoden zusammengestellt, welche in exemplarischer Form einen ersten Einblick in die Problematik der biochemischen Analyse vermitteln soll. Es wurden hierbei besonders solche Methoden ausgewählt, welche sich in späteren Kapiteln zur experimentellen Bearbeitung bestimmter physiologischer Fragestellungen eignen. Darüber hinaus gibt es heute dank der Fortschritte der analytischen Biochemie für fast alle biologischen Moleküle spezifische Trenn-, Nachweis- und Meßmethoden, welche allerdings oft mühsam in der umfangreichen Spezialliteratur ausfindig gemacht werden müssen.

Neben der *Spezifität* spielt die *Präzision* der Methoden eine wichtige Rolle bei der quantitativen Analyse. Diese hängt nicht nur von der – meist vorgegebenen – Genauigkeit der Meßgeräte ab, sondern auch von der Sorgfalt und Geschicklichkeit des Analytikers. Bei dem heutzutage meist sehr hohen Standard der Meßgeräte sind in aller Regel die subjektiven Ungenauigkeiten bei deren Handhabung die limitierenden Faktoren für die praktisch erzielbare Genauigkeit einer Analyse. Um zuverlässige Daten zu erhalten, ist es daher fast immer unumgänglich, sorgfältige Eichkurven für jede Meßserie zu bestimmen und die Meßwerte durch eine ausreichende Anzahl von Wiederholungen statistisch abzusichern (→ Bd. 1: S. 7).

2 Qualitative und quantitative Analyse von Pflanzenmaterial

Literatur (eine Auswahl allgemeiner Darstellungen)

Geckeler KE, Eckstein H (1987) Analytische und präparative Labormethoden. Vieweg, Braunschweig
Glick D (ed) (ab 1954) Methods of biochemical analysis, vol 1 ff. Interscience, New York
Kakáč B, Vejdělek ZJ (1974) Handbuch der photometrischen Analyse organischer Verbindungen, Bd 1, 2. Verlag Chemie, Weinheim
Linskens HF, Jackson JF (eds) (1985 ff.) Modern methods of plant analysis. NS vol 1 ff. Springer, Berlin Heidelberg New York
Paech K, Tracey MV (Hrsg) (1956–1964) Moderne Methoden der Pflanzenanalyse, Bd I–VII. Springer, Berlin Göttingen Heidelberg

Demonstrationsexperimente

1.1 (D) Chemischer Nachweis der Makroelemente

In Pflanzen kommen im allgemeinen nur die 10 Elemente C, H, O, N, S, P, K, Ca, Mg, Fe in größeren Mengen vor; man bezeichnet sie daher als *Makroelemente*. Die Grenzziehung zu den *Mikroelementen*, welche in nur geringer Menge benötigt werden, ist willkürlich (so wird z. B. Fe auch häufig zu den letzteren gezählt, → Experiment 6.6). Im folgenden Experiment soll das Vorkommen von N, S, P, K, Ca, Mg und Fe in pflanzlichem Gewebe nachgeprüft werden. Wir verwenden dabei einfache Nachweisreaktionen der anorganischen Chemie. Die organischen Moleküle müssen daher zunächst in ihre anorganischen Bestandteile zerlegt werden. Die einfachste Methode hierfür ist die *Veraschung*. Dabei muß man sowohl flüchtige als auch feste Zersetzungsprodukte berücksichtigen. Es ist selbstverständlich, daß man sich bei diesen Experimenten davon überzeugen muß, ob die verwendeten Reagenzien frei von den nachzuweisenden Stoffen sind.

Literatur

Humphries EC (1956) Mineral components and ash analysis. In: Paech K, Tracey MV (Hrsg) Moderne Methoden der Pflanzenanalyse, Bd 1. Springer Berlin Heidelberg New York, S 469–502

Durchführung

a) Nasser Aufschluß mit KOH
Etwa 10 g trockene Erbsensamen werden in einer Reibschale (oder Kaffeemühle) pulverisiert. 2 g Pulver + 3 ml KOH-Lösung (1 mol · l^{-1}) in eine

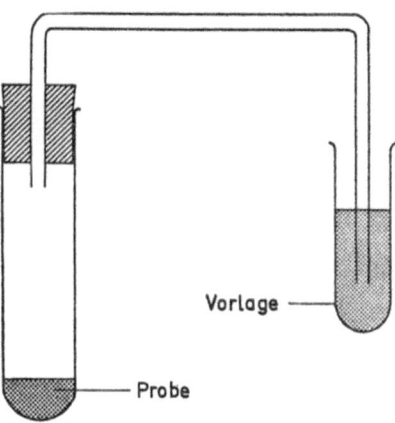

Abb. 1. Apparatur zur nassen Veraschung von Pflanzenmaterial

Verbrennungsapparatur (Abb. 1) geben. Als Vorlage dienen 5 ml HCl-Lösung (0,1 mol · l^{-1}). Probe mit schwacher Flamme erhitzen, bis Schwarzfärbung eintritt. (Zurückschlagen der Vorlage vermeiden! Erst Vorlage, dann Flamme entfernen.) Test auf NH_3: Zur Vorlage werden einige Tropfen NESSLERs Reagenz[1] gegeben. Positives Ergebnis: Orangegelber Niederschlag.

b) Trockener Aufschluß

5 g Erbsenpulver werden in einem Porzellantiegel über einem starken Bunsenbrenner verascht (ca. 40 min, bis der Rückstand annähernd farblos ist; Abzug!). Nach dem Abkühlen wird wenig HCl-Lösung (1 mol · l^{-1}) zugegeben und aufgekocht. Lösung filtrieren und mit HCl-Lösung nachspülen, bis 10 ml Filtrat vorliegen. Mit dieser Lösung werden folgende Testreaktionen durchgeführt:

1. Test auf Ca^{2+}. Zu 2 ml kochender Testlösung 0,5 ml heiße, gesättigte Ammoniumoxalat-Lösung zugeben. Mit NH_3-Lösung auf pH 5 bringen (pH-Papier). Positives Ergebnis: Farbloser, kristalliner Niederschlag von Ca-Oxalat.

2. Test auf Mg^{2+}. 1 ml Testlösung + 0,2 ml Titangelb-Lösung (1 g · l^{-1}) + 1 ml KOH-Lösung (5 mol · l^{-1}). Positives Ergebnis: Rot angefärbter Niederschlag von $Mg(OH)_2$, der nach einiger Zeit sedimentiert [$Ca(OH)_2$ wird orange gefärbt].

---

[1] Im Chemikalienhandel erhältlich. Rezept: 50 g KI in 50 ml Wasser lösen. Gesättigte Hg_2Cl_2-Lösung zugeben bis Ausfällung einsetzt. 200 ml NaOH-Lösung (5 mol · l^{-1}) zusetzen und auf 1 l verdünnen. Nach Klärung Überstand abgießen.

3. *Test auf Fe^{3+}*. 1 ml Testlösung + eine Spatelspitze Na-Acetat + einige Hydrochinonkristalle. Nach dem Auflösen 0,2 ml o-Phenanthrolin-Lösung (5 g · l^{-1}, erwärmen) zugeben. Positives Ergebnis: Rotfärbung.
4. *Test auf K^+*. 1 ml Testlösung + eine Spatelspitze Na-Acetat + eine Spatelspitze Na-Hexanitrokobaltat. Positives Ergebnis: Gelber Niederschlag von $K_2Na[Co(NO_2)_6]$.
5. *Test auf SO_4^{2-}*. 1 ml Testlösung + 1 ml $BaCl_2$-Lösung (10 g · l^{-1}). Positives Ergebnis: Weißer Niederschlag von $BaSO_4$.
6. *Test auf PO_4^{3-}*. 1 ml Testlösung + einige Tropfen konz. HNO_3-Lösung + 1 ml Ammoniummolybdat-Lösung (10 g · l^{-1}, frisch ansetzen). 1 min erwärmen. Positives Ergebnis: Gelber Niederschlag von $(NH_4)_3[PO_4(Mo_3O_9)_4]$ · aq].

1.2 (D) Biologischer Nachweis verschiedener Kohlenhydrate mit Bäckerhefe [2]

Eine gewisse Zahl von Zuckern kann durch Hefe fermentativ (oder aerob) abgebaut werden. Es hängt von der Enzymausstattung der Hefezellen ab, welche Moleküle als Substrat für die Dissimilation dienen können. Durch geschickte Verwendung geeigneter Hefestämme, die sich in ihrer Enzymausstattung unterscheiden, kann man daher häufig unbekannte Zucker auf einfache Weise identifizieren. Einige Beispiele: Normale Bäckerhefe (*Saccharomyces cerevisiae*) kann Glucose, Fructose, Maltose und Saccharose abbauen, nicht jedoch Zuckeralkohole, Xylose, Galactose, Lactose und höhermolekulare Kohlenhydrate. *Saccharomyces fragilis* vergärt Lactose, nicht aber Maltose. *Saccharomyces carlsbergensis* kann zwischen D- und L-Galactose unterscheiden (die D-Form wird vergoren, die L-Form nicht). *Zygosaccharomyces marxianus* vergärt überhaupt nur Glucose. Bei diesem Verfahren wird also die unterschiedliche genetische Konstitution verschiedener Hefen in einem biologischen Test ausgenützt. Der Gärtest wird in speziellen Gärröhrchen durchgeführt, welche auch eine halbquantitative Bestimmung der Intensität der CO_2-Produktion erlauben (Abb. 2).

Durchführung

Je 10 ml Hefesuspension (11 g Preßhefe in 110 ml dest. Wasser) und 10 ml Testlösung [jeweils 5 g Xylose, Glucose, Fructose, Galactose, Saccharose,

---

[2] *Saccharomyces cerevisiae* (Ascomycetes), in verschiedenen Rassen nur als Kulturform bekannter, fakultativ anaerober Pilz, der sich unter geeigneten Bedingungen sehr rasch durch Zellknospung vermehren kann.

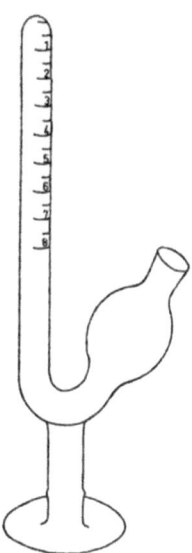

Abb. 2. Gärröhrchen nach EICHHORN

Maltose, Lactose, lösliche Stärke (kochen!), Inulin, Mannit in 50 ml lösen] werden in einem Becherglas gemischt. Im 11. Ansatz wird dest. Wasser als Testlösung verwendet (Leeransatz). Die 11 Ansätze werden in Gärröhrchen (→ Abb. 2) gefüllt. Durch vorsichtiges Kippen muß die Luft aus dem langen Schenkel der Gefäße entfernt werden. Gärröhrchen beschriften und im Wärmeschrank bei ca. 35 °C inkubieren. An der Graduierung der Gärröhrchen wird die gebildete Menge an CO_2 nach 10/20/30/40/50/60 min abgelesen. Anschließend wird in den Ansätzen je ein Plätzchen KOH durch vorsichtiges Schütteln gelöst (Identifizierung des gebildeten Gases als CO_2).

1.3 (D) Präparative Trennung der Carotin-Isomeren aus Karottenwurzeln[3] durch Säulenchromatographie

Die Carotinoide der höheren Pflanze sind gelb bis rot gefärbte, lipophile Pigmente, welche aus 8 Isopreneinheiten zusammengesetzt sind. Sie enthalten eine aliphatische Kette mit einer unterschiedlichen Zahl konjugierter Doppelbindungen, welche für den Pigmentcharakter verantwortlich sind.

---

[3] *Daucus carota* (Apiaceae), Zuchtform mit stark verdickter Wurzel, welche einen hohen Carotinoidgehalt aufweist.

Tabelle 1. Lage der Hauptabsorptionsgipfel (λ_{max}) und spezifische Extinktionskoeffizienten (α_λ) einiger Carotine, gemessen in Petroleumbenzin

	λ_{max} [nm]	α_λ [$l \cdot g^{-1} \cdot cm^{-1}$]
α-Carotin	422, 445, 474	280 (445 nm)
β-Carotin	425–430[a], 451, 482	251 (451 nm)
γ-Carotin	430–435[a], 462, 495	310 (462 nm)
ζ-Carotin	379, 400, 425	227 (400 nm)

[a] Schulter

Auf beiden Seiten dieser Kette befindet sich ein *Iononring* (cyclische Carotinoide; bei den nicht-cyclischen Carotinoiden ist dieser Ring nicht geschlossen). Man unterscheidet die *Carotine* (ohne Sauerstoff) und die *Xanthophylle* (mit einem oder mehreren Sauerstoffatomen im Molekül). In der Karottenwurzel kommen die Isomeren α-*Carotin*, β-*Carotin* und γ-*Carotin* vor; außerdem tritt das nicht-cyclische ζ-*Carotin* als Vorstufe der vorigen auf. Diese Carotine unterscheiden sich in ihrem Absorptionsspektrum. Generell gilt die Regel, daß das Spektrum (und damit auch die Farbe) um so weiter zu längeren Wellenlängen verschoben ist, je mehr konjugierte Doppelbindungen im Molekül vorliegen. Aber auch das Schließen des Iononringes hat einen Einfluß, wie der Vergleich von β-Carotin und γ-Carotin zeigt (Tab. 1).

Die Lösungseigenschaften der Carotinisomeren sind so ähnlich, daß sie durch Verteilungschromatographie nicht getrennt werden können. Die hier beschriebene Trennung verläuft nach dem Prinzip der *Adsorptionschromatographie*. Sie wird in einer Säule (Abb. 3) durchgeführt. Dies hat gegenüber der Dünnschicht den Vorteil höherer Kapazität und vermeidet den Zutritt von Luftsauerstoff. Die Dünnschichtplatte hat demgegenüber den Vorteil wesentlich geringeren Zeitbedarfs. Die verschiedenen Carotine sind an ihrer Färbung zu erkennen (α-Carotin: dottergelb, β-Carotin: orange, γ-Carotin: rot, ζ-Carotin: schwefelgelb). Eine eindeutige Identifizierung ist durch das Absorptionsspektrum möglich (→ Tab. 1).

Literatur

Goodwin TW (1955) Carotenoids. In: Paech K, Tracey MV (Hrsg) Moderne Methoden der Pflanzenanalyse, Bd 3. Springer, Berlin Heidelberg New York, pp 272–311

Goodwin TW (ed) (1976) Chemistry and biochemistry of plant pigments. Academic Press, New York

Hager A, Meyer-Bertenrath T (1967) Beziehungen zwischen Absorptionsspektrum und Konstitution bei Carotinoiden von Algen und Höheren Pflanzen. Ber Deutsch Bot Ges 80: 426–436

Durchführung[4]

1. Herstellung der Säule: 120 g trockenes $CaCO_3$ p.a. + 24 g MgO p.a. + 20 g $Ca(OH)_2$ p.a. gut mischen, in 200 ml Laufmittel (500 ml Petroleumbenzin p.a. Siedebereich 100–140 °C, + 25 ml Chloroform p.a.) suspendieren, in einer großen Reibschale fein homogenisieren und in kleinen Portionen in eine Glassäule füllen (→ Abb. 3). Die dünnflüssige Suspension wird mit einem langen Glasstab aufgewirbelt; dann läßt man die Flüssigkeit ablaufen. Dies wird solange wiederholt, bis eine dichte Packung von 30 cm Höhe erreicht ist. Es dürfen keine Risse oder Luftblasen im Säulenbett vorhanden sein. Die Oberfläche wird mit einem passenden Scheibchen aus Filterpapier abgedeckt.

2. Extraktion: 100 g Karotten werden zunächst mit einer Gemüsereibe zerkleinert und dann mit 10 g Sand und 100 ml Aceton in einer großen Reibschale fein zerrieben. Der Brei wird in einen Erlenmeyer-Kolben überführt und 100 ml Diethylether zugegeben. Einige Minuten schütteln. Die Suspension wird auf ein Faltenfilter gegeben und das Filtrat in einem 250-ml-Rundkolben aufgefangen. Mit einer Pipette (Peleus-Ball) wird die Hypophase (Aceton) vorsichtig abgesaugt. 25 ml dest. Wasser, in dem eine Spatelspitze KCl gelöst wurde, zugeben und umschütteln. Hypophase wie oben entfernen. Der Extrakt wird nun im Vakuum (Rotationsverdampfer) bis zur völligen Trockne eingeengt und der Rückstand in 10 ml Laufmittel aufgenommen. Lösung durch ein kleines Papierfilter filtrieren.

3. Chromatographie: Man läßt die Säule so weit ablaufen, bis keine Flüssigkeit mehr über der Oberfläche steht. Der Carotinextrakt wird vorsichtig mit einer Pipette aufgetropft. Säule weiter abfließen lassen, bis die Probe ganz eingesickert ist. So lange Laufmittel tropfenweise zugeben (Wand abspülen!), bis die Oberfläche wieder farblos ist. 10 ml Laufmittel auftropfen und Säule an ein Reservoir mit 300 ml Laufmittel anschließen (Arbeitsdruck 2–3 m; → Abb. 3).

4. Isolierung der Komponenten: Wenn die Banden völlig getrennt sind (mindestens 1 cm Zwischenraum; nach ca. 4–6 h), läßt man die Säule trockenlaufen. Dies wird durch Druck (oben dicht angebrachte Spritze) beschleunigt (wenn der Säuleninhalt nicht kompakt ist, zerfließt er beim Herausnehmen!). Dann wird der untere Stopfen entfernt, die Säule flach gelegt und das Adsorbens vorsichtig herausgedrückt. Die Carotinbanden werden mit einem Messer herausgeschnitten und mit Chloroform extrahiert. Nach dem Abfiltrieren werden die Lösungen im Vakuum zur Trockne gebracht. Rückstand in einem Minimum von Petroleumbenzin lösen.

---

[4] Nach Hager A, Meyer-Bertenrath T (1966) Planta 69:198–217 (verändert). Dieser Versuch muß im Abzug durchgeführt werden. Vorsicht, Feuergefahr!

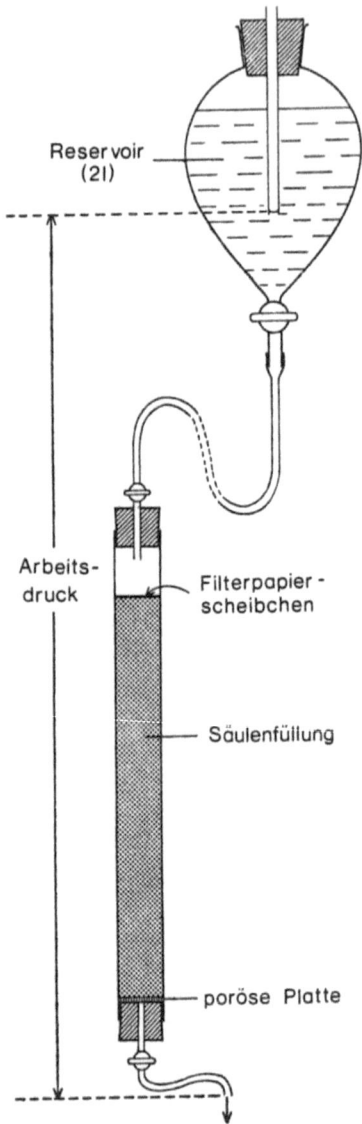

Abb. 3. Anordnung zur Säulenchromatographie. Die Säule besteht aus einem Glasrohr (3 cm Durchmesser, 40 cm lang), das oben und unten mit durchbohrten Gummistopfen verschlossen ist. Die Füllung ist unten durch ein dicht sitzendes Scheibchen aus porösem Polyethylen (Frittenmaterial) abgegrenzt. Der Füllung liegt locker ein Scheibchen Filterpapier auf. Zu- und Ableitung aus dünnem Plastikschlauch. Das Reservoir ist als „MARIOTTEsche Flasche" eingerichtet, um einen konstanten Druck zu erzeugen

5. *Kristallisation:* Nachdem die Extinktionsspektren der einzelnen Fraktionen im Spektralphotometer aufgenommen wurden (→ Bd. 1, S. 86), werden die Lösungen von α-Carotin und β-Carotin eingedampft, in einer minimalen Menge Petroleumbenzin gelöst, mit 3 Teilen heißem Methanol versetzt und bis zur Kristallisation in das Gefrierfach eines Kühlschranks gestellt. Die Kristalle werden abfiltriert und gewogen. Wie groß ist die Ausbeute an α- bzw. β-Carotin? Wie gut stimmen die mit diesen Präparaten gemessenen $α_λ$-Werte mit denen der Tabelle 1 überein?

Analytische Experimente

1.4 (A) Bestimmung von Frischmasse, Trockenmasse und Wassergehalt bei Weizenkeimlingen [5]

Die Zunahme der *Frischmasse,* der *Trockenmasse* (organische Substanz) und des *Wassergehaltes* können als Maß für das Wachstum einer Pflanze oder eines Pflanzenorgans dienen. Allerdings verlaufen die Veränderungen dieser drei Größen während der Entwicklung nicht notwendigerweise parallel. Es ist daher notwendig, genau zu prüfen, ob sie für die Messung des Wachstums im Einzelfall sinnvoll sind. Diese Problematik wird im folgenden Experiment deutlich.

Die gravimetrische Analyse von Pflanzenmaterial im Milligramm-Bereich erfordert neben einer empfindlichen Waage (→ Bd. 1: S. 54) das genaue Einhalten von Arbeitsvorschriften: Das Material muß zur Vermeidung von Austrocknungsverlusten sofort in verschließbare, vorgewogene *Wägegläschen* (zylindrische Gefäße mit weitem Hals und Schliffdeckel) überführt werden. Die Gläschen werden vor der Wägung in einem Exsiccator mit Trockenmittel aufbewahrt und auf die Umgebungstemperatur der Waage gebracht. Zum Umsetzen der Wägegläschen verwendet man eine Tiegelzange (oder Handschuhe). Die Trocknung erfolgt bei 80 °C im Trockenschrank (oder in einer Gefriertrocknungsanlage, falls der Verlust flüchtiger Bestandteile zu befürchten ist). Bei der Bestimmung der Frischmasse ist zu beachten, daß diese Größe natürlich nur dann etwas über Wachstum aussagen kann, wenn das Pflanzenmaterial vor der Messung optimal mit Wasser versorgt war (volle Turgeszenz des Gewebes).

---

[5] *Triticum aestivum* (Poaceae), quantitativ wichtigstes Brotgetreide, heute weltweit von den Subtropen bis zum Polarkreis in vielen Sorten auf nährstoffreichen Böden als Sommer- oder Winterweizen angebaut.

10 Qualitative und quantitative Analyse von Pflanzenmaterial

Material und Geräte

1. Weizencaryopsen in verschiedenen Stadien der Keimung: Ansätze mit je 10 Caryopsen auf Filterpapier und dest. Wasser bei 25 °C für 0/0,5/1/2/4/6/8/10 d in geschlossenen Plastikdosen im Dunkeln ankeimen (jeweils 4 Parallelansätze).
2. Skalpell, Wägegläschen (Glas oder Polypropylen), Tiegelzange, Trockenschrank (80 °C), Exsiccator mit getrocknetem Silicagel, Feinwaage ($\pm 0{,}1$ mg).

Durchführung (Grundexperiment)

1. *Bestimmung der Frischmasse:* Die Keimlinge eines Ansatzes werden mit einem Skalpell rasch in Sproß, Wurzel und Korn zerlegt, die Fraktionen *sofort* in vorgewogene Wägegläschen überführt und diese verschlossen. Ungequollene Caryopsen und die frühen Stadien bleiben intakt. Nach Temperaturäquilibrierung (Exsiccator) werden die Gläschen gewogen ($\pm 0{,}1$ mg, nicht mit den Händen anfassen!).
2. *Bestimmung der Trockenmasse:* Der Deckel der Gläschen wird geöffnet und schräg aufgelegt. Ansätze auf einem Tablett in den Trockenschrank stellen. Nach 2 h bei 80 °C Deckel schließen, Gläschen in Exsiccator überführen, 1 h neben der Waage abkühlen lassen und wiegen. Die Trocknung wird fortgesetzt, bis eine konstante Masse erreicht ist (meist nach 4 – 6 h).

Auswertung

Nach Subtraktion der Leermasse der Gläschen erhält man *Frischmasse* und *Trockenmasse* der Ansätze. Der *absolute Wassergehalt* ergibt sich als Differenz zwischen beiden Werten. Der *relative Wassergehalt* läßt sich als Quotient *absoluter Wassergehalt/Frischmasse* berechnen. Man berechnet jeweils Mittelwerte der vier parallelen Ansätze ($\pm$ Schätzung des Standardfehlers).

Probleme (weiterführende Experimente)

1. Wie verändern sich die verschiedenen Größen während der *Keimung* bzw. *Keimlingsentwicklung* in den drei Organfraktionen? Welche Größen sind zur Charakterisierung von Wachstum geeignet?
2. Wie hoch ist der ursprüngliche Wassergehalt im verwendeten *Saatgut?*
3. Die Organe von Senfkeimlingen (Kotyledonen, Hypokotyl, Radicula) wachsen im Licht und im Dunkeln morphologisch verschieden (Photo- bzw. Skotomorphogenese, → Experiment 13.1). Wie äußert sich dieses *morphologisch unterschiedliche Wachstum* auf der Ebene von Frisch- und Trockenmasse?

1.5 (A) Chemischer Nachweis verschiedener Kohlenhydrate

In dieser Versuchsgruppe sollen einige qualitative Nachweisverfahren für Kohlenhydrate miteinander verglichen werden. Sie beruhen entweder auf den reduzierenden beziehungsweise nicht-reduzierenden Eigenschaften der Zucker (bzw. deren Abbauprodukte) oder auf bestimmten Farbreaktionen, die von ihren Abbauprodukten gezeigt werden. Zumeist ist der Mechanismus der Farbreaktionen nicht im einzelnen bekannt. Alle angeführten Nachweisreaktionen werden jeweils von einer mehr oder weniger großen Zahl von Kohlenhydraten gegeben. Ein spezifischer Nachweis der in einer bestimmten Probe vorliegenden Moleküle ist daher meist nur durch eine geschickte Kombination der Tests möglich.

Die *MOLISCH-Reaktion* ist ein allgemeiner, sehr empfindlicher Nachweis für *Monosaccharide*. Sie beruht auf der Bildung von 5-Hydroxymethylfurfural durch die Einwirkung von Säure und dessen Reaktion mit α-Naphthol. Da Oligo- und Polysaccharide durch starke Mineralsäuren hydrolysiert werden, können praktisch alle Kohlenhydrate erfaßt werden. Die *SELIWANOW-Reaktion* dient zum spezifischen Nachweis von *Ketohexosen*. Sie beruht auf der raschen Bildung von 5-Hydroxymethylfurfural aus Ketohexosen und dessen Reaktion mit Resorcin, die zu einem gefärbten Produkt führt. Durch ein stark saures Milieu werden mehrgliedrige Kohlenhydrate hydrolysiert; daher sind auch gebundene Ketohexosen erfaßbar. Mit dem *BIAL-Reagenz* können freie und gebundene *Pentosen* spezifisch nachgewiesen werden. Der Test beruht auf der Reaktion zwischen Orcin und Furfural (in Gegenwart von Fe-Ionen), das durch Einwirkung starker Säuren auf Pentosen entsteht. *Aldosen* können durch geeignete Oxidationsmittel (z. B. Cu^{2+} in alkalischer Lösung) relativ leicht oxidiert werden, obwohl der größte Teil der Moleküle in der Halbacetalform und nicht in der Aldehydform vorliegt. Auch *Ketosen* wirken unter diesen Bedingungen reduzierend, da sie in Glycolaldehyd und Tetrose gespalten werden. *Disaccharide* verhalten sich unterschiedlich: Wenn die Carbonylgruppen durch eine Dicarbonylbindung blockiert sind (z. B. bei Saccharose), wirken sie nicht-reduzierend, während eine Monocarbonylbindung (z. B. bei Lactose und Maltose) eine reduzierend wirkende Gruppe frei läßt. Nach ihrem Verhalten gegen *FEHLINGsche Lösung* (und ähnliche Oxidantien) kann man daher reduzierende und nicht-reduzierende Zucker unterscheiden. Da dieses Reagenz sehr unbeständig ist, wird es erst beim Test aus zwei Teillösungen hergestellt. „*FEHLING I*" enthält $CuSO_4$, „*FEHLING II*" enthält NaOH und K-Na-Tartrat. Letzteres soll durch Bildung eines Cu^{2+}-Komplexes das Ausfallen von $Cu(OH)_2$ verhindern. Nach Zugabe reduzierender Zucker läuft beim Erhitzen folgende Reaktion ab:

$$2\ Cu(OH)_2 \rightarrow Cu_2O + 2\ H_2O + [O].$$

Reduzierende Agenzien (z. B Hydroxylamin, Hydrazin), die eventuell in der zu untersuchenden Zuckerprobe enthalten sind, stören natürlich diesen Nachweis. *Monosaccharide* sind stärkere Reduktionsmittel als *reduzierende Disaccharide*. Führt man daher die Reduktion von Cu^{2+} zu Cu^+ in schwach saurer Lösung durch, so kann man zwischen den beiden Gruppen unterscheiden. Dies wird bei der *BARFOED-Reaktion* ausgenützt. Die meisten Zucker bilden mit überschüssigem Phenylhydrazin schwerlösliche, gelb gefärbte *Osazone*. Diese Derivate besitzen häufig eine spezifische Kristallform und einen spezifischen Schmelzpunkt. Sie können daher zur Identifizierung verschiedener Zucker herangezogen werden. Nahe verwandte Zucker (z. B. D-Glucose, D-Fructose und D-Mannose) ergeben dasselbe Osazon. Saccharose bildet kein Osazon, da eine freie Carbonylgruppe fehlt. Das Polysaccharid *Stärke* besteht aus zwei verschiedenen Komponenten: *Amylose* (α-1,4-Glucan) und *Amylopektin* (α-1,4-,α-1,6-Glucan). Amylopektin unterscheidet sich also von der Amylose durch die zusätzlich vorkommenden α-1,6-glycosidischen Bindungen, die für den verzweigten Aufbau des Makromoleküls verantwortlich sind. Man hat gefunden, daß eine 1,6-Bindung auf etwa 25 1,4-Bindungen kommt (das bei Pilzen und Tieren vorkommende *Glycogen* unterscheidet sich vom Amylopektin nur durch seinen höheren Gehalt an 1,6-Bindungen). Die Stärke wird in der Zelle in Form von Körnchen deponiert, welche in der Regel ca. 20% Amylose und ca. 80% Amylopektin enthalten. Beim Kochen von Stärke geht Amylose kolloidal in Lösung (sie wird daher auch als „lösliche Stärke" bezeichnet), während Amylopektin einen gelatinösen „Stärkekleister" bildet. Als Folge der α-glycosidischen Bindung sind die einzelnen Glucoseeinheiten so gegeneinander abgewinkelt, daß das Stärkemolekül eine schraubenförmige Konformation erhält. Bei der sehr empfindlichen *Jodstärkereaktion* wird eine lange Kette von Jodatomen in diese Schraube eingelagert. Die so gebildete Einschlußverbindung hat eine charakteristische Farbe (tiefblau bei Amylose, rotviolett bei Amylopektin).

Material und Geräte

1. Testlösungen: 1 g pro 100 ml der folgenden Substanzen: Xylose, Glucose, Fructose, Saccharose, Maltose, lösliche Stärke (kochen!), Inulin, Sorbit.
2. MOLISCH-Reagenz: 10 g α-Naphthol in 100 ml Ethanol lösen.
3. FEHLING I: 7 g $CuSO_4 \cdot 5\ H_2O$ in 100 ml lösen.
   FEHLING II: 35 g K-Na-Tartrat $\cdot 4\ H_2O$ und 25 g NaOH in 100 ml lösen.
4. BARFOED-Reagenz: 1,0 g Cu-Acetat in 100 ml heißer Essigsäure-Lösung (0,2 Gew.%) lösen.
5. SELIWANOW-Reagenz: 0,5 g Resorcin in 100 ml HCl-Lösung (25 Gew. %) lösen.
6. BIAL-Reagenz: 1,0 g Orcin und 0,1 g $FeCl_3$ in 100 ml HCl-Lösung (37 Gew. %) lösen (Orcin erst unmittelbar vor Gebrauch zusetzen).

7. Phenylhydrazin-Reagenz: 20 g Phenylhydrazinhydrochlorid und 30 g Na-Acetat gut vermischen.
8. H_2SO_4 (konz.)
9. Jod-Lösung: 2 g KI und 1 g I_2 in 300 ml.lösen.
10. Amylalkohol
11. Wasserbad (100°C), Mikroskop.

Durchführung (Grundexperiment)

Die folgenden Proben werden mit allen Testlösungen durchgeführt. Als Leerprobe wird außerdem jede Reaktion mit dest. Wasser durchgeführt.

1. *MOLISCH-Reaktion:* Zu je 2 ml Testlösung werden 3 Tropfen Reagenz gegeben und umgeschüttelt. Die Lösung wird vorsichtig mit 2 ml H_2SO_4 unterschichtet (Reagenzglas schräg halten!). Positives Ergebnis: Nach kurzer Zeit tritt ein rot-violetter Ring an der Kontaktzone auf.

2. *SELIWANOW-Reaktion:* Zu je 1 ml Testlösung werden 2 ml Reagenz gegeben. Nach dem Schütteln 1 min im kochenden Wasserbad erhitzen (bei längerem Erhitzen werden auch Aldosen erfaßt). Positives Ergebnis: Rotfärbung der Lösung.

3. *BIAL-Reaktion:* Zu je 2 ml Testlösung werden 2 ml Reagenz gegeben. Nach dem Umschütteln 1 min im kochenden Wasserbad erhitzen. Positives Ergebnis: Bildung eines blauen Farbstoffes, der sich aus dem grünen Gemisch mit Amylalkohol ausschütteln läßt (alle anderen Verfärbungen sind als negatives Ergebnis zu werten).

4. *FEHLING-Reaktion:* Nacheinander werden jeweils 2 ml „FEHLING I", 2 ml „FEHLING II" und 4 ml Testlösung in ein Reagenzglas gegeben. 5 min im kochenden Wasserbad erhitzen. Positives Ergebnis: Ausfällung von gelbem (wasserhaltigem) Cu_2O, das in ziegelrotes Cu_2O übergeht.

5. *BARFOED-Reaktion:* Zu je 1 ml Testlösung werden 4 ml Reagenz gegeben. Nach dem Umschütteln alle Ansätze gleichzeitig in ein kochendes Wasserbad stellen und die Zeit notieren, die bei den einzelnen Ansätzen bis zur Bildung des Cu_2O-Niederschlags verstreicht.

6. *Osazonbildung:* Zu je 5 ml Testlösung wird eine Spatelspitze Phenylhydrazin-Reagenz gegeben. Ansätze umschütteln und für 30 min im kochenden Wasserbad erhitzen (gelegentlich schütteln). Ansätze in kaltem Wasser abkühlen. Die gebildeten gelben Kristalle werden unter dem Mikroskop verglichen und in Skizzen dargestellt.

7. *Jodstärkereaktion:* Zu je 2 ml Testlösung wird ein Tropfen Jod-Lösung gegeben. Positives Ergebnis: Tiefe Blaufärbung.

Probleme (weiterführende Experimente)

Mit den beschriebenen Tests lassen sich eine Vielzahl von biologischen Materialien (z.B. Lebensmittel, Früchte) untersuchen. Zur Extraktion der

Zucker zerkleinert man 10 g Probe mit 10 ml dest. Wasser, kocht den Brei kurz auf und filtriert.

1.6 (A) Isolierung und Nachweis von Fett (Triacylglycerol)

Als *Lipide* bezeichnet man eine chemisch heterogene Gruppe biogener Substanzen, welche aufgrund ihrer apolaren Eigenschaften in apolaren („lipophilen") organischen Lösungsmitteln wie Hexan, Petroleumbenzin, Chloroform oder Diethylether, nicht aber in Wasser, löslich sind. Die wichtigsten Lipidgruppen sind *Fette, Wachse, Phospholipide, Glycolipide, Sterine* und *Carotinoide.*

Fett ist ein Hauptbestandteil vieler pflanzlicher Samen, welche daher eine zentrale Bedeutung für die menschliche Ernährung besitzen (z. B. Raps, Cocospalme, Ölpalme, Sonnenblume, Erdnuß). Chemisch handelt es sich um *Triacylglycerol* (ältere Bezeichnung: Triglycerid), also um Ester des dreiwertigen Alkohols Glycerin mit langkettigen aliphatischen Monocarboxylsäuren (Fettsäuren).

Die natürlich vorkommenden Fette sind stets Gemische zahlreicher Triacylglycerole, welche sich in der Fettsäurezusammensetzung unterscheiden. Die Fettsäuren sind entweder gesättigt (6–24 C-Atome; sehr häufig: *Palmitinsäure;* Kurzformel 16 : 0, d. h. 16 C-Atome, 0 Doppelbindungen) oder ungesättigt, d. h. sie besitzen eine oder mehrere Doppelbindungen im Acylrest. Die bei weitem häufigsten ungesättigten Fettsäuren sind *Ölsäure* (18 : 1) und *Linolensäure* (18 : 2), welche meist über 25 Gew.% der fettspeichernden Samen ausmachen. In den Samen der *Brassicaceen* ist ursprünglich die *Erucasäure* (22 : 1) vorherrschend; diese Fettsäure wurde jedoch z. B. in manchen Rapssorten zugunsten der ernährungsphysiologisch begehrteren Ölsäure weggezüchtet.

Die fetthaltigen Speichergewebe des Samens (Endosperm oder Kotyledonen) enthalten das Fett in Form von Fetttröpfchen, welche von einer nichtmembranösen Hüllschicht aus Protein umgeben sind (*Oleosomen*).

Die Lipide können mit apolaren organischen Lösungsmitteln leicht aus pflanzlichem Material extrahiert werden, z. B. durch Homogenisieren in einer Mischung von Chloroform und Methanol (2 : 1 Volumenteile). Eine quantitative Extraktion mit relativ geringen Mengen an Lösungsmittel ist mit der *SOXHLET-Apparatur* (Abb. 4) möglich. In diesem Apparat wird das zu extrahierende Material ständig mit frisch destilliertem Lösungsmittel durchspült. Eine einfachere, sehr elegante Methode haben Bligh und Dyer (1959) beschrieben: Das lipidhaltige Material wird in einem homophasischen Gemisch von Chloroform, Methanol und Wasser (1 : 2 : 0,8 Volumen-

Analytische Experimente 15

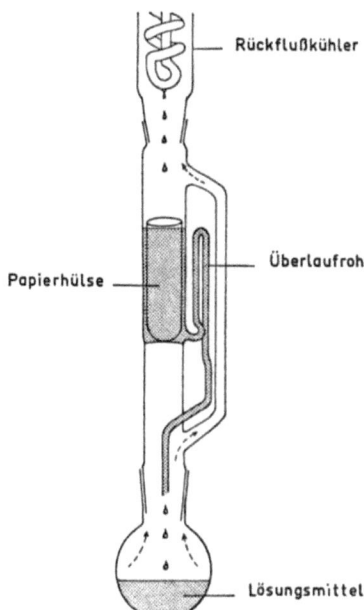

Abb. 4. SOXHLET-Extraktionsapparatur. Das aus dem erhitzten Kolben verdampfende Lösungsmittel wird an der Kühlschlange des Rückflußkühlers kondensiert und durchströmt das zu extrahierende Material in der Papierhülse. Der Extrakt wird durch das Überlaufrohr wieder in den Rundkolben geleitet, in dem sich nach einiger Zeit alle extrahierten Substanzen ansammeln

teile) zerkleinert und extrahiert. Durch Zugabe von Chloroform und Wasser werden anschließend die Phasen getrennt und dabei alle Lipide in die apolare Phase (Chloroform) gedrängt, welche leicht abgetrennt werden kann. Dieses Verfahren ist nicht nur rasch und einfach durchzuführen; es hat auch den Vorteil, sehr schonend zu sein. Es ist daher besonders empfehlenswert für die Extraktion von instabilen Lipiden, welche durch höhere Temperaturen zerstört werden.

Um das reine Lipidmaterial zu erhalten, muß nach der Extraktion das Lösungsmittel mit einem Rotationsverdampfer (oder im Exsiccator bei Unterdruck) abgezogen werden. Zurück bleibt eine viskose, ölige Substanz, die sich in Wasser nicht löst. Aus dieser Lipidfraktion können nun die einzelnen Komponenten durch weitere Fraktionierungsschritte abgetrennt werden. Dies wird häufig durch Dünnschicht- oder Gaschromatographie erreicht.

Fette können mit lipophilen Farbstoffen, z. B. Sudan III oder Sudan IV, angefärbt werden. Darauf beruht ein allgemeiner und recht unspezifischer

Nachweis für Fett. Eine andere Fettprobe ist die Verseifung: Durch Alkali werden Fette in die wasserlöslichen Bestandteile Glycerin und Fettsäure hydrolysiert. Ungesättigte Fette können durch Entfärbung von Jod-Lösung nachgewiesen werden. Die Entfärbung beruht auf der Addition von Jod an die Doppelbindungen der ungesättigten Fettsäuren. $HgCl_2$ beschleunigt die Addition. Diese Reaktion, die auch von anderen Halogenen gegeben wird, kann man zur quantitativen Bestimmung der Doppelbindungen verwenden: Die sogenannte *Jodzahl* gibt an, wieviel g Jod nötig sind, um in 100 g Fett alle Doppelbindungen zu öffnen. Das Glycerin ist durch die *Acroleinbildung* nachweisbar, welche mit $KHSO_4$ in der Hitze eintritt. Diese Reaktion ist spezifisch für Glycerin in freier und gebundener Form.

Literatur

Fishwick MJ, Wright AJ (1977) Comparison of methods for the extraction of plant lipids. Phytochem 16:1507–1510

A. SOXHLET-Extraktion

Material und Geräte

1. Etwa 50 g fetthaltiges, trockenes Pflanzenmaterial (z. B. Achänen von *Helianthus annuus*)
2. Petroleumbenzin
3. Reibschale, SOXHLET-Apparatur (→ Abb. 4), Heizpilz, Rotationsverdampfer.

Durchführung (Grundexperiment)

Der Versuch ist unter dem Abzug durchzuführen. Es darf kein offenes Feuer in der Umgebung brennen!
1. In einen 250-ml-Schliffkolben werden 100 ml Petroleumbenzin gegeben und der SOXHLET-Apparat aufgesetzt.
2. Eine passende Papierhülse wird bis knapp unter den Rand mit zerdrücktem Pflanzenmaterial gefüllt und in den SOXHLET-Apparat eingesetzt. Dann wird ein Rückflußkühler aufgesetzt und die ganze Apparatur spannungsfrei an einem Stativ befestigt.
3. Nach dem Anschalten des Kühlwassers wird der Rundkolben mit einem Heizpilz erhitzt, bis der Inhalt schwach, aber gleichmäßig siedet.
4. Nach etwa 30 min ist die Extraktion beendet. Der Kolben wird abgenommen und das Lösungsmittel mit einem Rotationsverdampfer abgezogen.

B. Extraktion nach BLIGH und DYER [6]

Material und Geräte

1. 10 g trockene Achänen von *Helianthus annuus* [7]
2. Extraktionsgemisch: 20 ml dest. Wasser + 25 ml Chloroform + 50 ml Methanol gut mischen.
3. Chloroform
4. Messerhomogenisator (Mixer), Faltenfilter + Trichter, Scheidetrichter (200 ml), Rotationsverdampfer.

Durchführung (Grundexperiment)

Der Versuch ist unter dem Abzug durchzuführen.

1. Die geschälten, zerdrückten Samen werden im Mixer mit 95 ml Extraktionsgemisch für 2 min homogenisiert. 25 ml Chloroform zugeben und nochmals 30 s homogenisieren. 25 ml dest. Wasser zugeben und nochmals 30 s homogenisieren.
2. Das Homogenat wird auf ein Faltenfilter gegeben und das Filtrat in einem Scheidetrichter aufgefangen. Die Chloroformphase (unten!) wird isoliert und das Lösungsmittel mit einem Rotationsverdampfer abgezogen.

C. Nachweis von Fett in der Lipidfraktion

Material und Geräte

1. Nach Vorschrift A oder B gewonnene Lipidfraktion
2. Sudan III-Lösung: 0,1 g Sudan III in 50 ml Ethanol (95 Vol.%) lösen.
3. $KHSO_4$ (fest)
4. Glycerin
5. KOH-Lösung (4 mol · l^{-1})
6. Chloroform
7. Jod-Reagenz: 1 g I_2 + 1 g $HgCl_2$ in 50 ml Ethanol (95 Vol.%) lösen.
8. Wasserbad (100 °C), Bürette (20 ml), Bunsenbrenner.

Durchführung (Grundexperiment)

1. Zu einem Tropfen der Lipidfraktion wird 1 ml Wasser und 1 Tropfen Sudan III-Lösung gegeben und die Mischung geschüttelt. Positives Ergebnis: Die Lipidphase färbt sich nach der Entmischung rot; die wäßrige Phase bleibt farblos.

---

[6] Nach Bligh EG, Dyer WJ (1959) Canad J Biochem Physiol 37: 911–917.
[7] Bei wasserhaltigem Pflanzenmaterial muß der Wassergehalt bestimmt und beim Ansetzen des Extraktionsmediums berücksichtigt werden (→ Experiment 1.4).

2. Zu einem Tropfen der Lipidfraktion wird 1 ml KOH-Lösung gegeben und die Mischung auf dem Wasserbad erhitzt. Positives Ergebnis: Die Lipidfraktion löst sich auf; es tritt typischer Seifengeruch auf.
3. Ein halber ml der Lipidfraktion wird in 20 ml Chloroform gelöst. Aus einer Bürette tropfenweise Jod-Reganz zugeben. Positives Ergebnis: Die Jod-Lösung wird zunächst entfärbt; nach Saturierung bleibt die braune Farbe erhalten.
4. Fünf Tropfen der Lipidfraktion werden mit einer Spatelspitze $KHSO_4$ versetzt und auf der Flamme kräftig erhitzt. Positives Ergebnis: Schwarzfärbung, typischer Acroleingeruch. (Denselben Test mit 5 Tropfen Glycerin durchführen!)

Probleme (weiterführende Experimente)

1. Wie hoch ist der (gravimetrisch bestimmte) Anteil von Lipid an der *Trockenmasse* der Achänen? (→ Experiment 1.4)
2. Unterscheiden sich Rapsöl, Sonnenblumenöl, Olivenöl u.a. hinsichtlich ihres Gehaltes an *ungesättigten Fettsäuren*?

1.7 (A) Isolierung und Nachweis von Protein

Das „Protein" pflanzlicher Zellen besteht eigentlich aus einer sehr großen Anzahl verschiedener Proteine, welche sich nicht nur in ihrer Aminosäurezusammensetzung und -sequenz, sondern auch in ihrem chemischen und physikalischen Verhalten wesentlich unterscheiden. Das zeigt z. B. die starke Abhängigkeit der Extrahierbarkeit von der Zusammensetzung des Extraktionsmediums. Je nach *pH-Wert* und *Ionenstärke*[8] einer wäßrigen Lösung sind verschiedene Fraktionen des Gesamtproteins gerade „löslich". Wir müssen also die Proteinfraktion näher spezifizieren: Extrahiert werden diejenigen Proteine, welche bei einem bestimmten pH-Wert und einer bestimmten Ionenstärke des verwendeten Mediums löslich sind. Der pH-Wert soll bei der Extraktion konstant bleiben; wir verwenden daher eine geeignete Pufferlösung als Extraktionsmedium. Da viele Proteine bei höheren Temperaturen

---

[8] Für die Ionenstärke μ gilt die folgende Formel:
$\mu = \frac{1}{2} \sum c_i z_i^2$
(c_i = Konzentration in mol l^{-1}; z_i = Ladung der gelösten Ionen, Valenz).
Beispiel: Für ein äquimolares Gemisch von primärem und sekundärem K-Phosphat (je 0,01 mol · l^{-1}) gilt unter der Annahme vollständiger Dissoziation ($KH_2PO_4 \rightleftharpoons K^+ + H_2PO_4^-$; $K_2HPO_4 \rightleftharpoons 2 K^+ + HPO_4^{2-}$): $\mu = \frac{1}{2}[(0,03 \cdot 1^2) + (0,01 \cdot 1^2) + (0,01 \cdot 2^2)] = 0,04$ mol · l^{-1}.

leicht denaturiert werden (und dadurch wieder unlöslich werden), ist es vorteilhaft, nicht über 5 bis 10 °C zu arbeiten. Wir lernen hieraus, daß es bei der Charakterisierung von extrahiertem „Protein" unbedingt erforderlich ist, alle wesentlichen methodischen Faktoren der Extraktion anzugeben.

Die einfachste Methode, um Proteine zu isolieren, ist die *Fällung*. Wird eine Protein-Lösung aufgekocht, so entsteht ein weißer, flockiger Niederschlag, der sich beim Abkühlen nicht wieder auflöst. Das Protein wurde irreversibel *denaturiert*[9]. Dieser Vorgang ist ein im Prinzip energetisch begünstigter Prozeß, da er mit einer positiven Entropieänderung verbunden ist (das Proteinmolekül geht von einem Zustand hoher Ordnung in einen Zustand relativer Unordnung über). Allerdings ist die Aktivierungsenergie für diese Reaktionen oft recht hoch. Bei empfindlichen Proteinen muß man jedoch die spontane Denaturierung durch spezielle Tricks verhindern. Eine irreversible Denaturierung tritt auch durch Einwirkung bestimmter Säuren (z. B. Trichloressigsäure, Perchlorsäure, Gerbsäure u. a.) ein.

An die gelösten Proteinmoleküle sind niedermolekulare Anionen, Kationen und Wassermoleküle mehr oder minder fest gebunden. Bei der Präzipitierung werden diese Bindungen zum Teil gelöst, und die amphoteren Makromoleküle treten in eine gegenseitige Interaktion ein. Es ist daher leicht einzusehen, daß dem pH und der Ionenstärke der Lösung eine entscheidende Rolle für die Löslichkeit eines bestimmten Proteins zukommt. Durch *isoelektrische Fällung* (d. h. durch Titrieren bis zum *isoelektrischen Punkt*) werden meist Niederschläge erhalten, die sich beim ursprünglichen pH-Wert wieder auflösen. Eine reversible Fällung wird auch beim *Aussalzen* von Proteinen durch Erhöhung der Ionenstärke durchgeführt: Im salzarmen Medium löst sich das Präzipitat wieder auf. Der Aussalzeffekt beruht wahrscheinlich auf einer Verminderung der Hydratation der Proteinmoleküle durch die Ionen. Multivalente Ionen sind dabei wesentlich wirksamer als univalente. Die Fällung mit Salzen wie $(NH_4)_2SO_4$ kann auch zur Trennung von Proteinen ausgenutzt werden, da verschiedene Proteine bei verschiedenen Salzkonzentrationen ausfallen. Die *fraktionierende Salzfällung* ist ein klassisches Verfahren der Proteinchemie. Eine Zugabe von organischen Lösungsmitteln wie Ethanol oder Aceton führt ebenfalls zu einer meist reversiblen Proteinfällung. Schwermetallsalze verbinden sich mit Proteinen zu schwerlöslichen *Proteinaten*. Diese Reaktion wird oft zur Entfernung von Quecksilber, Blei usw. aus Lösungen verwendet.

---

[9] Als *Denaturierung* bezeichnet man jede reversible oder irreversible Konformationsänderung von Makromolekülen, welche zu einem weniger geordneten Zustand führt. Bei Proteinen ist Denaturierung meist mit einer Ausfällung verbunden. Bei doppelsträngigen Nucleinsäuren bedeutet Denaturierung eine Aufspaltung in Einzelstränge.

Für den Nachweis von Protein gibt es eine ganze Reihe von Methoden. Reines Protein in Lösung kann man durch die charakteristische Absorptionsbande bei 280 nm identifizieren. Da man jedoch häufig Proteinextrakte untersuchen möchte, die daneben relativ viel anderes UV-absorbierendes Material enthalten, ist die Anwendbarkeit der spektroskopischen Analyse stark eingeschränkt. Die *Biuret-Reaktion* ist spezifisch für alle Substanzen mit Peptidbindungen. Sie hat ihren Namen vom *Biuret* ($H_2N-CO-NH-CO-NH_2$), welches mit Cu^{2+} einen violetten Komplex bildet. Eine ähnliche Komplexbildung tritt wahrscheinlich auch mit den entsprechenden Abschnitten der Aminosäureketten der Proteine ein. Die bei Zugabe von Salpetersäure eintretende *Xanthoproteinreaktion* beruht auf einer Nitrierung der aromatischen Aminosäuren. Bei der *MILLONschen Probe* wird das Tyrosin des Proteins nitriert und bildet einen roten Quecksilberkomplex. Diese Reaktion hat den Vorteil, daß unlösliche Produkte entstehen. Sie kann daher zum histochemischen Nachweis von Protein verwendet werden. Die Reaktion mit dem *HOPKINS-COLE-Reagenz* und dem *SAKAGUCHI-Reagenz* ergeben ebenfalls gefärbte Produkte (spezifisch für Tryptophan bzw. Arginin). Die Anwesenheit schwefelhaltiger Aminosäuren (Cystin, Cystein, Methionin) kann mit der *PbS-Methode* gezeigt werden.

Die meisten der angeführten Farbreaktionen sind also eigentlich spezifische Aminosäuretests. Sie setzen voraus, daß die betreffende Aminosäure im untersuchten Protein in meßbaren Mengen vorhanden ist. Ihre hauptsächliche Bedeutung liegt im spezifischen Nachweis von einzelnen Aminosäuren auf Chromatogrammen.

Material und Geräte

1. Frisches Pflanzenmaterial (ca. 100 g). Gut geeignet sind Hypokotyle von etiolierten Bohnenkeimlingen (*Phaseolus vulgaris*, ca. 5 d bei 25 °C angezogen).
2. Extraktionsmedium (Phosphatpuffer pH 7,5, $0,1 \text{ mol} \cdot l^{-1}$): Entsprechende Lösungen von K_2HPO_4 und KH_2PO_4 am pH-Meter so mischen, daß pH 7,5 resultiert (200 ml).
3. TCA-Lösung: 10 g Trichloressigsäure in 100 ml lösen (Vorsicht, Hautkontakt vermeiden!).
4. $(NH_4)_2SO_4$-Lösung (gesättigt): 100 ml Lösung in der Kälte (5 °C) sättigen und mit konz. Ammoniak auf pH 7,5 einstellen (wegen der hohen Salzkonzentration muß für die pH-Messung 1 : 20 verdünnt werden). Lösung kalt stellen.
5. Pb-Acetat-Lösung: 1 g Pb-Acetat in 100 ml Essigsäure (1 ml Eisessig/100 ml) lösen.
6. Biuret-Reagenz: 0,75 g $CuSO_4 \cdot 5 H_2O$ und 3,0 g Na-K-Tartrat $\cdot 4 H_2O$ in 100 ml lösen. Dann 150 ml NaOH-Lösung ($0,1 \text{ g} \cdot ml^{-1}$) zugeben und auf 500 ml auffüllen (monatelang haltbar).
7. MILLONs Reagenz: 15 g Quecksilber in 43 ml konz. HNO_3-Lösung lösen. 80 ml dest. Wasser zugeben und nach einiger Zeit filtrieren (unbeschränkt haltbar).

8. HOPKINS-COLE-Reagenz: 1 g Glyoxylsäure in 100 ml lösen (wenige Tage haltbar).
9. SAKAGUCHI-Reagenz: A. 50 mg α-Naphthol + 5 g Harnstoff in 100 ml Ethanol (95%) lösen. B. 0,7 ml Br_2 + 5 g NaOH in 100 ml dest. Wasser lösen (wenige Tage haltbar).
10. H_2SO_4 (konz.)
11. HNO_3-Lösung (konz.)
12. NH_3-Lösung (konz.)
13. KOH-Lösung (5 mol · l^{-1})
14. Messerhomogenisator oder große Reibschale und Quarzsand, Zentrifuge ($\geq$ 5000 × g), Verbandmull, Eisbad, Bunsenbrenner.

Durchführung (Grundexperiment)

1. 100 g Pflanzenmaterial werden nach Zugabe von 100 ml Extraktionsmedium in einem eisgekühlten Homogenisator (oder in einer kalten Reibschale mit Sand) fein zerkleinert. Der Zellbrei wird durch 4 Lagen Mull gepreßt, der Preßsaft in einem eisgekühlten Becherglas aufgefangen, hochtourig zentrifugiert und der leicht trübe Überstand vorsichtig dekantiert (Protein-Rohextrakt).

2. a) 5 ml Rohextrakt werden kurz aufgekocht. Nach dem Abkühlen wird das ausgefällte Protein abzentrifugiert. Es löst sich im Extraktionspuffer nicht wieder auf.

b) Zu 20 ml Rohextrakt werden 20 ml TCA-Lösung gegeben. Gut mischen. Nach 10 min wird der Proteinniederschlag abzentrifugiert. Er löst sich im Extraktionspuffer nicht wieder auf. Durch Waschen mit dest. Wasser und Ethanol kann das Protein weiter gereinigt werden.

c) Zu 25 ml Rohextrakt werden im Eisbad unter Rühren langsam 50 ml kalte $(NH_4)_2SO_4$-Lösung gegeben. Nach 60 min (5 °C) wird das gefällte Protein abzentrifugiert. Es kann zum großen Teil im Extraktionspuffer wieder gelöst werden (zuerst den Niederschlag mit einem Tropfen Puffer zu einem Brei anrühren, dann unter Rühren mehr Puffer zugeben). Durch wiederholte Fällung kann das Protein weiter gereinigt werden.

d) Zu 3 ml Protein-Lösung wird langsam Pb-Acetat-Lösung zugetropft, bis eine Präzipitierung eintritt. Ist die Fällung reversibel?

3. Mit je einer Spatelspitze des mit TCA gefällten Proteins (→ 2.b) werden die folgenden Tests durchgeführt:

a) Zum Protein werden 4 ml Biuret-Reagenz gegeben. Mit einem Glasstab mischen (denaturiertes Protein braucht bis zu 1 h, um sich völlig zu lösen). Positives Ergebnis: Verfärbung der Lösung nach Rotviolett.

b) Zum Protein werden 0,5 ml konz. HNO_3-Lösung gegeben; 1 min schwach erwärmen. Nach dem Abkühlen vorsichtig mit konz. NH_3-Lösung neutralisieren. Positives Ergebnis: Gelbfärbung, die nach dem Neutralisieren in Orange umschlägt.

c) Zum Protein wird 1 ml MILLONs Reagenz gegeben und einige min schwach erwärmt. Positives Ergebnis: Rotfärbung des Proteins.
d) Zum Protein werden 0,5 ml SAKAGUCHI-Reagenz (Lösung A) gegeben. Nach dem Umschütteln wird 1,0 ml Lösung B zugegeben. Positives Ergebnis: Rotfärbung der Lösung.
e) Das Protein wird in 1 ml HOPKINS-COLE-Reagenz suspendiert. 1 ml konz. H_2SO_4 zugeben und umschütteln. Positives Ergebnis: Die Proteinflocken färben sich rot-violett.
f) Das Protein wird in 5 ml KOH-Lösung gelöst; dann wird 1 ml Pb-Acetat-Lösung zugegeben und einige min gekocht. Positives Ergebnis: Braunschwarzer Niederschlag von PbS (da pflanzliche Proteine meist wenig S enthalten, erhält man häufig nur eine gelbbraune Verfärbung der Lösung).

Probleme (weiterführende Experimente)

1. Die Biuret-Reaktion kann zur quantitativen, photometrischen Bestimmung von Protein verwendet werden (→ Experiment 1.12). Wie sieht die *Eichkurve* dieses Tests a) mit dem isolierten *Pflanzenprotein*, b) mit dem üblichen Standardprotein *Serumalbumin* aus?
2. Die MILLONsche Probe läßt sich auch als *histochemischer Proteintest* einsetzen. Welche Beobachtungen lassen sich mit dieser Methode an Handschnitten von gequollenen Erbsensamen (Maiskörnern) oder an intakten Keimwurzeln von *Sinapis, Lepidium* u.a. machen? (Objekte auf einem Objektträger mit einem Tropfen MILLONs Reagenz versetzen und schwach erwärmen.)

1.8 (A) Isolierung und Nachweis von Nucleinsäuren

Die Nucleinsäuren sind wie die Proteine essentielle Makromoleküle der lebenden Zelle. Auch hier haben wir keine einheitliche Substanz vor uns, sondern eine große Zahl von verschiedenen Molekülsorten, die zum Teil schwierig voneinander zu trennen sind. Die zwei Hauptgruppen *Desoxyribonucleinsäuren* (DNA) und *Ribonucleinsäuren* (RNA), die sich nach ihrem chemischen Aufbau deutlich unterscheiden, können jedoch relativ leicht isoliert werden.

Ein besonderes Problem bei der Reinigung von Nucleinsäuren ist die Entfernung von Protein. Dies ist verständlich, denn sowohl Nucleinsäuren als auch Proteine sind *Polyelektrolyte,* die sich durch Ausbildung von elektrostatischen Bindungen zusammenlagern können. Die Nucleinsäuren liegen bei physiologischen pH-Bedingungen als Polyanionen vor und binden daher positiv geladene Moleküle, z. B. basische Proteine. Auch in der Zelle ist die DNA mit bestimmten basischen Proteinen (Histonen, Protaminen) zu *Nucleoproteinkomplexen* verbunden. Die elektrostatischen Bindungen können durch Erhöhung der Salzkonzentration oder durch ionische Detergenzien wie Dodecylsulfat gelöst werden. Diese anionischen Moleküle lagern sich mit ihren geladenen Seiten an die positiv geladenen Gruppen der Polyelektrolyte an und erzeugen auf diese Weise einen apolaren Mantel um die polykationischen Proteinmoleküle. Außerdem fördert Dodecylsulfat durch seine lipidlösenden Eigenschaften der Zerfall von Zellstrukturen (Membranen) und erleichtert dadurch die Extraktion der Nucleinsäuren.

Eine weitere Schwierigkeit ist die Ausschaltung der Nucleinsäureabbauenden Enzyme bei der Aufarbeitung. Diese *Desoxyribonucleasen* und *Ribonucleasen* sind außerordentlich aktive Enzyme, die in der lebenden Zelle normalerweise von ihrem Substrat getrennt gehalten werden. Durch Zerstörung der Strukturen kommen sie mit DNA beziehungsweise RNA in Kontakt und können diese sehr schnell in kleine Bruchstücke zerlegen. Um die Degradation von Nucleinsäuren auf ein Minimum zu reduzieren, muß man bei der Aufarbeitung möglichst rasch vorgehen. Außerdem kann mit Citrat und dem Komplexbildner EDTA (bindet das DNase-aktivierende Mg^{2+}) die Aktivität dieser hier unerwünschten Enzyme vermindert werden.

Mit Chloroform werden Lipide extrahiert und die Hauptmasse an Protein denaturiert. Die restlichen Proteine können dann in der Hitze gefällt werden. Die Nucleinsäuren fallen dabei nicht aus; im Gegenteil, die doppelsträngige DNA wird beim Erhitzen ($> 75\,°C$) in Einzelstränge aufgespalten. Man bezeichnet diesen Vorgang als *Denaturierung*[9]. Nucleinsäuren können jedoch mit Alkohol gefällt werden: DNA fällt bei etwa 50–60, RNA bei 70–80 Vol.% Ethanol aus. Man kann also die beiden Nucleinsäuren durch eine *fraktionierende Fällung* trennen. Natürlich ist diese Trennung nicht vollständig. Wenn man sie jedoch mehrmals wiederholt, kann man zu relativ reinen Fraktionen kommen.

Nucleinsäuren haben ein charakteristisches Absorptionsspektrum im ultravioletten Spektralbereich. Es zeigt einen markanten Gipfel bei 260 nm, der zur quantitativen photometrischen Bestimmung (→ Bd. 1: S. 82) benützt werden kann. Da die Proteine eine kräftige Absorptionsbande bei 280 nm besitzen und bei 260 nm wenig absorbieren, können sogar beide Substanzen nebeneinander nachgewiesen und bestimmt werden. Auch mit Farbreaktionen lassen sich die Nucleinsäuren nachweisen. Sie beruhen meist auf einer spezifischen Reaktion der Zuckerkomponente. Die *BIAL-Reaktion* (→ S. 11) fällt sowohl bei DNA als auch bei RNA positiv aus. Als spezifischer Test für Desoxyzucker ist die *Diphenylamin-Reaktion* geeignet, DNA neben RNA nachzuweisen. Leider gibt es keinen ähnlich spezifischen Test für RNA.

Literatur

Harbers E (1975) Nucleinsäuren. Biochemie und Funktion. 2. Aufl, Thieme, Stuttgart New York

Material und Geräte

1. 25 g Erbsenkeimlinge (5–8 d alt, bei 22–25 °C angezogen, 5–10 cm hoch)
2. Homogenisierungsmedium: 1,0 g Na-Dodecylsulfat, 3,7 g Na_2-EDTA, 2,6 g NaCl, 1,0 g Na-Citrat in 100 ml lösen.
3. Chloroform-Lösung: 198 ml Chloroform + 2 ml Oktanol
4. $NaClO_4$ (fest)
5. Ethanol (95 Gew.%)
6. NaCl-Lösung (0,01 mol · l^{-1})
7. BIAL-Reagenz (→ Experiment 1.5)
8. Diphenylamin-Reagenz: 1 g Diphenylamin in 100 ml Eisessig lösen. Dazu 3 ml konz. H_2SO_4 geben (im Kühlschrank 1 Monat haltbar; Vorsicht: Diphenylamin. ist carzinogen!).
9. Biuret-Reagenz (→ Experiment 1.7)
10. $HClO_4$ (konz.)
11. Schere, Reibschale, Quarzsand, Eisbad, Zentrifuge (3000 × g), Zentrifugengläser (50 ml), Wasserbad (72 °C), Peleus-Ball, G1-Fritte mit WITTschem Topf, Wasserstrahlpumpe, Waage (±1 g).

Durchführung [10] (Grundexperiment)

1. Die Keimlinge werden dicht über dem Boden abgeschnitten, 25 g Material abgewogen und mit einer Schere fein zerschnitten Die folgenden Arbeitsgänge sollen möglichst rasch durchgeführt werden. Bis zur Hitzeinaktivierung (Schritt 6) sollen 8 min nicht überschritten werden. Daher alle Geräte und Reagenzien vorbereiten!
2. Das Pflanzenmaterial wird mit 25 ml eiskaltem Homogenisierungsmedium 2 min lang in einer großen, eisgekühlten Reibschale mit etwas Sand kräftig gemörsert.
3. Das Homogenat wird in eine 250-ml-Stopfenflasche gefüllt und etwa dasselbe Volumen an Chloroform-Lösung zugegeben. Flasche verschließen und 30 s lang kräftig schütteln.
4. Die Emulsion wird auf zwei 50-ml-Zentrifugengläser verteilt und 1 min bei 3000 × g zentrifugiert. Dabei sammeln sich die Zelltrümmer in einer festen Schicht zwischen den beiden Phasen.
5. Die obere (wäßrige) Phase wird vorsichtig mit einer Pipette abgesaugt (Peleus-Ball!), auf eine Fritte gegeben und mit Vakuum (WITTscher Topf!) filtriert. Das Filtrat wird in einem 100-ml-Erlenmeyer-Kolben aufgefangen.

---

[10] Nach Bendich AJ, Bolton ET (1967) Plant Physiol 42:959–967.

6. Der Kolben wird sofort in einem vorgewärmten Wasserbad (genau 72 °C) 5 min lang inkubiert.
7. Anschließend wird der Kolben in einem Eisbad abgekühlt und das Volumen der Lösung in einem Meßzylinder bestimmt. Pro ml Lösung werden 150 mg festes $NaClO_4$ zugegeben und durch Schütteln aufgelöst.
8. Schritt 3 und 4 wiederholen (jedoch hier 5 min lang zentrifugieren).
9. Die wäßrige Schicht wird mit einer Pipette vorsichtig abgenommen (Peleus-Ball!) und in einen 100-ml-Meßzylinder gegeben. Mit einer Pipette vorsichtig 2 Volumenteile Ethanol auf die Lösung schichten.
10. Mit einem Glasstab werden die beiden Schichten langsam gemischt und die dabei faserig ausfallende DNA um den Glasstab gewickelt (dies gelingt nicht immer; flockig ausgefallene DNA muß durch Zentrifugieren abgetrennt werden).
11. Bei weiterer Ethanolzugabe (nochmals 2 Teile) fällt flockige RNA aus. Sie wird durch Zentrifugieren abgetrennt. (Durch Wiederauflösen in NaCl-Lösung ($0,01 \text{ mol} \cdot l^{-1}$) und erneuter Alkoholfällung können die Fraktionen weiter gereinigt werden. Stabile Präparate erhält man, wenn man die gefällte RNA bzw. DNA im Exsiccator über P_2O_5 trocknet.)
12. Mit gelöster RNA beziehungsweise DNA wird die BIAL-Reaktion durchgeführt (→ Experiment 1.5).
13. Mit gelöster RNA beziehungsweise DNA (nicht zu verdünnte Proben!) wird die Diphenylamin-Reaktion durchgeführt: Zuerst Probe durch Zugabe von konz. $HClO_4$ auf eine $HClO_4$-Konzentration von $100 \text{ g} \cdot l^{-1}$ bringen. Dann 5 min im kochenden Wasserbad erhitzen (dabei werden die Nucleinsäuren hydrolysiert). Nach dem Abkühlen 2 Volumenteile Diphenylamin-Reagenz zugeben und 10 min im kochenden Wasserbad erhitzen. Positives Ergebnis: Langsam eintretende Blaufärbung.

Probleme (weiterführende Experimente)

1. Sind die Nucleinsäurepräparate noch mit *Protein verunreinigt?* (Prüfung mit der Biuret-Reaktion, → Experiment 1.7)
2. Wie sehen die *Extinktionsspektren* (240–350 nm) der Präparate aus? [Reine DNA, gelöst in NaCl-Lösung ($0,01 \text{ mol} \cdot l^{-1}$), besitzt ein E_{260}/E_{280}-Verhältnis von etwa 2,0.]
3. Welchen Wert besitzt der *spezifische Extinktionskoeffizient* α_{260} [$l \cdot g^{-1} \cdot cm^{-1}$] für DNA? (Den gemessenen Wert anschließend mit Literaturwert vergleichen.)
4. Läßt sich in den (hydrolysierten) Nucleinsäurepräparaten *Phosphat* nachweisen? (→ Experiment 1.1)

1.9 (A) Trennung der Blütenfarbstoffe (Flavonoide) der Rose[11]

Als *Flavonoide* bezeichnet man eine umfangreiche Gruppe von wasserlöslichen Pflanzenfarbstoffen, welche sich vom *Flavan*-Grundgerüst ableiten (Abb. 5). Ihre Biosynthese erfolgt aus einem Phenylpropan (Zimtsäure, Ring B) und drei Acetateinheiten (Ring A). Diese meist gelben, roten oder blauen Pigmente sind in aller Regel im Vakuolensaft gelöst und kommen häufig als Signalfarbstoffe in Blüten oder als Schutzpigmente gegen kurzwellige Strahlung (→ Experiment 13.9) in Blattepidermen vor. Die Flavonoide treten fast stets als Mischung verschiedener Komponenten auf. So sind z. B. die rot oder blau gefärbten *Anthocyane* in Blütenblättern fast stets von farblosen bis gelben *Flavonen* und *Flavonolen* begleitet. Gelbe Blütenfarben gehen häufig auf *Chalcone* oder *Aurone* zurück. Die Flavonoide sind von den Moosen bis zu den Angiospermen nahezu universell im Pflanzenreich verbreitet. Lediglich bei den *Centrospermae* (mit Ausnahme der Caryophyllaceae und Molluginaceae) sind die Flavonoide zum Teil funktionell ersetzt durch die *Betalaine,* einer Gruppe farblich sehr ähnlicher, aber chemisch ganz anders aufgebauter Pigmente. Die Fähigkeit zur Bildung verschiedener Flavonoid- bzw. Betalainpigmente ist über die Synthese spezifischer Enzyme genetisch determiniert und kann durch Mutation verändert werden. Dies hat Bedeutung für die Züchtung von Farbvarianten bei Zierpflanzen.

Im folgenden Versuchsprogramm soll die Zusammensetzung der Flavonoid-Pigmente in den Petalen verschiedener Zuchtrosen verglichen werden. Die chromatographische Analyse erfolgt auf der Stufe der *Flavonoidglycoside* (gut löslich in 70 Gew.% Ethanol oder verdünnter HCl-Lösung) sowie, nach saurer Hydrolyse, auf der Stufe der *Aglyca* (gut löslich in organischen Lösungsmitteln mittlerer Polarität, z. B. Ethanol, Butanol, Ethylacetat). Für eine genaue Identifizierung der einzelnen Flavonoide und ihrer Glycoside sind umfangreichere Analysen erforderlich (→ Literatur). Die sechs bei Pflanzen vorkommenden Anthocyanidine (*Cyanidin, Pelargonidin, Malvinidin, Paeonidin, Delphinidin, Petunidin*), welche sich im wesentlichen durch die verschiedene Substitution am Ring B unterscheiden, lassen sich durch Co-Chromatographie mit den authentischen Pigmenten unterscheiden. Letztere gewinnt man z. B. aus Petalen von *Rosa, Pelargonium, Malva, Paeonia, Delphinium, Petunia.*

---

[11] *Rosa spec.* (Rosaceae), z. B. Zuchtrosen mit auffallend verschiedenen Blütenfarben. [Genausogut geeignet sind z. B. verschiedene Varietäten von *Viola* (Stiefmütterchen), *Delphinium* (Rittersporn) oder *Pelargonium* (Zimmergeranie).]

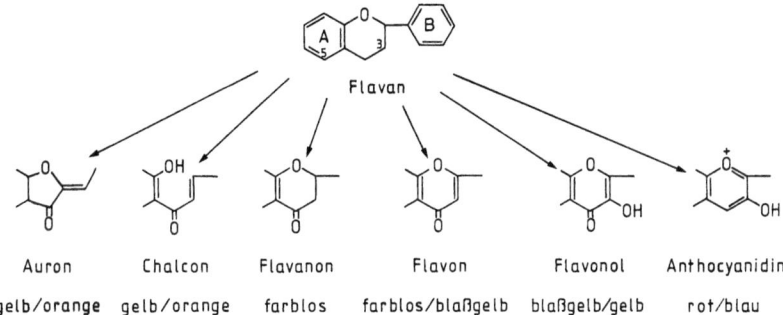

Abb. 5. Chemische Struktur der Flavonoide. Die Flavonoidklassen leiten sich vom *Flavan*-Grundgerüst ab (Modifikation des mittleren Ringsystems). Sie unterscheiden sich in charakteristischer Weise in ihrer Färbung im sauren/alkalischen Milieu. Viele Flavonoide treten in glycosidierter Form auf (Verknüpfung mit Zuckerresten meist am C_3-Atom, gelegentlich auch am C_5-Atom des *Aglycons*). Die Glycoside der *Anthocyanidine* nennt man *Anthocyane*

Literatur

Harborne JB (1967) Comparative biochemistry of the flavonoids. Academic Press, London
Harborne JB (1984) Phytochemical methods. A guide to modern techniques of plant analysis. 2. edn, Chapman & Hall, London
Harborne JB, Mabry TJ (eds) (1982) The flavonoids: Advances in research. Chapman & Hall, London
Mabry TJ, Markham KR, Thomas MB (1970) The systematic identification of flavonoids. Springer, Berlin Heidelberg New York
Markham KR (1982) Techniques of flavonoid identification. Academic Press, London

A. Zweidimensionale chromatographische Analyse der Flavonoid-Glycoside

Material und Geräte

1. Frische Blütenblätter (ca. 1 g, oder 50 mg getrocknetes Material) von dunkelroten, hellroten, gelben Rosen
2. Extraktionsmedium: Ethanol (70 Gew.%)
3. Laufmittel: 1. n-Butanol–Eisessig–Wasser (4 : 1 : 5 Volumenteile, 1. Dimension), 2. Essigsäure (5 Gew.%, 2. Dimension)
4. Cellulose-Dünnschichtplatten[12] (z.B. Merck Art. Nr. 5716, → S. 144)

---

[12] Die Chromatographie der Flavonoide bzw. ihrer Glycoside kann mit prinzipiell gleichem Resultat entweder auf Cellulose-Dünnschichten oder auf Papier (z.B. Schleicher & Schuell, 2043 b Mgl, → S. 445, absteigender Lauf) erfolgen. Die Papierchromatographie erfordert längere Laufzeiten, ist jedoch weniger empfindlich gegenüber einer Überladung der Startzone.

5. Eisessig
6. NH$_3$-Lösung (konz.)
7. Boratpuffer (0,1 mol · l^{-1}, pH 8,9; → Experiment 13.5 C)
8. Reibschale, Quarzsand, 2 Chromatographie-Tanks, Kapillarpipetten (10 µl), UV-Lampe (350 nm), Spektralphotometer (200–700 nm), Küvetten (1 cm, Quarz).

Durchführung[13] (Grundexperiment)

1. *Extraktgewinnung:* Das Pflanzenmaterial wird mit 3 ml Extraktionsmedium und 0,5 g Sand in einer Reibschale zerrieben. Die nach Filtration erhaltenen Lösungen können direkt zur Chromatographie verwendet werden.
2. *Chromatographie:* Jeweils 10 µl Extrakt werden punktförmig mit einer Kapillarpipette im Eck der Dünnschichtplatte (3 cm Abstand von den Kanten) aufgetragen. Nach dem Trocknen Platte in den zuvor mit 100 ml Laufmittel 1 beschickten Tank stellen. Wenn die Front 3 cm unter der Oberkante der Platte angekommen ist, Platte herausnehmen, trocknen lassen und um 90° gedreht in einen Tank mit Laufmittel 2 stellen, so daß die Trennspur des ersten Laufes an die Unterkante der Platte zu liegen kommt. Nachdem die Front die Oberkante der Platte erreicht hat, Platte herausnehmen und trocknen lassen.

Auswertung

Die Farbflecken werden mit Bleistift umrandet und ihre R$_f$-Werte in den beiden Dimensionen ausgemessen. Betrachtung unter einer UV-Lampe (350 nm) macht weitere Komponenten sichtbar. Anschließend wird die Platte über eine offene Flasche mit NH$_3$-Lösung gehalten und die Farbverschiebung durch Alkalisierung im Tageslicht bzw. unter der UV-Lampe registriert. Bedampfung mit Essigsäure liefert wieder das ursprüngliche Farbmuster. Die Pigmente können z. T. nach Abb. 5 grob klassifiziert werden. Nach Abkratzen und Extraktion mit 70 Gew.% Ethanol lassen sich Absorptionsspektren der Pigmente aufnehmen. Angaben zur weiteren Identifizierung der Pigmente aufgrund der Fluoreszenzfarbe (saures oder alkalisches Milieu) und der langwelligen Absorptionsgipfel (charakteristische Verschiebung durch pH-Erhöhung, z. B. durch Zusatz von 100 µl Boratpuffer pro ml Meßlösung) finden sich in der angegebenen Literatur.

---

[13] Nach Harborne JB (1984) Phytochemical methods. 2. ed. Chapman & Hall, London (verändert).

B. Chromatographische Analyse der Flavonoid-Aglyca nach saurer Hydrolyse

Material und Geräte

1. Frische oder getrocknete Blütenblätter (→ Teil A)
2. Extraktions- und Hydrolysemedium: $2 \text{ mol} \cdot l^{-1}$ HCl-Lösung
3. Ethylacetat (Essigester)
4. n-Butanol
5. Methanolische HCl-Lösung (1 Gew.% HCl in Methanol)
6. Boratpuffer (→ Teil A)
7. Laufmittel: Eisessig – 36 Gew.% HCl – Wasser (30 : 3 : 10 Volumenteile)
8. Cellulose-Dünnschichtplatten (oder Chromatographiepapier, → Teil A)
9. Schraubdeckelgläschen (20 ml, z. B. Szintillationsgläschen), Kapillarpipetten (10 µl), Pasteurpipetten mit Saugball, Wasserbad (100 °C), Tischzentrifuge ($1000 \times g$), Zentrifugengläser (12 ml), Rotationsverdampfer mit kleinem Spitzkolben, Chromatographie-Tank, UV-Lampe (350 nm), Spektralphotometer (200–700 nm), Küvetten (1 cm, Quarz).

Durchführung [14] (Grundexperiment)

1. *Extraktgewinnung und Hydrolyse:* Das Pflanzenmaterial wird mit 5 ml HCl-Lösung in einem Schraubdeckelgläschen für 60 min im Wasserbad erhitzt (100 °C). Nach dem Abkühlen Extrakt vorsichtig mit Pasteurpipette vom Grund des Gläschens absaugen und in ein Zentrifugenglas überführen.
2. *Extraktion der Flavonoid-Aglyca:* Da die Aglyca sehr unterschiedliche Löslichkeiten besitzen, wird nacheinander mit zwei verschiedenen Lösungsmitteln extrahiert. Man fügt als erstes 5 ml Ethylacetat zu, schüttelt kräftig und trennt die Phasen durch kurzes Zentrifugieren. Unterphase absaugen und mit 5 ml Butanol auf die gleiche Weise zum zweiten Mal extrahieren. Die beiden getrennt gesammelten Extrakte am Rotationsverdampfer bis fast zur Trockne einengen und jeweils in 1 ml methanolischer HCl-Lösung aufnehmen.
3. *Chromatographie* (eindimensional): Jeweils 10 µl (eventuell auch 50, 100 µl) der Pigmentextrakte werden punktförmig mit einer Kapillarpipette auf der Startlinie (3 cm von der Unterkante der Platte entfernt) aufgetragen. Nach dem Trocknen Platte in den zuvor mit 100 ml Laufmittel beschickten Tank stellen. Wenn die Front in der Plattenmitte angekommen ist, wird der Lauf abgebrochen. Die Auswertung erfolgt wie bei Teil A beschrieben. Man registriere insbesondere die charakteristische Verschiebung des langwelligen Absorptionsgipfels bei Erhöhung des pH-Wertes durch Zusatz von Puffer. [Weitere Chromatographie-Laufmittel zur Charakterisierung der Flavonoid-Aglyca sind bei Harborne (1984) aufgeführt. Für die *Papierchromato-*

---

[14] Nach Harborne JB (1984) Phytochemical methods. 2. ed. Chapman & Hall, London (verändert).

30   Qualitative und quantitative Analyse von Pflanzenmaterial

graphie (absteigend, ca. 15 h) wird als Laufmittel Eisessig–Wasser (15 : 85 Volumenteile) empfohlen.]

Probleme (weiterführende Experimente)

1. Welche *Flavonoide* (*Flavonoidklassen*) liegen in dem Untersuchungsmaterial vor? Wie unterscheiden sich verschiedene Genotypen (Varietäten) einer Art?
2. Keimlinge von *Sinapis alba* bilden im Licht (unter dem Einfluß von Phytochrom) Flavonoid-Pigmente in der Epidermis der Kotyledonen (→ Experiment 13.5). Welche Änderungen bewirkt *Licht* (z. B. Dauer-Dunkelrotbestrahlung) im *Muster* und der *relativen Menge* dieser Substanzen? Läßt sich das Aglycon der Anthocyane unter Zuhilfenahme der Literatur identifizieren?
3. Welche Pigmente liegen in den Blättern von *Amaranthus caudatus* (Fuchsschwanz, rote Form), Wurzeln von *Beta vulgaris* (rote Rübe) und Blütenblättern von *Dianthus caryophyllus* (Nelke) vor?
4. Welche Pigmente liegen in *Rot-* bzw. *Weißwein* vor?
5. Bestimmte Flavonoide geben charakteristische Farbreaktionen, wenn man die Chromatogramme nach dem Lauf mit $AlCl_3$-Lösung (5 Gew.% in Ethanol), oder $FeCl_3/K_3Fe(CN)_6$-Lösung (jeweils 1 Gew.% in Wasser) besprüht. Ein weiteres Sprühreagenz für Flavonoide ist Echtblausalz B (0,2 Gew.% in Wasser, anschließend Platte mit NH_3 bedampfen). Welche diagnostische Bedeutung besitzen diese Reagenzien? (→ Literatur)

1.10 (A) Isolierung und Nachweis der Alkaloide des Schöllkrauts [15]

Als *Alkaloide* faßt man eine heterogene Gruppe N-haltiger, meist basischer, heterocyclische Ringsysteme enthaltender, sekundärer Pflanzenstoffe zusammen, welche starke pharmakologische Wirkungen auf den tierischen und menschlichen Organismus ausüben. Bis heute sind über 6000 solcher Substanzen bekannt. Alkaloide kommen in vielen Pflanzenfamilien vor, besonders gehäuft jedoch bei Vertretern der Papaveraceen, Solanaceen, Euphorbiaceen und Apiaceen. Das z. B. auf Ruderalstandorten weit verbreitete Schöllkraut enthält in seinem gelben Milchsaft (Latex) mehr als 20 verschiedene Vertreter der Benzylisochinolin-Alkaloide, welche sich biosynthetisch

---

[15] *Chelidonium majus* (Papaveraceae), häufige Pflanze von Unkrautfluren, Waldrändern usw.

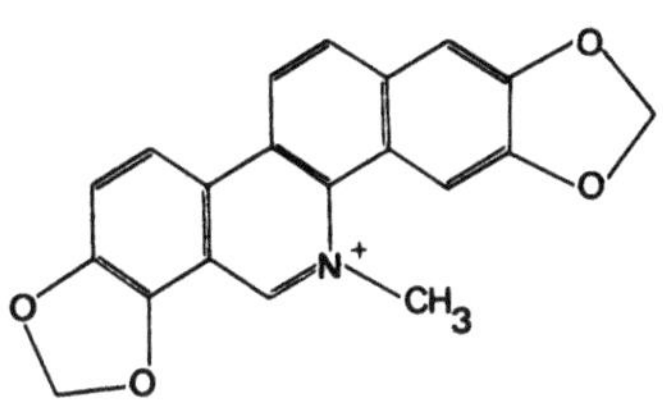

Sanguinarin
rotorange (orange)
$R_f = 0.9$

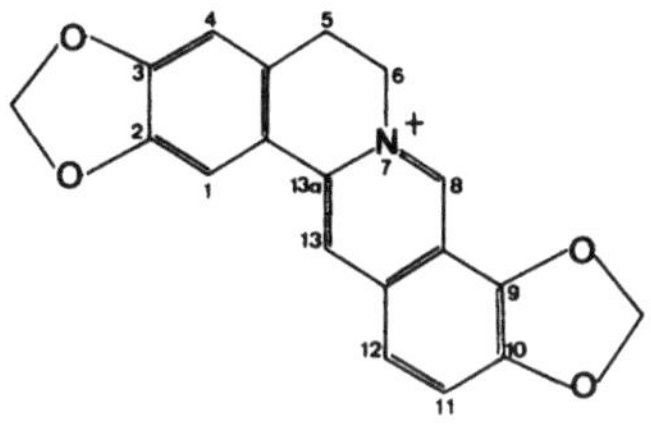

Coptisin
gelb-gelbbraun (zitronengelb)
$R_f = 0.2$

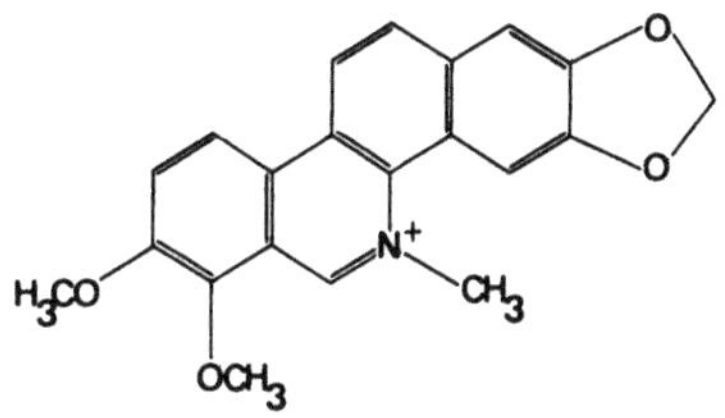

Chelerythrin
goldgelb-zitronengelb (goldgelb)
$R_f = 0.8$

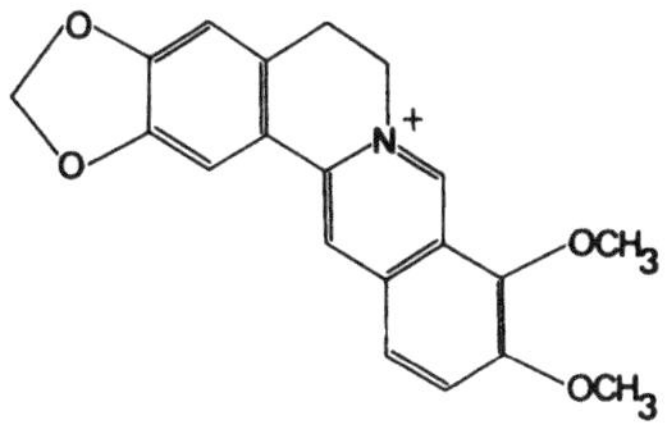

Berberin
zitronengelb (grün)
$R_f = 0.3$

Abb. 6. Chemische Strukturen der vier Hauptalkaloide im Latex von *Chelidonium majus*-Sprossen (in der kationischen Form). Neben den Eigenfarben (bzw. Fluoreszenzfarben bei 350 nm) sind die chromatographischen R_f-Werte (Laufmittel → S. 32) angegeben. (Nach Jans 1973)

aus zwei Tyrosineinheiten ableiten. Diese seit altersher in der Volksmedizin angewendete Droge besitzt unter anderem sedative, spasmolytische, fungistatische, hautreizende und bacterizide Wirkungen. Auch Hemmeffekte auf das Wachstum von Tumorzellen wurden nachgewiesen. Die vier Hauptalkaloide der grünen Pflanzenteile sind *Sanguinarin, Chelerythrin, Berberin* und *Coptisin* (Abb. 6). Diese Verbindungen besitzen in der kationischen Form (nicht als freie Basen) eine charakteristische Eigenfarbe und Fluoreszenz, welche zur Identifizierung verwendet werden kann. Zur Trennung hat sich, wie in vielen ähnlichen Fällen, die *Dünnschichtchromatographie* (DC) bewährt.

Literatur

Fodor GB (1980) Alkaloids derived from phenylalanine and tyrosine. In: Bell EA, Charlwood BV (eds) Encycl Plant Physiol, NS, vol 8. Springer, Berlin Heidelberg New York, pp 92–127

Waller RG, Nowacki EK (1978) Alkaloid biology and metabolism. Plenum Press, New York London

Material und Geräte

1. Frischer Sproß von *Chelidonium majus*
2. Extraktionsmedium: 14 ml Methanol + 1 ml Essigsäure (Eisessig)
3. DC-Fertigplatten (oder Alufolien) Typ Kieselgel 60 F_{254}[16] (mit Fluoreszenzindikator)
4. Laufmittel[17]: 85 ml Chloroform + 15 ml Methanol + 1 ml dest. Wasser + 2 ml Essigsäure (Eisessig)
5. Referenzproben der vier Alkaloide. (Die kommerziell erhältlichen Präparate[18] müssen u. U. chromatographisch nachgereinigt werden.)
6. DC-Tank, Pasteurpipetten, UV-Lampe (350 nm/254 nm), Schutzbrille.

Durchführung (Grundexperiment)

1. Ein Tropfen des bei frischen Pflanzen an Schnittflächen austretenden, gelben Milchsafts wird in 100 µl Extraktionsmedium suspendiert.

2. Ein Tropfen (5–10 µl) dieser Suspension, ebenso wie jeweils ein Tropfen der gelösten Referenzproben, werden punktförmig in einer Reihe etwa 1 cm vom unteren Rand der Platte aufgetragen (Positionen vorher mit weichem Bleistift markieren). Nach dem Trocknen der Flecken Platte in den höchstens 5 mm hoch mit Laufmittel gefüllten Tank stellen. Kurz bevor die Laufmittelfront den oberen Rand der Platte erreicht hat, wird der Lauf abgebrochen. Sofort Laufmittelfront mit Bleistift markieren.

Auswertung

Die vier Hauptfraktionen werden identifiziert (Vergleich mit Referenzproben) und anhand ihres R_f-Wertes, ihrer Farbe im Tageslicht, ihrer Fluoreszenzfarbe bei Anregung mit 350 nm (→ Abb. 6) und ihrer Fluoreszenzlöschung bei Anregung mit 254 nm charakterisiert. (Die Kieselgelschicht enthält einen bei 254 nm anregbaren Fluoreszenzindikator, dessen Fluoreszenz durch UV-absorbierende Stoffe gelöscht wird. UV-Lampe nur mit Schutzbrille benützen!) Darüber hinaus können die Alkaloide durch ihr Absorptionsspektrum (Spektralphotometer) bzw. Fluoreszenzspektrum (Fluorimeter) charakterisiert werden.

---

[16] Von Merck (→ S. 444).
[17] Nach Jans BP (1973) Ber Schweiz Bot Ges 83: 306–344 (verändert).
[18] Von Roth (→ S. 444).

Probleme (weiterführende Experimente)

1. Wie gut eignet sich, im Vergleich zum oben beschriebenen Standardlaufmittel, das folgende Laufmittel zur *Trennung der Alkaloide* auf Kieselgel-Platten: Petroleumbenzin–Chloroform–Ethanol–Methanol–Wasser–Eisessig (80 : 120 : 10 : 30 : 5 : 15 Volumenteile)?
2. Ausarbeitung eines präparativen Verfahrens zur Isolierung größerer Mengen der vier Alkaloide durch *Säulenchromatographie* (→ Experiment 1.3; detaillierte methodische Hinweise hierfür sind in der vorne zitierten Arbeit von Jans enthalten).
3. Sind die in den grünen Sproßteilen des Schöllkrautes vorhandenen Alkaloide auch in der *Wurzel*, den *Blütenblättern*, *Samenanlagen* und *reifen Samen* enthalten? (Hierzu Material mit Extraktionsmedium [7 ml Methanol + 7 ml dest. Wasser + 1 ml Eisessig] homogenisieren.)
4. Unterscheiden sich Pflanzen von verschiedenen Standorten bezüglich ihrer *Alkaloidzusammensetzung*? (Beim Schöllkraut sind sowohl modifikatorische als auch genetische Varianten mit unterschiedlichem Alkaloidmuster gefunden worden.)

Anmerkung: Arbeitsvorschriften für die Gewinnung einer Vielzahl anderer Naturstoffe finden sich bei Stahl E, Schild W (1986) Isolierung und Charakterisierung von Naturstoffen. Fischer, Stuttgart New York

1.11 (A) Bestimmung und Trennung der Photosynthesepigmente

Die Photosynthesepigmente der höheren Pflanzen bestehen aus den *Chlorophyllen a* und *b* und einem Gemisch von *Carotinoiden*. Diese wasserunlöslichen Substanzen sind in die Chloroplastenmembranen eingelagert, wo sie in nicht-covalenter Bindung an verschiedene Trägerproteine vorliegen. Ihre Extraktion aus frischem Pflanzenmaterial gelingt am besten mit organischen Lösungsmitteln mittlerer Polarität, welche sich mit Wasser mischen lassen (z. B. Aceton, Methanol, Ethanol). Um der in saurem Milieu rasch einsetzenden Umwandlung der Chlorophylle in die entsprechenden *Phäophytine* (Verlust des Mg^{2+}) vorzubeugen, wird das Extraktionsmedium durch Zusatz von Ammoniak oder $Ca(OH)_2$ leicht alkalisch gemacht.

Wenn sich die Absorptionsspektren der einzelnen Pigmente ausreichend unterscheiden, ist eine quantitative photometrische Bestimmung der Komponenten direkt im Rohextrakt möglich. In Pigmentgemischen überlagern sich die Absorptionsspektren der einzelnen Komponenten additiv. Wenn keine Interaktion zwischen den einzelnen Molekülen eintritt, ist das LAM-

BERT-BEERsche Gesetz (→ Bd. 1: S. 82) gültig, d. h. die Extinktionswerte der Pigmente addieren sich bei jeder Wellenlänge (d = konstant):

$$E_{total} = \alpha_{\lambda 1} \cdot c_1 + \alpha_{\lambda 2} \cdot c_2 + \ldots + \alpha_{\lambda n} \cdot c_n. \tag{1}$$

Wenn die Extinktionskoeffizienten der einzelnen Pigmente bekannt sind, können ihre Konzentrationen auch aus den Absorptionsspektren des Gemisches bestimmt werden. Man ermittelt dazu das E_{total} bei so vielen Wellenlängenwerten, als Komponenten vorhanden sind. Für jeden der n Meßpunkte erhält man eine Gleichung mit n Unbekannten. Durch wechselseitiges Einsetzen kann man daraus die c-Werte berechnen. Dieses Verfahren wird häufig zur Bestimmung von Chlorophyll *a* neben Chlorophyll *b* verwendet. Bei diesem Pigmentpaar sind die deutlich versetzten Rotbanden für eine derartige Analyse besonders geeignet. Für wäßriges Aceton (80 Vol.%) gelten folgende Werte:[19]

Chlorophyll *a*: $\lambda_{max} = 664$ nm, $\alpha_{664} = 89{,}0$ l $\cdot$ g^{-1} $\cdot$ cm^{-1},
$\alpha_{647} = 21{,}2$ l $\cdot$ g^{-1} $\cdot$ cm^{-1}.

Chlorophyll *b*: $\lambda_{max} = 647$ nm, $\alpha_{664} = 10{,}2$ l $\cdot$ g^{-1} $\cdot$ cm^{-1},
$\alpha_{647} = 52{,}3$ l $\cdot$ g^{-1} $\cdot$ cm^{-1}.

Wenn E_{664} und E_{647} die gemessenen Extinktionswerte des Gemisches bei den beiden Wellenlängen sind, gilt nach Gleichung (1):

$$E_{664} = 89{,}0\, c_{Chl\,a} + 10{,}2\, c_{Chl\,b}, \tag{2}$$

$$E_{647} = 21{,}2\, c_{Chl\,a} + 52{,}3\, c_{Chl\,b}. \tag{3}$$

Durch Einsetzen erhält man:

$$c_{Chl\,a} = 11{,}78\, E_{664} - 2{,}29\, E_{647}\ [\text{mg} \cdot \text{l}^{-1}], \tag{4}$$

$$c_{Chl\,b} = 20{,}05\, E_{647} - 4{,}77\, E_{664}\ [\text{mg} \cdot \text{l}^{-1}]. \tag{5}$$

Dieses Verfahren stellt hohe Anforderungen an die Präzision der photometrischen Messung. Insbesondere muß darauf geachtet werden, daß die λ-Werte genau stimmen und daß die spektrale Bandbreite ausreichend klein ist (≤ 3 nm, → Bd. 1: S. 88).

Zur Bestimmung von *Gesamtchlorophyll* kann in entsprechender Weise nach folgenden Formeln verfahren werden:[20]

$$c_{Chl\,a+b} = 20{,}2\, E_{645} + 8{,}0\, E_{663}\ [\text{mg} \cdot \text{l}^{-1}] \tag{6}$$

---

[19] Nach Ziegler E, Egle K (1965) Beiträge zur Biologie der Pflanzen 41: 11–37.
[20] Nach Bruinsma J (1963) Photochem Photobiol 2: 241–249 bzw. Arnon DI (1949) Plant Physiol 24: 1–15 (die ursprüngliche Gl. 7 nach Arnon lautet: $c_{Chl\,a+b} = 29{,}0\, E_{652}$ [mg $\cdot$ l^{-1}]).

oder

$$c_{Chl\,a+b} = 27{,}8\,E_{652}\,[mg \cdot l^{-1}]. \tag{7}$$

Gleichung (7) beruht auf der Tatsache, daß die beiden Chlorophylle bei 652 nm einen isosbestischen Punkt (d. h. den gleichen Extinktionskoeffizienten) besitzen.

Für die Bestimmung des *Gesamtcarotinoids* wird häufig folgende Formel verwendet:[21]

$$E_{480}^{car} = E_{480} + 0{,}114\,E_{663} - 0{,}638\,E_{645}. \tag{8}$$

Hierbei wird davon ausgegangen, daß alle üblicherweise in Chloroplasten vorkommenden Carotinoide einen sehr ähnlichen Extinktionskoeffizienten bei 480 nm besitzen. Da kein genauer Zahlenwert für diesen Extinktionskoeffizienten vorliegt, begnügt man sich meist mit E_{480}^{car} als relativem Maß für die Carotinoidkonzentration. Für eine grobe Berechnung des Absolutwertes kann der Extinktionskoeffizient $\alpha_{480} = 200\,l \cdot g^{-1} \cdot cm^{-1}$ eingesetzt werden. Der hierbei für Blattextrakte (Lutein und β-Carotin als hauptsächliche Carotinoide) zu erwartende Fehler dürfte sich im Bereich von $\pm 10\%$ bewegen. Es ist zu beachten, daß Gleichung (8) nur angewendet werden darf, wenn außer den beiden Chlorophyllen keine zusätzlichen Störpigmente (z. B. Anthocyane) im Rohextrakt vorliegen.

Da sich die Chloroplastenpigmente deutlich in bezug auf ihre Polarität unterscheiden, können sie relativ gut nach dem Prinzip der *Verteilungschromatographie* ($\rightarrow$ Bd. 1: S. 136) auf Dünnschichtplatten getrennt werden. Wegen der chemischen Instabilität der Chlorophylle und mancher Carotinoide sind hierbei jedoch einige Vorsichtsmaßnahmen angebracht:
1. Durch Zugabe einer Spur *Ascorbinsäure* bei der Herstellung der Schicht soll der oxidative Abbau durch Luftsauerstoff gehemmt werden.
2. In ähnlicher Weise sorgt ein Zusatz von $Ca(OH)_2$ zur Verhinderung der Phäophytinbildung durch Säure.
3. Manche Pigmente, z. B. die Chlorophylle, sind photolabil (photooxidative Ausbleichung) und müssen daher vor Licht geschützt werden.

Literatur

Goodwin TW (ed) (1976) Chemistry and biochemistry of plant pigments. 2. edn. vol 2. Academic Press, London

Šesták Z (1971) Determination of chlorophylls *a* and *b*. In: Šesták Z, Čatský J, Jarvis PG (eds) Plant photosynthetic production. Manual of methods. Junk N. V., Den Haag, pp 672–701

Vernon LP, Seely GR (ed) (1966) The chlorophylls. Academic Press, London

---

[21] Nach Kirk JTO, Allen RL (1965) Biochem Biophys Res Commun 21:523–530.

A. Bestimmung der Pigmente im Rohextrakt

Material und Geräte

1. Frisches grünes Pflanzenmaterial (z.B. Blätter von *Phaseolus vulgaris*)
2. Extraktionsmedium: ammoniakalische Aceton-Lösung (800 ml Aceton + 195 ml dest. Wasser + 5 ml konz. [25 Gew.%] NH_3-Lösung)
3. Feinwaage (± 1 mg), Reibschale, Quarzsand, Eisbad, Wägegläschen, Trockenschrank (80 °C), flexible Folie (Parafilm), Zentrifugenbecher (Polypropylen), Zentrifuge (10 000 × **g**, 5 °C), Spektralphotometer, Glasküvette (1 cm), Pasteurpipetten, Reagenzgläser (20 ml, graduiert).

Durchführung (Grundexperiment)

1. Acht Proben zu je 500 mg Pflanzenmaterial werden abgewogen. Vier Proben dienen zur Bestimmung der Trockenmasse (nach 4 h Trocknung bei 80 °C; → Experiment 1.4).
2. *Extraktion:* (Um den Verlust an Chlorophyll durch Photooxidation gering zu halten, sollte der folgende Arbeitsgang bei minimaler Beleuchtung erfolgen und das Homogenat bzw. der Extrakt in einem lichtdichten Behälter auf Eis aufbewahrt werden.) Die restlichen 4 Proben werden zunächst mit einer Schere zerkleinert und dann in einer gekühlten Reibschale mit 1 g Sand und 5 ml Extraktionsmedium fein zerrieben. Homogenat in graduiertes 20-ml-Reagenzglas überführen. Reibschale 3mal mit 5 ml Medium nachspülen, Homogenat genau auf 20 ml mit Medium auffüllen und mit Parafilm verschließen. Homogenate 30 min stehen lassen (gelegentlich kräftig schütteln), dann in Zentrifugenbecher überführen und bei 10 000 × **g** für 15 min (5 °C) zentrifugieren. Vorsichtig mit einer Pasteurpipette einen Anteil (3–5 ml) des völlig klaren Überstandes entnehmen und in Reagenzglas überführen. (Falls diese Lösung Spuren von Trübung zeigt, muß nochmals zentrifugiert werden!)
3. *Messung:* Die Extinktion der Extrakte wird bei 480, 645, 647, 652, 663, 664 und 750 nm im Spektralphotometer bestimmt (Referenz: Luft). Wenn E_{480} über 1 liegt, sollte die Messung an einer verdünnten Extraktprobe wiederholt werden. Gekühlte Lösungen vor der Messung anwärmen lassen, um das Beschlagen der Küvette zu vermeiden. Unnötige Belichtung der Extrakte vermeiden.

Auswertung

Da die Pigmente bei 750 nm keine Extinktion zeigen, kann E_{750} zur Korrektur der unspezifischen Lichtabsorption in der Küvette dienen. Die durch Subtraktion von E_{750} erhaltenen ΔE-Werte werden in die Gleichungen (4–8) eingesetzt. Aus den so ermittelten Pigmentkonzentrationen im Extrakt werden die Pigmentmengen pro g Frischmasse und pro g Trockenmasse berechnet [die nach Gleichung (6) und (7) erhaltenen Werte werden gemittelt.] Außerdem wird das molare Verhältnis von Chlorophyll a zu Chlorophyll b und das (ungefähre) Verhältnis von Gesamt-Chlorophyll zu Carotinoid berechnet [Molmassen: 893,5 g · mol^{-1} (Chl a), 907,5 g · mol^{-1} (Chl b), 550 g · mol^{-1} (Mittelwert für Carotinoide)].

B. Isolierung der Pigmente durch Dünnschichtchromatographie

Material und Geräte

1. *Pigmentrohextrakt:* Herstellung wie unter A; um einen möglichst konzentrierten Extrakt zu erhalten, wird 1 g Pflanzenmaterial mit 5 ml wasserfreiem Aceton (+5 ml · l^{-1} konz. NH$_3$-Lösung) extrahiert und unverdünnt verwendet.
2. *Dünnschichtplatten:* Glasplatten (20 × 20 cm) werden mit Hilfe eines Streichgerätes[22] mit folgender Suspension beschichtet (Dicke 0,2–0,3 mm)[23]: 12 g Kieselgur G (Merck Art. Nr. 8129, S. 144), 3 g Kieselgel (<0,08 nm, Merck Art. Nr. 7729), 3 g CaCO$_3$ p. a. (Merck Art. Nr. 2066), 0,02 g Ca(OH)$_2$ p. a. (Merck Art. Nr. 2047), 50 ml frisch angesetzte Ascorbinsäure-Lösung (1 g · l^{-1}). Die Platten werden 90 min bei 50 °C im Trockenschrank getrocknet. Da die Ascorbinsäure durch Luftsauerstoff oxidiert wird, sollten die Platten in den nächsten 1–2 h verwendet werden. Als Alternative zu diesen selbst herzustellenden Platten können auch DC-Fertigplatten (Typ Kieselgel 60)[24] verwendet werden.
3. *Laufmittel:* 100 ml Petroleumbenzin (Siedebereich 100–140 °C) + 12 ml Isopropanol + 0,25 ml dest. Wasser gut mischen.
4. Dünnschicht-Chromatographietank mit gut schließendem Deckel, 20-µl-Kapillarpipetten[25], kleine Trichter mit Papierfiltern, Bechergläser (50 ml), Spektralphotometer (350–750 nm), Glasküvetten (1 cm).

Durchführung (Grundexperiment)

Um die Photooxidation der lichtempfindlichen Pigmente möglichst gering zu halten, sollten Extraktherstellung und Chromatographie bei minimaler Beleuchtung bzw. im Dunkeln erfolgen (z. B. Tank mit schwarzem Tuch abdecken).

1. *Auftragen des Extraktes:* Eine Kapillarpipette wird durch Schräghalten bis zur Ringmarke mit dem dunkelgrünen Extrakt gefüllt und mit dem Zeigefinger verschlossen. Durch kurzes, leichtes Auftupfen wird nun die Startlinie (parallel zur unteren Plattenkante, Abstand etwa 3 cm) mit Ex-

---

[22] z. B. von Desaga (→ S. 444).
[23] Nach Hager A, Bertenrath T (1962) Planta 58:564–568 (verändert); vgl. auch Planta 69:198–217 (1966).
[24] Von Merck (→ S. 444).
[25] z. B. Mikropipetten von Brand (→ S. 444).

trakt beschickt (Punkt neben Punkt setzen, so daß eine einheitliche, gerade Linie entsteht). Hierbei sollte die Schicht möglichst nicht beschädigt werden. Insgesamt werden etwa 200 µl Extrakt auf der Startlinie gleichmäßig verteilt. Das gleichmäßige Auftragen entlang einer geraden Linie wird durch Verwendung eines erhöhten Lineals als Anlegekante erleichtert.

2. *Chromatographie*. Der Tank wird etwa 1 cm hoch mit Laufmittel beschickt und verschlossen. Nach 10 min (nachdem das Lösungsmittel an der Startlinie vollständig verdunstet ist) wird die Platte vorsichtig in den Tank gestellt und dieser sofort wieder verschlossen. Die Wanderung der Pigmente setzt ein, unmittelbar nachdem die Laufmittelfront die Startlinie überschritten hat, und zwar in folgender Reihenfolge: 1. *β-Carotin* (an der Laufmittelfront), 2. *Chlorophyll a*, 3. *Chlorophyll b*, 4. *Lutein*, 5. *Lutein-5,6-epoxid*, 6. *Violaxanthin*, 7. *Neoxanthin*. Wenn die einzelnen Banden gut getrennt sind (nach 30–50 min), wird die Platte herausgenommen und die Zonen 1–4 mit einem Spatel *von der noch feuchten* Platte abgeschabt und in Becherglässer überführt. Die Pigmente werden mit 5 ml Aceton extrahiert und durch Filtrieren vom Rückstand befreit.

Auswertung

Die Extinktionsspektren der einzelnen Pigmente werden spektralphotometrisch vermessen und mit dem Spektrum des (passend verdünnten) Rohextraktes verglichen ($\lambda = 350-750$ nm). (Die Chlorophylle können zusätzlich auch durch ihre Fluoreszenzspektren charakterisiert werden; → Experiment 4.2.)

Probleme (weiterführende Experimente)

1. Chlorophylle werden durch Säureeinwirkung in die entsprechenden *Phäophytine* umgewandelt (Eliminierung von Mg^{2+}). Welchen Einfluß hat diese Reaktion auf die Absorptionsspektren? (5 ml acetonische Chl *a*- bzw. Chl *b*-Lösung mit 1 Tropfen HCl, $1 \text{ mol} \cdot l^{-1}$, versetzen. Ein eventuell auftretender Niederschlag muß durch Filtrieren oder Zentrifugieren entfernt werden.)

2. Wie rasch wird Chlorophyll (Carotinoid) in vivo und in vitro *photooxidiert?* (Frische Blätter, z. B. von *Phaseolus vulgaris*, bzw. daraus extrahierter Pigmentextrakt, werden für 0/10/20/40/80 min dem direkten Sonnenlicht ausgesetzt und anschließend der Gehalt an Chlorophyllen und Carotinoiden bestimmt.)

3. Wie verläuft die Kinetik des *Ergrünungsprozesses* in den Kotyledonen junger Keimlinge? (Keimlinge, z. B. von *Brassica napus*, werden unter Standardbedingungen im Licht aus Samen angezogen; nach 0/1/2/3/4/5 d wird der Pigmentgehalt und das Chl *a*/Chl *b*-Verhältnis der Kotyledonen

bestimmt.) Wie hängt die Pigmentbildung von den *Lichtverhältnissen* ab (Starklicht, Schwachlicht, Dunkelheit)? Werden die Pigmente wieder *abgebaut*, wenn 3 d alte, belichtete Keimlinge ins Dunkle gebracht werden? Wie ändert sich bei diesen Versuchsprogrammen die *Zusammensetzung der Pigmente?* (Eine quantitative Bestimmung der einzelnen Carotinoide nach dünnschichtchromatographischer Trennung erfordert sehr sorgfältige Arbeit und strenge Standardisierung der Methode. Unter diesen Bedingungen ist es möglich, die Manipulationsverluste auf 10–20% zu reduzieren.)

4. Der Wirkmechanismus vieler Herbizide beruht auf einer selektiven Zerstörung der Chloroplasten. (Zum Beispiel hemmt *Norflurazon* (→ Fußnote 26 auf S. 349) die Biosynthese der Carotinoide. Dies hat im Licht eine photooxidative Zerstörung des Chlorophylls und praktisch aller anderer Chloroplastenbestandteile zur Folge.) Mit jungen Keimlingen, z. B. von *Sinapis alba*, welche von der Aussaat an im Dunkeln auf Herbizid gehalten und dann ins Licht gebracht werden, läßt sich ein einfaches biologisches Testsystem für die diesbezügliche Wirksamkeit kommerzieller Herbizide aufbauen. In ähnlicher Weise lassen sich auch andere toxische Substanzen (Umweltgifte) testen.

5. Mit der Opalglasmethode (→ Bd. 1: S. 89) kann man das *Absorptionsspektrum* der Photosynthesepigmente auch in einem intakten Blatt bestimmen. Wo liegen die Hauptabsorptionsgipfel von Chlorophyll *a, b* und den Carotinoiden in vivo? Wie erklären sich die Abweichungen gegenüber den Absorptionsspektren des Pigmentgemisches in Aceton? (Hellgrüne Blätter, z. B. aus dem Inneren eines Salatkopfes oder junge, ergrünende Blätter eignen sich für die in-vivo-Messung besonders gut; → Experiment 13.6.)

1.12 (A) Bestimmung der Speicherstoffe von Samen: Vergleichende Messungen an Weizen[26], Erbse[27] und Raps[28]

Der Same der höheren Pflanze enthält große Mengen an Speicherstoffen, welche es dem auskeimenden Embryo bzw. dem jungen Keimling für einige Zeit erlauben, ohne Zufuhr von Energie und Nährstoffen zu wachsen. Erst

---

[26] *Triticum aestivum* (Poaceae), → Experiment 1.4.
[27] Saaterbse, *Pisum sativum* (Fabaceae), eine aus dem Orient stammende Kulturpflanze, von den Wildarten *P. elatius* und *P. biflorum* abstammend. In Mitteleuropa seit dem Neolithikum angebaut.
[28] *Brassica napus* (Brassicaceae), eine aus dem Mittelmeergebiet stammende, alte Kulturpflanze, die in Mitteleuropa bevorzugt als winterannuelle Varietät (Winterraps) angebaut wird.

wenn diese Speicherstoffe erschöpft sind, ist die junge Pflanze auf die Energiegewinnung durch Photosynthese und auf die Aufnahme von Nährsalzen durch die Wurzel angewiesen. Die wichtigsten organischen Speichersubstanzen sind *Stärke, Fett* und *Speicherprotein*. Die Bildung und Akkumulation dieser drei Stoffe in Samen ist, direkt oder indirekt, die wichtigste Ernährungsgrundlage des Menschen. Da Stärke, Fett und Protein in stark unterschiedlichen Mengen in den Samen der Kulturpflanzen vorkommen, ist die quantitative Bestimmung dieser Substanzen von großer praktischer Bedeutung.

Zur Messung der chemischen Zusammensetzung von biologischem Material bedient man sich bevorzugt chemischer oder biochemischer Verfahren, welche eine möglichst *empfindliche, spezifische* und *störungsfreie* Erfassung der einzelnen Komponenten ohne komplizierte Reinigung erlauben. Diese Kriterien sind vor allem bei photometrischen Meßverfahren erfüllt (→ Bd. 1: S. 82). Im folgenden sind eine einfache colorimetrische (*Protein*) und zwei kompliziertere, enzymatische (*Stärke, Triacylglycerol*) Bestimmungsmethoden beschrieben, die bei sorgfältiger Ausführung eine sehr genaue Analyse dieser drei Speicherstoffe im Samen (oder anderen biologischen Materialien) ermöglichen.

Die *Bestimmung des Speicherproteins* erfolgt mit Hilfe der für die Peptidbindung hochspezifischen *Biuret-Reaktion* (→Experiment 1.7), die colorimetrisch gemessen wird. Man erfaßt mit dieser Methode das (extrahierbare) *Gesamtprotein,* das jedoch im ruhenden Samen zu über 90% aus Speicherprotein besteht. Da die Konzentration an Peptidbindungen gemessen wird, hat die unterschiedliche Aminosäurezusammensetzung von Proteinen keinen erheblichen Einfluß auf die Intensität der sich entwickelnden Färbung. Ein weiterer Vorteil dieser Methode besteht darin, daß auch denaturiertes Protein bestimmt werden kann, da es in dem stark alkalischen Reagenz gelöst wird. Gemessen wird bei 560 nm gegen einen Leeransatz (der das Reagenz, aber kein Protein enthält). Für absolute Bestimmungen benötigt man eine *Eichkurve*. Sie wird meist mit kristallinem Serumalbumin aufgestellt. Unter den hier beschriebenen Bedingungen ergibt sich ein α_{560}-Wert von ca. $0,25 \; l \cdot g^{-1} \cdot cm^{-1}$ (→ Bd. 1: S. 84). Die Eichkurve ist linear im Bereich von 0–10 mg eingesetztem Protein. Ammoniumionen stören den Test, ebenso alle Substanzen, die auch bei 560 nm absorbieren. Sie müssen durch Fällen des Proteins mit Trichloressigsäure und anschließendes Waschen des Präzipitats mit Ethanol oder Aceton entfernt werden.

Andere Proteinbestimmungsmethoden beruhen auf der direkten Extinktionsmessung der Tryptophan- und Tyrosinreste bei 280 nm (wegen der vorhandenen Verunreinigung mit UV-absorbierenden Substanzen meist nicht praktikabel) oder der colorimetrischen Bestimmung des Tyrosinrestes mit dem Phenol-Reagenz nach FOLIN und CIOCALTEU[29] (LOWRY-Methode; empfindlicher, aber auch störanfälliger als die Biuret-Reaktion). Eine besonders einfache, ebenso empfindliche, aber weniger störanfällige Bestimmungsmethode für gelöstes Protein ist die BRADFORD-Methode[30], welche auf der Absorptionsverschiebung (465 nm → 595 nm) des spezifisch an Protein bindenden Farbstoffs *Coomassie Brillant Blue G-250* beruht.

Die enzymatische *Bestimmung der Stärke* erfolgt in drei Schritten: 1. die vollständige Hydrolyse der Amylose und des Amylopektins zu Glucose durch *Amyloglucosidase* (= AG, EC 3.2.1.3), ein aus *Aspergillus* isolierbares Enzym, das spezifisch α-glucosidische 1,4- und 1,6-Bindungen in Polyglucosemolekülen spaltet; 2. die Phosphorylierung der freigesetzten Glucose zu Glucose-6-Phosphat durch ATP in Gegenwart von *Hexokinase* (= HK, EC 2.7.1.1); 3. die Reduktion von $NADP^+$ zu NADPH durch Glucose-6-Phosphat in Gegenwart von *Glucose-6-Phosphat-Dehydrogenase* (= G6P-DH, EC 1.1.1.49):

$$\text{Stärke} + (n-1)\ H_2O \xrightarrow{AG} n\ \text{Glucose}, \tag{9}$$

$$\text{Glucose} + \text{ATP} \xrightarrow{HK} \text{Gluc-6-Phosphat}, \tag{10}$$

$$\text{Gluc-6-Phosphat} + NADP^+ + \xrightarrow{G6P\text{-}DH} \text{Gluconat-6-Phosphat} + \textbf{NADPH} + H^+. \tag{11}$$

Die gemessene Bildung von NADPH (Indikatorreaktion) steht in einem direkten stöchiometrischen Zusammenhang mit der Menge an Glucoseresten in der Stärke.

Die *Bestimmung des Triacylglycerols* erfolgt ebenfalls mit Hilfe eines mehrstufigen enzymatischen Tests. Zunächst wird das Glycerin durch katalytische Verseifung des Fetts (Chloroform als Katalysator) freigesetzt. Die im folgenden störenden Fettsäuren werden als Mg-Salze ausgefällt. Das Glycerin wird im Überstand durch folgende Reaktionssequenz an die NADH-Oxidation gekoppelt (GK = *Glyceratkinase*, EC 2.7.1.31; PK = *Pyruvatkinase*, EC 2.7.1.40; LDH = *Lactatdehydrogenase*, EC 1.1.1.27):

$$\text{Glycerin} + \text{ATP} \xrightarrow{GK} \text{Glycerin-1-Phosphat} + \text{ADP}, \tag{12}$$

$$\text{ADP} + \text{Phosphoenolpyruvat} \xrightarrow{PK} \text{ATP} + \text{Pyruvat}, \tag{13}$$

$$\text{Pyruvat} + \textbf{NADH} + H^+ \xrightarrow{LDH} \text{Lactat} + NAD^+. \tag{14}$$

---

[29] Peterson GL (1977) Anal Biochem 83: 346–356.
[30] Bradford MM (1976) Anal Biochem 72: 248–254; Spector T (1978) Anal Biochem 86: 142–146.

Auch hier verlaufen die beteiligten Reaktionen praktisch irreversibel von links nach rechts. Die Molmenge an verbrauchtem NADH entspricht daher genau der Molmenge an eingesetztem Glycerin bzw. Triacylglycerol.

Literatur

Bergmeyer HU (ed) (1983–1986) Methods of enzymatic analysis, 3. edn. vol 1–12. Verlag Chemie, Weinheim

A. Proteinbestimmung

Material und Geräte

1. Saatgut von Weizen, Erbse und Raps
2. Extraktionspuffer: 50 mmol $\cdot$ l^{-1} Tris, 20 g $\cdot$ l^{-1} Na-Dodecylsulfat, 10 ml $\cdot$ l^{-1} Mercaptoethanol; mit HCl auf pH 8,3 einstellen.
3. TCA-Lösung (250 g $\cdot$ l^{-1} Trichloressigsäure; Vorsicht, Hautkontakt vermeiden!)
4. Aceton
5. Biuret-Reagenz ($\rightarrow$ Experiment 1.7)
6. Serumalbumin-Standardlösung: 1000 mg kristallines, wasserfreies Serumalbumin in 100 ml dest. Wasser lösen.
7. Kornmühle (elektrische Kaffeemühle), Wasserbad (100°C), Eisbad, Zentrifuge (20 000 × **g**), Feinwaage (±1 mg), Photometer (546, 560 oder 578 nm), Küvetten (1 cm, 3 ml, Glas oder Plastik), Kolbenpipette (1000 µl, variabel), Pasteurpipetten, Zentrifugenbecher (Polypropylen), kleine Plastikspatel.

Durchführung (Grundexperiment)

1. *Homogenisation:* Etwa 3 g Samen (Caryopsen) jeder Art werden in einer Mühle zu einem feinen Pulver zermahlen. Von diesem Samenmehl werden jeweils 4 Proben (Parallelen) zu je 100 mg abgewogen.
2. *Extraktion:* Die Proben werden mit 7 ml Extraktionspuffer 10 min bei 100°C unter Schütteln in Zentrifugenbechern erhitzt (Wasserbad) und nach dem Abkühlen zentrifugiert (20 000 × **g**, 15 min).
3. *Fällung:* Vom klaren Überstand werden Anteile von 500, 1000 und 2000 µl in kleine Zentrifugengläser pipettiert und durch Zugabe von gleichen Volumina TCA-Lösung im Eisbad gefällt. Nach 15 min den Proteinniederschlag abzentrifugieren, mit 5 ml Aceton aufwirbeln und nochmals zentrifugieren. Dieser Waschschritt muß wiederholt werden, bis das Präzipitat rein weiß erscheint. Aceton mit Pasteurpipette absaugen (Rest durch kurzes Erwärmen entfernen).
4. *Colorimetrischer Test:* Zunächst wird eine Verdünnungsreihe der Standardlösung hergestellt: 0,2/0,4/0,6/0,8/1,0 ml Standardlösung mit dest. Wasser auf 1,0 ml ergänzen. Die gefällten Proteinproben ebenfalls mit 1,0 ml

dest. Wasser versetzen. Allen Ansätzen 4,0 ml Biuret-Reagenz zufügen, gut mischen (Plastikspatel) und warten, bis sich alles Protein gelöst hat. Die Referenzlösung enthält 1,0 ml Wasser + 4,0 ml Reagenz. Die klaren, blau bis violett gefärbten Lösungen werden gegen die Referenzlösung photometrisch vermessen (546, 560 oder 578 nm).

Auswertung

Aus der Steigung der Eichgeraden wird der Eichfaktor (mg Protein/ΔE) ermittelt und damit der Proteingehalt der unbekannten Proben in [mg Protein · g Samenmehl^{-1}] berechnet (Mittelwerte $\pm$ Schätzung des Standardfehlers). Für die Berechnung wählt man diejenigen Ansätze aus, welche im mittleren bis oberen Bereich der Eichgeraden liegen. Werte außerhalb der Eichgeraden dürfen nicht verwertet werden, da die Linearität dort nicht gewährleistet ist.

B. Stärkebestimmung

Material und Geräte

1. Samenmehl von Weizen, Erbse und Raps ($\rightarrow$ Teil A)
2. Extraktionsmedium: 80 ml Dimethylsulfoxid (DMSO) + 20 ml HCl-Lösung (25 Gew.%)
3. Citratpuffer: 0,2 mol · l^{-1} Citronensäure mit konz. NaOH auf pH 10,6 einstellen.
4. Triethanolaminpuffer: 0,75 mol · l^{-1} Triethanolamin mit konz. NaOH auf pH 7,6 einstellen.
5. Amyloglucosidase[31]-Lösung: 32 mg Lyophylisat (ca. 25 µkat) in 10 ml Citratpuffer (50 µmol · l^{-1}, pH 4,6) auflösen.
6. Coenzym-Lösung: 6 mmol · l^{-1} NADP$^+$ + 40 mmol · l^{-1} ATP in dest. Wasser lösen (frisch ansetzen).
7. Hexokinase/Glucose-6-Phosphat-Dehydrogenase[31] (Enzymsuspension, 3 g · l^{-1} Protein, enthält HK und G6P-DH im Verhältnis 2 : 1)
8. Feinwaage ($\pm$ 1 mg), Zentrifuge (5000 × g), Zentrifugenbecher (10–20 ml), Schüttelwasserbad (57 und 60 °C), Eisbad, Photometer (366 nm), Mikroreaktionsgefäße (1,5 ml, Plastik), Kolbenpipetten (10 µl, 1000 µl variabel), Küvetten (1 cm, 1 ml, Glas oder Plastik), Pasteurpipetten, kleine Reibschale, Quarzsand, kleine Plastikspatel.

Durchführung[32] (Grundexperiment)

1. Je 4 Samenmehlproben (100 mg) von Weizen, Erbse und Raps werden abgewogen.

---

[31] z. B. von Boehringer ($\rightarrow$ S. 444).
[32] Nach Beutler H-O (1978) Starch/Stärke 30: 309–312.

2. *Extraktion:* Die Proben werden in einer kleinen Reibschale mit 1,5 ml Extraktionsmedium und 0,5 g Quarzsand fein zerrieben. Weitere 3,5 ml Medium zugeben und gut mischen. Homogenat in einen Zentrifugenbecher überführen, diesen verschlossen 30 min im Schüttelwasserbad bei 60 °C inkubieren und anschließend bei 5000 × g für 10 min zentrifugieren (Alternative: Filtrieren). Vom klaren, meist gefärbten Überstand werden 1–2 ml mit einer Pasteurpipette abgesaugt (Fettschicht vorsichtig durchstoßen).

3. *Hydrolyse:* Im Eisbad werden 6 ml kalter Citratpuffer zu genau 1,0 ml Extrakt gegeben (der pH-Wert soll sich auf 4–5 einstellen; falls eine Ausfällung auftritt, nochmals zentrifugieren). In Mikroreaktionsgefäß 300 µl dieser Mischung mit 300 µl Amyloglucosidase-Lösung versetzen, kräftig schütteln und 20 min bei 57 °C inkubieren. Parallelansatz (300 µl, +300 µl Citratpuffer anstelle des Enzyms) zur Bestimmung der freien Glucose im Eisbad aufbewahren.

4. *Enzymatischer Test:* Jeweils 100 µl Coenzym-Lösung, 400 µl dest. Wasser, 300 µl Triethanolaminpuffer und 200 µl Probenlösung bei Raumtemperatur in einer Küvette gut mischen. Nach 3 min Extinktion (E_1) bei 366 nm messen (Referenz: Luft). 10 µl Enzymsuspension zufügen und mit Plastikspatel sorgfältig mischen. Nach 60 min Extinktion (E_2) messen. Zu jeder Serie wird ein Reagenzienleerwert (Citratpuffer statt Probenlösung) mitgeführt. Jeder Ansatz besteht aus 2 Probenlösungen (mit Hydrolyse und Parallelansatz ohne Hydrolyse). Da insgesamt 4 parallele Samenmehlproben analysiert werden, ergeben sich also 8 Meßlösungen für ein Samenmaterial. *Achtung:* Linearität zwischen Glucose-Konzentration und ΔE ist nur bei ≤ 0,6 µmol Glucose pro Küvetteninhalt gewährleistet. Wenn nötig, Probenlösung passend verdünnen!

Auswertung

Aus der Extinktionsdifferenz (E_2-E_1) des Parallelansatzes (ohne Hydrolyse) läßt sich der Gehalt an freier Glucose (+ Saccharose, welche durch das DMSO hydrolysiert wird) berechnen. Entsprechend erhält man aus den hydrolysierten Ansätzen den Gehalt an Polyglucose + freier Glucose. Die Differenz ergibt den Stärkegehalt, ausgedrückt in Glucose-Einheiten. Zunächst werden die Werte für $\Delta E = E_2 - E_1$ bezüglich des Reagenzienleerwerts korrigiert. Anschließend wird die molare Glucose-Konzentration im Extrakt mit Hilfe des Extinktionskoeffizienten von NADPH ($\varepsilon_{366} = 3,5 \cdot 10^3$ $l \cdot mol^{-1} \cdot cm^{-1}$) und der Verdünnungsfaktoren berechnet (LAMBERT-BEERsches Gesetz, → Bd. 1: S. 98). Die Mittelwerte (± Schätzung des Standardfehlers) werden in der Einheit [mg Stärke · g Samenmehl^{-1}] ausgedrückt (Molmasse des Glucoserests in der Stärke: 162,1 g · mol^{-1}). Die Meßausbeute des Verfahrens wird geprüft, indem man genau eingewogene

Mengen wasserfreier Kartoffelstärke alleine und zusammen mit Samenmehlproben analysiert. In beiden Fällen sollte die Ausbeute >95% ($\pm$ Standardfehler von <4%) liegen.

C. Triacylglycerolbestimmung

Material und Geräte

1. Samenmehl von Weizen, Erbse und Raps ($\rightarrow$ Teil A)
2. Extraktionsmedium: 80 ml Chloroform + 40 ml Methanol
3. Ethanolische KOH-Lösung (0,5 mol $\cdot$ l^{-1}): 1,4 g KOH in reinem Ethanol lösen, auf 50 ml mit Ethanol auffüllen.
4. MgSO$_4$-Lösung (0,15 mol $\cdot$ l^{-1})
5. Reagenzlösung: 0,4 mmol $\cdot$ l^{-1} Phosphoenolpyruvat, 0,6 mmol $\cdot$ l^{-1} NADH, 1,3 mmol $\cdot$ l^{-1} ATP, 0,15 mkat $\cdot$ l^{-1} Lactatdehydrogenase[33] (aus Schweinemuskel), 0,02 mkat $\cdot$ l^{-1} Pyruvatkinase[33] (aus Kaninchenmuskel), 23 mmol $\cdot$ l^{-1} Tris, mit HCl auf pH 7,6 eingestellt (auf Eis aufbewahren; bei 4 °C ca. 24 h haltbar).
6. Glyceratkinase[33] (aus *Candida mycoderma*, Enzymsuspension mit ca. 1,4 mkat $\cdot$ l^{-1})
7. Rollrandgläschen (20 ml), Mikroreaktionsgefäße (1,5 ml, Plastik), Zentrifuge für Mikroreaktionsgefäße, Kolbenpipetten (5, 50, 200, 500 µl), Schüttler (z. B. Vortex), Eisbad, Photometer (366 nm), Küvetten (1 cm, 1 ml, Glas oder Plastik), kleine Plastikspatel.

Durchführung (Grundexperiment)

1. Je 4 Samenmehlproben (100 mg) von Weizen, Erbse und Raps werden abgewogen.
2. *Lipidextraktion:* Die Proben werden in verschlossenen Rollrandgläschen mit 8 ml Extraktionsmedium für 30 min in der Kälte kräftig geschüttelt.
3. *Verseifung:* Nach dem Absitzen des Rückstandes werden 50-µl-Proben entnommen (Kolbenpipette) und in Mikroreaktionsgefäße pipettiert (2 Proben pro Extrakt für Doppelbestimmung). 200 µl KOH-Lösung zugeben, mischen (Schüttler) und 10 min bei Raumtemperatur stehen lassen. 500 µl MgSO$_4$-Lösung zugeben, mischen (Schüttler) und 2 min zentrifugieren. In gleicher Weise wird mit einem Reagenzienleeransatz (Extraktionsmedium statt Probe) verfahren.
4. *Enzymatischer Glycerintest:* 500 µl Reagenzlösung und 200 µl Überstand in einer Halbmikroküvette mischen (Plastikspatel). Nach 10 min Extinktion

---

[33] z. B. von Boehringer Mannheim ($\rightarrow$ S. 444). Die Reagenzien sind auch als fertige Mischung (Test-Combination für die Glycerinbestimmung) erhältlich. Zur Umrechnung von kat in die alte Enzymeinheit U gilt: 1 kat = 6 $\cdot$ 10^7 U.

46   Qualitative und quantitative Analyse von Pflanzenmaterial

(E_1) bei 366 nm messen (Referenz: Wasser). 5 µl Glyceratkinase zugeben und mit Plastikspatel sorgfältig mischen. Wenn die Reaktion vollständig abgelaufen ist (bei 20 °C nach etwa 10 min) Extinktion (E_2) messen. *Achtung:* Wenn $E_2 \approx 0$ wird, ist die Glycerinkonzentration höher als die NADH-Konzentration; die Messung muß dann mit passend verdünntem Überstand wiederholt werden.

Auswertung

Die Extinktionsdifferenz ($E_1 - E_2$) ist, nach Korrektur für den Reagenzienleerwert, proportional zur Konzentration an Glycerin in der Küvette. Die molare Glycerin(=Triacylglycerol-)Konzentration läßt sich mit Hilfe des Extinktionskoeffizienten von NADH ($\varepsilon_{366} = 3{,}5 \cdot 10^3 \, l \cdot mol^{-1} \cdot cm^{-1}$) und der Verdünnungsfaktoren berechnen (LAMBERT-BEERsches Gesetz, → Bd. 1: S. 98). Die Mittelwerte (± Schätzung des Standardfehlers) werden in der Einheit [mg Fett · g Samenmehl^{-1}] ausgedrückt (mittlere Molmasse der Triacylglycerole: 880 g · mol^{-1}). Der Arbeitsbereich des Tests liegt im Bereich von 0,1 bis 10 mg Fett · ml Probenlösung^{-1}. Die Meßausbeute des gesamten Verfahrens kann mit reinem Olivenöl, wie auf S. 45 für Stärke beschrieben, geprüft werden.

Probleme (weiterführende Experimente)

Außer für die Bestimmung der drei Speicherstoffe im Samen lassen sich diese Verfahren für eine Vielzahl von Fragestellungen einsetzen. Einige Beispiele:

1. Die Samen von *Sinapis alba* bestehen zu etwa 30% ihrer Trockenmasse aus Fett, welches zum größten Teil in den Kotyledonen des Embryos lokalisiert ist. Das Speicherfett wird nach dem Einsetzen der Keimung abgebaut und über β-Oxidation, Glyoxylatcyclus, Citratcyclus und Gluconeogenese in Zucker umgewandelt, welche unter bestimmten Bedingungen wieder als Stärke festgelegt werden können (→ Experiment 5.8). Frage: Wie verändern sich die pools an *Fett, Stärke* und *Zucker (Glucose + Saccharose)* während der Keimlingsentwicklung im Licht (Weißlicht) und im Dunkeln? (Anzucht der Keimlinge → Experiment 13.5, Stichproben von 20 ganzen Keimlingen mit Extraktionsmedium in gekühlter Reibschale mit Quarzsand homogenisieren). – In ähnlicher Weise läßt sich auch die Akkumulation der Samenspeicherstoffe während der *Samenreifung auf der Mutterpflanze* quantitativ verfolgen.

2. Das Hormon *Abscisinsäure* hemmt die Samenkeimung (→ Experiment 11.4). Wird hierbei auch die Mobilisierung der Protein- und Fettreserven unterbunden?

3. Die Samenproteine der Fabaceen und Brassicaceen lassen sich in eine *Albuminfraktion* (bei niedriger Ionenstärke löslich) und eine *Globulinfraktion* (nur bei hoher Ionenstärke löslich) trennen. Frage: In welchem quantitativen Verhältnis stehen die beiden Fraktionen zueinander? [Man extrahiert hierzu Samenmehl zunächst durch Homogenisieren in einer Reibschale mit Sand in Anwesenheit von Trispuffer (50 mmol $\cdot$ l^{-1}, pH 8,4). Nach dem Abzentrifugieren und Abnehmen des Albumin enthaltenden Überstands wird der Rückstand nochmals mit Trispuffer ($+1$ mol $\cdot$ l^{-1} NaCl) gemörsert, das Homogenat 1 h lang kräftig geschüttelt und der Globulin enthaltende Überstand durch Zentrifugieren isoliert.]

1.13 (A) Bestimmung des Gesamt-Zuckergehalts und des Ascorbatgehalts in Früchten

Für die Bewertung und Kontrolle der Qualität von Früchten und anderen pflanzlichen Produkten spielt u. a. die Messung des Gehaltes an *Zucker* und *Vitamin C* (*Ascorbinsäure*) eine wichtige Rolle. Für die spezifische Analyse einzelner Zucker (z. B. Saccharose oder Glucose) eignen sich naturgemäß enzymatische Testmethoden besonders gut. Der Gehalt an Gesamtzucker (wasserlösliche Mono- und Disaccharide) wird hingegen am einfachsten mit einem unspezifischeren colorimetrischen Test für Saccharide bestimmt. Besonders bewährt hat sich die *Anthron-Methode*. Zucker reagieren mit Anthron in schwefelsaurer Lösung bei höherer Temperatur unter Ausbildung eines blaugrünen Farbstoffes. Disaccharide werden unter diesen Bedingungen in Monosaccharide gespalten. Verschiedene Hexosen ergeben etwas unterschiedliche Farbintensitäten und werden daher nicht mit ganz gleicher Ausbeute gemessen; Pentosen werden praktisch nicht erfaßt. Die Farbintensität ist proportional zur Monosaccharidkonzentration, hängt aber von der Anthronkonzentration, der Säurekonzentration und der Erhitzungsdauer ab. Daher ist es notwendig, bei jeder Analyse Eichstandards mitzuführen.

L-Ascorbat ist ein Hexose-Abkömmling mit enolischen Hydroxylgruppen am C_2 und C_3. Diese Konfiguration ist sowohl für die sauren Eigenschaften (pK = 4,1), als auch für den Redoxcharakter ($E_0 = 0,08$ V) des Moleküls verantwortlich. Ascorbat geht unter Abgabe von 2 [H] in das neutrale, instabile *Dehydroascorbat* (Ketogruppen am C_2 und C_3) über. Im frischen Pflanzenmaterial liegt praktisch nur die reduzierte Form vor, welche allerdings nach der Extraktion durch O_2 rasch oxidiert (und dann weiter zerstört) wird. Hohe Temperaturen, Schwermetallspuren (z. B. Cu^{2+}) und alkalische Bedingungen fördern diese Oxidation; daher enthält z. B. an Luft erwärmtes Pflanzenmaterial meist kein Ascorbat mehr. Die meisten Pflanzen enthalten zudem eine sehr aktive, zellwandgebundene *Ascorbatoxidase* (= AO, EC 1.10.3.3), welche nach Zerstörung der Zellen das Ascorbat rasch umsetzt. Bei der Gewinnung von Extrakten versucht man, die Oxidation des Ascorbats durch *meta*-Phosphorsäure-Lösung [$(HPO_3)n$] zu hemmen. Da dies nur unvollständig möglich ist, sollten Extrakte nur in der Kälte, und auch dort nicht länger als unvermeidbar, aufbewahrt werden. Ascorbat kann als Redoxsubstanz durch Titration mit einem Redoxfarbstoff (DCPIP, $E'_0 = 0{,}22$ V; → Experiment 4.7) quantitativ bestimmt werden. Diese Methode ist allerdings in Anwesenheit anderer Redoxsubstanzen nicht spezifisch. Daher bestimmt man Ascorbat heute vorwiegend mit einer enzymatischen Methode. Ascorbat reduziert das Tetrazoliumsalz MTT [Thiazolylblau = 3-(4,5-Dimethylthiazol-2-yl)-2,5-diphenyl-2H-tetrazoliumbromid] in Gegenwart des Elektronenüberträgers PMS (5-Methylphenaziniummethylsulfat) bei pH 3,5 zu einem gefärbten Formazan:

$$\text{Ascorbat} + \text{MTT} \xrightarrow{\text{PMS}} \text{Dehydroascorbat} + \text{MTT-Formazan}^- + H^+.$$

Zur Solubilisierung des schwerlöslichen Formazans wird das Detergenz Triton X-100 zugesetzt. Diese Indikatorreaktion ist, ähnlich wie die DCPIP-Reduktion, nicht völlig spezifisch für Ascorbat. Daher wird in einem Parallelansatz das Ascorbat quantitativ durch Ascorbatoxidase (AO) entfernt:

$$\text{Ascorbat} + \tfrac{1}{2} O_2 \xrightarrow{\text{AO}} \text{Dehydroascorbat} + H_2O.$$

Die MTT-Reaktion liefert in diesem Fall den Beitrag der interferierenden Redoxsubstanzen. Die Differenz zwischen beiden Messungen ist ein spezifisches Maß für den Ascorbatgehalt der Probe. Wenn man das Dehydroascorbat in der Untersuchungsprobe mit Homocystein zu Ascorbat reduziert, kann mit dieser Methode auch die Summe beider Bestandteile des Vitamin C gemessen werden. Allerdings ist der Gehalt an Dehydroascorbat in biologischen Proben meist so gering, daß man sich in der Regel mit der Bestimmung der reduzierten Komponente des Vitamin C begnügt.

A. Zuckerbestimmung [34]

Material und Geräte

1. Pflanzenmaterial (z. B. Äpfel, Citrusfrüchte, Weintrauben, Kartoffeln)
2. Anthron-Reagenz: In einen 250-ml-Erlenmeyer-Kolben gibt man zuerst 28 ml dest. Wasser und dann langsam 72 ml H_2SO_4 (95 Gew.%). Nach dem Umschütteln löst man in der heißen Säure 50 mg Anthron und 1 g Thioharnstoff und kühlt die

---

[34] Nach Carroll NV, Longley RW, Roe JH (1956) J biol Chem 220: 583–593.

Lösung ab (im Kühlschrank 2–3 Wochen haltbar). Bei der Handhabung der stark sauren Lösung ist besondere Vorsicht geboten, z. B. nicht mit dem Mund pipettieren, besondere Sorgfalt am Photometer!
3. Saccharose-Stammlösung (genau $0,5$ mmol $\cdot$ l^{-1})
4. Reibschale, Quarzsand, Zentrifugenbecher (20 ml), Zentrifuge (5000 × g), Pasteurpipetten mit Saugball, Kolbenpipetten (10, 20, 100, 200, 1000 µl), Wasserbad (100 °C), Photometer (578 oder 620 nm), Küvette (1 cm, 1 ml, Glas).

Durchführung (Grundexperiment)

1. *Extraktherstellung:* 1 g Pflanzenmaterial (z. B. Fruchtfleisch) wird mit 10 ml dest. Wasser und 1 g Sand in einer Reibschale fein zerrieben. Homogenat in einen Zentrifugenbecher überführen und 5 min im kochenden Wasserbad erhitzen. Nach dem Zentrifugieren (10 min bei 5000 × g, Alternative: Filtrieren) wird der (klare) Überstand abgenommen (Pasteurpipette).
2. *Colorimetrischer Test:* Man stellt eine Verdünnungsreihe des Extraktes her (Reagenzgläser): 0/10/20/50/100/200 µl Extrakt jeweils auf 200 µl mit dest. Wasser ergänzen (bei hohen Ausgangskonzentrationen muß noch stärker verdünnt werden). Als Eichstandards dienen Ansätze mit 0/20/40/60/80/100 nmol Saccharose in 200 µl dest. Wasser. Alle Meßproben zweifach ansetzen (Doppelbestimmungen). Zu jedem Ansatz 1 ml Anthron-Reagenz zugeben, mischen, und alle Ansätze gemeinsam genau 15 min im kochenden Wasserbad erhitzen. In kaltem Wasser abkühlen und Extinktion bei 578 (oder 620) nm messen (Referenz: Luft).

Auswertung

Nach Subtraktion des Leerwertes wird ΔE gegen die Standard-Saccharosekonzentrationen aufgetragen (Eichgerade) und der Eichfaktor (Steigung) berechnet. Hiermit ermittelt man den Zuckergehalt der Gewebeprobe in der Einheit [mol Monosaccharidäquivalente $\cdot$ g Frischmasse^{-1}] aus Meßwerten, die in den mittleren bis oberen Teil der Eichgerade fallen. Nach 3facher Wiederholung der Messung bei einer günstigen Verdünnungsstufe des Extraktes ermittelt man den Mittelwert ± Schätzung des Standardfehlers.

B. Ascorbatbestimmung[35]

Material und Geräte

1. Pflanzenmaterial (→ Teil A)
2. Extraktionsmedium: 150 g $\cdot$ l^{-1} *meta*-Phosphorsäure-Lösung

---

[35] Nach Beutler HO, Beinstingl G (1980) Deutsche Lebensmittelrundschau 76: 69–75.

50 Qualitative und quantitative Analyse von Pflanzenmaterial

3. KOH-Lösung (90 nmol · l^{-1})
4. MTT-Reagenz: 7,5 mmol · l^{-1} MTT, 2 mmol · l^{-1} Na_2-EDTA, 30 g · l^{-1} Triton X-100 in Na_2HPO_4/Citronensäure-Puffer (je 0,2 mol · l^{-1}, pH 3,5) lösen.
5. PMS-Lösung (1,5 mmol · l^{-1})
6. Ascorbatoxidase[36] aus Kürbis (auf Spatel fixiertes Enzym, ca. 0,3 µkat · $Spatel^{-1}$)
7. Reibschale, Quarzsand, Eisbad, Zentrifugenbecher (20 ml), Zentrifuge (5000 × g), Pasteurpipetten mit Saugball, Kolbenpipetten (100, 1000 µl), Photometer (578 nm), Küvetten (1 cm, 3 ml, Glas oder Plastik), kleine Plastikspatel.

Durchführung (Grundexperiment)

1. *Extraktherstellung:* 1 g Pflanzenmaterial wird mit 1 ml Extraktionsmedium und 1 g Sand in der Kälte fein zerrieben. 9 ml kalte KOH-Lösung zugeben und Homogenat kräftig mischen. Das pH sollte im Bereich 3,5–4,0 liegen. Homogenat zentrifugieren (10 min, 5000 × **g**, Alternative: Filtrieren) und (klaren) Überstand abnehmen (Pasteurpipette).

2. *Photometrischer Test:* Für den Leerwert wird 1 ml MTT-Reagenz, 1,5 ml dest. Wasser und 100 µl Extrakt in einer Küvette mit einem Enzymspatel gemischt. Spatel in der Küvette lassen und im Abstand von 2 min erneut kurz mischen. In einer zweiten Küvette wird der gleiche Ansatz, jedoch ohne AO-Zusatz, hergestellt. Nach 15 min Enzymeinwirkung (25–30 °C) Extinktion (E_1) bei 578 nm für beide Küvetten registrieren (Referenz: Luft) und 100 µl PMS-Lösung zumischen. Man läßt die Küvetten für 30 min (oder bis die Reaktion zum Stillstand gekommen ist) im Dunkeln stehen und mißt dann E_2.

Auswertung

Die Extinktionsdifferenzen ($E_2 - E_1$) für den Ansatz ohne AO und den Ansatz mit AO werden subtrahiert. Dieser $\Delta(\Delta E)$-Wert ist proportional zur Konzentration an L-Ascorbat in der Küvette. Absolute Werte in der Einheit [mol Ascorbat · g $Frischmasse^{-1}$] erhält man mit Hilfe des LAMBERT-BEERschen Gesetzes (→ Bd. 1: S. 82, $\varepsilon_{578} = 16{,}9 \cdot 10^3$ l · mol^{-1} · cm^{-1}) unter Berücksichtigung der Verdünnungsfaktoren. Der Arbeitsbereich des Tests liegt bei 10–150 nmol Ascorbat · $Küvetteninhalt^{-1}$. Konzentriertere Probenlösungen (>1,5 µmol · ml^{-1}) müssen mit neutralisiertem Extraktionsmedium verdünnt werden. Bei niedrigen Ascorbatkonzentrationen setzt man größere Extraktmengen ein (auf Kosten von Wasser, Probe + Wasser stets 1,6 ml). Nach dreifacher Wiederholung der Messung ermittelt man den Mittelwert (± Schätzung des Standardfehlers).

---

[36] Von Boehringer (→ S. 444). Anstelle der Enzymspatel kann auch 10 µl einer (preiswerteren) Lösung des lyophilisierten Enzyms in dest. Wasser (30 µkat · ml^{-1}) verwendet werden. Die fertigen Reagenzien für die Ascorbatbestimmung sind als Test-Combination erhältlich (Best.-Nr. 409677).

Probleme (weiterführende Experimente)
1. Wie hoch ist der Zucker- und Ascorbatgehalt in *frischen Karotten* bzw. *Karotten aus Tiefkühlgemüse- oder Konservengemüsepackungen?* In ähnlicher Weise lassen sich z. B. auch Obstsäfte, andere Lebensmittel oder Vitamintabletten untersuchen. Anmerkung: Der tägliche Vitamin C-Bedarf eines erwachsenen Menschen beträgt etwa 75 mg.
2. Wie ändert sich der Zucker- und Ascorbatgehalt während der *Fruchtreife* bei Kirschen (Tomaten, Erdbeeren, Weintrauben usw.)?
3. Bereits im Mittelalter wurden angekeimte Senfsamen zur Heilung von Skorbut während langer Seereisen verwendet. Wie ändert sich der Ascorbat-Gehalt während der *Keimung* von Saatgut (z. B. von *Sinapis, Pisum, Helianthus, Triticum*)?
4. Wie ändert sich der Ascorbatgehalt von Kartoffelknollen, welche in 1-cm-Würfel geschnitten *für 24 h bei Raumtemperatur an der Luft stehen gelassen* werden? (→ Experiment 14.9)

2. Enzyme

Vorbemerkungen

Die allermeisten Reaktionen des Zellstoffwechsels werden durch *Enzyme* katalysiert. Die Isolierung und reaktionschemische Charakterisierung dieser katalytisch wirksamen Proteine spielt daher eine entscheidende Rolle bei der Aufklärung von *Stoffwechselwegen*. Enzyme sind häufig auf bestimmte Zelltypen oder bestimmte Zellkompartimente beschränkt und sind daher wichtige Marker für die zelluläre bzw. intrazelluläre Differenzierung und Kompartimentierung. Enzyme sind entweder *konstitutiv* oder durch bestimmte innere und äußere Steuerfaktoren *induzierbar* und dienen in letzterem Fall als empfindliche, spezifische Indikatoren für Entwicklungsprozesse.

Die Analyse von Enzymen wird dadurch sehr erleichtert, daß diese Proteinmoleküle, im Gegensatz zu den meisten anderen biologischen Makromolekülen, anhand ihrer hochgradigen *Reaktionsspezifität* relativ einfach und genau durch eine *Aktivitätsmessung* quantitativ bestimmt werden können. Die meisten Enzyme lassen sich, wie viele andere Proteine, aus pflanzlichem Gewebe nach Homogenisation mit einem wäßrigen Medium leicht extrahieren. Damit hierbei die katalytische Aktivität erhalten bleibt, müssen in der Regel eine Reihe von Schutzmaßnahmen ergriffen werden, um eine Denaturierung des Enzymproteins zu verhindern oder zumindest zu verzögern: 1. Extraktion in der Kälte (0–5 °C), 2. Medium mit Puffer auf geeigneten pH-Wert und geeignete Ionenstärke eingestellt, 3. Zusatz von weiteren Schutzstoffen (z. B. SH-Reagenzien als Oxidationsschutz, Komplexbildner zum Wegfangen von Schwermetallionen). Allerdings ist die Empfindlichkeit der einzelnen Enzyme bei der Extraktion außerordentlich unterschiedlich und hängt nicht zuletzt von der Art des Pflanzengewebes ab. Ein besonderes Problem stellen die in Pflanzen häufig vorliegenden phenolischen Verbindungen dar (*Polyphenole*), welche durch Phenoloxidasen mit O_2 zu Chinonen oxidiert werden können und in dieser Form Proteine denaturieren. (Der Gerbungsprozeß durch Gerbsäuren beruht im Prinzip auf dieser Reaktion.) Darüber hinaus enthalten viele Gewebe *Proteasen*, welche andere Proteine in einem Enzymrohextrakt mehr oder minder schnell abbauen können. Daher muß man bei längerer Aufbewahrung solcher Extrakte mit einem Abfall der Enzymaktivität rechnen. Als generelle Regel gilt, daß die Extrahierbarkeit und in-vitro-Stabilität eines Enzyms im Einzelfall experimentell sorgfältig geprüft, und die optimalen Methoden empirisch ausgearbeitet werden müssen.

Im folgenden Kapitel werden aus der riesigen Fülle nur einige wenige Enzyme herausgegriffen, um prinzipielle Einsichten in dieses Gebiet zu vermitteln. Meßvorschriften für eine größere Zahl von diagnostisch wichtigen Pflanzenenzymen sind bei den Experimenten 3.5, 5.13, 9.13, 13.5 und 13.8 zu finden.

Literatur

Bergmeyer HU (ed) (1983–1986) Methods of enzymatic analysis. 3. edn. vol 1–12. Verlag Chemie, Weinheim

Colowick SP, Kaplan NO (eds) (1955 ff.) Methods in enzymology. vol 1 ff., Academic Press, New York

Demonstrationsexperimente

2.1 (D) Qualitativer Nachweis einiger Enzyme (Katalase, Peroxidase, Phenoloxidase, Amylase, Phosphorylase)

Aktive Enzyme können in Rohextrakten anhand der von ihnen katalysierten Reaktionen sehr empfindlich und spezifisch nachgewiesen werden. Nach Inaktivierung eines Enzyms (durch Erhitzen oder durch chemische Inhibitoren) unterbleibt die Reaktion. Auf diese Weise kann die Wirkung eines Enzyms von einer eventuell ebenfalls ablaufenden, nicht-enzymatischen Reaktion unterschieden werden.

Zur qualitativen Demonstration der Enzymwirkung eignen sich besonders solche Reaktionen, welche mit der Bildung eines gefärbten Produktes verbunden sind oder auf andere Weise direkt optisch sichtbar gemacht werden können. Fünf Beispiele hierfür sind im folgenden beschrieben.

Die *Katalase* (Wasserstoffperoxid : Wasserstoffperoxid Oxidoreductase, EC 1.11.1.6) katalysiert die Reaktion:

$$H_2O_2 + H_2O_2 \rightarrow 2\,H_2O + O_2.$$

Dieses weitverbreitete Enzym eignet sich besonders gut zur Demonstration der biologischen Katalyse: 1. Die durch Katalase ermöglichte Peroxidspaltung ist exergonisch; trotzdem läuft sie in einem meßbaren Ausmaß nicht spontan ab. Erst durch Zugabe des Katalysators wird die Aktivierungsenergie soweit erniedrigt, daß eine rasche Reaktion in der Richtung des Energiegefälles eintritt. 2. Denaturierung des Proteins führt zur Inaktivierung, ebenso der Zusatz eines Inhibitors.

Die prosthetische Gruppe des Enzyms ist das Fe^{3+}-haltige Protohämin. Jedes Enzymmolekül (Molmasse: 240 000 g mol^{-1}) besitzt 4 solcher Gruppen. Im Gegensatz zu den ähnlich aufgebauten Cytochromen findet kein Valenzwechsel bei der Katalyse statt. CN^--Ionen bilden einen stabilen Komplex mit Fe^{3+} und hemmen dadurch das Enzym. (Die Hemmung durch CN^- ist für viele eisenhaltige Protoporphyrinenzyme charakteristisch. Die Toxizität von CN^- beruht auf der entsprechenden Reaktion mit der Cytochromoxidase der Mitochondrien.)

Die Reaktion der Katalase verläuft über zwei Stufen: Zunächst wird ein Molekül H_2O_2 an das Fe^{3+} angelagert. Dieser Komplex reagiert dann unter Zerfall mit einem zweiten H_2O_2-Molekül. Dabei werden O_2 und H_2O gebildet (Abb. 7).

Die *Peroxidase* (Donator:Wasserstoffperoxid Oxidoreductase, EC 1.11.1.7) ist der Katalase in ihren Eigenschaften sehr ähnlich. Sie enthält ebenfalls Protohämin (das Molekül enthält eine prosthetische Gruppe, Molmasse: 44 000 g mol^{-1}). Bei der Peroxidasereaktion wird H_2O_2 zu H_2O reduziert, wobei ein Wasserstoffdonator AH_2 dehydriert wird (Abb. 7). Der Unterschied zur Katalasereaktion besteht also im wesentlichen darin, daß statt eines zweiten H_2O_2-Moleküls ein anderer Wasserstoffdonator oxidiert wird. Es entsteht daher kein O_2. AH_2 steht für eine ganze Reihe von organischen Molekülen, zum Beispiel für Phenole, aromatische Amine, Indole, Ascor-

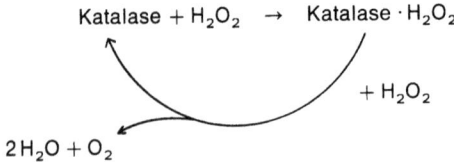

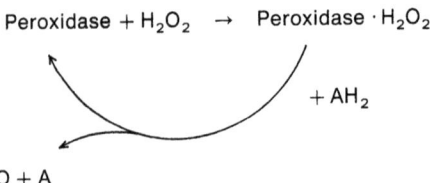

Abb. 7. Mechanismus der Katalase- und Peroxidase-Reaktion (stark vereinfacht)

binsäure und andere. Wir haben hier ein hinsichtlich des Wasserstoffdonators relativ *substratunspezifisches* Enzym vor uns.

Ein einfacher Nachweis für Peroxidase ist die *Purpurogallin-Reaktion*. Pyrogallol (1,2,3-Trihydroxybenzol) wird durch H_2O_2 zum rotbraunen Purpurogallin (Trihydroxy-benz-tropolon) oxidiert. Mit *Guajakol* (o-Methoxyphenol) als Substrat, das auch zum Nachweis verwendet werden kann, treten braune Kondensationsprodukte auf (→Abb. 10, S. 65). Diese Testreaktionen spielen natürlich in der lebenden Zelle keine Rolle. Die Peroxidase liegt in pflanzlichem Gewebe meist in 7–10 Isoenzymen vor.

Phenoloxidasen sind bei Pflanzen und Tieren weit verbreitet. Es handelt sich hier um eine Gruppe kupferhaltiger Enzyme, welche Phenole mit Hilfe von molekularem Sauerstoff oxidieren können. Als Reaktionsprodukte treten zunächst Chinone auf, welche über eine Reihe gelb bis rot gefärbter Zwischenprodukte zu dunkel gefärbten Melaninpigmenten kondensieren. Bei Tieren vermitteln Enzyme dieser Gruppe die Melaninbildung aus Tyrosin. Bei den Pflanzen dagegen ist ihre Funktion weniger offensichtlich. Hier läuft eine deutliche Reaktion erst ab, wenn durch Verletzen der Zellen Vakuoleninhalt (enthält Phenole) und Cytoplasma (enthält Phenoloxidasen) in Kontakt kommen. Die Verfärbung von Kartoffeln, Äpfeln, Pilzen usw. nach dem Anschneiden hat ihre Ursache in der Phenoloxidasereaktion. In der Kartoffelknolle kann man mindestens 11 Phenoloxidase-Isoenzyme unterscheiden.

Man kann die Phenoloxidasen in zwei große Gruppen einteilen:

1. *o-Diphenoloxidasen* (o-Diphenol:Sauerstoff Oxidoreductasen, EC 1.10.3.1). Diese Enzyme, zu denen zum Beispiel die Tyrosinase gehört, oxidieren am schnellsten o-Diphenole. Monophenole (z. B. Tyrosin) werden in einer relativ langsamen Reaktion zuerst zu o-Diphenolen oxidiert (Abb. 8).

2. *p-Diphenoloxidasen* (p-Diphenol:Sauerstoff Oxidoreductasen, EC 1.10.3.2). Diese Enzyme greifen Monophenole und o-Diphenole nicht an. Sie sind spezifisch für p-Diphenole, welche durch O_2 zu p-Chinonen oxidiert werden (Abb. 8). Auch hier treten als Endprodukte Melanine auf. Zu dieser Gruppe gehört die Laccase, welche im Milchsaft des japanischen Lackbaumes (*Rhus vernicifera*) für die Pigmentbildung verantwortlich ist.

Auch die Phenoloxidasen können durch den Komplexbildner CN^- „vergiftet" werden, da das Kupfer als prosthetische Gruppe für die katalytische Funktion wichtig ist. Außerdem wirkt Thioharnstoff inaktivierend; auch hier tritt Chelatbildung mit dem Kupfer ein. Wir sehen bei den Phenoloxidasen, daß sehr ähnliche Enzyme durch ihre spezifischen Substratbedürfnisse eindeutig unterschieden werden können.

Die *Amylasen* sind hydrolytisch wirkende Enzyme, die α-1,4-glucosidische Bindungen von Stärke bzw. Glycogen spalten. Man unterscheidet

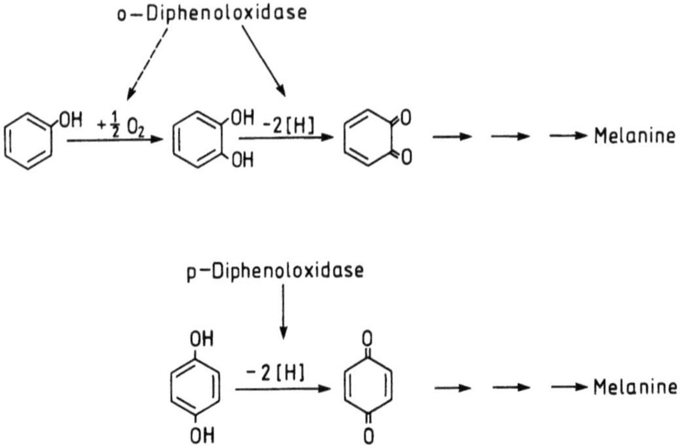

Abb. 8. Reaktionsweise der Phenoloxidasen

eine α-*Amylase* (α-1,4-D-Glucan Glucanohydrolase, EC 3.2.1.1), welche wahllos in der Mitte des Makromoleküls spaltet und eine β-*Amylase* (α-1,4-D-Glucan Maltohydrolase, EC 3.2.1.2), die vom nicht reduzierenden Ende des Glucans her spaltet. Aufgrund dieser spezifischen Unterschiede sind auch die Bezeichnungen *Endoamylase* und *Exoamylase* gebräuchlich. Beide Enzyme bauen die unverzweigte Amylose (nur α-1,4-glycosidische Bindungen) zu Maltose (α-1,4-Glucosidoglucose) ab, wobei durch die α-Amylase lineare Dextrine als Zwischenprodukte auftreten. Die im verzweigten Amylopektin außerdem vorhandenen α-1,6-glycosidischen Bindungen werden von den Amylasen nicht angegriffen. Daher entstehen neben Maltose durch die Einwirkung von α-Amylase *Isomaltose* (α-1,6-Glucosidoglucose), durch die Einwirkung von β-Amylase dagegen relativ hochmolekulare *Grenzdextrine*. Die Namen α-*Amylase* und β-*Amylase* wurden gewählt, weil die erste Maltose in der α-Form freisetzt, die zweite dagegen eine Konfigurationsumkehr der OH-Gruppe am C_1 der alkoholisch gebundenen Glucose durchführt und daher Maltose in der β-Form freisetzt.

Der Nachweis der Amylasen kann auf zwei Weisen erfolgen:
1. Nachweis des Verschwindens von Stärke mit der *Jodstärkereaktion*.
2. Nachweis der Bildung von Maltose als reduzierenden Zucker (zum Beispiel mit der *FEHLINGschen Probe;* → Experiment 1.5).

Enzymatische Hydrolysen sind im Prinzip stets irreversible Reaktionen. Dafür gibt es zwei Gründe:
1. Die Spaltung ist energetisch begünstigt, da eine Zunahme der Entropie stattfindet.

2. Das Substrat H_2O ist in einem gewaltigen Überschuß vorhanden ($55{,}6 \text{ mol} \cdot l^{-1}$).
Die *Phosphorylase* (α-1,4-Glucan:Orthophosphat Glucosyltransferase, EC 2.4.1.1) katalysiert die Reaktion:

α-D-Glucose-1-Phosphat + (α-1,4-Glucosyl)$_{n-1}$ ⇌
(α-1,4-Glucosyl)$_n$ + Phosphat ($\Delta G^{0'} = 3$ kJ/Formelumsatz).

Die Reaktion ist wegen des relativ kleinen $\Delta G^{0'}$-Wertes praktisch reversibel, das heißt das Enzym kann sowohl die Kettenverlängerung als auch die Spaltung von Stärke durchführen. In der Zelle beobachtet man nur die Abbaureaktion; wahrscheinlich wird dort die für die Synthese erforderliche Konzentration an Glucose-1-Phosphat nicht erreicht. *In vitro* läßt sich jedoch auch die Stärkesynthese durch Phosphorylase durchführen. Dazu ist der Zusatz einer katalytischen Menge Stärke oder Dextrin nötig. An diese „Startermoleküle" baut das Enzym dann weitere Glucoseeinheiten an. Phosphorylase spaltet (knüpft) nur α-1,4-glycosidische Bindungen; daher werden Amylopektine nur bis zu den Grenzdextrinen abgebaut bzw. nur unverzweigte Amyloseketten synthetisiert.

Durchführung

1. *Die Katalase der Kartoffelknolle*[1]. Fein zerschnittene Stückchen einer frischen Knolle werden in einer Reibschale mit Sand und etwas Wasser (oder $50 \text{ mmol} \cdot l^{-1}$ Phosphatpuffer, pH 7,0) weiterzerkleinert und durch 4 Lagen Mull abgepreßt. Nach Filtrieren oder Zentrifugieren erhält man einen klaren Enzymrohextrakt. Gibt man einige Tropfen dieses Extraktes zu 10 ml Substratlösung (H_2O_2-Lösung, 3 Gew.%), so setzt sofort deutlich sichtbare O_2-Entwicklung ein. Die Reaktion unterbleibt, wenn der Extrakt vorher kurz aufgekocht oder mit einigen Kristallen KCN versetzt wurde.
Anmerkungen: Der Versuch läßt sich auch direkt mit kleinen Kartoffelstückchen durchführen. – Mit einem einfach zu konstruierenden Volumeter (Abb. 9) läßt sich die Katalasereaktion auch quantitativ bestimmen. Nach der Temperaturäquilibrierung (Wasserbad) wird die Reaktion durch Zugabe von Enzymextrakt gestartet. Eine geschlossene Schicht von Oktanol auf dem Reaktionsgemisch verhindert das Schäumen. Stopfen dicht aufsetzen und, bei geschlossenem Hahn, einen Tropfen gefärbtes Wasser mit Hilfe der Spritze in die Pipette bis zur Krümmung einsaugen. Die Wanderungsgeschwindigkeit des Tropfens (in $\text{ml} \cdot \text{min}^{-1}$) gibt direkt die O_2-Produktion

---

[1] *Solanum tuberosum* (Solanaceae), aus den Hochanden stammende, heute auch in Europa verbreitete Kulturpflanze, welche bei hohen Erträgen vergleichsweise geringe Ansprüche an die Bodenqualität stellt.

58 Enzyme

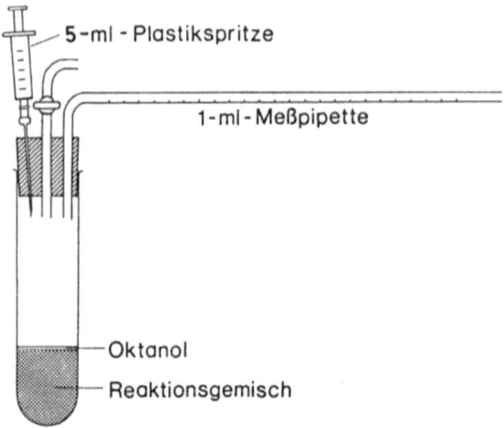

Abb. 9. Volumeter zur Bestimmung der Katalaseaktivität. Die Meßkapillare besteht aus einer gebogenen 1-ml-Pipette (völlig fettfrei!). Als Marke dient ein Tropfen angefärbtes Wasser, der mit Hilfe der Spritzen leicht in die Ausgangsposition in der Pipette bewegt werden kann. Als Reaktionsgefäß wird ein großes Reagenzglas verwendet

wieder. Auf diese Weise läßt sich z. B. die Abhängigkeit von der Temperatur, Substratkonzentration oder vom pH-Wert messen.

2. *Die Peroxidase der Meerrettichwurzel*[2]. Enzymextrakt wird wie oben beschrieben hergestellt. Die Reaktion wird durch Mischen von 1 ml Enzymextrakt mit 2 ml Substratlösung (10 g · l^{-1} Pyrogallol, 3 Gew.% H_2O_2) ausgelöst. Positives Ergebnis: rote bis braunschwarze Verfärbung. Durch geeignete Kontrollen kann gezeigt werden, daß die Reaktion ausbleibt, wenn Pyrogallol, H_2O_2 oder aktives Enzym weggelassen werden (oder die Peroxidase durch CN$^-$ vergiftet wird).

3. *Die Phenoloxidase der Kartoffelknolle.* 1 ml Enzymextrakt (→ S. 57) wird zu jeweils 5 ml Brenzkatechin- bzw. Hydrochinon-Lösung (10 g · l^{-1}) gegeben. Positives Ergebnis: Gelbbraune Verfärbung. Um welchen Phenoloxidasetyp handelt es sich? Thioharnstoff komplexiert Cu^{2+} und kann daher neben CN$^-$ als Hemmstoff der Phenoloxidase verwendet werden.

Anmerkung: Der Versuch kann auch so durchgeführt werden, daß man die Schnittflächen frisch halbierter Kartoffelknollen mit den Substratlösungen behandelt.

---

[2] *Armoracia lapathifolia* (Brassicaceae), Gewürz- und Heilpflanze aus Südosteuropa.

4. *Die Amylase des Weizenkeimlings*[3]. Etwa 20 angekeimte Weizencaryopsen werden mit 60 ml Phosphatpuffer extrahiert (→ S. 57). Der Enzymrohextrakt muß stärkefrei sein (eventuell hochtourig abzentrifugieren, Prüfung mit Jod-Lösung, → Experiment 1.5). Reaktion: 20 ml Stärke-Lösung (1 g lösliche Stärke in 50 ml Wasser unter Erwärmen auflösen) werden mit 40 ml Enzymextrakt gemischt. Sofort anschließend und dann jeweils im Abstand von 3 min werden 1-ml-Proben des Gemisches mit 3 Tropfen Jod-Lösung auf Stärke geprüft (Blaufärbung). Auf diese Weise läßt sich der Zeitbedarf bis zur vollständigen Hydrolyse der Stärke bestimmen.

Anmerkung: Die so bestimmte Reaktionszeit ist ein Maß für die relative Enzymaktivität, welche sich in der operationalen Einheit [min^{-1}] ausdrükken läßt. Unter standardisierten Reaktionsbedingungen läßt sich mit dieser Methode die Abhängigkeit der Amylasereaktion von der Temperatur, Substratkonzentration, Enzymkonzentration oder vom pH-Wert recht genau bestimmen.

5. *Die Phosphorylase der Kartoffelknolle.* Etwa 50 g frisch geschnittene Kartoffelstückchen werden mit 20 ml KF-Lösung (10 mmol $\cdot l^{-1}$, hemmt den Abbau von Glucose-1-Phosphat durch Phosphatasen; Vorsicht, Gift!) und 3 g Polyvinylpyrrolidon (→ Experiment 2.7) in der Kälte extrahiert (→ S. 57). Der Extrakt muß stärkefrei sein (eventuell hochtourig abzentrifugieren, Prüfung mit Jod-Lösung). Es werden 8 Ansätze in Reagenzgläsern nach folgendem Schema angesetzt (Glucose und Glucose-1-Phosphat: 10 mmol $\cdot l^{-1}$; K-Phosphat(puffer): 0,3 mol $\cdot l^{-1}$, pH 6,0; Stärke: 0,1 g lösliche Stärke in 100 ml dest. Wasser unter Erwärmen lösen; Dextrin: 0,1 g $\cdot l^{-1}$):

Ansatz:	0	1	2	3	4	5	6	7	8
Glucose (ml)	–	–	–	–	–	5	–	–	–
Glucose-1-Phosphat (ml)	–	–	–	–	5	–	5	5	5
Phosphat (ml)	–	1	–	1	–	–	–	–	1
Stärke (ml)	–	5	5	5	–	–	–	–	–
Dextrin (ml)	1	1	1	1	1	1	–	1	1
H$_2$O (ml)	6	–	1	–	1	1	2	1	–

Zu jedem Ansatz werden rasch 5 ml Enzymextrakt (Ansatz 3 und 7: gekochter Enzymextrakt) gegeben und gut gemischt. Sofort anschließend und dann jeweils im Abstand von 15 min werden 1-ml-Proben des Gemisches mit 3 Tropfen Jod-Lösung (Experiment 1.5) auf Stärke geprüft (Blaufärbung). Wie lassen sich die Ergebnisse mit der Zusammensetzung der einzelnen Ansätze erklären?

---

[3] *Triticum aestivum* (Poaceae), → Experiment 1.4.

2.2 (D) Histochemischer Enzymnachweis (Peroxidase)

Viele Enzyme sind nicht gleichmäßig auf die Zellen der Pflanze verteilt, sondern zeigen ein gewebespezifisches Muster, welches mit Hilfe von histochemischen Nachweisreaktionen studiert werden kann. Man bringt hierzu frisch hergestellte Präparate (meist Schnitte) von unfixiertem Pflanzenmaterial in eine Substratlösung und lenkt die Reaktion so, daß ein gefärbtes, schwerlösliches Produkt entsteht, das am Ort seiner Bildung angehäuft wird. In der Literatur sind derartige Verfahren für viele Enzyme beschrieben. Im folgenden wird als Beispiel der histochemische Nachweis der *Peroxidase* dargestellt. Dieses Enzym ist bevorzugt in den Zellwänden lokalisiert und zeigt häufig ein spezifisches Verteilungsmuster in der Pflanze.

Literatur

Deane HW, Barnett RJ, Seligman AM (1960) Histochemische Methoden zum Nachweis der Enzymaktivität. In: Graumann W, Neumann K (Hrsg) Handbuch der Histochemie, Bd VII/1. Fischer, Stuttgart
Gahan PB (1984) Plant histochemistry. An introduction. Academic Press, London
Van Fleet DS (1962) Histochemistry of enzymes in plant tissues. In: Graumann W, Neumann K (Hrsg) Handbuch der Histochemie, Bd VII/2. Fischer, Stuttgart, pp 1–38

Durchführung [4]

Handschnitte von frischem Pflanzenmaterial (z. B. Sproß-, Wurzel- oder Blattquerschnitte von Bohnen- oder Senfkeimlingen, Tomatenfrucht) werden auf einem Objektträger in einem Tropfen Substratlösung inkubiert [frisch ansetzen: 10 mg TMB[5] in 2,5 ml Ethanol lösen, 47,5 ml dest. Wasser, 50 ml Acetatpuffer (Essigsäure/Na-Acetat, 0,1 mol · l^{-1}, pH 4,5) und 300 µl Perhydrol zugeben]. TMB wird mit H_2O_2 zu einem tiefblau gefärbten Dimer umgesetzt, welches nach einiger Zeit ausbleicht. Kontrolle: Substratlösung ohne H_2O_2. Die Reaktion kann spezifisch durch KCN, Na-Azid oder Hydroxylamin gehemmt werden. (Eine interessante Beobachtung läßt sich an der Epidermis von intakten Maiskoleoptilen machen, welche für einige Minuten in die Substratlösung gelegt und dann unter dem Stereomikroskop (40 ×) untersucht werden. Zone über den Leitbündeln beachten!) *Anmerkung:* In ähnlicher Weise läßt sich die Aktivität von NADH(oder NADPH)-produzierenden Dehydrogenasen histochemisch mit der *Tetrazolium-Methode* nachweisen (Bildung von charakteristischen, roten Formazan-Kristal-

---

[4] Nach Imberty A, Goldberg R, Catesson A-M (1984) Plant Sci Lett 35:103–108.
[5] 3,3′,5,5′-Tetramethylbenzidin, ersetzt das früher verwendete, *stark carzinogene* Benzidin (z. B. von Serva, → S. 445).

len im Cytoplasma; → Experiment 5.9). Eine entsprechende Methode zur Lokalisierung von *Alkoholdehydrogenase* in Erbsenkotyledonen wurde von Kollöffel C (1968) Acta bot Neerl 17: 431–432 beschrieben.

2.3 (D) Präparative enzymatische Darstellung von Glucose-1-Phosphat

Die in Experiment 2.1 e beschriebene Phosphorylasereaktion kann zur technischen Gewinnung von Glucose-1-Phosphat eingesetzt werden. Im folgenden ist eine Vorschrift angegeben, welche 10–15 g dieses Metaboliten (als K-Salz) liefern kann.

Durchführung[6]

Zur Gewinnung einer ausreichenden Menge an Enzymextrakt werden 500 g gekühltes Kartoffelgewebe mit 20 g Polyvinylpyrrolidon und 50 ml KF-Lösung (50 mmol · l^{-1}) homogenisiert (Mixgerät) und daraus ca. 200 ml Preßsaft gewonnen (→ Experiment 2.1 e). Der Reaktionsansatz besteht aus 750 ml Stärke-Lösung [15 g lösliche Stärke in 750 ml K-Phosphatpuffer (50 mmol · l^{-1}, pH 6,8) durch Erhitzen lösen] und 150 ml Enzymextrakt (gut mischen). Zur Hemmung des Bakterienwachstums eine Spatelspitze Thymol zugeben. Inkubation bei 37 °C. Nach 24 h Ansatz kurz aufkochen, abkühlen lassen und restliche Stärke durch Zusatz von 25 mg Amylase hydrolysieren (ca. 2 h bei 37 °C, pH 6,8; Prüfung mit Jod-Lösung, → Experiment 1.5). Zur Fällung des überschüssigen Phosphats 75 g Mg-Acetat, gelöst in 50 ml Wasser, zugeben und mischen. Mit NH_3-Lösung pH auf 8,2 einstellen und Kolben für 12 h bei 4 °C stehen lassen. Niederschlag abfiltrieren. Filtrat im Vakuum bei 45 °C am Rotationsverdampfer einengen, bis die Kristallbildung einsetzt. pH-Wert überprüfen und, wenn nötig, auf 8,2 mit KOH einstellen. Lösung auf 80–90 °C erwärmen, einen Löffel Aktivkohle zufügen und filtrieren. Filtrat bei 50 °C mit gleichem Volumen Ethanol versetzen und für einige Stunden bei 4 °C stehen lassen. Die Kristalle auf kleinem Büchnertrichter absaugen und mit 250 ml einer Mischung von gleichen Volumenteilen K-Acetat-Lösung (250 g · l^{-1}) + Ethanol waschen. Weitere Waschgänge mit Ethanol (70 Vol.%), Ethanol (96 Vol.%) und Aceton. Anschließend können die Kristalle in einer flachen Schale bei 30–40 °C getrocknet werden (bis der Acetongeruch verschwunden ist).

---

[6] Nach Paech K, Simonis W (1952) Übungen zur Stoffwechselphysiologie der Pflanzen. Springer, Berlin Göttingen Heidelberg, pp 212–213 (verändert).

Das Präparat darf keine positive Reaktion bei der FEHLINGschen Probe (→ Experiment 1.5) ergeben. Glucose-1-Phosphat läßt sich als solches z. B. enzymatisch nachweisen (→ Experiment 2.1 e).

Analytische Experimente

2.4 (A) Nachweis und quantitative Bestimmung von Proteinase (Endopeptidase) aus Maisendosperm [7] mit einem Radialdiffusionstest

Enzymaktivitäten lassen sich nicht nur photometrisch bestimmen. So kann man z. B. alle Oxidasen anhand des Verbrauchs von O_2 durch WARBURG-Manometrie (→ Bd. 1: S. 63) oder mit der O_2-Elektrode (→ Bd. 1: S. 147) messen. Eine weitere Möglichkeit wird in diesem Experiment vorgestellt. Die Diffusionsgeschwindigkeit eines Moleküls in freier Lösung (oder im Lösungsraum einer Gelmatrix) hängt von seiner Konzentration ab (1. FICKsches Gesetz). Läßt man daher ein Enzym von einem Zentrum aus radial in ein Agargel diffundieren, so ist die in einer bestimmten Zeit zurückgelegte Diffusionsstrecke (der Durchmesser oder die Fläche des Diffusionskreises) ein Maß für die Enzymkonzentration. Der Diffusionskreis, der von der Front der wandernden Enzymmoleküle gebildet wird, läßt sich anhand der Reaktion mit einem im Gel befindlichen Substrat sichtbar machen. Im Fall der *Proteinase* wird ein Substratprotein im Agargel eingeschlossen (zusammen mit einer Spur Azid, um das Wachstum von Mikroorganismen zu verhindern). Die Hydrolyse dieses Proteins durch Endopeptidasen erzeugt einen Protein-freien Hof um die Auftragstelle, der leicht ausgemessen werden kann. Exopeptidasen bauen Proteine nur partiell ab und werden daher in diesem Test nicht erfaßt. Maisendosperm enthält eine saure Proteinase aus der Gruppe EC 3.4.23.

Dieser Test ist besonders gut geeignet, um ein „screening"-Programm für Proteinasen mit verschiedenen Pflanzenmaterialien durchzuführen. Bei Variation des Substratproteins läßt sich diese Methode ebensogut für die Untersuchung der Abbaubarkeit verschiedener Proteine durch eine bestimmte

---

[7] *Zea mays* (Poaceae), aus Südamerika stammende Getreidepflanze, die heute wegen ihres hohen Ertrags und ihrer Anspruchslosigkeit an Boden und Klima weltweit verbreitet ist.

Proteinase einsetzen. Schließlich kann der Test auch verwendet werden, um natürliche oder künstliche *Proteinaseinhibitoren* zu studieren.

Literatur

Ryan CA (1973) Proteolytic enzymes and their inhibitors in plants. Ann Rev Plant Physiol 24:173–196

Santarius K, Ryan C (1977) Radial diffusion as a sensitive method for screening endopeptidase activity in plant extracts. Anal Biochem 77: 1–9

Material und Geräte

1. Keimlinge von *Zea mays* (10 d im Licht bei 25 °C auf feuchtem Vermiculit angezogen)
2. Extraktions- und Gelpuffer (MCILLVAINE-Puffer): 0,05 mol · l^{-1} Citronensäure mit 0,1 mol · l^{-1} Na$_2$HPO$_4$ auf pH 3,8 einstellen.
3. Agar (gereinigt, „für die Mikrobiologie")
4. Gelatine (gereinigt, „für die Mikrobiologie")
5. Na-Azid
6. Protein-Färbelösung: 0,2 g Coomassie Brillant Blau R-250 in 50 ml Isopropanol lösen. 43 ml dest. Wasser und 7 ml Eisessig zusetzen.
7. Entfärbelösung: 20 ml Isopropanol + 7 ml Eisessig + 73 ml dest. Wasser
8. Skalpell, Reibschale, Quarzsand, Zentrifuge (10 000 × **g**), Zentrifugenbecher (Plastik), Pasteurpipetten, Korkbohrer (5 mm Außendurchmesser, mit Schlauchverbindung zu einer Wasserstrahlpumpe), Petrischalen (Plastik, 9 cm), Wärmeschrank (40 °C), Magnetrührer-Heizplatte, Schütteltisch.

Durchführung [8] (Grundexperiment)

1. *Herstellung der Substratgele:* 0,2 g Gelatine in 50 ml Puffer in der Wärme lösen und 10 mg Azid zufügen. 1 g Agar in 50 ml dest. Wasser unter Rühren erhitzen. Wenn sich der Agar gelöst hat, Gelatine-Lösung zugeben und kurz aufkochen. Die etwas abgekühlte Lösung in Petrischalen 3 mm hoch ausgießen und erstarren lassen. Nun werden mit einem Korkbohrer 5 mm große Löcher in die Agarschicht gestanzt (Abstand ca. 2 cm; zum Absaugen der Gelscheibchen Korkbohrer an Wasserstrahlpumpe anschließen). Gele bei 4 °C vor Austrocknung geschützt aufbewahren.
2. *Herstellung des Enzymextraktes:* Endosperm von 10 Caryopsen (mit Perikarp, ohne Scutellum) mit Skalpell klein schneiden und mit 1 g Sand und 3 ml Puffer in einer Reibschale fein zerreiben. Homogenat bei 10 000 × **g** für 15 min zentrifugieren und klaren Überstand mit Pasteurpipette absaugen. Verdünnungsreihe (0,13/0,25/0,5/1,0 ml · ml^{-1}) mit Puffer ansetzen.
3. *Enzymtest:* Die Löcher des Substratgels werden mit 30 μl Enzymextrakt (bis zum Rand) aufgefüllt. Leerprobe: gekochter Enzymextrakt. Gele in

---

[8] Nach Harvey BM, Oaks H (1974) Plant Physiol 53:449–452 (verändert).

einem verschlossenen Behälter, der etwas Wasser enthält, bei 40 °C für 24 h inkubieren. Der Abbau des Proteins im Umkreis der Löcher ist bei seitlicher Beleuchtung vor einem dunklen Hintergrund gut zu erkennen (klare Höfe in der durch die Gelatine leicht getrübten Gelschicht). Deutlicher wird der Effekt nach Anfärbung des Gels mit Coomassie-Blau (Gele kurz abspülen, 3 h färben, anschließend bei langsamer Schüttelbewegung und häufigem Wechseln der Lösung entfärben).

Auswertung

Die Durchmesser der Diffusionshöfe werden mit einem Lineal ausgemessen ($\pm 0{,}5$ mm) und nach Subtraktion des Lochdurchmessers ($D - D_0$) gegen die relative Enzymkonzentration (Verdünnungsreihe auf logarithmischer Skala) aufgetragen. Die Steigung dieser Geraden ist ein relatives Maß der Enzymaktivität. (Alternative: Man bestimmt diejenige Verdünnungsstufe, welche unter Standardbedingungen einen gerade noch erkennbaren Hof erzeugt.)

Probleme (weiterführende Experimente)

1. Wie erklärt sich der Umstand, daß die Diffusionsgeschwindigkeit proportional zum *Logarithmus* der Enzymkonzentration ist (→ 1. FICKsches Gesetz)?
2. Nach welcher *Kinetik* verläuft die Diffusion der Proteinase im Substratgel (experimentelle Überprüfung des 2. FICKschen Gesetzes)?
3. Wo liegt das *pH-Optimum* der Proteinase? (Substratgele mit pH 3,0/3,5/ 3,8/4,0/4,5/5,0/6,0 herstellen.)
4. Wie verändert sich die Proteinaseaktivität im *Endosperm* (*Scutellum, Keimwurzel, Sproß*) während der Keimlingsentwicklung?

2.5 (A) Die kinetische Charakterisierung eines Enzyms (Peroxidase der Meerrettichwurzel[9])

Die *Intensität* (häufig etwas ungenau als „Geschwindigkeit" bezeichnet) einer enzymkatalysierten Reaktion hängt von einer Vielzahl von Faktoren ab. Bei konstanter Temperatur und konstantem pH sind die *Substratkonzentration* (c_S), die *Enzymkonzentration* (c_{Enzym}) und die „*Affinität*"[10] des

---

[9] *Armoracia lapathifolia* (Brassicaceae), → Experiment 2.1 b.
[10] „Affinität" darf hier nicht als Bindungsfestigkeit verstanden werden; es handelt sich vielmehr um eine kinetische Enzymeigenschaft, welche in Form der MICHAELIS-Konstanten (Bd. 1: S. 104) gemessen wird.

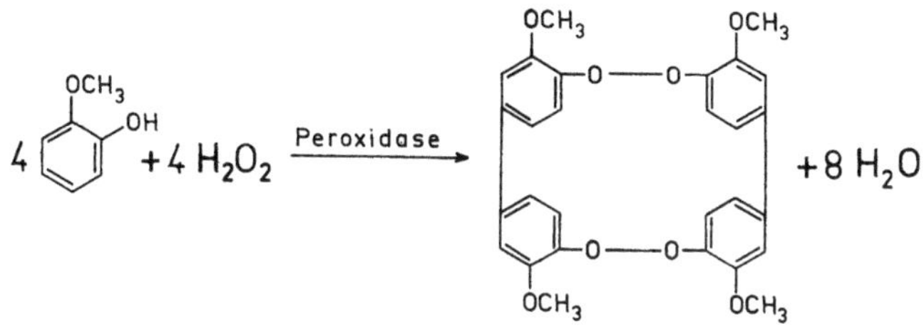

Abb. 10. Oxidation von Guajakol (*o*-Methoxyphenol) zum Tetraguajakol durch H_2O_2 in Anwesenheit von Peroxidase

Enzyms zu seinem Substrat die entscheidenden Parameter, welche den Reaktionsverlauf bestimmen (→ Bd. 1: S. 102). Im folgenden Experiment soll der Einfluß dieser drei Faktoren am Beispiel der Peroxidase gemessen werden.

Für die Aktivitätsbestimmung der *Peroxidase* (Donator: Wasserstoffperoxid Oxidoreductase, EC 1.11.1.7) wird meist die Oxidation und Kondensation von Guajakol zum braunen Tetraguajakol als Testreaktion verwendet (Abb. 10). Obwohl dieser Farbstoff nach einigen Minuten ausbleicht, kann seine Synthese zu Beginn der Reaktion sehr genau photometrisch (z. B. bei 436 nm) gemessen werden. Die Gesamtreaktion der Peroxidase umfaßt zwei Substrate, welche über mehrere Zwischenstufen umgesetzt werden, und erscheint daher auf den ersten Blick sehr kompliziert. In Hinsicht auf den Aktivitätstest sind jedoch lediglich zwei Teilreaktionen von Bedeutung (PO = Peroxidase; GH = Guajakol; k_1, k_4 = Reaktionskonstanten bei 25 °C):

1. $PO + H_2O_2 \xrightarrow{k_1}$ Komplex I ($k_1 = 9 \cdot 10^6 \, l \cdot mol^{-1} \cdot s^{-1}$), (1)

2. Komplex II + GH $\xrightarrow{k_4}$ PO + $2 H_2O$ + G˙

$(k_4 = 3{,}3 \cdot 10^5 \, l \cdot mol^{-1} \cdot s^{-1})$. (2)

Die Umwandlung von Komplex I in Komplex II ist, ebenso wie die anschließende spontane Kondensation von 4 G˙ zum Tetraguajakol, wesentlich schneller und kann daher hier außer Betracht bleiben. Für die Anfangsintensität v_0 der Gesamtreaktion gilt:

$$v_0 = \frac{c_{Enzym}}{\dfrac{1}{k_1 \cdot c_{H_2O_2}} + \dfrac{1}{k_4 \cdot c_{GH}}}. \qquad (3)$$

Durch geeignete Wahl von $c_{H_2O_2}$ und c_{GH} kann entweder Teilreaktion 1 oder Teilreaktion 2 zum langsamsten, und damit intensitätsbestimmenden Schritt

Tabelle 2. Zwei Möglichkeiten zur Messung der Peroxidase-Aktivität. Die Konzentrationen der beiden Substrate H_2O_2 und Guajakol (GH) sind so gewählt, daß entweder der Verbrauch von H_2O_2 (Teilreaktion 1) oder der Verbrauch von Guajakol (Teilreaktion 2) die Gesamtreaktion begrenzt. (Nach Chance and Maehly 1955.)

Reaktionsbedingungen (c_{Enzym} = konst.)	Testansatz 1 ($v_0 \sim k_1$)	Testansatz 2 ($v_0 \sim k_4$)
c_{GH} [mol · l^{-1}]	$1{,}3 \cdot 10^{-2}$	$3{,}3 \cdot 10^{-4}$
$c_{H_2O_2}$ [mol · l^{-1}]	$3{,}3 \cdot 10^{-5}$	$1{,}3 \cdot 10^{-4}$
$k_1 \cdot c_{H_2O_2}$ [s^{-1}]	300	1170
$k_4 \cdot c_{GH}$ [s^{-1}]	4300	109

der Gesamtreaktion gemacht werden. Wie Tabelle 2 zeigt, ist bei hoher Guajakol- und niedriger H_2O_2-Konzentration $k_1 \cdot c_{H_2O_2} \ll k_4 \cdot c_{GH}$; daher gilt für die Gesamtreaktion:

$$v_0 \approx k_1 \cdot c_{H_2O_2} \cdot c_{Enzym}. \tag{4}$$

Bei niedriger Guajakol- und hoher H_2O_2-Konzentration gilt entsprechend:

$$v_0 \approx k_4 \cdot c_{GH} \cdot c_{Enzym}. \tag{5}$$

Die Peroxidaseaktivität kann also nach zwei verschiedenen Methoden bestimmt werden, wobei jeweils eine andere Teilreaktion maßgebend ist. Dieses Beispiel lehrt, daß auch komplizierte, unübersichtliche Enzymreaktionen zum Zweck der Aktivitätsmessung auf einfache Testreaktionen reduziert werden können.

Literatur

Chance B, Maehly AC (1955) Assay of catalases and peroxidases. In: Colowick SP, Kaplan NO (eds) Methods of enzymology, vol II. Academic Press, New York, pp 764–775

Material und Geräte

1. Enzymextrakt aus Meerrettichwurzel (Herstellung mit Phosphatpuffer, → Experiment 2.1 b; im Eisbad aufbewahren)
2. Guajakol-Lösung (20 mmol · l^{-1}): 0,22 ml flüssiges Guajakol in 100 ml, frisch ansetzen!
3. Phosphatpuffer (50 mmol · l^{-1}, pH 7,0)
4. H_2O_2-Lösungen (1 mmol · l^{-1} und 4 mmol · l^{-1}, frisch ansetzen!) Perhydrol enthält etwa 30 Gew.% = 9,8 mol · l^{-1} H_2O_2. Die Konzentrationen können photometrisch überprüft und gegebenenfalls genau eingestellt werden (ε_{240} für H_2O_2: 39,4 l · mol^{-1} · cm^{-1}).

5. Eisbad, Photometer (436 nm, 25 °C), Küvetten (1 cm, 3 ml, Plastik), kleine Plastikspatel, Stoppuhr, Kolbenpipetten oder Mikropipetten (50, 100 µl).

Durchführung (Grundexperiment)

1. *Testansatz unter Verwendung von Teilreaktion 1*
(Gl. 4, → Tabelle 2, S. 66). In eine Küvette werden pipettiert (Gesamtvolumen 3,0 ml): 0,8 ml Puffer, 2,0 ml Guajakol-Lösung (Endkonzentration 13 mmol $\cdot$ l^{-1}), 0,1 ml Enzymextrakt.
Nach Temperierung (25 °C) im Photometer wird die Extinktionsanzeige auf Null gestellt. 0,1 ml H$_2$O$_2$-Lösung (1 mmol $\cdot$ l^{-1}, Endkonzentration 33 µmol $\cdot$ l^{-1}) zugeben und gleichzeitig Stoppuhr starten. Küvetteninhalt mit Plastikspatel mischen. Extinktion nach 10/20/30/40/50/60 s ablesen. Wenn die Extinktion zu rasch zunimmt ($\Delta E \cdot$ min^{-1} > 0,2), muß der Enzymextrakt mit Puffer verdünnt werden. Der Leerwert wird mit Wasser anstelle von H$_2$O$_2$-Lösung gemessen.

2. *Testansatz unter Verwendung von Teilreaktion 2*
(Gl. 5, → Tabelle 2, S. 66). In eine Küvette werden pipettiert: 2,75 ml Puffer, 0,05 ml Guajakol-Lösung (Endkonzentration 330 µmol $\cdot$ l^{-1}), 0,1 ml Enzymextrakt.
Die Reaktion wird mit 0,1 ml H$_2$O$_2$-Lösung (4 mmol $\cdot$ l^{-1}, Endkonzentration 130 µmol $\cdot$ l^{-1}) gestartet und anschließend wie oben verfahren.

Auswertung

Die Anfangsintensität der Reaktion (v_0) wird nach Aufzeichnung der Kinetik graphisch bestimmt ($\Delta E \cdot s^{-1}$). Die Umrechnung in absolute Einheiten erfolgt nach dem LAMBERT-BEERschen Gesetz (→ Bd. 1: S. 102):

$$v_0 = \frac{\Delta E \cdot s^{-1}}{\varepsilon_{436} \cdot d} \quad [\text{mol Tetraguajakol} \cdot l^{-1} \cdot s^{-1}]. \tag{6}$$

Der molare Extinktionskoeffizient für Tetraguajakol ist $\varepsilon_{436} = 25,5 \cdot 10^3$ l $\cdot$ mol$^{-1} \cdot$ cm^{-1}. Bei einem Gesamtvolumen von 3 ml, worin 0,1 ml Enzymextrakt enthalten sind, wird mit dem Verdünnungsfaktor 3/0,1 multipliziert und der stöchiometrische Faktor 4 berücksichtigt (→ Abb. 10), um die Enzymaktivität in der allgemeinen Form [–mol Substrat $\cdot s^{-1} \cdot$ l Extrakt^{-1}] = [kat $\cdot$ l Extrakt^{-1}] zu erhalten (→ Experiment 2.7). Mit Hilfe der Gleichungen (4) und (5) kann die Enzymkonzentration auch in der Einheit [mol Enzymmoleküle $\cdot$ l^{-1}] berechnet werden.

68   Enzyme

Probleme (weiterführende Experimente)

1. Bestimme die Abhängigkeit der Reaktionsintensität (v_0) von der *Enzymkonzentration* mit den Testreaktionen 1 und 2 (→ Gl. 4 bzw. 5). (Verdünnungsreihe mit Enzymextrakt: 0,2/0,4/0,6/0,8/1,0 ml · ml^{-1}.) Welche Methode ist empfindlicher?
2. Bestimme die Abhängigkeit der Reaktionsintensität (v_0) von der *H_2O_2-Konzentration* mit Testreaktion 1. (Durch Vorversuche muß zunächst der ausnutzbare Konzentrationsbereich für H_2O_2 ermittelt und danach eine sinnvolle Konzentrationsreihe hergestellt werden. Die Enzymkonzentration sollte so gewählt werden, daß bei der höchsten H_2O_2-Konzentration $\Delta E \cdot \text{min}^{-1}$ den Wert 0,2 nicht übersteigt.) Zunächst v_0 [$-$ mol H_2O_2 · l^{-1} · s^{-1}] gegen $c_{H_2O_2}$ [mol · l^{-1}] auftragen. Anschließend $1/v_0$ gegen $1/c_{H_2O_2}$ auftragen und $v_{max}(H_2O_2)$ und $K_m(H_2O_2)$ graphisch ermitteln [→ Bd. 1: S. 104].
3. Bestimme in entsprechender Weise die Abhängigkeit der Reaktionsintensität (v_0) von der *Guajakolkonzentration* mit Testreaktion 2 und ermittle aus den Daten v_{max}(Guajakol) und K_m(Guajakol).

2.6 (A) Elektrophoretische Trennung von Isoenzymen (Peroxidase und Katalase von Senfkeimlingen[11])

Enzyme eines Organismus, welche die gleiche chemische Reaktion katalysieren, sich aber in anderen Eigenschaften (z. B. Molmasse, isoelektrischer Punkt) unterscheiden, nennt man *Isoenzyme*. Es kann sich hierbei um Produkte verschiedener Gene handeln, welche sich mehr oder minder stark in der Primärstruktur (Aminosäuresequenz des Proteins) unterscheiden. Multimere Enzyme (z. B. das Tetramer *Katalase*) treten immer dann in Form von Isoenzymen auf, wenn durch Kreuzung zwei verschiedene Allele des betreffenden Gens zusammentreffen. Es entstehen dann zwei Typen von Untereinheiten, welche sich entsprechend der Binomialverteilung zu tetrameren Hybridmolekülen verbinden. Neben diesen genetisch bedingten Isoenzymen gibt es aber auch den Fall, daß die posttranslationale Modifikation eines Proteins zu mehreren Enzymvarianten führt. Da die genaue Entstehung von multiplen Formen eines Enzyms im Einzelfall meist nicht leicht zu klären ist, verwendet man den Isoenzymbegriff meist operational, d. h. für *alle funktionell ähnlichen Enzyme eines Organismus (gleiche Nachweisreaktion)*, wel-

---

[11] Weißer Senf, *Sinapis alba* (Brassicaceae), Gewürz- und Heilpflanze mediterranen Ursprungs. Saatgut vom Autor erhältlich.

che sich durch geeignete analytische Verfahren trennen lassen. Das Isoenzymmuster eines Organismus ist in der Regel streng genetisch determiniert und wird daher häufig zur biochemischen Charakterisierung des Genotyps einer Pflanze herangezogen. Die Analyse von Isoenzymmustern besitzt daher in der Züchtungsforschung große Bedeutung.

Zur Trennung und damit zum Nachweis von Isoenzymen können im Prinzip alle analytischen Verfahren eingesetzt werden, welche auch zur Trennung anderer Proteine Verwendung finden (z. B. Gelchromatographie zur Trennung nach der Molmasse oder Ionenaustauschchromatographie zur Trennung nach der elektrischen Nettoladung). Besonders gut gelingt der Nachweis von Isoenzymen mit *elektrophoretischen Methoden* (→ Bd. 1: S. 124), da hier die Enzymreaktion direkt auf dem Trägermaterial durchgeführt werden kann (*Elektrophaerogramm*). Eine einfache, sehr empfindliche Methode zur Demonstration von Isoenzymen ist die im folgenden beschriebene diskontinuierliche Elektrophorese in *Stärkegel*. Dieses Gel wird aus einer speziellen, teilweise hydrolysierten Kartoffelstärke hergestellt, welche nach dem Erstarren einer kurz aufgekochten Suspension ein relativ stabiles, chemisch inertes Trägermaterial liefert. Um sowohl anodisch als auch kathodisch wandernde Isoenzyme erfassen zu können, muß das zu trennende Proteingemisch in der Mitte des Gels aufgetragen werden. Dies ist bei einem *horizontalen Plattengel* besonders einfach zu bewerkstelligen. Als Nachweisreaktion für *Peroxidase* dient die sehr empfindliche *Tetramethylbenzidin-Reaktion,* welche zu einem blauen Reaktionsprodukt führt (→ Experiment 2.2). *Katalase* läßt sich mit Hilfe einer negativen Färbemethode sichtbar machen: H_2O_2 reduziert $[Fe^{III}(CN)_6]^{3-}$ zu $[Fe^{II}(CN)_6]^{4-}$, welches mit $Fe^{III}Cl_3$ einen blauen Farbstoff (Berlinerblau, $Fe_4[Fe(CN)_6]_3$) bildet. Diese Farbstoffbildung unterbleibt, wenn das H_2O_2 zuvor durch Katalase zerstört wurde.

Ähnlich wie bei der Aktivitätsbestimmung (→ Experiment 2.7) ist es auch hier u. U. erforderlich, die zu analysierenden Enzyme durch Schutzstoffe im Rohextrakt zu stabilisieren. Insbesondere für die erfolgreiche Trennung der Katalase-Isoenzyme hat es sich als vorteilhaft erwiesen, dem Extraktions- und Gelpuffer das Sulfhydrylreagenz *Dithioerythrit* (DTE, CLELANDs Reagenz) zuzusetzen.

Literatur

Hames BD, Rickwood D (eds) (1981) Gel electrophoresis of proteins. A practical approach. IRL Press, Oxford Washington

Scandalios JG (1969) Genetic control of multiple molecular forms of enzymes in plants: A review. Biochem Gen 3:37–79

Shannon LM (1968) Plant isoenzymes. Ann Rev Plant Physiol 19:187–210

Material und Geräte

1. Keimlinge von *Sinapis alba:* Anzucht auf feuchtem Filterpapier für 3 d im Licht bzw. im Dunkeln bei 25 °C (je 20 Keimlinge)
2. Extraktionspuffer: 0,1 mol · l^{-1} Phosphatpuffer (pH 7,0) mit 5 mmol · l^{-1} Dithioerythrit (frisch zusetzen!)
3. Stärke zur Elektrophorese (CONNAUGHT-Stärke[12])
4. Gelpuffer[13]: 76 mmol · l^{-1} Tris, 5 mmol · l^{-1} Citronensäure (pH 8,6)
5. DTE-Lösung: 25 mg Dithioerythrit in 5 ml Gelpuffer lösen (frisch ansetzen!).
6. Elektrodenpuffer[13]: 0,3 mol · l^{-1} Borsäure mit konz. NaOH auf pH 8,5 einstellen.
7. Substratlösung[14] für Peroxidase: 0,3 g Tetramethylbenzidin (→ Fußnote auf S. 60) in 100 ml Essigsäure (1,5 mol · l^{-1}) lösen. Kurz vor Gebrauch 1 ml Perhydrol zugeben.
8. Substratlösung für Katalase: 30 µl Perhydrol/100 ml (frisch ansetzen!)
9. Nachweislösung[15] für Katalase: 1 g $FeCl_3$ + 1 g $K_3[Fe(CN)_6]$/100 ml (frisch ansetzen!)
10. Eisbad, Reibschale, Quarzsand, Zentrifuge (30 000 × **g**, 4 °C), Zentrifugenbecher (Plastik), Pasteurpipetten, Filterpapierstückchen (0,8 × 1 cm), Magnetrührer-Heizplatte mit Wasserbad, Saugflasche (500 ml) mit Gummistopfen, Wasserstrahlpumpe, Apparatur zur horizontalen Flachgelelektrophorese (→ Bd. 1: S. 125) mit Kühlplatte, Geltrog (Glasplatte + Randschablone, 6 mm hoch) und Elektrodenbrücken (Haushalt-Schwammtücher), Glasstab (5 mm dick), dünne Klarsichtfolie, Umwälzkühlaggregat (4 °C), Gleichspannungsquelle (170 V), Gel-Schneidevorrichtung[16], Plastikschalen zur Inkubation der Gele, Kühlschrank.

Durchführung[17] (Grundexperiment)

1. *Herstellung der Gelplatte* (12 Gew.% Stärke): Für ein Gel mit den Abmessungen 18 × 10 × 0,8 cm werden 18 g Stärke mit 145 ml Gelpuffer in einer 500-ml-Saugflasche gemischt und die Suspension für 30 min unter kräftigem Rühren in einem kochenden Wasserbad erhitzt. 5 ml DTE-Lösung zugeben und mischen. Der viskose Stärkebrei wird in der verschlossenen Saugflasche kurz an der Wasserstrahlpumpe entgast und sofort in den horizontal aufgestellten Geltrog gegossen, der etwa 2 mm über den Rand gefüllt sein soll. Nach dem Erstarren Gel mit Folie abdecken und für 1 h (oder länger) im Kühlschrank aufbewahren.

---

[12] z. B. von Roth (→S. 444).
[13] Nach Poulik MD (1957) Nature 180: 1477–1479.
[14] Nach Liu EH, Lamport DTA (1973) Arch Biochem Biophys 158: 822–826 (verändert).
[15] Nach Woodbury W, Spencer AK, Stahmann MA (1971) Anal Biochem 44: 301–305.
[16] Bei einer Randschablone, welche aus zwei 3 mm hohen Hälften besteht, kann man das Gel nach Entfernung der oberen Hälfte sehr leicht mit einem gespannten Stahldraht horizontal durchschneiden.
[17] Nach Drumm H, Schopfer P (1974) Planta 120: 13–30.

2. *Extraktherstellung:* Die Kotyledonen von 20 Keimlingen werden mit 1,5 ml Extraktionspuffer und 1 g Quarzsand in einer gekühlten Reibschale homogenisiert. Homogenat bei 30 000 × **g** für 30 min zentrifugieren und Überstand vorsichtig mit Pasteurpipette absaugen.

3. *Elektrophorese:* Die Gelplatte wird in der Mitte durch einen vertikalen Schnitt quer zur Laufrichtung in zwei Hälften geteilt (Skalpell, Lineal als Anlegekante!). In diesen Spalt werden mit 10–20 µl Extrakt getränkte Filterpapierstückchen gesteckt (Abstand 1 cm). Es ist darauf zu achten, daß die Papierstückchen keine freie Flüssigkeit enthalten (mit kaltem Fön trocknen, bis die Oberfläche matt wird). Zur Ermittlung der optimalen Enzymmenge werden verschiedene Verdünnungsstufen ($0,13/0,25/0,5/1,0$ ml · ml^{-1}) der Enzymextrakte aufgetragen. Mit dem Skalpell Gel vom Innenrand der Schablone lösen. Am oberen und unteren Ende einen 5 mm dicken Glasstab zwischen Schablone und Gel schieben (hierdurch wird das Auseinanderweichen der Gelhälften an der Auftragslinie durch die während des Laufes eintretende Schrumpfung verhindert). Der beschickte Trog wird auf die Kühlplatte (4 °C) gelegt und am oberen und unteren Ende durch Auflegen (ca. 2 cm) der Elektrodenbrücken (Puffer-getränktes Schwammtuch) die Verbindung zu den Elektrodenpuffertrögen hergestellt. Gel und Elektrodenbrücken mit einem Stück Folie bedecken; hierdurch wird ein fester Sitz der Elektrodenbrücken gewährleistet und eine Austrocknung verhindert. Deckel der Elektrophoresekammer schließen und Spannung anlegen (12 V/cm Trennstrecke, konstante Spannung). Nach 8–12 h (2 h, nachdem die braune Frontlinie am anodischen Gelende angekommen ist) wird der Lauf abgebrochen.

4. *Nachweis der Isoenzyme:* Da die aufgetrennten Proteinbanden im Inneren des Gels wesentlich schärfer als an der Oberfläche sind, wird die Gelplatte nach dem Entfernen von Randschablone und Filterpapierstückchen zunächst horizontal in der Mitte durchgeschnitten. Hierzu dient eine Schneidevorrichtung mit einem straff gespannten Stahldraht. Mit Hilfe eines breiten Spatels wird die obere Hälfte des Gels vorsichtig abgehoben und mit der Schnittfläche nach oben auf eine Glasplatte gelegt. Jeweils eine der Schnittflächen wird zum Nachweis von Peroxidase bzw. Katalase verwendet. Peroxidase: Gel in eine flache Schale legen und Geloberfläche gleichmäßig mit 100 ml frisch angesetzter Substratlösung begießen. Die Peroxidasen treten nach 1–30 min als blaue Banden in Erscheinung. Katalase: Gel untergetaucht für 5 min mit H_2O_2-Lösung behandeln, unter dem Wasserhahn kurz abspülen und mit $FeCl_3/K_3[Fe(CN)_6]$-Lösung begießen. Gel 5 min in der Lösung langsam bewegen und dann unter dem Wasserhahn abspülen. Die Katalasen treten nach wenigen Minuten als helle Banden vor einem tiefblauen Hintergrund hervor.

72 Enzyme

Probleme (weiterführende Experimente)

1. Unterscheiden sich *Licht-* bzw. *Dunkelkeimlinge* hinsichtlich ihrer Isoenzymzusammensetzung?
2. Besitzen *Wurzel, Hypokotyl* und *Kotyledonen* des Senfkeimlings unterschiedliche Isoenzymmuster?
3. Welche Unterschiede zeigen die Isoenzymmuster von *Meerrettich* (Blatt, Wurzel), *Raps, Radieschen* und *Senf* (oder verschiedene *Fabaceen-Arten*)? Lassen sich anhand der Isoenzymmuster verwandtschaftliche Beziehungen zwischen Arten aufzeigen?
4. Läßt sich die Auftrennung der Katalase-Isoenzyme durch *Verlängerung der Trennstrecke* verbessern? (Auftraglinie ganz an das kathodische Ende der Gelplatte verlegen.)
5. Kann man *Proteine* im Stärkegel mit der Coomassie-Blau-Reaktion (→ Experiment 2.4) anfärben?

2.7 (A) Operationale Kriterien der Enzymaktivitätsbestimmung (Fumarase in den Kotyledonen des Senfkeimlings[18])

Die Enzymkonzentration in einem Rohextrakt aus pflanzlichem Material kann im Prinzip sehr genau und spezifisch anhand der katalytischen Aktivität bestimmt werden, wobei allerdings eine Reihe von wichtigen Randbedingungen eingehalten werden müssen. Um zu gewährleisten, daß die gemessenen Aktivitätswerte repräsentativ für die Konzentration an Enzymmolekülen im Extrakt sind, werden *Standardbedingungen* definiert. Diese müssen im Einzelfall empirisch ermittelt oder zumindest überprüft werden, bevor ein aus der Literatur übernommenes Rezept für einen Enzymtest auf ein bestimmtes Objekt angewendet werden kann. Im Prinzip müssen folgende operationale Kriterien erfüllt sein (→ Bd. 1: S. 102):

1. Es wird stets die *Anfangsintensität* (v_0) einer Testreaktion gemessen, da diese unabhängig von den Veränderungen der Reaktantenkonzentrationen während der Reaktion ist.
2. Die Substratkonzentration soll, wenn immer möglich, im *Sättigungsbereich* liegen, um eine direkte Messung von v_{max} bei längerfristig konstanter Reaktionsintensität zu erlauben (Reaktion 0. Ordnung, v_0 unabhängig von der Substratkonzentration).

---

[18] *Sinapis alba* (Brassicaceae), → Experiment 2.6.

3. Alle anderen Faktoren, wie z. B. das pH, die Konzentrationen von Co-Faktoren, Stabilisatoren usw., sollen auf einen optimalen Wert gebracht werden.
4. In aller Regel wird 25 °C als Standardtemperatur verwendet.
5. Der Enzymextrakt darf keinen Inhibitor der Enzymaktivität enthalten.

Die durch diese Maßnahmen optimierten Messungen liefern reproduzierbare Aktivitätswerte, welche streng proportional zur Enzymmenge (mol Enzymprotein) sind und in der Einheit *Katal* [kat] angegeben werden können. *Ein kat ist definiert als diejenige Enzymmenge, welche die Umsetzung von 1 mol Substrat in 1 s unter Standardbedingungen katalysiert.* (Für die früher gebräuchliche Enzymeinheit U [Umsatz von 1 µmol in 1 min] gilt die Umrechnung: $1 U = 16,7 \cdot 10^9$ kat.)

In der Praxis sind manche der aufgezählten Forderungen nur näherungsweise zu erfüllen. Bei der Optimierung der Milieubedingungen pflegt man sich in der Regel auf den pH-Wert und die Wirksamkeit von Sulfhydryl-Reagenzien (z. B. Cystein oder Dithioerythrit), welche die oxidative Verknüpfung von freien SH-Gruppen zu S-S-Brücken in Proteinen verhindern, zu beschränken. Phenolische Hemmstoffe können durch Adsorption an Aktivkohle oder PVP (unlösliches Polyvinylpyrrolidon) aus dem Extrakt entfernt werden. Schwermetallionen, welche ebenfalls inaktivierend wirken können, lassen sich durch Komplexierung mit EDTA unschädlich machen. Ein wichtiger Test auf Abwesenheit von Inhibitoren ist das „Mixexperiment": Gleiche Mengen des Enzymextrakts und einer reinen Enzymlösung etwa gleicher Aktivität werden gemischt. Wenn die Aktivität dieser Mischung genau den Mittelwert der beiden Ausgangsaktivitäten liefert, ist kein Inhibitor vorhanden (andernfalls liegt die Aktivität der Mischung signifikant unter dem Mittelwert).

Ein weiteres methodisches Problem liegt bei der Gewinnung des Enzymextraktes. Hier kann man z. B. durch Zusatz von Triton X-100 zum Extraktionspuffer prüfen, ob das Enzym in oder an Membranen gebunden zurückgehalten wird. Triton X-100 (Octylphenol-polyethylenglycolether) ist ein mildes, nichtionisches Detergenz, welches Biomembranen durch Herauslösen der Lipide desintegriert.

Die *Fumarase* (L-Malat hydro-lase, EC 4.2.1.2) katalysiert die Umsetzung von Fumarat in Malat im Citratcyclus:

L-Malat $\rightleftharpoons$ Fumarat + H_2O.

Diese Reaktion kann anhand der Bildung von Fumarat direkt photometrisch gemessen werden. Eine entsprechende Testvorschrift zur Messung der Fumaraseaktivität in Schweineherzgewebe wurde von Racker (1950) ausgearbeitet. Im folgenden Experiment soll geprüft werden, inwieweit diese Vorschrift geeignet ist, die Fumaraseaktivität in den Kotyledonen des Senfkeimlings quantitativ zu bestimmen.

Literatur

Racker E (1950) Spectrophotometric measurements of the enzymatic formation of fumaric acid and cis-aconitic acids. Biochim Biophys Acta 4:211–214

Material und Geräte

1. Keimlinge von *Sinapis alba:* 3 d bei 25 °C auf feuchtem Filterpapier angezogen (20 Keimlinge)
2. K-Phosphatpuffer: 50 mmol · l^{-1}, pH 7,4
3. L-Malat-Lösung (Na-Salz der L-Äpfelsäure[19]): 1,5 mol · l^{-1}
4. Triton X-100
5. PVP (unlösliches Polyvinylpyrrolidon, Handelsnamen: Polyclar AT[19], Divergan)
6. Aktivkohle gekörnt 2,5 mm (Merck, Art. Nr. 2515, → S. 144)
7. Cystein
8. Dithioerythrit (CLELANDs Reagenz)
9. Na_2-EDTA
10. Fumarase (aus Schweineherz)[20]
11. Eisbad, Reibschale, Quarzsand, Zentrifuge (30 000 × **g**, 4 °C), Zentrifugenbecher (Plastik), Peleusball, Photometer (240 nm, 25 °C). Küvetten (1 cm, 3 ml, Quarz), kleine Plastikspatel, Kolbenpipette oder Mikropipette (100 µl), Stoppuhr.

Durchführung (Grundexperiment)

1. *Herstellung des Enzymextraktes:* Die Kotyledonen von 20 Keimlingen werden in einer eisgekühlten Reibschale mit 1,5 g Sand und 3 ml Puffer fein zerrieben. Wenn keine Partikel mehr erkennbar sind, weitere 9 ml kalten Puffer zugeben, gut durchmischen und Suspension in Zentrifugenbecher abgießen. Zentrifugation bei 30 000 × **g** für 30 min. Zentrifugenbecher vorsichtig aus dem Rotor entnehmen und mit Pipette + Peleusball etwa 5 ml des klaren Überstandes unter der Fettschicht langsam absaugen. (Dieser Arbeitsgang erfordert einige Geschicklichkeit. Wenn der Extrakt nicht völlig trübungsfrei gewonnen werden kann, muß nochmals zentrifugiert werden.)
2. *Enzymtest:* In eine Küvette werden pipettiert: 2,8 ml Puffer, 0,1 ml Malat-Lösung. Nach Temperierung im Photometer (25 °C) wird die Anzeige bei 240 nm auf E=0 gestellt und 0,1 ml Enzymextrakt zugegeben (gleichzeitig Stoppuhr starten). Mit Plastikspatel gut mischen. Extinktionszunahme im Abstand von 3 min ablesen.

---

[19] z. B. von Serva (→S. 445).
[20] z. B. von Boehringer (→S. 444).

Auswertung

Die Enzymaktivität wird aus der Steigung der Reaktionskinetiken (v_0) ermittelt und in die Einheit [kat · ml Enzymextrakt^{-1}] bzw. [kat · Kotyledonenpaar^{-1}] umgerechnet (→ Experiment 2.5). Der molare Extinktionskoeffizient für Fumarat ist $\varepsilon_{240} = 2{,}6 \cdot 10^3$ l · mol^{-1} · cm^{-1}.

Probleme (weiterführende Experimente)

1. Sind die *operationalen Kriterien* für die Messung der Enzymaktivität in der Einheit *Katal* erfüllt? Hierzu sind folgende Fragen zu prüfen:
a) Über welchen Zeitraum ist die Reaktionskinetik *linear*?
b) Tritt eine *spontane Reaktion* („Leerlauf") ohne Enzym bzw. ohne Substrat auf?
c) Ist das Enzym mit Substrat *gesättigt*? (Bestimmung von K_m, → Experiment 2.5.)
d) Herrscht *Proportionalität* zwischen v_0 und der Enzymkonzentration? (Variation der Menge an Enzymextrakt im Test.)
e) Liegt das pH-Optimum des *Sinapis*-Enzyms bei pH 7,4? (pH-Reihe 7,0/7,25/7,5/7,75/8,0/8,25/8,5 mit Phosphatpuffer ansetzen.)
f) Ist das Enzym im Rohextrakt *maximal aktiv*? [Welchen Effekt hat der Zusatz von Cystein oder Dithioerythrit (1 mmol · l^{-1}) auf die Enzymaktivität?]
g) Gibt es Anhaltspunkte für *Hemmstoffe* im Extrakt? [Welchen Effekt hat eine Behandlung des Extraktes mit gekörner Aktivkohle oder PVP (0,1 g · ml^{-1})? Wie wirkt sich der Zusatz von EDTA (1 mmol · l^{-1}) aus? Verändert sich die Enzymaktivität nach Abtrennung niedermolekularer Extraktbestandteile durch eine Sephadex-Säule (→ Abb. 43, S. 340)? Verhalten sich die Fumarase im Extrakt und reine Fumarase (z. B. von Boehringer, → S. 144) im Mixexperiment additiv?]
2. Ist die Methode zur *Gewinnung des Enzymextraktes* optimal?
a) Wird das Enzym quantitativ *in Lösung* gebracht? [Welchen Effekt hat der Zusatz von Triton X-100 (5 ml · l^{-1}) zum Extraktionspuffer?]
b) Wie schnell fällt die Enzymaktivität im Rohextrakt bei 0 °C bzw. bei Raumtemperatur ab?

3. Isolierung von Zellen, Protoplasten und Organellen

Vorbemerkungen

Die großen methodischen Fortschritte auf dem Gebiet der Zellfraktionierung haben dazu geführt, daß heute isolierte Zellen oder Zellorganellen auch für viele physiologische Fragestellungen herangezogen werden. Die experimentellen Vorteile dieser gegenüber dem intakten Organismus mehr oder minder stark vereinfachten Systeme ist offenkundig und haben viele wichtige experimentelle Ansätze erst möglich gemacht (z. B. die Untersuchung des photosynthetischen Stoffwechsels ohne Störung durch andere Stoffwechselreaktionen). Andererseits muß man bei Experimenten mit isolierten Zellfraktionen immer damit rechnen, daß die hiermit gewonnenen Resultate nicht notwendigerweise die in-vivo-Situation korrekt widerspiegeln.

In diesem zellphysiologischen Kapitel kann nur eine sehr kleine Auswahl von möglichen Experimenten dargestellt werden. Zur Isolierung und Charakterisierung weiterer Zellbestandteile (z. B. Kerne, Vakuolen, Polysomen, Zellwände) siehe die nachstehend aufgeführte Literatur.

Literatur

Findlay JBC, Evans WH (eds) (1987) Biological membranes. A practical approach. IRL Press, Oxford Washington
Fry SC (1988) The growing plant cell wall: Chemical and metabolic analysis. Longman, Harlow
Hall JL, Moore AL (eds) (1983) Isolation of membranes and organelles from plant cells. Academic Press, London
Jacobi G (Hrsg) (1974) Biochemische Cytologie der Pflanzenzelle. Ein Praktikum. Thieme, Stuttgart
Linskens H-F, Jackson JF (eds) (1985) Cell components. Modern methods of plant analysis, N S, vol 1. Springer, Berlin Heidelberg New York Tokyo

Demonstrationsexperimente

3.1 (D) Isolierung von Zellen aus Geweben

Die Zellen pflanzlicher Gewebe sind in aller Regel durch pektinartige Substanzen im Bereich der Mittellamelle der Zellwand fest miteinander verbunden und daher nicht ohne weiteres im intakten Zustand voneinander zu trennen. Die Mittellamelle besteht aus hochmolekularem, wasserlöslichem *Protopektin* (Pektinsäure = Polygalacturonsäure niederen Veresterungsgrades), welches durch Quervernetzung der Carboxylgruppen vermittels divalenter Kationen (vor allem Ca^{2+}) eine feste Kittsubstanz bildet. Durch Auflösung des Protopektins können Zellen voneinander getrennt werden, ohne daß hierbei die eigentliche Zellwand zerstört wird.

Die einfachste Methode hierfür ist das Abfangen der divalenten Kationen durch Komplexbildner, z. B. *Ethylendiamintetraessigsäure* (*EDTA*). Diese Substanz bindet z. B. Ca^{2+} mit sehr viel höherer Affinität als dies die Pektinsäuremoleküle tun und löst daher die Mittellamelle auf. Eine gute Wirksamkeit von EDTA wird allerdings meist nur bei höheren Temperaturen und hohem pH-Wert erzielt. Die freigesetzten Zellen sind daher zwar morphologisch intakt, jedoch nicht mehr lebendig. Die Gewebemazerierung mit EDTA wird häufig verwendet, um die Zellzahl von Gewebeproben durch mikroskopisches Auszählen zu bestimmen.

Die Isolierung intakter, lebendiger Zellen erlaubt die enzymatische Mazerierung von Geweben mit Hilfe von *Pektinase* aus Pilzen (z. B. *Aspergillus niger*). Dieses Enzym hydrolysiert das Protopektin unter Freisetzung von Galacturonsäure-Bausteinen und bewirkt auf diese Weise eine Auflösung der Mittellamelle. Entscheidend für die Wirksamkeit ist, daß das Enzym rasch in den Apoplast des Gewebes eindringen kann.

Literatur

Letham DS (1960) The separation of plant cells with ethylendiaminetetraacetic acid. Exp Cell Res 21: 353–360

Durchführung

1. *EDTA-Methode:* 1 g des zu mazerierenden Gewebes (z. B. Primärblätter oder Kotyledonen einer jungen Bohnenpflanze, Fruchtgewebe eines Apfels) werden in feine Streifen (1 mm breit) zerschnitten und in einem Erlenmeyer-Kolben mit 20 ml Na_2-EDTA-Lösung (0,05 mol · l^{-1}, mit NaOH auf pH 10,5

eingestellt) inkubiert. Die Ansätze werden bei 50 °C für 6–12 h kräftig geschüttelt (Schüttelwasserbad). Wenn der Auflösungsprozeß weit fortgeschritten ist, kann man das restliche Gewebe durch ein feines Nylonnetz pressen oder vorsichtig mit einem Pistill in einer Reibschale zerdrücken. Die Zellzahl läßt sich mit einer geeichten THOMA-Zählkammer (Haemocytometer) an einem Tropfen der homogenen Zellsuspension unter dem Mikroskop auszählen.

2. *Pektinase-Methode:* 1 g des zu mazerierenden Gewebes wird wie oben in feine Streifen geschnitten und in 20 ml Enzymmedium (10 g · l^{-1} Pektinase[1] in 0,01 mol · l^{-1} Citronensäure/Na-Citrat-Puffer, pH 4,5) untergetaucht infiltriert (im WITTschen Topf zweimal an der Wasserstrahlpumpe entgasen) und anschließend bei 30 °C unter Schütteln inkubiert (1–6 h). Sieben und Auszählen der Zellen wie oben.

Anmerkung: In hartnäckigen Fällen können Gewebe auch mit Chromsäure-Lösung (50 g · l^{-1} CrO$_3$ in H$_2$O; Vorsicht, stark giftig!) in Einzelzellen zerlegt werden.

Analytische Experimente

3.2 (A) Isolierung von Protoplasten aus Haferblättern[2]

Durch enzymatische Verdauung der Zellwände können intakte, nackte Protoplasten aus Geweben freigesetzt werden. Nach Entfernung der formgebenden Zellwand kugeln sich die Protoplasten ab und müssen durch Zusatz eines Osmoticums zum Inkubationsmedium ($\pi_{\text{Medium}} \geq \pi_{\text{Zelle}}$) daran gehindert werden, durch osmotische Wasseraufnahme zu platzen. Ohne die Barriere der Zellwand sind Protoplasten befähigt, Makromoleküle (Proteine, DNA, RNA), Viren oder andere Partikel aufzunehmen, z. B. durch *Phagocytose* an der Plasmamembran. In geeigneten Medien sind Protoplasten längere Zeit lebensfähig; sie können in vielen Fällen auch zur Bildung einer neuen Zellwand und zur Zellteilung angeregt werden. Aus den so gebildeten

---

[1] z. B. Pektinase Rohament P 5 aus *Aspergillus niger*, ca. 0,2–0,3 U · mg^{-1}; von Serva (→S. 445).
[2] *Avena sativa* (Poaceae), seit der Bronzezeit in Mitteleuropa angebaute Getreideart aus Südwestasien, stammt von der Wildform *Avena fatua* (Flughafer) ab. Heute vorwiegend als Futtergetreide genutzt.

Kalli lassen sich im Prinzip wieder normal differenzierte Pflanzen regenerieren.

Die Herstellung von Protoplasten hat in den letzten Jahren für viele Anwendungszwecke Bedeutung erlangt, z. B. zur vegetativen Massenvermehrung von Pflanzen. Durch Regeneration von Protoplasten können von einem einzigen Individuum praktisch beliebig viele genetisch gleiche Nachkommen erzeugt werden (*Klonkultur*). Die experimentell induzierte *Verschmelzung* von Protoplasten erlaubt die parasexuelle Erzeugung von Hybriden (in großen Zahlen), welche u. U. auf sexuellem Weg nicht zustande kämen (*somatische Hybridisierung*). Nicht zuletzt sind Protoplasten ein wichtiges Hilfsmittel für Genmanipulationen (Mutationen, Einbau von rekombinanter DNA, Organellentransplantation) und zur schonenden Isolierung empfindlicher Zellorganellen (z. B. Kerne, Vakuolen).

Seit der Verfügbarkeit von geeigneten zellwandabbauenden Enzymen (*Cellulasen, Hemicellulasen, Pektinasen*), welche meist aus Pilzen gewonnen werden, ist die Herstellung von Protoplasten aus vielen pflanzlichen Geweben eine einfache Routinemethode geworden. Das Pflanzenmaterial wird in einer gepufferten Enzymlösung bei 25–35 °C inkubiert, bis die Gewebe zerfallen und die Protoplasten freigesetzt werden. Nach mechanischer Trennung von den Geweberesten erfolgt die weitere Reinigung meist durch Zentrifugation. Besonders leicht lassen sich Protoplasten aus Zell- oder Gewebekulturen gewinnen. Bei Blättern, Wurzeln oder Früchten muß dafür gesorgt werden, daß die Verdauungsenzyme Zugang zum Apoplast finden (Zerschneiden in kleine Fragmente, Entfernung oder Anritzen der Epidermis, Vakuuminfiltration des Mediums). Das Verdauungsmedium enthält ein Osmoticum (meist $0{,}4-0{,}6$ mol $\cdot$ l^{-1} Mannit oder Sorbit), welches eine leichte Plasmolyse im Gewebe erzeugt und damit die Zellwandverdauung fördert. Außerdem verhindert es das Platzen der freigesetzten Protoplasten. Häufig wirkt sich auch eine Vorinkubation mit Osmoticum günstig auf die Ausbeute an intakten Protoplasten aus. Die Wahl der richtigen Osmolarität des Mediums ist entscheidend für das Gelingen dieser Methode; die optimale Konzentration an Mannit oder Sorbit muß im Einzelfall durch Austesten ermittelt werden. Viele kommerzielle Enzympräparate zur Zellwandverdauung enthalten schädliche Nebenaktivitäten (z. B. Proteasen); der Kontakt der Protoplasten mit dem Verdauungsmedium sollte daher so kurz wie möglich gehalten werden.

Literatur

Dodds JH, Roberts LW (1985) Experiments in plant tissue culture. 2. edn, Cambridge University Press, Cambridge, pp 133–156

Kull U (1980) Isolierte Pflanzenzellen für stoffwechselphysiologische Untersuchungen. Naturw Rdsch 33: 169–173
Pilet P-E (ed) (1985) The physiological properties of plant protoplasts. Springer, Berlin Heidelberg New York Tokyo
Reinert J, Binding H (1986) Differentiation of protoplasts and of transformed plant cells. Springer, Berlin Heidelberg New York Tokyo

Material und Geräte

1. Junge Pflanzen von *Avena sativa:* Anzucht als dichter Rasen auf Vermiculit im Licht bei 20–25 °C für 6–8 d; die Blätter sollen 10–15 cm lang sein.
2. Inkubationsmedium: 0,6 mol · l^{-1} Sorbit, 1 mmol · l^{-1} $CaCl_2$, 5 g · l^{-1} BSA[3], 10 mmol · l^{-1} MES[4]; mit KOH auf pH 5,5 einstellen.
3. Resuspendierungsmedium: 0,5 mol · l^{-1} Saccharose, 1 mmol · l^{-1} $CaCl_2$
4. Flottierungsmedium: 0,4 mol · l^{-1} Saccharose, 0,1 mol · l^{-1} Sorbit, 1 mmol · l^{-1} $CaCl_2$, 10 mmol · l^{-1} MES; mit KOH auf pH 6,2 einstellen.
5. Auffangmedium: 0,5 mol · l^{-1} Sorbit, 1 mmol · l^{-1} $CaCl_2$, 10 mmol · l^{-1} MES (pH 6,2)
6. Cellulysin[5]
7. Schüttelwasserbad, 200-ml-Erlenmeyer-Kolben, feines Plastik-Teesieb oder Nylontuch (200–500 µm Maschenweite), 50-ml-Zentrifugenbecher, Zentrifuge (600 × g, Schwenkbecherrotor), Pasteurpipetten, Schere, Mikroskop (400 ×, evtl. Phasenkontrast), Objektträger, Deckgläser, Haemocytometer (THOMA-Zählkammer).

Durchführung[6] (Grundexperiment)

1. *Zellwandverdauung:* 10 g Blattmaterial werden mit einer Schere in 2 mm breite Querstreifen zerschnitten, in 80 ml Inkubationsmedium suspendiert (200-ml-Erlenmeyer-Kolben) und bei 30 °C unter leichtem Schütteln (120 min^{-1}) für 30 min vorinkubiert. 1,6 g Cellulysin zusetzen und durch Schütteln lösen. Inkubation fortsetzen, bis das Gewebe weitgehend mazeriert ist (3–4 h). Nach kurzem, kräftigem Schütteln wird die Suspension durch ein Sieb (Nylontuch) filtriert. Aus dem Rückstand können eventuell durch erneutes Schütteln mit 20 ml Inkubationsmedium und Zerdrücken der Gewebereste mit einem Glasstab weitere Protoplasten freigesetzt werden.

---

[3] Rinderserumalbumin (*Bovine Serum Albumin*), bindet freie Fettsäuren, Phenole u. a. und wird daher zur Stabilisierung von Organellen oder Enzymen in Rohextrakten verwendet.
[4] 2-[N-Morpholino]ethansulfonsäure, zwitterionische Puffersubstanz geringer Ionenstärke (pH 5,5–6,7; „GOOD-Puffer", → Bd. 1: S. 60).
[5] *Cellulysin* ist ein aus *Trichoderma viride* gewonnenes Enzympräparat, das vor allem Cellulase-Aktivität enthält, d. h. β-1,4-glucosidische Bindungen spaltet (von Calbiochem, → S. 444). Bei Objekten mit pektinreichen Zellwänden wirkt sich der Zusatz von 5 g · l^{-1} *Macerase* (= Pektinase, von Calbiochem) günstig aus. Es ist eine große Anzahl entsprechender Enzympräparate von anderen Herstellern erhältlich, welche mit ähnlichem Erfolg eingesetzt werden können.
[6] Nach verschiedenen Standardvorschriften modifiziert.

2. *Reinigung der Protoplasten:* Die gesammelten Filtrate werden abzentrifugiert (5 min, 200 × **g**) und der Überstand verworfen. Die Protoplasten im Zentrifugenbecher mit 10 ml Resuspendierungsmedium suspendieren (vorsichtig schütteln) und mit 5 ml Flottierungsmedium, gefolgt von 2 ml Auffangmedium überschichten. 3 min bei 600 × **g** zentrifugieren. Die Protoplasten sammeln sich zwischen den beiden obersten Schichten an („Dichtesprungfalle") und können mit einer Pasteurpipette (mit Saugball, Pipettenspitze senkrecht abgewinkelt) vorsichtig abgesaugt werden. Die Überprüfung der Reinheit erfolgt unter dem Mikroskop. Die Protoplastendichte der Suspension wird durch Auszählen in einer THOMA-Zählkammer bestimmt.

Probleme (weiterführende Experimente)

1. Läßt sich das oben beschriebene Verfahren auch für *andere Pflanzenmaterialien* [z. B. Kartoffelknolle; Karottenwurzel; Tabakblätter (untere Epidermis abziehen!); Kotyledonen, Hypokotyle oder Wurzeln von Senfkeimlingen; Blütenblätter von Tulpen oder Rosen] verwenden? (Gegebenenfalls muß die optimale Sorbitkonzentration des Verdauungsmediums neu ermittelt werden.)
2. Wie hoch ist die *photosynthetische* bzw. *respiratorische Aktivität* der Protoplasten im Vergleich zu Fragmenten des intakten Blattes? (Messung mit der O_2-Elektrode in Gegenwart von 10 mmol · l^{-1} $NaHCO_3$, Bezugssystem Chlorophyllmenge; → Experiment 4.6.)

Anmerkung: Als qualitativer Funktionstest kann auch die *Formazanprobe* durchgeführt werden [→ Experiment 5.9; je einen Tropfen Protoplastensuspension und Reagenzlösung (mit Osmoticum!) auf einen Objektträger geben, mit Deckglas abdecken und 1 h im Dunkeln in feuchter Kammer stehen lassen]. Lebendige Protoplasten geben sich durch Rosafärbung zu erkennen. Eine Alternative ist die Anfärbung mit dem Fluoreszenzindikator *Fluoreszeindiacetat* (2 g · l^{-1} in Aceton lösen; mit Auffangmedium 10fach verdünnen, 1 : 1 mit konzentrierter Protoplastensuspension mischen und nach 5 min unter dem Fluoreszenzmikroskop auswerten; Anregung mit Hg-Dampflampe + Filter 420–490 nm, Sperrfilter 510 nm). Der (nicht-fluoreszierende) Indikator wird durch die Plasmamembran aufgenommen und, nur in lebendigen Protoplasten, durch Esterasen hydrolysiert, wobei das stark gelb fluoreszierende Fluoreszein entsteht (→ Experiment 11.9). Mit *EVAN's Blau* (Endkonzentration 0,5 g · l^{-1}), das spezifisch von beschädigten Protoplasten aufgenommen wird, kann eine Gegenfärbung durchgeführt werden. Eindrucksvoll, insbesondere bei Protoplasten aus farblosen Geweben (z. B. aus Koleoptilen), ist auch die Färbung mit dem Vitalfarbstoff *Neutralrot* (Endkonzentration 0,5 g · l^{-1}).

3.3 (A) Isolierung von Chloroplasten aus Spinatblättern [7]

Die Gewinnung intakter (photosynthetisch aktiver) Chloroplasten aus Blattmaterial ist eine Grundvoraussetzung für die biochemische und biophysikalische Analyse der Photosyntheseprozesse. Obwohl sich die Chloroplasten von verschiedenen Pflanzen nicht wesentlich unterscheiden, gelingt ihre Isolierung nicht in allen Fällen gleich gut. Die methodischen Schwierigkeiten können z. B. in einem stark sauren oder gerbstoffhaltigen Zellsaft begründet sein, der zu einer Schädigung der Membranen beim Aufbrechen der Zellen führt. Blätter mit sehr festen Zellwänden sind gleichfalls ungeeignet, da sie ein schonendes Aufbrechen der Zellen nicht gestatten. Weiterhin können Probleme durch Stärkekörner in den Chloroplasten auftreten, welche aufgrund ihrer hohen Dichte beim Zentrifugieren aus den Organellen herausgerissen werden. Alle diese Schwierigkeiten treten bei den Blättern des Spinats[8] nicht auf. Daher ist diese Pflanze seit Jahrzehnten zum Standardobjekt der Forschung an isolierten Chloroplasten geworden. Die vergleichsweise dünnen Zellwände des Spinats lassen sich durch kurzfristiges Homogenisieren in einem hochtourigen Messerhomogenisator aufbrechen, wobei zumindest ein Teil der Chloroplasten unbeschädigt bleibt. Das Homogenisierungsmedium enthält neben einem schwach alkalischen Puffer $0{,}4\ mol \cdot l^{-1}$ Saccharose, welche ein osmotisches Potential einstellt, das in etwa dem des Cytoplasmas entspricht (*isotonisches Medium*). In einem ersten Fraktionierungsschritt werden nicht-aufgeschlossene Gewebereste und Zellwandtrümmer durch einfache Filtration abgetrennt. Die weitere Fraktionierung der Organellensuspension kann nun durch *differentielles Pelletieren* der Chloroplasten (+Zellkerne) als schwerste Partikelfraktion in der Zentrifuge erfolgen. Das Verfahren führt naturgemäß nicht zu reinen Chloroplasten (→ Bd. 1: S. 119). Die Anreicherung ist jedoch für viele Zwecke ausreichend. Diese „Schnellmethode" erlaubt die Herstellung von Chloroplastenpräparaten innerhalb weniger Minuten, was wegen der z. T. raschen Inaktivierung von Photosynthesefunktionen entscheidend für den Erfolg eines Experiments sein kann. Eine weitergehende Reinigung, z. B. Abtrennung der beschädigten Chloroplasten, erfordert eine Zentrifugation im *Dichtegradienten* (→ Bd. 1: S. 120).

---

[7] *Spinacia oleracea* (Chenopodiaceae), eine im 15. Jahrhundert aus dem Orient nach Europa eingeführte Gemüsepflanze.
[8] Ähnlich gut geeignet sind *Vicia faba* oder *Lactuca sativa*, nachdem die Stärke durch 12stündige Lagerung im Dunkeln eliminiert wurde.

Literatur

Jacobi G (Hrsg) (1974) Biochemische Cytologie der Pflanzenzelle. Ein Praktikum. Thieme, Stuttgart, pp 72–108

A. Isolierung durch fraktionierende Zentrifugation (ungereinigte Chloroplasten)

Material und Geräte

1. Frische Spinatblätter (maximal 3 d im Kühlschrank aufbewahren)
2. Homogenisierungsmedium (4 °C): 50 mmol $\cdot$ l^{-1} Tricin/KOH-Puffer (pH 8,0), 0,4 mol $\cdot$ l^{-1} Saccharose, 10 mmol $\cdot$ l^{-1} NaCl, 5 mmol $\cdot$ l^{-1} MgCl$_2$
3. Messerhomogenisator (mit 1-l-Mixbecher, z. B. Braun-Mixer), Eisbad, Verbandmull, Miracloth [9], Zentrifuge (2000 × **g**, 4 °C), Zentrifugenbecher (Plastik), Glasstab (am Ende mit Watte umwickelt), Mikroskop (1000 ×, Ölimmersion, evtl. Phasenkontrast), Objektträger, Deckgläser, Schere.

Durchführung [10] (Grundexperiment)

1. *Aufschluß:* 50 g sauber gewaschenes Blattmaterial (ohne Blattrippen) mit einer Schere in kleine Stückchen zerschneiden und mit 200 ml eisgekühltem Homogenisierungsmedium im Mixbecher zerkleinern (5mal jeweils 3 s bei maximaler Drehzahl). Der Gewebebrei wird durch 4 Lagen Mull abgepreßt und die erhaltene Suspension durch 2 Lagen Miracloth in ein eisgekühltes Becherglas filtriert.

2. *Zentrifugation:* Filtrat bei 2000 × **g** für 5 min (4 °C) zentrifugieren. Überstand (grün gefärbt durch Chloroplastenfragmente) vorsichtig abgießen. Rückstand (ganze Chloroplasten) mit einigen Tropfen Homogenisierungsmedium zu einem völlig homogenen Brei verrühren (Glasstab mit Wattekopf) und *erst dann* mit der gewünschten Menge Medium auffüllen. Die Suspension darf keinerlei Klumpen mehr enthalten!

3. *Prüfung auf Reinheit:* Ein Tropfen der Suspension wird unter dem Mikroskop auf Anwesenheit von Zellwandresten, Mitochondrien usw. untersucht. Intakte Chloroplasten (Hülle unverletzt) zeigen im Gegensatz zu aufgebrochenen Chloroplasten eine hohe Lichtbrechung (heller Hof), welche die Granastruktur der Thylakoide nicht sichtbar werden läßt. Im Phasenkontrast heben sich intakte Chloroplasten als helle Punkte von den dunkel erscheinenden, defekten Chloroplasten ab. Bei Beleuchtung mit Blaulicht kann man die Chlorophyllfluoreszenz beobachten.

---

[9] Miracloth (von Calbiochem, → S. 444) ist ein feinmaschiges, hydrophiles Kunststoffgewebetuch, welches eine schnelle Filtration von Homogenaten zur Abtrennung von Zellwandbruchstücken erlaubt. Ähnlich gut geeignet ist ein feinmaschiges Nylonnetz.

[10] Nach verschiedenen Standardvorschriften modifiziert.

B. Weitere Reinigung durch Dichtegradientenzentrifugation

Material und Geräte

1. Dichtegradienten-Lösungen: 50 Gew.% Saccharose-Lösung in 50 mmol · l^{-1} Tricin/KOH-Puffer (pH 8,0) als Stammlösung ansetzen. Durch Verdünnen mit Puffer (auf der Waage) werden hieraus zusätzlich Lösungen mit 40/30/20 Gew.% Saccharose hergestellt.
2. Zentrifuge mit Schwenkbecherrotor (40 000 × g, 4 °C), Zentrifugenbecher (Plastik) in stabilem Ständer, Waage (±100 mg), Pasteurpipetten, Wasserstrahlpumpe, ABBÉ-Refraktometer.

Durchführung (Grundexperiment)

1. *Gießen der Dichtegradienten* (Stufengradienten[11]): In 12-ml-Becher werden in abfallender Reihenfolge jeweils 2,5 ml der vier Saccharose-Lösungen aufeinandergeschichtet. Lösungen aus Pipette *langsam* an der Innenwand des Bechers herunterlaufen lassen! (Für andere Bechergrößen müssen die Lösungsmengen entsprechend angepaßt werden.) Fertige Gradienten für 1 h kalt stellen.
2. *Zentrifugation:* Die folgenden Schritte sind unter der Aufsicht eines Fachkundigen durchzuführen (→ Bd. 1: S. 122). Auf jeden Gradienten werden 2 ml Chloroplastensuspension vorsichtig aufgelagert. Becher auf ±100 mg mit Homogenisierungsmedium austarieren und in das Rotorgehänge einsetzen. Alle Positionen des Rotors beschicken, notfalls mit einem Leeransatz! Die Zentrifugation erfolgt bei 40 000 × **g** für 40 min (4 °C).
3. *Entnahme der Fraktionen:* Nach dem Lauf werden die Röhrchen vorsichtig aus dem Rotor entnommen und die Anzahl und Färbung der Banden festgestellt. Das Material der einzelnen Banden kann man durch vorsichtiges Absaugen mit einer Pasteurpipette (mit Saugball, Spitze abgewinkelt) isolieren, nachdem die jeweils darüber liegenden Gradientenbereiche mit einer an die Wasserstrahlpumpe angeschlossenen Pasteurpipette „abgeschlürft" wurden. Eine gleichmäßige Fraktionierung des gesamten Gradienten ist mit einem Fraktionierungsgerät (→ Abb. 12), verbunden mit einem Fraktionensammler, möglich. Die Dichte des Gradienten an der Position einzelner Banden bestimmt man durch Messung des Brechungsindex im Refraktometer. Treten mehrere grüne Banden auf, so muß man die intakten Chloroplasten, z. B. durch mikroskopische Untersuchung, identifizieren. Intakte Chloroplasten können durch Suspendieren in Saccharose-freiem Puffer (osmotischer Schock) aufgebrochen werden (charakteristische Unter-

---

[11] Ein kontinuierlicher Gradient kann mit Hilfe eines Gradientenmischers aus 50% und 20% Saccharose-Lösungen gegossen werden (→ Abb. 11).

schiede im mikroskopischen Bild!). Mit verdünnten Chloroplastensuspensionen lassen sich trotz Trübung brauchbare Absorptionsspektren messen (→ Bd. 1: S. 89). Isolierte Chloroplasten verlieren die Aktivität des CALVIN-Cyclus auch bei Aufbewahrung in der Kälte relativ rasch, während z. B. die HILL-Aktivität (→ Experiment 4.7) viel länger erhalten bleibt.

Probleme (weiterführende Experimente)
1. Wie unterscheiden sich ungereinigte bzw. gereinigte (intakte und aufgebrochene) Chloroplasten in ihrer Fähigkeit zur *O_2-Produktion?* (Messung mit der O_2-Elektrode in Gegenwart von $10 \text{ mmol} \cdot l^{-1}$ $NaHCO_3$ und $0,5 \text{ mmol} \cdot l^{-1}$ Na_2HPO_4, Bezugssystem: Chlorophyllmenge; → Experiment 4.6.)
2. Wie unterscheiden sich ungereinigte bzw. gereinigte (intakte und aufgebrochene) Chloroplasten in ihrer *HILL-Aktivität?* (Photometrische oder polarographische Messung, Bezugssystem: Chlorophyllmenge; → Experiment 4.7.)
3. Das HILL-Reagenz Ferricyanid [K-Hexacyanoferrat(III)] kann die intakte Chloroplastenhülle nicht durchdringen. Die Messung der HILL-Reaktion mit diesem Elektronenacceptor ermöglicht daher einen empfindlichen Test für die *Intaktheit einer Chloroplastenpräparation* [Arbeitsvorschrift siehe z. B. Buschmann C, Grumbach K (1985) Physiologie der Photosynthese. Springer, Berlin Heidelberg New York Tokyo, pp 32–34]. Welchen Grad an Intaktheit ergibt dieser Test bei den nach der oben beschriebenen Vorschrift hergestellten Chloroplasten?
4. Wie unterscheiden sich intakte und osmotisch aufgebrochene Chloroplasten in ihrem *Sedimentationsverhalten* im Saccharose-Dichtegradient?
5. Kann man an ungereinigten bzw. gereinigten (intakten) Chloroplasten eine lichtabhängige *CO_2-Fixierung* im WARBURG-Manometer messen? (→ Bd. 1: S. 63.) Wie wirkt sich der Zusatz von $1 \text{ mmol} \cdot l^{-1}$ Glycerat-3-Phosphat aus?
6. Welche Unterschiede bestehen zwischen den *Absorptionsspektren* a) intakter Chloroplasten, b) intakter Thylakoide, c) der daraus mit Aceton extrahierten Pigmentmischung?

3.4 (A) Isolierung von Mitochondrien aus Kartoffelknollen [12]

Ähnlich wie Chloroplasten (→ Experiment 3.3) lassen sich auch Mitochondrien nach schonendem Aufbrechen von Zellen in einem iso- oder leicht

---

[12] *Solanum tuberosum* (Solanaceae), → Experiment 2.1.

hypertonischen Medium isolieren und durch *differentielle Pelletierung* mit gutem Wirkungsgrad anreichern. Als Osmoticum verwendet man hier häufig Mannit anstelle von Saccharose, da sich dann Stärkekörner (Amyloplasten) besser abtrennen lassen. Da Mitochrondrien wegen ihrer geringeren Größe einen wesentlich niedrigeren Sedimentationskoeffizienten besitzen (→ Bd. 1: S. 120), muß man zu ihrer Sedimentation höhere Zentrifugalkräfte einsetzen. Chloroplastenbruchstücke können durch einfache Zentrifugation nicht vollständig von den Mitochondrien getrennt werden. Daher verwendet man, wann immer es geht, chloroplastenfreies Gewebe als Ausgangsmaterial. Das Aufschlußmedium enthält, neben Mannit, einen leicht alkalischen Puffer zur pH-Stabilisierung und einige weitere Bestandteile, welche einer Inaktivierung der Organellen vorbeugen sollen (z. B. EDTA zur Komplexierung von Schwermetallionen). Die durch differentielle Pelletierung sehr schnell zu erhaltenden Mitochondrien sind vor allem mit leichteren Zellbestandteilen (z. B. ER-Bruchstücken) mehr oder minder stark verunreinigt. Durch eine anschließende *Dichtegradientenzentrifugation* kann eine weitgehend reine Mitochondrienfraktion erhalten werden. Der funktionelle Erhaltungszustand isolierter Mitochondrien wird anhand ihrer Atmungsaktivität in vitro beurteilt. Man mißt, bevorzugt mit der O_2-Elektrode, die Intensität der O_2-Aufnahme nach Zusatz eines geeigneten Substrats (z. B. Malat, Succinat). Ein weiteres Kriterium ist das Ausmaß der *Respiratorischen Kontrolle* des Elektronentransports durch das Adenylatsystem, d. h. die Abhängigkeit des O_2-Verbrauchs von zugesetztem ADP + anorganischem Phosphat in Gegenwart nicht-limitierender Mengen von Substrat (→ Experiment 5.12). Die Intermediärprodukte des Citratcyclus bzw. ATP, ADP und anorganischem Phosphat werden während der Isolierung der Organellen weitgehend ausgewaschen. Dagegen ist die innere Mitochondrienmembran sehr wenig durchlässig für Pyridinnucleotide, so daß NAD^+/NADH in intakt isolierten Organellen noch vorhanden ist. Nach Beschädigung der Membran wird jedoch auch diese Komponente ausgewaschen. Die fehlende Abhängigkeit der Atmungsaktivität von zugesetztem NAD^+ (in Gegenwart von Malat) kann daher als Kriterium für intakte Membranen dienen. Ähnliches gilt für Cytochrom *c*, welches im Gegensatz zu den anderen Cytochromen aus beschädigten Mitochondrien leicht austritt.

Literatur

Darley-Usmar VM, Rickwood D, Wilson MT (eds) (1987) Mitochondria. A practical approach. IRL Press, Oxford Washington

Estabrook RW, Pullman ME (eds) (1967) Oxidation and phosphorylation. Methods in Enzymology, vol X. Academic Press, New York London

Jacobi G (Hrsg) (1974) Biochemische Cytologie der Pflanzenzelle. Ein Praktikum. Thieme, Stuttgart, pp 109–126

Material und Geräte

1. Frische Kartoffelknollen
2. Homogenisierungsmedium (4 °C): 20 mmol · l^{-1} MOPS[13], 0,4 mol · l^{-1} Mannit, 1 mmol · l^{-1} Na$_2$-EDTA, 5 mmol · l^{-1} Cystein (erst kurz vor Gebrauch zusetzen), 1 g · l^{-1} BSA[14], 2 mmol · l^{-1} MgCl$_2$ (mit KOH auf pH 7,8 einstellen)
3. Waschmedium (4 °C): 10 mmol · l^{-1} MOPS, 0,35 mol · l^{-1} Mannit, 1 g · l^{-1} BSA, 2 mmol · l^{-1} MgCl$_2$ (mit KOH auf pH 7,2 einstellen)
4. Jod-Lösung (→ Experiment 1.5)
5. Messerhomogenisator (mit 1-l-Mixbecher, z. B. Braun-Mixer), Eisbad, Verbandmull, Miracloth (→ S. 83), Zentrifuge (12 000 × g, 4 °C), Zentrifugenbecher (Plastik), Glasstab (am Ende mit Watte umwickelt), Mikroskop (1000 ×, Ölimmersion, evtl. Phasenkontrast), Objektträger, Deckgläser.

Durchführung[15] (Grundexperiment)

1. *Aufschluß:* Die Kartoffelknollen werden geschält und in etwa 5 mm große Würfel geschnitten. 100 g gekühltes Gewebe mit 200 ml eiskaltem Homogenisierungsmedium im Mixbecher zerkleinern (mehrmals jeweils 3 s bei maximaler Drehzahl, bis das Material einen feinen Brei ergibt). Der Gewebebrei wird durch 4 Lagen Mull abgepreßt und die erhaltene Suspension durch 2 Lagen Miracloth in ein eisgekühltes Becherglas filtriert.
2. *Zentrifugation:* Filtrat bei 1200 × g für 5 min (4 °C) zentrifugieren (Entfernung von Stärkekörnern). Überstand vorsichtig abgießen und erneut zentrifugieren (12 000 × g, 10 min, 4 °C). Überstand abgießen. Rückstand mit einigen Tropfen Waschmedium zu einem völlig homogenen Brei verrühren (Glasstab mit Wattekopf). Dieser wird in zwei Zentrifugenbechern gesammelt und unter Rühren langsam auf 60 ml mit kaltem Waschmedium aufgefüllt. Mit dieser Suspension werden die beiden Zentrifugationsschritte wiederholt. Rückstand (Rohmitochondrienfraktion) in 1 ml Waschmedium resuspendieren (keine Klumpen!) und auf Eis aufbewahren.
3. *Prüfung auf Reinheit:* Ein Tropfen der Suspension wird unter dem Mikroskop auf Anwesenheit von Stärkekörnern (Jod-Probe, → Experiment 1.5) oder anderen „großen" Partikeln geprüft. Gegebenenfalls muß der Waschgang wiederholt werden. Als qualitativer Funktionstest kann die Tetrazoliumchloridprobe durchgeführt werden (→ Experiment 5.9, je einen Tropfen Mitochondriensuspension und Reagenzlösung auf Objektträger mischen).

---

[13] 3-[N-Morpholino]propansulfonsäure, zwitterionische Puffersubstanz geringer Ionenstärke (pH 6,5–7,9; „GOOD-Puffer", → Bd. 1: S. 60).
[14] Rinderserumalbumin (→ S. 80).
[15] Nach verschiedenen Standardvorschriften modifiziert.

88 Isolierung von Zellen, Protoplasten und Organellen

Probleme (weiterführende Experimente)
1. Wie hoch ist die *Atmungsaktivität* der Mitochondrien? (Messung mit der O_2-Elektrode in Gegenwart von $10 \text{ mmol} \cdot l^{-1}$ Succinat oder Malat, $10 \text{ mmol} \cdot l^{-1}$ K_2HPO_4 und $10 \text{ mmol} \cdot l^{-1}$ ADP; → Experiment 5.12. Bezugssystem: mg Protein; Proteinbestimmung nach Fällung mit Trichloressigsäure mit der Biuret-Methode, → Experiment 1.12.)
2. Wie groß ist die *Respiratorische Kontrolle* der Mitochondrien (→ Experiment 5.12)?
3. Welchen Effekt hat ein *osmotischer Schock* in Mannit-freiem Waschmedium auf die Atmungsaktivität der Mitochondrien?
4. Hängt die Atmungsaktivität der Mitochondrien (mit Malat als Substrat) von *zugesetztem NAD$^+$* ($10 \text{ mmol} \cdot l^{-1}$) ab? Wie wirkt ein *osmotischer Schock*? (Resuspendierung in Mannit-freiem Waschmedium.)
5. Kann man, ähnlich wie bei der HILL-Reaktion (→ Experiment 4.7), Elektronen aus der laufenden Elektronentransportkette intakter (osmotisch aufgebrochener) Mitochondrien mit *künstlichen Elektronenacceptoren* (z. B. DCPIP) abfangen?
6. Kann man die Atmungsaktivität von Mitochondrien auch im *WARBURG-Manometer* (→ Bd. 1: S. 63) messen? Wie groß ist der Unterschied in der Empfindlichkeit zwischen polarographischer und manometrischer Messung?
7. Obwohl die durch einfache Pelletierung gewonnenen Mitochondrienpräparate für viele Zwecke ausreichen, benötigt man in speziellen Fällen besser gereinigte Organellen. Wie muß die für Chloroplasten (→ Experiment 3.3) beschriebene *Dichtegradientenzentrifugation* modifiziert werden, um sie für Mitochondrien erfolgreich anzuwenden?

3.5 (A) Trennung und enzymatische Charakterisierung von Chloroplasten, Mitochondrien und Peroxisomen aus Gurkenkotyledonen[16]

Durch schonenden mechanischen Aufbruch der Zellwände eines Gewebes in einem isotonischen, pH-stabilisierten Homogenisierungsmedium kann man ein „zellfreies System" herstellen, in dem die meisten Zellorganellen zumindest teilweise noch in funktionsfähigem Zustand vorliegen. Die analytische Trennung der Zellorganellen in einem solchen Gewebeextrakt kann durch

---

[16] *Cucumis sativus* (Cucurbitaceae), in vielen Zuchtformen kultivierte Gemüsepflanze, aus Ostindien eingeführt.

isopyknische Zentrifugation in einem kontinuierlichen Dichtegradienten erfolgen (→ Bd. 1: S. 121). Hierbei wird der Umstand ausgenützt, daß sich die Organellen in ihrer *Schwebedichte* deutlich unterscheiden und daher im Gradienten in verschiedenen Zonen ins Gleichgewicht mit dem Gradientenmedium kommen. Das gebräuchlichste Gradientenmedium ist eine Saccharose-Lösung kontinuierlich ansteigender Konzentration (bis etwa 60 Gew.%), welche einen Dichtebereich von $1,0-1,3$ kg $\cdot$ l^{-1} abdecken kann. Die auf einem Saccharose-Gradienten beobachtete, *apparente Schwebedichte* der Organellen hängt von den osmotischen Eigenschaften der jeweiligen Grenzmembranen ab und unterscheidet sich daher u.U. stark von der tatsächlichen Dichte in vivo. So werden z. B. die Saccharose-impermeablen Chloroplasten durch osmotischen Wasserentzug kontrahiert. Hingegen sind Peroxisomen (Microbodies) für Saccharose frei permeabel und erreichen daher im Gradienten eine artifiziell hohe Dichte. Andere Gradientenmedien ergeben u.U. andere Dichtewerte und Trennergebnisse.

Zur eindeutigen Charakterisierung und Überprüfung der Unversehrtheit bzw. Reinheit der durch Dichtegradientenzentrifugation erhaltenen Organellenfraktionen benutzt man *Leitenzyme,* deren Aktivität mit hoher Empfindlichkeit in den Gradientenfraktionen gemessen werden kann (→ Bd. 1: S. 102). Damit die Enzyme beim Aktivitätstest mit den zugesetzten Substraten in Kontakt kommen, müssen die Organellen durch einen osmotischen Schock (Überführung in hypotonisches Medium) aufgebrochen oder durch Detergentien (z. B. 1 g $\cdot$ l^{-1} Triton X-100) permeabel gemacht werden.

Das nachfolgend beschriebene Experiment beinhaltet einige aufwendigere biochemische Methoden und muß daher sorgfältig geplant und vorbereitet werden.

Literatur

Rickwood D (ed) (1984) Centrifugation: A practical approach. 2. edn, Information Retrieval, London

Material und Geräte

1. Gurkenkeimlinge (4–5 d bei 25 °C auf Vermiculit oder Filterpapier im Licht angezogen, etwa 150 Stück)
2. Na-Phosphatpuffer (0,1 mol $\cdot$ l^{-1}, pH 7,2 und pH 8,0)
3. Tris/HCl-Puffer (0,1 mol $\cdot$ l^{-1}, pH 7,8)
4. Homogenisierungsmedium: 0,15 mol $\cdot$ l^{-1} Tricin/KOH-Puffer (pH 7,5), 10 mmol $\cdot$ l^{-1} KCl, 1 mmol $\cdot$ l^{-1} MgCl$_2$, 1 mmol $\cdot$ l^{-1} Na$_2$-EDTA, 25 g $\cdot$ l^{-1} BSA[17], 0,4 mol $\cdot$ l^{-1} Saccharose, 10 mmol $\cdot$ l^{-1} DTE[18] (erst kurz vor Gebrauch zugeben)

---

[17] Rinderserumalbumin (→ S. 80).
[18] Dithioerythrit (Schutzreagenz für freie SH-Gruppen, → Experiment 2.7).

90 Isolierung von Zellen, Protoplasten und Organellen

5. H_2O_2-Lösung (0,1 mol · l^{-1}, frisch aus Perhydrol ansetzen)
6. Na_2-L-Malat-Lösung (0,5 mol · l^{-1})
7. $MgCl_2$-Lösung (0,5 mol · l^{-1})
8. DTE-Lösung (0,25 mol · l^{-1}, frisch ansetzen)
9. ATP-Lösung (40 mmol · l^{-1}, frisch ansetzen)
10. Glycerat-3-Phosphat-Lösung (40 mmol · l^{-1})
11. NADPH-Lösung (4 mmol · l^{-1}, frisch ansetzen)
12. Phosphoglyceratkinase[19] (=PGK, aus Hefe, Enzymsuspension mit ca. 70 mkat · l^{-1}, mit Trispuffer 1 : 100 verdünnen)
13. Dichtegradienten-Lösungen (je 100 ml): 600 g · kg^{-1} Saccharose (60 Gew.%, *schwere Lösung*) bzw. 300 g · kg^{-1} Saccharose (30 Gew.%, *leichte Lösung*) in einer Lösung von 5 mmol · l^{-1} Tricinpuffer (pH 7,5), 10 mmol · l^{-1} KCl, 1 mmol · l^{-1} $MgCl_2$ auflösen.
14. Reibschale (10–12 cm), Quarzsand, Eisbad, Kühlzentrifuge (15 000 × g, 5 °C) mit 50-ml-Plastikbechern, Photometer (200–400 nm, 25 °C), Küvetten (1 cm, 1 ml, Quarz) mit Plastikrührstäbchen, Kolbenpipetten (10, 20, 50, 100 µl), Plastikpetrischale (9 cm), Rasierklingen, Nylontuch (80 µm Maschenweite), Glasstab (mit Wattekopf), Ultrazentrifuge mit Ausschwenkrotor (75 000 × g, 5 °C), mit transparenten Zentrifugenröhrchen, Gradientengießgerät (→ Abb. 11), Gradientenfraktioniergerät (→ Abb. 12), Fraktionensammler, ABBÉ-Refraktometer, Pinzette.

Durchführung[20] (Grundexperiment)

1. *Überprüfung der Enzymtests mit einem Enzymrohextrakt:* 20 Kotyledonenpaare (1–2 g Frischmasse) werden mit 2 g Sand und 2 ml Phosphatpuffer (pH 8,0) in einer eisgekühlten Reibschale zu einem feinen Brei zerrieben (5 min). Weitere 8 ml Puffer zugeben und gut mischen. Homogenat in einen Zentrifugenbecher überführen und für 20 min bei 15 000 × g in der Kälte zentrifugieren. Sofort nach Stillstand der Zentrifuge werden etwa 8 ml Enzymextrakt mit einer 10-ml-Pipette (mit Saugball) *vorsichtig* unter der obenauf schwimmenden Fettschicht abgesaugt. Der Extrakt muß völlig partikel- und trübungsfrei sein. (Wenn dies nicht gelingt, muß nochmals zentrifugiert werden.) Mit dem auf Eis aufzubewahrenden Extrakt werden folgende Enzymtests am Photometer (Küvetten auf 25 °C temperiert) durchgeführt, wobei insbesondere der „Leerlauf" und der lineare Zusammenhang zwischen Enzymkonzentration (Menge an Enzymextrakt) und Reaktionsintensität ($\Delta E · min^{-1}$) und dessen obere Grenze überprüft wird (→ Bd. 1: S. 106; Experiment 2.7). Vor Start der Reaktion muß das Reaktionsgemisch auf 25 °C temperiert sein.

a) *Katalase* (KAT, EC 1.11.1.6): Enzymextrakt (z. B. 20 µl) mit Phosphatpuffer* (pH 7,2) auf 900 µl auffüllen. Start: 100 µl H_2O_2-Lösung* zuge-

---

[19] ATP:3-Phospho-D-glycerat-1-phosphotransferase, EC 2.7.2.3; z. B. von Boehringer (→ S. 444).
[20] Nach verschiedenen Standardvorschriften modifiziert.

ben und schnell mischen. Sofort Extinktionsabnahme (Zerfall von H_2O_2, $\varepsilon_{240} = 39{,}4 \; l \cdot mol^{-1} \cdot cm^{-1}$) bei 240 nm gegen Luft messen (nur Anfangssteigung auswerten).
b) *Fumarase* (FUM, EC 4.2.1.2): Enzymextrakt (z. B. 50 µl) mit Phosphatpuffer* (pH 8,0) auf 900 µl auffüllen. Start: 100 µl Malat-Lösung* zugeben und mischen. Extinktionszunahme (Bildung von Fumarat, $\varepsilon_{240} = 2{,}6 \cdot 10^3 \; l \cdot mol^{-1} \cdot cm^{-1}$) bei 240 nm gegen Luft messen.
c) *Glycerinaldehydphosphatdehydrogenase* ($NADP^+$-abhängig, NADP-GPD, EC 1.2.1.13): Enzymextrakt (z. B. 50 µl) mit Trispuffer* (pH 7,8) auf 800 µl auffüllen. 20 µl $MgCl_2$*-, 20 µl DTE*-, 50 µl ATP*- und 50 µl Glyceratphosphat*-Lösung zugeben und mischen. 5 min äquilibrieren lassen. Start: 50 µl NADPH- und 10 µl (7 nkat) PGK-Lösung zugeben und mischen. Extinktionsabnahme (Verbrauch von NADPH, $\varepsilon_{340} = 6{,}3 \cdot 10^3 \; l \cdot mol^{-1} \cdot cm^{-1}$) bei 340 nm gegen Luft messen. [Es handelt sich um eine zweistufige Reaktion, wobei zunächst Glycerat-3-Phosphat durch PGK zu Glycerat-1,3-Bisphosphat phosphoryliert wird, welches dann durch die Dehydrogenase unter Dephosphorylierung zum Aldehyd reduziert wird. Wenn vor dem Start ein erheblicher Leerlauf zu beobachten ist, muß gegen eine Referenzküvette (Reaktionsgemisch ohne Glycerat-Phosphat) gemessen werden.]
2. *Herstellung des Organellenextraktes:* Die folgenden Schritte sind bei 0–5 °C durchzuführen. Kotyledonen (5–10 g Frischmasse) werden in einer Petrischale unter Zugabe einiger Tropfen Homogenisierungsmedium mit einer Rasierklinge sehr fein zerhackt. Der Brei wird in eine gekühlte Reibschale überführt und dort unter Zugabe von weiterem Medium weiter homogenisiert. Die erhaltene Suspension wird durch Nylontuch filtriert. Rückstand durch Wringen auspressen und eventuell nochmals homogenisieren[21]. Filtrat für 10 min bei 270 × **g** zentrifugieren, Überstand von den sedimentierten Zellwandtrümmern und Kernen vorsichtig in einen zweiten Zentrifugenbecher abgießen und für 15 min bei 10 000 × **g** zentrifugieren. Nach Entfernen der Fettschicht (Pinzette mit Wattebausch) und Abgießen des Überstandes wird das Organellensediment mit einem Glasstab (Ende mit Watte umwickelt) zu einem homogenen Brei verrührt, dann unter Rühren tropfenweise 3 ml Medium zugesetzt. Die Organellensuspension darf keine Klumpen mehr enthalten!

---

* Für Serienbestimmungen bei konstanter Menge Enzymextrakt können diese Komponenten zu einem Reaktionsgemisch vereinigt werden (beschränkt haltbar!).
[21] Man kann auch das zerschnittene Material in einem Säckchen aus Nylontuch, eingetaucht in Medium, in einer Reibschale solange mit einem großen Pistill bearbeiten, bis die Zellbestandteile ausgetreten sind.

Isolierung von Zellen, Protoplasten und Organellen

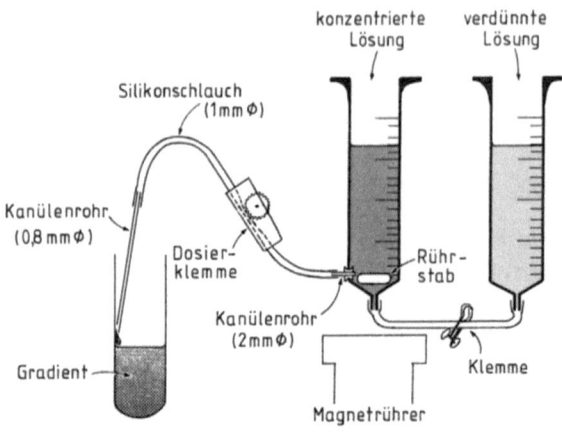

Abb. 11. Vorrichtung zur Herstellung eines linearen Dichtegradienten, welche aus zwei Plastikspritzen (z. B. Stylex-Spritzen von Pharmaseal, → S. 144) einfach konstruiert werden kann. *Prinzip:* Während das linke Gefäß mit der dichteren Lösung langsam ausläuft, wird kontinuierlich aus dem rechten Gefäß weniger dichte Lösung zugemischt. *Arbeitsweise:* Bei geschlossenen Klemmen zuerst rechtes Gefäß füllen (z. B. mit 19,0 ml 20 Gew.% Saccharose-Lösung). Klemme am Verbindungsschlauch kurz öffnen, bis der ganze Schlauch mit Lösung gefüllt ist. Linkes Gefäß mit *gleichgewichtiger* Menge an dichterer Lösung füllen (z. B. 17,5 ml 40 Gew.% Saccharose-Lösung). Dosierklemme kurz öffnen, bis der erste Tropfen am Auslaufrohr sichtbar wird. Klemme am Verbindungsschlauch öffnen. Es darf nun keine erhebliche Lösungsbewegung, sichtbar an einer Schlierenbildung, zwischen den Gefäßen erfolgen. Rührer einschalten. Dosierklemme vorsichtig öffnen, bis sich ein *langsamer* Flüssigkeitsstrom einstellt (etwa 1 Tropfen pro Sekunde). Auslaufrohrende am Boden des Zentrifugenbechers an die Wand anlegen. Becher (in einer Halterung) absenken, so daß das Rohrende stets kurz über dem Flüssigkeitsspiegel bleibt (überschichten). Man erhält in diesem Fall einen Gradienten von etwa 34 ml im Bereich von 40% bis 20% Saccharose. Für kleinere Volumina empfiehlt es sich, entsprechend kleinere Spritzenkörper zu verwenden. Die Maßangaben beziehen sich auf den Innendurchmesser. Zur Abdichtung des Ablaufstutzens im linken Gefäß kann man z. B. ein Stück Silikonschlauch verwenden. Einen gekrümmten Gradienten abfallender Steigung erhält man, wenn man das Volumen der Lösung im linken Gefäß mit Hilfe des Spritzenkolbens während des Auslaufens konstant hält

3. *Dichtegradientenzentrifugation:* Die folgenden Schritte sind unter der Aufsicht eines Fachkundigen durchzuführen (→ Bd. 1: S. 122). Die Suspension wird auf einen zuvor hergestellten Dichtegradienten (Abb. 11, 30–60 Gew.% Saccharose, 34 ml in 38-ml-Zentrifugenröhrchen, gekühlt aufbewahren) aufgelagert. Röhrchen in Schwenkbecher des vorgekühlten Rotors[22] einsetzen und diesen auf ± 100 mg durch Zugabe von Homogenisierungsmedium gegen die restlichen Becher austarieren. Becher zuschrau-

ben und in die richtigen Positionen des Rotors einhängen (korrekten Sitz prüfen!). Rotor in die vorgekühlte Zentrifuge (5 °C) einsetzen und den Lauf starten (75 000 × g, 5 h).

4. *Fraktionierung des Gradienten:* Nach Entnahme des Röhrchens aus dem Rotor kann man im durchscheinenden Licht die bandierten Organellenfraktionen erkennen. Zur Auftrennung in 1,5-ml-Fraktionen verwendet man eine Gradientenfraktioniereinrichtung (Abb. 12) und einen Fraktionensammler (Alternative: von Hand fraktionieren, 50 Tropfen pro Fraktion).

5. *Messung der Organellenverteilung im Gradienten:* Die Änderung der Dichte entlang des Gradienten wird an 50-µl-Proben aus den Fraktionen in einem Refraktometer bestimmt. Der abgelesene Brechungsindex (η) läßt sich nach folgender Formel in Dichtewerte (ϱ) umrechnen:

$$\varrho(0\,°C) = 2{,}7329\ \eta(20\,°C) - 2{,}6425\,[\text{kg} \cdot \text{l}^{-1}].$$

Die Enzymaktivitäten werden an geeigneten Probenmengen (meist 10–50 µl) wie oben beschrieben gemessen[23]. Gegebenenfalls müssen die Proben verdünnt werden. Zusätzlich kann die Extinktion bei 280 nm (Protein) und 675 nm (Chlorophyll) gemessen werden.

Auswertung

Die Meßwerte werden als Funktion der Fraktionen-Nr. als relative Werte in ein Diagramm eingetragen und als Verteilungskurve dargestellt. Durch Vergleich der (eventuell interpolierten) Gipfelpositionen mit den Dichtewerten des Gradienten wird die apparente Gleichgewichtsdichte (in Saccharose) der Organellen bestimmt.

Probleme (weiterführende Experimente)

1. Wie groß ist die Ausbeute an Mitochondrien, Chloroplasten und Peroxisomen, ermittelt anhand eines *Vergleichs der Enzymaktivitäten* von Rohextrakt und jeweiliger Organellenfraktion?
2. Wie verteilen sich folgende *Enzyme* im Gradienten[23]:

---

[22] Die Beschreibung bezieht sich auf den Rotor-Typ SW-28 von Beckman und muß gegebenenfalls modifiziert werden. Der Rotor muß an allen Positionen besetzt sein (z. B. durch „Leergradienten") und die Röhrchen müssen *bei gleichem Gewicht* bis mindestens 5 mm unter den Rand gefüllt sein.
[23] Die Pufferkonzentrationen sind auf 30 mmol · l^{-1} zu erniedrigen, um das osmotische Aufbrechen der Organellen zu fördern.

94 Isolierung von Zellen, Protoplasten und Organellen

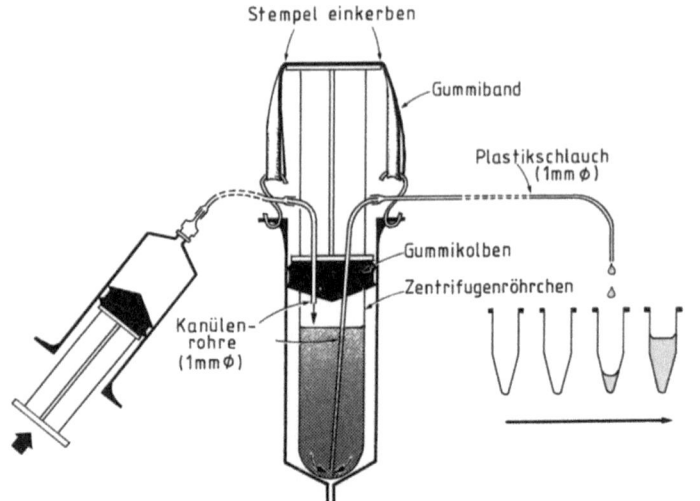

Abb. 12. Vorrichtung zur Fraktionierung eines Dichtegradienten, welche sich aus einer 50-ml-Plastikspritze (z. B. Stylex-Spritze von Pharmaseal, → S. 144) einfach konstruieren läßt. *Prinzip:* In das Zentrifugenröhrchen wird die Gradientenlösung durch Druck in die Kanülenöffnung am Boden des Röhrchens gepreßt und zum Fraktionensammler abgeleitet. Der Spritzenstempel wird durch ein stramm gespanntes, kräftiges Gummiband nach unten gedrückt, so daß sein Kolben (Gummi) die Röhrchenkante abdichtet. Der Kolben wird durch ein kurzes und ein langes Kanülenrohr durchbrochen (durch den Gummi stechen, Länge des Ablaufrohres anpassen, so daß seine Öffnung den Röhrchenboden gerade nicht berührt). Zur Druckerzeugung dient eine zweite Spritze (oder eine Schlauchpumpe). *Arbeitsweise:* Zentrifugenröhrchen vorsichtig in das Gerät stellen (Pinzette). Stempel aufsetzen und festspannen, wobei das Ablaufrohr beim Durchdringen des Gradienten keine Turbulenz erzeugen darf. *Ganz langsam* Druck anlegen, bis der erste Tropfen am Schlauchende erscheint. Die Fraktionierung kann entweder von Hand (bestimmte Anzahl von Tropfen pro Fraktion, 1 Tropfen ≈ 30 µl) oder mit einem automatischen Fraktionensammler mit Tropfenzähler erfolgen. Die Tropfgeschwindigkeit wird durch den Kolbendruck reguliert. Der Kolben darf auf keinen Fall rückwärts bewegt werden, da sonst Luftblasen den Gradienten zerstören. Die Maßangaben beziehen sich auf den Innendurchmesser

a) *Malatdehydrogenase* (MDH, EC 1.1.1.37)

Enzymextrakt (z. B. 20 µl) mit Trispuffer* (0,1 mol · l^{-1}, pH 7,8) auf 900 µl auffüllen. 50 µl NADH-Lösung* (4 mmol · l^{-1}, frisch ansetzen) zugeben. Start: 50 µl Oxalacetat-Lösung* (20 mmol · l^{-1}, frisch ansetzen) zugeben und mischen. Extinktionsabnahme (Verbrauch von NADH, $\varepsilon_{340} = 6{,}3 \cdot 10^3$ l · mol^{-1} · cm^{-1}) bei 340 nm gegen Luft messen (→ S. 154).

Analytische Experimente   95

b) *Glycerinaldehydphosphatdehydrogenase* (NAD^+-abhängig, NAD-GPD, EC 1.2.1.12)
Die Bestimmung erfolgt wie bei der NADP-GPD (→ S. 91), wobei jedoch NADPH durch NADH ersetzt wird.

c) *Glycolatoxidase* (GO, EC 1.1.3.1)
Enzymextrakt (z. B. 50 µl) mit Trispuffer* (0,1 mol · l^{-1}, pH 8,3) auf 900 µl auffüllen. 50 µl Phenylhydrazin-HCl-Lösung (100 mmol · l^{-1}, frisch ansetzen) zugeben. Start: 50 µl Glycolat/Flavinadeninmononucleotid-Lösung* (150 mmol · l^{-1} bzw. 5 mmol · l^{-1}) zugeben und mischen. Extinktionszunahme (Bildung von Glyoxylatphenylhydrazon, $\varepsilon_{324} = 17 \cdot 10^3$ l · mol^{-1} · cm^{-1}) bei 324 nm gegen Luft messen.

d) *Hydroxypyruvatreductase* (HPR, EC 1.1.1.81)
Enzymextrakt (z. B. 50 µl) mit Phosphatpuffer* (0,1 mol · l^{-1}, pH 6,2) auf 900 µl auffüllen. 50 µl NADH-Lösung* (5 mmol · l^{-1}) zugeben. Start: 50 µl Hydroxypyruvat-Lösung* (100 mmol · l^{-1}) zugeben und mischen. Extinktionsabnahme (Verbrauch von NADH, $\varepsilon_{340} = 6,3 \cdot 10^3$ l · mol^{-1} · cm^{-1}) bei 340 nm gegen Luft messen.

e) *Isocitratlyase* (ICL, EC 4.1.3.1)
Enzymextrakt (z. B. 100 µl) mit Phosphatpuffer* (0,1 mol · l^{-1}, pH 7,6) auf 800 µl auffüllen. Je 50 µl Phenylhydrazin-Lösung (100 mmol · l^{-1}), Cystein-Lösung* (175 mmol · l^{-1}) und $MgCl_2$-Lösung* (500 mmol · l^{-1}) zugeben (die zwei ersten Lösungen frisch ansetzen). Start: 50 µl Isocitrat-Lösung* (400 mmol · l^{-1}) zugeben und mischen. Extinktionszunahme (Bildung von Glyoxylatphenylhydrazon, $\varepsilon_{324} = 17 \cdot 10^3$ l · mol^{-1} · cm^{-1}) bei 324 nm gegen Luft messen.

f) *Malatsynthase* (MS, EC 4.1.3.2)
Enzymextrakt (z. B. 20 µl) mit Phosphatpuffer* (0,1 mol · l^{-1}, pH 7,5) auf 900 µl auffüllen. 10 µl $MgCl_2$-Lösung* (0,5 mol · l^{-1}), 20 µl DTNB[24]-Lösung* (18 mmol · l^{-1}) und 20 µl Acetyl-CoA-Lösung (5 mmol · l^{-1}, frisch ansetzen) zugeben. Start: 50 µl Glyoxylat-Lösung* (66 mmol · l^{-1}) zugeben und mischen. Extinktionszunahme (Bildung eines gelben Reaktionsproduktes von DTNB und freigesetztem CoASH, $\varepsilon_{405} = 13,6 \cdot 10^3$ l · mol^{-1} · cm^{-1}) bei 405 nm gegen Luft messen.

g) *Citratsynthase* (CS, EC 4.1.3.7)
Die Bestimmung erfolgt wie bei der MS mit folgenden Abweichungen: Trispuffer (0,1 mol · l^{-1}, pH 8,0), Acetyl-CoA-Lösung: 50 mmol · l^{-1}, Start mit 50 µl Oxalacetat-Lösung (100 mmol · l^{-1}, frisch ansetzen).

---

* Für Serienbestimmungen bei konstanter Menge Enzymextrakt können diese Komponenten zu einem Reaktionsgemisch vereinigt werden (beschränkt haltbar!).
[24] 5,5′-Dithiobis-(2-nitrobenzoat), bildet mit SH-Verbindungen einen gelb gefärbten Komplex.

4. Photosynthese

Vorbemerkungen

Unter Photosynthese versteht man die Umwandlung von *Lichtenergie* in *chemische Energie* (in Form energiereicher organischer Moleküle) an speziellen pigmenthaltigen Biomembranen (*Thylakoiden*). Bei den grünen Pflanzen ist dieser Prozeß mit einer Oxidation von H_2O zu O_2 verbunden. Im photochemischen Abschnitt des komplexen Photosynthesegeschehens werden Lichtquanten durch Chlorophyll *a* und andere Photosynthesepigmente absorbiert und in *Reaktionszentren* gesammelt. Dort findet dann der entscheidende Energiewandlungsprozeß statt, der die Energie elektronisch angeregter Molekülzustände in chemische Energie (Redoxenergie) transformiert. Es schließt sich ein komplizierter *Elektronentransport* über eine Reihe von Redoxenzymen an, bei dem schließlich $NADP^+$ zu NADPH reduziert wird. An diesen membrangebundenen Elektronentransport ist der Aufbau eines *Protonengradienten* quer zur Membran gekoppelt, der über eine H^+-getriebene *ATP-Synthase* an der Thylakoidmembran ATP als zweites energiereiches Photosyntheseprodukt liefert. Mit Hilfe von NADPH und ATP können nun im biochemischen Abschnitt der Photosynthese viele energiebedürftige metabolische Reaktionen durchgeführt werden, insbesondere die Fixierung von CO_2 und dessen Umwandlung in Kohlenhydrate.

Die Photosynthese der höheren Pflanzen kann auf verschiedenen Ebenen der Organisation experimentell untersucht werden, z. B. als *lichtinduzierter Gaswechsel* (CO_2-Aufnahme, O_2-Abgabe) oder *Assimilatsynthese* im Blatt, als *lichtinduzierter Elektronentransport* von H_2O zu $NADP^+$ im isolierten Chloroplasten oder als *Energietransfer* der isolierten Photosynthesepigmente, der zur Fluoreszenz führt. Ausgewählte Experimente aus diesen verschiedenen Bereichen sind im folgenden zusammengestellt.

Literatur

Buschmann C, Grumbach K (1985) Physiologie der Photosynthese. Springer, Berlin Heidelberg New York Tokyo

Hipkins MF, Baker NR (eds) (1986) Photosynthesis, energy transduction. A practical approach. IRL Press, Oxford Washington

Lawlor, DW (1987) Photosynthesis: Metabolism, control, and physiology. Longman, Harlow

Demonstrationsexperimente

4.1 (D) Photoreduktion von Methylenblau (Modellreaktion zur Funktion des photochemisch aktiven Chlorophylls)

Das photochemisch aktive Chlorophyll in den Reaktionszentren der Photosysteme I und II funktioniert als Licht-energetisierte Elektronenpumpe. Sein Redoxpotential (E'_0) wird durch Aufnahme der Energie eines Photons in negativer Richtung verschoben, und dies ermöglicht die Übertragung eines Elektrons von einem positiven Donator (letztlich $H_2O/\frac{1}{2}O_2$, $E'_0 = 0{,}82$ V) auf einen Acceptor mit negativem Redoxpotential (letztlich NADPH/ $NADP^+$, $E'_0 = -0{,}32$ V). Man hat vielfach versucht, diesen grundlegenden Energiewandlungsprozeß durch Ladungstrennung mit nicht-biologischen Redoxfarbstoffen nachzuvollziehen, ohne bisher eine praktikable Lösung des Problems der „Photosynthese im Reagenzglas" zu finden. Eine einfache photochemische Reaktion zur Simulierung der lichtabhängigen Elektronenübertragung durch Chlorophyll ist die Photoreduktion von Methylenblau in Anwesenheit des Elektronendonators Fe^{2+}:

$$\text{Methylenblau} + 2\,Fe^{2+} \underset{\text{Dunkel}}{\overset{\text{Licht}}{\rightleftharpoons}} \text{Leucomethylenblau} + Fe^{3+}.$$
(blau) (farblos)

Das Redoxpotential des Elektronendonators $Fe^{2+} \rightleftharpoons Fe^{3+} + e^-$ ($E'_0 = 0{,}77$ V) ist erheblich positiver als das des Elektronenacceptors (Methylenblau $+ 2\,e^- + 2\,H^+ \rightleftharpoons$ Leucomethylenblau, $E'_0 = 0{,}01$ V); die Reaktion ist also im Dunkeln exergonisch in Richtung der Fe^{3+}-Reduktion. Durch Zufuhr von Licht wird das Redoxpotential von Methylenblau so stark ins Positive verschoben, daß die Gegenrichtung exergonisch ist. Der stark negative Elektronendonator Dithionit ($S_2O_4^{2-} + 2\,H_2O \rightleftharpoons 2\,SO_3^{2-} + 4\,H^+ + 2\,e^-$, $E'_0 = -1{,}99$ V) reduziert den Farbstoff erwartungsgemäß auch im Dunkeln. Ähnliche Experimente lassen sich (mit höherem technischen Aufwand) auch mit Chlorophyll durchführen[1].

Durchführung

Drei 100-ml-Erlenmeyer-Kolben werden mit 50 ml Methylenblau-Lösung (10 mg·l^{-1}) gefüllt. In den ersten wird eine kleine Menge Dithionit gegeben, um die Bildung des Leucofarbstoffs zu zeigen. Im zweiten Kolben werden 0,5 g FeSO$_4$ gelöst, der dritte dient als Kontrolle. Beide Lösungen nebeneinander mit einer starken Scheinwerferlampe bestrahlen (ca. 200 klx). Der FeSO$_4$ enthaltende Ansatz zeigt eine deutliche Ausbleichung, welche im Dunkeln sofort rückgängig gemacht wird. (Um dieses System technisch zu nutzen, müßte man die Rückreaktion verhindern, indem man die Redoxenergie des reduzierten Farbstoffs mit akzeptabler Ausbeute auf ein nicht autoxidables Redoxsystem überträgt).

4.2 (D) Fluoreszenz von Chlorophyll in vitro und in vivo

Unter Fluoreszenz versteht man die rasche (Halbwertszeit $\approx 10^{-9}$ s) Abgabe von elektronischer Anregungsenergie nach der Absorption von Photonen durch ein Pigment. Da die Fluoreszenz stets vom 1. Singulett-Zustand ausgeht, ist das Spektrum des Fluoreszenzlichtes unabhängig von der Wellenlänge der absorbierten Strahlung. Das *Fluoreszenzemissionsspektrum* des Chlorophylls zeigt nur einen Gipfel im roten Spektralbereich. Wegen des unvermeidlichen Energieverlustes (Wärmeproduktion) ist die Fluoreszenzbande um einige Nanometer gegen die dem 1. Singulett zuzuordnende Absorptionsbande verschoben (Abb. 13). Fluoreszenzemissionsspektren lassen sich mit einem abgewandelten Photometer (*Fluorometer*) messen, in dem die Probe mit einer separaten Lichtquelle (Anregungslicht) bestrahlt werden kann. Das von der Probe ausgesandte Fluoreszenzlicht wird durch einen Monochromator zerlegt und photoelektrisch gemessen. Der optische Aufbau eines Fluorometers läßt sich mit Hilfe eines Handspektroskops demonstrieren (Abb. 14).

Im intakten Blatt ist die Fluoreszenz des Chlorophylls sehr viel niedriger als im extrahierten Zustand. Dies beruht auf der Tatsache, daß in vivo der größte Teil der Anregungsenergie des 1. Singulett-Zustandes für den Elektronentransport abgezweigt wird. Lediglich wenn der Elektronentransport

---

[1] Seely GR (1972) In: San Pietro A (ed) Photosynthesis and nitrogen fixation. Methods in enzymology vol XXIV B, Academic Press, New York, pp 238–246.

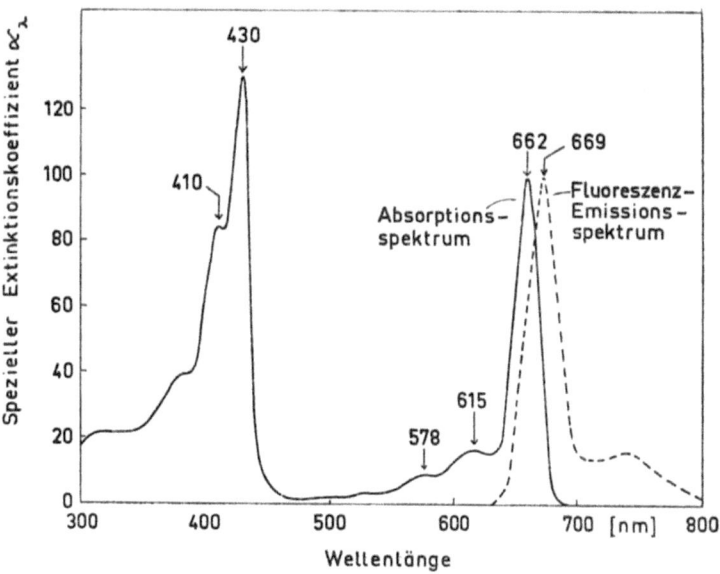

Abb. 13. Absorptionsspektrum und Fluoreszenzemissionsspektrum von Chlorophyll *a* (gelöst in Diethylether)

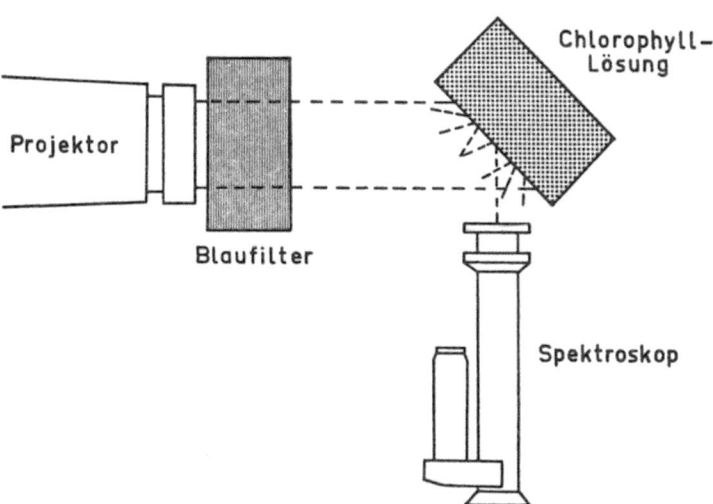

Abb. 14. Anordnung zur Beobachtung der Fluoreszenz von Chlorophyll

aus irgendeinem Grund nicht mehr mit maximaler Intensität ablaufen kann, kommt es zu einer Steigerung der Fluoreszenzausbeute. Die *Quantenausbeute* der Fluoreszenz ist definiert als

$$\Phi_F = \frac{\text{mol emittierte Quanten}}{\text{mol absorbierte Quanten}}.$$

Ihr Kehrwert, der *Quantenbedarf* der Fluoreszenz, steht in direkter Beziehung zur Effektivität des photosynthetischen Elektronentransports. Letztere kann daher durch Messung der Chlorophyllfluoreszenz an isolierten Thylakoiden, isolierten Chloroplasten oder intakten Blättern bestimmt werden. Jede direkte oder indirekte Hemmung des Elektronentransports äußert sich in einem Anstieg der Fluoreszenz. Die Fluoreszenz intakter Thylakoide geht in erster Linie vom Chlorophyll des Photosystems II aus.

Durchführung

a) Zur Demonstration der Chlorophyllfluoreszenz *in vitro* wird eine kräftig grün gefärbte Chlorophyll-Lösung (grüne Blätter mit heißem Ethanol extrahieren) in einer Glasküvette mit Blaulicht bestrahlt [Diaprojektor, Licht durch Farbglas BG 12 (→ Bd. 1: Abb. 13, S. 75) oder ammoniakalische $CuSO_4$-Lösung (+Spatelspitze K-Na-Tartrat) filtern. Raum verdunkeln]. Mit der in Abb. 14 dargestellten Anordnung läßt sich die Fluoreszenzbande mit dem Handspektroskop beobachten. Außerdem ist grünes und blaues Licht sichtbar, welches von der Reflexion an der Küvettenoberfläche herrührt. Dieses Störlicht läßt sich mittels eines zusätzlichen Sperrfilters [Farbglas RG 630 (→ Bd. 1: Abb. 13, S. 75) oder Eosin-Lösung] eliminieren. (Im durchfallenden Weißlicht sieht man die Absorptionsgipfel des Chlorophylls als dunkle Banden.)

b) Zur Demonstration der Chlorophyllfluoreszenz *in vivo* wird z. B. ein Bohnenblatt (Rückseite nach oben) in einem Dunkelraum mit einer UV-Lampe (langwelliges UV; 350 nm) auf dunklem Hintergrund bestrahlt. Die dunkelrote Fluoreszenz ist schwach, jedoch deutlich sichtbar. Eine massive Verstärkung der Fluoreszenz tritt auf, wenn man einen Tropfen Aceton oder Photosynthesehemmstoffe (z. B. DCMU-Lösung, 1 mmol·l^{-1}; → Experiment 4.7) aufträgt bzw. über den Transpirationsstrom aufnehmen läßt. Auf dieser Grundlage läßt sich ein einfaches Testsystem für die Identifizierung von Photosynthesegiften (z. B. in kommerziellen Herbiziden) entwickeln. Hemmung der Photosyntheseenzyme durch hohe (50°C) oder niedrige (0°C) Temperatur wirkt sich ebenfalls fördernd auf die Fluoreszenz aus.

4.3 (D) Licht, CO_2, Chlorophyll und Enzyme als essentielle Faktoren der Photosynthese

Zur Demonstration dieser vier für den Ablauf der Photosynthese in der grünen Pflanze absolut notwendigen Faktoren bedient man sich aus methodischen Gründen gerne einer Wasserpflanze (z. B. *Elodea, Myriophyllum, Potamogeton*[2] usw.). In O_2-gesättigtem, CO_2-haltigem Wasser entläßt z. B. ein belichteter *Elodea*-Sproß an seiner Basis in regelmäßiger Folge winzige O_2-Gasbläschen, welche gezählt werden können und damit als einfaches Maß für die Photosyntheseintensität (z. B. als Funktion des Lichtflusses) dienen können. Ein empfindlicher qualitativer Nachweis der O_2-Abgabe ins Medium beruht auf der reversiblen Oxidation des (farblosen) Leucoindigocarmin zum blauen Indigocarmin durch O_2. Diese Reaktion kann direkt an der Blattoberfläche beobachtet werden (Wasserpflanzen haben meist keine Cuticula). Wegen der hohen Empfindlichkeit des Redoxindikators für O_2 muß unter Abschluß von Luft gearbeitet werden.

Durchführung

Sieben 100-ml-Erlenmeyer-Kolben werden nach folgendem Plan mit gleichen Mengen Pflanzenmaterial (z. B. Sproßstücke von *Elodea canadensis*) beschickt (ca. 1 g Frischmasse):

Ansatz:	1	2	3	4	5	6	7
Pflanzenmaterial	frisch, grün	abgetötet, grün	frisch, grün	frisch, grün	frisch, nicht grün	—	—
CO_2	+	+	+	−	+	+	+
Licht	+	+	−	+	+	+	−

Für Ansatz 2 wird ein Sproß abgekocht (Inaktivierung der Enzyme). Ansatz 5 enthält chlorophyllfreie Blütenblätter (z. B. Tulpe, Stiefmütterchen). Die Ansätze 6 und 7 dienen als Kontrollen. Als CO_2-Quelle wird $KHCO_3$ (1 Spatelspitze pro Ansatz) zugegeben. In einem 1-l-Erlenmeyerkolben werden 50 mg Indigocarmin in 1 l frisch abgekochtem (CO_2-armem) Wasser gelöst und mit $Na_2S_2O_4$-Lösung (1 g/100 ml) vorsichtig bis zur Entfärbung titriert (mit Glasstab langsam umrühren). Wenn der Umschlagpunkt erreicht ist, werden sofort weitere 5 ml $Na_2S_2O_4$-Lösung zugegeben, kurz

---

[2] Geeignete Wasserpflanzen sind z. B. im Aquarienhandel erhältlich. Pflanzen aus stark kalkhaltigem Wasser sind nicht geeignet.

umgerührt und die vorbereiteten Ansätze sofort bis 1 cm unter den Rand mit der Lösung aufgefüllt. Auf diese Weise wird sichergestellt, daß das im Pflanzenmaterial enthaltene O_2 ebenfalls reduziert wird und ein geringer O_2-Unterschuß zu Beginn des Versuches herrscht. Der Abschluß gegen Luft-O_2 erfolgt durch sofortiges Überschichten mit einer 5 mm dicken Schicht aus flüssigem Paraffin. Die Ansätze 3 und 7 im Dunkeln, die übrigen im starken Licht (z. B. am hellen Fenster oder vor Scheinwerferlampe) aufstellen. Die photosynthetische O_2-Bildung gibt sich in den folgenden 30–60 min durch eine intensive Blaufärbung (beginnend an der Oberfläche der Blätter) als Folge der Reoxidation des Leucoindigocarmins durch austretendes O_2 zu erkennen.

Mit Hilfe dieses experimentellen Ansatzes lassen sich auch andere Einflüsse auf die Photosynthese qualitativ testen, z. B. der Einfluß der Temperatur (Kolben in Eiswasser stellen) oder die Wirkung von Photosynthesegiften (Herbizide!).

4.4 (D) Bildung von Assimilationsstärke im Blatt

In ausgewachsenen, photosynthetisch voll aktiven Blättern wird ein großer Teil des neu gebildeten Assimilats nicht sofort exportiert, sondern in Form von Stärkekörnern in den Chloroplasten abgelagert. Während der Nacht wird dieser Kohlenhydrat-Speicher durch Abbau der Stärke in transportierbaren Zucker wieder geleert; man spricht daher in diesem Zusammenhang von *transitorischer Stärke*. Der biologische Sinn dieser Assimilatzwischenspeicherung liegt offenkundig in der kontinuierlichen (vom Tag/Nacht-Wechsel unabhängigen) Versorgung der Pflanze mit Kohlenhydraten. Dieser Mechanismus liefert daher einen wichtigen Beitrag zur Stoffwechselhomöostase der Pflanze.

Durchführung

Die Assimilationsstärke läßt sich in situ einfach mit der Jodfärbung (→ Experiment 1.5) nachweisen. Man entfärbt geeignete Blätter zunächst mit heißem Ethanol (80 Vol.%) und taucht sie anschließend in Jod-Lösung, welche die Stärke blauschwarz anfärbt. Im einfachsten Fall führt man diese Probe mit Blättern von Pflanzen durch, welche zuvor für 24 h verdunkelt bzw. belichtet worden waren (z. B. von *Phaseolus vulgaris, Tropaeolum majus*).

Dieses klassische Experiment kann auf originelle Weise modifiziert werden. Man fertigt aus Aluminiumfolie Schablonen (z. B. indem man ein Herz

oder das Wort **STÄRKE** ausschneidet) und bringt sie auf der belichteten Blattoberfläche an (Blattrückseite mit Folie verdunkeln). Auf MOLISCH geht die Idee zurück, ein photographisches Negativ auf ein Blatt zu legen und dort nach Belichtung ein Positiv mit Jod-Lösung zu „entwickeln". Die auf diese Weise kopierten Bilder sind von erstaunlicher Qualität.
Anmerkungen: Blätter von jungen Maispflanzen (2 Wochen im Licht angezogen) enthalten normalerweise nur sehr wenig Stärke. Man kann jedoch eine deutliche Ablagerung von Stärke auslösen, indem man abgeschnittene Blätter für 24 h auf einer Glucose-Lösung (0,1 mol·l^{-1}) schwimmen läßt. Ist dieser Effekt lichtabhängig? Kann Glucose durch andere Zucker (andere Metaboliten) ersetzt werden? Die Ablagerung von Assimilationsstärke ist auf die grünen Blattzellen beschränkt. Dies läßt sich an panaschierten Blättern (z. B. verschiedene Zierformen von *Coleus*) überzeugend demonstrieren.

4.5 (D) Nachweis der Akkumulation von K$^+$ in den Schließzellen bei der lichtinduzierten Stomataöffnung

Die Stomata der Blattepidermis funktionieren als hydraulische Ventile, welche den Gasaustausch (O_2, H_2O) des Mesophylls mit der Atmosphäre regeln. Im turgeszenten Blatt öffnen sich die Stomata im Licht und schließen sich im Dunkeln. Diese lichtabhängige Kontrolle läßt sich als *Regelkreis* beschreiben, worin Licht die Rolle einer *Störgröße* besitzt, auf deren Änderung hin die Schließzelle mit einer osmoregulatorischen Turgoränderung reagiert. Dieser Regelkreis arbeitet sehr rasch; im typischen Fall ist die Öffnungsbewegung nach etwa 30 min, die Schließbewegung nach 5–10 min abgeschlossen. Man weiß heute, daß der für die Öffnungsbewegung verantwortliche Turgoranstieg durch eine Akkumulation von K$^+$ (+Anionen) in den Schließzellen bewirkt wird. Dieser Prozeß erfordert metabolische Energie. Die Schließbewegung ist dagegen die passive Rückkehr in die mechanische Ruhelage als Folge des Ausströmens von K$^+$. In vielen Pflanzen (z. B. Mais) sind die den Schließzellen seitlich benachbarten Epidermiszellen als *Nebenzellen* differenziert; sie dienen als mechanisches Widerlager für die Schließzellen und als Speicher für K$^+$ in der Ruhelage des Stomaapparates.

Die reversible Akkumulation von K$^+$ in den Schließzellen läßt sich histochemisch nachweisen. Der bereits 1905 von MACALLUM beschriebene Test beruht auf der Bildung von schwerlöslichem K$_2$Na-Hexanitrokobaltat (K$_2$Na[Co(NO$_2$)$_6$], → Experiment 1.1), welches durch Reaktion mit (NH$_4$)$_2$S als schwarzer Niederschlag von CoS sichtbar gemacht werden kann. Das Co-Reagenz ist nur begrenzt stabil. Es kann auf folgende Weise hergestellt werden: 2 g Co(NO$_3$)$_2$ · 6 H$_2$O und 3,5 g NaNO$_2$ in 6,5 ml H$_2$O lösen. Unter dem Abzug 1 ml Eisessig zusetzen und schütteln, bis Gasentwicklung einsetzt; 1 h stehen lassen.

Literatur

Pallaghy CK (1971) Stomatal movement and potassium transport in epidermal strips of *Zea mays:* The effect of CO$_2$. Planta 101: 287–295

Raschke, K, Fellows MP (1971) Stomatal movement in *Zea mays:* Shuttle of potassium and chloride between guard cells and subsidiary cells. Planta 101: 296–316

Willmer CM, Pallas JE (1973) A survey of stomatal movements and associated potassium fluxes in the plant kingdom. Can J Bot 51: 37–42

Durchführung [3]

Für dieses Experiment lassen sich Blätter von allen Pflanzen verwenden, deren (untere) Epidermis leicht abziehbar ist. (Falls dies Schwierigkeiten macht, kann man mit einer scharfen Rasierklinge tangentiale Flächenschnitte herstellen). Beim Abziehen der Epidermis werden die meisten Zellen um die Stomata aufgebrochen, wie man z. B. durch Vitalfärbung mit Neutralrot leicht zeigen kann. Besonders instruktiv ist ein Vergleich von *Vicia faba* (Stomata ohne Nebenzellen) und *Zea mays* (Stomata mit Nebenzellen). Frisch abgeschnittene Blätter (2 × 3 cm-Blattsegmente bei Mais) werden zur Öffnung der Stomata auf Wasser schwimmend ins helle Licht (ca. 20 klx) gestellt. Kontrollblätter mit schwarzem Tuch abdecken. Nach 1–2 h haben sich die Stomata im Licht maximal geöffnet bzw. im Dunkeln geschlossen (→ Experiment 4.12). Zur Analyse der K$^+$-Verteilung werden Epidermis-Fragmente präpariert. Bei *Vicia* (im Gewächshaus bei guter Wasserversorgung angezogen) läßt sich die untere Epidermis ohne Schwierigkeiten mit einer feinen Pinzette (von der Blattbasis zur Spitze) großflächig abziehen. Streifen sofort auf Wasser schwimmen lassen (spreiten) und mit feiner Schere in 2 × 2 mm große Stückchen schneiden. Beim Maisblatt macht man zunächst mit einer Rasierklinge zwei Schnitte im Abstand von 2 mm quer zur Richtung der Leitbündel und versucht von der Fläche zwischen den Schnitten mit einer spitzen Uhrmacher-Pinzette ein Stück Epidermis in Schnittrichtung von der Blattunterseite abzuziehen. (Wenn dies nicht gelingt, kann man auch folgendermaßen verfahren: Kleine, senkrechte Schnitte in 3 mm Abstand in den Blattrand machen und Abschnitte schräg in Richtung zur Blattrippe abzupfen. Es bleibt meist ein kleiner Epidermisstreifen an der Bruchkante, der zur Auswertung ausreicht). Man überzeuge

---

[3] Nach Macallum AB (1905) J Physiol (London) 32: 95–128 (verändert).

sich mit Hilfe des Mikroskops, daß die Stomata geöffnet bzw. geschlossen sind. Die schwimmenden Epidermispräparate (Cuticulaseite nach oben) werden mit Hilfe eines kleinen Spatels oder einer Lanzettnadel durch die folgende Reihe von eisgekühlten Lösungen geschleust: 50 mmol $\cdot$ l^{-1} Ca(NO$_3$)$_2$-Lösung (5 min) → 0,1 mmol $\cdot$ l^{-1} Ca(NO$_3$)$_2$-Lösung (1 min) → Na$_3$[Co(NO$_2$)$_6$]-Lösung (5 min) → dest. Wasser (1 min) → dest. Wasser (1 min) → 20 Gew.% (NH$_4$)$_2$S-Lösung (2 min, Abzug!) → dest. Wasser. Die Präparate werden auf einem Objektträger in Wasser oder Glycerin eingebettet und unter dem Mikroskop bei 400facher Vergrößerung ausgewertet.

Anmerkungen: Die Stomataöffnung läßt sich auch an isolierten Epidermen induzieren, wenn man sie auf KCl-Lösung (20 mmol $\cdot$ l^{-1}) schwimmend dem Licht aussetzt. Die Öffnungsbewegung intakter Blätter (oder von Blattsegmenten) wird durch CO$_2$-Entzug begünstigt (→ Experiment 4.12).

Analytische Experimente

4.6 (A) Polarographische Messung der photosynthetischen O$_2$-Produktion (O$_2$-Elektrode)

Mit der O$_2$-Elektrode nach CLARK kann die O$_2$-Konzentration einer wäßrigen Lösung sehr genau bestimmt werden (→ Bd. 1: S. 147). Diese Methode wird heute wegen ihrer Unkompliziertheit und Schnelligkeit der WARBURG-Manometrie (→ Bd. 1: S. 63) meist vorgezogen, wenn es um die quantitative Erfassung der O$_2$-Produktion in Suspensionen von Zellen (z. B. Algen) oder isolierten Chloroplasten geht. Die Praxis hat gezeigt, daß auch Blätter zur Messung verwendet werden können, wenn man sie in kleine Stücke zerschneidet, um einen raschen O$_2$-Austausch zwischen Mesophyll-Zellen und Medium zu ermöglichen. Lediglich Blätter mit rauher oder behaarter Oberfläche sind in diesem Fall ungeeignet, da sie sich nicht ohne anhaftende Luftbläschen suspendieren lassen. Mit dieser Methode kann man den Einfluß praktisch aller physikalischen und chemischen Umweltfaktoren auf die Photosynthese studieren.

Die O$_2$-Produktion eines Blattes in Luft (oder in luftgesättigtem Wasser) ist ein Maß für die Intensität der *apparenten Photosynthese* (= *reelle Photosynthese* minus *Atmung*). Im starken Licht geht die Atmung eines Blattes im wesentlichen auf die *Photorespiration* zurück (lichtabhängiger O$_2$-Verbrauch im Zusammenhang mit der Bildung von Glycolat im CALVIN-Cyclus). Die *Dunkelatmung* eines Blattes (Citratcyclus, Atmungskette) ist meist wesentlich geringer als die Photorespiration. Sie wird durch die Photosynthese unterdrückt und ist daher allenfalls bei Schwachlicht an der apparenten Photosynthese meßbar beteiligt. Im Bereich des *Lichtkompensationspunktes* (das ist derjenige Lichtfluß, bei dem sich die photosynthetische O_2-Produktion und der respiratorische O_2-Verbrauch gerade die Waage halten; apparente Photosynthese = 0) muß man davon ausgehen, daß beide Atmungsprozesse am O_2-Verbrauch beteiligt sind.

Literatur

Walker, DA (1988) The use of the oxygen electrode and fluorescence probes in simple measurements of photosynthesis. 2. edn. Oxygraphics, 28 Tapton House Road, Sheffield, S10 5BY, England

Material und Geräte

1. Frisches grünes Pflanzenmaterial (unbehaart!): z. B. Blätter von Spinat oder Kotyledonen von 4 d alten Rapskeimlingen
2. $NaHCO_3$-Lösung (1 mol · l^{-1})
3. KCl-Lösung (gesättigt)
4. Na_2SO_3-Lösung (50 g · l^{-1}, $\leq$ 6 h alt)
5. Feinwaage ($\pm$ 1 mg), O_2-Elektrode[4] mit Spannungsquelle, Magnetrührer, temperiertem Reaktionsgefäß (Umwälzthermostat, 25°C) und Schreiber (5–10 mV Vollausschlag), Beleuchtungseinrichtung (z. B. 250-W-Diaprojektor), Luxmeter, Teflonmembran (Porenweite 20 μm), Barometer, Rasierklinge.

Durchführung (Grundexperiment)

1. *Vorbereitung der Elektrode:* Der trockene, peinlich saubere Elektrodenblock wird auf den Ständer (Magnetrührer) aufgesetzt. Elektrodenmulde mit KCl-Lösung füllen, bis die Kathode bedeckt ist und 5 × 5 cm großes Stück Membran lose auflegen, *ohne daß sich darunter Luftblasen festsetzen.* Dichtring überstreifen. Reaktionsgefäß langsam aufsetzen und festklemmen, die seitlich herausgedrückte KCl-Lösung entfernen, Reaktionsgefäß mit dest. Wasser füllen. Dieser Arbeitsgang muß wiederholt werden, wenn a) unter der Membran Luftblasen zurückgeblieben sind oder b) das Reaktionsgefäß leckt. Nach dem Anlegen der Polarisierungsspannung von 0,6 V benötigt die Elektrode ca. 30 min, bis sie einen stabilen Meßwert liefert. Funktionstest ($\rightarrow$ Bd. 1: S. 150) durchführen.

---

[4] Die Beschreibung bezieht sich auf den stationären Gerätetyp ($\rightarrow$ Bd. 1: Abb. 37b, S. 148), wie er z. B. von Fa. Bachofer GmbH, Postfach 7089, D-7410 Reutlingen, oder Fa. Rank Bros., Bottisham, Cambridge CB5 9DA (England) geliefert wird.

2. *Eichung* (25 °C): 3 ml luftgesättigtes Wasser (30 min mit Pumpe bei 25 °C belüftet) einfüllen, Verschlußkolben eindrücken bis Wasser in der Zentralbohrung ansteigt (keine Luftblasen!), Rührer einschalten (ca. 30% der Maximaldrehzahl), Schreiber (bei überbrücktem Eingang auf Null abgeglichen) auf 50% Vollausschlag einstellen. Dieser Wert entspricht dem O_2-Partialdruck der Luft, aus dem unter Berücksichtigung des örtlichen Luftdrucks und der Löslichkeit von O_2 (25 °C, $P_O = 1,013$ bar) die absolute O_2-Konzentration berechnet werden kann (→ Bd. 1: S. 149). Die sich einstellende, leichte Drift geht auf die O_2-Zehrung der Kathode zurück; sie wird gegebenenfalls als Korrekturfaktor berücksichtigt. Zur Bestimmung des „Nullstroms" wird Na_2SO_3-Lösung ($pO_2 = O$) verwendet. Wenn sich ein meßbarer Schreiberausschlag ergibt, ist dies bei der Berechnung des Eichfaktors zu berücksichtigen.

3. *Messung:* Zwei cm^2 Blattmaterial werden in ca. 1 mm^2 große Stückchen zerschnitten und diese auf einer Waage genau in zwei Hälften geteilt. Eine Hälfte dient zur Bestimmung von Chlorophyll (→ Experiment 1.11). Die andere Hälfte wird mit 3 ml dest. Wasser im Reaktionsgefäß der Elektrode luftblasenfrei suspendiert. 30 µl $NaHCO_3$-Lösung zusetzen, Verschlußkolben eindrücken, Rührer einschalten und 5 min temperieren lassen. Nach Verdunkelung der Elektrode (schwarzes Tuch) wird die Intensität der Dunkelatmung registriert (Papiervorschub so einregulieren, daß sich eine deutlich abfallende Schreiberlinie ergibt). Entsprechend wird nach seitlicher Belichtung des Reaktionsgefäßes mit einem Projektor die Intensität der apparenten Photosynthese registriert.

Auswertung

Aus der Steigung der Schreiberkurven ($\pm mV \cdot min^{-1}$) läßt sich die Änderung der O_2-Konzentration im Reaktionsgefäß als Relativwert, bezogen auf pO_2 (Luft), entnehmen. Hieraus berechnet man mit Hilfe des Eichfaktors die O_2-Aufnahme (-Abgabe) des Blattes in der Einheit [$\pm mol\ O_2 \cdot h^{-1} \cdot cm^{-2}$] oder [$\pm mol\ O_2 \cdot h^{-1} \cdot mol\ Chlorophyl^{-1}$].

Probleme (weiterführende Experimente)

1. Wie hängt die apparente Photosynthese vom *Lichtfluß* ab? (Aufstellung einer *Lichtfluß/Effekt-Kurve* durch Variation des Lichtflusses; Bestimmung des *Lichtkompensationspunktes*. Der Lichtfluß kann, ausgehend vom Sättigungswert bei ≥ 30 klx, durch Vergrößerung des Lampenabstandes in kleinen Stufen vermindert werden. Messung mit Luxmeter. Durchführung im Dunkelraum.) Wie hoch ist der Lichtfluß für Halbsättigung?

2. Wie unterscheiden sich die Lichtfluß/Effekt-Kurven einer C_3-*Pflanze* (Spinat) und einer C_4-*Pflanze* (Mais, → Experiment 4.11)?
3. Wie hängt die apparente Photosynthese von der CO_2-*Konzentration* ab? (Aufstellung einer CO_2/*Effekt-Kurve* durch Variation der HCO_3^--Konzentration im Medium bei sättigendem Lichtfluß; Verdünnungsreihe ausgehend von einer sättigenden Konzentration, ≥ 50 mmol · l^{-1}). Wie berechnet man die wirksame CO_2-Konzentration? Wie hoch ist die CO_2-Konzentration für Halbsättigung? Läßt sich auf diese Weise der CO_2-*Kompensationspunkt* (→ Experiment 4.11) bestimmen?
4. Wie ändert sich die apparente Photosynthese als Funktion der O_2-*Konzentration*? (O_2-Konzentration im Reaktionsgefäß durch Einleiten von N_2 absenken.)
5. Wie ändert sich die apparente Photosynthese als Funktion der *Temperatur* a) bei sättigendem Lichtfluß, b) im linearen Bereich der Lichtkurve? (z. B. Messungen bei 25 und 15 °C.)
6. Wie unterscheiden sich *Blattstücke* und *isolierte Chloroplasten* (intakt oder aufgebrochen) hinsichtlich ihrer Photosyntheseleistung? (Chloroplastenisolierung → Experiment 3.3, Chlorophyllgehalt als gemeinsames Bezugssystem.)
7. Wie wirken *Herbizide* (oder Schwermetalle, H_2SO_3, Atmungsgifte wie z. B. KCN, Entkoppler wie z. B. NH_4Cl) auf Atmung und apparente Photosynthese? [Gelöste Testsubstanzen (100–200 µl) mit Spritze durch die Zentralbohrung des Verschlußkolbens bei laufender Reaktion zugeben.]

4.7 (A) Demonstration und Messung des photosynthetischen Elektronentransports (HILL-Reaktion) an isolierten Chloroplasten

Isolierte Chloroplasten mit beschädigter Hülle aber intakten Thylakoiden (z. B. osmotisch aufgebrochene Chloroplasten) produzieren im Licht O_2, wenn man ihnen anstelle des natürlichen Elektronenacceptors NADP$^+$ einen artifiziellen Elektronenacceptor, z. B. ein Fe^{3+}-Salz zusetzt:

$$2\,Fe^{3+} + H_2O \xrightarrow[\text{Chlorophyll}]{h \cdot \nu} 2\,Fe^{2+} + \tfrac{1}{2}O_2^\nearrow + 2\,H^+.$$

Diese wichtige in-vitro-Reaktion wurde bereits 1937 von HILL entdeckt. Anstelle von Fe^{3+} können auch viele andere Redoxsubstanzen eingesetzt werden, welche in der Lage sind, an verschiedenen Stellen des photosynthetischen Elektronentransportsystems Elektronen abzufangen. Heute bezeichnet man alle Reaktionen isolierter Chloroplasten (oder Thylakoide), bei denen ein zugesetzter Elektronenacceptor unter Verbrauch von H_2O (d.h. unter O_2-Freisetzung) photoreduziert wird, als *HILL-Reaktionen,* unabhängig davon, an welcher Stelle die einzelnen Acceptoren eingreifen. Eine HILL-Reaktion läßt sich z. B. an einer einfach herzustellenden Chloroplastenfraktion mit Hilfe des Redoxfarbstoffs 2,6-Dichlorophenolindophenol (DCPIP, $E'_0 = 0{,}22$ V) demonstrieren, der im oxidierten Zustand blau, im reduzierten Zustand ($DCPIPH_2$) farblos ist. $DCPIPH_2$ wird nur langsam durch O_2 reoxidiert, so daß unter aeroben Bedingungen gearbeitet werden kann. Dieses Redoxsystem kann im Prinzip sowohl hinter Photosystem I als auch hinter Photosystem II Elektronen aus dem Elektronentransportweg entnehmen (Abb. 15). Der quantitative Beitrag des Photosystems II richtet sich nach der Zugänglichkeit bestimmter Thylakoidbereiche für DCPIP; er wird daher z. B. durch Ultraschallbehandlung der Thylakoide stark erhöht.

Auch im aufgebrochenen Chloroplasten ist die Kopplung des Elektronentransports an die Phosphorylierungsreaktionen (ATP-Synthese) noch teilweise intakt. Daher laufen in diesem System viele HILL-Reaktionen erst nach Zusatz von ADP und anorganischem Phosphat mit maximaler Intensität ab. Zusatz eines „Entkopplers" eliminiert die Abhängigkeit von diesen Substraten; der Elektronentransport arbeitet dann im „Leerlauf". Man weiß heute, daß diese Entkoppler (z. B. Gramicidin oder NH_4^+) die Thylakoidmembran permeabel für H^+ machen und daher den Aufbau eines H^+-Gradienten verhindern. Allerdings muß man damit rechnen, daß die Elektronentransportkette bei der Isolierung der Thylakoide bereits teilweise entkoppelt wird.

Der Hemmstoff DCMU [3-(3,4-Dichlorophenyl)-1,1-Dimethylharnstoff] hemmt die HILL-Reaktion mit DCPIP vollständig, greift also vor der Reaktionsstelle dieses Elektronenacceptors ein (→Abb. 15).

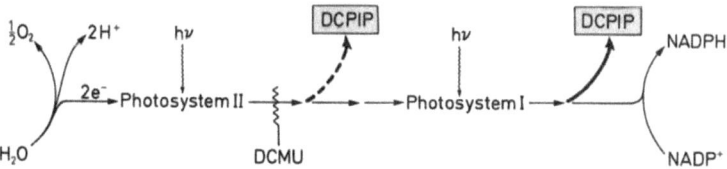

Abb. 15. Photosynthetisches Elektronentransportsystem. Bei der HILL-Reaktion mit DCPIP (2,6-Dichlorophenolindophenol) werden Elektronen im Licht vom natürlichen Donator H_2O auf den künstlichen Acceptor DCPIP übertragen. Bei schonend isolierten Thylakoiden dominiert die Abzweigung von Elektronen hinter Photosystem I. Der Hemmstoff DCMU [3-(3,4-Dichlorophenyl)-1,1-Dimethylharnstoff] unterbricht den Elektronenfluß hinter Photosystem II

Literatur

Buschmann C, Grumbach K (1985) Physiologie der Photosynthese. Springer, Berlin Heidelberg New York Tokyo

Jacobi G (Hrsg) (1974) Biochemische Cytologie der Pflanzenzelle. Ein Praktikum. Thieme, Stuttgart, pp 96–104

Trebst A (1972) Measurement of Hill reactions and photoreduction. In: San Pietro A (ed) Methods of enzymology, vol XXIV B. Academic Press, New York pp 146–165 [Siehe auch den neueren Beitrag von Izawa (1980) in vol. 69, pp 413–434]

Trebst A (1974) Energy conservation in photosynthetic electron transport of chloroplasts. Ann Rev Plant Physiol 25:423–458

A. Demonstration der HILL-Reaktion

Durchführung

Frisches Blattmaterial (10 g, z. B. von Spinat) wird in einer großen, gekühlten Reibschale mit 10 g Sand und 20 ml Homogenisierungsmedium (0,1 mol $\cdot$ l^{-1} KH$_2$PO$_4$/K$_2$HPO$_4$-Puffer, pH 8, mit 0,4 mol $\cdot$ l^{-1} Saccharose) rasch zerrieben (1 min). Das Homogenat wird durch 4 Lagen Mull abgepreßt und der Preßsaft bei 5000 $\times$ **g** für 1 min zentrifugiert. Überstand vorsichtig abgießen und Rückstand mit 10 ml kaltem Phosphatpuffer (ohne Saccharose) resuspendieren. Die osmotisch aufgebrochenen Chloroplasten zeigen unter dem Mikroskop (1000 $\times$, Ölimmersion) die typische Granastruktur der Thylakoide. Zur Demonstration der HILL-Reaktion werden in zwei Reagenzgläser jeweils 0,5 ml DCPIP-Lösung (1,5 mmol $\cdot$ l^{-1}), 1 ml Chloroplastensuspension und 9 ml dest. Wasser gut gemischt. Ein Ansatz kommt ins Dunkle, der andere ins helle Licht (z. B. 250-W-Projektor). Das Verschwinden der Blaufärbung im belichteten Ansatz ist nach wenigen Minuten zu beobachten. Besonders eindrucksvoll läßt sich die Entfärbung an einem belichteten Ansatz zeigen, dessen untere Hälfte durch Umwickeln mit Aluminiumfolie abgeschattet ist. Zusatz von 10 µmol $\cdot$ l^{-1} DCMU hemmt die Reaktion. Die Reduzierbarkeit von DCPIP zum Leucofarbstoff DCPIPH$_2$ läßt sich mit Hilfe von Dithionit oder Ascorbat demonstrieren.

B. Photometrische Messung der HILL-Reaktion

Material und Geräte

1. Isolierte Chloroplasten aus Spinat (Herstellung → Experiment 3.3)
2. Verdünnungspuffer: 10 mmol $\cdot$ l^{-1} NaCl, 50 mmol $\cdot$ l^{-1} KH$_2$PO$_4$/K$_2$HPO$_4$ (pH 7,0)
3. DCPIP-Lösung (1,5 mmol $\cdot$ l^{-1})
4. Aceton
5. Photometer (578 nm), Küvetten (1 cm, 3 ml, Plastik), Plastikspatel, Lichtquelle mit Wärmeschutzfilter (z. B. 250-W-Projektor), Stoppuhr, Luxmeter (bei Weißlicht) bzw. Gerät zur Messung des Energie- oder Photonenflusses (bei Farblicht).

Durchführung (Grundexperiment)

1. In eine Küvette werden pipettiert: 2,5 ml Verdünnungspuffer, 50–200 µl Chloroplastensuspension (die Extinktion bei 578 nm soll anschließend zwischen 0,2 und 0,3 liegen), 100 µl DCPIP-Lösung. Mit Plastikspatel mischen und E_0 bei 578 nm messen (Referenz: Luft).
2. Küvette aus dem Photometer nehmen, für definierte Zeit (z. B. 30 s) vor die Lichtquelle stellen, Inhalt kurz durchmischen und E_1 messen. Nach weiteren Zeitintervallen wird E_2, E_3 usw. gemessen, bis die Reaktion zum Stillstand gekommen ist. Kontrollen: belichteter Ansatz ohne Chloroplasten und dunkel aufbewahrter Ansatz mit Chloroplasten. Nach Beendigung der Messung werden 2 ml des Küvetteninhalts mit 8 ml Aceton gemischt und dunkel gestellt. Nach 10 min abzentrifugieren und im (klaren) Überstand die Konzentration an Gesamtchlorophyll messen (→ Experiment 1.11).

Auswertung

Die Intensität der HILL-Reaktion ergibt sich aus der linearen Anfangsrate der lichtinduzierten DCPIP-Reduktion bei den gewählten Lichtverhältnissen. Sie läßt sich in der Einheit [mol übertragene Elektronen · min^{-1} · mol Chlorophyll^{-1}] berechnen (ε_{578} für DCPIP = 14,3 · 10^3 l · mol^{-1} · cm^{-1} bei pH 7).

Probleme (weiterführende Experimente)

1. Wie hängt die HILL-Aktivität von der *Chlorophyll-Konzentration* ab?
2. Wie hängt die HILL-Aktivität vom *Lichtfluß* ab? (Mit Hilfe von geeigneten Farbgläsern [→ Bd. 1: S. 74] ist auch ein Vergleich der Wirkungen von rotem, grünem, blauem Licht möglich.)
3. Wie empfindlich ist die HILL-Reaktion für den *Hemmstoff DCMU* oder andere bekannte (oder mutmaßliche) *Photosynthesegifte*? (Aufstellung von Konzentrationskurven.)
4. Ist die HILL-Reaktion *temperaturabhängig*?
5. Welche Wirkung hat die Einleitung der *Photophosphorylierung* (Zusatz von 1 mmol · l^{-1} ADP + 5 mmol · l^{-1} K$_2$HPO$_4$) bzw. die Entkopplung der Photophosphorylierung (z. B. Zusatz von 5 mmol · l^{-1} NH$_4$Cl, 5 mmol · l^{-1} NH$_2$OH oder 5 mg · l^{-1} Gramicidin D) auf die HILL-Reaktion?
6. Die HILL-Reaktion läßt sich mit demselben Reaktionsgemisch auch anhand der O$_2$-Produktion mit der *O$_2$-Elektrode* polarographisch messen (→ Experiment 4.6). Welche der beiden Methoden ist genauer?

4.8 (A) Messung der lichtinduzierten Protonenpumpe an isolierten Thylakoiden

Nach der von MITCHELL entwickelten chemiosmotischen Hypothese spielen Protonen eine entscheidende Rolle bei der Energieumwandlung im Photosyntheseapparat (*Photophosphorylierung*). Als direkte Folge des Elektronentransports an der Thylakoidmembran wird H^+ in den Thylakoidinnenraum gepumpt und auf diese Weise ein *pH-Gradient* aufgebaut. Das elektrochemische Potential dieses Gradienten liefert die Energie für die Synthese von ATP an der ATP-Synthase (H^+-translocierende ATPase, Kopplungsfaktor CF_1). Im intakten Chloroplasten wird der pH-Gradient vorwiegend durch den *offenkettigen Elektronentransport* erzeugt, wobei beide Photosysteme zu gleichen Teilen die notwendige Energie liefern. Im Experiment ist es einfacher, hierfür den durch das Photosystem I alleine angetriebenen *cyclischen Elektronentransport* zu verwenden. In isolierten Chloroplasten (oder Thylakoiden) wird das cyclische System durch Zusatz eines Elektronenüberträgers katalysiert, der Elektronen an der reduzierenden Seite des Photosystems I abfängt und wieder in die Redoxkette vor seiner oxidierenden Seite einspeist. Ein solcher Elektronenüberträger ist z.B. 5-Methyl-phenaziniummethylsulfat (= Phenazinmethosulfat, PMS). Der PMS-katalysierte Elektronentransport ist also eine artifizielle Reaktion. In welchem Umfang das cyclische System unter Verwendung nativer (in isolierten Chloroplasten ausgewaschener) Elektronenüberträger in vivo eine Rolle spielt, ist noch nicht eindeutig geklärt.

Der durch PMS-katalysierten, cyclischen Elektronentransport erzeugte pH-Gradient läßt sich in einer ausreichend konzentrierten Suspension von aufgebrochenen Chloroplasten mit der pH-Elektrode direkt messen; er erreicht jedoch nicht die für das intakte System charakteristische Größe (ΔpH).

Literatur

Dilley RA (1972) Ion transport (H^+, K^+, Mg^{2+} exchange phenomena). In: San Pietro A (ed) Methods of enzymology, vol. XXIV B. Academic Press, New York, pp 68–72

Rottenberg H (1977) Proton and ion transport across the thylakoid membrane. In: Trebst A, Avron M (eds) Photosynthesis I, Encycl Plant Physiol NS, vol V. Springer, Berlin Heidelberg New York, pp 338–349

Material und Geräte

1. Isolierte Chloroplasten aus Spinat (Herstellung → Experiment 3.3)
2. Resuspendierungsmedium: 0,4 mol · l^{-1} Saccharose, 10 mmol · l^{-1} NaCl, 5 mmol · l^{-1} MgCl$_2$
3. Reaktionsmedium: 0,1 mol · l^{-1} KCl, 5 mmol · l^{-1} MgCl$_2$, 20 µmol · l^{-1} PMS
4. Aceton
5. HCl-Lösung (1 mmol · l^{-1}, zur Titration)
6. Geräte und Reagenzien zur Chlorophyllbestimmung (→ Experiment 1.11)
7. Temperierbares Reaktionsgefäß mit Magnetrührer (25 °C, 4–10 ml, z. B. Reaktionsgefäß einer O$_2$-Elektrode), Thermostat, pH-Meter mit Standard-Einstab-Glaselektrode, Schreiber, Lichtquelle mit Wärmeschutzfilter (z. B. 250-W-Projektor, 100–200 klx), Spektralphotometer (300–800 nm), Glasküvette (1 cm, 3 ml), Mikrobürette (1-ml-Plastikspritze mit Kanüle).

Durchführung (Grundexperiment)

1. Die durch differentielle Pelletierung aus 50 g Blattmaterial frisch isolierten Chloroplasten (→ Experiment 3.3) werden nach dem Zentrifugieren in 20 ml Resuspendierungsmedium aufgenommen, nochmals pelletiert und in 10 ml Resuspendierungsmedium aufgenommen. Durch diesen Waschschritt wird der Puffer des Homogenisierungsmedium so stark verdünnt, daß er die Messung von lichtinduzierten pH-Änderungen im Medium nicht stört.
2. 100 µl Chloroplastensuspension werden mit 1,9 ml dest. Wasser und 8 ml Aceton gemischt und dunkel gestellt. Nach 10 min abzentrifugieren und im (klaren) Überstand die Konzentration an Gesamtchlorophyll messen (→ Experiment 1.11). Sie sollte im Bereich von 0,5–1 g · l^{-1} liegen.
3. In das auf 25 °C temperierte Reaktionsgefäß werden 3 ml Reaktionsmedium und 0,5–1 ml Chloroplastensuspension pipettiert, so daß der Chlorophyllgehalt der Mischung 100–200 mg · l^{-1} beträgt. Geeichte pH-Elektrode einführen und Rührer einschalten. Schreiber an das pH-Meter anschließen. Meßbereich nach Möglichkeit so wählen, daß die volle Schreiberbreite das pH-Intervall 6–8 anzeigt[5] (Papiervorschub 5 cm · min^{-1}). Lichtquelle auf das Reaktionsgefäß ausrichten. Der pH-Wert (7,0–7,5) steigt sofort nach dem Einsetzen der Belichtung an (ΔpH z. B. 0,2) und fällt nach Verdunkelung ebensoschnell wieder auf den Ursprungswert ab.
4. Zur Messung der H$^+$-Pumpaktivität versucht man, durch tropfenweise Zugabe von HCl-Lösung den pH-Wert im Licht auf dem Dunkelwert zu halten. Die pro min verbrauchte Menge HCl wird bestimmt.

---

[5] Die begrenzte Nullpunkt-Unterdrückung kann mit Hilfe einer zusätzlichen Gegenspannungsquelle erweitert werden.

Auswertung

Die pro Zeiteinheit verbrauchte Menge an H^+ wird in der Einheit [mol H^+ · min^{-1} · mol $Chlorophyll^{-1}$] berechnet.

Probleme (weiterführende Experimente)
1. Wie hängt die Aktivität der Protonenpumpe vom *pH* ab?
2. Weiterhin lassen sich, sinngemäß modifiziert, alle beim vorigen Versuch (→ Experiment 4.7) aufgeworfenen Fragen (außer 6) mit diesem System untersuchen.

4.9 (A) Photosynthetische CO_2-Fixierung und Assimilattranslocation im Blatt der Gartenbohne [6]

Die vom Elektronentransport des belichteten Chloroplasten angelieferte chemische Energie (NADPH, ATP) wird normalerweise zum größten Teil dazu verwendet, um mit Hilfe der Ribulosebisphosphatcarboxylase CO_2 zu fixieren und im CALVIN-Cyclus in Kohlenhydrate umzusetzen. Diese *photosynthetische CO_2-Fixierung* ist anhand des CO_2-Verbrauches eines Blattes manometrisch meßbar (WARBURG-Manometrie, → Bd. 1: S. 63). Die Festlegung des aufgenommenen Kohlenstoffs in Form von Metaboliten und deren Translocation im Blatt und aus dem Blatt läßt sich mit Hilfe von Markierungsexperimenten untersuchen. Durch Beimischung von radioaktivem CO_2 ($[^{14}C]CO_2$) zur Gasphase kann man erreichen, daß die Pflanze radioaktive Photosyntheseprodukte synthetisiert, welche durch *Autoradiographie* (Kontaktexponierung des Blattes auf einem Röntgenfilm) nachgewiesen werden können. Da dieser Nachweis sehr empfindlich ist, benötigt man hierzu nur sehr kleine Mengen an $[^{14}C]CO_2$ ($\leq 0,1$ MBq pro Experiment); man bleibt also unterhalb der gesetzlichen Freigrenze für ^{14}C (0,37 MBq). Trotzdem müssen auch hier die Bestimmungen für das Arbeiten mit radioaktiven Isotopen strikt eingehalten werden (→ Bd. 1: S. 115).

Material und Geräte

1. Junge Topfpflanzen von *Phaseolus vulgaris:* 3 Wochen alt; das unterste Fiederblatt soll etwa 10 cm lang sein.

---

[6] *Phaseolus vulgaris* (Fabaceae), Kulturpflanze aus Südamerika, bei uns in vielen Varietäten (rankend oder als „Buschbohne") angebaut. Nicht zu verwechseln mit der rankenden Art *Phaseolus coccineus* (= *P. multiflorus,* Feuerbohne).

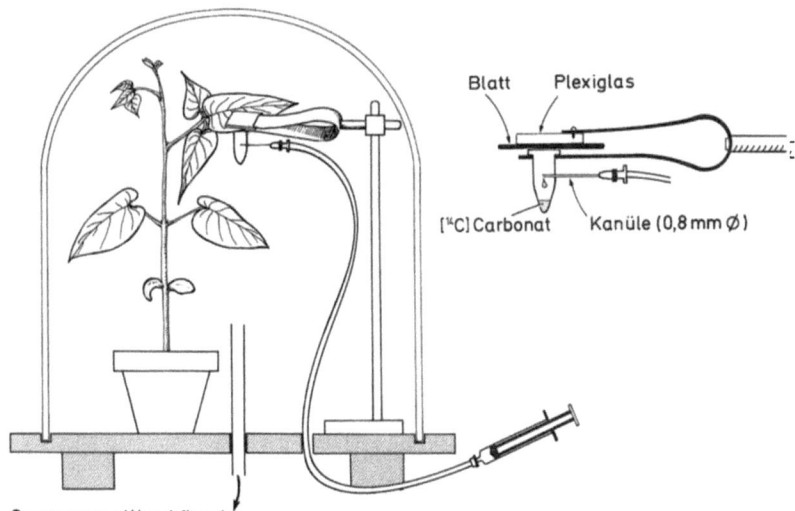

Abb. 16. Anordnung zur lokalen Fütterung eines Blattes von *Phaseolus vulgaris* mit [^{14}C]CO$_2$. Das mit einer Lampe von oben belichtete Blatt wird mit einer Federklemme zwischen einem Stück Plexiglas und der Vaseline-beschichteten Öffnung des Begasungsgefäßes (1,5-ml-Mikroreaktionsgefäß aus Polypropylen) dicht eingespannt (*rechts*). Ein Tropfen Säure aus der Kanüle setzt das CO$_2$ aus der Carbonat-Lösung frei. Die Luft unter der Glasglocke wird nach dem Experiment abgesaugt und durch eine Waschflasche mit KOH geleitet, um eventuell ausgetretenes [^{14}C]CO$_2$ abzufangen. (Das Experiment läßt sich auch an einem der beiden Primärblätter durchführen.)

2. [^{14}C]Na$_2$CO$_3$-Lösung [7]: spezifische Aktivität ca. 2 GBq · mmol^{-1}. Nach dem Öffnen der Ampulle Inhalt mit 10 mmol · l^{-1} Tris (pH 8–9) auf 0,2 MBq · ml^{-1} verdünnen und 0,05 MBq-Portionen in 1,5-ml-Mikroreaktionsgefäßen einfrieren (direkt als Begasungsgefäße verwendbar).
3. H$_2$SO$_4$ (0,5 mol · l^{-1})
4. Lichtquelle (ca. 5 klx), Begasungsapparatur (→Abb. 16), Vaseline, 1-ml-Spritze mit Kanüle 0,8 mm und Verlängerungsschlauch mit Luer-Anschlüssen [8], Wasserstrahlpumpe, Waschflasche mit KOH (200 g · l^{-1}), Stoppuhr, Röntgenfilm (18 × 24 cm, doppelseitig beschichtet, frische Ware, z. B. Kodak Xomat AR), schwarzes Tuch, Schaumstoff- und Sperrholzplatten (25 × 30 cm), Haushalt-Papiertücher, Kühltruhe (−20 °C), Dunkelkammer, Röntgenentwickler, Stoppbad (2% Essigsäure), Fixierbad, rotes Dunkelkammerlicht.

---

[7] z. B. von Amersham Buchler (→ S. 444; Lieferung nur an berechtigte Institutionen).
[8] z. B. von Pharmaseal (→ S. 444).

116   Photosynthese

Durchführung (Grundexperiment)

1. *Versuchsaufbau* (Abb. 16): Das Gasentwicklungsgefäß mit 0,05 MBq [^{14}C]Carbonat-Lösung wird an der Unterseite einer Blattfieder neben der Mittelrippe dicht (Vaseline) angebracht. Spritze über Verlängerungsschlauch mit der Kanüle verbinden und 100 µl H_2SO_4 aufsaugen. 50 µl Luft nachsaugen und Kanüle seitlich durch (mit Kanüle vorgebohrtes) Loch des Reaktionsgefäßes stecken. Glasglocke über die Pflanze stülpen und Licht einschalten.
2. *Start der Reaktion:* CO_2 durch Herausdrücken der Säure freisetzen. Nach 10 min Absaugpumpe für 10 min laufen lassen, Pflanze an der Basis abschneiden und für weitere 10 min in einen dunklen Kühlschrank legen. In der Dunkelkammer (schwaches Rotlicht), Vaselinereste abwischen, Pflanze flach ausgebreitet auf Röntgenfilm legen (Blattoberfläche zum Film!), Papiertuch auflegen und das Ganze zwischen 2 Lagen Schaumstoff und 2 Sperrholzplatten lichtdicht (schwarzes Tuch) verpacken. Das Bündel wird fest mit Schnur umwickelt und für 2 Wochen bei $-20\,°C$ gelagert.
3. *Entwicklung:* Filme im Dunkelkammerlicht auspacken, in Entwicklerlösung legen (ca. 2 min), abstoppen (1 min), fixieren (30 min) und wässern (2 h).

Auswertung

Die Negative können direkt auf einem Lichtkasten visuell ausgewertet werden. Eine Vervielfältigung ist mit Hilfe eines Kopiergerätes oder durch Abziehen auf hartem Photopapier möglich.

Probleme (weiterführende Experimente)

1. Welchen Einfluß hat eine Belichtungszeit von 10/20/30/60/120 min auf die *Verteilung* des neu gebildeten Assimilats in der Pflanze?
2. Wie stark ist unter diesen Bedingungen die *CO_2-Fixierung im Dunkeln?* (Glasglocke mit schwarzem Tuch abdecken.)
3. Wie wirkt sich eine Verdunkelung der Pflanze nach 10 min Licht auf den *Assimilattransport* aus?

4.10 (A) Induktion des diurnalen Säurerhythmus bei der fakultativen CAM-Pflanze *Mesembryanthemum crystallinum* [9]

CAM-Pflanzen (praktisch alle sukkulenten Arten in den verschiedenen Familien der Blütenpflanzen) zeigen eine spezielle Modifikation der Photosynthese, welche mit einem charakteristischen Säurestoffwechsel verbunden ist

(*Crassulacean Acid Metabolim*). Als Anpassung an ihren in der Regel wasserarmen Standort öffnen sie ihre Stomata nur während der kühlen Nacht und fixieren CO_2 in einer lichtunabhängigen Reaktion als Carboxylgruppe von Malat. Die Akkumulation von Malat (Äpfelsäure) in der Vakuole der Blattzellen führt zu einer starken Ansäuerung des Zellsaftes. In der folgenden Lichtperiode wird der Säurespeicher, bei geschlossenen Stomata, durch Decarboxylierung des Malats wieder geleert; das freigesetzte CO_2 steht nun für die photosynthetische CO_2-Fixierung im CALVIN-Cyclus zur Verfügung. Die tagesperiodische Abfolge von Malatbildung und Photosynthese geht mit einer Reihe physiologischer und biochemischer Merkmale einher, welche eine charakteristische *diurnale Rhythmik* zeigen, z. B. eine „inverse" Rhythmik der Stomataöffnung und eine Rhythmik des pH-Wertes im Zellsaft. Diese CAM-Merkmale lassen sich an praktisch allen Sukkulenten ohne Schwierigkeiten nachweisen, insbesondere, wenn sie bei geringer Wasserversorgung und bei hohen Tag- und niedrigen Nachttemperaturen gehalten werden. Bei den meisten Sukkulenten ist der CAM ein adaptives Phänomen, das von der Pflanze nur bei Bedarf (Wasserstreß) ausgebildet wird.

Beliebte Objekte zum Studium des CAM sind *Kalanchoe* (*Bryophyllum*), *Crassula* oder *Sedum*. Im folgenden Versuchsprogramm wird die halophytische Sukkulente *Mesembryanthemum crystallinum* verwendet. Bei dieser Art kann das CAM-Syndrom auch durch *Salzstreß* ausgelöst werden. Da sich Salzstreß methodisch viel leichter als Wasserstreß beherrschen läßt, bieten sich hier besonders günstige experimentelle Bedingungen zum Studium des CAM. Eine hohe Salzkonzentration (eine 0,4-molale Lösung entspricht $\psi = -18$ bar) vermindert das Wasserpotential im Boden ebenso wie eine entsprechende Austrocknung; die beiden Streßfaktoren können daher in ihrer Wirkung als homolog aufgefaßt werden.

Im folgenden Experiment wird die Messung des Gesamtsäure- und des Malatgehaltes im Zellsaft beschrieben. Die enzymatische Bestimmung von Malat erfolgt mit Malatdehydrogenase (MDH) nach der Gleichung

$$L(-)\text{-Malat} + NAD^+ \xrightleftharpoons{\text{MDH}} \text{Oxalacetat} + \textbf{NADH} + H^+$$
$$(K = 5 \cdot 10^{-13} \text{ mol} \cdot l^{-1}),$$

wobei die Bildung von NADH photometrisch gemessen wird ($\rightarrow$ Bd. 1: S. 98). Da das thermodynamische Gleichgewicht auf der Seite von Malat und NAD^+ liegt, muß im Test das Reaktionsprodukt Oxalacetat durch

---

[9] Mittagsblume, Azioaceae, eine annuelle Blattsukkulente arider, salzhaltiger Standorte des Mittelmeerraumes. Der Name *crystallium* geht auf die auffälligen Blasenzellen der Epidermis zurück, welche der Salzspeicherung dienen. Die Pflanze läßt sich im Gewächshaus leicht anziehen (Bezug von Saatgut über Botanische Gärten).

Hydrazin abgefangen (Bildung von *Hydrazon*), und damit die Reaktion quantitativ in die Gegenrichtung gelenkt werden.

Literatur

Kluge M, Ting IP (1978) Crassulacean acid metabolism. Analysis of an ecological adaptation. Ecological Studies, vol 30. Springer, Berlin Heidelberg New York
Ting IP, Gibbs M (eds) (1982) Crassulacean acid metabolism. Amer Soc Plant Physiol, Rockville/Md
Winter K, Lüttge U (1979) C_3-Photosynthese und Crassulaceen-Säurestoffwechsel bei *Mesembryanthemum crystallinum* L. Ber Deutsch Bot Ges 92: 117–132

A. Messung des pH-Werts und des Säuregehalts

Material und Geräte

1. Junge Pflanzen von *Mesembryanthemum crystallinum* (Rosetten mit 6–8 Blättern): Aussaat auf Torferde. Keimlinge in Tonschalen mit gedüngter Erde/Torf/Sand-Mischung (1:1:1) pikieren und an warmem, hellem Platz im Gewächshaus für 8 Wochen kultivieren (z. B. je 9 Pflanzen in 20 × 20 × 8 cm-Schalen).
2. HOAGLANDsche Nährlösung (→ S. 440)
3. NaCl-Lösung: 0,4 mol · kg^{-1} (0,4 molal) in HOAGLANDscher Nährlösung
4. NaOH-Lösung (ca. 10 mmol · l^{-1})
5. HCl-Lösung (genau 10 mmol · l^{-1}, titrimetrische Lösung)
6. Phenolphthalein-Lösung (1 Gew.% in Ethanol)
7. Bürette (20 ml), pH-Meter mit Eichpuffern (pH 7, pH 4), Haushalt-Knoblauchpresse, Bechergläser (100 ml), Trichter und Papierfilter, halbhohe Reagenzgläser, Weithals-Erlenmeyer-Kolben (50 ml), Tiefkühltruhe, Grobwaage (bis 2 kg, ±10 g).

Durchführung (Grundexperiment)

1. Eine Schale mit *Mesembryanthemum*-Pflanzen wird abends auf 0,4 mol · kg^{-1} NaCl umgesetzt. Hierzu läßt man das Dreifache des Schaleninhalts an NaCl-Lösung gleichmäßig über die Fläche verteilt einsickern. Nicht auf die Pflanzen gießen! Eine Kontrollschale wird entsprechend mit Nährlösung ohne NaCl behandelt. Nach 24 h werden die Schalen gewogen und von nun an täglich der Gewichtsverlust durch dest. Wasser ersetzt. In der folgenden Woche täglich bei Sonnenaufgang und -untergang (±1 h) Proben mit je 2 ausgewachsenen Blättern aus beiden Schalen einfrieren.
2. *Titerbestimmung der NaOH-Lösung:* In einem 50-ml-Erlenmeyer-Kolben werden genau 10 ml HCl-Lösung vorgegeben und mit dest. Wasser auf ca. 20 ml verdünnt. Die Titration erfolgt entweder am pH-Meter (Elektrode in die Meßlösung tauchen, so daß Glasmembran *und* Diaphragma untergetaucht sind) bis pH 7,0, oder bis zum Umschlagspunkt des Indikators (1 Tropfen Phenolphthalein-Lösung zusetzen). Die Messung wird zweimal wiederholt.

3. *Herstellung des Preßsaftes:* Tiefgefrorene Blätter (ca. 5 g) werden sofort nach dem Auftauen mit einer Knoblauchpresse langsam ausgedrückt. Preßsaft filtrieren und in Reagenzglas auffangen.
4. *pH-Messung:* Preßsaft auf Raumtemperatur kommen lassen und pH-Wert mit geeichtem pH-Meter bestimmen ($\rightarrow$ Bd. 1: S. 143; Elektrode zwischen den Messungen mit dest. Wasser abspritzen, Wasser mit Zellstoff abtupfen).
5. *Bestimmung der titrierbaren Säure:* Genau 1 ml Preßsaft wie unter Punkt 2. beschrieben mit NaOH-Lösung titrieren (3 parallele Messungen).

Auswertung

Es wird der genaue Titer der NaOH-Lösung und damit der Säuregehalt des Preßsafts berechnet (Mittelwert $\pm$ Schätzung des Standardfehlers). Wie erklärt sich der abweichende Wert aus der pH-Messung?

B. Messung des Malatgehalts

Material und Geräte

1. Preßsäfte: im Prinzip hergestellt wie im Abschnitt A beschrieben. Gefärbte Preßsäfte müssen durch Zugabe von 100 mg Aktivkohle vor dem Filtrieren entfärbt werden.
2. Hydrazin/Glycin-Puffer (0,4 mol $\cdot$ l^{-1} Hydrazin, 0,5 mol $\cdot$ l^{-1} Glycin, pH 9,0): 11,4 g Glycin und 25 ml Hydrazinhydrat (Vorsicht: Carzinogen, ätzend!) in 200 ml dest. Wasser lösen und mit NaOH (HCl) auf pH 9,0 einstellen.
3. NAD$^+$-Lösung (40 mmol $\cdot$ l^{-1}): 30 mg in 1 ml dest. Wasser lösen.
4. L-Malatdehydrogenase[10] (MDH, z. B. aus Schweineherz, Enzymsuspension, ca. 5 mg $\cdot$ ml^{-1})
5. Photometer (366 nm), Küvetten (1 cm, 1 ml, Glas oder Plastik), kleine Plastikspatel, Kolbenpipetten oder Kapillarpipetten (10, 50, 500 µl).

Durchführung[11] (Grundexperiment)

1. Die farblosen, klaren Proben werden zunächst 1 : 20 verdünnt (50 µl ad 1 ml dest. Wasser). In zwei Halbmikroküvetten[12] wird pipettiert (Gesamtvolumen: 600 µl):

---

[10] z. B. von Boehringer ($\rightarrow$ S. 444).
[11] Nach Gutmann I, Wahlefeld AW (1974), In: Bergmeyer HU (Hrsg) Methoden der enzymatischen Analyse, 3. Aufl., Bd. II. Verlag Chemie, Weinheim, pp 1632–1636 (verändert).
[12] Man kann die Ansätze auch in Mikroreaktionsgefäße pipettieren und erst zur Messung in Küvetten umgießen.

Probenansatz: *Referenz:*
1. 500 µl Puffer   1. 500 µl Puffer
2. 50 µl NAD^+-Lösung   2. 50 µl NAD^+-Lösung
3. 50 µl verdünnte Probe   3. 60 µl H_2O
4. 10 µl MDH-Suspension

2. Küvetteninhalte gut mischen und für 30 min (37 °C) oder 60 min (25 °C) stehen lassen, anschließend Extinktionsdifferenz bei 366 nm messen. *Achtung:* Wenn $\Delta E < 0{,}05$ oder > 1 ist, sollte die Probenverdünnung günstiger gewählt werden. Messung zweimal wiederholen.

Auswertung

Die Differenz $E_{Probe} - E_{Referenz}$ geht auf die Bildung von NADH zurück, welche in einem direkten stöchiometrischen Zusammenhang mit der Malatkonzentration in der Küvette steht. Diese läßt sich anhand des LAMBERT-BEERschen Gesetzes (→ Bd. 1: S. 98) berechnen (ε_{366} für NADH: $3{,}5 \cdot 10^3$ $l \cdot mol^{-1} \cdot cm^{-1}$). Unter Berücksichtigung des Verdünnungsfaktors berechnet man die Malatkonzentration im Preßsaft (Mittelwert $\pm$ Schätzung des Standardfehlers). Eine Verdünnungsreihe mit einer Malat-Standardlösung erlaubt die Überprüfung der Meßmethode.

Probleme (weiterführende Experimente)

1. Welcher *Kinetik* folgt der CAM im Tagesgang? (Blattproben im 2-h-Abstand, im Bereich der Tag/Nacht-Wechsel im 1-h-Abstand, über eine 24-h-Periode hinweg einfrieren.)
2. Wie wirken *Dauerlicht* und *Dauerdunkel* auf den CAM? (Induzierte Pflanzen für 3 d in einer Lichtkammer aufstellen bzw. verdunkeln. Kontrollen!)
3. Wie wirkt sich CO_2-*Mangel* während der Nacht bzw. während des Tages aus? (Induzierte Pflanzen in geschlossenem Glasgefäß, z. B. Einmachglas, zusammen mit einer Schale NaOH-Lösung, $200\,g \cdot l^{-1}$, aufstellen. Kontrolle!)
4. Läßt sich der CAM auch durch *Wassermangel* induzieren? (Nicht-induzierte Pflanzen nur noch gerade soviel gießen, daß sie nicht verwelken. Kontrolle!)

4.11 (A) Bestimmung des Lichtkompensationspunktes und des CO_2-Kompensationspunktes der Photosynthese

Der photosynthetische CO_2-Gaswechsel läßt sich entweder mit der WARBURG-Methode (→ Bd. 1: S. 63) oder mit dem Infrarotgasanalysator

(IRGA) bestimmen. Bei der IRGA-Messung, die vor allem für ökologische Untersuchungen an ganzen Pflanzen eingesetzt wird, bestimmt man die Änderung der Konzentration von CO_2 direkt in der Gasphase anhand seiner Absorption im infraroten Spektralbereich. Eine einfachere, z. B. zur Abschätzung der *Kompensationspunkte* geeignete Methode für die CO_2-Messung in der Gasphase beruht auf dem gesetzmäßigen Zusammenhang zwischen H^+-Konzentration und CO_2-Konzentration einer Hydrogencarbonat-Lösung.

In einer wäßrigen Lösung von Na-Hydrogencarbonat, welche sich im thermodynamischen Gleichgewicht mit einer CO_2-haltigen Gasphase befindet, stellt sich ein stationärer Zustand in der folgenden Reaktionskette ein:

$$CO_2\text{(gasförmig)}$$
$$\updownarrow$$
$$CO_2\text{(gelöst)} \underset{-H_2O}{\overset{(K_1)\ +H_2O}{\rightleftharpoons}} H_2CO_3 \overset{(K_2)}{\rightleftharpoons} H^+ + HCO_3^- \overset{(K_3)}{\rightleftharpoons} 2H^+ + CO_3^{2-}, \quad (1)$$

wobei

$K_1 = c_{H_2CO_3} \cdot c_{CO_2}^{-1} = 1{,}5 \cdot 10^{-3}$,

$K_2 = c_{H^+} \cdot c_{HCO_3^-} \cdot c_{H_2CO_3}^{-1} = 3 \cdot 10^{-4}$ mol $\cdot$ l^{-1},

$K_3 = c_{H^+} \cdot c_{CO_3^{2-}} \cdot c_{HCO_3^-}^{-1} = 5 \cdot 10^{-11}$ mol $\cdot$ l^{-1}.

Mit Hilfe dieser Konstanten lassen sich die relativen Mengen von CO_2, HCO_3^- und CO_3^{2-} in der Lösung in Abhängigkeit vom pH berechnen (z. B. ergibt sich für pH 5: $c_{CO_2} = 95{,}8\%$, $c_{HCO_3^-} = 4{,}0\%$, $c_{CO_3^{2-}} = 1{,}9 \cdot 10^{-5}\%$ und $c_{H_2CO_3} = 0{,}16\%$). Bei pH < 9 ist die zweite Dissoziationsstufe der Kohlensäure (K_3) praktisch vernachlässigbar. Ebenso kann man die kleine Menge an H_2CO_3 außer Betracht lassen ($c_{CO_2 + H_2CO_3} \approx c_{CO_2}$). Für die Gleichgewichtskonstante der Gesamtreaktion zwischen CO_2(gelöst) und HCO_3^- gilt dann:

$$K = \frac{c_{H^+} \cdot c_{HCO_3^-}}{c_{CO_2}} \quad \text{oder}$$

$$c_{H^+} = \frac{K \cdot c_{CO_2}}{c_{HCO_3^-}} \quad \text{oder}$$

$$pH = -\lg c_{H^+} = -\lg \frac{K \cdot c_{CO_2}}{c_{HCO_3^-}} \quad \text{oder}$$

$$pH = -\lg K + \lg \frac{c_{HCO_3^-}}{c_{CO_2}} \quad \text{oder}$$

$$pH = pK + \lg c_{HCO_3^-} - \lg c_{CO_2}. \qquad (2)$$

Dies ist die HENDERSON-HASSELBALCH-Gleichung, nach der sich die CO_2-Konzentration der Lösung aus dem pK ($= 6,38$ bei $25\,°C$), dem pH und der eingesetzten Konzentration an $NaHCO_3$ (vollständig dissoziiert) berechnen läßt. Mit Hilfe des BUNSENschen Absorptionskoeffizienten ($\rightarrow$ Bd. 1: S. 66) erhält man hieraus die Gleichgewichtskonzentration von CO_2 in der Gasphase. Diese Methode wurde bereits 1939 von ÅLVIK zur colorimetrischen Messung der Photosynthese mit einem pH-Indikator eingesetzt. Neuerdings hat man CO_2-sensitive Elektroden entwickelt, welche nach diesem Prinzip arbeiten ($\rightarrow$ Bd. 1: S. 142). Wie Gleichung (2) zeigt, führt eine Erhöhung von c_{CO_2} zu einem *pH-Abfall*, eine Erniedrigung von c_{CO_2} zu einem *pH-Anstieg* in der Lösung. Für eine $1\ mmol \cdot l^{-1}$ $NaHCO_3$-Lösung gibt es genaue Tabellen zur Bestimmung von c_{CO_2} aus dem pH-Wert (Čatský 1971). Im folgenden Versuch wird beschrieben, wie man die durch Indikator-Farbumschlag sichtbar gemachten pH-Änderungen einer Lösung zur Untersuchung der beiden *Kompensationspunkte* der Photosynthese einsetzen kann.

Der *Lichtkompensationspunkt* (LK) ist definiert als derjenige Lichtfluß [lx], bei dem in normaler Luft die apparente Photosynthese gleich Null ist, d. h. reelle Photosynthese und Respiration gleich groß sind. Operational ausgedrückt: Wenn der auf ein Blatt treffende Lichtfluß keine pH-Änderung in einer Hydrogencarbonat-Lösung erzeugt, welche mit der Luft um das Blatt im Gleichgewicht steht, ist LK eingestellt.

Der *CO_2-Kompensationspunkt* (Γ) ist definiert als diejenige CO_2-Konzentration [$\mu mol \cdot l^{-1}$ oder $\mu l \cdot l^{-1}$] in der Gasphase, bei der unter sättigendem Lichtfluß die apparente Photosynthese gleich Null ist, d. h. reelle Photosynthese und Respiration gleich groß sind. Operational ausgedrückt: Wenn der pH-Wert einer Hydrogencarbonat-Lösung, welche mit der Gasphase (ursprünglich Luft) um ein belichtetes Blatt ($\geq 20\,000$ lx) im Gleichgewicht steht, seinen höchsten Wert erreicht hat, ist Γ eingestellt.

Die beiden Kompensationspunkte spielen eine zentrale Rolle für die Beurteilung der Effektivität der Photosynthese verschiedener Pflanzen in Hinsicht auf die Umweltfaktoren Licht und CO_2. Die Landpflanzen sind in dieser Beziehung in charakteristischer Weise an ihren Standort angepaßt. So haben z. B. sogenannte *Schattenpflanzen* meist einen relativ niedrigen LK, der es ihnen erlaubt, noch bei relativ niedrigen Lichtflüssen eine positive Kohlenstoffbilanz aufrechtzuerhalten. Hingegen besitzen z. B. manche Pflanzen tropischer, wasserarmer Standorte einen besonders niedrigen Γ, der es ihnen erlaubt, das CO_2-Reservoir der Luft auch bei weitgehend geschlossenen Stomata (und daher verminderter Transpiration) noch effektiv zu nutzen. Diese sogenannten *C_4-Pflanzen* verfügen zusätzlich über den *C_4-Dicarboxylatcyclus* zur Fixierung von CO_2 in Form von Malat, welches am Ort des CALVIN-Cyclus wieder CO_2 abspaltet (Konzentrierungsmechanismus für CO_2). Ein niedriger Γ (meist < 10 µl $CO_2 \cdot l^{-1}$) ist ein diagnostisches Kriterium für C_4-Pflanzen.

Literatur

Čatský J (1971) Colorimetric and electrometric measurement of pCO_2. In: Šesták Z, Čatský J, Jarvis PG (eds) Plant photosynthetic production. Manual of methods. Junk N. V. Publ., Den Haag, pp 208–237

Lieth H (1960) Über den Lichtkompensationspunkt der Landpflanzen. I. und II. Mitteilung. Planta 54: 530–554, 555–576

Tregunna EB, Smith BN, Berry JA, Downton WJS (1970) Some methods for studying the photosynthetic taxonomy of the angiosperms. Can J Bot 48: 1209–1214

A. Lichtkompensationspunkt

Material und Geräte

1. a) Blätter von *Urtica dioica* (von einem schattigen Standort, Alternative: *Ficus*- oder *Monstera*-Arten aus dem Gewächshaus)
   b) Blätter von *Helianthus annuus* oder *Phaseolus vulgaris* (von einem hellen Standort)
2. $NaHCO_3$-Lösung mit pH-Indikator (1 mmol · l^{-1} $NaHCO_3$, 0,1 mol · l^{-1} KCl, 10–20 mg · l^{-1} Cresolrot, → Tabelle 3, S. 124)
3. Halbhohe Reagenzgläser (1,2 × 10 cm) mit Gummistopfen, Schere, Tesafilm, Lichtquelle (z. B. Fluoreszenzleuchte), Ständer für einzelne Reagenzgläser (aus Styroporplatte ausschneiden), Luxmeter, verdunkelbarer Raum (20–25 °C).

Durchführung [13] (Grundexperiment)

Aus den Blättern werden 7 × 1 cm große Streifen herausgeschnitten. Sechs gleichartige Blattstreifen einer Art werden mit einem Stückchen Tesafilm so in Reagenzgläsern befestigt, daß unten 2 cm Platz bleiben [14]. Auf den Boden der so beschickten Gläser wird je 1 ml $NaHCO_3$-Lösung pipettiert (nicht mit dem Mund!). Die Blattsegmente dürfen nicht in Kontakt mit der Lösung kommen. Stopfen dicht aufsetzen und Gläser in verschiedenen Abständen von der Lichtquelle aufstellen (Dunkelraum). Die genauen Positionen werden durch Ausmessung mit einem Luxmeter bestimmt, z. B.: 500/1000/1500/ 2000/2500/3000 lx. (Diese Reihe dient zur groben Orientierung. In weiteren Versuchen müssen kleinere Abstände in einem engeren Bereich getestet werden, um den LK genauer einzugrenzen.) Ein Kontrollansatz ohne Pflanzenmaterial dient als Null-Standard.

---

[13] Nach Hinweisen von Dr. H. Bauer (verändert).
[14] Alternative: Blattstreifen auf Plastikgitter in fast horizontal gelegten Gläsern legen.

Auswertung

Die Verfärbung des Indikators wird im Abstand von 30 min registriert. Zu Beginn sind alle Ansätze rosa gefärbt (Kompensationspunktfarbe, ± 0). Lichtflüsse unterhalb bzw. oberhalb des LK liefern eine Verschiebung nach gelb ($-$) bzw. carminrot ($+$). Wenn sich keine Änderung mehr ergibt (nach ca. 3 h) bestimmt man LK als die Stelle (den Bereich) im Lichtgradienten, bei der die Indikatorfärbung unbeeinflußt bleibt.

B. CO_2-Kompensationspunkt

Material und Geräte

1. Junge Pflanzen von *Avena sativa* und *Zea mays*, 3–4 Wochen im Gewächshaus angezogen
2. $NaHCO_3$-Stammlösung (10 mmol $\cdot$ l^{-1}, mit 0,1 mol $\cdot$ l^{-1} KCl)
3. KCl-Lösung zum Verdünnen (0,1 mol $\cdot$ l^{-1})
4. Indikator-Stammlösungen: Thymolblau, Cresolrot und Bromthymolblau, je 1 g $\cdot$ l^{-1} in Ethanol lösen ($\rightarrow$ Tabelle 3).
5. Halbhohe Reagenzgläser (1,2 $\times$ 10 cm) mit Gummistopfen, Tesafilm, Lichtquelle (ca. 20 klx, z. B. zwei Fluoreszenz-Leuchtstäbe, $\rightarrow$ Teil A), pH-Meter mit rasch ansprechender Glaselektrode.

Durchführung (Grundexperiment)

Dieses Experiment läßt sich mit verschiedenen $NaHCO_3$-Konzentrationen durchführen, wobei sich allerdings der ausnutzbare pH-Bereich und damit der passende Indikator ändert. In Tabelle 3 sind drei erprobte Möglichkeiten

Tabelle 3. pH-Verschiebungen und Farbänderungen von Indikatoren in verschieden konzentrierten $NaHCO_3$-Lösungen (0,1 mol $\cdot$ l^{-1} an KCl), welche bei 25 °C mit Luft (pH_1) bzw. CO_2-freier Luft (pH_2) im Gleichgewicht stehen. KCl dient zur Einstellung einer konstanten, hohen Ionenstärke für die pH-Messung. (Die pH-Messung hängt stark von den experimentellen Bedingungen ab und ist daher nicht notwendigerweise genau reproduzierbar.)

$NaHCO_3$-Konzentration [mol $\cdot$ l^{-1}]	pH_1	pH_2	Indikator	Farbumschlag $pH_1 \rightarrow pH_2$
10^{-3}	7,8	8,8	Thymolblau[a]	gelb $\rightarrow$ grau $\rightarrow$ blau
10^{-4}	7,0	8,0	Cresolrot[b]	gelb $\rightarrow$ rosa $\rightarrow$ carminrot
$5 \cdot 10^{-5}$	$\approx 6,3$	$\approx 7,3$	Bromthymolblau[b]	gelb-grün $\rightarrow$ grün $\rightarrow$ blau

[a] 4 ml ethanolische Lösung (1 g $\cdot$ l^{-1}) ad 100 ml.
[b] 2 ml ethanolische Lösung (1 g $\cdot$ l^{-1}) ad 100 ml.

angeführt. Die schnellste Reaktion erhält man bei der niedrigsten $NaHCO_3$-Konzentration. Die Lösungen sind mit KCl auf eine konstante, hohe Ionenstärke eingestellt, um eine genaue pH-Messung zu ermöglichen (→ Bd. 1: S. 145).

Reagenzgläser werden mit Blattstreifen und einer der nach Tabelle 3 angesetzten $NaHCO_3$-Lösungen mit Indikator beschickt (→ Teil A). Ansätze im Starklicht aufstellen (z.B. zwischen zwei im Abstand von 10 cm angeordneten Leuchtstäben).

Halbquantitative Auswertung

Bereits nach 1 h sind deutliche Farbverschiebungen der Indikatorlösungen sichtbar. Der Kompensationspunkt ist nach 3–4 h erreicht. C_3-Pflanzen (z.B. *Avena*) und C_4-Pflanzen (z.B. *Zea*) zeigen deutliche Unterschiede im Ausmaß der Farbverschiebung.

Quantitative Auswertung

Der pH-Wert der $NaHCO_3$-Lösung läßt sich nach Entfernung des Blattstückes direkt mit der pH-Elektrode messen [rasch arbeiten, Elektrode vor der Messung mit CO_2-freiem (abgekochtem) dest. Wasser sorgfältig spülen]. Als Alternative kann man sich eine Farbskala mittels genau eingestellter Puffer-Lösungen mit Indikator herstellen (0,1 mol · l^{-1} Tris-HCl, Abstand 0,1 pH), welche zur (visuellen) colorimetrischen Bestimmung des pH-Wertes dient. Nach Gleichung (2) steht der gemessene pH-Wert in einer logarithmischen Beziehung zur CO_2-Konzentration der Lösung und damit auch zur CO_2-Konzentration im Gasraum. Die Eichgerade bestimmt man am besten empirisch durch pH-Messung in einer CO_2-freien $NaHCO_3$-Lösung (24 h über 20%iger KOH in einem geschlossenen Gefäß stehen lassen) und einer mit Luft-CO_2 (330 µl · l^{-1}) gesättigten $NaHCO_3$-Lösung (1 h unter Luftzutritt schütteln). Die Verbindungslinie beider Punkte in einem halblogarithmischen Diagramm (logarithmische Skalenteilung für c_{CO_2}) liefert die für die jeweiligen Bedingungen gültige Eichgerade.

Probleme (weiterführende Experimente)

1. Ändert sich LK (Γ) während der *Blattentwicklung?* (Diese Frage läßt sich z.B. an den Primärblättern heranwachsender Pflanzen von *Phaseolus vulgaris* oder *Zea mays* studieren.)
2. Hängt LK (Γ) vom *Lichtfluß* ab, an den das Blatt adaptiert ist? (Diese Frage läßt sich z.B. durch Vergleich von Sonnenblättern und Schatten-

blättern der Buche oder an *Phaseolus*-Pflanzen, die bei 1000/10 000/ 50 000 lx angezogen wurden, klären.). Sind die Veränderungen reversibel?
3. Ist aus theoretischen Gründen zu erwarten, daß LK bei *Temperaturerhöhung* a) abnimmt, b) zunimmt, c) unverändert bleibt? (Die Prognose läßt sich experimentell überprüfen, indem man LK z. B. am Primärblatt von *Phaseolus* bei 15/20/25/30 °C bestimmt.)

4.12 (A) Regulation der Stomataöffnungsweite von Maisblättern durch Umweltfaktoren

Die Stomataöffnungsweite und damit der Diffusionswiderstand der Epidermis für CO_2 und H_2O-Dampf wird durch die Umwelt gesteuert. Die wichtigsten Faktoren sind *Licht, CO_2* und *Wasser*. Stark vereinfacht kann man sagen, daß ein stationärer Zustand angestrebt wird, welcher den Wasserverlust (Transpiration) so klein wie möglich hält, ohne den CO_2-Einstrom für die Photosynthese mehr als nötig zu behindern. Ein optimaler Kompromiß ist erreicht, wenn der CO_2-Einstrom gerade ausreicht, um unter den gegebenen Bedingungen (Lichtfluß, CO_2-Konzentration der Luft) die Photosynthese gerade zu sättigen (*photoaktiver Regelkreis*). Da die Transpiration im Gegensatz zur photosynthetischen CO_2-Fixierung keine Sättigung zeigt (1. FICKsches Gesetz!), würde sich beim Überschreiten dieser optimalen Öffnungsweite ein proportional erhöhter Wasserverlust, aber keine erhöhte Photosynthese ergeben. Die Stomataweite sinkt nur dann unter den optimalen Wert ab, wenn Wasserstreß über die Ausschüttung des Streßhormons *Abscisinsäure* (ABA) im Rahmen des *hydroaktiven Regelkreises* ein zusätzliches Schließungssignal erzeugt, welches bei starkem Wasserstreß zum völligen Spaltenverschluß führt.

Im folgenden wird ein experimentelles System vorgestellt, welches eine quantitative Analyse der Wirkungen von *Licht, CO_2* und *Wasser* (ψ_{Blatt}) sowie der Wechselwirkungen zwischen diesen Faktoren ermöglicht. Da die Stomata in der Regel am intakten Blatt nicht deutlich zu sehen sind, muß man zur mikroskopischen Messung der Öffnungsweite die Epidermis abziehen, was jedoch durch die starke mechanische Beanspruchung der Zellen zu Artefakten führen kann. Man mißt daher häufig mit einem *Porometer* den mit der Stomataöffnung korrelierten Diffusionswiderstand eines Blattes für Luft, welche man mit einem definierten Druck durch ein Blatt preßt. Eine wesentlich einfachere, ebenfalls nicht-destruktive Methode besteht darin, von der Blattoberfläche einen Negativabdruck herzustellen, der die Zellkonturen originalgetreu widerspiegelt. Als Medium für solche Epidermisab-

Analytische Experimente 127

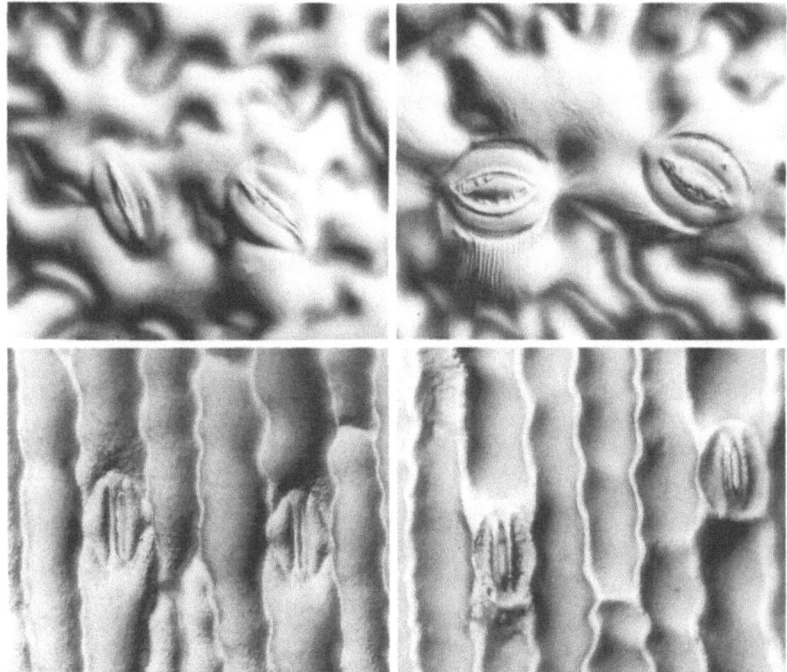

Abb. 17. Geschlossene (**links**) und geöffnete (**rechts**) Schließzellen von *Vicia faba* (**oben**) und *Zea mays* (**unten**). Photographien von Silikonkautschuk-Abdrücken (Interferenzkontrast)

drücke kann man entweder Collodium (gelöst in Diethylether) oder kommerziellen Nagellack verwenden, welchen man auf ein kleines Blattareal mit einem Pinsel aufstreicht und nach einigen Minuten als Häutchen abzieht. Es ist jedoch nicht ausgeschlossen, daß das verdunstende Lösungsmittel zu Veränderungen an den Stomata führt, bevor die Masse sich verfestigt. Silikonkautschuk, welcher sich durch Zusatz eines Härters verfestigen läßt, ohne störende Stoffe abzugeben, ist für diesen Zweck besser geeignet und liefert außerdem sehr kontrastreiche, knitterfreie Abdrücke, die sich gut ausmessen lassen (Abb. 17). Da dieses Material auch unter Luftabschluß aushärtet, kann man die Abdrücke direkt auf einem Objektträger herstellen. Die so erhaltenen Präparate sind unbegrenzt haltbar und können entweder direkt oder photographisch unter dem Mikroskop ausgewertet werden.

Als Grundexperiment ist im folgenden die Wirkung von CO_2 auf die Stomataweite des Maisblattes im Licht und im Dunkeln beschrieben. Dieses und die meisten anschließend aufgeführten Probleme lassen sich z. B. auch an *Vicia faba* mit der gleichen Methode studieren. Darüber hinaus kann man an isolierten Epidermisstreifen (→ Experiment 4.5; auf KCl-Lösung schwimmend, 20–100 mmol · l^{-1}) die Schließzellenreaktionen ohne Beteiligung des Mesophylls untersuchen, z. B. unter dem Einfluß von Hormonen oder Umweltgiften.

Literatur

Raschke K (1979) Movements of stomata. In: Haupt W, Feinleib ME (eds), Encycl Plant Physiol NS, vol 7, Springer, Berlin Heidelberg New York, pp 383–441
Willmer CM (1983) Stomata. Longman, London New York

Material und Geräte

1. Pflanzen von *Zea mays:* 3 Wochen alt, bei 20–25 °C im Gewächshaus angezogen
2. Silikonkautschuk (SilGel mit Härter T 17[15])
3. Natronkalk (NaOH auf Träger, gekörnt)
4. Mikroskop (400 ×), Objektträger, Schere, kleine Plastikspatel, Pasteurpipetten, 100-ml-Plastikbecher mit Klarsicht-Falzdeckel[16], Polystyrol-Wägeschälchen (4,4 × 4,4 cm), Lichtquelle (20 klx, → Experiment 4.11), Okularmikrometer, Objektmikrometer (Eichskala), Luxmeter.

Durchführung (Grundexperiment)

1. Aus dem mittleren Bereich frisch abgeschnittener Blätter (ca. 1 cm breit) werden 16 Segmente von 1 cm Länge hergestellt und randomisiert. Je 4 Segmente in Wägeschälchen auf 1 Lage Filterpapier +1 ml dest. Wasser auslegen (Blattunterseite nach oben). Ein Schälchen auf 3 cm hohe Schicht Natronkalk in Plastikbecher legen, Falzdeckel aufdrücken und Becher ins Licht stellen. Ein gleichartig beschickter Becher wird im Dunkeln aufgestellt. Zwei weitere Ansätze ohne Natronkalk dienen als Kontrollen (Licht bzw. Dunkel).
2. Nach 1 h werden Epidermisabdrücke von der Blattunterseite hergestellt. Für 4 Abdrücke mischt man 5 Tropfen SilGel mit 1 Tropfen Härter (10 : 1 Gewichtsteile) und bringt mit einem Spatel kleine Tropfen der Mischung auf einen Objektträger auf. Blattstreifen mit der einen Blatthälfte flach auf einen Tropfen legen; nicht andrücken. Die Masse bleibt etwa 5 min verarbeitbar und ist nach 10 min ausgehärtet. Man zieht den Blattstreifen vorsichtig ab und untersucht die Abdrücke ohne Deckglas unter dem Mikroskop (400 ×).

---

[15] Von Wacker (→ S. 445).
[16] z. B. 4,5 cm hohe Polystyrol-Becher No. 75 570 von Sarstedt (→ S. 445).

Besonders eindrucksvoll erscheinen die Abdrücke im Interferenzkontrast (→Abb. 17).

Auswertung

Die lichte Weite der Stomata läßt sich mit einem bei der jeweiligen Vergrößerung geeichten Okularmikrometer im Mikroskop ausmessen (Mittelwert ± Schätzung des mittleren Fehlers von 20 Stomata). Die Schärfeebene muß genau in den Zentralbereich des Spaltes gelegt werden.

Probleme (weiterführende Experimente)

1. Wie *schnell* erfolgt die Öffnung (Schließung) der Stomata im Licht (Dunkeln)? (Zuvor geschlossene bzw. maximal geöffnete Stomata ins Licht bzw. Dunkel überführen und Öffnungsweite alle 5 min an Abdruck bestimmen.)
2. Wie wirken *Photosynthese- und Atmungsgifte* auf die Öffnungs- bzw. Schließbewegung? [Blattsegmente mit im Licht geöffneten bzw. im Dunkeln geschlossenen Stomata von dest. Wasser auf Inhibitorlösungen (z. B. 0,1 mmol $\cdot$ l^{-1} DCMU, → Experiment 4.7; 1 mmol $\cdot$ l^{-1} KCN; 10 mmol $\cdot$ l^{-1} NaN$_3$) übertragen und a) weiter im Licht bzw. Dunkeln, b) umgesetzt vom Licht ins Dunkel bzw. vom Dunkeln ins Licht inkubieren.] Wie wirken sich diese Behandlungen auf die K$^+$-Verteilung zwischen Schließ- und Nebenzellen aus? (Histochemische Anfärbung von K$^+$, → Experiment 4.5). Reagieren die Stomata der durch DCMU vergifteten, belichteten Blätter noch auf CO$_2$-Entzug?
3. Welchen Einfluß hat die *CO$_2$-Konzentration* auf die stationäre Öffnungsweite im Licht und im Dunkeln? [Blattsegmente in Gefäßen inkubieren, deren Atmosphäre mit Hilfe von CO$_2$-Puffern (→ Bd. 1: S. 68) auf verschiedene CO$_2$-Partialdrücke eingestellt wurde.]
4. Wie wirkt *Abscisinsäure* (ABA) auf geöffnete Stomata (im Licht bei normaler Luft bzw. im Dunkeln bei CO$_2$-freier Luft)? (Blattsegmente auf ABA-Lösung inkubieren, 0,1/1/10/100/1000 µmol $\cdot$ l^{-1}.) Ist der ABA-Effekt nach Auswaschen der Segmente mit dest. Wasser reversibel? Wie wirkt ABA in Gegenwart von *Cytokininen* (z. B. Benzyladenin, 50 µmol $\cdot$ l^{-1})?

5. Dissimilation

Vorbemerkungen

Die Energiegewinnung durch Dissimilation energiereicher organischer Moleküle spielt sich in der höheren Pflanze ganz ähnlich wie bei den nichtautotrophen Organismen ab. In Anwesenheit von O_2 findet im allgemeinen eine *vollständige oxidative Dissimilation* zu CO_2 und H_2O statt, wobei ein großer Teil der hierbei stufenweise freigesetzten Energie über die Vermittlung des respiratorischen *Elektronentransports* in den Mitochondrien unter O_2-Verbrauch in Form von ATP aufgefangen werden kann (*Atmungskettenphosphorylierung*). In Abwesenheit von O_2 ist dieser Abschnitt der Dissimilation blockiert. Es kommt unter diesen Bedingungen zur *Fermentation* (*Gärung*), d.h. zu einem unvollständigen Abbau organischer Moleküle zu den Gärungsprodukten *Ethanol* und *Milchsäure* (*Lactat*), wobei nur relativ kleine Mengen an ATP gebildet werden können (*Substratkettenphosphorylierung*). Bei der Umstellung von aerober zu anaerober ATP-Bildung kommen komplizierte metabolische Regelprozesse ins Spiel, welche eine optimale Anpassung an die Verfügbarkeit von O_2 gewährleisten. Als Substrate der Dissimilation dienen in erster Linie Kohlenhydrate, die über die *Glycolyse* abgebaut werden können. In speziellen Fällen werden auch Fett (Triacylglycerol) oder andere organische Moleküle dissimiliert.

Mit Ausnahme der Milchsäuregärung sind alle Dissimilationsprozesse mit einem charakteristischen Gaswechsel (*CO_2-Abgabe* mit oder ohne O_2-*Aufnahme*) verbunden. Es ist daher naheliegend, diese Gasaustauschprozesse (= *Atmung*) zur experimentellen Bestimmung der Dissimilation heranzuziehen. Darüber hinaus können einzelne Teilschritte der Dissimilation mit biochemischen und biophysikalischen Methoden an intakten Zellen oder Zellfraktionen (z. B. isolierten Mitochondrien oder Enzymextrakten) untersucht werden. Auch in diesem Kapitel können aus der Vielfalt der experimentellen Möglichkeiten nur einige wenige Beispiele herausgegriffen werden.

Literatur

Darley-Usmar VM, Rickwood D, Wilson MT (eds) (1987) Mitochondria. A practical approach. IRL Press, Oxford Washington

Douce R, Day DA (eds) (1985) Higher plant cell respiration. Encycl Plant Physiol NS, vol 18, Springer, Berlin Heidelberg New York Tokyo

Demonstrationsexperimente

5.1 (D) Fe-katalysierte Elektronenübertragung (Modellreaktion zur Funktion der Atmungskette)

In der biologischen Atmungskette wird der Wasserstoff organischer Moleküle über mehrere Zwischenstationen von einem hohen auf ein niedriges Reduktionspotential gebracht. Dieser Prozeß läßt sich durch eine artifizielle Reaktionssequenz simulieren, die als BAUMANNscher Versuch bekannt ist. In Abb. 18 ist die durch Schwermetallkatalyse vermittelte Autoxidation von Cystein zu Cystin dargestellt. Das Cystein dient als energiereicher H-Donator (2 $-SH \rightleftharpoons -S-S-$, $E_0' = -0{,}34$ V). Der H-Akzeptor ist O_2 (½ $O_2 \rightleftharpoons H_2O$, $E_0' = 0{,}82$ V). Die Übertragung der Elektronen wird durch

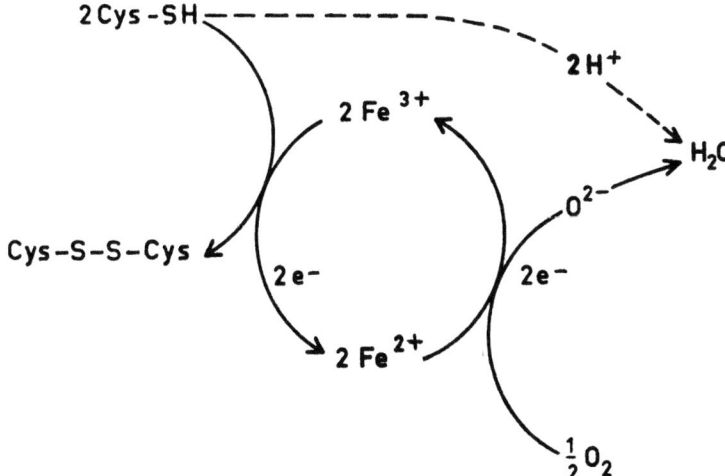

Abb. 18. Elektronenübertragung von Cystein auf O_2 beim BAUMANNschen Versuch

das Redoxsystem $Fe^{3+} \rightleftharpoons Fe^{2+}$ ($E'_0 = +0{,}77$ V) vermittelt. Das Eisen ist der Katalysator der Oxidation. Es wirkt in Analogie zur Cytochromoxidase.

Der Redoxzustand des gekoppelten Systems kann leicht beobachtet werden, da Fe^{3+} mit Cystein einen blau-violetten Komplex bildet (der Fe^{2+}-Komplex ist farblos). In einer neutralen Lösung, welche Fe-Ionen, O_2 und einen Überschuß an Cystein enthält, läuft die Reaktionskette so lange ab, bis alles O_2 verbraucht ist. Dann liegt alles Fe in der reduzierten Form (farblos) vor. Wird erneut O_2 zugeführt (z. B. durch Schütteln der Lösung), so wird ein Teil des Fe wieder oxidiert (Blaufärbung) usw. Wird kontinuierlich eine konstante Menge O_2 zugeführt, so bleibt die Lösung ständig gefärbt. Es stellt sich ein *Fließgleichgewicht* ein, d. h. die stationären Konzentrationen von Fe^{3+} und Fe^{2+} sind konstant, obwohl sich „das Rad ständig dreht". Das Fließgleichgewicht bricht erst zusammen, wenn alles Cystein verbraucht ist.

Die Analogie zwischen dieser Modellreaktion und der Cytochrom-Atmungskette geht noch weiter: Durch Cyanid kann das katalytisch wirksame Eisen „vergiftet" werden. Der Elektronentransport wird unterbrochen, da der sich bildende Fe-Cyanidkomplex sehr stabil ist.

Durchführung

Zu Cystein-Lösung (0,5 g Cystein in 100 ml 0,1 mol · l^{-1} Na-Acetat-Lösung, pH 6,5–7,0) werden 0,2 g $FeSO_4$ gegeben und durch Schütteln gelöst. Es entsteht eine violette Lösung, welche sich beim Stehen wieder entfärbt (1–2 min). Bei erneutem Schütteln verfärbt sie sich wieder. Die Reaktion kann mehrfach wiederholt werden. Nach Zugabe einer Spatelspitze KCN (Vorsicht, Gift!) färbt sich die Lösung braun, und die Reaktion kommt zum Stillstand.

5.2 (D) Spektroskopische Demonstration des Redoxzustandes der Cytochrome

Die Cytochrome *a*, *b* und *c* dienen als Redoxsysteme in der mitochondrialen Atmungskette. Sie enthalten ein covalent an den Proteinteil gebundenes, Fe-haltiges Porphyrin (Hämin) als prosthetische Gruppe, welches unter Valenzwechsel ($Fe^{2+} \rightleftharpoons Fe^{3+}$) Elektronen aufnehmen und abgeben kann. Diese Redoxreaktion ist mit spezifischen Änderungen im Absorptionsspektrum der Cytochrome verbunden, welche sich spektroskopisch in vitro und in vivo messen lassen. Für die in-vivo-Messung der Absorptionsänderungen der Cytochrome eignen sich besonders Hefezellen. Wird eine konzentrierte Hefesuspension vor einen Diaprojektor gehalten, so erscheint sie im Durchlicht aufgrund ihres hohen Gehaltes an Cytochromen rotbraun. Mit Hilfe eines Handspektroskops lassen sich einzelne Absorptionsbanden deutlich identifizieren: Reduziertes Cytochrom a hat eine langwellige Bande bei 605 nm; die Soret-Bande liegt bei 444 nm. Die im grünen Spektralbereich sichtbaren Banden gehen auf Cytochrom b und c zurück. Bei der Oxidation wird die Stärke dieser Banden stark reduziert; nur im Soret-Bereich bleibt eine deutliche Absorption erhalten.

Durchführung [1]

Die Hefesuspension (10 g frische Preßhefe in 200 ml Wasser suspendieren) wird in einer rechteckigen Glasküvette (ca. 3 cm Schichtdicke) vor das Objektiv eines Dia-Projektors gestellt (abgedunkelter Raum). Auf die lichtabgewandte Küvettenfläche wird ein Handspektroskop aufgesetzt (Schärfe einstellen und passend abblenden!). Nach Zusatz einer Spatelspitze $NaHSO_3$ wird das Absorptionsspektrum der reduzierten Cytochrome deutlich sichtbar. Zu einem zweiten Ansatz wird 1 ml H_2O_2-Lösung (3 Gew.%) gegeben und das Spektrum der oxidierten Cytochrome registriert. In einem dritten Ansatz kann man die Intensivierung der Absorptionsbanden nach Zusatz einer Spatelspitze Na-Succinat beobachten. Dieser Effekt läßt sich durch Einleiten von O_2 rückgängig machen. Nach Zusatz einer Spatelspitze KCN (Vorsicht, Gift!) können die Banden durch O_2 nicht mehr zum Verschwinden gebracht werden. (Diese spektralen Veränderungen können an einer passend verdünnten Suspension auch im Spektralphotometer gemessen werden. Referenz: auf ungefähr gleiche Lichtschwächung verdünnte Milch zur Kompensation der Lichtstreuung in der Probe; → Bd. 1: S. 89)

5.3 (D) Wärmeabgabe atmender Gewebe

Die bei der Dissimilation freigesetzte Energie wird von der Zelle nur teilweise in chemische Energie transformiert; der Rest geht als *Wärme* verloren. Thermodynamische Berechnungen und experimentelle Messungen haben ergeben, daß von den 2880 kJ an freier Enthalpie, welche beim Abbau von einem Mol Glucose zu CO_2 und H_2O unter Standardbedingungen theore-

---

[1] Nach Brauner L, Bukatsch F (1973) Das kleine pflanzenphysiologische Praktikum. 8. Aufl, Fischer, Stuttgart (verändert).

tisch freigesetzt werden, meist weniger als 40% in Form von Phosphorylierungspotential (ATP) konserviert werden können. Atmungsprozesse sind daher mit einer gut meßbaren Wärmeproduktion verbunden.

Durchführung [2]

Eine 1-l-Thermosflasche, welche zusätzlich in Watte eingepackt ist, wird zur Hälfte mit frischem Pflanzenmaterial hoher Atmungsaktivität (z. B. Blütenblättern, jungen Getreidekeimlingen) gefüllt. Sie wird durch einen luftdurchlässigen Zellstoffstopfen verschlossen. In der Mitte wird ein langes Thermometer angebracht, dessen unteres Ende bis in die Mitte der Probe reicht. Kontrollansatz: Thermosflasche mit feuchten Filterpapierschnitzeln (die beiden Thermometer vor dem Versuch aufeinander eichen). Der atmungsabhängige Temperaturanstieg läßt sich in den nächsten Stunden verfolgen. Wie muß dieser Versuch abgewandelt werden, um die Wärmeentwicklung von *gärendem* Pflanzenmaterial zu untersuchen (→ Experiment 5.5)?

5.4 (D) Manometrischer Nachweis von Atmung und Gärung

Bei der *alkoholischen Gärung* (*Fermentation*) wird CO_2 ohne Aufnahme von O_2 gebildet. In einem geschlossenen Gefäß baut sich daher ein Überdruck auf, der manometrisch gemessen werden kann. Dagegen ist die mit der *oxidativen Dissimilation* von Kohlenhydraten verbundene Bildung von CO_2 (*Atmung*) mit dem Verbrauch einer äquivalenten Menge an O_2 verbunden; es tritt unter diesen Bedingungen keine Druckänderung auf. Konzentrierte NaOH-Lösung absorbiert CO_2 und kann daher zur selektiven Eliminierung dieses Gases in einem geschlossenen Gefäß verwendet werden. In einem Gärungsansatz verhindert NaOH die Druckerhöhung. In einem Atmungsansatz stellt sich in Gegenwart von NaOH eine Druckerniedrigung (Unterdruck) ein, da hier der Verbrauch von O_2 alleine in Erscheinung tritt.

Diese Zusammenhänge lassen sich mit einem einfachen Manometergefäß qualitativ demonstrieren (Abb. 19). Eine präzise Messung der Gaswechselprozesse nach diesem Grundprinzip ist mit dem WARBURG-Manometer möglich (→ Experiment 5.11).

---

[2] Nach Brauner L, Bukatsch F (1973) Das kleine pflanzenphysiologische Praktikum. 8. Aufl, Fischer, Stuttgart.

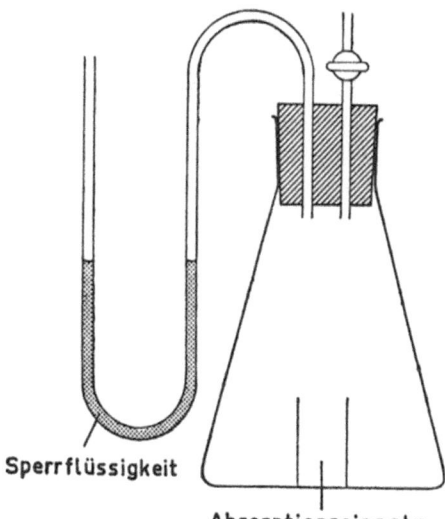

Abb. 19. Einfaches Manometergefäß zur Demonstration von Atmung und Gärung (300-ml-Weithals-Erlenmeyer-Kolben mit eingeklebtem 10-ml-Rollrandgläschen als Absorptionseinsatz, U-förmig gebogenes Glasrohr mit 2-mm-Innendruckmesser als Manometer, angefärbtes Wasser als Sperrflüssigkeit)

Durchführung

Fünf Manometergefäße nach Abb. 19 werden mit Hefesuspension (2 g frische Bäckerhefe in 200 ml Saccharose-Lösung, $10 \text{ g} \cdot \text{l}^{-1}$, suspendieren) bzw. intensiv atmendem Pflanzenmaterial (z. B. frischen Blütenblättern oder keimenden Erbsen) beschickt:

Ansatz 0: feuchte Papierschnitzel (Kontrolle)
Ansatz 1: Hefesuspension
Ansatz 2: Hefesuspension, 5 ml NaOH (20 Gew.%) im Einsatz
Ansatz 3: atmendes Pflanzenmaterial
Ansatz 4: atmendes Pflanzenmaterial, 5 ml NaOH im Einsatz

In die KOH enthaltenden Einsätze werden 5 cm hohe, ziehharmonikaartig gefaltete Filterpapierstreifen gesteckt, um die absorbierende Oberfläche zu erhöhen. U-Rohre zu einem Drittel der Höhe mit Sperrflüssigkeit füllen und Ansätze bei geöffnetem Hahn für 30 min äquilibrieren (Raumtemperatur, Temperaturschwankungen vermeiden!). Bereits kurze Zeit nach dem Schließen der Hähne lassen sich Druckänderungen an den Manometern beobachten. Die Menge an Versuchsmaterial wird so gewählt, daß sich Druckänderungen von 0,5 bis 1 $\text{cm} \cdot \text{min}^{-1}$ ergeben.

5.5 (D) Fermentation bei der höheren Pflanze

Auch höhere Pflanzen besitzen noch die Fähigkeit zur anaeroben Dissimilation. Sie wird nur dann ausgenützt, wenn die (viel rentablere) Atmung nicht mehr möglich ist, weil O_2 fehlt. Diese Situation kann z.B. bei der Keimung in nassem Boden auftreten. Allerdings kann die normale Pflanze anaerobe Bedingungen nur relativ kurze Zeit ohne Schädigung ertragen. Das Wachstum wird nach O_2-Entzug rasch eingestellt. Daher ist auch die Keimung unter diesen Bedingungen in der Regel gehemmt (eine Ausnahme machen Reiscaryopsen, welche als Anpassung an ihren überfluteten Standort auch ohne O_2 keimen können; → Experiment 5.6). Durch die anaerobe Dissimilation kommt es zu einem Anstau von Fermentationsprodukten, vor allem von Ethanol und Lactat. Gleichzeitig kann man eine Steigerung der Glycolyse und der CO_2-Produktion beobachten. Wenn die Pflanzen wieder in eine aerobe Atmosphäre gebracht werden (z.B. aus N_2 in Luft), wird die Glycolyse und die CO_2-Produktion wieder gedrosselt. Dies zeigt, daß der dem PASTEUR-Effekt zugrunde liegende Steuermechanismus auch bei höheren Pflanzen vorhanden ist.

Die starke CO_2-Produktion höherer Pflanzen unter anaeroben Bedingungen läßt sich z.B. an Keimlingen von Erbsen gut beobachten. Man begast

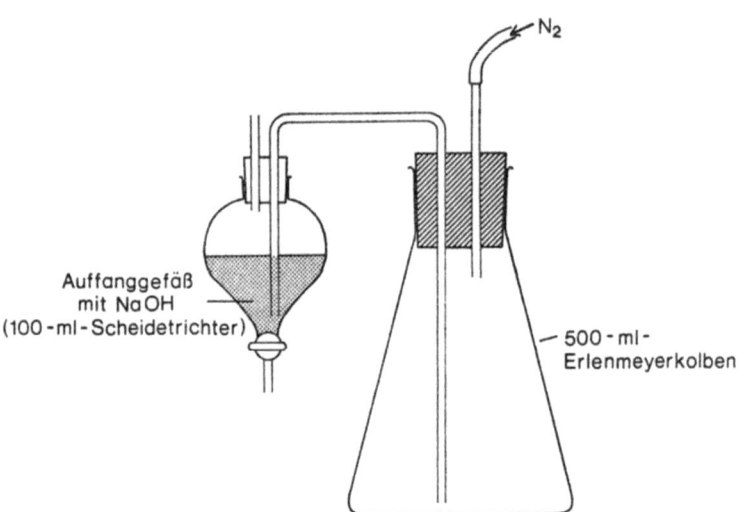

Abb. 20. Apparatur zum Nachweis der Fermentation von Pflanzenmaterial in einer anaeroben Atmosphäre (N_2)

das Material in einer geeigneten Apparatur (Abb. 20) mit N_2 und fängt das gebildete CO_2 in einer NaOH-Lösung auf. Der Nachweis erfolgt durch Fällung als schwerlösliches $BaCO_3$.

Durchführung

Etwa 50 junge, dunkel angezogene Erbsenkeimlinge werden in den Kolben der Apparatur (→Abb. 20) gegeben. Für 10 min mit einem mäßigen N_2-Strom begasen, dann 50 ml CO_2-freie NaOH-Lösung (0,1 mol · l^{-1}) in das Auffanggefäß pipettieren und Gasstrom auf ca. 1 Blase · s^{-1} einstellen. Nach 0/30/60/90 min werden aus dem Auffanggefäß ca. 2 ml NaOH-Lösung abgelassen und mit Ba(OH)$_2$-Lösung (10 g · l^{-1}, mit abgekochtem Wasser frisch herstellen) auf CO_2 geprüft. (Im Prinzip läßt sich das gebildete $BaCO_3$ nach Waschen und Trocknen gravimetrisch bestimmen. Man kann dann auch die quantitative Abnahme der CO_2-Produktion feststellen, welche sich nach einem Begasungswechsel N_2 → Luft einstellt.)

5.6 (D) Aerobe und anaerobe Energiemobilisierung bei der Entwicklung von Weizen[3]- und Reis[4]-Keimlingen

Die Kohlenhydratreserven (Stärke) im Endosperm der Getreide-Caryopsen dienen zur heterotrophen Ernährung des jungen Keimlings, bevor dieser zur Autotrophie befähigt ist. Bei der typischen Landpflanze *Weizen* kann die Dissimilation der Kohlenhydrate nur unter aeroben Bedingungen ausreichend Energie (in Form von ATP) liefern, um die Keimung des Embryos zu ermöglichen. Der normalerweise unter Wasser keimende *Reis* ist hingegen in der Lage, auch unter anaeroben Bedingungen, d. h. wenn die Atmungskette blockiert ist, genügend Energie durch alkoholische Fermentation (ATP aus der Substratkettenphosphorylierung) freizusetzen, um eine normale Entwicklung zu gewährleisten. Dieser stoffwechselphysiologische Unterschied läßt sich in einem einfachen Keimungsexperiment demonstrieren.

Durchführung

Einige Caryopsen von Weizen und Reis werden gemeinsam in einem Becherglas 5 cm hoch mit frisch abgekochtem (abgekühltem) Wasser und 5 mm

---

[3] *Triticum aestivum* (Poaceae), → Experiment 1.4.
[4] *Oryza sativa* (Poaceae), nach dem Weizen die für die menschliche Ernährung wichtigste Getreideart, welche jedoch ähnlich wie Mais keine backfähigen Produkte liefert. Als Sumpfreis oder Bergreis in tropischen und subtropischen Ländern angebaut.

flüssigem Paraffin oder Olivenöl überschichtet und im Licht bei 25–30 °C aufgestellt. In einem Kontrollansatz werden die Caryopsen in einem abgedeckten Becherglas auf feuchtem Filterpapier ausgesät. (Man kann diesen Versuch auch mit zwei Exsiccatoren durchführen, welche mit N_2 bzw. Luft gefüllt sind.) Man registriere Keimung und Organentwicklung (Koleoptile, Radicula) an den folgenden Tagen. Welche Folgen hat das Durchbrechen der Reiskoleoptile („Schnorchel") durch die Paraffinschicht?

5.7 (D) Der Respiratorische Quotient (RQ)

Aus der Summenformel der vollständigen Oxidation von Glucose folgt, daß bei diesem Vorgang O_2 und CO_2 in äquimolaren Mengen beteiligt sind:

$$C_6H_{12}O_6 + 6\,O_2^{\swarrow} \to 6\,CO_2^{\nearrow} + 6\,H_2O.$$

Dient dagegen Speicherfett als Substrat der Atmung, so ist der O_2-Verbrauch erheblich größer als die CO_2-Produktion:

$$C_{57}H_{104}O_6 + 80\,O_2^{\swarrow} \to 57\,CO_2^{\nearrow} + 52\,H_2O.$$

(Triolein)

Werden O-reiche organische Säuren (z. B. Äpfelsäure) veratmet, so ergibt sich die umgekehrte Situation:

$$C_4H_6O_5 + 3\,O_2^{\swarrow} \to 4\,CO_2^{\nearrow} + 3\,H_2O.$$

Das Verhältnis von CO_2-Abgabe zu O_2-Aufnahme bei der Atmung wird als *Respiratorischer Quotient* bezeichnet:

$$RQ = \frac{\text{mol } CO_2^{\nearrow} \cdot \Delta t^{-1}}{\text{mol } O_2^{\swarrow} \cdot \Delta t^{-1}}$$

Der RQ ist für die Veratmung von Kohlenhydraten genau 1, weicht aber bei anderen Substraten nach unten (Fett) oder oben (Säuren) von 1 ab und ist daher ein wichtiger physiologischer Indikator für die Stoffwechselsituation einer Pflanze. Im folgenden ist ein Experiment zur manometrischen Demonstration des RQ bei drei Objekten beschrieben, welche sich in Hinsicht auf ihr Atmungssubstrat unterscheiden.

Durchführung [5]

Jeweils etwa 50 g junge Weizenkeimlinge, junge Sonnenblumenkeimlinge, und Blätter von *Crassula* (oder *Kalanchoe*) werden in Manometergefäßen

(→Abb. 20) bei geöffnetem Hahn für 30 min bei Raumtemperatur äquilibriert (Temperaturschwankungen vermeiden!). Die Succulentenblätter sollen vor dem Versuch für 12 h bei 5–10 °C im Dunkeln aufbewahrt werden, um Malat zu akkumulieren (→ Experiment 4.10). Die Ansätze (plus ein mit feuchten Papierschnitzeln beschickter Kontrollansatz) werden im Dunkeln aufgestellt, um Störungen durch Photosynthese zu vermeiden. Nach dem Schließen der Hähne beobachtet man (nach 1–3 h) charakteristische Veränderungen des Manometerstandes.

5.8 (D) Fett → Kohlenhydrat-Umwandlung bei der Keimung fetthaltiger Samen (*Ricinus communis*[6])

Typische fetthaltige Samen (z. B. von Raps, Sonnenblume oder *Ricinus*) enthalten praktisch keine Zucker und keine Stärke, jedoch große Mengen an *Speicherfett*. Dieses Fett muß nach der Keimung in das Transportmolekül *Saccharose* umgewandelt werden, da nur in dieser Form eine Translocation zu den wachsenden Keimlingsorganen möglich ist. Der biochemische Weg dieses Umbaus läßt sich in fünf Abschnitte gliedern: 1. Hydrolyse der Triacylglycerole durch Lipase in Glycerin und Fettsäuren, 2. β-Oxidation der Fettsäuren zu Acetat, 3. Synthese von Succinat aus Acetat im Glyoxylatcyclus, 4. Umwandlung von Succinat in Oxalacetat im Citratcyclus, 5. Aufbau von Triose, Hexose und schließlich Saccharose durch Gluconeogenese. Da bei dieser Reaktionssequenz O_2 verbraucht und CO_2 gebildet wird, führt sie zu einer Atmung (mit einem sehr niedrigen RQ).

Im Endosperm des *Ricinus*-Samens beginnt die Synthese von Saccharose aus Fett etwa 4 d nach der Quellung der Samen (25 °C). Die Kotyledonen des wachsenden Embryos sind als Saugorgane ausgebildet, welche die von den Endospermzellen abgegebene Saccharose mit Hilfe einer Protonenpumpe aktiv resorbieren und in den zu den wachsenden Achsenorganen gerichteten Phloemtransport einschleusen (→ Experiment 8.5). Dieser relativ komplizierte Mobilisierungs- und Translocationsprozeß arbeitet in den folgenden 3–4 d äußerst effektiv: Von den etwa 270 mg Fett (70% der Trockenmasse) des ungekeimten Endosperms sind 8 d nach der Quellung noch

---

[5] Nach Paech K, Simonis W (1952) Übungen zur Stoffwechselphysiologie der Pflanzen. Springer, Berlin.
[6] Wunderbaum (Euphorbiaceae), eine in Afrika und Amerika verbreitete Kulturpflanze (Vorsicht: Die Samen sind wegen des hohen Gehaltes an dem Alkaloid *Ricinin* und dem toxischen Lectin *Ricin* stark giftig!).

140 Dissimilation

50 mg übrig; dagegen ist der Kohlenhydratgehalt des Embryos während dieser Zeit von 15 auf 230 mg angestiegen.

Die Bildung von Zucker im keimenden *Ricinus*-Samen läßt sich mit Hilfe der FEHLING-Reaktion oder anderer Zuckernachweise (→ Experiment 1.5) leicht zeigen. Das nicht-reduzierende Disaccharid Saccharose wird durch die FEHLING-Reaktion erfaßt, wenn man den Extrakt zuvor einer sauren Hydrolyse unterwirft.

Durchführung

Fünf trockene bzw. für 5 d angekeimte (25 °C) *Ricinus*samen (mit Embryo) werden nach Entfernung der Testa mit einer Spatelspitze Sand und 5 ml HCl-Lösung (1 mol · l^{-1}) in einer Reibschale fein zerkleinert. Nach dem Abfiltrieren den Extrakt kurz aufkochen (Hydrolyse) und nach dem Abkühlen die bei Experiment 1.5 beschriebenen Zuckernachweise durchführen. Die Bildung und Translocation von Saccharose kann mit Hilfe der Anthron-Methode (→ Experiment 1.13), der Fettabbau mit einem enzymatischen Test (→ Experiment 1.12) während der Keimung quantitativ verfolgt werden. Anstelle von *Ricinus* lassen sich z. B. auch Sonnenblumen-Achänen oder Rapssamen für dieses Experiment verwenden.

5.9 (D) Nachweis der dissimilatorischen Aktivität verschiedener Organe und Gewebe

Tetrazoliumsalze sind farblose, wasserlösliche Verbindungen, welche durch Wasserstoffaufnahme (Reduktion) leicht in gefärbte, schwerlösliche *Formazane* umgewandelt werden (Abb. 21). Diese Reaktion kann in einem histochemischen Test zum Nachweis von Dehydrogenaseaktivitäten verwendet werden, da die meisten dieser Enzyme Reduktionsäquivalente auf den Tetrazoliumring übertragen können. Besonders gebräuchlich ist *2,3,5-Triphenyltetrazoliumchlorid* (*TTC*) oder *4-Nitroblautetrazoliumchlorid* (*NBT*), welche ein rotes bzw. blaues Formazan bilden.

Tetrazoliumsalze werden von lebenden Zellen leicht aufgenommen und im Cytoplasma mehr oder minder schnell durch H-liefernde Dehydrogenasen

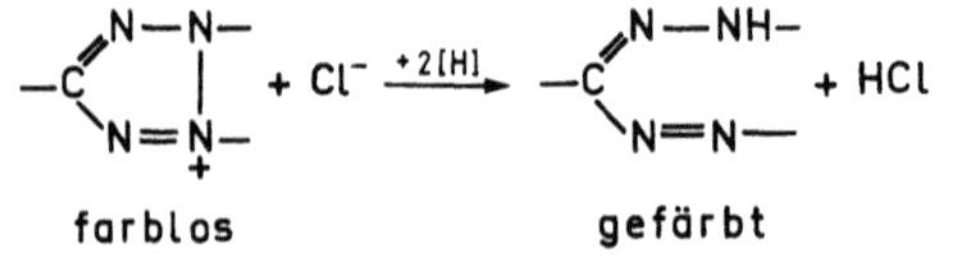

Abb. 21. Tetrazolium-Ringsystem und die durch Reduktion daraus entstehende Formazanstruktur

zu gefärbten Formazanen umgewandelt, welche sich häufig in Form von Kristallen unter dem Mikroskop erkennen lassen.

Durchführung

Man inkubiert z. B. Stücke von Wurzel, Sproß, Scutellum, Stärke-haltigem Endosperm, Perikarp (+ innen anhaftende Aleuronschicht!) eines Maiskeimlings in einer Lösung von TTC ($10 \text{ g} \cdot \text{l}^{-1}$) und beobachtet die Geschwindigkeit der Rotfärbung in den folgenden Stunden. Die Auswertung von Handschnitten unter dem Mikroskop erlaubt eine genauere histologische Bestimmung der besonders stoffwechselaktiven Gewebe. In ähnlicher Weise lassen sich viele andere Gewebeproben untersuchen (→ z. B. Experiment 11.1). Der Tetrazoliumtest ist neben der Vitalfärbung mit Neutralrot (→ Experiment 3.2) eine zuverlässige Probe, um im Zweifelsfall lebende von toten Zellen zu unterscheiden. Mit Dithionit ($Na_2S_2O_4$) läßt sich die Formazanbildung im Reagenzglas demonstrieren.

Analytische Experimente

5.10 (A) Nachweis von Elektronen- und Protonentransport an der Plasmamembran von Maiswurzeln [7]

Man weiß heute, daß Elektronentransportprozesse nicht auf Mitochondrien und Chloroplasten beschränkt sind, sondern z. B. auch an der Plasmamembran stattfinden können. Allerdings sind die biochemischen Eigenschaften und die Funktion der Plasmamembran-Redoxsysteme bisher erst bruchstückhaft bekannt. An Protoplasten, kultivierten Zellen, Wurzeln und anderen Cuticula-freien Untersuchungsobjekten kann man z. B. eine extrazelluläre Oxidation von NADH (oder NADPH) durch eine Oxidoreductase nachweisen, welche offenbar sowohl vom Zellinneren als auch von außen mit diesen Cosubstraten versorgt werden kann. Weiterhin enthält die Plasmamembran Cytochrome vom *b*-Typ, welche vermutlich eine Rolle als Elektronenüberträger spielen. Obwohl noch nicht nachgewiesen, kann man vermuten, daß auch eine Endoxidase vorhanden ist, welche Elektronen auf O_2

---

[7] *Zea mays* (Poaceae), → Experiment 2.4.

übertragen kann. Eine Funktion des Elektronentransports an der Plasmamembran scheint die aktive Exkretion von H^+ in den extrazellulären Raum zu sein. Man kann sich z. B. vorstellen, daß auch diese „Atmungskette" zum Aufbau eines *Protonengradienten* dient, der als Energiequelle für den Stofftransport in die Zelle benötigt wird. Außerdem werden von diesem System Elektronen für extrazelluläre Reduktionen (z. B. vom Fe^{3+}, → Experiment 6.3) bereitgestellt.

Ähnlich wie bei der HILL-Reaktion (→ Experiment 4.7) läßt sich der Elektronentransport an der Plasmamembran mit Hilfe artifizieller Elektronenacceptoren nachweisen. Man verwendet in diesem Fall *Hexacyanoferrat(III) = Ferricyanid*, welches nicht durch Membranen permeieren kann und daher von intakten Zellen ausschließlich extrazellulär reduziert wird. Die Reduktion zum *Hexacyanoferrat(II) = Ferrocyanid* ist mit der folgenden Indikatorreaktion einfach nachzuweisen (Bildung des intensiv gefärbten Berlinerblau-Komplexes, → Experiment 2.6):

$$3\,[Fe(CN)_6]^{4-} + 4\,Fe^{3+} \rightarrow Fe_4[Fe(CN)_6]_3\,.$$

Die Ferricyanidreduktion läßt sich besonders eindrucksvoll als Agar-Diffusionstest durchführen. Man legt Wurzeln, Gewebestücke oder ganze Pflanzenteile (bei denen zuvor die Cuticula-Barriere durchlässig gemacht wurde) für einige Zeit auf eine Ferricyanid-haltige Agarplatte und „entwickelt" diese anschließend mit einer $FeCl_3$-Lösung.

Die Ableitung von Elektronen aus der Redoxkette auf extrazelluläres Ferricyanid führt zu einer Erniedrigung des pH-Wertes außerhalb der Zelle, was sich ebenfalls mit einem Diffusionstest leicht demonstrieren läßt. Diese „Ferricyanid-induzierte H^+-Sekretion" könnte in ähnlicher Weise wie die Translocation von H^+ durch die Atmungskette an der inneren Mitochondrienmembran zustandekommen (Abb. 22, *Hypothese 1*). Eine alternative Vorstellung wäre, daß Redoxreaktionen an der Plasmamembran zu einer intrazellulären Ansäuerung führen, welche ihrerseits eine auswärts gerichtete, H^+-transportierende ATPase aktiviert (Abb. 22, *Hypothese 2*). Das folgende Experiment zielt darauf ab, zwischen diesen beiden Arbeitshypothesen zu entscheiden. Es beruht auf der Überlegung, daß im Fall der Hypothese 1 eine direkte Kopplung zwischen Elektronen- und Protonentransport zu erwarten ist, welche nicht ohne weiteres aufgehoben werden kann. Im Fall der Hypothese 2 hingegen besteht nur eine indirekte Kopplung; es sollte daher möglich sein, den H^+-Transport durch ATPase-Hemmer zu blockieren, ohne dadurch den Elektronentransport zu beeinträchtigen. Es gibt eine ganze Reihe von Substanzen, welche selektiv auf Plasmamembran-ATPasen wirken und daher in diesem Experiment eingesetzt

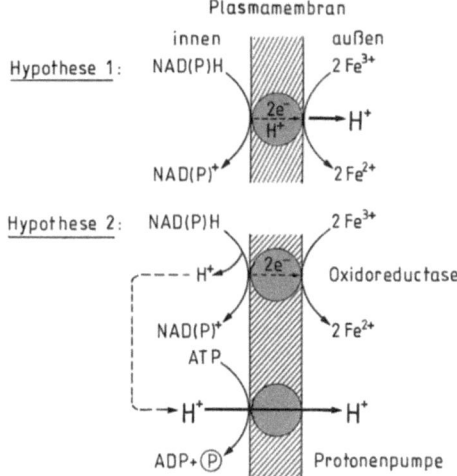

Abb. 22. Zwei Modelle zum Mechanismus der Kopplung zwischen extrazellulärer Ferricyanidreduktion und H^+-Sekretion an der Plasmamembran. Nach *Hypothese 1* wird im Zuge der Oxidation eines Pyridinnucleotids (NADH oder NADPH) auf der Innenseite ein Elektron zusammen mit einem Proton durch die Membran nach außen transportiert. (Diese Form der direkten Kopplung ist bekanntlich beim Elektronentransport von Atmungskette und Photosynthese realisiert.) Nach *Hypothese 2* wird nur das Elektron nach außen abgegeben. Die aus dem Pyridinnucleotid freigesetzten Protonen aktivieren auf der Membraninnenseite eine H^+-transportierende ATPase, welche unter ATP-Verbrauch H^+ nach außen pumpt. Solche Protonenpumpen arbeiten z. B. im Zusammenhang mit Stofftransportprozessen, welche durch einen H^+-Gradienten mit Energie versorgt werden können

werden können: Orthovanadat[8] (OVA), N,N'-Dicyclohexylcarbodiimid[9] (DCCD) und Diethylstilböstrol[9] (DES) sind gut charakterisierte Hemmstoffe, welche häufig für solche Experimente verwendet werden.

Literatur

Lüttge U, Clarkson DT (1985) Mineral nutrition: Plasmalemma and tonoplast redox activities. Progress in Botany 47: 73–86

Rubinstein B, Stern AI (1986) Relationship of transplasmalemma redox activity to proton and solute transport by roots of *Zea mays*. Plant Physiol 80: 805–811

---

[8] Na_3VO_4, z. B. von Sigma (→ S. 445).
[9] z. B. von Serva (→ S. 445).

Dissimilation

Material und Geräte

1. Maiskeimlinge (4 d auf Vermiculit und dest. Wasser bei 25 °C im Dunkeln angezogen; die Hauptwurzel soll etwa 10 cm lang sein.)
2. Redox-Testplatten[10]: 7,5 g · l^{-1} Agar, 10 mmol · l^{-1} KCl, 5 mmol · l^{-1} $CaCl_2$, 1 mmol · l^{-1} $K_3[Fe(CN)_6]$ auf dem Wasserbad erhitzen, bis sich der Agar gelöst hat. In Petrischalen als 5 mm hohe Schicht ausgießen und erstarren lassen. In gleicher Weise werden *Hemmstoffplatten* hergestellt, welche zusätzlich 100 µmol · l^{-1} OVA (pH auf 7,0 einstellen!), DCCD oder DES enthalten. DCCD und DES sind schlecht wasserlöslich; sie werden als Stammlösung in Methanol (z. B. 10 mmol · l^{-1}) zugesetzt.
3. pH-Testplatten: Zu den unter 2. angegebenen Bestandteilen werden noch 200 mg · l^{-1} Bromkresolpurpur zugefügt. Medien auf 45 °C abkühlen lassen und am pH-Meter mit KOH (0,1 mol · l^{-1}) tropfenweise auf pH 7,0 titrieren. Kontrollplatten (ohne $K_3[Fe(CN)_6]$) entsprechend herstellen.
4. $FeCl_3$-Lösung (10 mmol · l^{-1})
5. Schere, Pinzette.

Durchführung (Grundexperiment)

1. Die Maiskeimlinge werden vorsichtig aus dem Vermiculit gelöst, unter fließendem Wasser abgewaschen, in 5 cm lange, gerade Stücke zerschnitten und in einem Becherglas mit dest. Wasser gesammelt.
2. Nach etwa 15 min Wässerung werden die Segmente auf den verschiedenen Testplatten ausgelegt.[11] Nur solche Segmente verwenden, welche auf der vollen Länge gleichmäßig flach auf dem Agar liegen. (Ein guter Kontakt zwischen Wurzelsegment und Agaroberfläche ist eine entscheidende Voraussetzung für eindeutige Resultate.) Platten bei 20–25 °C aufstellen.
3. Redox-Testplatten nach 1–2 h durch Übergießen mit $FeCl_3$-Lösung „entwickeln" (Segmente zuvor mit Pinzette entfernen). Die Bildung des tiefblau gefärbten Reaktionsproduktes in der Umgebung der Auflageorte ist nach 30–60 min optimal zu sehen.
4. Der Farbumschlag des Indikators in den pH-Testplatten (purpur →gelb für pH 6,8 → 5,2) wird nach 1–2 h sichtbar und verstärkt sich kontinuierlich in den folgenden Stunden (Platten im Durchlicht gegen hellen Hintergrund betrachten).

Auswertung

Man vergleiche nach optimaler Ausprägung die Farbreaktionen in den einzelnen Ansätzen. Wird die Ferricyanidreduktion durch die Hemmstoffe

---

[10] Nach einer unveröffentlichten Vorschrift von M. Böttger (verändert).
[11] Alternativ kann man die Segmente auch in den bei 40 °C noch flüssigen Agarmedien einbetten [Böttger M, Rensch C (1987) Biologie in unserer Zeit 17:153–156].

nicht beeinträchtigt (d. h. wirken diese Substanzen tatsächlich spezifisch auf die ATPase)? Wie wirken die Hemmstoffe auf die Ferricyanid-induzierte H^+-Sekretion? Welchen Schluß erlauben die Ergebnisse in Hinsicht auf die beiden in Abb. 22 dargestellten Hypothesen?

Probleme (weiterführende Experimente)

1. Wie wirkt *KCN* auf die Ferricyanidreduktion und die H^+-Sekretion an der Plasmamembran? Wie kann man das erhaltene Resultat deuten?
2. Kann man mit Hilfe der Agar-Diffusionsmethode (bei strikter Standardisierung der Testbedingungen) die Abhängigkeit der Reduktionsaktivität der Wurzelsegmente von der *Ferricyanidkonzentration* bestimmen?
3. Wie müßte man vorgehen, um die Ferricyanidreduktion durch Wurzelsegmente mit einem *photometrischen* Test zu bestimmen?
4. Wie könnte man die Ferricyanid-induzierte H^+-Sekretion *quantitativ* messen? (→ Experiment 4.8.)

5.11 (A) Messung der aeroben und anaeroben Dissimilation von Hefezellen[12] mit der WARBURG-Manometrie

Die Theorie und praktische Anwendung des WARBURG-Manometers ist in Bd. 1: S. 63 ausführlich dargestellt. Im folgenden Experiment wird diese Methode zur exakten Messung des Gaswechsels einer Hefesuspension eingesetzt; sie läßt sich jedoch genausogut für ganze Keimlinge, isolierte Wurzeln, Blattsegmente und andere Objekte verwenden, welche in den Reaktionsgefäßen Platz finden.

Material und Geräte

1. Hefesuspension: 1 g Bäckerhefe (Preßhefe) in 100 ml Wasser suspendieren und durch zweimaliges Zentrifugieren (2000 × **g**, 10 min) und Resuspendieren reinigen. Suspension anschließend für 2–3 d an der Wasserstrahlpumpe mit kräftigem Strom belüften.
2. Glucose-Lösung (0,2 mol · l^{-1})
3. Phosphatpuffer (50 mmol · l^{-1}, pH 5,5): 50 mmol · l^{-1} K_2HPO_4-Lösung am pH-Meter mit 50 mmol · l^{-1} KH_2PO_4-Lösung auf pH 5,5 titrieren.
4. NaOH-Lösung (2 mol · l^{-1})
5. BRODIE-Lösung: 11,5 g NaCl + 2,5 g Na-Cholat in 200 ml lösen. Einige Tropfen konzentrierte alkoholische Methylenblau-Lösung zugeben und auf 250 ml auffüllen.

---

[12] *Saccharomyces cerevisiae*, Bäckerhefe (Ascomycetes), → Experiment 1.2.

146 Dissimilation

6. N_2 reinst (Stahlflasche mit Reduzierventil, Blasenzähler)
7. WARBURG-Gerät mit wenigstens 8 Manometern und kegelförmigen Standard-Reaktionsgefäßen (mit einer Birne, → Bd. 1: S. 63), Vaseline, Nitriersäure, Petroleumbenzin.

Durchführung (Grundexperiment)

1. Die durch Belüften an Substrat verarmte Hefe (1 g Frischmasse) wird abzentrifugiert und in 400 ml Puffer suspendiert. (Da die Atmungsaktivität verschiedener Hefepräparate variabel ist, muß gegebenenfalls ein anderes Verdünnungsverhältnis gewählt werden.)
2. WARBURG-Gerät betriebsfertig machen: Manometer blasenfrei mit BRODIE-Lösung füllen, Thermostat und Kühlwasser einschalten, Badtemperatur auf 25,0 °C einregulieren.
3. Je zwei Reaktionsgefäße (für Doppelmessung) nach folgendem Plan beschicken:

Ansatz:	1 (Thermobarometer)	2 (CO_2-Abgabe + O_2-Aufnahme)	3 (O_2-Aufnahme)	4 (anaerobe CO_2-Abgabe)
Hauptraum:				
Hefesuspension (ml)	–	2,5	2,5	2,5
dest. Wasser (ml)	3,0	–	–	–
Einsatz:				
NaOH-Lösung (ml)	–	–	0,2[a]	–
dest. Wasser (ml)	–	0,2	–	0,2
Birne:				
Glucose-Lösung (ml)	–	0,3	0,3	0,3

[a] Der Einsatzrand wird vorher mit einem Vaselinering versehen, um den Übertritt von Lauge auszuschließen.

In den Einsatz wird ein ziehharmonikaförmig gefaltetes Stück Filterpapier gesteckt, um die absorbierende Oberfläche zu vergrößern. Anschließend werden die Manometereinheiten zusammengesetzt (Schliffe *leicht* einfetten) und in die Halterung der Schüttelvorrichtung gesteckt. Die Manometer werden auf die Marke 150 mm eingestellt.
4. Ansatz 4 wird durch das Gasventil mit N_2 begast (ca. 5 Blasen $\cdot s^{-1}$). Dazu muß der Dreiwegehahn geöffnet sein.
5. Nach 15 min werden alle Hähne geschlossen und wird mit Schütteln begonnen. Alle 10 min wird kurz unterbrochen und die Manometer der Reihe nach abgelesen (vorbereitetes Protokoll, → Bd. 1, S. 70).

6. Nach der 3. Ablesung werden die Ansätze 2, 3, 4 kurz abgenommen, der linke Manometerschenkel mit dem Finger verschlossen und das Gerät vorsichtig so geneigt, daß der Birneninhalt in den Hauptraum fließt. Durch Rückkippen wird die Birne nochmals mit der Hefesuspension gespült. Nach 10 min Schütteln wird weitergemessen (alle 10 min über ca. 2 h).
7. Die Reaktionsgefäße werden nach dem Abnehmen zunächst mit Petroleumbenzin von Vaseline befreit, mit heißem Wasser gespült und für einige Stunden in Nitriersäure gelegt. Gründlich spülen, mit dest. Wasser nachspülen und im Trockenschrank trocknen.

Auswertung

An Hand der Tabellenwerte werden die Kinetiken der aeroben O_2-Aufnahme, aeroben CO_2-Abgabe und anaeroben CO_2-Abgabe in ein Diagramm eingetragen. Die Berechnung erfolgt in der Einheit [µl $CO_2(O_2) \cdot$ ml Hefesuspension^{-1}]. Durch Messung der Trockenmasse ($\rightarrow$ Experiment 1.4) läßt sich daraus Q_{O_2} ($\rightarrow$ Bd. 1: S. 69) berechnen. Unter Berücksichtigung des Barometerdrucks kann man auch auf µmol $CO_2(O_2)$ umrechnen. Wie groß ist der RQ? In welchem Verhältnis stehen aerobe und anaerobe CO_2-Produktion?

Probleme (weiterführende Experimente)

1. Wie hängt die Intensität der Atmung (Gärung) von der *Glucosekonzentration* ab?
2. Wie hoch ist der *Grenzwert an Ethanol*, den die Hefe bei der Gärung toleriert?
3. Wie wirkt sich der Zusatz von 1 mmol $\cdot$ l^{-1} *KCN, NaN$_3$, JCH$_2$COOH* (*Jodessigsäure*) auf die Atmung bzw. auf die Gärung aus?
4. Wie groß ist die *Temperaturabhängigkeit* von Atmung und Gärung? (Bestimmung des Q_{10} durch Gaswechselmessungen bei 15/25/35 °C.)
5. Ist der RQ *temperaturabhängig?*
6. Läßt sich die Atmung von Hefezellen auch mit der *O_2-Elektrode* ($\rightarrow$ Experiment 4.6) messen?

5.12 (A) Messung des respiratorischen Elektronentransports an isolierten Mitochondrien mit der O_2-Elektrode

Intakt isolierte Mitochondrien ($\rightarrow$ Experiment 3.4) sind prinzipiell in der Lage, alle Substrate abzubauen, welche in den Citratcyclus und die Atmungskette eingeführt werden können. Da die Mitochondrienmembranen z. B. für Malat und Succinat leicht permeabel sind, bereitet die Einschleusung dieser Substrate in die Matrix der Organellen keine experimentellen Schwierigkeiten. Wenn man eines dieser Substrate an isolierte Mitochondrien „verfüttert", beobachtet man jedoch nur eine geringe Intensität der O_2-Aufnahme, da die enge Kopplung des Elektronentransports an die unter diesen Bedingungen stagnierende Phosphorylierung von ADP zu ATP zu einem Anstau in der Atmungskette führt. Erst durch Zufuhr von ADP (in Gegenwart von anorganischem Phosphat) kann diese Blockade aufgehoben werden (Abb. 23). Die relative Steigerung der O_2-Aufnahme durch ADP ist ein Maß für den Kopplungsgrad der Phosphorylierung, der auch als *Respiratorische Kontrolle* bezeichnet wird. Substanzen, welche als Ionophoren für H^+ (Protonophoren) wirken und daher den Aufbau eines Protonengradienten an der inneren Membran verhindern, führen zu einer hohen Intensität der O_2-Aufnahme auch ohne ADP; sie werden als *Entkoppler* bezeichnet (z. B. 2,4-Dinitrophenol).

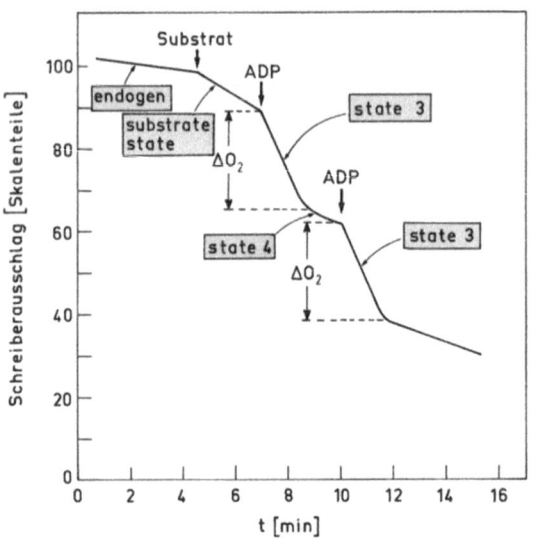

Abb. 23. Kinetik der O_2-Aufnahme isolierter Mitochondrien (Messung mit der O_2-Elektrode) nach Zugabe von Mitochondrien (*endogene Atmung*), Substrat (*substrate state*) und ADP (*ADP-stimulierte Atmung, state 3*). Nach dem Verbrauch des ADP ergibt sich *state 4*. Das Verhältnis der Steigungen von state 3 und state 4 ergibt die *Respiratorische Kontrolle*. ΔO_2 entspricht der für die Phosphorylierung des zugesetzten ADP notwendigen Menge O_2 und dient zur Berechnung des *P/O-Verhältnisses*

Analytische Experimente 149

Eine weitere wichtige Größe für die Beurteilung der Mitochondrienfunktion ist das *P/O-Verhältnis*. Darunter versteht man die Ausbeute an energiereichem Phosphat (ADP + anorganisches Phosphat →ATP), bezogen auf die Menge an verbrauchtem O_2. Für Substrate, welche im Citratcyclus NADH liefern, ist das P/O-Verhältnis theoretisch 3; für Succinat liegt der theoretische Wert dagegen bei 2.

Literatur

Darley-Usmar VM; Rickwood D, Wilson MT (eds) (1987) Mitochondria. A practical approach. IRL Press, Oxford Washington
Estabrook RW, Pullman ME (eds) (1967) Oxidation and phosphorylation. Methods of enzymology, vol X. Academic Press, New York London
Palmer JM (1976) The organization and regulation of electron transport in plant mitochondria. Ann Rev Plant Physiol 27:133–157

Material und Geräte

1. Isolierte Mitochondrien (Herstellung → Experiment 3.4; die Suspension soll etwa 10 mg Mitochondrienprotein · ml^{-1} enthalten.)
2. Reaktionsmedium (→ Experiment 3.4): 10 mmol · l^{-1} MOPS, 0,3 mol · l^{-1} Mannit, 10 mmol · l^{-1} K$_2$HPO$_4$, 10 mmol · l^{-1} KCl, 5 mmol · l^{-1} MgCl$_2$, 1 g · l^{-1} BSA (mit KOH auf pH 7,2 einstellen und bei 25 °C mit Luft-O$_2$ sättigen, indem mit einer Pumpe Luft durch die Lösung gesaugt wird).
3. Substrat-Lösungen (Malat, Succinat): jeweils 1 mol · l^{-1}, mit KOH auf pH 7,2 einstellen.
4. ADP-Lösung (50 mmol · l^{-1})
5. O$_2$-Elektrode mit Thermostat (25 °C) und Schreiber, Kolbenpipetten (10, 50 µl; Spitze mit dünnem Teflonschlauch verlängern, der in die Öffnung der O$_2$-Elektrode eingeführt werden kann).

Durchführung (Grundexperiment)

1. Zunächst wird die O$_2$-Elektrode in einen funktionsbereiten Zustand gebracht (Funktionstest!) und mit luftgesättigtem Medium bzw. Na$_2$SO$_3$-Lösung bei 25 °C geeicht (→ Bd. 1: S. 149).
2. Das Reaktionsgefäß wird mit 3 ml Reaktionsmedium und 0,1 ml Mitochondriensuspension beschickt. Nach dem luftblasenfreien Einsetzen des Verschlußkolbens wird die O$_2$-Aufnahme gemessen (Schreibervorschub 2 cm · min^{-1}). Die leicht abfallende Schreiberlinie repräsentiert die durch Reste an endogenem Substrat und ADP hervorgerufene Atmung.
3. Nach 2 min durch die Bohrung des Verschlußkolbens 50 µl (50 µmol) Substrat-Lösung einspritzen. Der verstärkte Abfall der Kurve repräsentiert die unter ADP-Mangel mögliche Atmung (*substrate state*).
4. Nach weiteren 2 min zusätzlich 10 µl (0,5 µmol) ADP-Lösung einspritzen. Der sofort einsetzende steile Abfall der Kurve repräsentiert die durch ADP

stimulierte Atmung (*state 3*). Da die begrenzte Menge an ADP rasch verbraucht ist, stellt sich nach kurzer Zeit wieder eine niedrigere Atmungsintensität ein (*state 4*).
5. Nach 2 min *state-4*-Atmung kann der Meßcyclus durch erneute Zugabe von ADP wiederholt werden (gegebenenfalls muß der O_2-Gehalt im Medium durch kurze Belüftung wieder angehoben werden).

Auswertung

Aus der Steigung der verschiedenen Kurvenäste läßt sich die Intensität der O_2-Aufnahme in der Einheit [mol $O_2 \cdot$ ml Mitochondriensuspension^{-1}] berechnen. Messung des Proteingehaltes (→ Experiment 1.12) erlaubt die Berechnung in der allgemein üblichen Einheit [mol $O_2 \cdot$ mg Mitochondrienprotein^{-1}]. Der Quotient *O_2-Aufnahme im state 3/O_2-Aufnahme im state 4* ergibt die *Respiratorische Kontrolle,* d.h. ein Maß für den Kopplungsgrad von Elektronentransport und Phosphorylierung. Das *P/O-Verhältnis* läßt sich aus der im *state 3* umgesetzten Molmenge an ADP (= Menge an gebildetem ATP) dividiert durch die halbe Molmenge des hierbei verbrauchten O_2 berechnen. Man macht hier die (berechtigte) Annahme, daß praktisch alles zugesetzte ADP beim Übergang von *state 3* in *state 4* verbraucht ist.

Probleme (weiterführende Experimente)

1. Wie hängt die mitochondriale Aktivität im state 3 von der *Menge an zugesetztem ADP* ab?
2. Wie wirkt sich die Zugabe eines *Entkopplers* der Phosphorylierung (z. B. 2,4-Dinitrophenol, 0,2 mmol $\cdot l^{-1}$, oder CCCP = Carbonylcyanid-3-chlorphenylhydrazon, 2 µmol $\cdot l^{-1}$, in Ethanol lösen) auf die mitochondriale Aktivität vor bzw. nach Zugabe von ADP aus?
3. KCN (1 mmol $\cdot l^{-1}$) hemmt die Cytochromoxidase der Mitochondrien vollständig. Läßt sich eine *CN^--resistente Atmung* nachweisen?
4. Wie wirken *Antimycin, Oligomycin, Amytal, Malonat, NaN_3* auf die mitochondriale Aktivität im gekoppelten bzw. entkoppelten Zustand, wenn a) *Succinat,* b) *Malat* als Substrat verwendet wird? Welche Schlüsse ergeben sich hinsichtlich des Wirkortes dieser Inhibitoren? (Antimycin, Oligomycin und Amytal müssen in Ethanol gelöst werden.)
5. Können Mitochondrien exogenes NADH als Elektronendonator verwenden (obwohl die innere Membran undurchlässig für Pyridinnucleotide ist)?

5.13 (A) Induktion fermentativer Enzyme durch Anaerobiose in der Wurzel von Maiskeimlingen [13]

Ähnlich wie z. B. Hefe sind auch höhere Pflanzen im Prinzip zur *Fermentation (Gärung)* befähigt, wenn die oxidative Dissimilation wegen des Mangels an O_2 nicht mehr möglich ist (PASTEUR-Effekt, → Experiment 5.11). Die hierzu erforderlichen Enzyme (z. B. *Alkoholdehydrogenase, Lactatdehydrogenase, Pyruvatdecarboxylase*) sind jedoch nicht von vornherein vorhanden, sondern müssen erst unter dem Einfluß der Anaerobiose neu gebildet werden. Vor allem die Wurzeln vieler Landpflanzen können, z. B. bei Überflutung des Bodens, unter O_2-Mangelbedingungen geraten. Sie sind darauf eingestellt, bei Bedarf Gärungsenzyme zu bilden, mit deren Hilfe die Glycolyse, und damit die *Substratkettenphosphorylierung,* auch ohne oxidative Weiterverarbeitung des Pyruvats ablaufen kann. Die Gärungsprodukte *Ethanol* und *Lactat* werden von der Wurzel ins Medium ausgeschieden. Der relative Beitrag der beiden alternativen Wege (*alkoholische Gärung* bzw. *Lactatgärung*) ist bei verschiedenen Pflanzen recht unterschiedlich; in der Regel dominiert die Ethanolbildung.

Im folgenden Experiment soll die Induktion der Gärungsenzyme durch Anaerobiose an der Wurzel von Maiskeimlingen studiert werden. Die Wurzeln der Keimlinge werden einer weitgehend O_2-armen Umgebung ausgesetzt, während der Sproß von Luft umgeben ist. Die Auswirkungen des O_2-Mangels in der Wurzel sollen anhand der Aktivitätsänderungen der beiden potentiell am Gärungsstoffwechsel beteiligten Enzyme *Alkoholdehydrogenase* und *Lactatdehydrogenase* quantitativ bestimmt werden. Als Kontrollenzym aus dem nicht unmittelbar betroffenen Grundstoffwechsel wird *Malatdehydrogenase* ebenfalls gemessen.

Literatur

Hoffman NE, Bent AF, Hanson AD (1986) Induction of lactate dehydrogenase isozymes by oxygen deficit in barley root tissue. Plant Physiol 82:658–663

John CD, Greenway H (1976) Alcoholic fermentation and activity of some enzymes in rice roots under anaerobiosis. Aust J Plant Physiol 3:325–336

Saglio PH, Rancillac M, Bruzan F, Pradet A (1984) Critical oxygen pressure for growth and respiration of excised and intact roots. Plant Physiol 76:151–154

Material und Geräte

1. Maiskeimlinge (20 Stück pro Ansatz; 4 d im Dunkeln auf Vermiculit und Wasser bei 25 °C angezogen; die Keimwurzel soll 6–8 cm lang sein.)

---

[13] *Zea mays* (Poaceae), → Experiment 2.4.

152 Dissimilation

2. HOAGLANDsche Nährlösung (→ S. 440)
3. N_2 (techn., in Druckflasche mit Reduzierventil)
4. Homogenisierungspuffer (50 mmol · l^{-1} K-Phosphatpuffer mit 2 mmol · l^{-1} Cystein-HCl, pH 7,5)
5. K-Phosphatpuffer (50 mmol · l^{-1}, pH 7,5; für ADH- und LDH-Test)
6. Diethanolaminpuffer (100 mmol · l^{-1}, mit HCl auf pH 9,2 einstellen, 5 mmol · l^{-1} $MgCl_2$; für MDH-Test)
7. NAD^+-Lösung (30 mmol · l^{-1})
8. NADH-Lösung (4 mmol · l^{-1}, frisch ansetzen)
9. $MgSO_4$-Lösung (50 mmol · l^{-1})
10. Acetaldehyd-Lösung (200 mmol · l^{-1})
11. Na-Pyruvat-Lösung (40 mmol · l^{-1})
12. Na_2-L-Malat-Lösung (250 mmol · l^{-1})
13. Begasungsapparaturen (→ Abb. 24), Membranpumpe (Aquarienpumpe), Schere, Eisbad, Reibschale, Quarzsand, Kühlzentrifuge (15 000 × **g**, 5 °C) mit 20-ml-Plastikbechern, Photometer (340 oder 366 nm, temperierter Küvettenhalter), Küvetten (1 cm, 1 ml, Glas), Plastikrührstäbchen, Kolbenpipetten (20, 50, 100 μl).

Durchführung[14] (Grundexperiment)

1. *Anaerobe Kultur:* 20 Keimlinge werden nach Entfernen der beiden Seitenwurzeln von unten in den Deckel einer Plastikdose eingeführt und mit Dichtmasse luftdicht eingekittet (Abb. 24). Dose bis 1 cm unter den Rand mit Nährlösung füllen und Deckel aufsetzen (am Falz mit Dichtmasse abdichten). Entsprechend wird ein zweiter Ansatz hergestellt. Dosen im Licht bei 25 °C aufstellen und mit einem kräftigen Luftstrom begasen (Pumpe). Nach 24 h wird die Begasung einer Dose auf N_2 umgestellt (etwa 25 ml · min^{-1}); die andere dient als Kontrolle (aerobe Kultur).

2. *Herstellung des Enzymextrakts:* Nach 12 h anaerober Kultur werden die Wurzeln der Keimlinge abgeschnitten und mit 2 ml Homogenisierungspuffer und 2 g Sand in einer gekühlten Reibschale zu einem feinen Brei zerrieben. Weitere 8 ml Puffer zugeben und gut mischen. Homogenat in einen Zentrifugenbecher überführen und für 20 min bei 15 000 × **g** (5 °C) zentrifugieren. Überstand vorsichtig absaugen (Pipette mit Saugball) und im Eisbad aufbewahren. Der Extrakt muß völlig partikel- und trübungsfrei sein; andernfalls muß nochmals zentrifugiert werden.

3. *Enzymtests:* Zunächst müssen die optimalen Testbedingungen für die drei Enzyme festgestellt werden (→ Bd. 1: S. 106). Man ermittelt mit verschiedenen Extraktmengen den Bereich des linearen Zusammenhangs zwischen Enzymkonzentration und (konstanter!) Reaktionsintensität ($\Delta E \cdot min^{-1}$). Wenn die Tests in Abwesenheit von Substrat einen „Leerlauf" zeigen, muß

---

[14] Nach Wignarajah K, Greenway H (1976) New Phytol 77: 575–584 (verändert).

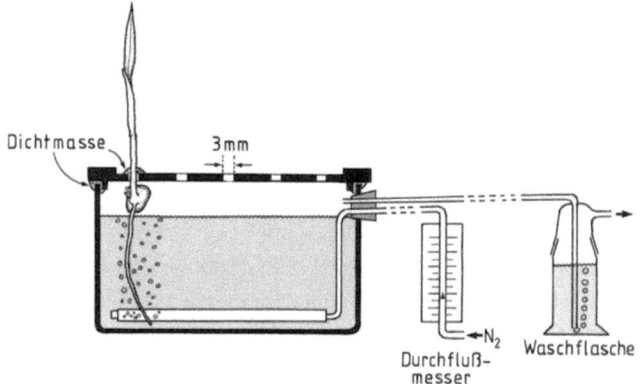

Abb. 24. Vorrichtung zur anaeroben Kultur der Wurzel von Maiskeimlingen (schematisch). In den Deckel einer Plastikdose (z. B. 10 × 10 × 5 cm) werden äquidistant 25 Löcher gebohrt, durch welche junge Keimlinge (vor dem Durchbruch des Primärblatts) von unten eingeführt und mit dauerplastischer Dichtmasse (z. B. „Terostat" von der Fa. Teroson, im Fachhandel erhältlich) eingekittet werden können. Der Deckelrand wird ebenfalls mit Dichtmasse luftdicht befestigt. Die Keimwurzeln tauchen in eine Nährlösung, welche mit Hilfe eines porösen Plastikschlauches (10 cm Thomapor-Belüftungselement, →Abb. 25, S. 166) mit N_2 aus einer Druckflasche begast werden kann. Zur Dosierung des Gasstromes dient ein Durchflußmesser (Schwebekörper in Meßrohr, z. B. Rotameter). Der abgehende Gasstrom wird zur Abdichtung durch eine Waschflasche geführt

gegen eine entsprechende Vergleichsprobe, andernfalls kann gegen Luft gemessen werden. Vor dem Start der Reaktion muß das Reaktionsgemisch auf 25 °C temperiert sein.

a) *Alkoholdehydrogenase* (ADH, EC 1.1.1.1):
Enzymextrakt (z. B. 20 µl) mit Phosphatpuffer auf 800 µl auffüllen. 100 µl $MgSO_4$-Lösung und 50 µl NADH-Lösung zugeben. Start: 50 µl Acetaldehyd-Lösung zugeben und mischen. Extinktionsabnahme (Verbrauch von NADH, $\varepsilon_{340} = 6{,}3 \cdot 10^3$ l · mol^{-1} · cm^{-1}) bei 340 nm messen.[15]

b) *Lactatdehydrogenase* (LDH, EC 1.1.1.27):
Enzymextrakt (z. B. 20 µl) mit Phosphatpuffer auf 900 µl auffüllen. 50 µl NADH-Lösung zugeben. Start: 50 µl Pyruvat-Lösung zugeben und mischen. Extinktionsabnahme (Verbrauch von NADH, $\varepsilon_{340} = 6{,}3 \cdot 10^3$ l · mol^{-1} · cm^{-1}) bei 340 nm messen.[15]

---

[15] Oder bei 366 nm ($\varepsilon_{366} = 3{,}5 \cdot 10^3$ l · mol^{-1} · cm^{-1}; → Bd. 1: S. 99).

154 Dissimilation

c) *Malatdehydrogenase* (MDH, EC 1.1.1.37):
Enzymextrakt (z. B. 20 µl) mit Diethanolaminpuffer auf 800 µl auffüllen. 100 µl NAD$^+$-Lösung zugeben. Start: 100 µl Malat-Lösung zugeben und mischen. Extinktionszunahme (Bildung von NADH, $\varepsilon_{340} = 6{,}3 \cdot 10^3$ l · mol^{-1} · cm^{-1}) bei 340 nm messen.[15]

Anmerkung: Die bei Experiment 3.5 (→ S. 94) beschriebene Methode verwendet *Oxalacetat* als Substrat, welches in Lösung rasch spontan zu Pyruvat decarboxyliert wird. Dieses kann mit NADH durch LDH reduziert werden und stört daher die Bestimmung der MDH, wenn LDH im Extrakt vorliegt. Aus diesem Grund wird hier die (thermodynamisch ungünstigere) Gegenreaktion zum Test ausgenützt.

Auswertung

Die unter optimalen Testbedingungen gemessenen Aktivitäten (3 Wiederholungen) werden in der Einheit [kat · Wurzel^{-1}] berechnet ($\pm$ Schätzung des Standardfehlers).

Probleme (weiterführende Experimente)

1. Wie *schnell* wirkt sich die Anaerobiose auf die Aktivitäten von ADH und LDH aus? (Messung 0/1/3/6/9/12 h nach Beginn der N$_2$-Begasung.)
2. Wie wirkt sich die Anaerobiose der Wurzel auf die Aktivität der Enzyme *im Sproß* aus?
3. Welchen Einfluß besitzt die Anaerobiose der Wurzel auf das *Wachstum* der Keimlingsorgane? (Messung der Organlänge, der Trockenmasse bzw. des Proteingehalts; → Experimente 1.4, 1.12.)
4. Ist die Bildung der Gärungsenzyme *reversibel?* (Umsetzen der Keimlinge von Anaerobiose auf Aerobiose.)
5. Wie stark wirkt sich die *partielle Anaerobiose* aus, die in der Wurzel von einer nicht-begasten Nährlösung (entsprechend einem überfluteten Boden) erzeugt wird? Wie wirkt sich hierbei die *Wurzeldichte* aus? (Keimlinge bei locker aufgesetztem Dosendeckel ohne Begasung kultivieren; mit 5/10/20/40 Wurzeln pro Dose.)

6. Pflanzenernährung

Vorbemerkungen

Unter Ernährung im engeren Sinn versteht man bei der autotrophen höheren Pflanze meist die Versorgung mit anorganischen Ionen („Nährsalzen"). Bereits SACHS konnte Mitte des 19. Jahrhunderts experimentell zeigen, daß Pflanzen auch langfristig normal wachsen können, wenn ihre Wurzeln nicht von Boden, sondern ausschließlich von Wasser umgeben sind, in dem eine Mischung bestimmter anorganischer Salze gelöst vorliegt (*hydroponische Kultur*). Die Liste der für eine vollwertige Ionenversorgung der Pflanze erforderlichen Nährelemente ist heute gut bekannt und bildet die Grundlage für die Zusammensetzung optimaler Nährlösungen (z. B. der HOAGLANDschen Nährlösung, → S. 440). Die Forschung konzentriert sich heute vor allem auf die z. T. noch wenig bekannten Mechanismen der *Ionenaufnahme* durch die Wurzel und des *Ionentransports* über die verschiedenen apoplastischen und symplastischen Transportstrecken im Kormus. Auch die metabolischen Funktionen bestimmter Elemente in der Zelle und die biochemischen Ursachen für ihre Unersetzbarkeit im Stoffwechsel sind vielfach noch unzureichend erforscht. Eine möglichst genaue Kenntnis dieser physiologischen Zusammenhänge ist nicht nur für die Grundlagenforschung, sondern auch für viele Anwendungen bei der Erzeugung von pflanzlichem Ertragsgut von großer Bedeutung.

Für die Ernährung nichtgrüner (heterotropher) Pflanzenorgane spielen neben den anorganischen Ionen auch organische Nährstoffe eine essentielle Rolle. Die genaue Kenntnis der organischen Nährstoffe für heterotrophe Gewebe oder Organe war eine Grundvoraussetzung für die Entwicklung pflanzlicher *Zellkulturen*. Die heute routinemäßig praktizierte in-vitro-Kultur pflanzlicher Zellen und Gewebe (→ Kapitel 15) fußt daher weitgehend auf den Erfahrungen, die man zuvor bei der heterotrophen Organkultur gewinnen konnte.

Literatur

Marschner A (1986) Mineral nutrition in higher plants. Academic Press, London
Mengel K (1979) Ernährung und Stoffwechsel der Pflanze. 5. Aufl., Fischer, Stuttgart

Demonstrationsexperimente

6.1 (D) Induktion katabolischer Enzyme durch das Substrat bei Bäckerhefe [1]

Viele Organismen besitzen die Fähigkeit, ihren Stoffwechsel innerhalb bestimmter Grenzen auf das zur Verfügung stehende Substrat einzustellen. Besonders interessant ist in diesem Zusammenhang die durch das Substrat gesteuerte Synthese von Enzymen. Speziell bei Heterotrophen (Bakterien, Pilze) hat man das Vorkommen solcher *adaptiver Enzyme,* deren Synthese im Gegensatz zur Synthese von *konstitutiven Enzymen* durch spezifische Außenfaktoren reguliert werden kann, festgestellt. Aber auch die grünen Pflanzen verfügen über die Möglichkeit zur enzymatischen Adaptation.

Das durch den Bedarf gesteuerte An- und Abschalten von Enzymsynthesen ist ein wesentlicher Faktor der Stoffwechselökonomie in der Zelle. Die Grenzen dieser Adaptation sind natürlich durch die Reaktionsnorm der Zellen, d.h. durch ihre genetische Ausstattung, festgelegt. Während ein gewisser Teil des Genoms unter allen Bedingungen aktiv ist (aktive Gene, repräsentiert durch die konstitutiven Enzyme), kann ein anderer Teil in seiner Aktivität durch Außenfaktoren reguliert werden (aktivierbare bzw. reprimierbare Gene, repräsentiert durch die induzierbaren bzw. reprimierbaren Enzyme). Im folgenden Experiment soll die Adaptation von Hefezellen an D-Galactose demonstriert werden. Durch Zugabe von D-Galactose zum Kulturmedium können in Bäckerhefe die Enzyme Galactokinase, Galactosetransferase und Galactoseepimerase induziert werden. Die drei Enzyme erlauben die Reaktionssequenz D-Galactose → D-Galactose-1-Phosphat → UDP-D-Galactose → UDP-D-Glucose.

---

[1] *Saccharomyces cerevisiae* (Ascomycetes) → Experiment 1.2.

Durchführung[2]

100 g frische Bäckerhefe (Preßhefe) werden in 1 l Galactose-Medium (100 g · l^{-1} Galactose + 0,5 g · l^{-1} $(NH_4)_3PO_4$ + 0,5 g · l^{-1} $(NH_4)_2SO_4$, durch Aufkochen sterilisieren und gekühlt aufbewahren) suspendiert und bei 25–30 °C inkubiert. 20-ml-Probe aus der Suspension entnehmen und CO_2-Entwicklung mit Hilfe eines Gärröhrchens bestimmen (→ Experiment 1.2). Eine zweite Probe von 10 ml Suspension auf einer Fritte abnutschen, mit dest. Wasser waschen, die Zellen in 10 ml Glucose-Medium (Glucose anstelle von Galactose, sonst wie oben) resuspendieren und die CO_2-Entwicklung messen (Kontrolle). Die Kultur wird eine Woche lang täglich auf einer Fritte abgenutscht und in frischem Galactose-Medium resuspendiert. Anschließend wird die Kapazität zur CO_2-Entwicklung im Galactose- bzw. Glucose-Medium gemessen. Anhand der Meßwerte läßt sich der Verlauf der Adaptation recht genau bestimmen. (Eine exakte Messung der Atmungsintensität unter anaeroben und aeroben Bedingungen ist mit der WARBURG-Manometrie möglich; → Experiment 5.11.)

6.2 (D) Auslösung der Wurzelknöllchenbildung durch *Rhizobium*[3] bei der Gartenbohne[4]

Nach C, H, O ist N das mengenmäßig wichtigste Element, das die Pflanzen für ihre Entwicklung brauchen. Es wird von der höheren Pflanze normalerweise als NO_3^- aus der Bodenlösung aufgenommen. Einige Ernährungsspezialisten besitzen außerdem die Möglichkeit, andere N-Quellen auszunützen. Eines der bekannten Beispiele sind die Leguminosen, welche durch ihre Symbiose mit *Rhizobium leguminosarum* den Luftstickstoff für ihre Ernährung nutzbar machen können.

Rhizobium leguminosarum ist ein aerobes, 1–3 µm großes, begeißeltes Bacterium, das in den oberen Schichten des Bodens weit verbreitet ist. Es besitzt normalerweise nur innerhalb der pflanzlichen Wirtszelle die Fähig-

---

[2] Nach Paech K, Simonis W (1952) Übungen zur Stoffwechselphysiologie der Pflanzen. Springer, Berlin Göttingen Heidelberg (verändert).
[3] *Rhizobium leguminosarum* (gram-positiver, den Pseudomonaden nahestehender Aerobier). Es sind verschiedene Stämme bekannt, welche jeweils für eine bestimmte Fabaceen-Art spezifisch sind. Ein Teil der Knöllchenbakterien wird neuerdings als neue Gattung *Bradyrhizobium* abgetrennt, z. B. *Bradyrhizobium japonicum* der Sojabohne.
[4] *Phaseolus vulgaris* (Fabaceae), → Experiment 4.9.

keit, N_2 zu assimilieren. Die Anfälligkeit der Wurzel für eine erfolgreiche Infektion hängt vom Ernährungszustand der Pflanze ab. Nur wenn die Pflanze nicht optimal mit NO_3^- versorgt ist, kommt es zur Ausbildung von Knöllchen. Diese sind das Produkt einer komplizierten Wechselwirkung zwischen den beiden Partnern. Die Bakterien dringen zunächst in die Wurzelhaare ein. Die infizierten Wurzelhaarzellen bilden um die sich vermehrenden Bakterien eine röhrenförmige Cellulosehülle aus, die als *Infektionsschlauch* in die Wurzelrinde vordringt. Dort werden die Bakterien in die Zellen entlassen, wachsen auf die zehnfache Größe heran und wandeln sich in *Bacterioide* um, welche durch eine *Peribacterioidmembran* pflanzlichen Ursprungs gegen das Cytoplasma abgegrenzt sind. Die Bacterioide teilen sich vielfach zusammen mit ihrer Membranhülle, bis die Wirtszelle praktisch vollständig mit diesen Partikeln angefüllt ist. Gleichzeitig wächst der befallene Wurzelbereich zum Knöllchen aus. Diese 3–5 mm große Gebilde haben den Charakter von *Organen* mit verschieden differenzierten Geweben (bakterienhaltige und bakterienfreie Parenchymzellen im Zentrum, umgeben von Leitbündeln und verkorktem Abschlußgewebe). Der starke, obligat aerobe Stoffwechsel der Bacterioide führt zu weitgehend anaeroben Bedingungen im Knöllchen. Dies ist Voraussetzung für die Ausbildung aktiver *Nitrogenase,* welche die Reduktion von N_2 zu NH_4^+ durch Ferredoxin unter Verbrauch erheblicher Mengen an ATP katalysiert. Dieses Enzym ist außerordentlich empfindlich gegen O_2; es wird unter aeroben Bedingungen irreversibel inaktiviert. Zur O_2-Versorgung der Bacterioide wird in den infizierten Zellen durch Zusammenwirken der beiden Partner ein spezielles Hämoprotein, das *Leghämoglobin,* synthetisiert, wobei das Bacterium wahrscheinlich das Häm und die Pflanze den Globinanteil beisteuern. Dieses Enzym ist unbedingt erforderlich, um die Bacterioide in der ansonsten weitgehend anaeroben Umgebung mit O_2 zu versorgen; es hat also eine ähnliche Funktion wie das Hämoglobin im Blut. Das von den Bacterioiden gebildete NH_4^+ wird an die Wirtszellen abgegeben, dort in Form von Aminosäuren oder Urat assimiliert und in die Pflanze abtransportiert, welche im Prinzip ihren gesamten N-Bedarf auf diese Weise decken kann. Die Bakterien können NH_4^+ nicht assimilieren; sie sind daher, neben Kohlenhydraten, auch auf Aminosäuren (z. B. Glutaminsäure) aus den Wirtszellen angewiesen. Die Symbiose ist nicht obligatorisch, d. h. die Pflanze kann, wenn keine Infektion stattfindet, auch N-autotroph leben. Auch die Bakterien können auf einem geeigneten Medium in Reinkultur gehalten werden. Sie sind unter diesen Bedingungen vor allem wegen der O_2-Empfindlichkeit der Nitrogenase nicht in der Lage, N_2 zu fixieren. Die N_2-Assimilation scheint also eine Leistung zu sein, welche nur durch Kooperation von höherer Pflanze und Bakterien möglich wird.

Die biochemischen Grundlagen der von *Rhizobium* in den Wurzelzellen ausgelösten Entwicklungsprozesse sind bisher noch weitgehend unbekannt. Durch das Studium von Mutanten hat man herausgefunden, daß das Bacterium die Umsteuerung in der Pflanze durch Gene (*Nodulationsgene*) steuert, deren Produkte bestimmte Gene des Wirts (*Nodulingene*) aktivieren.

Im folgenden Experiment soll das Wachstum infizierter und nichtinfizierter Bohnenpflanzen auf einem N-Mangelmedium verglichen werden. Da *Rhizobium* keine Sporen bildet, ist eine Infektion durch die Luft ausgeschlossen. Die Pflanzen können daher unter „semisterilen" Bedingungen angezogen werden.

Durchführung

50 Samen von *Phaseolus vulgaris* werden für 5 min in NaOCl-Lösung (0,5% wirksames Chlor) inkubiert, kurz mit Wasser abgespült und in feuchtem, sterilem Vermiculit in einer Plastikdose ausgesät. Nach einer Woche Anzucht im Licht (20–25 °C) werden 40 gut entwickelte Keimlinge ausgewählt und in 4 Gruppen (je 10 Keimlinge) auf frisches (trockenes) Vermiculit umgepflanzt:

Ansatz 1: + *Rhizobium*, + Stickstoff
Ansatz 2: + *Rhizobium*, − Stickstoff
Ansatz 3: − *Rhizobium*, + Stickstoff
Ansatz 4: − *Rhizobium*, − Stickstoff

Zu den Ansätzen 1 und 2 werden 10 ml frische Erdlösung (20 g Gartenerde mit 100 ml Wasser aufschlämmen und abfiltrieren) zugegeben. Entsprechend erhalten die Ansätze 3 und 4 10 ml abgekochte (abgekühlte) Erdlösung. Dann werden die Ansätze 1 und 3 mit HOAGLANDscher Nährlösung (→ S. 440) bis zur Sättigung des Vermiculits gegossen; entsprechend erhalten die Ansätze 2 und 4 N-freie Nährlösung [$Ca(NO_3)_2$ und KNO_3 durch äquivalente Konzentrationen an $CaSO_4$ bzw. K_2SO_4 ersetzen]. Ansätze 1 + 2 und 3 + 4 räumlich getrennt im Licht aufstellen (20–25 °C) und regelmäßig mit der entsprechenden Nährlösung (1 : 3 verdünnt) gießen. Nach 5 d Kotyledonen entfernen. Während der nächsten Wochen kann man charakteristische Unterschiede in der Entwicklung der Pflanzen beobachten. Die Blüte setzt nach etwa 6 Wochen ein. Nach 8–10 Wochen untersucht man die Wurzeln auf Knöllchen. Anhand von mikroskopischen Präparaten kann man sich über die Anatomie der Knöllchen informieren. Lassen sich Wurzelknöllchen auch unter *Hydrokulturbedingungen* (→ Experiment 6.6) erzeugen? Kann man die Infektion auch mit einem Extrakt aus (oberflächlich mit NaOCl-Lösung keimfrei gemachten) zerdrückten Wurzelknöllchen durchführen?

6.3 (D) Reduktion von Fe^{3+} an der Wurzeloberfläche von Gartenbohnen[5]

Das Nährelement Fe kommt normalerweise im Boden nur in seiner oxidierten Form (Fe^{3+}) vor, wird von der Pflanze jedoch als Fe^{2+} aufgenommen. Es besteht daher die Notwendigkeit, Fe^{3+} an der Wurzeloberfläche zu Fe^{2+} zu reduzieren. Diese Reduktion wird mit Hilfe einer in der Plasmamembran lokalisierten NADPH-abhängigen Reductase bewerkstelligt (→ Experiment 5.10). Die extrazelluläre Reduktion von Fe^{3+} durch Wurzeln läßt sich mit Hilfe einer spezifischen Farbreaktion (Bildung eines rot gefärbten, sehr stabilen Fe^{2+}-Komplexes) an Wurzeln demonstrieren, welche in einem Fe^{3+}-haltigen Agarmedium eingebettet wurden. Das Fe^{3+} wird, wie bei Nährlösungen üblich, als Chelat zugesetzt, um es in Anwesenheit anderer Komponenten in Lösung zu halten.

Literatur

Chaney R, Brown JC; Tiffin LO (1972) Obligatory reduction of ferric chelates in iron uptake by soybeans. Plant Physiol 50:208–213

Durchführung[6]

In einer Petrischale wird die Wurzel einer Bohnenpflanze (10–14 d auf Vermiculit und Wasser im Licht angezogen) in ein Agarmedium der folgenden Zusammensetzung eingebettet: HOAGLANDsche Nährlösung (1 : 2 verdünnt, ohne Fe; → S. 440), 0,3 mol · l^{-1} BPDS[7], 0,1 mol · l^{-1} FeNa-EDTA[8] und 7,5 g · l^{-1} Agar. Eine zweite Wurzel wird in ein Kontrollmedium (Na_2-EDTA anstelle von FeNa-EDTA) eingebettet. Man erwärmt beide Mischungen auf dem Wasserbad, bis der Agar gelöst ist, läßt sie bis auf Handwärme abkühlen (etwa 35 °C) und gießt sie über die in Petrischalen ausgebreiteten Wurzeln, die man bis zum Erstarren des Agars festhält. Die Bildung des rot gefärbten Fe^{2+}-BPDS-Komplexes ist nach 1–3 h in der Spitzenzone der Wurzel zu beobachten.

---

[5] *Phaseolus vulgaris* (Fabaceae), → Experiment 4.9.
[6] Nach Marschner H, Römheld V, Ossenberg-Neuhaus H (1982) Z Pflanzenphysiol 105:407–416.
[7] 4,7-Diphenyl-1,10-phenanthrolindisulfonat (Na_2-Salz), bildet einen rot gefärbten Komplex mit Fe^{2+}, nicht aber mit Fe^{3+} (z.B. von Merck, → S. 444).
[8] Ethylendiamintetraessigsäure (Fe^{3+}, Na^+-Salz); Komplex, der Fe^{3+} freisetzen kann (von Fluka, → S. 444).

6.4 (D) Selektive Ionenaufnahme durch die Wurzel

Die Ionen der Bodenlösung können zwar in den freien Diffusionsraum des Wurzelcortex (Apoplast) praktisch ungehindert eindringen; dieser Diffusionsprozeß endet jedoch an der *Endodermis*. Der *CASPARY-Streifen*, ein Band wasser- und ionenundurchlässigen Materials, verhindert den apoplasmatischen Übertritt von Ionen in den Zentralzylinder und damit in die Gefäße. Diese Barriere kann daher nur auf symplasmatischem Weg überwunden werden, wobei die Pflanze *aktiv* und *selektiv* auf die Ionenzusammensetzung Einfluß nimmt. Hierbei werden „erwünschte" Ionen angereichert und „unerwünschte" Ionen zurückgehalten. Eine Folge dieser Endodermisfunktion ist z. B. der *Wurzeldruck* (→ Experiment 7.5).

Wir beobachten in diesem Experiment die Aufnahme von Cu^{2+} durch die Keimwurzel. Dieses in hohen Konzentrationen „unerwünschte" Ion kann die Endodermis nur in Spuren durchdringen und reichert sich daher in der Wurzelrinde an, wo es durch seine blaue Farbe leicht zu erkennen ist.

Durchführung

Einige Keimlinge (z. B. von *Sinapis alba*) werden auf Filterpapier in einer Plastikdose im Dunkeln angezogen (3 d, 25 °C). Freies Wasser im Keimbehälter abgießen und soviel $CuSO_4$-Lösung (10 g · l^{-1} $CuSO_4$ · 5 H_2O) zugeben, daß die Wurzeln gerade bedeckt sind. Dose offen aufstellen (Transpiration!). Bereits nach etwa 3 h kann man eine deutliche Blaufärbung der Wurzeln (nicht aber anderer Organe) beobachten (Untersuchung unter dem Stereomikroskop). Die Verteilung von Cu^{2+} im Keimling läßt sich auch beim Verbrennen von Gewebeproben aus Hypokotyl bzw. Wurzel in der farblosen Flamme eines Bunsenbrenners anhand der Flammenfärbung demonstrieren. (Zum Vergleich kann K^+ als gut transportierbares Ion auf dieselbe Weise nachgewiesen werden.)

Analytische Experimente

6.5 (A) Nachweis essentieller Nährelemente durch Mangelkultur von Senfkeimlingen [9]

Für die autotrophe Pflanze gelten solche Elemente als *essentielle Nährstoffe*, welche für das Wachstum und die normale Entwicklung notwendig sind und hierbei von keinem anderen chemischen Element ersetzt werden können. Außer C, H und O werden alle Nährelemente normalerweise in Ionenform über die Wurzel aus der Bodenlösung aufgenommen. Der Nachweis der Essentialität eines dieser Elemente kann durch Kultur auf einem Medium definierter Zusammensetzung erfolgen, dem das zu prüfende Element fehlt. Typische *Mangelsymptome* (reduziertes Wachstum, Nekrosen oder andere Abweichungen vom normalen Wachstum der Kontrolle auf Vollmedium) dienen als operationale Kriterien für die Essentialität des fraglichen Elements. Die in relativ großen Mengen benötigten *Makroelemente* (N, S, P, K, Ca, Mg, neben C, H, O) sind relativ leicht auf diese Weise als essentielle Elemente nachzuweisen. Bei den in viel kleineren Mengen benötigten *Mikroelementen* (Fe, Cl, B, Mn, Zn, Cu, Mo, Ni) ist dies meist nicht so einfach, da die im Samen gespeicherten Vorräte [10] häufig ausreichen, um das Auftreten von deutlichen Mangelsymptomen zunächst zu verhindern. Daneben ist die Reinheit der für die Mangelmedien verwendeten Chemikalien von entscheidender Bedeutung. Noch vor wenigen Jahrzehnten konnte man mit den damals zur Verfügung stehenden Laborchemikalien Pflanzen ohne Zusatz von Mikroelementen (z. B. mit der KNOPschen Nährlösung → Bd. 1: S. 47) vollwertig ernähren. Erst als es gelang, Substanzen sehr hoher Reinheit herzustellen, wurde man auf die „Spurenelemente" aufmerksam.

Das Beobachten von Ausfallserscheinung gibt natürlich noch keine Antwort auf die Funktion des fraglichen Elements im Stoffwechsel der Pflanze. Diese phänomenologischen Daten sind nur der erste Schritt zur Aufklärung des Kausalzusammenhangs zwischen dem fehlenden Element und der beobachteten Mangelerscheinung. Sie weisen die Richtung für weitere Experi-

---

[9] *Sinapis alba* (Brassicaceae) → Experiment 2.6; es kann z. B. auch Raps (*Brassica napus*) oder Rettich (*Raphanus sativus*) verwendet werden.
[10] Ein gutes Beispiel hierfür ist die Speicherung von Fe in Samen von *Sinapis alba*. Wenn ein Senfsame für 24 h in einer $K_4[Fe(CN)_6]$-Lösung (10 g · l^{-1}) gequollen und der Embryo anschließend in Salzsäure (5%) gebadet wird, werden die Gefäßbündel tiefblau angefärbt (→ Experiment 5.10).

mente mit zellbiologischen und biochemischen Methoden. So kann man zum Beispiel bei *Chlorosen* (Chlorophyll-Mangelerscheinungen) die Struktur der betroffenen Chloroplasten oder die Enzyme der Chlorophyll-Biosynthese analysieren. Erst wenn man die Stoffwechselreaktion gefunden hat, bei der das fragliche Element direkt beteiligt ist und sich sein Effekt auch in vitro reproduzieren läßt, kann die Funktion eines Spurenelementes als aufgeklärt gelten.

Wir erzeugen in diesem Experiment Ausfallserscheinungen an Senfpflanzen, welche ohne äußere Zufuhr von N, P und K aufgezogen werden. Um exakte Ergebnisse zu erzielen, werden die Samen unter sterilen Bedingungen auf definierten Mangelmedien gehalten. Als inertes Grundmaterial des Nährbodens dient hochgereinigter Agar. Die Nährlösung enthält die Bestandteile der KNOPschen Nährlösung. Es ist selbstverständlich, daß dieser Versuch hohe Ansprüche an die Reinheit der Gefäße und der verwendeten Chemikalien stellt.

Literatur

Bergmann W (1958) Methoden zur Ermittlung mineralischer Bedürfnisse der Pflanzen. In: Ruhland W (Hrsg) Handbuch der Pflanzenphysiologie, Bd IV, Springer, Berlin Göttingen Heidelberg, pp 37–89

Material und Geräte

1. 50 auf gleiche Größe ausgelesene Samen von *Sinapis alba*
2. Stammlösungen folgender Salze für Nährmedien (je 100 ml, nur p.a.-Substanzen verwenden!):
   $Ca(NO_3)_2$, $CaSO_4$ (jeweils 61 mmol $\cdot$ l^{-1})
   KNO_3, $NaNO_3$, KCl (jeweils 25 mmol $\cdot$ l^{-1})
   KH_2PO_4, NaH_2PO_4, KCl (jeweils 18 mmol $\cdot$ l^{-1})
   $MgSO_4$ (10 mmol $\cdot$ l^{-1})
   FeNa-EDTA[11] (2 mmol $\cdot$ l^{-1})
3. Difco-Agar
4. NaOCl-Lösung (0,5% wirksames Chlor)
5. 6 Erlenmeyer-Kolben (500 ml, mit Zellstoffstopfen), 50 große Reagenzgläser (20 × 3 cm) mit Zellstoffstopfen in Ständer (Styroporplatte mit 3-cm-Bohrungen), Autoklav, Trockenschrank, Plastik-Teesieb, Impföse, Bunsenbrenner, Klimaschrank (10–20 klx Weißlicht, 20–25 °C).

---

[11] Als Chelat gebundenes Eisen, → Experiment 6.6.

Pflanzenernährung

Durchführung[12] (Grundexperiment)

1. Die 4 Nährlösungen werden nach folgender Tabelle aus den Stammlösungen angesetzt (500-ml-Erlenmeyer-Kolben):

Ansatz:	1	2	3	4	5
	ml Stammlösung auf 500 ml Nährlösung				
	Voll-medium	ohne P	ohne N	ohne K	Minimal-medium
$Ca(NO_3)_2$	50	50	–	50	–
KNO_3	50	50	–	–	–
KCl	–	50[a]	50[b]	–	–
$NaNO_3$	–	–	–	50	–
$CaSO_4$[c]	–	–	50	–	50
$MgSO_4$	50	50	50	50	50
KH_2PO_4	50	–	50	–	–
NaH_2PO_4	–	–	–	50	–
FeNa-EDTA	5	5	5	5	5

[a] 18 mmol·l^{-1}.   [b] 25 mmol·l^{-1}.   [c] Suspension gut schütteln!

Allen Ansätzen werden je 4 g Agar zugefügt; dann wird auf 500 ml aufgefüllt (Kolben dampfbeständig beschriften).

2. Die 5 Kolben werden mit Zellstoffstopfen versehen und zusammen mit einem Kolben mit 500 ml dest. Wasser in einem Autoklaven für 30 min bei 1 bar Überdruck sterilisiert.

3. 50 große Reagenzgläser mit Zellstoffstopfen werden in einen Ständer gestellt und für 1 h bei 170 °C im Trockenschrank sterilisiert.

4. Die 5 Ansätze werden noch heiß in 25-ml-Portionen in die Reagenzgläser gegossen (Gläser bis an eine vorher angebrachte Marke auffüllen). Je 10 Gläser werden mit einem Ansatz beschickt. Stopfen zum Einfüllen nur kurz abnehmen und anschließend sofort wieder aufsetzen.

5. Nach dem Abkühlen der Nährböden werden die Samen für 5 min in einem Teesieb in NaOCl-Lösung inkubiert und anschließend mit sterilem Wasser sorgfältig gewaschen. Sie werden sofort mit einer sterilen Impföse (über Bunsenbrenner abflammen) auf die Nährböden übertragen (1 Same pro Glas). Dabei ist wiederum darauf zu achten, daß keine Gelegenheit zur Infektion mit Sporen aus der Luft gegeben ist (infizierte Ansätze zeigen später Algenwachstum).

6. Die Ansätze werden in einem Klimaschrank im Dauer-Weißlicht bei 20–25 °C aufgestellt.

---

[12] Nach Feger (1967) Dissertation, Univ. Freiburg.

Auswertung

Man registriere täglich die äußerlich sichtbaren Merkmale der Pflanzen (Wachstum, Pigmentierung der Organe usw.). Unter günstigen Bedingungen setzt die Blüte nach etwa 4 Wochen ein. Nach 5–6 Wochen wird der Versuch abgebrochen und die unterschiedliche Entwicklung der einzelnen Ansätze anhand einer Liste charakteristischer Merkmale mit Hilfe einer halbquantitativen Bewertungsskala registriert (z. B. Wurzelentwicklung nicht erkennbar verschieden von der Kontrolle: + + +, schwach aber deutlich geringer: + +, stark reduziert: +, vollständige Hemmung: 0). Daneben kann man Sproßlänge, Frischmasse und Trockenmasse (→ Experiment 1.4) der Pflanzen quantitativ bestimmen.

Probleme (weiterführende Experimente)

1. Welche Mangelsymptome treten in Ca^{2+}- bzw. Mg^{2+}-*freiem Medium* auf?
2. Kann NO_3^- gleichwertig durch NH_4^+ (*Harnstoff, Glycin*) ersetzt werden?
3. Wie lange können die Pflanzen auf Vollmedium *ohne Photosynthese* wachsen?
4. Wie wirkt sich der Zusatz einer *organischen C-Quelle* (0,1 mol · l^{-1} Saccharose) zum Medium auf die Entwicklung im Licht bzw. Dunkeln aus?

6.6 (A) Wirkung von Eisenmangel auf die Entwicklung von Bohnenpflanzen[13]

Stellvertretend für viele andere Ernährungsmangelerscheinungen sollen in diesem Experiment die Symptome des *Eisenmangels* näher untersucht werden. Wie bei anderen Formen der Unterversorgung mit einem Mikronährelement macht sich das Fehlen von Fe im Wurzelsubstrat erst nach einiger Zeit der Mangelkultur bemerkbar. Die auftretenden Symptome sind zum Teil unspezifisch (Entwicklungshemmung, Chlorosen), zum Teil aber auch spezifischer Natur (z. B. verändertes Wurzelwachstum, Steigerung der Fähigkeit zur Fe^{3+}-Reduktion und H^+-Sekretion durch die Wurzel). Ein direkter Zusammenhang mit bestimmten Fe-abhängigen metabolischen Prozessen ist meist nicht unmittelbar ersichtlich.

In diesem Experiment werden die Versuchspflanzen in *Hydrokultur*, d.h. ohne festes Wurzelsubstrat, angezogen. Mit dieser Methode ist es möglich,

---

[13] *Phaseolus vulgaris* (Fabaceae) → Experiment 4.9.

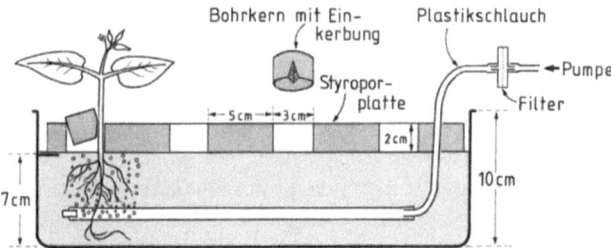

Abb. 25. Vorrichtung zur Hydrokultur junger Bohnenpflanzen. In einer Plastikschale (Grundfläche etwa 800 cm^2) schwimmt eine passend zugeschnittene Styroporplatte auf der Nährlösung. Zwanzig Pflanzen werden durch ausgestanzte Löcher (Abstand 8 cm, Korkbohrer) eingeführt und mit Hilfe des Bohrkerns (eingekerbt) festgeklemmt. Für Umsetzexperimente ist es geschickt, wenn die Styroporplatte in einzelne Segmente zersägt wird (z. B. mit je 4 Pflanzen). Der Flüssigkeitsstand (7 cm) wird markiert und durch Zugabe von dest. Wasser (oder Nährlösung) aufrecht erhalten. Die Belüftung erfolgt durch einen porösen Plastikschlauch (Thomapor-Belüfungselement, 3 mm Innendurchmesser; von Reichelt, Kat.-Nr. 530173; → S. 444) mit Hilfe einer Membranpumpe (Aquarienpumpe) über ein zwischengeschaltetes Staubfilter (z. B. Minisart NML, 0,2 µm; von Sartorius; → S. 445)

das Wurzelmedium (Nährlösung) sehr genau zu kontrollieren und bei Bedarf zu wechseln. Wegen des hohen O_2-Bedarfs von Wurzeln muß für eine gute Belüftung der Nährlösung gesorgt werden (→ Experiment 5.13). Hydrokulturen lassen sich mit geringem technischem Aufwand durchführen (Abb. 25).

Literatur

Landsberg E-C (1986) Function of rhizodermal transfer cells in the Fe stress response mechanism of *Capsicum annuum* L. Plant Physiol 82: 511–517

Sijmons PC, Bienfait HF (1983) Source of electrons for extracellular Fe(III) reduction in iron-deficient bean roots. Physiol Plant 59: 409–415

Sijmons PC, Bienfait HF (1986) Development of Fe^{3+} reduction activity and H^+ extrusion during growth of iron-deficient bean plants in a rhizostat. Biochem Physiol Pflanzen 181: 283–299

Material und Geräte

1. Bohnenkeimlinge (etwa 150 Stück, Ankeimung für 5 d bei 25 °C auf Vermiculit und dest. Wasser im Licht; Hypokotyllänge etwa 7 cm)
2. HOAGLANDsche Nährlösung (ohne Fe, 1 : 2 verdünnt, → S. 440)
3. FeNa-EDTA[14]-Lösung (0,1 mol · l^{-1})
4. Na$_2$-EDTA-Lösung (0,1 mol · l^{-1})

---

[14] Ethylendiamintetraessigsäure (FeNa-Salz), von Fluka (→ S. 444).

Analytische Experimente 167

5. Plastik-Pflanzschalen mit Styroporplatte und Belüftungseinrichtung (→Abb. 25), Lichtkammer (25 °C, 10–20 klx Weißlicht), Stereomikroskop (20 ×).
6. Material und Geräte wie für Experimente 1.11, 6.3, 5.10.

Durchführung (Grundexperiment)

1. *Kultur auf Mangelmedium:* Zweimal 60 gleichmäßig entwickelte Keimlinge werden ausgelesen, vorsichtig aus dem Substrat herausgelöst, unter fließendem Wasser von anhaftendem Vermiculit befreit und, nach Entfernen der Kotyledonen, in die Löcher der Styroporplatten für die Hydrokultur eingesetzt (→Abb. 25). Die eine Gruppe von Pflanzen erhält Nährlösung mit $0,1\ \text{mmol} \cdot l^{-1}$ FeNa-EDTA, die andere Nährlösung mit $0,1\ \text{mmol} \cdot l^{-1}$ Na_2-EDTA (Kontrolle). Der Wasserverlust wird täglich durch Zugabe von dest. Wasser ersetzt (Markierung am Gefäß). Schalen bei 25 °C im Licht aufstellen. Alle 5 d Nährlösungen vollständig erneuern.
2. *Registrierung der Mangelsymptome:* Im Abstand von 3 d werden an beiden Ansätzen folgende Parameter gemessen bzw. qualitativ vergleichend beurteilt: Länge des 1., 2., 3. usw. Internodiums, Entwicklung der Primär- und Folgeblätter, Auftreten chlorotischer Blätter und (an Stichproben von 4 zufallsmäßig entnommenen Pflanzen; → Bd. 1, S. 9) morphologische Veränderungen am Wurzelsystem (Stereomikroskop), Intensität der H^+-Sekretion (→ Experiment 5.10) und der Fe^{3+}-Reduktion (→ Experiment 6.3) der Wurzel, Frischmasse der Blätter, Chlorophyll- und Carotinoidgehalt pro cm^2 Blattfläche (mit einem Korkbohrer, z. B. mit 6 mm Durchmesser, je 3 Blattscheiben aus den verschiedenen Blättern stanzen, mit 5 ml 80%igem Aceton extrahieren und Pigmente photometrisch bestimmen (→ Experiment 1.11).

Auswertung

Die qualitativen Beobachtungen und quantitativen Daten (± Schätzung des Standardfehlers) werden in einer Tabelle zusammengefaßt.

Probleme (weiterführende Experimente)

1. Wie rasch *verschwinden* die Fe-Mangelsymptome, wenn die Pflanzen, z. B. nach 12 d Mangelkultur, auf Fe-haltige Nährlösung umgesetzt werden?
2. Wie lange können die *Kotyledonen* die wachsende Pflanze mit Fe versorgen?
3. Wie wirkt sich Fe-Mangel auf die Ausbildung von *Wurzelknöllchen* aus? (→ Experiment 6.2)

6.7 (A) Ernährung heterotropher Pflanzenorgane: Kultur isolierter Tomatenwurzeln [15] in künstlicher Nährlösung

Die grüne Pflanze als Ganzes ist *autotroph*, d. h. unabhängig von der Zufuhr organischer Moleküle. Dies gilt jedoch nicht für alle ihre Teile: Eine ganze Anzahl von Organen bzw. Geweben hat als Folge der während der Evolution eingetretenen Arbeitsteilung die Fähigkeit zur Ausbildung von funktionstüchtigen Chloroplasten und damit die Autotrophie eingebüßt. Besonders auffällig ist dieser Verlust bei der *Wurzel*. Dieses meist völlig heterotrophe Organ wird durch den Sproß mit denjenigen Stoffen versorgt, welche es für sein Wachstum und seine Differenzierung benötigt. Dabei handelt es sich nicht nur um eine organische C-Quelle, wie folgendes Experiment zeigt: Wenn man isolierte Wurzelspitzen unter sterilen Bedingungen in ein Medium überträgt, welches neben einigen Nährsalzen Saccharose oder Glucose enthält, so kann man zunächst ein kräftiges Wachstum der Explantate beobachten. Nach einigen Tagen stagniert jedoch das Wachstum und kann auch durch Übertragung auf ein frisches Nährmedium nicht wieder in Gang gebracht werden. Fügt man der stagnierenden Wurzelkultur einen Extrakt aus Hefezellen zu, so wächst sie wieder. Offenbar benötigen die Zellen neben anorganischen Salzen und einer Kohlenstoffquelle noch bestimmte Stoffe, welche sie normalerweise vom Sproß geliefert bekommen. Diese Stoffe spielen also für die Wurzel die Rolle von *Vitaminen*.

Im Jahr 1932 konnte von WHITE zum ersten Mal gezeigt werden, daß isolierte Wurzeln in einem rein synthetischen Medium vollwertig ernährt werden können. Die von ihm zusammengestellte Nährlösung enthält die für das Pflanzenwachstum notwendigen anorganischen Ionen, Saccharose und die Wurzelvitamine *Thiamin, Nicotinsäure, Pyridoxin* und *Glycin*. [16]

Wurzelspitzen von Tomatenpflanzen konnten in diesem Medium über viele Jahre hinweg kultiviert werden. Die Wurzeln wachsen unter diesen Bedingungen sehr rasch; man muß daher die Kulturen von Zeit zu Zeit verjüngen, indem man eine Wurzelspitze isoliert und auf ein frisches Medium überträgt. Auf diese Weise ist die Herstellung einer großen Zahl von Subkulturen möglich, welche wegen ihrer genetischen Einheitlichkeit (Klonkultur) ein hervorragendes Arbeitsmaterial für physiologische Experimente abgeben.

---

[15] *Lycopersicon esculentum* (Solanaceae), wärmeliebende Gemüsepflanze aus dem tropischen Amerika.
[16] Glycin kann durch eine Mischung aus einigen anderen Aminosäuren ersetzt werden.

Das WHITEsche Medium, das ursprünglich für Tomatenwurzeln ausgearbeitet wurde, hat sich auch für eine Reihe anderer Pflanzenwurzeln als brauchbar erwiesen. Allerdings gibt es auch Arten, deren Wurzeln in dieser Lösung nicht oder nur kümmerlich wachsen können. Man muß daraus schließen, daß eine gewisse Variabilität bei der Wurzelernährung innerhalb des Pflanzenreichs herrscht (diese kann sowohl die Zahl der Vitamine als auch ihr Verhältnis zueinander betreffen).

Mit Hilfe der Kultur isolierter Organe kann man die ernährungsphysiologischen Korrelationen, welche zwischen den einzelnen Pflanzenteilen bestehen, untersuchen. Daneben hat diese Methode große Bedeutung für die Entwicklungsphysiologie, da auch die gegenseitige Abhängigkeit der Differenzierung einzelner Pflanzenteile an isolierten Organen studiert werden kann. Im Fall der Tomatenwurzel zeigt sich z. B., daß dieses Organ hinsichtlich seiner Differenzierung weitgehend selbständig ist. Es kann seine morphogenetischen Potenzen (Differenzierung in verschiedene Gewebe, Ausbildung von Seitenwurzeln usw.) auch ohne den Sproß realisieren. Andererseits hat man noch nie beobachtet, daß eine isolierte Tomatenwurzel einen Sproß regeneriert hätte.[17] Offenbar sind die korrelativen Wechselwirkungen zwischen den Zellen der isolierten Wurzel ähnlich streng wie in der Wurzel einer intakten Pflanze. Auch hier zeigt sich die Unabhängigkeit der Wurzeldifferenzierung von der restlichen Pflanze.

In diesem Experiment soll die Kultur von Tomatenwurzelspitzen im WHITEschen Medium durchgeführt, und dabei die Notwendigkeit der nach WHITE für optimales Wachstum erforderlichen Vitamine überprüft werden. Da es sich hier um ein organisches Nährmedium handelt, werden extreme Anforderungen an die Sterilität der Lösungen und Geräte gestellt (→ Bd. 1: S. 49). Die Beimpfung der Kulturen sollte nach Möglichkeit in einem sterilen Raum oder auf einer „sterilen Werkbank" (→ Bd. 1; S. 51) durchgeführt werden. Bei sehr sorgsamem Vorgehen (Tischfläche feucht abwischen, Luftzug vermeiden) kann man jedoch auch am Labortisch arbeiten. Dieser relativ umfangreiche Versuch bedarf sorgfältiger Vorbereitung. Er ist besonders geeignet, die Zusammenarbeit in einer Gruppe zu praktizieren.

Literatur

White PR (1938) Cultivation of excised roots of dicotyledoneous plants. Amer J Bot 25:348–356

---

[17] Daß dies nicht generell gültig ist, zeigt Experiment 14.3.

Pflanzenernährung

Material und Geräte

1. 80 Samen von *Lycopersicon esculentum* (ca. 0,5 g)
2. Stammlösungen für die Nährlösung nach WHITE:[18]

   Lösung I: $MgSO_4$ ($3 \cdot 10^{-2}$ mol·l^{-1})

   Lösung II: $Ca(NO_3)_2$ ($1,2 \cdot 10^{-2}$ mol·l^{-1})
   Na_2SO_4 ($1,4 \cdot 10^{-2}$ mol·l^{-1})
   KNO_3 ($8 \cdot 10^{-3}$ mol·l^{-1})
   KCl ($9 \cdot 10^{-3}$ mol·l^{-1})
   NaH_2PO_4 ($1,2 \cdot 10^{-3}$ mol·l^{-1})

   Lösung III: $Fe_2(SO_4)_3$ ($6 \cdot 10^{-5}$ mol·l^{-1})

   Lösung IV: $MnSO_4$ ($3 \cdot 10^{-4}$ mol·l^{-1})
   $ZnSO_4$ ($9,4 \cdot 10^{-5}$ mol·l^{-1})
   H_3BO_3 ($2,4 \cdot 10^{-4}$ mol·l^{-1})
   KI ($4,5 \cdot 10^{-5}$ mol·l^{-1})

   Lösung V: Saccharose ($6 \cdot 10^{-1}$ mol·l^{-1})
   Lösung VI: Glycin ($4 \cdot 10^{-4}$ mol·l^{-1})
   Lösung VII: Nicotinsäure ($4 \cdot 10^{-5}$ mol·l^{-1})
   Lösung VIII: Pyridoxin ($4,9 \cdot 10^{-6}$ mol·l^{-1})
   Lösung IX: Thiamin ($3 \cdot 10^{-6}$ mol·l^{-1})
   Lösung X: Hefeextrakt (10 mg Trockenhefe · 100 ml^{-1})

   Von Lösung I–IX werden jeweils 500 ml angesetzt (Meßzylinder). Die Hefe wird für 30 min gekocht und der Extrakt abfiltriert. Als Lösungsmittel wird ausschließlich Glas-destilliertes Wasser verwendet.
3. Steriles dest. Wasser (autoklaviert)
4. Ethanol (70 Vol.%)
5. NaOCl-Lösung (0,5% wirksames Chlor)
6. Glas-Petrischalen (10 cm), 40 100-ml-Erlenmeyer-Kolben mit Zellstoffstopfen, Teesieb (Plastik), Trockenschrank (170 °C), Autoklav, Skalpell, feine Pinzette, Bunsenbrenner, Brutschrank (25–28 °C), Wägegläschen, Feinwaage ($\pm 0,1$ mg).

Durchführung (Grundexperiment)

1. *Sterile Keimlingsanzucht:* 8 Petrischalen werden mit 2 Lagen Filterpapier ausgelegt und trocken sterilisiert (1 h bei 170 °C). In jede Schale so viel steriles Wasser geben, daß etwa 2 ml freies Wasser übrig bleiben. 80 Samen in einem Teesieb für 5 min in NaOCl-Lösung inkubieren und mit sterilem Wasser sorgfältig waschen. Je 10 Samen steril in eine Petrischale übertragen. Die Ankeimung erfolgt bei 25 °C für 5–6 d; die Keimwurzeln sind dann 2–3 cm lang.

---

[18] White PR (1943) A handbook of plant tissue culture. The Ronald Press, New York

2. *Ansetzen der Nährmedien:* Jeweils 50 ml der Stammlösungen werden nach folgendem Plan zusammengefügt und auf 500 ml aufgefüllt (die Lösungen I und III als letzte zugeben um Ausfällung zu vermeiden; zum Schluß gut mischen):

Ansatz 1 (nur organische Komponenten):   Lösung I–IV
Ansatz 2 (ohne Vitamine):   Lösung I–V
Ansatz 3 (ohne Thiamin):   Lösung I–VIII
Ansatz 4 (ohne Pyridoxin):   Lösung I–VII, IX
Ansatz 5 (ohne Nicotinsäure):   Lösung I–VI, VIII, IX
Ansatz 6 (ohne Glycin):   Lösung I–V, VII–IX
Ansatz 7 (Hefeextrakt statt Vitaminen):   Lösung I–V, X
Ansatz 8 (Vollmedium):   Lösung I–IX

3. *Herstellen der Kulturansätze:* Pro Ansatz werden 5 Erlenmeyer-Kolben mit 50 ml Medium gefüllt, mit einem Zellstoffstopfen verschlossen, dampfbeständig beschriftet und autoklaviert (30 min, 115 °C). Die „Beimpfung" muß wiederum unter sterilen Bedingungen erfolgen (Tischfläche, Hände, Geräte mit Ethanol waschen, Pinzette und Skalpell jedesmal vor Gebrauch abflammen). Zunächst werden in einer Keimlingsschale bei leicht angehobenem Deckel 5 Wurzelspitzen (1 cm lang) mit dem Skalpell abgeschnitten. Dann je eine Wurzelspitze an der Schnittseite mit der Pinzette greifen und rasch in einen Kolben übertragen. Man flammt hierzu den schräg gehaltenen Kolben kurz am Hals ab, öffnet den Stopfen, entläßt die Wurzelspitze in die Lösung, flammt Kolbenhals und Stopfen nochmals kurz ab und verschließt den Kolben. Die beschickten Kolben werden in einem Brutschrank bei 25–28 °C inkubiert.

Auswertung

Die Entwicklung der Wurzeln in den einzelnen Ansätzen wird in wöchentlichen Abständen registriert. Unsterile Kulturen lassen sich bereits nach wenigen Tagen durch Trübung bzw. Mycelwachstum erkennen. Nach 6 Wochen wird die Kultur abgebrochen. Die Entwicklung der Wurzeln kann nach einer halbquantitativen Bewertungsskala (→ Experiment 6.5) beurteilt werden. Anschließend werden die Wurzeln aus den Kolben entnommen und mit dest. Wasser gewaschen. Nach Trocknung bei 80 °C erfolgt die Bestimmung der Trockenmasse (→ Experiment 1.4). Die Resultate werden in einer Tabelle zusammengestellt und interpretiert.

Probleme (weiterführende Experimente)

1. Mit welchem Erfolg lassen sich Wurzelspitzen *der folgenden Arten* im WHITEschen Medium kultivieren: *Lactuca sativa, Sinapis alba, Cucumis sativus, Phaseolus vulgaris, Helianthus annuus?*
2. Läßt sich Glycin durch *andere Aminosäuren* (z. B. Glutaminsäure, Alanin oder Prolin) ersetzen?
3. Wie entwickelt sich eine Wurzelspitze *ohne Meristem?* (3 mm an der Spitze abschneiden.)
4. Können auch *andere Organe* des Keimlings in diesem Medium zur Entwicklung gebracht werden? (Inkubation von isolierten Segmenten aus Hypokotyl, Kotyledonen, Plumula.)

7. Wasserzustand und Wassertransport

Vorbemerkungen

Die typische höhere (mesophytische) Landpflanze besteht zu mehr als 90% aus Wasser. Wenn der bei Vollturgeszenz maximal erreichbare Wassergehalt um mehr als 15% unterschritten wird, verlieren krautige Pflanzen ihre mechanische Stabilität, sie welken. Darüber hinaus werden viele physiologische und biochemische Funktionen so stark beeinträchtigt, daß ein Überleben zumindest längerfristig nicht mehr möglich ist. Diese extrem ausgeprägte Abhängigkeit vom Wasser ist vor allem darin begründet, daß die pflanzliche Zelle die physikalischen Eigenschaften eines *Osmometers* besitzt. Durch osmotische Wasseraufnahme durch die Plasmamembran, getrieben vom *osmotischen Potential* (π) des Zellinhalts, baut sich in der Zelle ein hydrostatischer Druck (*Turgordruck*, P_T) auf. Gleichzeitig wird die Zellwand elastisch gespannt. Turgordruck und Zellwandspannung sind antagonistische Größen, welche, obwohl qualitativ verschieden, numerisch stets gleich groß sind. Wenn in einer von reinem Wasser umgebenen Zelle Turgordruck und Zellwandspannung ihren maximalen Wert erreicht haben (Vollturgeszenz), ist keine weitere Wasseraufnahme mehr möglich; die Zelle steht im Wassergleichgewicht mit ihrer Umgebung und ihr *Wasserpotential* (ψ) nimmt den Wert Null an. Zwischen den drei physiologischen Wasserzustandsgrößen besteht der folgende einfache Zusammenhang:

$$\psi_{Zelle} = P_T - \pi,$$

der im Prinzip in gleicher Weise für ein physikalisches Osmometer gilt. Das (negative) Wasserpotential ist ein Maß für die (potentielle) Fähigkeit der Zelle, Wasser aus der Umgebung aufzunehmen; es ist um so stärker negativ, je größer die Differenz zwischen P_T und π ist. Gibt die vollturgeszente Zelle an eine Umgebung mit negativerem ψ Wasser ab, so fällt P_T unter den Wert von π und $\psi_{Zelle} = P_T - \pi$ wird zunehmend negativer. Wenn der Punkt $P_T = 0$ erreicht ist, gilt $\psi = -\pi$ (*Grenzplasmolyse*). Unter diesen Bedingungen ist auch die Zellwandspannung auf Null abgesunken, und die Zelle hat ihre hydraulisch bedingte Steifigkeit verloren. Da unter diesen Bedingungen auch der Stoffwechsel stark beeinträchtigt wird, treten bald irreversible Schäden auf und die Zelle stirbt ab.

Für die von Wasser umgebene Einzelzelle sind die Transportwege für Wasser kurz und die Permeabilitätsbarrieren der Membranen für Wasser gering. Daher stellt sich der Gleichgewichtszustand zwischen Zelle und Umgebung in der Regel sehr rasch ein. In der vielzelligen Pflanze gilt dies nicht in gleicher Weise. Normalerweise ist die Pflanze einem starken Wasserpotentialgradienten zwischen Atmosphäre und Boden ausgesetzt; sie verliert beständig Wasser durch *Transpiration* im Bereich des Sprosses, die durch eine entsprechende Wasseraufnahme der Wurzel ausgeglichen werden muß. In diesem *Fließgleichgewicht* treten im Kormus mehr oder minder große Abweichungen vom Zustand $\psi = 0$ auf, welche vor allem von den lokalen Transportwiderständen für Wasser in den Leitbahnen (Xylem) und im Parenchym abhängen.

Die Messung der Wasserzustandsgrößen und des Wassertransports sind seit langem ein zentrales Anliegen der experimentellen Pflanzenphysiologie. Sie spielen heute vor allem bei der Erforschung von *Wasserstreß* und *-streßresistenz* bei Kulturpflanzen eine entscheidende Rolle. Eine Darstellung der theoretischen Grundprinzipien der verschiedenen Methoden, von denen einige auch in den folgenden Versuchen angewendet werden, findet sich in Bd. 1: S. 151.

Literatur (→Literaturverzeichnis Bd. 1: S. 165)

Kramer PJ (1983) Water relations of plants. Academic Press, New York
Meidner H, Sheriff DW (1976) Water and plants. Blackie, Glasgow London
Milburn JA (1979) Water flow in plants. Longman, London New York

Demonstrationsexperimente

7.1 (D) Osmose im ψ-Gradienten (PFEFFERsche Zelle, TRAUBEsche Zelle; Modellversuche zum Wassertransport)

Das Grundprinzip des ursprünglich von PFEFFER entwickelten und häufig nach ihm benannten *Membran-Osmometers* ist sehr einfach. Zwischen einer Lösung und reinem Wasser (bei gleicher Temperatur und gleichem Druck) besteht eine Differenz im *Wasserpotential* ($\Delta\psi$, →Bd. 1: S. 151). Diese treibt Wassermoleküle vom reinen Wasser in die Lösung, wenn beide Flüssigkeiten über eine selektiv permeable („semipermeable") Membran (hohe Permeabilität für H_2O, geringe Permeabilität für die gelösten Teilchen = Osmoticum) miteinander in Verbindung stehen. Unter Zunahme des Volumens (V) baut sich in der Lösung ein hydrostatischer Druck (P) auf, der dem Wassereinstrom zunehmend entgegenwirkt. Das System strebt einem Gleichgewicht zu: Nettoeinstrom von $H_2O = 0$, $\Delta\psi = 0$. Da ψ_{H_2O} (per Definition) = 0, gilt auch (→ Gl. 79c, Bd. 1: S. 152):

$$\psi_{\text{Lösung}} = 0,$$

und daher auch

$$P_{\text{Lösung}} - \pi_{\text{Lösung}} = 0, \quad \text{oder: } P_{\text{Lösung}} = \pi_{\text{Lösung}}.$$

Nach Erreichen des Gleichgewichts sind also *hydrostatischer Druck* und *osmotisches Potential (osmotischer Wert, π)* gleich groß. Man kann daher das osmotische Potential einer Lösung in der PFEFFERschen Zelle durch eine Druckmessung bestimmen (π wird daher häufig auch als *osmotischer Druck* bezeichnet, obwohl die Lösung natürlich auch dann den gleichen π-Wert besitzt, wenn sie nicht unter Druck steht.).

Für die Zustandsänderung in der Lösung (zwischen $t = 0$ und dem Gleichgewichtszustand, $t = \infty$) gilt nach BOYLE-MARIOTTE ($P \cdot V$ = konst.):

$$P_0 \cdot V_0 = P_\infty \cdot V_\infty \quad \text{bzw.} \quad \pi_0 \cdot V_0 = \pi_\infty \cdot V_\infty \quad \text{oder:}$$

$$\pi_\infty = \pi_0 \frac{V_0}{V_\infty}. \tag{1}$$

Für exakte Messungen muß also darauf geachtet werden, daß die Zunahme von $V_{\text{Lösung}}$ entweder gemessen oder vernachlässigbar klein gehalten wird.

Osmometermembranen sind, ähnlich wie Biomembranen, nicht absolut undurchlässig für gelöste Teilchen. Dies führt zu negativen Abweichungen vom theoretischen π-Wert, welche in Form des *Reflexions-* oder *Selektivitätskoeffizienten* σ quantitativ erfaßt werden:

$$\pi_{\text{real}} = \sigma \cdot \pi_{\text{ideal}}. \tag{2}$$

Der Reflexionskoeffizient kann Werte zwischen 1 (absolute Selektion) und 0 (keine Selektion, H_2O und gelöste Teilchen permeieren gleich gut) annehmen. Er läßt sich im Osmometer bestimmen:

$$\sigma = \frac{\pi_{\text{real}}}{\pi_{\text{ideal}}} = \frac{\text{gemessener osmotischer Druck}}{\text{osmot. Druck bei absoluter Selektivität}}. \tag{3}$$

PFEFFER verwendete für sein Osmometer einen porösen Tonzylinder, in den durch Ausfällung von $Cu_2[Fe(CN)_6]$ eine feinporige Membran eingelagert wurde. Man kann diese Niederschlagsmembran auch in freier Form als Grenzschicht zwischen einer $CuSO_4$- und einer $K_4[Fe(CN)_6]$-Lösung erzeugen; allerdings bricht dieses dünne, unelastische Häutchen unter dem Einfluß des hydrostatischen Drucks rasch durch, um sich an der neuen Grenzschicht erneut zu bilden. Das auf diese Weise „wachsende" Gebilde ist als TRAUBEsche Zelle bekannt.

Durchführung

Ein einfaches, für Demonstrationszwecke gut geeignetes Osmometer läßt sich mit Hilfe eines Dialysierschlauches[1] (1 cm breit, 30 cm lang) herstellen, welcher, nach Einweichen in Wasser, an einem Ende mit einem festen Knoten verschlossen und am anderen Ende mit einem festen Gummiband am

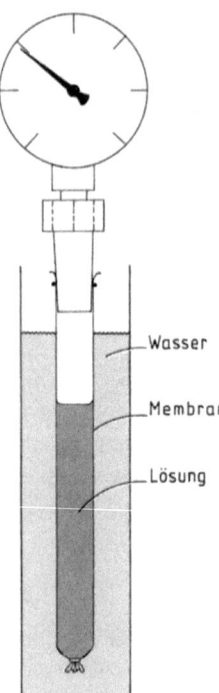

Abb. 26. Einfaches Osmometer (PFEFFERsche Zelle) zur (qualitativen) Demonstration des osmotischen Drucks einer Lösung (Polyethylenglykol 6000-Lösung, → Tabelle 4, S. 186) im Innenraum eines Dialysierschlauches (selektiv permeable Membran), der von reinem Wasser umgeben ist. Der hydrostatische Druck der Lösung im Innenraum wird durch ein Dosenmanometer (Bereich 0 bis +1 bar) angezeigt

---

[1] z. B. Visking Dialysierschlauch 8/32, von Serva (→ S. 445).

Stutzen eines einfachen Dosenmanometers[2] (Bereich 0 bis +1 bar) druckdicht befestigt wird (Abb. 26). Der Schlauch wird bis 10 cm unter den Rand mit einer Lösung von Polyethylenglycol 6000 gefüllt [7,95 g + 100 ml dest. Wasser ergeben $\pi = 1$ bar ($\rightarrow$ Tabelle 4; S. 186); zur besseren Sichtbarkeit können ein paar Körnchen eines wasserlöslichen Farbstoffs zugesetzt werden]. Da die Poren des Dialysierschlauches relativ groß sind (ca. 2 nm), ergibt sich für kleinere Moleküle (z. B. Saccharose) ein σ-Wert deutlich unter 1. [Wesentlich engere Poren erhält man nach der Methode von PFEFFER: Man erzeugt eine Niederschlagsmembran aus $Cu_2[Fe(CN)_6]$, indem man den vorgequollenen Dialysierschlauch mit $K_4[Fe(CN)_6]$-Lösung (50 g $\cdot$ l^{-1}) füllt und für 2 min in $CuSO_4$-Lösung (50 g $\cdot$ l^{-1}) hängt. Diese Membran kann auch für niedermolekulare Osmotica, z. B. Saccharose, verwendet werden.] Schlauch an Manometer anschließen und in dest. Wasser eintauchen (Standzylinder). Der Druckanstieg ist nach wenigen Minuten sichtbar. Das Gleichgewicht wird nach 2–3 h erreicht. Wegen der Volumenzunahme der Lösung wird nur etwa die Hälfte des theoretischen π-Wertes erreicht. Das Dosenmanometer kann auch durch ein einfaches Steigrohr (Kapillare) ersetzt werden. Man muß jedoch beachten, daß 1 bar dem hydrostatischen Druck von 10 m Wassersäule entspricht.

Zur Erzeugung TRAUBEscher Zellen werden einige Körnchen $K_4[Fe(CN)_6]$ in ein Becherglas mit $CuSO_4$-Lösung (5 g/100 ml) geworfen. Es entsteht ein bizarrer „chemischer Garten".

7.2 (D) Beobachtung von Plasmolyse und Deplasmolyse, mikroskopische Bestimmung der Grenzplasmolyse

Die pflanzliche Zelle verhält sich im ψ-Gradienten wie ein Osmometer ($\rightarrow$ Gl. 1, S. 175). Dies läßt sich sehr schön an Einzelzellen oder einschichtigen Geweben unter dem Mikroskop beobachten. Gut geeignet hierfür sind z. B. abgezogene Epidermisstreifen der Zwiebelschuppen von *Allium cepa* (Küchenzwiebel, günstig: Anthocyan-gefärbte Varietäten) oder die untere Blattepidermis von *Rheo discolor*. Bei massiven Geweben (z. B. aus der Maiskoleoptile) läßt sich die Plasmolyse visuell nur sehr schlecht erkennen. Man kann in diesem Fall durch Vorinkubation (10 min) in einer Neutralrot-Lösung (5 g $\cdot$ l^{-1}) die Zellvakuolen anfärben und damit sichtbar machen. Neutralrot ist ein Vitalfarbstoff, der von lebenden Zellen aufgenommen und in der

---

[2] im Fachhandel überall erhältlich.

Vakuole angereichert wird. Auch ein geringfügiges Abheben des Protoplasten von der Zellwand (Grenzplasmolyse) läßt sich nun deutlich feststellen.

Durchführung

Ein Epidermisstreifen (Gewebestück) wird mit einem Tropfen Wasser auf einen Objektträger gegeben und mit einem Deckglas bedeckt. Man ersetzt das Wasser durch Osmoticum (Mannit-Lösungen verschiedener Osmolalität, → Tabelle 4, S. 186), indem man die Lösung mit Hilfe eines Filterpapierstreifens unter dem Deckglas durchsaugt, und beobachtet gleichzeitig die Protoplastenschrumpfung. Mit Wasser kann anschließend wieder der turgeszente Zustand hergestellt werden. Mit einer passend abgestuften Reihe von Mannit-Lösungen (z. B. 0–10 bar) läßt sich die *Grenzplasmolyse*, und damit der ungefähre Wert von $\pi_{Zellsaft}$, bestimmen (→ Experiment 7.7).

Bei Maiskoleoptilen und ähnlichen Objekten geht man am besten so vor, daß man flache Gewebestreifen (2–3 Zellagen dick) mit einer Rasierklinge von der Oberfläche gewinnt (tangentiale Schnittführung) und diese für 10 min auf einer Neutralrot-Lösung schwimmen läßt. Nach Waschen mit Wasser (10 min) heben sich die rot gefärbten, intakten Zellen gut von den zerstörten Zellen ab, und ihre Plasmolyse läßt sich deutlich verfolgen.

7.3 (D) Beobachtung des Wassertransports in den Leitbündeln

Der Wasserstrom in den Leitbahnen einer transpirierenden Pflanze kann durch Anfärben des Wassers direkt sichtbar gemacht werden. Gut geeignet sind zarte krautige Pflanzen hoher Transpirationsleistung, z. B. *Lupinus, Impatiens, Tropaeolum, Coleus* (gelbgrüne Varietät); Pflanzen mit weißen Blütenblättern, z. B. *Cosmea, Bellis;* oder Keimlinge von *Avena, Zea* und anderen Getreidearten. Kurzes Anwelken der Pflanzen vor dem Versuch fördert den Effekt.

Durchführung

Die Pflanzen werden kurz oberhalb der Wurzel unter Wasser abgeschnitten und in Reagenzgläser mit Eosin-, EVAN's Blau-, Neutralrot- oder Methylenblau-Lösung ($1-2 \text{ g} \cdot l^{-1}$, abgekochtes Wasser) gestellt.[3] Fluoreszein-Lösung ($10 \text{ g} \cdot l^{-1}$) ermöglicht eine eindrucksvolle Beobachtung des Wassertransports in den stark verästelten Gefäßen eines isolierten Blattes (unter

---

[3] Es kann auch einfach rote oder blaue Tinte verwendet werden.

einer UV-Lampe in der Dunkelkammer). Die Zuordnung der Blätter zu verschiedenen Gefäßsträngen des Stengels wird deutlich, wenn man z. B. den Sproß einer *Coleus*-Pflanze an der Basis 5 cm weit spaltet und die eine Hälfte in Neutralrot-, die andere in Methylenblau-Lösung eintauchen läßt.

Bei dunkel angezogenen (6 d bei 25 °C) Maiskeimlingen kann man an isolierten Sprossen (kurz oberhalb des Korns abschneiden und in EVAN's Blau-Lösung stellen) die Verteilung der Leitbündel im Mesokotyl, in der Koleoptile und im Primärblatt studieren. Nachdem die blaue Farbe in den beiden Leitbündeln der Koleoptile von außen sichtbar geworden ist, schneidet man den Sproß in 3-mm-Segmente und untersucht die Schnittflächen unter dem Stereomikroskop bei 20- bis 40facher Vergrößerung. Die Leitbündel der Koleoptile färben sich auch dann blau, wenn das intakte Organ *mit der Spitze* in die Farblösung gestellt wird. Wie ist dieser Befund zu erklären? Wenn man 1 cm lange Koleoptilspitzen mit der Schnittfläche zunächst für 2–3 h in Triphenyltetrazoliumchlorid-Lösung (5 g · l^{-1}; Indikator für Stoffwechselaktivität, → Experiment 5.9) und anschließend für 1 h in EVAN's Blau-Lösung stellt, kann man an Querschnitten Phloem (rot gefärbt) und Xylem (blau gefärbt) unterscheiden. Auch dunkel angezogene Erbsen- oder Bohnenkeimlinge sind für diese Versuche sehr geeignet.

7.4 (D) Transpirationsmessung mit dem Potetometer

Der Transpirationsstrom durch den Sproß einer Pflanze kann mit einem *Potetometer* volumetrisch gemessen werden. Mit diesem einfach aus Pipette, Trichter und Silikongummischlauch zu konstruierenden Gerät (Abb. 27) wird die Abnahme eines Wasservolumens bestimmt, welches in direktem Kontakt mit dem Gefäßwasser einer Pflanze steht. Es ist besonders darauf zu achten, daß der Schlauch luftdicht mit dem Sproßstumpf verbunden wird (Schlauchdurchmesser genau anpassen, mit Bindfaden umwickeln). Als Objekt eignet sich ein frisch abgeschnittener Baumzweig (z. B. von einer Eibe) oder eine krautige Pflanze mit rundem, festem Stengel (zur Vermeidung von Luftembolie in den Gefäßen Zweig sofort nach dem Schneiden in Wasser stellen). Apparatur luftblasenfrei mit Wasser füllen, wobei das Schlauchende mit dem Zweig nach unten hängt. Nach Fixieren des Zweiges in senkrechter Position Höhe des Trichters so einregulieren, daß das Steigrohr fast bis oben mit Wasser gefüllt ist. Dann Schlauch unter dem Trichter mit einer Schlauchklemme abklemmen. Die Wasserabgabe der Pflanze läßt sich nun am fallenden Pegel des Steigrohres beobachten und messen. Mit einem Ventilator

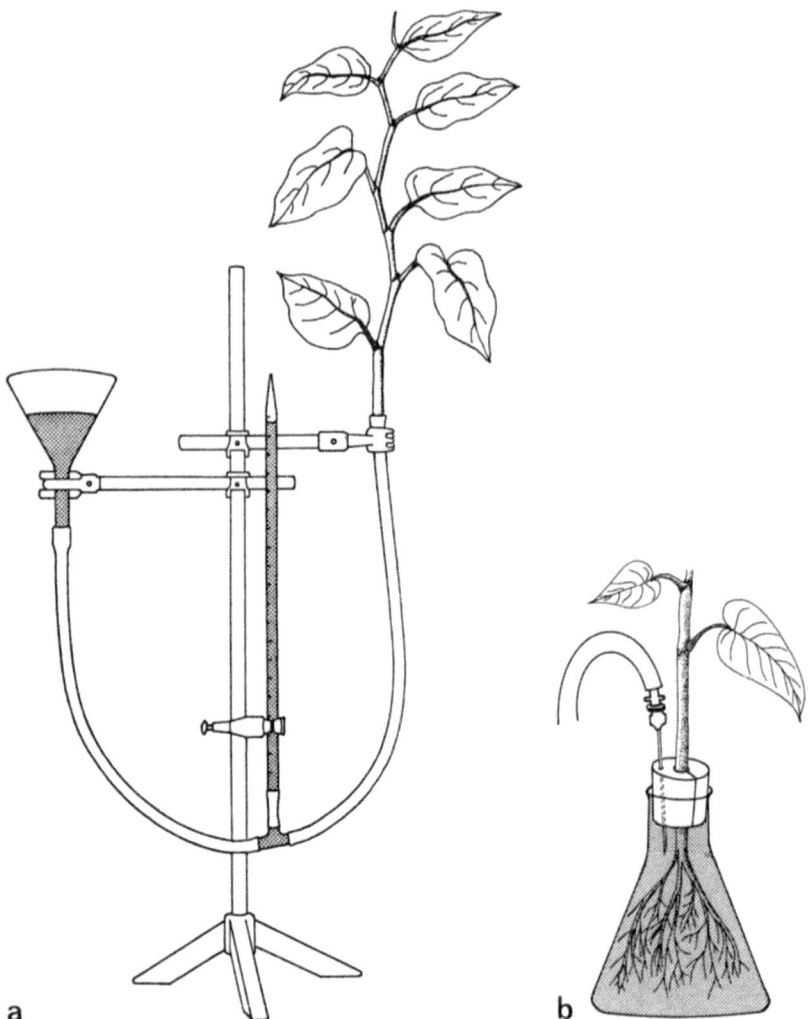

Abb. 27. Experimentelle Anordnung zur Messung des Transpirationsstromes durch einen Zweig (*Potetometer*, **a**). Zu Beginn der Messung wird der Schlauch unter dem Trichter durch eine Klemme (nicht eingezeichnet) verschlossen. **b**: Modifikation zur Transpirationsmessung intakter Pflanzen

bzw. durch Überstülpen einer Plastiktüte läßt sich die Transpirationsintensität variieren. Durch Abschälen der Rinde (Ringelung) bzw. Verkleben des Holzteiles an der Schnittfläche mit Wachs läßt sich der Beitrag dieser Gewebe zum Wassertransport aufzeigen. Der Wassertransport durch eine intakte Pflanze (z. B. eine junge Bohnenpflanze) kann mit der in Abb. 27 (rechts) gezeigten Modifikation untersucht werden.

7.5 (D) Demonstration von Wurzeldruck, Exudation und Guttation

Da in der Wurzel aktiv Ionen in die Gefäße transportiert werden, besitzt der Xylemsaft meist ein osmotisches Potential im Bereich von 2–4 bar. Es kann daher zwischen der Wurzelperipherie und dem Sproßansatz ein ψ-Gradient von wenigen bar auftreten, der unabhängig von der Transpiration Wasser in den Sproß drückt. Voraussetzung für diesen *Wurzeldruck* ist ein ψ_{Boden} nahe bei Null und eine ausreichende Ionen- und O_2-Versorgung der Wurzel. Entfernt man bei einer Pflanze den Sproß, so führt der Wurzeldruck zum Ausströmen von Xylemsaft. Diesen Prozeß nennt man *Exudation*. Bei vielen krautigen Pflanzen (z. B. Kapuzinerkresse, Erdbeere) kann Xylemsaft auch im intakten Zustand durch den Wurzeldruck ausgepreßt werden. Dies geschieht an *Hydathoden* (umgewandelte Stomata über blind endigenden Gefäßsträngen am Blattrand) und wird als *Guttation* bezeichnet. Die Guttation läßt sich an vielen Pflanzen leicht beobachten, wenn die Transpiration durch hohe Luftfeuchtigkeit verhindert wird (z. B. unter Taubedingungen am frühen Morgen). Ein bekanntes Beispiel ist das Blatt des Frauenmantels (*Alchimilla vulgaris*).

Literatur

Diefenbach H, Kramer D, Lüttge U (1980) Release of guttation fluid from passive hydathodes of intact barley plants. I. Structural and cytological aspects. Ann Bot 45:397–401 (siehe auch anschließende Arbeit dieser Autoren)

Durchführung

a) Der *Wurzeldruck* läßt sich eindrucksvoll an einer 1 cm über Wurzelansatz dekapitierten Bohnenpflanze (4 Wochen auf Vermiculit und Wasser angezogen) zeigen, auf welche mit einem dicht sitzenden Stückchen Silikongummi-Schlauch ein längeres Glas-Kapillarrohr (0,3 mm lichte Weite) senkrecht befestigt wird (Totvolumen vermeiden). Innerhalb weniger Stunden kann der Pegel um mehrere Meter ansteigen. Atmungsgifte (z. B. 1 mM KCN

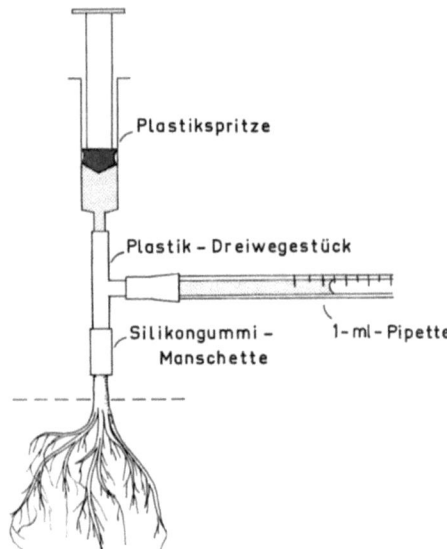

Abb. 28. Experimentelle Anordnung zur Messung der Wurzelexudation (*Volumeter*). Das Dreiwegestück wird mit einem eng anliegenden Stück Silikongummischlauch auf den Wurzelstumpf aufgesetzt. Mit der Spritze läßt sich der Meniskus in der Pipette in die Ausgangsposition bewegen

oder Wasserstreß (osmotische Lösungen, z. B. $\pi = 5$ bar) lassen den Wurzeldruck rasch auf Null absinken.

b) Die *Wurzelexudation* bestimmt man mit einem abgewandelten *Potetometer* (Abb. 28, →Abb. 27), welches man mit einem Schlauchstück dicht auf dem Stumpf einer frisch abgeschnittenen Bohnenpflanze anbringt. Mit der Spritze wird die Apparatur luftblasenfrei mit Wasser gefüllt und der Meniskus in der Meßpipette auf die Nullmarke eingestellt. Anschließend mißt man die Volumenzunahme mit der Zeit. Mit Hilfe einer Reihe von Mannit-Standardlösungen (z. B. $\pi = 1/2/3/4$ bar, → Tabelle 4, S. 186), in denen die Wurzel der Reihe nach inkubiert wird, kann man das Gleichgewichts-Wasserpotential für den Wurzeldruck bestimmen.

c) Die *Guttation* läßt sich z. B. an jungen Maiskeimlingen zeigen (4–5 d bei 25°C im Dunkeln in geschlossener Plastikdose auf feuchtem Vermiculit anziehen). Die zwei Gefäßbündel der Maiskoleoptile münden knapp unterhalb der Spitze in zwei Hydathoden. Die Wasserausscheidung wird an diesen Stellen nach wenigen Minuten deutlich sichtbar, wenn die (geschlossene) Dose ans Licht gestellt wird. Bei älteren Keimlingen tritt die Guttation an der durchgebrochenen Primärblattspitze in Erscheinung.

d) Eine *druckinduzierte Guttation* kann mit Hilfe einer einfachen Druckkammer erzeugt werden (Abb. 29). Ein Maiskeimling (oder eine andere

Abb. 29. Versuchsanordnung zur Erzeugung der Druck-induzierten Guttation. Der Plastik-Schraubdeckel einer druckbeständigen Flasche (Duran-Laborflasche mit Kunststoffummantelung von Schott, 100 oder 250 ml) besitzt ein Loch für die Aufnahme eines Gummistopfens (aus Silikongummistopfen zuschneiden) und einen druckdicht eingesetzten Anschlußstutzen mit Luer-Lock-Konus. Als Verbindungsschlauch zur Pumpe (bzw. über ein Dreiwegestück zum Dosenmanometer, Bereich 0–2 bar) dienen dünne Schläuche mit Luer-Lock-Anschlüssen (z. B. Pharmaseal Verlängerungsschlauch K 51 La, → S. 444). Der Stengel der Versuchspflanze wird in den geschlitzten Gummistopfen mit Hilfe einer elastischen Dichtmasse[4] druckdicht eingesetzt. Zur Druckerzeugung verwendet man eine Pumpe[5] oder Preßluft. Bei der Maiskoleoptile treten Guttationstropfen an den beiden Hydathoden unterhalb der Spitze und an den über den Leitbündeln angeordneten Stomata auf

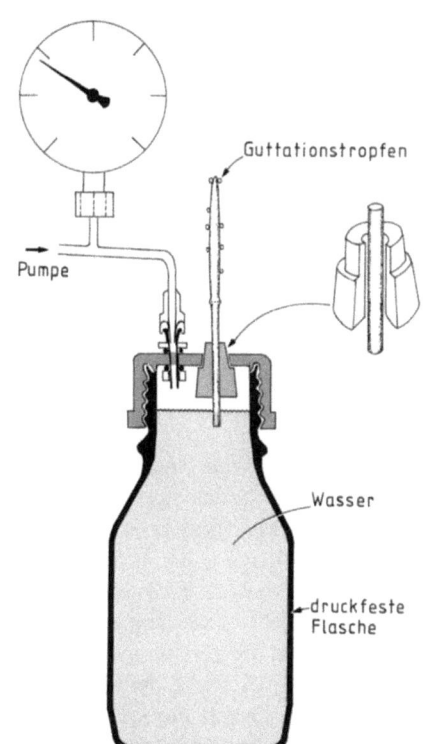

Pflanze) wird in einen geschlitzten Gummistopfen mit passender Bohrung druckdicht eingesetzt. Dies gelingt am einfachsten unter Verwendung einer rasch erstarrenden Silikondichtmasse[4]. Sproß an der Wurzelbasis unter Wasser abschneiden, rasch in den Deckel der mit Wasser gefüllten Druckflasche einsetzen und diesen festschrauben. Die Sproßbasis soll ins Wasser eintauchen. Druck langsam erhöhen, bis Guttationstropfen sichtbar werden (meist bei 0,5–1 bar). Welchen Einfluß hat die Entfernung der Wurzel auf

---

[4] z. B. Xantopren® plus von Bayer (Leverkusen), ein für Zahnabdrücke verwendetes, elastisches Präzisionsabformmaterial, das nach Mischen mit einem Aktivator innerhalb von 2 min aushärtet (im Dentalfachhandel erhältlich).
[5] z. B. Fahrradpumpe mit Rückschlagventil; sehr gut eignet sich die pneumatische Spritze Antlia von Schleicher & Schuell (→ S. 445). Vorsicht bei Verwendung einer Preßluftflasche (Druck darf auf keinen Fall 2 bar überschreiten, Explosionsgefahr)!

die druckinduzierte Guttation? Diese Versuchsanordnung läßt sich auch zur Gewinnung chemisch analysierbarer Mengen an Xylemwasser aus intakten Pflanzen verwenden.

Analytische Experimente

7.6 (A) Bestimmung des Wasserpotentials (ψ) und seiner Komponenten (π, P_T) als Funktion des Wassergehaltes im Gewebe

Das *Wasserpotential* eines pflanzlichen Gewebes (Organs) kann mit verschiedenen Methoden bestimmt werden (→ Bd. 1: S. 152). Die für ganze Sprosse, Zweige, Blätter usw. bevorzugte Druckbombenmethode nach SCHOLANDER (→ Bd. 1: S. 157) läßt sich auf Gewebeproben nicht anwenden. In diesem Fall bietet sich die osmotische Bestimmung des ψ-Gleichgewichts zwischen Probe und Umgebung an. Besonders elegant und einfach ist die Version nach SCHARDAKOW, bei der die Dichteveränderungen in einer Reihe definierter osmotischer Inkubationslösungen nach Wasseraustausch mit der Gewebeprobe bestimmt werden. Man bringt jeweils einen Tropfen der (angefärbten) Inkubationslösung vorsichtig in die ursprüngliche (unbenützte) Testlösung ein. Selbst kleine Dichteänderungen durch Wasseraustausch mit dem Gewebe geben sich durch ein Absinken (Dichtezunahme, $\psi_{Gewebe} < \psi_{Testlösung}$) oder Aufsteigen (Dichteabnahme, $\psi_{Gewebe} > \psi_{Testlösung}$) des Tropfens zu erkennen. Wie bei der Druckbombe ermittelt man dasjenige ψ_{aussen}, welches einen Nettowasserfluß von Null zwischen Gewebe und Umgebung aufrecht erhält. Die SCHARDAKOW-Methode ist erstaunlich empfindlich. Zur genauen Festlegung des Gleichgewichtspunktes können die Testlösungen in 0,5-bar-Schritten abgestuft werden. Steht ein genaues Refraktometer zur Verfügung, so kann die Verschiebung des Brechungsindex in den Inkubationslösungen an die Stelle der Tropfen-Schwebe-Methode treten. In diesem Fall kann ψ_{Gewebe} durch graphische Interpolation bestimmt werden. Eine Alternative bietet das thermoelektrische Taupunkthygrometer (→ Bd. 1: S. 155), in dem ψ und π auch nacheinander an derselben Gewebeprobe gemessen werden können (vor bzw. nach dem Einfrieren/Auftauen der Probe).

Zur Herstellung der Testlösungen verwenden wir *Mannit*. Dieser leicht lösliche Zuckeralkohol hat für intakte Zellen einen Selektivitätskoeffizienten (→ Gl. 2, S. 175) von 1, d. h. er kann, im Gegensatz zu vielen Zuckern, NaCl und anderen als Osmotica eingesetzten Substanzen, nicht in die Protoplasten permeieren. ψ (= $-\pi$) einer Mannit-Lösung läßt sich im Prinzip nach der VAN'T HOFFschen Beziehung berechnen, welche eine lineare Beziehung zwischen $\pi_{\text{Lösung}}$ und der molalen Konzentration (mol Substanz +1 kg H_2O) herstellt (→ Gl. 82, Bd. 1: S. 158). Allerdings treten bei höheren Konzentrationen durch zwischenmolekulare Wechselwirkungen erhebliche Abweichungen vom idealen Verhalten auf (→ Bd. 1: S. 154, Abb. 39).

Das *osmotische Potential* π_{Zellsaft} läßt sich am einfachsten an der ausgepreßten Gewebeflüssigkeit (= Vakuolensaft, leicht verdünnt durch Apoplastenwasser) mit Hilfe eines Gefrierpunktosmometers (→ Bd. 1: S. 159) bestimmen. Das Auspressen wird durch Zerstören der Zellmembranen vermittels kurzem Einfrieren und Auftauen des Gewebes sehr erleichtert.

Der *Turgordruck* P_T wird aus ψ und π berechnet ($P_T = \psi + \pi$).

Material und Geräte

1. Frische Kartoffelknolle
2. Mannit-Testlösungen (je etwa 50 ml): π = 2/4/6/8/10/12/14/16 bar. Zu den nach Tabelle 4 berechneten Mannitmengen werden 50,00 g dest. Wasser zugewogen. Lösungen verschlossen und gekühlt aufbewahren.
3. Leicht wasserlöslicher Farbstoff (z. B. EVAN's Blau oder Methylgrün), 5-ml-Rollrandgläschen in Halter, der auf einem Schüttler befestigt werden kann (z. B. Styroporplatte mit passenden Bohrungen), Gemüsehobel, Korkbohrer (8 mm Durchmesser), Pasteurpipetten, halbhohe Reaganzgläser in Ständer, Plastik-Mikroreaktionsgefäße, Auspreßvorrichtung (Abb. 30), Kühlschrank mit Tiefkühlfach, Osmometer (z. B. Gefrierpunkt-Osmometer, für kleine Probemengen geeignet), Wägegläschen.

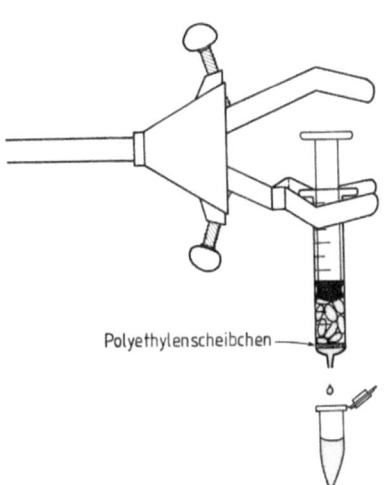

Abb. 30. Vorrichtung zum Auspressen von Gewebeflüssigkeit aus gefrorenem und wiederaufgetautem Pflanzenmaterial (unter Verwendung einer kräftigen Stativklammer und einer 5-ml-Plastikspritze, in die ein passendes Scheibchen poröses Polyethylen eingelegt wurde). Für größere Proben relativ weichen Pflanzenmaterials kann auch eine Haushalts-Knoblauchpresse verwendet werden

Tabelle 4. Reale Konzentrationen von osmotischen Lösungen (Mannit und Polyethylenglycol 6000 = PEG) definierter $\pi(=-\psi)$-Werte bei 25 °C. Die angegebenen Mengen in g sind mit 1 l (= 1 kg) dest. Wasser zu mischen. Sie sind also proportional zu *molalen* (nicht zu *molaren*) Konzentrationen. Die Werte wurden berechnet nach den empirischen Formeln $\psi_{MAN} = -0,078\ c_{MAN} \cdot T - 22,75\ c_{MAN}$, und $\psi_{PEG} = 1,29\ c_{PEG}^2 T - 140\ c_{PEG}^2 - 4\ c_{PEG}$, wobei c_{MAN} = molale Konzentration von Mannit, c_{PEG} = Konzentration von PEG in g PEG $\cdot$ g H_2O^{-1}, T = Temperatur in °C. Die Formel für Mannit liefert nur bis $\pi = 17$ bar genaue Werte; bei $\pi \geq 18$ bar stimmen die Werte nur noch näherungsweise. (Nach Michel BE, Wiggins OK, Outlaw WH 1983: Plant Physiol 72: 60–65)

π [bar]	Konzentration [g $\cdot$ kg H_2O^{-1}]		π [bar]	Konzentration [g $\cdot$ kg H_2O^{-1}]	
	Mannit	PEG		Mannit	PEG
0	0	0			
1	7,377	79,55	15	110,65	355,01
2	14,75	118,93	16	118,02	367,23
3	22,13	149,32	17	125,40	379,07
4	29,51	175,00	18	132,78	390,58
5	36,88	197,65	19	140,15	401,77
6	44,26	218,14	20	147,53	412,66
7	51,64	236,99	21	154,91	423,29
8	59,01	254,55	22	162,28	433,67
9	66,39	271,04	23	169,66	443,82
10	73,77	286,65	24	177,04	453,75
11	81,14	301,48	25	184,41	463,48
12	88,52	315,67	26	191,79	473,01
13	95,89	329,28	27	199,17	482,36
14	103,27	342,37	28	206,54	491,54

Durchführung (Grundexperiment)

1. *Testreihe ansetzen:* In 8 Rollrandgläschen werden jeweils 2 ml Testlösung pipettiert. Eine frische Kartoffelknolle wird mit einem Gemüsehobel in gleichmäßige Scheiben von etwa 2 mm Dicke zerlegt. Aus diesen Scheiben werden mit einem Korkbohrer rasch 40 Scheibchen von 8 mm Durchmesser ausgestanzt. Nach Randomisierung werden Gruppen von 5 Scheibchen rasch in die Testlösungen überführt. Für 30 min auf einem Schüttler inkubieren.

2. *Schwebetest*: Zu jedem Ansatz wird ein Körnchen Farbstoff gegeben und durch Schütteln gelöst. Mit 8 Reagenzgläsern wird eine Reihe der ursprünglichen Testlösungen (jeweils ca. 5 ml) hergestellt. Nun wird mit einer Pasteurpipette eine kleine Menge der gefärbten Testlösung des ersten Ansatzes aufgesaugt, die Spitze der Kapillare (an der kein Tropfen hängen darf!)

vorsichtig (am Innenrand des Reagenzglases angelegt) 2 cm in die zugehörige frische Testlösung eingeführt und dort ganz langsam ein Tropfen entlassen. Pipette langsam wieder herausziehen. Das Schwebeverhalten des gefärbten Tropfens gibt Aufschluß über die Dichteunterschiede zwischen den beiden Lösungen. Anschließend alle Ansätze in dieser Weise prüfen.

3. Zehn weitere Scheibchen werden (in Aluminiumfolie gewickelt) tiefgefroren ($-20\,°C$). Nach dem Auftauen läßt sich die Gewebeflüssigkeit (0,5–1 ml) leicht auspressen (→Abb. 30). Trübe Preßsäfte sollten durch kurze Zentrifugation geklärt werden. Die Bestimmung der Osmolalität erfolgt im Osmometer nach der Vorschrift des Herstellers.

Auswertung

Das Wasserpotential derjenigen Mannit-Lösung, in der der gefärbte Tropfen auch nach mehreren Minuten weder steigt noch sinkt, entspricht dem *Wasserpotential* des untersuchten Gewebes. In der Regel muß dieser Punkt über den Mittelwert zweier Testlösungen angenähert werden. Das osmotische Potential berechnet man aus der gemessenen Osmolalität (Gefrierpunkterniedrigung) nach der VAN'T HOFFschen Gleichung (→ Gl. 82, Bd. 1: S. 158). Aus ψ und π läßt sich der Turgordruck P_T berechnen.

Probleme (weiterführende Experimente)

1. Wie ändern sich ψ, π und P_T, wenn die Gewebescheibchen an der Luft *langsam austrocknen?* Neben ψ und π ermittelt man durch Wägung (→ Experiment 1.4) das *relative Wassersättigungsdefizit* (rWSD, → Bd. 1: S. 163) des Gewebes (z. B. nach 0/30/60/90/120 min Trocknung):

$$rWSD\,[\%] = 100 - \frac{FM_t - TM}{FM_{\psi=0} - TM} \cdot 100\,.$$

Die Frischmasse zur Zeit t (FM_t) wird unmittelbar vor der ψ-Bestimmung gemessen (gleichzeitig Probe für die π-Bestimmung einfrieren). Nach der ψ-Bestimmung werden die Scheibchen kurz abgespült, zur Einstellung der Vollturgeszenz für 60 min in dest. Wasser inkubiert, kurz abgetupft und erneut gewogen ($FM_{\psi=0}$; es reicht hierfür aus, von den insgesamt 8 Proben 3 auszuwählen). Die Trockenmasse (TM) erhält man nach Ofentrocknung der Proben (Wägegläschen, 80 °C, 4 h). Das Ziel dieses Experimentes ist eine möglichst präzise Darstellung der Veränderungen von ψ, P_T und π als Funktion von rWSD. Verhält sich das Gewebe wie ein Osmometer (→ Gl. 1, S. 175), oder kommen zusätzliche Effekte ins Spiel (z. B. Osmoregulation)?

2. Welchen Effekt hat die Verwendung *trockener Luft* (anstelle normaler Laborluft) auf die Intensität der Trocknung? (Scheibchen auf Netz über frisch getrockneten Silicagel-Trockenperlen auslegen.)
3. Wie rasch sind die Veränderungen von ψ, π und P_T nach einer Austrocknung *reversibel*? (Scheibchen werden an der Luft getrocknet, bis ψ auf etwa -15 bar abgesunken ist und anschließend (t = 0) auf nasses Filtrierpapier in einer geschlossenen Plastikdose ausgelegt.)
4. Das hier beschriebene Meßverfahren für $\pi_{Zellsaft}$ beinhaltet einige theoretische *Inkorrektheiten*. Welche sind dies? Wie könnte man nachprüfen, in welchem Ausmaß die Resultate durch diese Inkorrektheiten beeinflußt werden?

7.7 (A) Bestimmung der Grenzplasmolyse mit einem Biegetest

Wenn eine Zelle gegenüber einem äußeren Osmoticum soviel Wasser abgegeben hat, daß der Turgordruck (P_T) den Wert Null erreicht (*Grenzplasmolyse*, → Experiment 7.2), ändert sich die Zellwandspannung sprunghaft. Die zuvor mehr oder minder stark elastisch gedehnten Zellwände werden völlig entspannt, was zu einem starken Anstieg der mechanischen Deformierbarkeit des Gewebes führt. Dieser Effekt kann zur Bestimmung der Grenzplasmolyse (und damit des osmotischen Potentials) in stabförmigen Pflanzenmaterialien ausgenützt werden. In einem einfachen, von LOCKHART entwickelten Gerät läßt sich die Änderung der Zellwandspannung als Änderung der Biegefestigkeit unter Einwirkung einer konstanten Kraft bestimmen (Abb. 31). Solange $P_T > 0$ ist, ändert sich die Biegefestigkeit unter der (relativ geringen) Last nur sehr wenig; sie nimmt jedoch abrupt ab, wenn $P_T = 0$ erreicht ist. Bei stärkerer Plasmolyse fällt die Biegefestigkeit umgekehrt proportional zu π_{aussen} (welches durch osmotische Standardlösungen eingestellt wird).

Diese Methode eignet sich zur makroskopischen Bestimmung von π_{Gewebe} (als Durchschnittswert aller beteiligter Zellen) in Sproßachsen, Blattstielen usw., welche noch nicht verholzt sind und deren Biegefestigkeit daher hauptsächlich vom Turgor abhängt.

Material und Geräte

1. Junge Pflanzen von *Phaseolus vulgaris* (7 d bei 25 °C im Licht angezogen. Pflanzen mit hohlem Hypokotyl sind nicht geeignet. Bei älteren Pflanzen kann auch das Epikotyl verwendet werden.)

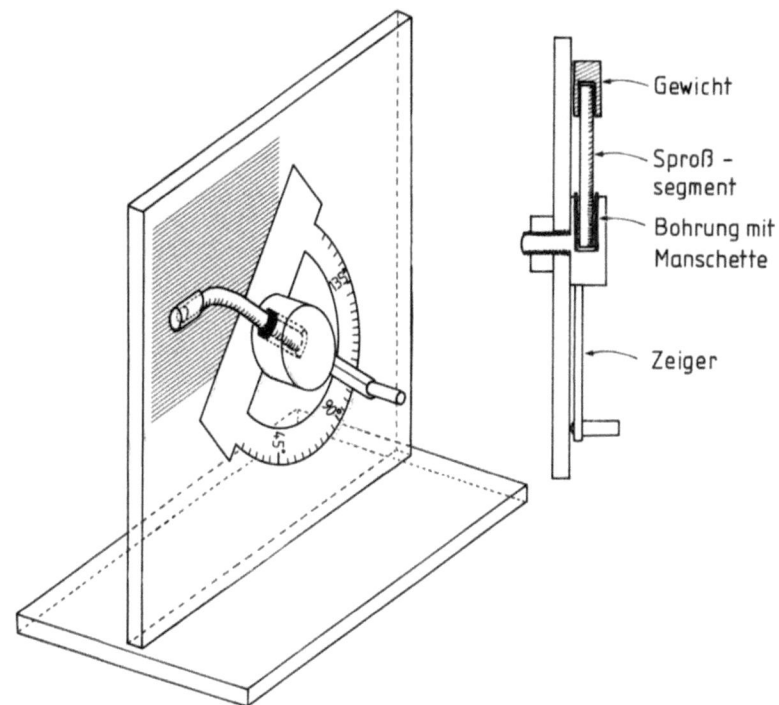

Abb. 31. Instrument zur Messung der Deformierbarkeit (Biegungswinkel) von stabförmigem Pflanzenmaterial (z. B. Segmenten von Sproßachsen). Auf der senkrechten Platte sind links oben horizontale, parallele Linien (1 mm Abstand) eingeritzt (schwarz eingefärbt). Daneben ist ein (um 45° geneigter) Plexiglas-Winkelmesser aufgeklebt, an dessen Anlegestelle sich eine drehbare, horizontale Achse befindet. Diese Achse besitzt eine radiale Bohrung (5 mm Durchmesser, 10 mm tief) zur Aufnahme des Sproßsegments und gegenüber einen Zeiger (mit Markierungsstrich), der mit einem Hebel bewegt werden kann. Das Sproßsegment trägt an der Spitze ein Gewicht (passendes Stück Plastikrohr oder -schlauch). Wenn die Längskante des Gewichts parallel zum Linienmuster verläuft, kann man den Biegewinkel am Zeiger ablesen (Nullpunkt bei 135° der Winkelmesserskala). Das Gerät läßt sich aus Plexiglas leicht selbst herstellen. (Nach Lockhart 1959)

2. Mannit-Testlösungen (je etwa 50 ml): $\pi = 0/2/4/6/8/10/12/14$ bar ($\rightarrow$ Tabelle 4, S. 186)
3. Schneidevorrichtung, bestehend aus zwei parallelen Rasierklingen im Abstand von 25 mm; Instrument zur Deformationsmessung nach LOCKHART ($\rightarrow$Abb. 31); Rollrandgläschen (10 ml), welche in einem Halter auf einem Schüttler befestigt werden können.

Durchführung [7] (Grundexperiment)

1. *Ermittlung des geeigneten Gewichts für die Deformationsmessung:* Einige völlig gerade Hypokotylsegmente (25 mm lang) werden direkt unter dem Kotyledonarknoten der Pflanzen herausgeschnitten und für 2 h in einer stark hypertonischen Mannit-Lösung (z.B. $\pi = 14$ bar) auf einem Schüttler inkubiert. Danach werden die Segmente oberflächlich abgetrocknet und mit dem basalen Ende in die nach oben gerichtete Aufnahmebohrung in der Achse des Meßgerätes gesteckt. Ein dichter Sitz muß gegebenenfalls mit Hilfe einer Manschette aus geschlitztem Plastikschlauch hergestellt werden. Am apikalen Segmentende wird als Gewicht ein Stück Plexiglasrohr passenden Durchmessers aufgesteckt (mit einem Stückchen Kork oder Styropor in 5 mm Tiefe als Anschlag). Nun wird der Zeiger langsam nach rechts bewegt, bis die Längskante des Gewichts parallel zum dahinter befindlichen Linienmuster verläuft, und der Biegewinkel abgelesen. Der Meßvorgang soll nicht länger als einige Sekunden in Anspruch nehmen. Die Rohrlänge ist durch Probieren so zu bemessen, daß ein Biegewinkel von etwa 90° resultiert. Dies wird meist bei einer Belastung mit 200–300 mg erreicht. Mit diesem Gewicht, welches bei einem voll turgeszenten Segment nur eine sehr kleine Deformation bewirkt, können alle folgenden Messungen an diesem Objekt durchgeführt werden. (Für andere Materialien muß das geeignete Gewicht erneut ermittelt werden.)

2. *Testreihe ansetzen:* In 8 Rollrandgläschen werden jeweils 8 ml Testlösung einpipettiert. In jedes Gläschen 3 frisch isolierte Hypokotylsegmente geben und die verschlossenen Gläschen für 2 h auf einem Schüttler bei kräftiger Bewegung inkubieren.

3. *Deformationsmessung:* Die Segmente werden der Reihe nach aus den Testlösungen entnommen, kurz abgetrocknet und sofort dem Biegetest unterzogen.

Auswertung

Nach Mittelwertsbildung werden die Deformationswinkel als Funktion von $\pi_{\text{Testlösung}}$ in ein Koordinatensystem eingetragen. Durch Extrapolation des (linearen) Astes bei höheren π-Werten bis zur Abszisse ermittelt man den π-Wert für den Deformationswinkel 0°. Dieser Wert entspricht π_{Gewebe} des (grenzplasmolysierten) Segments.

---

[7] Nach Lockhart JA (1959) Amer J Bot 46:704–708 (verändert).

Probleme (weiterführende Experimente)
1. Wie groß ist der Unterschied zwischen den mit dieser Methode und den *osmometrisch* am Preßsaft gemessenen π-Werten?
2. Wie ändert sich π_{Gewebe} (und ψ_{Gewebe}, gemessen mit der SCHARDAKOW-Methode, → Experiment 7.6) der Hypokotylsegmente unter Wasserstreß? (Abgeschnittene Pflanzen z. B. für 0/2/4/6 h auf der Laborbank austrocknen lassen.)
3. Welchen Einfluß hat *Licht* auf die Deformationskurve? (Vergleich von im Licht bzw. im Dunkeln angezogenen Pflanzen.)
4. Läßt sich diese Methode auch zur π-Messung an stabförmig ausgestanzten *Gewebestücken aus Kartoffelknollen* (oder Streifen aus dickeren Blättern) verwenden?

7.8 (A) Der Wassertransport durch die Pflanze und seine Steuerung

Die allgemeine Transportgleichung für den Strom von Teilchen (I) in einem Potentialgefälle lautet:

$$I = -\frac{\Delta\mu}{R}, \tag{4}$$

wobei $\Delta\mu$ = Potentialdifferenz zwischen zwei Punkten, R = Transportwiderstand der Strecke zwischen den beiden Punkten. Das Minuszeichen deutet den exergonischen Charakter dieses Prozesses an. Dieses grundlegende Gesetz wird z. B. als *OHMsches Gesetz* auf den Strom von Elektronen, als *FICKsches Gesetz* auf den Strom von diffundierenden Partikeln oder als *HAGEN-POISSEUILLEsches Gesetz* auf den Volumenstrom durch eine Kapillare angewendet. Es kann im Prinzip durch geeignete Definition des Widerstandsgliedes auch auf alle biologischen Transportprozesse angewendet werden, solange ein linearer Zusammenhang zwischen Strom und Widerstand^{-1} gewahrt bleibt (I ~ 1/R). Der Übergang zur Sättigung (I = konst.) oder Wechselwirkungen zwischen den beteiligten Größen bei zunehmendem Strom können zu starken Abweichungen führen; die Anwendung dieser Gleichung ist dann nicht mehr sinnvoll. Dies ist z. B. bei höheren Strömungsgeschwindigkeiten in den Gefäßen eines Baumstammes gegeben (zunehmende Reibung an den strukturierten Gefäßwänden, Verminderung des Querschnittes bei starkem Transpirationssog). Im folgenden Experiment gehen wir davon aus, daß unter den gewählten Versuchsbedingungen derartige Komplikationen nicht entscheidend ins Gewicht fallen. Wir betrachten eine Bohnenpflanze als ein inhomogenes Leitungssystem für Wasser, dessen gesamter hydraulischer Widerstand sich als Summe seriell verbundener Teilwiderstände beschreiben läßt. Für den Volumenstrom von Wasser gilt dann:

$$I = -\frac{dV}{dt} = -\frac{\Delta\psi_{gesamt}}{R_{gesamt}} = \frac{\psi_{Atmosphäre} - \psi_{Wurzelmedium}}{R_{Wurzel} + R_{Stengel} + R_{Blätter} + R_{GS}}. \tag{5}$$

Entsprechend läßt sich auch der gesamte ψ-Abfall entlang des Leitungssystems in einzelne Abschnitte aufgliedern. Im Fließgleichgewicht strömt die gleiche Menge Wasser pro Zeiteinheit durch jeden Abschnitt, d.h. der Strom bzw. $\Delta\psi/R$ ist entlang des gesamten Leitungssystems konstant:

$$I = -\frac{\Delta\psi_{Wurzel}}{R_{Wurzel}} = -\frac{\Delta\psi_{Stengel}}{R_{Stengel}} = -\frac{\Delta\psi_{Blätter}}{R_{Blätter}} = -\frac{\Delta\psi_{GS}}{R_{GS}}. \tag{6}$$

Das Subskript GS bezieht sich auf die „Grenzschicht", eine unbewegte Luftschicht unmittelbar an der Blattoberfläche. Diese Schicht kann bei wenig bewegter Luft so dick werden, daß ihr Diffusionswiderstand wesentlich zum Gesamtwiderstand beiträgt. (Wir schalten dieses Glied im Experiment mit Hilfe eines Ventilators aus.)

Die „treibende Kraft" (besser: Spannung) des Wassertransports ist die Wasserpotentialdifferenz $\Delta\psi$ zwischen Wurzelmedium und der Atmosphäre. Für den Luftraum gilt:

$$\psi_{Atmosphäre} = \frac{R \cdot T}{\bar{V}_{H_2O}} \cdot \ln\frac{p}{p_0} = \frac{R \cdot T}{\bar{V}_{H_2O}} \cdot \ln\frac{rLF}{100}. \tag{7}$$

(R = Gaskonstante, T = absolute Temperatur, $\bar{V}_{H_2O}$ = partielles Molvolumen von Wasser, p, p_0 = Wasserdampfpartialdruck des Luftraumes bzw. von reinem Wasser bei 1 bar, rLF = relative Luftfeuchte in %). Nach dieser Beziehung ergeben sich bereits für geringe Abweichungen von der Wasserdampfsättigung der Luft stark negative ψ-Werte (95% rLF entspricht $\psi = -70$ bar, 50% rLF entspricht $\psi = -950$ bar bei 25°C). Innerhalb der Pflanze umfaßt der ψ-Gradient eine vergleichsweise geringe Spanne; sie reicht (bei guter Bewässerung) von etwa -2 bar (Wurzel) bis etwa -10 bar (Blätter). Selbst bei relativ hoher Luftfeuchtigkeit (z.B. 80% rLF) liegt also der größte Teil von $\Delta\psi_{gesamt}$ außerhalb der Pflanze. Hieraus folgt, daß der dominierende Widerstand des Strömungssystems an der Epidermis zu suchen ist. In der Tat sind die äußeren Zellwände der Epidermis durch eine wachsartige Schutzschicht, die *Cuticula,* weitgehend gegen den Durchtritt von Wasser abgedichtet. Diese Barriere wird durch die *Stomata* durchbro-

chen, welche hydraulisch regulierbare Poren darstellen, durch die bei maximaler Öffnung meist mehr als 95% der Transpiration erfolgt, obwohl sie nicht mehr als 1–2% der Blattfläche einnehmen.
Wir messen den Wassertransport in diesem Experiment gravimetrisch, d. h. anhand der Gewichtsabnahme des Wurzelmediums.

Literatur

Weatherley PE (1976) Introduction: Water movement through plants. Phil Trans R Soc London B 273: 435–444

Material und Geräte

1. Junge Bohnenpflanzen (*Phaseolus vulgaris*), 2–3 Wochen auf Vermiculit angezogen
2. Oberschalige Laborwaage (± 10 mg), Hygrometer oder Psychrometer, kleiner Tischventilator, Stativmaterial, Plastikbecher (100 ml) mit Falzdeckel.

Durchführung (Grundexperiment)

1. Eine Pflanze wird vorsichtig von ihrem Substrat gelöst und die Wurzel unter fließendem Wasser abgespült. Pflanze unterhalb der Kotyledonen in Schaumgummi-gepolsterter Klemme an einem Stativ hängend befestigen. Das Wurzelsystem einschließlich 1 cm Hypokotylbasis soll vollständig in einen Plastikbecher mit Wasser eintauchen, der auf einer Waage steht. Becher mit Deckel (zentrale Bohrung, radialer Schlitz) verschließen, so daß das Hypokotyl frei durchtritt. Ventilator einschalten (ca. 1 m Entfernung).
2. Anzeige der Waage im Abstand von 10 min ablesen (notfalls Ventilator kurz abschalten). Die Meßzeit sollte so bemessen werden, daß eine lineare Gewichtsabnahme durch mindestens 5 Meßpunkte gesichert werden kann.
3. Bestimmung der rLF der Umgebungsluft mit einem Haar-Hygrometer oder Psychrometer.

Auswertung

Man bestimmt die Abnahme der Wassermenge mit der Zeit (Kontrolle: Becher ohne Pflanze). Die Meßwerte werden graphisch aufgetragen und hieraus I $[-m^3$ Wasser $\cdot h^{-1}]$ bestimmt. Aus der rLF läßt sich $\psi_{\text{Atmosphäre}}$ nach Gl. (7) berechnen. Gleichung (5) liefert dann R_{gesamt} [h · bar · m^{-3}].
Anmerkung: Anstelle des Widerstands R kann auch sein reziproker Wert, die *Leitfähigkeit* L = 1/R treten. Für die Berechnung des *Wasserflusses* J müßte man den Querschnitt F der Leitungsbahn (welcher sich in den verschiedenen Abschnitten der Pflanze stark ändert) kennen. Während der *Strom* überall

194 Wasserzustand und Wassertransport

der gleiche ist, ändert sich der *Fluß* beständig. Es gilt:

$$J = \frac{I}{F} = -\frac{1}{R \cdot F} \cdot \Delta\psi = -\frac{L}{F} \cdot \Delta\psi. \tag{8}$$

Probleme (weiterführende Experimente)

1. Wie ändert sich I, wenn das Wasser gegen *osmotische Lösungen* ($\psi = -5/-10/-15/-20$ bar, in dieser Reihenfolge) ausgetauscht wird? Physiogische Deutung? Was bewirkt die Absenkung von ψ_{Medium} in der Pflanze? (ψ_{Medium} mit Polyethylenglycol 6000 nach Tabelle 4, S. 186, einstellen).
2. Wie ändert sich I, wenn man nach einer Meßperiode (in Wasser) die *Wurzel* mit einer Schere unter dem Flüssigkeitsspiegel *abschneidet?* Was folgt daraus für den Beitrag von R_{Wurzel} zum Gesamtwiderstand?
3. Das Hormon *Abscisinsäure* bewirkt einen (sofort einsetzenden) Verschluß der Stomata. (→ Experiment 4.12). Wie rasch (und wie stark) ändert sich I bei wurzellosen Pflanzen, wenn man dem Medium Abscisinsäure zufügt (Endkonzentration 10 µmol · l^{-1})? Was folgt daraus für die Geschwindigkeit des Wassertransports zu den Blättern?
4. Wieviel kann der durch den *Wurzeldruck* getriebene Wassertransport maximal zur Transpiration beitragen? (Zunächst Transpirationsstrom einer intakten Pflanze messen. Anschließend Sproß etwa 1 cm oberhalb des Wurzelansatzes abschneiden und die Exudation des Wurzelstumpfes messen. Hierzu befestigt man ein 5 cm langes Stück Plastikschlauch [0,5 mm stark] mit einer Silikonschlauchmanschette dicht an dem Stumpf [Totvolumen vermeiden!] und sammelt das Exudat in einem Gläschen, das in regelmäßigen Zeitabständen gewogen wird. Eine kontinuierliche Messung der Exudation erlaubt das in Abb. 28 dargestellte Volumeter. Welchen Effekt hat Abscisinsäure auf die Exudation? Welchen Effekt hat der Zusatz einer Nährlösung [→ S. 440])?
5. Der hydraulische Widerstand der Wurzel ist eine sehr variable Größe, welche z. B. starke tagesperiodische Schwankungen aufweist (→ Experiment 17.3). Dies hängt damit zusammen, daß der Wasserstrom an der Endodermis durch die Membranen des Symplasten verläuft und dort aktiv beeinflußt werden kann. Die Notwendigkeit zur Durchquerung lebendiger Zellen sollte sich auch in einer deutlichen *Temperaturabhängigkeit* des Wurzelwiderstandes äußern. Tatsächlich lehrt die Erfahrung, daß Pflanzen auch bei guter Wasserversorgung Wasserstreßsymptome ausbilden können, wenn die Wurzeltemperatur einen kritischen Wert (z. B. +5 °C) unterschreitet. Wie ändert sich der *hydraulische Widerstand* der Wurzel (gemessen an der intakten Pflanze), wenn die Wurzeltemperatur

von Raumtemperatur (20 °C) auf 10 °C oder 0 °C abgesenkt wird? [Das Wurzelmedium kann in einem kleinen, vorgekühlten Dewargefäß (eingeschlitzter Styropordeckel mit zentraler Bohrung) mit Eis auf die gewünschte Temperatur eingestellt werden und bleibt dort über die notwendige Meßzeit von 1 h ausreichend konstant.] Wie verändert sich der Widerstand nach Abtöten der Wurzel? (5 min in kochendes Wasser eintauchen.) Wie ändert sich die Exudation isolierter Wurzeln (→ Experiment 7.5)? Durch Einstellung definierter Temperaturen im Bereich von 0–30 °C (Thermostat) läßt sich der Q_{10} der Wurzelexudation genauer bestimmen.

7.9 (A) Die Wirkung von Wasserstreß auf das Wachstum und andere physiologische Prozesse bei der Gartenbohne [8]

Für die Untersuchung längerfristiger Wasserstreßwirkungen kann man zwei experimentelle Ansätze benützen: 1. Die kontinuierliche Steigerung der Streßbedingungen in einem *Austrocknungsexperiment*. 2. *Konstante Streßbedingungen* bei definierter Wasserversorgung. Während die erste Methode der natürlichen Situation besonders nahe kommt, kann man mit der zweiten Methode den Wasserstreß quantitativ besser festlegen.

Neben der Messung von negativen Streßfolgen (z. B. Hemmung des Wachstums oder der Chlorophyllsynthese) ist die Frage nach der *Streßadaptation* von besonderem Interesse. Viele Pflanzen sind in der Lage, durch *osmotische Adaptation* das osmotische Potential des Zellsaftes unter Wasserstreß reversibel zu steigern und auf diese Weise einem Turgorabfall entgegenzuwirken. Es handelt sich hierbei um einen aktiven Prozeß, bei dem die Menge osmotisch wirksamer Teilchen verändert wird und der daher von den durch bloßen Wasserentzug bewirkten (passiven) Konzentrationsänderungen (→ Gl. 1, S. 175) zu unterscheiden ist.

Die folgenden experimentellen Ansätze sind für junge Pflanzen von *Phaseolus vulgaris* beschrieben, lassen sich jedoch in ähnlicher Weise auch mit vielen anderen Arten durchführen (z. B. *Helianthus annuus, Zea mays*) und bieten sich daher für vergleichende Studien an.

Literatur

Bradford KJ, Hsiao TC (1982) Physiological responses to moderate water stress. In: Physiological plant ecology II. Water relations and carbon assimilation. Lange

---

[8] *Phaseolus vulgaris* (Fabaceae), → Experiment 4.9.

OL, Nobel PS, Osmond CB, Ziegler H (eds) Encycl Plant Physiol, N S, vol 12 B, Springer, Berlin Heidelberg New York, pp 263–324

Meyer RF, Boyer JS (1981) Osmoregulation, solute distribution, and growth in soybean seedlings having low water potentials. Planta 151: 482–489

Michelena VA, Boyer JS (1982) Complete turgor maintenance at low water potentials in the elongating region of maize leaves. Plant Physiol 69: 1145–1149

Material und Geräte

1. Keimlinge von *Phaseolus vulgaris:* 4–5 d bei 25 °C in wassergesättigtem Vermiculit im Licht anziehen, Hypokotyl etwa 5 cm lang.
2. SCHOLANDER-Bombe oder Geräte und Chemikalien für die ψ-Bestimmung nach SCHARDAKOW ($\rightarrow$ Experiment 7.6)
3. Gefrierpunktosmometer (für kleine Proben geeignet)
4. Plastik-Pflanztöpfe (etwa 20 cm Durchmesser), gedüngte Einheitserde (mit 30% Torf, z. B. TKS-Erde), Vermiculit, 100-ml-Polystyrol-Plastikbecher mit Falzdeckel[9], Klebeband (Tesafilm), Auspreßvorrichtung ($\rightarrow$ Abb. 30), Kühlschrank mit Tiefkühlfach, oberschalige Laborwaage ($\pm 0,1$ g), Feinwaage (± 1 mg), Trockenschrank (80 °C), Wägegläschen, Lineal (10 cm), Gewächshaus oder Klimakammer (50–60% relative Luftfeuchte).

Durchführung (Grundexperimente)

1. *Austrocknungsexperiment:* 50 gleich entwickelte Keimlinge werden in Töpfe mit Erde pikiert und einmal reichlich gegossen. Weiterzucht im Gewächshaus oder in der Klimakammer bei natürlichem Tag/Nacht-Wechsel. Die Streßperiode wird durch Aussetzen der Wasserversorgung eingeleitet.

2. *Konstante Streßbedingungen:* Die Keimlinge werden in Plastikbecher mit Vermiculit verschiedenen Feuchtigkeitsgrades (100/50/25/12,5/6,25/3,125% der maximalen Wassersättigung = 5 g H_2O/g Vermiculit) pikiert (jeweils 20 Keimlinge). Hierzu fügt man in einem verschließbaren Gefäß (200 ml) die notwendige Menge Wasser zu 8-g-Portionen trockenen Vermiculits und mischt kräftig durch Schütteln. Mit dem angefeuchteten Vermiculit füllt man den Wurzelraum eines Keimlings in einem Polystyrolbecher auf. Der Keimling soll senkrecht in der Mitte des Bechers stehen. Er wird in dieser Lage durch den Falzdeckel des Bechers fixiert, in den man ein zentrales Loch (3 mm Durchmesser, Korkbohrer!) für den Durchtritt des Hypokotyls schneidet. Damit der Deckel auf den mit einem Keimling beschickten Becher aufgesetzt werden kann, schneidet man einen radialen Schlitz zwischen Rand und Loch (anschließend mit Klebeband verschließen). Die beschickten, verschlossenen Becher werden gewogen ($\pm 0,1$ g) und im Licht (Klimakammer) aufgestellt. Nach 12/24/36 ... h werden die Ansätze erneut gewo-

---

[9] z. B. Artikel Nr. 75.570 und 76.571 der Fa. Sarstedt ($\rightarrow$ S. 445).

gen und durch Wasserzugabe (mit Pasteurpipette tropfenweise im Vermiculit verteilen) wieder auf das ursprüngliche Gewicht eingestellt.

3. *Messung der Wasserzustandsparameter und des Wachstums:* ψ kann entweder mit der SCHOLANDER-Bombe (ganzer, abgeschnittener Sproß; → Bd. 1: S. 157) oder nach der SCHARDAKOW-Methode (Hypokotylsegmente, → Experiment 7.6) bestimmt werden. Die Messung von π erfolgt am einfachsten am Preßsaft gefrorener/getauter Hypokotylsegmente mit einem Osmometer (→ Experiment 7.6). P_T wird als Summe von ψ und π berechnet. Der *Wassergehalt* wird als Differenz zwischen Frisch- und Trockenmasse bestimmt (→ Experiment 1.4). Die *Länge* der Keimlingsorgane (Hypkotyl, Epikotyl, Blätter, Wurzel) wird mit einem kleinen Lineal gemessen (± 1 mm). Die *Transpiration* läßt sich aus dem Gewichtsverlust berechnen. Diese Messungen werden in regelmäßigen Abständen (z. B. alle 2 d beim Austrocknungsexperiment und alle 24 h bei konstanten Streßbedingungen) an repräsentativen Stichproben (3–5 Pflanzen) durchgeführt.

Auswertung

Die gemessenen Parameter werden als Funktion der Zeit in ein Diagramm eingetragen. Mit Hilfe der Gleichung (1) (→ S. 175) kann man berechnen, wie sich π ändern würde, wenn sich ausschließlich der Wassergehalt des Gewebes änderte. Der Vergleich mit den gemessenen π-Werten erlaubt Rückschlüsse auf das Vorliegen von osmotischer Adaptation. Aufschlußreich ist auch der Vergleich zwischen der theoretischen Turgoränderung, die sich als Folge des ψ-Abfalls bei unverändertem π ergeben würde, und der tatsächlich eintretenden Turgoränderung.

Probleme (weiterführende Experimente)

1. Kann der Wasserzustand der Pflanzen auch durch Messung einer *Druck-Volumen-Kurve* (→ Bd. 1: S. 159) bestimmt werden? [Abgeschnittenen Sproß in SCHOLANDER-Bombe einsetzen und langsam unter Druck setzen, bis am Stumpf Exudat sichtbar wird. ψ_0 ablesen. Stumpf mit Watte abtupfen. Vorgewogenes Mikroreaktionsgefäß (0,5 ml, mit Watte gefüllt) über den Stumpf stülpen und Druck langsam um 2 bar erhöhen und ψ_1 ablesen. Wenn kein Exudat mehr austritt, z. B. nach 5 min, Gefäß abnehmen und verschließen. Neues Gefäß aufsetzen und Druck langsam um weitere 2 bar erhöhen, ψ_2 ablesen. Dieser Cyclus wird 6–8mal in 2-bar-Stufen wiederholt. Anschließend Sproß entnehmen, rasch wiegen und in feuchter Kammer in Wasser stellen, bis konstante Frischmasse erreicht ist. Nach Trocknung Trockenmasse bestimmen. Aus der Differenz zwischen maximaler Frischmasse und Trockenmasse ergibt sich die

Spanne von 100–0% relativem Wassergehalt (0–100% rWSD; → Bd. 1: Gl. 86, S. 163), innerhalb der die durch Wiegen der Auffanggefäße bestimmte, druckinduzierte Wasserabgabe eingeordnet und gegen $1/\psi$ aufgetragen werden kann. Diese Methode setzt voraus, daß der angeschnittene Stengel noch nicht hohl ist.]

2. Welchen Einfluß hat Wasserstreß auf das *Verhältnis zwischen Sproß- und Wurzelwachstum?* (Messung von Frisch- und Trockenmasse.)
3. Unterscheidet sich die *Wachstumszone* (oberes Drittel) von dem nicht mehr wachsenden Bereich (untere zwei Drittel) des Hypokotyls in bezug auf die Fähigkeit zur osmotischen Adaptation? (Hypokotyl in 3 gleichgroße Segmente zerlegen und diese getrennt aufarbeiten.)
4. Welchen Einfluß haben die *Kotyledonen* auf das Wachstum und die Fähigkeit zur osmotischen Adaptation? (Kotyledonen bei einem Teil der Versuchspflanzen entfernen. Dunkelkeimlinge verwenden, um die Interferenz mit der Photosynthese zu vermeiden.)
5. Wie verhalten sich *andere Kulturpflanzen* unter Wasserstreß? (z. B. *Phaseolus vulgaris, Zea mays, Hordeum vulgare, Brassica napus, Lycopersicon esculentum, Helianthus annuus.*)

8. Aufnahme und Translocation von anorganischen Ionen und organischen Molekülen

Vorbemerkungen

Obwohl auch die Blätter der höheren Landpflanze in begrenztem Umfang Stoffe durch ihre Oberfläche aufnehmen können, ist die Zufuhr von Ionen und Wasser normalerweise auf die Wurzel beschränkt. Dieses Organ ist morphologisch, histologisch und physiologisch hochgradig auf die Aufgabe spezialisiert, auch unter ungünstigen Bedingungen (Trockenheit, Nährstoffarmut) dem Boden ein Maximum an Wasser und gelösten Ionen (Nährelementen) zu entziehen und für den wachsenden Sproß zur Verfügung zu stellen. Der Transport der Ionenlösung von den Wurzelhaaren bis hin zum Zentralzylinder erfolgt teilweise im *Apoplasten* (Zellwandraum) und teilweise im *Symplasten* (Gesamtheit der mit Plasmodesmen verbundenen Protoplasten), so daß an bestimmten Stellen Membranen durchquert werden müssen, an denen durch *Transportkatalysatoren* (*carrier*) Ionen selektiv zurückgehalten oder angereichert werden können. Diese Ionen-carrier arbeiten entweder *passiv* (ohne Energieaufwand) oder *aktiv* (mit Energieaufwand, „Ionenpumpen"). Zur Erzeugung eines elektrochemischen Potentials an der Membran sind vor allem H^+-transportierende ATPasen (Protonenpumpen) von entscheidender Bedeutung. Die durch Protonenpumpen erzeugten Verschiebungen der H^+-Konzentration (*Protonengradienten*) können an günstigen Objekten direkt mit der pH-Elektrode gemessen werden. Die im Cortex der Wurzel aus der ursprünglichen Bodenlösung hergestellte „Nährlösung" wird in den Zentralzylinder sezerniert und in den toten Gefäßsträngen des *Xylems* zu den Orten des Verbrauchs im Sproß transportiert, wobei die Transpiration im Wasserpotentialgradienten zwischen Boden und Atmosphäre den wesentlichen Anteil der hierfür benötigten Energie liefert.

Neben diesem Transportsystem für die Versorgung mit Wasser und anorganischen Ionen besitzt die Pflanze in den Leitbündeln ein zweites Transportsystem, welches aus lebenden Zellen besteht. Die Siebröhren des *Phloems* sind darauf spezialisiert, organische Moleküle (vor allem Saccharose) an Orten des Überschusses aktiv aufzunehmen, mit Hilfe einer Massenströmung zu verschieben und an Orten des Bedarfs wieder abzugeben. Dieses Transportsystem für organische Nährstoffe ist in den Leitbündeln mit dem Wassertransportsystem assoziiert und leistet den Ferntransport von Assimilaten oder mobilisierten Reservestoffen innerhalb der Pflanze. Trotz vieler Bemühungen ist der Mechanismus der Siebröhrenbeladung und -entladung sowie die Steuerung dieser Prozesse bis heute noch nicht sehr gut bekannt. Es ist jedoch ziemlich sicher, daß auch hier Protonenpumpen maßgeblich beteiligt sind. Daher spielt u. a. die Messung von Protonenverschiebungen auch bei der experimentellen Untersuchung des Zuckertransports eine wichtige Rolle.

Literatur

Lüttge U, Higinbotham N (1979) Transport in plants. Springer, New York Heidelberg Berlin
Moorby J (1981) Transport systems in plants. Longman, London New York

Demonstrationsexperimente

8.1 (D) Modellversuche zum Mechanismus des Phloemtransports

Der Langstreckentransport der Assimilate von den Orten der Erzeugung (*source*, z. B. im assimilierenden Blatt) zu den Orten des Verbrauchs bzw. der Speicherung (*sink*, z. B. in der Wurzel oder Frucht) findet im *Siebröhrensystem* statt. Die Siebröhren der Angiospermen bestehen aus einzelnen Zellen, den *Siebelementen,* welche durch *Siebplatten* gegeneinander abgegrenzt sind. Die Siebelemente sind mit einer dünnen Plasmaschicht – mit Plasmamembran (Plasmalemma), aber fehlendem Tonoplast – ausgekleidet. Zur Wegsamkeit der Poren in den Siebplatten gibt es bis heute noch keine einheitlichen Vorstellungen.

In den Siebröhren findet ein rascher Transport von Assimilat (davon 90% als Saccharose) statt; die Geschwindigkeit liegt im Bereich von 50–200 cm · h^{-1}. Diffusion und Plasmaströmung sind viel zu langsam, um derartig hohe Geschwindigkeiten zu erzeugen. Nach der von MÜNCH (1927) aufgestellten *Druckstromtheorie* wird eine Lösungsströmung von einem hydrostatischen Druckgradienten durch die Siebröhren gepreßt. Dieser Druckgradient hat seine Ursache in osmotischen Prozessen bei der Beladung der

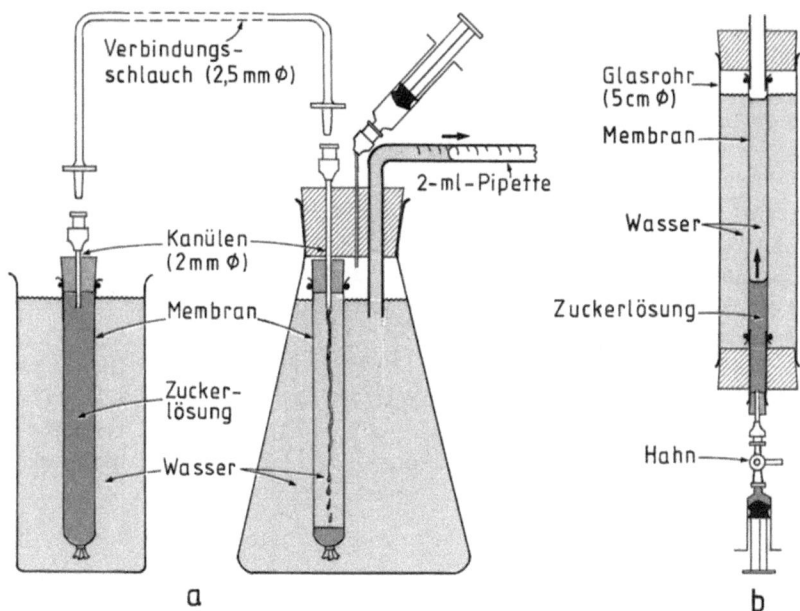

Abb. 32a, b. Versuchsanordnung zur Demonstration der Druckstromtheorie (**a**) und der Volumenstromtheorie (**b**, nach Eschrich und Heyser 1984)

Siebröhren an der *source* und ihrer Entladung am *sink:* Bei der Beladung sorgt ein osmotischer Wassernachstrom in die konzentrierte Lösung für einen Druckanstieg, während bei der Entladung auf entsprechende Weise ein Druckabfall eintritt. Die Druckstromtheorie läßt sich mit einem einfachen physikalischen Modell veranschaulichen (Abb. 32a).

Die entscheidende Frage ist, ob der durch die osmotischen Prozesse an *source* and *sink* etablierte Druckgradient (nicht mehr als einige bar) ausreicht, um den hohen Strömungswiderstand der Siebröhren (Kapillaren von 10–50 µm Durchmesser) über große Strecken zu überwinden, insbesondere, wenn es sich herausstellen sollte, daß die Siebporen nicht frei, sondern von Plasma erfüllt sind. Diese Schwierigkeit wird durch die von ESCHRICH (1972) formulierte *Volumenstromtheorie* gegenstandslos gemacht, welche von osmotischen Prozessen entlang der *gesamten* Transportstrecke ausgeht. Nach dieser Vorstellung kann eine Siebröhre im Prinzip an jeder beliebigen Stelle mit Saccharose beladen werden; der dort stattfindende osmotische Nachstrom von Wasser (Ausgleich der Wasserpotentialdifferenz zwischen Binnenlösung und Apoplast) sorgt für eine lokale, praktisch druckfreie

Zuckerbewegung durch Volumenvermehrung. Entnahme von Saccharose führt entsprechend zu einer lokalen Verminderung des Wasservolumens. Da Wasser durch Diffusion frei zwischen Apoplast und Binnenraum ausgetauscht werden kann, wandern die an der source aufgenommenen Wassermoleküle nicht gemeinsam mit den Saccharosemolekülen durch die Siebröhre, sondern bleiben praktisch stationär. Die Volumenstromtheorie ersetzt also den longitudinalen Druckgradienten durch unendlich viele transversale osmotische Gradienten und ist daher auch mit einem hohen Strömungswiderstand der Siebröhren verträglich. Auch dieser, zunächst wenig anschauliche Mechanismus läßt sich mit einem physikalischen Modell demonstrieren (Abb. 32 b).

Die Druckstrom- und die Volumenstromtheorie schließen sich nicht gegenseitig aus, sondern beschreiben die beiden Extremfälle einer durch *Wasserpotentialgradienten* $\Delta\psi = \Delta P - \Delta\pi$, → S. 173) angetriebenen Lösungsströmung, wobei entweder die Druckkomponente (ΔP) oder die osmotische Komponente ($\Delta\pi$) als alleinige treibende Kraft postuliert wird.

Literatur

Eschrich W, Heyser R (1984) Saccharosetransport im Phloem. Biologie in unserer Zeit 14:133–139

Durchführung

a) Modell zur Druckstromtheorie (→Abb. 32 a)
Zwei 12 cm lange Stücke Dialysierschlauch (16 mm Durchmesser[1]) werden kurz in Wasser gequollen, an einem Ende fest zugeknotet und mit dem anderen Ende über durchbohrte Gummistopfen gestreift (mit Gummiband fest verschnüren). Zur Erzeugung einer selektiv permeablen Membran werden beide Schläuche mit $K_4[Fe(CN)_6]$-Lösung gefüllt (Spritze mit dünner Kanüle) und 5 min in eine $CuSO_4$-Lösung gehängt (→ Experiment 7.1). Nach dem Ausspülen Saccharose-Lösung (1 mol · l^{-1}, mit EVAN's Blau tief dunkelblau anfärben) bzw. reines Wasser einfüllen (bis zum Überlaufen). Verbindungsschlauch mit Luersteckverbindungen[2] (1–3 m lang) mit Hilfe einer Spritze mit Wasser füllen, freies Schlauchende mit zuckerfreiem Membransäckchen verbinden. Spritze abnehmen, Schlauchende mit zuckerhaltigem Membransäckchen verbinden und Apparatur zusammensetzen. Mit der in den Stopfen des rechten Gefäßes eingestochenen Spritze kann der Wasserstand in der als Volumeter dienenden, abgewinkelten Pipette auf die Nullmarke einjustiert werden. Der Lösungsstrom zwischen beiden Säckchen läßt

---

[1] z. B. Visking Dialysierschlauch 20/32 von Serva (Kat.-Nr. 44110; → S. 445).
[2] z. B. Verlängerungsschlauch K 51 La von Pharmaseal (→ S. 444).

sich an der wandernden Front der Zuckerlösung beobachten und anhand der Meniskusverschiebung in der Pipette messen.

b) Modell zur Volumenstromtheorie[3] *(→Abb. 32b)*
Ein ca. 40 cm langes, gewässertes Stück Dialysierschlauch (6 oder 16 mm Durchmesser[1]) wird beiderseits mit Gummiband an passenden Glasstutzen befestigt und zwischen zwei durchbohrten Stopfen in einem Glasrohr ausgespannt. Der untere Stutzen wird mit einem Stopfen (mit Kanüle und Hahn) verschlossen. Innenraum mit $K_4[Fe(CN)_6]$-Lösung, Außenraum mit $CuSO_4$-Lösung füllen und 5 min warten (→ Experiment 7.1). Nach dem Auswaschen Außenraum und Innenraum mit Wasser bis 5 cm unter den oberen Rand füllen. Mit einer Spritze von unten *vorsichtig* gefärbte Saccharoselösung 10 cm hoch in den Innenraum unterschichten. Wasserstand beider Räume oben auf gleiches Niveau einstellen. Der osmotische (drucklose!) Volumenstrom kann am Hochsteigen der durch die Farbe markierten Grenze im Schlauch beobachtet werden. Der obere Stutzen kann mit einem Stopfen verschlossen werden oder offen bleiben. *Abwandlung:* Durch Einhängen eines an den Enden offenen Glasrohres in den Schlauch (1–2 mm dünner als der Schlauch, unteres Ende an der Front der Zuckerlösung) kann die Wanderung erheblich beschleunigt werden. Die gefärbte Lösung steigt nur im Raum zwischen Membran und Glasrohr. (Weshalb nicht auch innerhalb des Rohres?)

8.2 (D) Nachweis der Endodermisbarriere beim Wassertransport durch die Wurzel

Die pflanzliche Wurzel nimmt Wasser zunächst in den *Apoplasten* (freier Diffusionsraum der Zellwände von Rhizodermis und Cortex) auf. Dieser Raum ist nach innen durch den CASPARY-Streifen der Endodermiszellen abgedichtet. Um in den Apoplasten des Zentralzylinders (und damit in die Gefäße) zu gelangen, muß das Wasser die Endodermis auf *symplasmatischem* Weg durchqueren, d. h. es muß im Cortex die Plasmagrenzmembranen „nach innen" und im Zentralzylinder wieder „nach außen" passieren. Diese symplasmatische Barriere führt zu einer Reihe entscheidender Konsequenzen für den Wasser- und Ionentransport, z. B. zu aktiven Veränderungen in der Zusammensetzung der Stoffe, welche aus der Bodenlösung aufgenommen wurden. Viele Substanzen, z. B. der Apoplastenfarbstoff EVAN's

---

[3] Nach Eschrich W, Heyser R (1984) Biologie in unserer Zeit 14:133–139.

Blau, werden an dieser Grenze vollständig zurückgehalten. Der Farbstoff, der zum Nachweis des Volumenstromes von Wasser in den Gefäßen dient (→ Experiment 7.3), wird im folgenden Versuch zur Demonstration der Endodermisfunktion verwendet.

Durchführung

Einige junge Maispflanzen (auf Vermiculit im Dunkeln anziehen, 6–10 d alt; das Primärblatt sollte gerade entfaltet sein) werden vorsichtig aus ihrem Substrat gelöst und die Wurzeln ohne Beschädigung unter fließendem Wasser abgespült. Pflanzen mit der Wurzel in Becherglas mit EVAN's Blau-Lösung (2 g · l^{-1}) stellen. In Parallelansätzen Pflanzen mit halb oder ganz abgeschnittenen Wurzeln genauso behandeln. Nach einigen Stunden stellt man in verschiedenen Bereichen der Pflanzen (Wurzel, Mesokotyl, Koleoptile und Primärblatt) Querschnitte her und betrachtet die Schnittflächen unter dem Stereomikroskop bei 20- bis 40facher Vergrößerung. Welchen Einfluß hat das Abtöten der (intakten) Wurzel durch Eintauchen in kochendes Wasser oder die Vergiftung der Wurzelatmung durch Zusatz von KCN (1 mmol · l^{-1}) zur Farbstoff-Lösung?

8.3 (D) Lokalisierung der transportaktiven Zone der Wurzel und Demonstration der Stoffwechselaktivität bei der Ionenaufnahme

Die Fähigkeit zur Aufnahme von Wasser und Ionen ist nicht gleichmäßig entlang der Wurzel verteilt. Dies läßt sich durch bestimmte Farbreaktionen deutlich zeigen. An den Orten der maximalen *Wasseraufnahme* ist der Apoplast offen gegenüber dem Außenmedium (keine Cuticula). Dieser Bereich ist daher durch den Apoplastenfarbstoff EVAN's Blau (→ Experiment 7.3) spezifisch anfärbbar. Zum Nachweis der mit der Ionenaufnahme verbundenen *Atmungsaktivität* („Salzatmung") eignet sich die Tetrazoliumchlorid-Methode (Nachweis von Reduktionsaktivität durch Bildung von rot gefärbtem Formazan; → Experiment 5.9). Die Verteilung dieser Funktionen in der Wurzel wird im folgenden Experiment am Beispiel des Bohnenkeimlings demonstriert.

Durchführung

a) *Wasseraufnahme:* Keimlinge von *Phaseolus vulgaris* (auf Vermiculit und Wasser angezogen, 5–6 d alt) werden vorsichtig aus dem Substrat gelöst und mit der Wurzel für 5 min in eine EVAN's Blau-Lösung (5 g · l^{-1}) getaucht.

Wurzel kurz unter fließendem Wasser abspülen und in einer Petrischale mit Wasser unter dem Stereomikroskop (40×) analysieren.

b) *Reduktionsaktivität:* Wurzeln von jeweils zwei Keimlingen in Agarmedien der folgenden Zusammensetzung einbetten (in Petrischalen, wie bei Experiment 6.3 beschrieben): 1. Tetrazoliumchlorid (5 g · l^{-1}) in Wasser. 2. Tetrazoliumchlorid in K$_2$SO$_4$-Lösung (5 mmol · l^{-1}). Man registriere die Bildung und Verteilung des roten Farbstoffs unter dem Stereomikroskop (Unterseite der Petrischale) innerhalb der ersten Stunde und nach weiteren 6 h. (Die rasch eintretende Anfärbung an der Wurzelspitze markiert die Wachstumszone und steht vermutlich nicht in direktem Zusammenhang mit der Ionenaufnahme.)

Anmerkungen: Weitere Aufschlüsse über die Gewebespezifität der untersuchten Funktionen liefert die mikroskopische Auswertung von Handschnitten durch verschiedene Wurzelzonen. Durch Zusatz von Atmungsgiften (z. B. 1 mmol · l^{-1} KCN) kann man die Stoffwechselabhängigkeit der Prozesse überprüfen. Die Verteilung von K$^+$ in der Wurzel kann mit der bei Experiment 4.5 dargestellten Methode gezeigt werden: Wurzeln in der dort beschriebenen Serie von Bädern inkubieren (Co-Reagenz mit 10 Vol.% Essigsäure 1 : 10 verdünnen; vor dem (NH$_4$)$_2$S-Bad zweimal 10 min in reichlich Wasser waschen).

Analytische Experimente

8.4 (A) Salzinduzierte pH-Veränderungen in der Umgebung von Gerstenwurzeln [4]

Die Aufnahme von Ionen (Nährsalzen) aus der Bodenlösung durch Wurzeln ist häufig von H$^+$-Transportprozessen begleitet, welche sich als pH-Änderung in der Rhizosphäre auswirken. So spielt z. B. eine ATP-getriebene Protonenpumpe eine entscheidende Rolle beim Import von Kationen. Die Aufnahme von Anionen ist dagegen meist mit einer Anreicherung von OH$^-$ im Wurzelmedium verbunden. Der Zusammenhang zwischen Kationen- bzw. Anionenaufnahme und H$^+$-Transport ist allerdings noch weitgehend

---

[4] *Hordeum vulgare* (Poaceae), eine der ältesten Kulturpflanzen (ab 5000 v. Chr. nachgewiesen), heute in vielen Sorten vorwiegend als Futter- und Braugetreide angebaut.

unklar. Unbekannt ist vielfach auch, inwieweit z. B. die Sekretion von H^+ ein *elektrogener* Vorgang ist (d. h. elektrisch nicht kompensiert wird) oder als *elektroneutraler* Prozeß (Cotransport von H^+ und einem Anion bzw. Gegentransport von H^+ und einem Kation) erfolgt.

Salzinduzierte pH-Veränderungen in Zusammenhang mit der Ionenaufnahme lassen sich besonders drastisch am Beispiel des Stickstoff-haltigen Ionenpaars NH_4^+ und NO_3^- zeigen. NH_4^+-Aufnahme führt zu einer starken H^+-Abgabe (oder OH^--Aufnahme) durch die Wurzel; $(NH_4)_2SO_4$ gilt daher als „physiologisch saures" Nährsalz. Umgekehrt führt NO_3^--Aufnahme zu einer starken H^+-Aufnahme (oder OH^--Abgabe); KNO_3 gilt daher als „physiologisch basisches" Nährsalz. Die pH-Verschiebungen im Wurzelmedium lassen sich z. B. mit einer pH-Elektrode quantitativ messen (*Methode A*). Mit dem nachfolgend beschriebenen experimentellen Ansatz können auch die beteiligten Mechanismen an der Plasmamembran der Wurzel näher erforscht werden. Einen ersten Hinweis über die Beteiligung von Plasmamembran-ATPasen bei der H^+-Sekretion kann man z. B. durch den Einsatz spezifischer Inhibitoren dieser Protonenpumpen erhalten (→ Experiment 5.10).

Die Ansäuerung des Wurzelsubstrats durch aktive Protonensekretion fördert die Ionenaufnahme der Wurzel auch indirekt durch Mobilisierung der an den Bodenkolloiden adsorbierten Kationen (z. B. Ionenaustausch K^+ oder Ca^{2+} gegen H^+). Dieser Vorgang wird z. B. durch ein klassisches Experiment demonstriert, bei dem eine Wurzel auf einer polierten Marmorplatte kultiviert wird und dort nach einiger Zeit deutliche Ätzspuren hinterläßt. Die Ansäuerung der Rhizosphäre kann mit Hilfe eines geeigneten pH-Indikators (Bromkresolpurpur, Umschlag von gelb nach purpur im Bereich pH 5,2–6,8) sehr viel empfindlicher als durch die Auflösung von $CaCO_3$ nachgewiesen werden (*Methode B*, → Experiment 5.10). Dieses Verfahren erlaubt es darüber hinaus, die bei der Protonensekretion aktiven Bereiche der Wurzel direkt sichtbar zu machen.

Beide Methoden können z. B. zur Routine-Untersuchung der Wirkung von Phytotoxinen oder Umweltgiften (Schwermetalle, Herbizide) auf die Wurzelfunktion eingesetzt werden. Eine Erweiterung auf die Messung zusätzlicher Ionen (neben H^+) ist durch den Einsatz von anderen ionenselektiven Elektroden (z. B. für NO_3^-, NH_4^+, K^+, Cl^-; → Bd. 1: S. 145) leicht möglich.

Literatur

Lin W (1979) Potassium and phosphate uptake in corn roots. Further evidence for an electrogenic H^+/K^+ exchanger and an OH^-/P_i antiporter. Plant Physiol 63: 952–955

Mengel K, Schubert S (1985) Active extrusion of protons into deionized water by roots of intact maize plants. Plant Physiol 79: 344–348
Römheld V, Müller C, Marschner H (1984) Localization and capacity of proton pumps of intact sunflower plants. Plant Physiol 76: 603–606
Weisenseel MH, Dorn A, Jaffe LF (1979) Natural H^+ currents traverse growing roots and root hairs of barley (*Hordeum vulgare* L.). Plant Physiol 64: 512–518

A. Messung der pH-Veränderung im Wurzelmedium [5]

Material und Geräte

1. Junge Gerstenpflanzen (5–10 d alt, Anzucht auf Vermiculit und dest. Wasser im Licht als dichter Rasen; Sproßlänge 10–15 cm)
2. HOAGLANDsche Nährlösung (→ S. 440)
3. Stammlösungen verschiedener zu testender Nährsalze, z.B. $(NH_4)_2SO_4$ oder KNO_3 (0,1 mol · l^{-1})
4. Inhibitor-Lösungen: z.B. 10 mmol · l^{-1} DCCD [6] (in Ethanol lösen), 10 mmol · l^{-1} DES [6] (in Ethanol lösen), 0,1 mol · l^{-1} OVA [6], 0,1 mol · l^{-1} KCN, 10 mmol · l^{-1} 2,4-Dinitrophenol (in 50% Ethanol lösen). Bei OVA und KCN pH auf etwa 6,0 einstellen. (*Vorsicht, diese Substanzen sind stark giftig!*)
5. 50-ml-Bechergläser, plastikummantelter Bindedraht, Druckluftpumpe (Aquarienpumpe), dünne Injektionskanülen (0,5 mm), Magnetrührer mit 1 cm langem Rührstab, pH-Meter mit Glaselektrode und Schreiber [7].

Durchführung (Grundexperiment)

1. Je 20 kräftige Pflanzen werden vorsichtig aus dem Anzuchtgefäß entnommen, unter fließendem Leitungswasser von anhaftenden Vermiculitpartikeln befreit und mit Bindedraht zu einem Bündel gebunden, das mit einem „Drahthenkel" in einem 50-ml-Becherglas befestigt werden kann. Die Wurzeln sollen in 30 ml Nährlösung (1 : 100 verdünnt) eintauchen.
2. Gefäß mit einer Kanüle vom Grund her mit kräftigem Luftstrom begasen. Magnetrührer in Betrieb nehmen. Geeichte Glaselektrode (→ Bd. 1: S. 143) eintauchen (so, daß sie nicht unmittelbar mit den Luftblasen in Kontakt kommt). Schreiber auf pH-Bereich 3–8 einjustieren (Papiervorschub 2 cm · h^{-1}).
3. Nachdem sich ein konstanter pH-Wert eingestellt hat (u.U. erst nach einigen Stunden), wird das zu testende Nährion zugegeben (Endkonzentration 1 mmol · l^{-1}) und die pH-Kinetik über einige Stunden registriert.

---

[5] Nach Glass ADM, Siddiqi MY und Giles KI (1981) Plant Physiol 68: 457–459.
[6] DCCD = N,N'-Dicyclohexylcarbodiimid, DES = Diethylstilböstrol, OVA = Orthovanadat (Na_3VO_4); → Experiment 5.10.
[7] Optimal ist ein Versuchsaufbau mit zwei pH-Metern und einem Zweikanalschreiber, so daß stets eine unbehandelte Kontrolle parallel gemessen werden kann.

4. Die Wirkung der Inhibitoren wird getestet, indem diese, z. B. nach weiteren 3 h, zum laufenden Ansatz zugesetzt werden (Endkonzentrationen 50 µmol·l^{-1} DCCD, 50 µmol·l^{-1} DES, 0,1 mmol·l^{-1} KCN, 0,2 mmol·l^{-1} Dinitrophenol, 0,5 mmol·l^{-1} OVA). Man überzeuge sich von der Unwirksamkeit des zur Lösung verwendeten Ethanols.

Auswertung

Aus den gemessenen pH-Werten wird die Menge sezernierter (aufgenommener) Protonen pro Pflanze berechnet und als Funktion der Zeit in ein Diagramm eingetragen.

B. Qualitativer Nachweis und Lokalisierung der pH-Veränderung an der Wurzeloberfläche[8]

Material und Geräte

1. Junge Gerstenpflanzen (wie bei A)
2. Indikator-Agarmedium (100 ml): 0,2 g·l^{-1} Bromkresolpurpur und 1 mmol·l^{-1} des zu testenden Nährions [z. B. 0,5 mmol·l^{-1} (NH$_4$)$_2$SO$_4$ oder 1 mmol·l^{-1} KNO$_3$] lösen und mit 0,1 mol·l^{-1} NaOH auf pH 6,0 einstellen. 7,5 g·l^{-1} Agar (gereinigt) zusetzen und durch Erwärmen lösen (Wasserbad). Das Medium soll kräftig rot gefärbt sein. Kontrollmedium ohne Salzzusatz herstellen.
3. Petrischalen (Plastik, 9 cm).

Durchführung (Grundexperiment)

1. Die Wurzeln einer Gerstenpflanze werden von anhaftendem Vermiculit befreit, mit dest. Wasser gewaschen und feucht am Boden einer Petrischale fächerförmig ausgebreitet, welche auf einem feuchten (kalten) Tuch steht. Vorsicht, Wurzeln nicht verletzen!
2. Das auf 35 °C abgekühlte, noch flüssige Agarmedium wird in einer Schicht von etwa 3 mm Dicke über die Wurzeln gegossen. In gleicher Weise werden die Wurzeln einer Pflanze in Kontrollmedium eingebettet.
3. Nach dem Erkalten Schalen abdecken und die Verfärbung des Agars entlang der eingebetteten Wurzeln während der nächsten 2–3 h verfolgen. Der Farbumschlag ist am besten bei Betrachtung vor einem hellen, weißen Hintergrund zu erkennen. In welchen Wurzelzonen tritt ein Farbumschlag auf?

---

[8] Nach Marschner H, Römheld V, Ossenberg-Neuhaus H (1982) Z Pflanzenphysiol 105: 407–416.

Probleme (weiterführende Experimente)

1. Wie könnte man die *Menge an sezernierten Protonen* genauer als durch pH-Messung bestimmen? (→ Experiment 4.10.) Weshalb ist die Säurekonzentration nur *näherungsweise* aus der pH-Messung zu berechnen?
2. Hat die *Stickstoffquelle,* auf der die Pflanzen gewachsen sind, einen Einfluß auf die Kapazität zur Aufnahme von NH_4^+ bzw. NO_3^-? (Pflanzen auf Nährlösung mit NH_4^+ oder NO_3^- als einziger Stickstoffquelle anziehen.)
3. Ist die Wurzel auch zur Aufnahme von *Zucker* (z. B. Saccharose) befähigt? Spielt dabei die Sekretion von H^+ eine Rolle? (→ Experiment 8.5.)
4. Welche Wirkung hat *Salzstreß* ($0,05-0,2$ mol · l^{-1} NaCl) und *Wasserstreß* (1–10 bar Mannit; → Tabelle 4, S. 186) auf die NH_4^+-induzierte H^+-Sekretion? Unterscheiden sich *Gerste* und *Weizen* in ihrer Fähigkeit, mit Salz- oder Wasserstreß fertig zu werden?

8.5 (A) Protonenpumpe und aktive Zuckeraufnahme am Scutellum von Maiskeimlingen [9]

Die energieabhängige Aufnahme von Zucker und anderen Anelektrolyten in pflanzliche Zellen erfolgt wahrscheinlich stets in Form eines Cotransports mit H^+ (Symport) und kann daher durch eine Protonenpumpe mit Energie gespeist werden. Dieser *indirekt aktive* Transportprozeß besteht demnach aus zwei gekoppelten carrier-Systemen (Abb. 33):

1. Ein Transportsystem für H^+ (*H^+-ATPase, Protonenpumpe*) sezerniert aktiv (endergonisch, „bergauf") unter ATP-Hydrolyse H^+ durch die Plasmamembran nach außen. Dieser elektrogene Vorgang führt zu einer Akkumulation von H^+ im Außenmedium (pH-Gradient) und zu einer Erhöhung des Membranpotentials (innen negativ, z. B. $\Delta E_M = -100$ mV), welche jedoch durch den Einstrom von K^+ weitgehend kompensiert werden kann. Daher hat K^+ (außen) eine fördernde Wirkung auf die Aktivität der Protonenpumpe. Inhibitoren der Protonenpumpe (z. B. *Protonophoren,* machen die Membran permeabel für H^+) verhindern die Ausbildung des pH-Gradienten. Ein solcher Inhibitor („Entkoppler", → Experimente 4.7, 5.12) ist z. B. CCCP (Carbonylcyanid-3-chlorphenylhydrazon).
2. Ein davon räumlich unabhängiger carrier transportiert exergonisch („bergab") Zuckermoleküle zusammen mit H^+ in das Cytoplasma. Durch Kopplung der beiden carrier-Systeme wird der Gesamtprozeß exergonisch

---

[9] *Zea mays* (Poaceae), → Experiment 2.4.

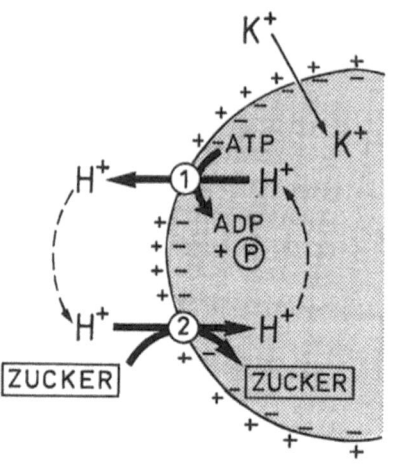

Abb. 33. Kopplung von Protonenpumpe (carrier 1) und Zucker/H^+-Cotransport (carrier 2) bei der indirekt aktiven Zuckeraufnahme an der Plasmamembran. Das Membranpotential (innen negativ) ist durch Plus- und Minus-Zeichen angedeutet

und erlaubt daher eine Akkumulation von Zucker in der Zelle. Die Kopplung läßt sich z. B. dadurch zeigen, daß die Induktion des Zuckertransports durch Zugabe von Zucker einen partiellen Abbau des pH-Gradienten (und eine Depolarisierung des Membranpotentials) zur Folge hat. Allerdings wird diese Belastung der Protonenpumpe meist rasch durch eine erhöhte H^+-Sekretion ausgeglichen, so daß man nur eine vorübergehende pH-Erhöhung im Außenmedium beobachten kann. Im Fließgleichgewicht arbeitet dieses gekoppelte System mit einem konstanten pH-Gradient, konstantem Zuckereinstrom und konstantem ATP-Verbrauch.

Ein derartiges Aufnahmesystem für Zucker hat man z. B. im *Scutellum* der Gramineenkeimlinge gefunden. Dieses charakteristische Jugendorgan vermittelt den Transport der im Endosperm durch Stärkehydrolyse freigesetzten Maltose in den wachsenden Embryo. Die Maltose wird resorbiert, in Saccharose umgewandelt und diese wiederum aktiv in die Siebröhren des Phloems sezerniert. Das Scutellum ist in dieser Hinsicht den Kotyledonen des *Ricinus*-Keimlings (→ Experiment 5.8) vergleichbar, welche über ein entsprechendes Aufnahmesystem verfügen. Das Zuckeraufnahmesystem des Scutellums ist bisher nur unvollständig erforscht. Man weiß z. B., daß es neben Maltose auch Saccharose und einige andere Zucker transportieren kann. Disaccharide werden ohne vorherige Hydrolyse aufgenommen. Für Saccharose wurde eine MICHAELIS-Konstante von 20 mmol · l^{-1} gemessen. Zuckerzugabe löst im Scutellum eine aerobe Fermentation (alkoholische Gärung) aus, welche vermutlich an der Bereitstellung von ATP für die Protonenpumpe beteiligt ist.

Literatur

Humphreys T (1978) A model for sucrose transport in the maize scutellum. Phytochemistry 17: 679–684

Komor E (1982) Transport of sugar. In: Loewus FA, Tanner W (eds) Encycl Plant Physiol NS, vol 13 A, Springer, Berlin Heidelberg New York, pp. 635–676

A. Messung der H^+-Pumpaktivität

Material und Geräte

1. Maiskeimlinge: für 4–5 d bei 25 °C im Dunkeln auf Vermiculit angezogen (Sproß ca. 10 cm lang).
2. KCl-Lösung (0,15 mol · l^{-1})
3. Saccharose-Lösung (0,75 mol · l^{-1})
4. CCCP-Lösung (1,5 mmol · l^{-1} in Ethanol)
5. pH-Meter mit Glaselektrode [10] und Schreiber, Druckluftpumpe (Aquarienpumpe), dünne Injektionskanüle (0,5 mm), 5-ml-Rollrandgläschen (2 cm Durchmesser), Skalpell, Kolbenpipetten (10, 100 µl).

Durchführung (Grundexperiment)

1. *Präparation der Keimlinge:* Die Keimlinge werden vorsichtig aus dem Vermiculit entnommen und die Wurzeln dicht am Korn abgeschnitten. Dann schneidet man mit einem Skalpell die dem Embryo abgewandte Hälfte des Korns weg. Das restliche Endosperm (+ Perikarp) läßt sich nun, am einfachsten mit dem Daumennagel, entfernen, ohne die Embryoachse oder das Scutellum zu beschädigen. Die präparierten Keimlinge werden unter fließendem Wasser gut abgespült und 1 h in einem Becherglas mit dest. Wasser stehen gelassen.

2. *Meßansatz:* 5 Keimlinge werden in ein Rollrandgläschen gestellt, so daß die Scutelli am Boden aufstehen. 1,5 ml dest. Wasser zugeben und durch eine eintauchende Kanüle mit einem schwachen Luftstrom von der Pumpe begasen. pH-Elektrode (geeicht, → Bd. 1: S. 144) einführen, so daß das Diaphragma untergetaucht ist. Schreiber anschließen und Meßbereich so wählen, daß die volle Schreiberbreite das Intervall pH 3 bis pH 6 anzeigt. Papiervorschub 2 cm · h^{-1}. Der pH-Wert stabilisiert sich nach kurzer Zeit bei 5–6 und sinkt dann innerhalb der nächsten Stunden stark ab.

3. *Abhängigkeit von K^+:* Wenn sich ein konstanter pH-Abfall eingestellt hat, stellt man den Papiervorschub kurzzeitig auf 20 cm · h^{-1} und gibt dem Ansatz 100 µl KCl-Lösung zu (Endkonzentration: 10 mmol · l^{-1}). Erwartung: Der pH-Abfall wird beschleunigt.

---

[10] Mikroelektrode (5 mm Schaftdurchmesser), z.B. Amagruss Typ EC-1910 von Starna (→ S. 445).

4. *Abhängigkeit von Saccharose:* Wenn pH 4,0 erreicht ist, gibt man 200 µl Saccharose-Lösung zu (Endkonzentration: 100 mmol · l^{-1}). Erwartung: Das pH steigt vorübergehend an (ca. 0,2 Einheiten).

5. *Abhängigkeit von der Aktivität H^+-translocierender ATPasen:* Wenn das pH seinen tiefsten Wert erreicht hat (pH ≈ 3,5), gibt man 10 µl CCCP-Lösung zu (Endkonzentration: 10 µmol · l^{-1}). Erwartung: Das pH steigt rasch und irreversibel an.

B. Messung der Zuckeraufnahme

Material und Geräte

1. Maiskeimlinge mit freipräpariertem Scutellum (→ Teil A)
2. Saccharose-Lösung (0,75 mol · l^{-1})
3. Anthron-Reagenz (→ Experiment 1.13)
4. Inkubationsgläschen mit Belüftung wie im vorigen Versuch (→ Teil A), Kolbenpipetten (10, 20, 100, 200, 1000 µl), halbhohe Reagenzgläser, Wasserbad (100 °C), Photometer (578 oder 620 nm), Glasküvette (1 cm, 1 ml).

Durchführung (Grundexperiment)

Die wie im vorigen Versuch präparierten Keimlinge werden in 1,5 ml dest. Wasser unter Belüftung inkubiert. Nach 1 h erfolgt die Zugabe von 10 µl Saccharose-Lösung (Endkonzentration: 5 mmol · l^{-1}). Man entnimmt dem Ansatz 10-µl-Proben kurz vor bzw. 0,1/1/2/3/4/5 h nach der Saccharosezugabe und pipettiert sie in vorbereiteten Reagenzgläsern zu 200 µl dest. Wasser. Diese verdünnten Proben werden, zusammen mit einer Standardreihe (0/50/100 nmol Saccharose in 200 µl), mit der Anthron-Methode auf ihren Zuckergehalt untersucht (1 ml Anthron-Reagenz zugeben, mischen, 15 min bei 100 °C, abkühlen, Extinktion bei 578 oder 620 nm messen; → Experiment 1.13).

Auswertung

Die Extinktionswerte werden, nach Abzug des Leerwertes, mit Hilfe der Eichgeraden in die Einheit [mol Saccharose · h^{-1} · Scutellum^{-1}] umgerechnet und daraus die Kinetik der Zuckeraufnahme bestimmt.

Probleme (weiterführende Experimente)

1. Wie hoch ist die Aktivität der H^+-Pumpe *bei konstantem pH?* [pH-Stat-Experiment: Man titriert in kurzen Abständen, z. B. 15 min, den pH-Abfall mit NaOH (10 mmol · l^{-1}), so daß der pH-Wert im Intervall von z. B.

4,0–4,2 bleibt, und berechnet aus der verbrauchten Menge Lauge die Intensität der H^+-Sekretion [mol $H^+ \cdot h^{-1} \cdot$ Scutellum^{-1}]. Auf diese Weise läßt sich auch die *pH-Abhängigkeit* der H^+-Sekretion bestimmen.]
2. Wird die H^+-Pumpe auch durch *andere Kationen* als K^+ (z.B. Na^+, Ca^{2+}) aktiviert?
3. *Welche Zucker* werden durch das Transportsystem des Scutellums aktiv aufgenommen? (Es können z.B. Mannose, Glucose, Fructose, Mannit oder nicht metabolisierbare Zucker wie 3-O-Methylglucose oder 2-Desoxy-D-Glucose getestet werden.)
4. Wo liegt das *pH-Optimum* für die aktive Zuckeraufnahme des Scutellums?
5. Plasmamembran-ATPasen werden spezifisch durch *Diethylstilböstrol* (*DES*) und *Dicyclohexylcarbodiimid* (*DCCD*) gehemmt. Wie wirken diese Substanzen (100 µmol $\cdot l^{-1}$; in Ethanol lösen) auf das Scutellum-System? Kann man mit diesen Inhibitoren (oder mit CCCP) eine Umkehrung des Zuckertransports (Abgabe ins Medium) erzwingen?

8.6 (A) Phloembeladung und Zuckerferntransport im Maisblatt[11]

Der Transport organischer Moleküle in den Siebröhren des Phloems erfolgt stets von der Quelle (*source*) zur Senke (*sink*). Die Lösungsströmung wird durch aktive, osmotisch wirksame Prozesse bei der Beladung und Entladung der Siebröhrenglieder bewirkt (→ Experiment 8.1) und ist daher im Prinzip unabhängig von der morphologischen Polarität der Transportstrecke. Ein sehr gut geeignetes Objekt zum Studium des Phloemtransports ist das Maisblatt, das von ESCHRICH und Mitarbeitern zu diesem Zweck in die Forschung eingeführt wurde. Durch einfache Maßnahmen lassen sich aus Maisblättern homogene, linear transportierende Fragmente gewinnen, bei denen source und sink experimentell manipuliert werden können: Durch Fütterung von Zucker oder durch Photosynthese kann ein bestimmter Blattabschnitt zur source gemacht werden; umgekehrt bewirkt Verarmung an Zucker bzw. Verhinderung der Photosynthese einen sink.

Der Transport von Zucker im Phloem läßt sich naturgemäß besonders empfindlich mit radioaktiven Tracern nachweisen (→ Experiment 4.9). Im folgenden Experiment wird eine technisch weniger aufwendige, ebenfalls sehr instruktive Nachweismethode verwendet. Mais gehört zu den C_4-*Pflanzen* und akkumuliert daher in den die Leitbündel umgebenden Scheidenzel-

---

[11] *Zea mays* (Poaceae), → Experiment 2.4.

len erhebliche Mengen an *transitorischer Stärke* (→ Experiment 4.4), wenn ein Überschuß an Zucker angeliefert wird. Diese Situation tritt z.B. dann auf, wenn ein sink aufgefüllt wird. Die Stärke-akkumulierenden Leitbündelscheiden lassen sich durch die Jodstärkereaktion (→ Experiment 1.5) sichtbar machen.

Literatur

Heyser W, Leonard O, Heyser R, Fritz E, Eschrich W (1975) The influence of light, darkness, and lack of CO_2 on phloem translocation in detached maize leaves. Planta 122: 143–154

Material und Geräte

1. Maispflanzen (einige ältere Pflanzen mit ausgewachsenen Blättern; Anzucht in Plastikeimern im Freiland oder Gewächshaus bei guter Belichtung)
2. NaOH-Lösung (200 g · l^{-1}) oder Natronkalk (NaOH auf Träger, gekörnt)
3. K-Phosphatpuffer (1 mmol · l^{-1}, pH 6,0)
4. Saccharose-Lösung (0,1 mol · l^{-1}, in Phosphatpuffer lösen)
5. Ethanol (80 Vol.%)
6. Jod-Lösung (→ Experiment 1.5)
7. Leuchte für grünes Sicherheitslicht (→ Bd. 1: S. 78), Exsiccator (≥ 20 cm Innendurchmesser)[12], Styroporblock (15 × 12 × 4 cm) mit Bohrungen zur Aufnahme von 5 Paaren 7-ml-Rollrandgläschen (→Abb. 34a), 2 Petrischalendeckel (10 cm Durchmesser, mit ebenen Randflächen), Vaseline, Weißlichtquelle (etwa 20 klx), Heizplatte, Glasschale, Stereomikroskop (20 ×).

Durchführung[13] (Grundexperiment)

1. *Gewinnung von Blattstreifen:* Die Pflanzen werden vor Versuchsbeginn für 2 d ins Dunkle gestellt, damit die Blätter an Stärke verarmen. Unter grünem Sicherheitslicht (oder zumindest im schwachen Dämmerlicht) werden junge, ausgewachsene Blätter abgeschnitten und sofort in einen Eimer mit Wasser gestellt. Durch Zurückschneiden von Basis und Spitze unter Wasser werden Abschnitte von 17 cm Länge aus dem mittleren Blattbereich hergestellt. Durch Reißen von *unten nach oben* entlang der Mittelrippe werden die beiden Spreitenhälften isoliert. An jeder Hälfte wird durch Reißen von *oben nach unten* der Blattrand entfernt. Aus den Blattstücken werden ebenfalls durch Reißen etwa 12 mm breite Streifen hergestellt. Auf diese Weise erhält man homogene Blattfragmente, welche ausschließlich durchgehende Leit-

---

[12] Für umfangreichere Ansätze eignet sich besser eine größere, rechteckige Schale mit ebenem Rand, welche mit einer Glasplatte luftdicht abgeschlossen werden kann (Schliffett). Zur Absorption von CO_2 kann Natronkalk dienen.
[13] Nach Eschrich W (1975) Transport im Phloem. Biologie in unserer Zeit 5: 26–28 (verändert).

bündel enthalten. Basales Ende der Streifen durch eine kleine Kerbe markieren. (Man sollte sich bei dieser Gelegenheit anhand von mikroskopischen Handschnitten auch Klarheit über die Anatomie des Maisblattes verschaffen.)

2. *Inkubation:* Die Blattstreifen werden in einem Exsiccator flach auf einen Styroporblock ausgelegt, wobei ihre beiden Enden in Rollrandgläschen mit 5 ml Puffer- bzw. Saccharose-Lösung eintauchen (Abb. 34a). Die Gläschen werden nach folgendem Plan beschickt (Pfeilspitze = apikales Ende des Blattstreifens):

Puffer → Puffer
Puffer ← Puffer
Saccharose → Puffer
Saccharose ← Puffer
Saccharose ← Saccharose

Dann werden vorsichtig 200 ml NaOH-Lösung auf den Boden des Exsiccators pipettiert, der Deckel dicht aufgelegt (Schlifffett!) und der Ansatz 7–8 h ins Licht gestellt (20–25 °C). Ein Blattstreifen wird sofort auf Stärke untersucht (siehe unten).

3. *Stärkenachweis:* Die Blattstreifen werden entnommen, 1 min in kochendes Wasser getaucht und in heißem Ethanol entfärbt. Blattstreifen in einer

Abb. 34 a, b. Experimentelle Anordnungen zum Phloemtransport in Maisblattstreifen. a In einen Styroporblock werden zwei Reihen gegenüberliegender Löcher zur Aufnahme von Rollrandgläschen gebohrt (Korkbohrer). Der mit Blattstreifen beschickte Block soll in einem Exsiccator (mit NaOH zur Absorption von CO_2) Platz finden. b Ein Blattstreifen wird in der Mitte zwischen zwei Petrischalendeckel (Glas, 10 cm Durchmesser, mit ebenen Randflächen) luftdicht eingeklemmt (Vaseline als Dichtmittel). In der Kammer wird CO_2 durch NaOH-getränktes Filterpapier (oder Natronkalk) entfernt

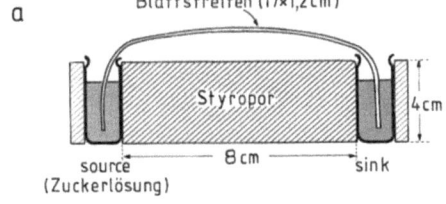

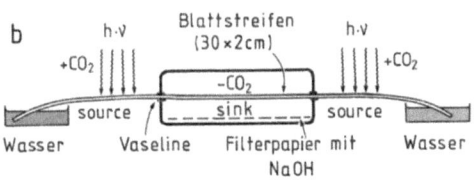

Schale mit wenig Wasser flach ausbreiten und mit Jod-Lösung übergießen. Die stärkehaltigen Bereiche geben sich als blauschwarz gefärbte Zonen zu erkennen. Unter dem Stereomikroskop sind die stärkehaltigen Leitbündelscheiden deutlich zu erkennen (gegen einen weißen Hintergrund).

Dieses Experiment kann so abgewandelt werden, daß die Phloembeladung nicht durch exogenenen, sondern durch photosynthetisch produzierten Zucker erfolgt. Man bringt die mittlere Zone eines etwa 30 cm langen Blattstreifens, dessen beide Enden in Wasser eintauchen, in eine CO_2-freie Kammer (Blattstreifen zwischen zwei Petrischalendeckel mit Vaseline-beschichteten Randflächen luftdicht einspannen; in der Kammer befinden sich 3 Lagen NaOH-getränktes Filterpapier oder 1 g Natronkalk; Abb. 34b). Der Ansatz wird für 7–8 h in hellem Weißlicht gehalten. In diesem symmetrischen Transportexperiment lassen sich gleichzeitig akropetaler und basipetaler Transport zu einem experimentell induzierten sink studieren.

Probleme (weiterführende Experimente)

1. Mit welcher *Geschwindigkeit* schreitet die Stärkesynthese in den Blattstreifen voran? (Auswertung nach 0/2/4/6/8/10 h unter dem Stereomikroskop.)
2. Findet eine *Querverschiebung* des Zuckers im Blatt während des Transports statt? [a) aufnehmendes Blattstreifenende in der Mitte längs einreißen und eine Hälfte in Saccharose-Lösung, die andere in Puffer-Lösung hängen. b) Blattstreifen 5 cm vom aufnehmenden Ende entfernt mit einer heißen Pinzette halbseitig kurz zusammenpressen, um das Gewebe lokal abzutöten. *Anmerkung:* Parallel läßt sich an derartig behandelten Blattstreifen der *Wassertransport* mit Hilfe des Farbstoffs EVAN's Blau demonstrieren; → Experiment 7.3.]
3. Findet der Transport von Zucker auch im *verdunkelten Blatt* statt? [a) Standardansatz im Dunkeln durchführen. b) Blattstreifen auf einem 2 cm langen Abschnitt hinter der Aufnahmestelle mit Aluminiumfolie beidseitig abdecken und im Licht inkubieren.]
4. Können neben Saccharose auch *andere Zucker* oder *Zuckeralkohole* transportiert (und zur Stärkesynthese verwendet) werden? (Zufuhr von z. B. Raffinose, Maltose, Lactose, Glucose, Fructose, Mannose, Sorbose, Galactose, Mannit, Sorbit, Glucose-1-Phosphat anstelle von Saccharose.)
5. Wie muß der Versuchsaufbau in Abb. 34b modifiziert werden, um den Transport von photosynthetisch neu synthetisiertem Zucker mit Hilfe von $^{14}CO_2$-*Fütterung* zu studieren? (→ Experiment 4.9.)

9. Phytohormone

Vorbemerkungen

Phytohormone sind niedermolekulare Substanzen, welche in der mehrzelligen Pflanze produziert werden, um in bestimmten (kompetenten) Zellen Stoffwechsel- und Entwicklungsprozesse zu regulieren. Sie sind „katalytisch" wirksam, d. h. sie werden bei ihrer Wirkung nicht verbraucht, sondern entfalten ihre physiologischen Effekte durch reversible Bindung an spezifische Rezeptormoleküle, von denen eine metabolische Signalkette zu den betroffenen Zellfunktionen führt. Phytohormone werden häufig (aber nicht immer) in bestimmten Pflanzenorganen synthetisiert und zu ihrem Wirkort in andere Organe transportiert; sie dienen in diesem Fall der Integration zwischen den verschiedenen Teilen des Kormus. Die wirksamen Konzentrationen sind sehr niedrig (meist im Bereich von $10^{-9}-10^{-5}$ mol · l^{-1}). Es sind bisher fünf Phytohormone (Hormonklassen) bekannt geworden (*Auxine, Gibberelline, Cytokinine, Abscisinsäure* und *Ethylen*), welche vielfältige, spezifische Wirkungen auf Pflanzen besitzen. Die auffälligsten Phytohormonwirkungen betreffen die verschiedenen Formen des pflanzlichen Wachstums; daher werden diese Substanzen auch häufig als „Wuchsstoffe" oder „Wachstumsregulatoren" bezeichnet. Es ist bisher nur in ersten Ansätzen gelungen, die molekularen Mechanismen der Phytohormonwirkung aufzuklären. Nur in wenigen Fällen kennt man „Bindungsstellen" an Zellmembranen, welche vermutlich auf Hormonreceptoren zurückgehen. In einigen Fällen ist bewiesen, daß Phytohormonwirkungen über die Aktivierung oder Inaktivierung bestimmter Gene verlaufen.

Für die Entdeckung, Isolierung und quantitative Messung von Phytohormonen wurden früher fast ausnahmslos *Biotests* eingesetzt (→z. B. Experiment 9.14). Durch die modernen Methoden der analytischen Biochemie, z. B. die Hochdruck-Flüssigkeitschromatographie oder immunologische Nachweisverfahren, sind die Biotests heute weitgehend abgelöst worden. Obwohl es heute kein Problem bereitet, die niedrigen endogenen Phytohormonpegel in pflanzlichem Material genau zu bestimmen, sind solche Messungen meist nicht einfach im Sinne von *Wirkkonzentrationen* zu interpretieren. Dies beruht z. B. darauf, daß viele Phytohormone in inaktiver Form gespeichert werden können (z. B. als Konjugate in den Zellvakuolen). Für die Untersuchung der *Hormonwirkungen* benützt man in der Regel Objekte (z. B. isolierte Segmente aus Sproßachsen, Blättern oder Wurzeln), welche ein bestimmtes Hormon nicht produzieren, dafür aber eine stark ausgeprägte *Kompetenz* dafür besitzen. Unter diesen Bedingungen kann die spezifische Signalkette durch eine experimentelle Zufuhr des Hormons von außen ausgelöst und im einzelnen analysiert werden. Man muß sich jedoch darüber im klaren sein, daß derartige Experimente nicht notwendigerweise die Regulationsprozesse in der intakten Pflanze widerspiegeln.

Anmerkung: Neben den in diesem Kapitel beschriebenen Versuchsbeschreibungen handeln die Experimente 10.5, 10.8, 11.4, 12.2, 12.5, 12.7, 14.2, 14.6, 14.7, 14.10 und 16.13 von Phytohormonen.

Literatur

Davies PJ (ed) (1987) Plant hormones and their role in plant growth and development. Martinus Nijhoff, Dordrecht
Moore TC (1979) Biochemistry and physiology of plant hormones. Springer, New York Heidelberg Berlin
Sembdner G, Schneider G, Schreiber K (eds) (1987) Methoden zur Pflanzenhormonanalyse. Springer, Berlin Heidelberg New York

Demonstrationsexperimente

9.1 (D) Multiple Wirkung von Auxin in der Sproßachse von Bohnenkeimlingen[1]

Auxin wurde zunächst durch seine Wirkung als „Wuchsstoff" bekannt, da die Steigerung des Zellängenwachstums eine der auffälligsten Effekte dieses Hormons ist. Heute weiß man, daß Auxin auch bei einer Vielzahl weiterer physiologischer Prozesse eine Schlüsselstellung als Regulatorsubstanz einnimmt, z. B. bei der *Zellteilung,* der *Regeneration von Adventivwurzeln*

---

[1] Gartenbohne, *Phaseolus vulgaris* (Fabaceae); → Experiment 4.9.

(→ Experiment 14.7), der *Wachstumskorrelation* zwischen End- und Seitenknospen (apikale Dominanz, → Experiment 10.5) oder der *Kambiuminduktion* und *Xylemdifferenzierung* in der Sproßachse (→ Experiment 14.8). Man muß daher dem Auxin eine *multiple Wirksamkeit* im Organismus zuschreiben. Die verschiedenen Auxineffekte treten jedoch nicht notwendigerweise gemeinsam auf; ihre Ausprägung hängt vielmehr von der spezifischen Reaktionsfähigkeit (*Kompetenz*) der Zellen ab, auf die das Auxin trifft. Die Kompetenz, auf Auxin in bestimmter Weise zu reagieren, ist eine vorgegebene Eigenschaft der Zellen, die sich während der Entwicklung in den verschiedenen Geweben einer Pflanze stark ändern kann. Auxin ist also im Prinzip ein *unspezifischer Auslöser* eines durch andere Faktoren festgelegten *Kompetenzmusters* in der Pflanze. Nur so kann man verstehen, daß sich z. B. eine Protoxylemzelle unter dem Einfluß von Auxin zu einer verholzten Xylemzelle umdifferenziert, während sich gleichzeitig eine direkt benachbart liegende Markparenchymzelle unter dem Einfluß von Auxin lediglich in die Länge streckt und sonst keine auffälligen Veränderungen zeigt.

An der Sproßachse von Bohnenkeimlingen kann man durch Applikation von exogenem Auxin vier verschiedene Wirkungen des Hormons demonstrieren: 1. die Förderung des *Streckungswachstums*, 2. die Hemmung des *Austreibens von Seitenknospen*, 3. die Induktion des *sekundären Dickenwachstums* und Bildung von verholzten *Xylemelementen* durch ein neu angelegtes interfasciculäres Kambium und 4. die Bildung von *Wundkallus*. Hierzu ist es notwendig, im Experiment die endogene Auxinquelle (Plumula) zu entfernen und durch eine künstliche Auxinquelle zu ersetzen.

Durchführung

Junge Pflanzen von *Phaseolus vulgaris* (6 d im Licht auf feuchtem Vermiculit anziehen; die Hypokotyle sollten 8–10 cm lang und das Epikotyl mit den Primärblättern noch zwischen den Kotyledonen verborgen sein) werden direkt unter dem Ansatz der Primärblattstiele dekapitiert ohne die Kotyledonen abzubrechen. Das 2–3 mm lange Epikotyl (Achsenabschnitt zwischen Kotyledonen und Primärblattansatz) sollte vollständig an der Pflanze verbleiben. Bei jeweils 5 Pflanzen wird entweder IES-haltige Wuchsstoffpaste (1 mmol · l^{-1} IES, → Experiment 9.11) oder IES-freie Kontrollpaste auf den Wundstumpf appliziert (etwa 5 mg). Fünf weitere Pflanzen bleiben intakt. Ansätze im Licht weiter wachsen lassen und das Streckungswachstum des Epikotyls bei den 3 Gruppen von Pflanzen verfolgen. Nach 3 und 6 d frische Paste auf den Wundstumpf applizieren. Nach 5–8 d kann man die verschiedenen Effekte der IES deutlich erkennen. Zur Analyse der histologischen Veränderungen im Epikotyl stellt man aus der Mitte des Organs mit einer Rasierklinge dünne Querschnitte her und führt auf einem Objektträger eine Anfärbung des Lignins mit Phloroglucin (1 g pro 100 ml Ethanol) und HCl (25 Gew.%) durch (→ Experiment 14.8). Die Bildung eines Ringes von Lignin-haltigen Xylemelementen ist bereits mit dem bloßen Auge (besser bei 25facher Vergrößerung) deutlich zu erkennen. Lohnend ist auch die mikroskopische Untersuchung von Schnitten aus dem Wundkallusgewebe am Epikotylstumpf.

9.2 (D) Spezifische Wirkungen zweier „Wuchsstoffe" (Auxin, Gibberellin) auf das Wachstum der Organe von Bohnenpflanzen[2]

Phytohormone zeichnen sich durch ganz spezifische Wirkungen auf die pflanzliche Entwicklung aus. Selbst bei den Wachstumseffekten verschiedener hormonaler „Wuchsstoffe" beobachtet man bei genauerer Beobachtung drastische qualitative Unterschiede in der Wirksamkeit. Ein wichtiger Unterschied besteht z. B. in der Bereitschaft (Kompetenz) verschiedener Organe (oder Gewebe) auf ein bestimmtes Hormon mit einem gesteigerten Wachstum zu reagieren. Diese *organspezifische Kompetenz* wird im folgenden Experiment eindrucksvoll vor Augen geführt.

Durchführung[3]

Fünfzehn für 7 d im Licht bei 22–27 °C angezogene Pflanzen von *Phaseolus vulgaris* (Stadium: Plumulahaken geöffnet, beginnende Blattentfaltung, Epikotyl 1–2 cm lang) werden 5 cm unter den Kotyledonen abgeschnitten. Mit einer feinen Pinzette entfernt man die etwa 1 mm lange Pumula (Sproßknospe) zwischen den Primärblättern und schneidet eines der Primärblätter am oberen Ende des Blattstiels ab. Je 5 dieser Explantate werden in Reagenzgläsern bis zu den Kotyledonen in Hormonlösungen [Indol-3-essigsäure (IES), Gibberellinsäure (GA$_3$), jeweils 10 µmol · l^{-1} in HOAGLANDscher Nährlösung (→ S. 440) und hormonfreie Kontroll-Lösung] gestellt und weiter im Licht bei 22–27 °C gehalten. Man verfolge während der nächsten 8 d das Wachstum des *Hypokotylabschnitts* (Bewurzelung?), des *Epikotyls,* der *Achselknospen,* der *Blattstiele* und der *Blattspreiten* in den 3 Ansätzen.

---

[2] Buschbohne, *Phaseolus vulgaris var. nanus* (Fabaceae), → Experiment 4.9.
[3] Nach Van Overbeek J (1968) Sci Amer 219: No. 1, 75–81.

Anmerkungen: In manchen Fällen spielt der Ort der Hormonapplikation eine große Rolle. Dies zeigt sich, wenn man IES oder GA_3 als *Wuchsstoffpaste* (1 mmol · l^{-1}, → Experiment 9.11) z. B. auf den *Apex* aufträgt. In einem weiteren Ansatz läßt sich die wachstumshemmende Wirkung von *Abscisinsäure* (ABA, 100 µmol · l^{-1}) demonstrieren. Außerdem kann die *gemeinsame Wirkung* von Hormonen (z. B. IES + GA_3, GA_3 + ABA) studiert werden. Ein interessantes Phänomen gibt sich zu erkennen, wenn man Querschnitte aus der Mitte des Epikotyls herstellt und nach Anfärbung mit Phloroglucin/HCl unter dem Mikroskop vergleicht (→ Experiment 9.1).

9.3 (D) Wirkung von Cytokinin auf die Entwicklung von Erbsenkeimlingen [4]

Als *Cytokinine* bezeichnet man eine Gruppe von Purinverbindungen, welche die Zellteilung (*Cytokinese*) pflanzlicher Gewebe anregen können. Anschließend an ihre Entdeckung als zellteilungsfördernde Substanzen wurden zahlreiche andere Entwicklungsprozesse bekannt, bei denen Cytokinine natürlicherweise beteiligt sind oder zumindest bei experimenteller Applikation eine spezifische Wirksamkeit entfalten (→ Experiment 9.12). Besonders drastische morphogenetische Effekte besitzen Cytokinine, wenn man sie während der Keimlingsentwicklung einwirken läßt. Es genügt hierzu, Samen vor der Aussaat für einige Stunden in einer Cytokinin-Lösung vorzuquellen. Die hierbei aufgenommene Hormonmenge reicht aus, um die Wachstumskorrelationen zwischen den Organen der jungen Pflanze dauerhaft umzustimmen. Dieses Phänomen ist natürlich ein experimentelles Artefakt, das zunächst keinerlei Rückschlüsse auf eine mögliche Beteiligung der Cytokinine am normalen Entwicklungsgeschehen zuläßt.

Bei derartigen Experimenten verwendet man gerne das in der Natur nicht vorkommende (synthetisch hergestellte) *Benzyladenin,* das häufig eine höhere Wirksamkeit als natürliche Cytokinine (z. B. *Zeatin*) besitzt.

Durchführung [5]

Je 20 Samen von *Pisum sativum* für 6 h in Benzyladenin-Lösung (100 mg · l^{-1}) bzw. in dest. Wasser quellen lassen. Nach kurzem Abspülen mit dest. Wasser je 10 Samen in Plastikdosen auf feuchtem Vermiculit aus-

---

[4] *Pisum sativum* (Fabaceae), → Experiment 1.12.
[5] Nach Sprent JI (1968) Planta 78:17–24.

säen und mit 1 cm Vermiculit abdecken. Jeweils eine behandelte Probe und ein Wasserkontrollansatz werden im Dunkeln bzw. im Licht (Lichtschrank oder Klimakammer, ≥ 5 klx) bei 25 °C aufgestellt. Man verfolge die Entwicklung der Keimpflanzen im Dunkeln (Beobachtung im grünen Sicherheitslicht, → Bd. 1: S. 78) und im Licht während der folgenden 2–3 Wochen. Können ähnliche Hormoneffekte erzielt werden, wenn man normal im Licht wachsenden Keimlingen einmalig einen Tropfen Benzyladenin-Lösung in die Blattachseln appliziert? [Literatur: Pillay I, Railton ID (1983) Plant Physiol 71: 972–974.]

9.4 (D) Induktion von amylolytischer Aktivität im Endosperm der Gerstencaryopse[6] durch einen niedermolekularen Faktor (Gibberellin) aus dem keimenden Embryo

Die Caryopsen der Gräser enthalten im Endosperm große Mengen an Stärke, welche nach der Keimung hydrolysiert wird. Als Abbauprodukt entsteht schließlich das Disaccarid *Maltose*, welches zur Ernährung des wachsenden Embryos dient. Die *Speicherstoffmobilisierung* im Endosperm wird durch ein hormonales Signal (*Gibberellin*) ausgelöst, das vom Embryo ausgeht und in den Aleuronzellen des Endosperms die Synthese und Sekretion des Enzyms α-*Amylase* induziert (→ Experiment 9.13). Die Bildung und Wirkungsweise dieses hormonalen Signals wird im folgenden Experiment anhand eines einfachen Diffusionstests demonstriert. Man kann damit zeigen, daß der embryohaltige Teil der Caryopse einen stofflichen Faktor ausscheidet, welcher im embryofreien Teil der Caryopse die Fähigkeit zum extrazellulären Stärkeabbau induziert. Darüber hinaus läßt sich dieser Faktor als niedermolekulare Substanz charakterisieren, welche (im Gegensatz zur sezernierten Amylase) durch eine Dialysiermembran permeieren kann und wirkungsgleich mit synthetischer Gibberellinsäure ist. Als Substrat finden stärkehaltige Agarplatten Verwendung, denen zur Hemmung des Bakterien- und Pilzwachstums Antibiotika zugesetzt werden. Der Nachweis der amylolytischen Enzymaktivität erfolgt durch Anfärben der unverbrauchten Stärke durch die *Jodstärkereaktion* (→ Experiment 1.5). Das Experiment wird hier für das klassische Objekt *Hordeum vulgare* beschrieben, kann jedoch im Prinzip auch mit anderen Getreidecaryopsen (z. B. Mais, Weizen) durchgeführt werden.

---

[6] *Hordeum vulgare* (Poaceae), → Experiment 8.4; Sorte mit spelzenlosen Caryopsen („Nacktgerste").

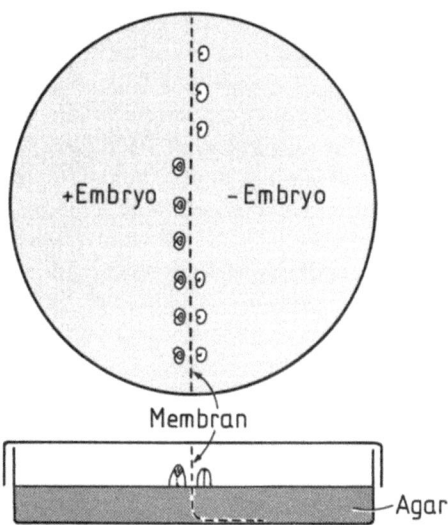

Abb. 35. Anordnung von embryohaltigen (**links**) und embryofreien (**rechts**) Halbkaryopsen auf einer durch eine Dialysiermembran in zwei Hälften geteilten Stärke-Agarplatte. Gruppen von 3 Halbkaryopsen werden entweder allein oder in unmittelbarer Nachbarschaft mit dem komplementären Partner auf den beiden Seiten der in das Medium eingebetteten Membran ausgelegt. Nach Inkubation und Sichtbarmachung der Amylasereaktion im Medium (helle, stärkefreie Höfe um die Halbkaryopsen nach Behandlung mit Jod-Lösung) wird deutlich, daß 1. nur die embryohaltigen, nicht aber die embryofreien Halbkaryopsen Stärke abbauen können, 2. das von den embryohaltigen Halbkaryopsen gebildete stärkespaltende Agens die Membran nicht passieren kann (Molmasse von α-Amylase: 41 kDa), 3. die embryohaltigen Halbkaryopsen einen niedermolekularen Faktor sezernieren, der durch die Membran permeieren und in den embryofreien Halbkaryopsen die Fähigkeit zur Spaltung von Stärke induzieren kann

Durchführung

Stärkehaltiges Agarmedium (2 g Agar, 400 mg lösliche Stärke, 200 mg $CaCl_2 \cdot 2\,H_2O$, 10 mg Streptomycinsulfat, 5 mg Amphotericin B [7] in 200 ml auf dem Wasserbad erhitzen, bis sich der Agar gelöst hat.) wird in 9 Petrischalen (Plastik, 9 cm) ausgegossen. Bei 3 dieser Schalen bettet man vor Erstarren des Agars eine Dialysiermembran ein, welche die Platte in zwei gleiche Hälften teilt (Abb. 35). Hierzu wird ein 8,5 × 5 cm großes Stück Membran aus einem dünnwandigen Dialysierschlauch (z. B. Visking Typ

---

[7] Von Sigma (→ S. 445); in 0,5 ml Ethanol suspendiert zugeben.

20/32) oder Haushalt-Cellophan (keine Plastikfolie!) der Länge nach L-förmig gefaltet, kurz in 70 Vol.% Ethanol getaucht und im Unterteil einer Petrischale so angebracht, daß die eine Hälfte des Membranstücks flach am Boden aufliegt und die andere Hälfte senkrecht nach oben steht, wo sie zwischen den Backen einer flach über den Schalenrand gelegten Pinzette gehalten wird (mit Schlauchklemme fixieren). Nach Fixierung der Membran in der korrekten Position wird der Agar eingegossen. Pinzette vorsichtig entfernen, wenn sich das Medium verfestigt hat und den senkrechten Membransteg auf die Höhe des Schalenrands zurückschneiden. Weitere 6 Schalen werden mit einem Agarmedium beschickt (ohne Membran), welches zusätzlich 1 µmol · l^{-1} Gibberellinsäure (GA$_3$) enthält.

Caryopsen einer Nacktgerstensorte (z. B. „Himalaya", → Experiment 9.13) werden mit einem Skalpell durch einen medianen Querschnitt in eine embryohaltige und eine embryofreie Hälfte gespalten. Halbcaryopsen zur Oberflächensterilisation für 10 min in NaOCl-Lösung (0,5% wirksames Chlor) inkubieren, mit sterilem (abgekochtem) Wasser zweimal waschen und sofort nach folgendem Plan auf Agarplatten auslegen:

1. *Grundexperiment (Rolle des Embryos):* Je 6 embryohaltige bzw. 6 embryofreie Halbcaryopsen in einem Kreis äquidistant im Abstand von 1,5 cm mit der Schnittfläche nach unten auf GA$_3$-freies Medium auslegen (3 × 2 Platten). Ein dauerhafter, guter Kontakt zwischen Agar und Schnittfläche ist wichtig.

2. *Induzierende Wirkung von GA$_3$:* wie unter 1. jedoch auf GA$_3$-haltigem Medium.

3. *Diffusionsexperiment:* Gruppen von 3 Halbcaryopsen mit bzw. ohne Embryo werden entlang der Membranbarriere, wie in Abb. 35 gezeigt, ausgelegt.

Der Kontakt zwischen Schnittfläche und Agar muß in der folgenden Inkubationszeit erhalten bleiben; daher müssen auswachsende Wurzeln rechtzeitig abgeschnitten werden. Nach 48–72 h bei 25°C (die optimale Inkubationszeit muß durch Probieren ermittelt werden) entfernt man die Halbcaryopsen und übergießt die Platten mit Jod-Lösung (→ Experiment 1.5; etwa 1 min einwirken lassen und dann abgießen). Stärkefreie Höfe um die Amylase-sezernierenden Halbcaryopsen heben sich als farblose Zonen von dem tiefblau gefärbten Hintergrund ab.

Anmerkungen: Dieser Diffusionstest kann nicht nur als Biotest für Gibberelline dienen, sondern auch für eine Reihe weiterführender Fragen verwendet werden (z. B. zum Nachweis der Hemmwirkung von *Abscisinsäure* [10 µmol · l^{-1}] auf die Gibberellin-induzierte Amylasebildung oder zum Studium der Frage, wann verschieden lang angekeimte Embryonen mit der

Gibberellinausschüttung beginnen bzw. wann die Aleuronzellen *kompetent* werden, auf das Hormon zu reagieren.) Weiterhin läßt sich mit dieser Methode die Amylasesekretion keimender Embryonen von *Agrostemma githago* (Kornrade) demonstrieren. In den Samen dieser dikotylen Pflanze ist der Embryo von einem toten, stärkehaltigen *Perisperm* umgeben, das nach der Keimung zur Nährstoffgewinnung abgebaut wird. Dormante Embryonen sezernieren keine Amylase, können aber mit *Ethylen* oder *Benzyladenin* zur Amylasesekretion induziert werden. [Literatur: Kluge K-H, Borriss H (1974) Biol Rdsch 12:200–202; De Klerk GJ (1986) Acta bot Neerl 35: 143–152.]

9.5 (D) Induktion des Internodienwachstums von Kopfsalatpflanzen[8] durch Gibberellinsäure

Die auffälligste morphologische Wirkung der Gibberelline ist die Steigerung des Streckungswachstums von Sproßachsen (→ Experiment 9.2). Dieser Effekt läßt sich besonders eindrucksvoll an Rosettenpflanzen, z. B. am Kopfsalat, demonstrieren. Rosettenpflanzen besitzen eine normale Anzahl von Blätter an einer, zumindest vor dem Übergang zur Blütenbildung, stark gestauchten Sproßachse. Solche Pflanzen können durch Gibberellin zu einem artifiziellen Streckungswachstum angeregt werden, das ihnen im Extremfall den Habitus von Windepflanzen verleiht. Man erkennt hieraus, daß selbst drastische Unterschiede im Wachstum von Pflanzen durch das Vorhandensein (oder Fehlen) eines einzigen Steuerfaktors bedingt sein können.

Gibberellinsäure (GA_3) wird von Pflanzen leicht aufgenommen und im Sproß transportiert. Es genügt daher, einen Tropfen GA_3-Lösung auf den Vegetationspunkt zu träufeln, um die ganze Pflanze mit dem Hormon zu versorgen.

Durchführung

Junge Topfpflanzen von *Lactuca sativa* (etwa 4 Wochen alt, im Gewächshaus kultiviert) werden im Abstand von 3 d mit GA_3-Lösungen verschiedener Konzentration behandelt (Stammlösung: $0{,}1 \; mmol \cdot l^{-1}$, daraus Arbeitslösungen mit $0/0{,}1/1/10/100 \; \mu mol \cdot l^{-1}$ herstellen). Die Applikation erfolgt durch Aufbringen eines Tropfens (etwa 50 µl) auf den Vegetations-

---

[8] *Lactuca sativa* var. *capitata* (Asteraceae), alte Kulturpflanze, bereits im alten Ägypten nachgewiesen. Vermutlich aus *L. scariola* entstanden.

punkt von je 3 Testpflanzen mit einer Pipette. Hierzu müssen die jungen Blätter vorsichtig zur Seite geschoben werden. Es empfiehlt sich, die wachsenden Sprosse an Holzstäben festzubinden. Das Sproßachsenwachstum kann während der nächsten 3–4 Wochen messend verfolgt werden.

9.6 (D) Gewebespannung und die Rolle der Epidermis beim Auxin-induzierten Streckungswachstum der Maiskoleoptile [9]

Wenn man eine wachsende Koleoptile (oder ein Internodium aus dem Sproß einer dikotylen Pflanze) der Länge nach halbiert und in Wasser legt, so krümmen sich die Spalthälften spontan nach außen. Dieses Phänomen beruht auf der *Gewebespannung* im Organ. Darunter versteht man die Tatsache, daß die Zellwände an der Außenseite der Koleoptile in Längsrichtung eine höhere Spannung aufweisen als die weiter innen liegenden Zellwände. Bei der Koleoptile konnte gezeigt werden, daß diese Gewebespannung auf die sehr dicke, *äußere Zellwand der Epidermis* zurückgeht, welche das Organ als mechanisch stabile, elastisch stark gespannte Haut umgibt und die inneren Gewebe, deren Zellwände sehr viel weniger gespannt sind, komprimiert. Dies wird z. B. deutlich, wenn man von einem voll turgeszenten Koleoptilsegment einen Längsstreifen der äußeren Epidermiswand abzieht: Der Streifen zieht sich sofort nach dem Abziehen um etwa 20% zusammen. Andererseits expandiert ein vollständig von der äußeren Epidermiswand befreites Koleoptilsegment spontan um etwa 5%, wenn man es in Wasser legt. Dies wird offenkundig möglich, weil die inneren Zellwände im intakten Organ weitgehend entspannt vorliegen und erst nach Entfernung der äußeren Epidermiswand (unter Wasseraufnahme in die Zellen) durch den Turgor maximal gespannt werden können. Im intakten Organ wird der Turgordruck weniger von den inneren Zellwänden, sondern vorwiegend von der äußeren Epidermiswand aufgefangen, welche die Dehnbarkeit des Organs begrenzt. Diese Situation hat entscheidende Konsequenzen für den Mechanismus des Streckungswachstums unter dem Einfluß von Auxin. Man weiß heute, daß Auxin Wachstum durch eine Lockerung der Zellwand bewirkt, während der Turgordruck nicht beeinflußt wird. Es ist evident, daß eine solche Wandlockerung nur in dem Maß zum Wachstum führen kann, in dem die betreffende Wand zur gesamten Wandspannung im Organ beiträgt. Daraus folgt für die Koleoptile, daß Auxin beim Wachstum vor allem eine Lockerung der äuße-

---

[9] *Zea mays* (Poaceae), → Experiment 2.4.

ren Epidermiswand bewirken muß. Dies läßt sich mit einem sehr einfachen Experiment überprüfen. Man inkubiert Spalthälften des Organs in Auxin-Lösung und verfolgt die Änderung der *Krümmung*, welche sich in den folgenden Stunden ergibt. Wenn Auxin die Dehnbarkeit aller Zellwände gleichmäßig erhöht, sollte keine Änderung der durch die Relaxation der Gewebespannung eingestellten Krümmung auftreten. Wenn Auxin dagegen spezifisch die Dehnbarkeit der äußeren Epidermiswand erhöht, so sollte die Auswärtskrümmung langsam in eine Einwärtskrümmung übergehen.

Literatur

Kutschera U, Briggs WR (1987) Differential effect of auxin on in vivo extensibility of cortical cylinder and epidermis in pea internodes. Plant Physiol 84: 1361–1366

Kutschera U, Schopfer P (1987) Cooperation of epidermis and inner tissues in auxin-mediated growth of maize coleoptiles. Planta 170: 168–180

Sachs J (1865) Handbuch der Experimentalphysiologie der Pflanzen. Engelmann, Leipzig, p. 465

Durchführung

Subapikale Segmente (15 mm lang, 3 mm unter der Spitze) werden aus 25–30 mm langen, völlig geraden Koleoptilen von Maiskeimlingen (4 d im Dunkeln bei 25 °C auf Vermiculit anziehen, 12 h vor der Ernte 10 min belichten, → Experiment 9.7) herausgeschnitten. Mit einer Rasierklinge schneidet man 1 mm breite Streifen aus der flachen Flanke des Organs (zwischen den Leitbündeln) heraus und legt sie in eine Petrischale mit Wasser bzw. Auxin-Lösung (Indol-3-essigsäure, 10 µmol · l^{-1}). Die Auswärtskrümmung durch Relaxation der Gewebespannung ist nach 5 min abgeschlossen. Der anschließende Auxineffekt auf die Krümmung erfolgt viel langsamer (deutlich nach 6–12 h).

Anmerkung: Dieses Experiment läßt sich z. B. auch mit Segmenten aus wachstumsfähigen Internodien aus dem Epikotyl von Erbsenkeimlingen (*Pisum sativum*, normalwüchsige Varietät) durchführen. Man isoliert z. B. 20-mm-Segmente aus dem 3. Internodium, wenn dieses 20–25 mm lang ist, und schneidet sie durch einen zentralen Längsschnitt 15 mm weit ein. Nach kurzer Inkubation in Wasser äußert sich die Gewebespannung in einem Abspreizen der „Zinken" dieser „Gabel". Die Umkehrung der Auswärtskrümmung durch Auxin ist an den Enden der Spalthälften besonders stark, so daß herzförmige Figuren entstehen. Dieses System wurde bereits von WENT (1934) als Biotest zur quantitativen Auxinbestimmung eingesetzt [pea split section test; siehe Went FW, Thimann KV (1937) Phytohormones. Macmillan, New York]. Die Korrelation von *Gewebespannung* und *Wachs-*

tumsfähigkeit läßt sich z. B. am Hypokotyl von etiolierten Bohnenkeimlingen (*Phaseolus vulgaris*, etwa 8 d alte Keimlinge mit 20 cm langem Hypokotyl) aufzeigen: Man zerlegt das Hypokotyl in 20 mm lange Segmente, spaltet diese 15 mm weit und registriert die Veränderung des Spreizwinkels zwischen den Spalthälften entlang des Organs.

9.7 (D) Nachweis der Auxin-induzierten Protonensekretion von Maiskoleoptilen [10]

Die durch Auxin (Indol-3-essigsäure, IES) bewirkte Wachstumsreaktion von Koleoptilen und Sproßachsen wird von einer Sekretion von H^+ in den Zellwandraum begleitet. Dies geht vermutlich auf die Aktivierung einer H^+-transportierenden ATPase (Protonenpumpe) an der Plasmamembran zurück. An Koleoptilen konnte gezeigt werden, daß die IES-induzierte H^+-Sekretion auf die *äußere Epidermis* beschränkt ist. Die funktionelle Bedeutung dieses Prozesses ist noch nicht geklärt. Man hat lange Zeit angenommen, daß die IES-induzierte Ansäuerung des Apoplasten eine Lockerung bestimmter säurelabiler Bindungen in der Zellwand bewirkt und damit kausal am IES-induzierten Wachstum beteiligt ist („Säure-Wachstums-Theorie"). Wie sich jedoch neuerdings gezeigt hat, ist die maximal erreichbare IES-induzierte pH-Absenkung (etwa auf pH 5,0) nicht ausreichend, um eine säureabhängige Zellwanderweichung zu bewirken (diese erfordert pH-Werte von ≤4,0). Möglicherweise steht die IES-induzierte H^+-Sekretion in Zusammenhang mit H^+-abhängigen Transportprozessen an der Plasmamembran.

Die Ausscheidung von H^+ durch IES-behandelte Koleoptilsegmente kann entweder durch potentiometrische pH-Messung im Inkubationsmedium oder durch Farbumschlag eines geeigneten pH-Indikators gezeigt werden. Da die der Epidermis aufliegende Cuticula praktisch impermeabel für H^+ ist, muß man zuvor die Oberfläche der Koleoptile mit einem feinen Schmirgelmaterial behandeln, wobei jedoch möglichst wenig Epidermiszellen zerstört werden sollten.

Literatur

Kutschera U, Schopfer P (1985) Evidence against the acid-growth theory of auxin action. Planta 163:483–493

---

[10] *Zea mays* (Poaceae), → Experiment 2.4.

Durchführung

Von 4 d alten, auf feuchtem Vermiculit im Dunkeln bei 25 °C angezogenen Keimlingen werden die Sprosse oberhalb des Korns abgeschnitten. Gerade, gut ausgebildete Koleoptilen erhält man, wenn man die Keimlinge 12 h vor der Ernte für 10 min mit hellrotem (oder weißem) Licht bestrahlt. Zur Aufrauhung der Cuticula verfährt man folgendermaßen: Ein 1 cm breiter Streifen feines Polierschleifleinen (Körnung 999, z.B. *Vitex rouge*) wird zwischen Daumen und Zeigefinger zu einer etwa 3 mm weiten Schleife geformt, durch die der Sproß unter leichtem Druck gezogen wird (von unten nach oben). Sproß um 180° drehen und nochmals durch die Schleife ziehen. Das Schleifleinen soll der Sproßoberfläche dicht, aber nicht zu stramm, anliegen. Anschließend mit einer Rasierklinge 10 mm lange Segmente 3 mm unterhalb der Koleoptilspitze herausschneiden und für 1 h auf dest. Wasser schwimmen lassen (Primärblatt entfernen).

Zur Messung der H^+-Sekretion verfährt man ähnlich wie in Experiment 8.4. Die Segmente (z. B. 20 Stück in 5 ml Medium: 1 mmol $\cdot l^{-1}$ KCl, pH auf 7,0 mit $Ca(OH)_2$ einstellen) werden in einem kleinen Becherglas inkubiert und die Glaselektrode eingetaucht. Der Ansatz wird durch eine feine Kanüle mit einem kräftigen Luftstrom begast (Aquarienpumpe), um die Ansäuerung durch CO_2 aus der Atmung auszuschließen. Nachdem sich ein konstanter pH-Wert zwischen 6 und 7 eingestellt hat, gibt man eine kleine Menge frisch angesetzter IES-Lösung (1 mmol $\cdot l^{-1}$) zu, so daß die Konzentration im Medium 10 µmol $\cdot l^{-1}$ beträgt (Kontrolle: Ansatz ohne IES). Der pH-Abfall wird im Verlauf der nächsten 3–4 h verfolgt, z. B. mit einem an das pH-Meter angeschlossenen Schreiber.

Eine qualitative Nachweisreaktion der H^+-Sekretion ist mit Hilfe eines einfachen Agar-Diffusionstests möglich ($\rightarrow$ Experiment 5.10). Gewässerte, aufgerauhte Koleoptilsegmente werden auf Agarplatten mit dem Indikator Bromkresolpurpur (gelb bei pH $\leq$ 5,2, purpurrot bei pH $\geq$ 6,8) ausgelegt. Zur Herstellung der Testplatten werden 7,5 g $\cdot l^{-1}$ Agar, 5 mmol $\cdot l^{-1}$ K_2SO_4 und 200 mg $\cdot l^{-1}$ Bromkresolpurpur in einem Wasserbad erhitzt, bis sich der Agar gelöst hat. Unter fließendem Wasser auf etwa 45 °C abkühlen und am pH-Meter durch tropfenweise Zugabe von KOH (0,1 mol $\cdot l^{-1}$) auf pH 7,0 einstellen. Das noch flüssige Medium wird in zwei Hälften geteilt, von denen eine mit IES versetzt wird (10 µmol $\cdot l^{-1}$, als 100fach konzentrierte Stammlösung zugeben). Die Medien werden in Plastik-Petrischalen zu einer 3 mm dicken Schicht ausgegossen. Nach dem Erstarren Koleoptilsegmente auflegen und leicht festdrücken. Der Farbumschlag von purpur nach gelb in der Umgebung der Segmente ist nach 2–3 h deutlich zu beobachten (vor einem hellen Hintergrund).

9.8 (D) Wirkung von Ethylen auf das Sproßwachstum von Erbsenpflanzen[11]

Pflanzen produzieren unter bestimmten Bedingungen (vor allem unter der Einwirkung von Streßfaktoren, z.B. mechanischer Belastung) das gasförmige Phytohormon *Ethylen* (Ethen, $CH_2=CH_2$). Auch ein Überangebot von Auxinen (IES oder 2,4-D) induziert die Ethylensynthese. Als Reaktion treten verschiedene, spezifische Veränderungen bei Entwicklungsprozessen auf, z.B. die Induktion von *Seneszenz* und *Abszission* (→ Experimente 12.3, 12.7). Keimpflanzen reagieren bereits auf winzige Spuren von endogen produziertem (oder von äußerlich zugeführtem) Ethylen mit charakteristischen Wachstumsstörungen, die man als „Triple-Reaktion" zusammenfaßt: *Hemmung des Längenwachstums, Förderung des Dickenwachstums* und *diagravitropisches Krümmungswachstum* (Wachstumsrichtung senkrecht zur Richtung der Schwerkraft). Außerdem verhindert Ethylen die Öffnung des Plumulahakens (→ Experiment 13.2) bei belichteten Pflanzen. Die typischen Ethyleneffekte lassen sich z.B. an dunkelgewachsenen (etiolierten) Erbsenkeimlingen sehr gut demonstrieren. Licht verhindert (oder reduziert) die Phänomene der Triple-Reaktion.

Die experimentelle Anwendung von Ethylen erfordert gasdichte Behälter (z.B. Exsiccatoren oder große Einmachgläser mit Gummidichtring), in welche das Gas durch ein Gummi-Diaphragma mit einer Injektionskanüle eingeleitet (oder mit einer Mikroliterspritze eingespritzt) werden kann. Der wirksame Konzentrationsbereich liegt bei $0{,}1-10\ \mu l \cdot l^{-1}$. Eine wesentlich einfachere Methode besteht darin, den offen wachsenden Pflanzen eine Substanz zuzuführen, welche in Wasser langsam hydrolysiert und dabei Ethylen freisetzt. Eine derartige Substanz ist die *(2-Chlorethyl)phosphonsäure* (Trivialname: *Ethephon*[12]), welche nach folgender Reaktion in Ethylen, Phosphorsäure und Chlorid zerfällt:

$$Cl-CH_2-CH_2-\overset{\overset{O}{\|}}{\underset{\underset{O^-}{|}}{P}}-O^- + H_2O \text{ (oder } OH^-)$$

$$\xrightarrow{pH > 4} Cl^- + CH_2=CH_2 + H_2PO_4^- \text{ (oder } HPO_4^{2-}).$$

---

[11] *Pisum sativum* (Fabaceae), normalwüchsige Varietät (z.B. „Senator", „Großhülsige Schnabel", oder „Alderman" (→ Experiment 9.9).
[12] Ethephon ist die wirksame Komponente eines Wachstumsreglers mit dem Handelsnamen *Ethrel*, welcher z.B. zur Beschleunigung der Fruchtreife bei Äpfeln und Sauerkirschen verwendet wird (im Fachhandel erhältlich). Ethrel enthält $474\ g \cdot l^{-1}$ Ethephon.

Der Wirkstoff wird z. B. über die Wurzel in die Pflanze aufgenommen und setzt dort Ethylen frei.

Literatur

Eisinger W (1983) Regulation of pea internode expansion by ethylene. Ann Rev Pl Physiol 34: 225–240

Goeschl JD, Pratt HK (1968) Regulatory roles of ethylen in the etiolated growth habit of *Pisum sativum*. In: Wightman F, Setterfield G (eds) Biochemistry and physiology of plant growth substances. The Runge Press, Ottawa, pp 1229–1242

Durchführung

In einer größeren Plastikschale werden 130 Erbsensamen auf feuchtes Vermiculit ausgesät und im Dunkeln bei 23–26 °C für 3 d angekeimt. Anschließend werden im *grünen Sicherheitslicht* (→ Bd. 1: S. 78) jeweils 20 junge Keimlinge (Wurzel etwa 2 cm lang) in fünf 500-ml-Plastikdosen auf 300 ml trockenes Vermiculit ausgelegt und mit weiteren 100 ml Vermiculit abgedeckt. Zu jeder Dose werden 250 ml Ethephon-Lösung zugegeben (Konzentrationsreihe: 0/25/50/100/200 mg · l^{-1}, durch Verdünnen von Ethrel mit Wasser frisch herstellen, je 2 Dosen pro Konzentration). Die unverschlossenen Dosen einer Konzentrationsreihe werden *einzeln* in lichtdichten Kartons in einem gut belüfteten Raum bei 23–26 °C aufgestellt, die anderen bei gleicher Temperatur offen im Licht (5–10 klx). Die Auswertung (Registrierung der morphologischen Veränderungen) kann 4 d später erfolgen.

Anmerkungen: CO_2 hemmt die Ethylenwirkung kompetitiv. Dies läßt sich demonstrieren, indem man die Keimpflanzen (in einem geschlossenen Gefäß) in Gegenwart von Ethylen + 8 Vol.% CO_2 wachsen läßt. – Alternde (oder verwundete) Früchte scheiden erhebliche Mengen an Ethylen aus. Dies läßt sich nachweisen, indem man etiolierte Erbsenpflanzen zusammen mit einem angeschnittenen Apfel in einem geschlossenen Einmachglas hält. (Alle Verwesungs- und Verbrennungsprozesse produzieren Ethylen; daher kann z. B. durch Autoabgase verunreinigte Luft bereits meßbare Hormoneffekte bewirken.) – Ethylen kann durch eine $Hg(ClO_4)_2$-Lösung (0,2 mol · l^{-1}) chemisch gebunden werden. Mit einer „$Hg(ClO_4)_2$-Falle" (z. B. 10 ml Lösung in einer Petrischale) kann man der Luft – und dem Interzellularraum der darin wachsenden Pflanzen – das Ethylen praktisch vollständig entziehen und damit die Wirkung des endogen produzierten Hormons nachweisen. Herstellung[13]: 1,72 ml Perchlorsäure (70 Gew.%) mit dest. Wasser auf 2,5 ml auffüllen und in eine Reibschale gießen. 542 mg rotes HgO (Vorsicht, Gift!) zugeben und zerreiben. Lösung durch Glasfritte filtrieren und mit Wasser auf 10 ml auffüllen (gut verschlossen aufbewahren).

---

[13] Nach Young RE, Pratt HK, Biale JB (1952) Anal Chem 24: 551–555.

Analytische Experimente

9.9 (A) Zwergmutanten der Erbse[14] und ihre Normalisierung durch Gibberellinsäure

Bei einer Reihe von Kulturpflanzen (z. B. Mais, Erbse) wurden durch Züchtung Zwergformen erhalten, welche sich von ihrer Ausgangsform durch ein stark vermindertes Streckungswachstum der Sproßachse unterscheiden. Gut untersucht ist z. B. die d_5-Mutante von Mais, die als Folge der Mutation eines einzigen Gens eine um 80% verminderte Sproßlänge besitzt. Die Mutante ist wegen eines Defekts in der Gibberellin-Biosynthesekette nicht in der Lage, aktives Gibberellin zu bilden; sie kann jedoch durch exogene Applikation von Gibberellinsäure (GA_3) in eine normal wachsende Pflanze verwandelt werden. Diese Befunde zeigen, daß das endogene Gibberellin eine essentielle Rolle für das normale Streckungswachstum der Pflanze spielt.

Ganz ähnliche Verhältnisse liegen bei verschiedenen *Zwergerbsensorten* (Sproßhöhe bis 30 cm) vor, welche aufgrund ihres gedrungenen Wuchses für den Anbau häufig den hohen (normalwüchsigen) Sorten (Sproßhöhe bis 120 cm) vorgezogen werden. Auch hier gibt es Hinweise darauf, daß der Zwergwuchs durch Mutation eines Gens verursacht wird. Im Gegensatz zum Zwergmais kommt der genetische Defekt bei den Zwergerbsen nur dann zur phänotypischen Ausprägung, wenn die Pflanzen im Licht gehalten werden. Bei der Zwergsorte „Progress Nr. 9" hat man gefunden, daß in diesen Pflanzen Gibberelline im Prinzip synthetisiert werden können; jedoch ist die Umwandlung der inaktiven Form GA_{20} in das aktive GA_1 gehemmt, wenn die Pflanzen im Licht wachsen. [Die kommerziell erhältliche Gibberellinsäure (GA_3) kann ohne Schwierigkeit in die biologisch aktive Form GA_1 umgewandelt werden.] Dieser Defekt geht auf eine Mutation des Le-Gens zurück, welches bereits von MENDEL in Kreuzungsversuchen identifiziert wurde (Wildtyp: Le/Le, phänotypische Zwerge: le/le).

Die experimentelle Untersuchung der Wirkungsweise von Hormonen wird unter anderem dadurch erschwert, daß man ihren Spiegel im Gewebe meist nicht genau kennt und daher nicht sicher weiß, wie sich eine Zufuhr von außen auswirkt. Wenn z. B. Applikation von Gibberellin an eine Pflanze wirkungslos bleibt, so kann dies entweder auf eine grundsätzlich *fehlende Wirksamkeit* dieses Hormons, oder auf eine *Sättigung mit endogenem Gibbe-*

---

[14] *Pisum sativum* (Fabaceae), → Experiment 1.12.

rellin zurückgehen. *Biosynthese-Defektmutanten* sind bezüglich der von diesem Hormon gesteuerten Entwicklungsprozesse vollständig von der äußeren Zufuhr an Gibberellin abhängig. Sie haben daher große Bedeutung für Studien zum Wirkungsmechanismus dieses Hormons. Die biochemischen Prozesse, über welche GA_1 (vermutlich das einzige Gibberellin, das in Erbsen und Mais biologisch aktiv ist) in das Streckungswachstum von Internodien eingreift, sind jedoch bis heute nur sehr lückenhaft bekannt.

Literatur

Chory J, Voytas DF, Olszewski NE, Ausubel FM (1987) Gibberelin-induced changes in the population of translatable mRNAs and accumulated polypeptides in dwarfs of maize and pea. Plant Physiol 83:15–23

Ingram TJ, Reid JB, MacMillan J (1986) The quantitative relationship between gibberellin A_1 and internode growth in *Pisum sativum* L. Planta 168:414–420

Material und Geräte

1. Samen von *Pisum sativum*[15] der Sorten „Progress Nr. 9" (oder „Kleine Rheinländerin") und „Großhülsige Schnabel" (oder „Alderman")
2. GA_3-Lösung (0,2 mmol $\cdot$ l^{-1})
3. Pflanzschalen mit Vermiculit, Konstantraum (25 °C) mit Weißlicht (10–15 klx), kleiner Maßstab mit Millimeter-Teilung.

Durchführung (Grundexperimente)

1. Je 25 Samen der beiden Sorten werden in einer flachen Schale mit 100 ml GA_3-Lösung für 8 h inkubiert (nach 4 h Lösung wechseln). Kontrollansätze mit dest. Wasser herstellen.
2. Die vorgequollenen Samen in Pflanzschalen auf feuchtes Vermiculit (5 cm) auslegen, mit 2 cm feuchtem Vermiculit abdecken und im Licht bei 25 °C aufstellen.
3. Nach dem Austritt des Epikotyls (nach 3–4 d) werden die Gesamtlänge des Sprosses und die Länge der sich nacheinander streckenden Internodien täglich zur gleichen Zeit gemessen. Der Versuch kann nach 5–7 d abgebrochen werden.

Auswertung

Aus den tabellierten Meßwerten werden Mittelwerte ($\pm$ Standardfehler) berechnet und die Wachstumskinetiken zeichnerisch dargestellt.

---

[15] Alle vier Sorten sind im Samenfachhandel erhältlich.

Probleme (weiterführende Experimente)
1. Anstelle der Applikation bei der Samenquellung kann das Hormon auch den *wachsenden Keimlingen* direkt zugeführt werden.
 Methode 1: 4 d alte Keimlinge auf neues Substrat mit GA_3-Lösung umpflanzen.
 Methode 2: Keimlingen ab dem 4. d täglich einen Tropfen GA_3-Lösung auf den Apex träufeln.
 Methode 3: Keimlinge ab dem 4. d täglich mit GA_3-Lösung aus einem Zerstäuber besprühen.
 Kontrollansätze jeweils mit dest. Wasser anstelle von GA_3-Lösung behandeln. Welche der vier Applikationsmethoden liefert die besten Resultate (die größten GA_3-Effekte bzw. die kleinsten Standardfehler)?
2. Welche *GA_3-Konzentration* ist erforderlich, um eine maximale Wachstumsstimulation in den beiden Sorten zu erzielen? (Bestimmung der Konzentrations-Effekt-Kurve, z. B. für 0/1/5/10/50/100/200/500 µmol · l^{-1}.)
3. Wie reagieren die Keimlinge der beiden Sorten auf GA_3, wenn sie nicht im Licht, sondern im *Dunkeln* angezogen werden?
4. *Stangenbohnen* und *Buschbohnen* sind Zuchtformen der Art *Phaseolus vulgaris*, welche sich vor allem in der Intensität des Internodienwachstums unterscheiden. Kann dieser Unterschied ebenfalls mit GA_3 ausgeglichen werden?
5. Der Wachstumshemmer *AMO-1618*[16] [2'-Isopropyl-4'-(trimethylammoniumchlorid)-5'-methylphenylpiperidin-1-carboxylat] ist ein quaternäres Ammoniumderivat, welches die Cyclisierung des Geranylgeranylpyrophosphats durch die Kaurensynthetase im Biosyntheseweg der Gibberelline hemmt. *Cycocel* [(2-Chloroethyl)trimethylammoniumchlorid = CCC] ist ein in der Landwirtschaft zur Halmverkürzung eingesetzter *Wachstumsregler*, der ebenfalls in die Gibberellinsynthese eingreift. Diese Hemmstoffe (vor allem das spezifischere AMO-1618) werden häufig zum Nachweis der Wirksamkeit von endogen in der Pflanze produziertem Gibberellin eingesetzt. Wie wirken diese Substanzen auf das Wachstum der beiden Erbsensorten? (Wirksamer Konzentrationsbereich 0,1 – 1 mmol · l^{-1}.)

---

[16] Von Serva, Kat.-Nr. 13390 (→ S. 445).

9.10 (A) Induktion des Steckungswachstums von Maiskoleoptilsegmenten[17] durch Auxin

Das Streckungswachstum der Gramineenkoleoptile steht unter der Kontrolle des Wuchsstoffes *Auxin* (Indol-3-essigsäure = IES), welches in der Organspitze („Hormondrüse") gebildet und aktiv polar (basipetal) zu den wachstumsfähigen Bereichen der Koleoptile transportiert wird. Schneidet man ein subapikales Segment aus der Koleoptile, so verarmt dieses rasch an Auxin und stellt sein Wachstum ein. Zugabe von exogener IES führt in solchen Segmenten zu einer raschen Wiederaufnahme des Wachstums. Diese IES-induzierte Wachstumsreaktion kann experimentell sehr einfach und genau gemessen werden, z. b., indem man eine größere Zahl von Koleoptilsegmenten auf einer Nadel aufreiht und die Verschiebung eines auf dieser Säule ruhenden, kleinen Gewichts vor einer Millimeter-Skala verfolgt (Abb. 36a). In standardisierter Form eignet sich dieses System hervorragend zur Untersuchung des Streckungswachstums und dessen Beeinflussung durch äußere Faktoren, z. B. durch Hemmstoffe.

Für dieses Experiment sind auch Koleoptilen anderer Gräser (z. B. *Avena, Triticum*) geeignet. Maiskoleoptilen sind relativ groß und daher besonders einfach zu handhaben. Es ist jedoch zu beachten, daß die Segmente von Maiskoleoptilen nach längerer Alterung (3–4 h) ein *endogenes Wachstum* zeigen, das wahrscheinlich auf die Derepression der Auxinsynthese als Folge der Entfernung der Koleoptilspitze zurückgeht.

Literatur

Kutschera U, Schopfer P (1985) Evidence against the acid-growth theory of auxin action. Planta 163:483–493

Material und Geräte

1. Etiolierte Maiskeimlinge: 4 d bei 25 °C auf feuchtem Vermiculit im Dunkeln angezogene Keimlinge. Gut ausgebildete, gerade Koleoptilen von 20–30 mm Länge erhält man, wenn man die Keimlinge 12 h vor der Ernte für 10 min mit hellrotem oder weißem Licht bestrahlt.
2. IES-Stammlösung (1 mmol · l^{-1}): 100 µmol IES in 0,5 ml Ethanol lösen und auf 100 ml mit dest. Wasser auffüllen (gekühlt und dunkel aufbewahrt etwa eine Woche haltbar).
3. IES-Testlösungen (0/0,001/0,01/0,1/1/10/100 µmol · l^{-1})
4. Koleoptil-Schneidgerät (2 parallel im Abstand von 10 mm befestigte Rasierklingen), Instrument zur Entfernung des Primärblattes aus den Segmenten (z. B. 1 mm dicker, stumpfer Metallstift), 7 Meßapparaturen mit Begasungseinrichtung (Druckluftpumpe) in auf 25 °C temperiertem Wasserbad (→Abb. 36a), Uhr.

---

[17] *Zea mays* (Poaceae), → Experiment 2.4.

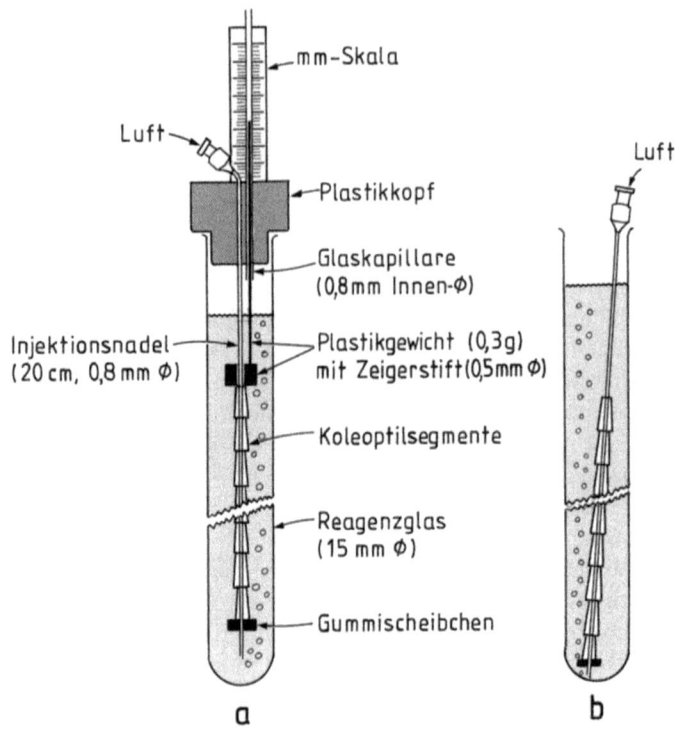

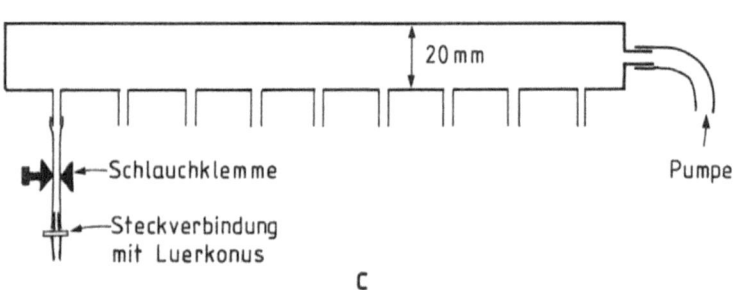

Abb. 36a–c. Vorrichtung zur Messung des Längenwachstums von Mais-Koleoptilsegmenten. 10 Segmente (10 mm lang, 3 mm unter der Koleoptilspitze herausgeschnitten) werden auf einer langen, dünnen Injektionskanüle aufgereiht und mit einem stramm sitzenden Gummischeibchen gesichert. Eine kontinuierliche Messung ermöglicht das Gerät **a**, bei dem ein leicht bewegliches Gewicht (Plexiglaszylinder) auf der Segmentsäule ruht und einen exzentrisch befestigten Stahlstift in einem Führungsrohr (Glaskapillare, z. B. 20-µl-Mikropipette) nach oben schiebt. Das obere Ende dieses Stiftes dient zur Ablesung der Längenzunahme auf einer Skala (mit Klarsichtfolie

Analytische Experimente 237

Durchführung (Grundexperiment)

1. Aus geraden, etwa 25 mm langen Koleoptilen werden 70 Segmente von 1 cm Länge etwa 3 mm unter der Spitze herausgeschnitten und das darin befindliche Primärblattfragment vorsichtig herausgestoßen. Segmente in einem Becher mit dest. Wasser sammeln.
2. Je 10 Segmente fugenfrei auf die Nadel einer Meßapparatur (Abb. 36a) aufreihen, Gewicht auflegen, Beweglichkeit des Zeigers prüfen und Gerät zusammenbauen. Inkubation in dest. Wasser bei 25 °C und kräftiger Belüftung (etwa 20 ml · min^{-1}). Sieben Parallelansätze herstellen.
3. Nach 50–70 min (gerechnet ab Schneiden der Segmente) werden die Ansätze in 7 vortemperierte Gläser mit IES-Testlösungen umgesetzt. Markerposition sofort anschließend und dann über 3 h in 30-min-Abständen ablesen.

Auswertung

Anhand der tabellierten Meßwerte wird der zeitliche Verlauf des Wachstums aufgezeichnet. Aus den Wachstumskinetiken läßt sich die Abhängigkeit der Wachstumsintensität (linearer Anfangsbereich der Kurven) von der IES-Konzentration bestimmen.

Probleme (weiterführende Experimente)

1. Welchen Einfluß hat die O_2-*Versorgung* auf das IES-induzierte Wachstum? (Ansätze bei sättigender IES-Konzentration gar nicht, mit Luft, N_2 oder O_2 begasen.)
2. Hängt das IES-induzierte Wachstum vom *Energiestoffwechsel* ab? (Ansätze bei sättigender IES-Konzentration mit 10 mmol · l^{-1} Na-Azid versetzen.) Wie wirken in diesem System Hemmstoffe der Plasmamembran-ATPasen, z. B. Na_3VO_4? (→ Experiment 5.10; Cuticula aufrauhen, → Experiment 9.7.)
3. Beeinflussen *andere Phytohormone* das IES-induzierte Wachstum? (Testansätze bei sättigender IES-Konzentration mit 10–100 µmol · l^{-1} Gibbe-

---

beklebtes Millimeterpapier). Die Inkubationslösung wird durch die Kanüle belüftet. In vereinfachter Form kann man das Wachstum auch mit der in **b** dargestellten Anordnung messen; allerdings muß hier die Nadel mit den Segmenten zur Längenmessung in regelmäßigen Abständen kurz herausgenommen und an ein Lineal angelegt werden. Zur gleichzeitigen Belüftung mehrerer Apparaturen mit einer Membranpumpe dient ein Verteilerrohr mit 10–20 Abgängen, das aus Plastikrohr hergestellt werden kann (**c**). Zum Anschluß der Kanülen dienen Verbindungsschläuche mit Luer-Steckverbindungen

rellinsäure, Abscisinsäure, Kinetin durchführen. Auf diese Weise läßt sich auch die Wirkung von künstlichen Wuchsstoffen, Umweltchemikalien, Herbiziden u. a. testen.)
4. Welchen Einfluß hat der *pH-Wert* des Testmediums auf das IES-induzierte Wachstum? (pH mit 5 mmol · l^{-1} Na-Citrat- bzw. K-Phosphatpuffer auf 3/4/5/6/7/8 einstellen. Da die Cuticula weitgehend impermeabel für H$^+$ ist, müssen die Koleoptilen für diesen Versuch mit feinem Polierschleifleinen aufgerauht werden; → Experiment 9.7. Auf diese Weise läßt sich auch das „säureinduzierte Wachstum" in Abwesenheit von IES messen.)
5. Läßt sich aus Koleoptilspitzen von Mais *aktives Auxin* extrahieren? [500 Koleoptilspitzen (2 mm lang) mit wenig Ethanol homogenisieren. Homogenat mit 10 ml Diethylether 10 min schütteln und filtrieren. Filtrat am Rotationsverdampfer zur Trockne einengen. Rückstand mit 0,5 ml Ethanol extrahieren. Diese Lösung mit dest. Wasser 1 : 100 verdünnen und im Wachstumstest einsetzen. Zur Kontrolle wird auf dieselbe Weise ein Extrakt aus 2 mm langen, subapikalen Koleoptilstücken hergestellt und getestet.]

9.11 (A) Überprüfung der CHOLODNY-WENT-Theorie für das tropische Krümmungswachstum von Sonnenblumenhypokotylen[18] und Maiskoleoptilen[19]

Die *phototropische* bzw. *gravitropische Krümmung* von Pflanzenorganen (→ Experimente 16.7, 16.9) geht auf differentielles Streckungswachstum der Organflanken zurück. Über den Mechanismus dieses asymmetrischen Wachstums herrscht bis heute noch keine Einigkeit. Im Prinzip gibt es hierfür mehrere plausible Denkmöglichkeiten: 1. *selektive Hemmung* des Zellwachstums auf der einkrümmenden Organflanke, 2. *selektive Förderung* des Zellwachstums auf der gegenüberliegenden Organflanke, 3. *Umverteilung* des Wachstums, welche zu einer relativen Hemmung auf der einen und einer relativen Förderung auf der anderen Organflanke führt. Diese lokalen Wachstumseffekte könnten durch eine differentielle Wirkung von *hemmenden* oder *fördernden* Wachstumsregulatoren zustande kommen, welche entweder in *ungleicher Konzentration* in den beiden Organflanken vorliegen oder für welche die beiden Organflanken eine *ungleiche Empfindlichkeit* besitzen. Eine ganze Reihe dieser Denkmodelle werden derzeit intensiv dis-

---
[18] *Helianthus annuus* (Asteraceae), wärmeliebende, raschwüchsige Pflanze aus dem südl. N.-Amerika.
[19] *Zea mays* (Poaceae), → Experiment 2.4.

kutiert, ohne daß sich hierbei eine einheitliche Vorstellung abzeichnet. Von manchen Forschern wird weiterhin die bereits vor 50 Jahren vorgeschlagene *CHOLODNY-WENT-Theorie* vertreten, welche postuliert, daß das tropische Krümmungswachstum durch eine ungleiche Versorgung der unterschiedlich wachsenden Organflanken mit einem „Wuchsstoff" aus der Organspitze resultiert. Als wirksamer „Wuchsstoff" wird das *Auxin* (Indol-3-essigsäure, IES) angesehen. In der Tat weiß man schon seit langem, daß ein auxinhaltiger, asymmetrisch aufgesetzter Agarblock bei einer dekapitierten Koleoptile Krümmungswachstum induziert (*Auxin-Krümmungstest*). Darüber hinaus konnte man in phototropisch stimulierten Koleoptilen einen Unterschied in der Menge „diffusiblen Auxins" von etwa 1 : 2 zwischen lichtzugewandter und lichtabgewandter Organhälfte messen. Gegner der CHOLODNY-WENT-Theorie wenden dagegen ein, daß 1. dieser Unterschied quantitativ nicht ausreichend sei, um die beobachteten Unterschiede der Wachstumsintensität zu erklären, und 2. Auxin im *intakten* Organ in so hoher Konzentration vorläge, daß es als *limitierender* – und damit *regulierender* – Wachstumsfaktor von vorneherein nicht in Frage komme. Erst nach Entfernung der Auxinquelle (Organspitze) würde nach dieser Vorstellung die Wachstumszone so stark an Auxin verarmen, daß das Hormon künstlich zum regulierenden Faktor gemacht wird und deshalb bei einseitiger Applikation auf den Organstumpf Krümmungswachstum verursachen kann. Dieser Einwand würde alle Experimente disqualifizieren, welche an dekapitierten Koleoptilen oder Sproßachsen durchgeführt wurden.

Zur Klärung dieser Problematik kann man versuchen, den Auxingehalt der wachsenden Organe von außen zu beeinflussen, ohne den natürlicherweise vorhandenen endogenen Hormonspiegel zu stören. Die CHOLODNY-WENT-Theorie beruht auf der Annahme, daß der endogene Hormonspiegel ein limitierender Faktor des Streckungswachstums intakter Pflanzen ist, dessen Erhöhung zwangsläufig eine Steigerung – und dessen Erniedrigung eine Reduktion – der Wachstumsintensität zur Folge hat. Daraus läßt sich die Prognose ableiten, daß eine Auxingabe von außen, welche den zellulären Hormonspiegel deutlich erhöht, zu einer Wachstumssteigerung führen muß. Andernfalls kann die CHOLODNY-WENT-Theorie das tropische Krümmungswachstum offensichtlich nicht erklären. Mit anderen Worten: Wenn diese Theorie richtig ist, müßte es gelingen, ein differentielles Wachstum durch lokale Applikation von Auxin nicht nur an dekapitierten, sondern auch an intakten Pflanzen auszulösen. Diese Prognose läßt sich experimentell testen. Im Folgenden wird dieses für die CHOLODNY-WENT-Theorie kritische Experiment sowohl an der *Koleoptile,* als auch an einer Dikotylen-Sproßachse (*Hypokotyl*) durchgeführt. Beide Organe zeigen eine ausgeprägte, sehr ähnliche phototropische und gravitropische Reaktionsfähigkeit. Es ist jedoch durchaus umstritten, ob der Mechanismus des Krümmungswachstums in den beiden Fällen der gleiche ist.

Zur lokalen Applikation von Wuchsstoffen an Pflanzen verwendet man häufig Agarblöckchen mit definierten IES-Konzentrationen. Eine einfachere, meist zuverlässigere Methode ist die Verwendung einer *Wuchsstoffpaste,* welche nicht eintrocknet und daher eine sehr dauerhafte, künstliche Hormonquelle darstellt. Als Grundsubstanz für solche Pasten verwendet man z. B. *Lanolin,* welches keine störenden Effekte auf Pflanzen besitzt und sich mit wäßrigen Lösungen zu einer stabilen Emulsion vermischen läßt.

Literatur

Baskin TI, Briggs WR, Iino M (1986) Can lateral redistribution of auxin account for phototropism of maize coleoptiles? Plant Physiol 81:306–309

Hall JL, Brummell DA, Gillespie J (1985) Does auxin stimulate the elongation of intact plant stems? New Phytol 100:341–345

Trewavas A (1981) How do plant growth substances work? Plant Cell Environ 4:203–228

Trewavas A, Cleland RE (1983) Is plant development regulated by changes in the concentration of growth substances or by changes in the sensitivity to growth substances? Trends in Biochem Sci 8:354–357

Material und Geräte

1. a) Keimlinge von *Helianthus annuus* (5 d im Licht auf Vermiculit angezogen; Hypokotyllänge 4–5 cm)
   b) Keimlinge von *Zea mays* [4 d im Dunkeln auf Vermiculit angezogen, 12 h vor der Verwendung 10 min belichtet (→ Experiment 9.10), Koleoptillänge 25–30 mm]
   Es werden von jedem Keimlingstyp 6 Schalen mit je 12 gleich entwickelten, gerade gewachsenen Exemplaren benötigt. Man zieht etwa 300 Keimlinge der beiden Arten in großen Plastikdosen an, wählt 72 geeignete Exemplare aus und pflanzt davon unmittelbar vor dem Versuch jeweils 12 in einer Reihe (Abstand 2 cm) in 6 kleinere längliche Schalen (25 × 5 × 5 cm) um.
2. IES-Stammlösung (1 mmol · l^{-1}): IES in minimaler Menge Ethanol anlösen, gekühlt etwa 1 Woche haltbar.
3. Lanolin (Wollfett, Wollwachs)
4. Einwegartikel: Tablettenröhrchen (5 ml), kleine Plastikspatel, 3-ml-Spritzen mit Luer-Lock-Konus, auf 3 mm gekürzte Injektionskanülen (0,8 mm), Rasierklinge.
5. Photoausrüstung (Kleinbildkamera).

Durchführung (Grundexperiment)

1. *Herstellung der Auxinpasten:* Aus der Stammlösung werden IES-Lösungen folgender Konzentrationen hergestellt: 10/32/100/320/1000 µmol · l^{-1}. Jeweils 600 µl dieser Lösungen werden mit 1,2 g Lanolin in einem Tablettenröhrchen mit einem Spatel intensiv 5 min homogenisiert. Eine weitere Paste wird mit dest. Wasser hergestellt (Kontrollpaste). Die Pasten werden mit

dem Spatel in 3-ml-Plastikspritzen überführt, denen man zuvor eine gekürzte Kanüle fest aufgesetzt hat (Luer-Lock-Verschluß). Aus diesen Spritzen läßt sich die Paste in Form eines dünnen, gleichmäßigen Stranges herausdrücken, wobei 1 cm etwa 3 mg entspricht. Gekühlt aufbewahren und vor Gebrauch kurz erwärmen lassen.

2. *Behandlung der Keimlinge:* Man trägt jeweils einen etwa 1 cm langen, geraden Pastenstrang in Längsrichtung auf das Hypokotyl der *Helianthus*-Keimlinge 3 mm unterhalb des Kotyledonenansatzes auf. Die 12 Keimlinge einer Schale werden jeweils mit einer Paste behandelt (auf gleichartige Orientierung achten: Die mutmaßliche Krümmung soll in einer Ebene parallel zur Keimlingsreihe erfolgen). Von den 12 Keimlingen werden anschließend 6 direkt unter den Kotyledonen mit einer Rasierklinge dekapitiert. Entsprechend verfährt man mit den Maiskeimlingen (1 cm Pastenstrang 3 mm unter der Koleoptilspitze, welche bei der Hälfte der Keimlinge abgeschnitten wird).

3. *Messung der Krümmungsreaktion:* Die behandelten Keimlinge werden im Dunkeln bei 25 °C aufgestellt und nach 0/2/4/6/8/10 h von der Seite im rechten Winkel zur mutmaßlichen Krümmungsrichtung photographiert.

Auswertung

Anhand der projizierten (oder vergrößert kopierten) Photographien kann man die Krümmungswinkel (Winkel zwischen den Tangenten an den basalen bzw. apikalen Organabschnitt, →Abb. 46, S. 421) ausmessen. Außerdem läßt sich die Längenänderung der Organe bestimmen. Wo liegt die untere Konzentrationsschwelle für die Wirksamkeit exogen applizierter IES in Anwesenheit und Abwesenheit der natürlichen Auxinquelle (Organapex)?

Probleme (weiterführende Experimente)

1. Kann man aus den Resultaten dieser Experimente definitiv den Schluß ziehen, *die CHOLODNY-WENT-Theorie sei zutreffend* für das tropische Krümmungswachstum? [Literatur: Firn RD, Digby J (1980) Ann Rev Plant Physiol 31:131–148.] Welche experimentellen Ansätze könnten zu einer weiteren Klärung dieser Problematik führen?
2. Wie ihr Querschnitt zeigt, ist die Koleoptile kein radiäres, sondern ein bilateral symmetrisch gebautes Organ. Hängt die Wirkung von applizierter IES-Paste davon ab, welche *Seite der Koleoptile* damit behandelt wird?
3. Welche Wirkung besitzt IES-Paste, welche symmetrisch *auf den Apex* intakter bzw. dekapitierter Keimlinge appliziert wird?
4. IES-Paste kann auch in 2 Strängen auf den *gegenüberliegenden Seiten* des Hypokotyls (oder der Koleoptile) aufgetragen werden. Wie groß muß der

Unterschied im IES-Gehalt bei zweiseitiger Auftragung mindestens sein, um eine Krümmung zu bewirken?

9.12 (A) Umwandlung eines Speicherorgans in ein Assimilationsorgan und ihre Abhängigkeit von Cytokinin (Kotyledonen der Gurke [20])

Die Kotyledonen vieler epigäisch keimender Dikotylen (z. B. Brassicaceae, Cucurbitaceae, Asteraceae) machen nach der Keimung einen erstaunlichen Funktionswandel durch. Diese Organe werden im reifenden Samen zunächst als Speicherorgane (zusätzlich zum oder anstelle des Endosperms) angelegt, deren Zellen fast vollständig mit Speicherfett und Speicherprotein (seltener mit Stärke) angefüllt sind. Die Speicherstoffe unterliegen nach der Keimung des Samens einem Ab- und Umbau zu Metaboliten, welche zu den wachsenden Teilen des jungen Keimlings transportiert werden. So wird z. B. das Speicherfett unter wesentlicher Beteiligung *peroxisomaler Enzyme* in Saccharose umgewandelt. Die für die Speicherstoffmobilisierung benötigten Enzyme entstehen zuvor in den Speicherzellen durch Neusynthese. Auch die beteiligten Organellen (z. B. *Peroxisomen* in Form der *Glyoxysomen*) machen eine starke Proliferation durch. Im Gegensatz zu den entsprechenden Prozessen in der Caryopse der Gräser (→ Experiment 9.13) spielt Gibberellin hier keine Rolle als Induktor der Enzymsynthese.

Entwickelt sich der junge Keimling im *Dunkeln,* so bleibt die physiologische Funktion der Kotyledonen auf den Abbau, Umbau und Export von Speichermaterial beschränkt. Im *Licht* hingegen setzt nach einigen Tagen ein dramatischer Funktionswandel ein: Die Kotyledonen wachsen (ohne Zellteilung) stark heran, ergrünen und entwickeln sich innerhalb kurzer Zeit zu assimilierenden Laubblättern. Die lichtinduzierte Ausbildung des Photosyntheseapparats umfaßt nicht nur die Differenzierung von Chloroplasten aus Proplastiden oder Etioplasten, sondern z. B. auch die Umdifferenzierung der Glyoxysomen zu typischen *Blattperoxisomen,* in denen wesentliche Abschnitte des photorespiratorischen Stoffwechsels stattfinden. Diese funktionelle Umstellung von Zellorganellen ist wiederum mit der Neusynthese einer großen Zahl von Enzymen verbunden.

Die Hormonklasse der *Cytokinine* besitzt allgemein eine wichtige Funktion bei der Ausbildung und Aufrechterhaltung der photosynthetischen Aktivität von Blättern. Da das Cytokinin bei jungen Pflanzen vor allem in der Wurzel gebildet wird, verarmen wurzellose Pflanzen (oder abgeschnittene

---

[20] *Cucumis sativus* (Cucurbitaceae), → Experiment 3.5.

Blätter) rasch an diesem Hormon. Als Folge davon tritt eine Hemmung der Blattentwicklung oder sogar ein Abbau des Photosyntheseapparats ein (induzierte *Blattseneszenz*), welche erwartungsgemäß durch eine künstliche Zufuhr von Cytokinin im Experiment aufgehoben werden kann (→ Experiment 12.5).

Die fördernde Wirkung von Cytokinin auf die Blattentwicklung läßt sich besonders gut an Speicherkotyledonen studieren, bei denen die Differenzierung zum photosynthetisch aktiven Laubblatt durch Licht induzierbar ist. Besonders geeignet sind hier die Kotyledonen von Cucurbitaceen-Keimlingen, welche bereits im trockenen Samen von den Achsenorganen des Embryos abgetrennt und anschließend im isolierten Zustand zur Entwicklung gebracht werden können. An diesem experimentellen System läßt sich z. B. die interessante Frage studieren, ob Cytokinine spezifisch für die Differenzierung des Photosyntheseapparats zuständig sind oder eine allgemeinere Bedeutung für das Entwicklungsgeschehen besitzen. Falls letzteres zutrifft, sollte man erwarten, daß auch die Ausbildung des dissimilatorischen Apparats zur Mobilisierung der Speicherstoffe in isolierten Kotyledonen von exogenem Cytokinin abhängig ist. Diese Frage läßt sich z. B. durch Messung der Aktivitäten von *Leitenzymen* der betroffenen Stoffwechselwege oder anderer charakteristischer biochemischer Parameter untersuchen. In den *Peroxisomen* sind Stoffwechselwege räumlich zusammengefaßt, welche sowohl für die Fettmobilisierung als auch für die Photosynthese von zentraler Bedeutung sind. Schlüsselenzyme aus diesen Wegen eignen sich besonders gut, um den steuernden Einfluß von Licht bzw. von Cytokininen auf die metabolische Funktion der Kotyledonen zu erfassen.

Als exogenes Cytokinin verwendet man bei solchen Experimenten häufig das physiologisch sehr aktive N^6-*Benzyladenin* (= 6-Benzylaminopurin, BA) oder *Kinetin* (= Furfurylaminopurin, KIN). Diese Cytokinine kommen in der Natur nicht vor, können jedoch im Experiment das natürliche Cytokinin (z. B. *Zeatin*) vollwertig ersetzen.

Literatur

Haru K, Naito K, Suzuki H (1982) Differential effects of benzyladenine and potassium on DNA, RNA, protein and chlorophyll contents and on expansion growth of detached cucumber cotyledons in the dark and light. Physiol Plant 55: 247–254

Lampugnani MG, Martellini P, Servettaz O, Longo CP (1980) Interaction between benzyladenine and light on excised watermelon cotyledons. Pl Sci Lett 18: 351–358

Longo GP, Lampugnani MG, Servettaz O, Rossi G, Longo CP (1979) Evidence for two classes of responses of watermelon cotyledons to benzyladenine. Pl Sci Lett 16: 51–57

Parthier B (1979) The role of phytohormones (cytokinins) in chloroplast development. Biochem Physiol Pflanzen 174: 173–214

244 Phytohormone

Material und Geräte

1. Saatgut von *Cucumis sativus* (gut keimende Hybridsorte)
2. BA-Lösung (100 µmol · l^{-1})
3. Petrischalen (9 cm, Plastik) mit Filterpapiereinlage, Skalpell, feine, scharfe Lanzettnadel, spitze Pinzette („Uhrmacher-Pinzette"), Konstantraum (25 °C) mit Weißlichtquelle (z. B. Fluoreszenzlampen, 5–10 klx), lichtdichtes Tuch, geschwärzter Karton, Feinwaage (± 1 mg), Wägegläschen, Stereomikroskop (10 ×).
4. Reagenzien und Geräte zur Bestimmung von Chlorophyll und Carotinoiden (→ Experiment 1.11, Teil A)
5. Reagenzien und Geräte zur Bestimmung von Triacylglycerol (→ Experiment 1.12, Teil C)
6. Reagenzien und Geräte zur Bestimmung verschiedener peroxisomaler, plastidärer und mitochondrialer Enzyme (→ Experiment 3.5).

Durchführung (Grundexperiment)

1. Zunächst sollte man sich durch Zerlegen eines Samens und eines 2 d alten Keimlings unter dem Stereomikroskop ein klares Bild von der Anatomie dieses Objekts verschaffen.
2. *Isolierung der Kotyledonen:* Etwa 150 Samen werden für 5 min in Wasser gelegt. Danach entfernt man durch einen Querschnitt mit einem Skalpell ein 3 mm langes Stück am Wurzelpol, welches die gesamte Embryonalachse enthält, und schält die derbe äußere Samenschale mit einer feinen, scharfen Lanzettnadel ab. Man erhält auf diese Weise isolierte Kotyledonen, welche noch von der häutigen inneren Samenschale eingehüllt sind. Letztere läßt sich nach 10–12 h Inkubation auf feuchtem Filterpapier mit Hilfe einer spitzen Pinzette ohne Verletzung der Kotyledonen vorsichtig abziehen. Die voneinander getrennten Kotyledonen auf feuchtem Filterpapier auslegen.
3. *Hormonbehandlung:* Nach Randomisierung werden 8 Stichproben von je 12 Kotyledonen in Petrischalen auf 1 Lage Filterpapier + 3 ml BA-Lösung ausgelegt (mit der flachen, oberen Seite nach unten). Weitere 8 Schalen in gleicher Weise mit dest. Wasser ansetzen. Weitere 4 Stichproben werden für die Bestimmung der Anfangswerte reserviert (falls die Aufarbeitung nicht sofort möglich ist, gekühlt aufbewahren). Von den BA- bzw. Wasser-Ansätzen werden jeweils 4 Schalen im *Dunkeln* (in lichtdichtes Tuch und geschwärzten Karton verpackt) und im *Licht* (Lichtschrank, Klimakammer) bei 25 °C aufgestellt. Die folgenden Messungen sollten innerhalb der nächsten 3 h (Anfangswerte) bzw. nach einer Inkubationszeit von 3–4 d durchgeführt werden.
4. *Messung des Wachstums:* Kotyledonen oberflächlich abtrocknen, sofort anschließend in vorgewogene Wägegläschen überführen und ihre Frischmasse bestimmen (→ Experiment 1.4).

5. *Bestimmung des Chlorophyll- und Carotinoidgehaltes:* 4 der Kotyledonen einer Schale werden mit ammoniakalischem Aceton extrahiert und die Pigmentkonzentrationen gemessen, wie bei Experiment 1.11, Teil A beschrieben.

Anmerkung: Vom abzentrifugierten Rückstand kann mit $10 \text{ g} \cdot \text{l}^{-1}$ NaOH bei 50 °C (1 h) das *Protein* extrahiert und anschließend mit der Biuret-Methode bestimmt werden; → Experiment 1.12, Teil A.

6. *Bestimmung des Fettgehaltes:* 4 der Kotyledonen einer Schale werden mit Chloroform/Methanol homogenisiert, extrahiert und die Triacylglycerol-Konzentration gemessen, wie bei Experiment 1.12, Teil C beschrieben.

7. *Bestimmung von Enzymaktivitäten:* 4 der Kotyledonen einer Schale werden mit Phosphatpuffer auf Eis homogenisiert, extrahiert und im Überstand die Aktivitäten folgender Enzyme gemessen (→ Experiment 3.5): *Glycerinaldehydphosphatdehydrogenase* ($NADP^+$-abhängig, Markerenzym für CALVIN-Cyclus-Aktivität), *Glycolatoxidase* (Markerenzym für photorespiratorischen Stoffwechsel), *Isocitratlyase* (Markerenzym für Fett→Kohlenhydrat-Umwandlung) und *Fumarase* (Markerenzym für Citratcyclus-Aktivität). Zusätzlich oder alternativ können auch die anderen bei Experiment 3.5 aufgeführten Enzymaktivitäten bestimmt werden.

Auswertung

Die erhaltenen Meßwerte (z. B. mol Chlorophyll · Kotyledone^{-1}, bei Enzymaktivitäten: kat · Kotyledone^{-1}; Mittelwerte aus 4 Parallelen ± Schätzung des Standardfehlers) werden in eine übersichtliche Tabelle eingetragen. Die Effekte von Licht bzw. BA auf die einzelnen Parameter treten als prozentuale Änderung gegenüber dem Anfangswert (=100%) besonders deutlich hervor.

Probleme (weiterführende Experimente)

1. Die BA-Konzentration von $100 \text{ µmol} \cdot \text{l}^{-1}$ ist relativ hoch. Welche Wirkung besitzt dieses Hormon bei *niedrigeren Konzentrationen?* (Bestimmung der Konzentrations-Effekt-Kurve, z. B. bei 0,01/0,1/1/10/ $100 \text{ µmol} \cdot \text{l}^{-1}$.)
2. Besitzen *andere Cytokinine* (z. B. Kinetin, Zeatin, Isopentenyladenin) dieselbe Wirksamkeit wie BA? Müssen die Cytokinine ständig im Medium anwesend sein, um ihre Wirkung zu entfalten?
3. Welche Wirkung hat die *Hemmung der Proteinsynthese* durch Cycloheximid ($20 \text{ mg} \cdot \text{l}^{-1}$) auf die Licht- bzw. BA-abhängigen Entwicklungsprozesse?
4. Hemmt *Abscisinsäure* ($0,1 \text{ mmol} \cdot \text{l}^{-1}$) die Licht- bzw. BA-abhängigen Entwicklungsprozesse? (→ Experiment 11.4.)

5. Die Lichtwirkung auf die Kotyledonenentwicklung wird hier mit weißem Licht erzeugt. Wie könnte man unter Verwendung von Farblichtquellen das verantwortliche *Photoreceptorpigment* identifizieren? (→ Experiment 13.7.)

9.13 (A) Induktion der Synthese von α-Amylase durch Gibberellinsäure im Gerstenaleuron [21]

Im Endosperm der Caryopsen von Gräsern setzt kurze Zeit nach der Keimung ein intensiver Abbau der Speicherstoffe (Stärke, Fett, Speicherprotein) ein. Die hydrolytische Spaltung der Stoffe erfolgt durch Enzyme, welche in der *Aleuronschicht* (dem einzigen noch lebenden Endospermgewebe) unter dem Einfluß des heranwachsenden Embryos gebildet werden (→ Experiment 9.4). Der Embryo produziert Gibberellin als Hormonsignal, welches in den Aleuronzellen spezifisch die Transkription bestimmter Gene bewirkt, deren mRNAs an den Ribosomen die Synthese der entsprechenden Proteine veranlassen. Das mengenmäßig dominierende Produkt dieses Induktionsprozesses ist die *α-Amylase* [22] (etwa 50% des neusynthetisierten Proteins; daneben werden kleinere Mengen an *Protease, RNAse* und anderen Hydrolasen gebildet). Die α-Amylase wird, zusammen mit den anderen neu synthetisierten Enzymen, von den Aleuronzellen in das stärkehaltige (tote) Endospermgewebe sezerniert (*Exocytose*) und baut dort, gemeinsam mit der bereits dort vorhandenen *β-Amylase* [22], die Stärke bis zur Stufe des Disaccarids (Maltose) ab. Durch Resorption im Scutellum wird der Zucker dem wachsenden Embryo zugeführt (→ Experiment 8.5).

Das Aleurongewebe der Caryopse dient seit vielen Jahren als Modellsystem der hormoninduzierten Genexpression in einem homogenen differenzierten Gewebe. Ein entscheidender Vorteil dieses Objekts besteht darin, daß das *Zielgewebe* (Aleuron) vom *hormonproduzierenden Gewebe* (Embryo) experimentell getrennt und somit seine Reaktion auf zugegebenes Hormon exakt gemessen werden kann. Die Aleuronzellen sind als hochgradig spezialisierte Zellen darauf programmiert, auf Gibberellin mit der Aktivierung einiger weniger Gene zu reagieren, d.h. das Hormon erfüllt hier die Funk-

---

[21] *Hordeum vulgare* (Poaceae), → Experiment 8.4.
[22] *α-Amylase* (EC 3.2.1.1) spaltet α-1,4-glucosidische Bindungen innerhalb von Polysacchariden. *β-Amylase* (EC 3.2.1.2) spaltet Maltose-Einheiten am nicht-reduzierenden Ende von Polysacchariden ab (→ S. 55). Daneben gibt es im Endosperm weitere Stärke-abbauende Enzyme, z. B. für die Spaltung der α-1,6-glucosidischen Bindungen im Amylopektin.

tion eines *Auslösers* für ein vorgegebenes *Kompetenzmuster*, das bereits bei der Differenzierung dieser Zellen während der Samenreifung festgelegt wurde. Diese spezifische Kompetenz für Gibberellin ist auch noch in Protoplasten vorhanden, welche aus dem Aleurongewebe durch Verdauung der Zellwände hergestellt werden können (→ Experiment 3.2). Der molekulare Ablauf der mRNA-Synthese im Zellkern, ihre Einschleusung in membrangebundene Polysomen des Cytoplasmas und die Synthese der Enzymmoleküle ist in den letzten Jahren sehr genau untersucht worden; hingegen sind die Vorgänge bei der Rezeption des Hormons und die Signalkette bis hin zur DNA trotz vieler Bemühungen noch weitgehend unbekannt.

Das Standardobjekt für das Studium der Gibberellin-induzierten Enzymsynthese ist das mehrschichtige Aleurongewebe der *Gerste*. Dieser äußerste Teil des Endosperms läßt sich (zusammen mit der rudimentären Samenschale und der Fruchtwand) relativ leicht vom gequollenen Korn isolieren. Man verwendet aus methodischen Gründen eine spelzenfreie „Nacktgerste", z. B. die Sorte „Himalaya", mit der bisher die meisten Forschungsarbeiten durchgeführt wurden. Die Aleuronzellen enthalten große Mengen an Speicherprotein und Speicherfett, welche nach der Keimung abgebaut werden; sie sind also hinsichtlich ihrer Versorgung mit Stoffwechselbausteinen und Energie nicht auf eine Zufuhr von außen angewiesen. Der natürliche, vom Embryo produzierte Induktor der Enzymsynthese ist vermutlich das Gibberellin GA_1, welches jedoch im Experiment durch das kommerziell erhältliche GA_3 ersetzt werden kann. Die sezernierte α-Amylase ist ein Glycoprotein mit einer Molmasse von 41 kDa. Sie läßt sich in zwei Gruppen von Isoenzymen (codiert in zwei Genfamilien) auftrennen, welche nicht völlig synchron gebildet werden. Das Enzym benötigt Ca^{2+} zur Aktivierung.

Da auch Mikroorganismen Stärke-abbauende Enzyme produzieren, muß dieses Experiment unter keimfreien Bedingungen durchgeführt werden (→ Bd. 1: S. 49). Die Caryopsen von Nacktgerstensorten lassen sich problemlos durch *Oberflächensterilisation* mit Hypochlorit von Bakterien- und Pilzsporen befreien. Geräte und Lösungen sterilisiert man am einfachsten durch *Autoklavieren*. Für wärmeempfindliche Hormonlösungen ist die *Sterilfiltration* die Methode der Wahl. Sterile Arbeitsgänge führt man am besten auf einer *sterilen Werkbank* durch (bei sehr sorgfältigem Arbeiten kann man auf dieses nützliche Gerät verzichten). Als zusätzliche Vorsichtsmaßnahme fügt man dem Inkubationsmedium ein *Antibioticum* (z. B. Chloramphenicol) zu.

Literatur

Chrispeels MJ, Varner JE (1967) Gibberellic acid-enhanced synthesis and release of α-amylase and ribonuclease by isolated barley aleurone layers. Plant Physiol 42:398–406

Jacobsen JV, Zwar JA, Chandler PM (1985) Gibberellic-acid-responsive protoplasts from mature aleurone of Himalaya barley. Planta 163:430–438

Material und Geräte

1. Caryopsen von *Hordeum vulgare*, var. *Himalaya*[23] (oder andere Nacktgerstensorte), 1–2 Jahre abgelagertes Saatgut
2. NaOCl-Lösung (0,5% wirksames Chlor)
3. Ethanol (70 Vol.%)
4. Steriles Wasser: 250 ml dest. Wasser durch Autoklavieren sterilisieren.
5. Succinatpuffer: 60 mmol $\cdot$ l^{-1} Bernsteinsäure, 10 mmol $\cdot$ l^{-1} CaCl$_2$, mit 1 mol $\cdot$ l^{-1} NaOH auf pH 6,0 einstellen.
6. Chloramphenicol-Stammlösung (1 mg $\cdot$ l^{-1})
7. GA$_3$-Stammlösung (100 µmol $\cdot$ l^{-1})
8a. Stärke-Lösung I: 20 mg lösliche Stärke, 12,6 mg NaF[24], 600 mg KH$_2$PO$_4$, 30 mg CaCl$_2$ $\cdot$ 2 H$_2$O in 100 ml lösen (kurz aufkochen, beschränkt haltbar).
9a. Jod-Reagenz: 0,6 g KI und 60 mg I$_2$ in 100 ml lösen. Davon 1 ml zu 99 ml HCl-Lösung (0,05 mol $\cdot$ l^{-1}) geben

oder:

8b. Stärke-Lösung II: 0,4 g lösliche Stärke, 12,6 mg NaF[24], 30 mg CaCl$_2$ $\cdot$ 2 H$_2$O in 100 ml lösen (kurz aufkochen, beschränkt haltbar).
9b. DNS-Reagenz: 1 g 3,5-Dinitrosalicylsäure (= 2-Hydroxy-3,5-dinitrobenzoesäure) in 20 ml 2 mol $\cdot$ l^{-1} NaOH lösen und 50 ml dest. Wasser zufügen. 30 g KNa-Tartrat $\cdot$ 4 H$_2$O in wenig dest. Wasser lösen und zugeben. Auf 100 ml auffüllen.
10. Sterile Petrischalen (5 cm) mit passender Papierfiltereinlage, sterile Pipetten (5 ml), sterile halbhohe Reagenzgläser mit Verschlußkappen, sterile Zellstofftücher (durch Autoklavieren sterilisieren); Lanzettnadel mit abgerundeter Spitze; Plastik-Teesieb; Skalpell; Pinzette; Spatel; kleine Glasplatte; 10-ml-Plastikspritze mit Einweg-Sterilfiltrationsvorsatz (z. B. Typ Minisart von Sartorius, 0,45 µm Porenweite); Schüttelwasserbad (30 °C); Quarzsand; kleine Reibschale (6 cm Durchmesser); Eisbad; Kühlzentrifuge (12 000 × **g**, 5 °C); Plastik-Zentrifugenbecher; Photometer (540/620 nm); Küvetten (1 cm, 3 ml, Plastik); Wasserbad (100 °C); Stoppuhr.

Durchführung[25] (Grundexperiment)

1. *Steriles Vorquellen von Halbcaryopsen:* 60 Caryopsen werden durch einen Querschnitt in eine embryohaltige und eine embryofreie Hälfte geteilt (Skal-

---

[23] Erhältlich vom Agronomy Department, Washington State University, Pullman (USA).
[24] NaF hemmt die Phosphorylase, welche möglicherweise den Amylase-Test stören würde.
[25] Nach Jones RL, Varner JE (1967) Planta 72:155–161 (verändert).

pell). Die embryofreien Halbcaryopsen werden für 10 min in einem Becherglas mit 100 ml NaOCl-Lösung inkubiert (gelegentlich rühren). Lösung abgießen, Halbcaryopsen in einem Teesieb auffangen und mit Spatel in Becherglas mit 100 ml sterilem Wasser überführen. Nach 10 min (gelegentlich rühren) wird dieser Waschvorgang wiederholt. Die wieder im Sieb aufgefangenen Halbcaryopsen werden nun zu je 20 in drei kleine sterile Petrischalen mit einer Lage Filterpapier überführt und jeweils 2 ml steriles Wasser zugefügt. Schalen für 3 d bei 25°C inkubieren.

2. *Herstellung der sterilen Inkubationsmedien:* 1 ml GA_3-Stammlösung + 200 µl Chloramphenicol-Stammlösung mit Succinatpuffer auf 10 ml auffüllen. Lösung in Plastikspritze aufziehen, sterilen Filtriervorsatz aufstecken und Lösung in steriles Reagenzglas filtrieren. Auf die gleiche Weise wird ein Kontrollmedium ohne GA_3 hergestellt. Je 3 sterile Reagenzgläser mit 2 ml Medium bzw. Kontrollmedium beschicken (sterile Pipette!).

3. *Isolierung und Inkubation des Aleurongewebes:* Eine Gruppe von 10 Halbcaryopsen wird auf einer sterilen Glasplatte (mit 70% Ethanol reinigen) ausgelegt und mit Hilfe einer Pinzette und einer abgerundeten Lanzettnadel (steril) das weiche, stärkehaltige Endosperm entfernt. Leere Halbcaryopsen kurz in sterilem Wasser waschen (schütteln) und, nach Absaugen des anhaftenden Wassers mit sterilem Zellstoff, in ein Reagenzglas mit Medium überführen. Die 6 Ansätze (mit je 10 Halbcaryopsen) werden für 12 h in einem Wasserbad bei 30°C bei mittlerer Schüttelintensität inkubiert.

4. *Messung der Amylase-Aktivität im Medium und im Aleurongewebe:* Die Aleuronschichten eines Ansatzes werden mit einer Pinzette entnommen, in 100 ml dest. Wasser gewaschen, abgetrocknet und mit 1 g Quarzsand und 2 ml Succinatpuffer 5 min in einer eisgekühlten Reibschale zu einer feinen Suspension zerrieben. Homogenat 10 min bei $12\,000 \times g$ zentrifugieren und klaren Überstand (*Enzymextrakt*) vorsichtig abgießen.

Sowohl die Medien (*sezernierte Amylase*) als auch die Enzymextrakte (*intrazelluläre Amylase*) der 6 Ansätze können mit einem der folgenden colorimetrischen Stopptests auf ihre Amylase-Aktivität untersucht werden (Aufbewahrung der Enzym-Lösungen im eingefrorenen Zustand ist möglich).

a) *Jodstärketest:* Ein Reagenzglas mit 1,0 ml Medium oder Extrakt im Wasserbad auf 25°C temperieren und 1,0 ml ebenfalls temperierte Stärke-Lösung I zusetzen (schütteln, Start der Reaktion). Nach genau 10 min wird 1,0 ml Jod-Reagenz zugegeben und umgeschüttelt (Stopp der Reaktion). Lösung sofort in eine Photometerküvette überführen und Extinktion bei 620 nm gegen Luft messen. Zur Bestimmung des *Leerwerts* wird die Messung parallel mit enzymfreiem Medium bzw. Extrakt (aufgekocht) durchgeführt. Die Differenz (Extinktionsabnahme) ist ein Maß für den Abbau von Stärke durch die Amylasereaktion. Eine befriedigende Proportionalität zwischen Enzymaktivität und Extinktionsänderung erhält man aber nur, wenn innerhalb der Reaktionszeit nicht mehr als die Hälfte der Stärke hydrolysiert wird. Daher müssen die Enzymproben mit Puffer so verdünnt werden, daß die Meßwerte zwischen 0 und 50% Extinktionsabnahme liegen. Der Test beruht auf der Verminderung der Farbintensität der Jodstärkereaktion bei Verminderung der Kettenlänge des Glucans. Diese Farbintensitätsänderung ist nur am Anfang der Reaktion proportional zur Häufigkeit der Spaltungsschritte. Die Enzymaktivität kann nur in Form von relativen Einheiten ($\Delta E_{620} \cdot 10 \text{ min}^{-1}$) bestimmt werden.

b) *DNS-Test:* Ein Reagenzglas mit 1,0 ml Stärke-Lösung II auf 25°C vortemperieren. 100 µl Enzym-Lösung zugeben und umschütteln (Start der Reaktion). Nach genau 10 min 2 ml DNS-Reagenz zugeben und umschütteln (Stopp der Reaktion). Zur Entwicklung des gefärbten Reaktionsprodukts müssen die Ansätze für 5 min in einem kochenden Wasserbad erhitzt werden. Nach dem Abkühlen wird die Extinktion bei 540 nm gegen Luft im Photometer gemessen. Die Extinktionszunahme gegenüber einer enzymfreien Leerprobe (gekochter Enzymextrakt) ist proportional zur Enzymaktivität in der Probe. Bei hohen Werten ($\Delta E > 0,5$) muß die Probe verdünnt werden. Der Test[26] beruht auf der Reaktion von reduzierenden Gruppen, wie sie bei der Spaltung von glucosidischen Bindungen freigesetzt werden, mit Dinitrosalicylsäure, wobei diese zu einem gelb-roten Reduktionsprodukt umgesetzt wird ($\varepsilon_{540} = 1,6 \cdot 10^3 \text{ l} \cdot \text{mol}^{-1} \cdot \text{cm}^{-1}$). Dieser Test erlaubt die genaue Bestimmung der Anzahl der Spaltungsereignisse während der Enzymreaktion und damit eine Angabe der Enzymaktivität in der Einheit *Katal*. (Der Extinktionskoeffizient kann mit Hilfe einer genauen Maltose-Lösung überprüft werden.)

Auswertung

Die Enzymaktivität wird unter Berücksichtigung der Verdünnungsschritte in relativen Einheiten · Aleuronschicht^{-1} (oder kat · Aleuronschicht^{-1}) berechnet ($\pm$ Schätzung des Standardfehlers; → Bd. 1: S. 102; siehe auch Auswertung bei Experiment 13.8.)

Probleme (weiterführende Experimente)

1. Zur *Messung der Amylase-Aktivität* werden in der obigen Vorschrift Stopptests mit einer konstanten Reaktionszeit von 10 min vorgesehen. Dies ist nur zulässig, wenn die Reaktionsintensität nicht von der Zeit

---

[26] Nach Bernfeld P (1955) Methods Enzymol 1: 149–150.

abhängt. Wie kann diese Voraussetzung überprüft werden? (Kinetik der Testreaktionen durch Abstoppen nach 3/6/9/12/15/18 min bestimmen.)
2. Ist die induzierende Wirkung von GA_3 *spezifisch für Amylase* (und einige weitere Hydrolasen) oder mit einer allgemeinen Erhöhung des Pegels an löslichem Protein verbunden? (Extraktion und Bestimmung des löslichen Proteins wie bei Experiment 12.5 beschrieben.)
3. Welche Wirkung hat das entwicklungshemmende Hormon *Abscisinsäure* (ABA, $1-100$ µmol $\cdot$ l^{-1}, → Experiment 11.4) auf die Keimung und auf die GA_3-induzierte α-Amylasesynthese in den Aleuronzellen?
4. Die Samen der Kornrade (*Agrostemma githago*, Caryophyllaceae) besitzen ein stärkehaltiges *Perisperm*, das nach der Keimung abgebaut wird. Läßt sich auch hier eine vom Embryo ausgehende Amylasesekretion nachweisen? (Literatur: →Anmerkungen zu Experiment 9.4)

9.14 (A) Halmsegmenttest auf Gibberellin bei Haferpflanzen[27]

Im Gegensatz zur Koleoptile, welche keinerlei Wirkung auf Gibberellin zeigt, ist das Wachstum der *Sproßachse* auch bei Gräsern ein Gibberellin-abhängiger Prozeß (→ Experiment 9.2). Die Internodien des Grashalmes besitzen, ähnlich wie die Blätter, an der Basis ein *interkalares Meristem*, das während des Wachstums beständig Zellen nach oben abgibt. Direkt anschließend befindet sich die *Streckungszone* des Internodiums. Ein Halmsegment, das den Knoten und ein 10 mm langes Stück des darüberliegenden Internodiums enthält, kann daher zur Untersuchung des Internodienwachstums „im Reagenzglas" verwendet werden. Das Streckungswachstum solcher Segmente reagiert sehr empfindlich und selektiv auf exogenes Gibberellin (z. B. Gibberellinsäure = GA_3) und kann daher als biologisches Testsystem für diese Hormonklasse verwendet werden. Gibberellin wirkt in diesem System ausschließlich über eine Förderung der Zellstreckung durch Erhöhung der Zellwanddehnbarkeit; die Zellteilungsaktivität des Meristems wird durch das Hormon gehemmt. Im folgenden Experiment wird die Konzentrationsabhängigkeit der Gibberellinwirkung auf Halmsegmente untersucht. Darüber hinaus kann dieses experimentelle System für die Überprüfung der wachstumshemmenden (oder -fördernden) Wirkung von Herbiziden, Pestiziden u. a. eingesetzt werden.

---

[27] *Avena sativa* (Poaceae), → Experiment 3.2.

Literatur

Adams PA, Montague MJ, Tepfer M, Rayle DL, Ikuma H, Kaufman PB (1975) Effect of gibberellic acid on the plasticity and elasticity of *Avena* stem segments. Plant Physiol 56: 757–760

Kaufman PB, Ghosheh N, Ikuma H (1968) Promotion of growth and invertase activity by gibberellic acid in developing *Avena* internodes. Plant Physiol 43: 29–34

Material und Geräte

1. Etwa 100 Pflanzen von *Avena sativa* (6–8 Wochen im Freiland oder Gewächshaus angezogen bis kurz nach dem Hervortreten der Blütenrispe; das von der Scheide des Fahnenblattes umschlossene Internodium soll 15–25 mm lang sein; →Abb. 37)
2. K-Phosphatpuffer (10 mmol · l^{-1} Phosphat, pH 7,0)
3. GA_3-Stammlösung (1 mmol · l^{-1} in K-Phosphatpuffer)
4. GA_3-Testlösungen (0/1/10/100/1000 µmol · l^{-1} in K-Phosphatpuffer)
5. Schneidgerät (2 parallel im Abstand von 20 mm befestigte Rasierklingen), 60 kleine Tablettenröhrchen (4 ml) in Ständer (z. B. Styroporplatte mit passend ausgestanzten Löchern), Maßstab mit Millimeter-Teilung oder Meßlupe.

Durchführung[28] (Grundexperiment)

1. Aus 60 gleichmäßig gewachsenen Halmen, bei denen das unter der Blütenrispe sitzende Internodium etwa 20 mm lang ist, werden 2 cm lange Segmente herausgeschnitten, welche den *zweitobersten* Knoten (der oberste Knoten sitzt direkt unter der Rispe) in ihrer Mitte enthalten (Abb. 37).
2. Die Segmente werden sofort nach ihrer Isolierung einzeln mit der Basis nach unten (*dünneres* Halmstück!) in Tablettenröhrchen mit 1 ml Testlösung gestellt (10 Röhrchen für jede Testlösung). Ansätze bei 23–25 °C im Licht aufstellen.
3. Nach 24 h wird die Länge Δl des apikal auswachsenden Halmsegments auf 0,5 mm genau gemessen (→Abb. 37).

Auswertung

Für jeden Konzentrationswert wird der Mittelwert für Δl ($\pm$ Standardfehler) berechnet und die Konzentrations-Effekt-Kurve für GA_3 (logarithmisch geteilte Abszisse) dargestellt.

Probleme (weiterführende Experimente)

1. Wie verläuft die *Kinetik* der Wachstumsreaktion? (Auswertung 3/6/9/... h nach Hormonzugabe.)

---

[28] Nach Kaufman PB (1965) Physiol Plant 18: 703–724 (verändert).

Abb. 37. Halmsegmenttest zum Nachweis der Gibberellin-Wirkung auf das Sproßwachstum von Haferpflanzen. Die Wachstumszone des Internodiums befindet sich unmittelbar über dem interkalaren Meristem auf der Oberseite des Knotens. Das wachsende Internodium ist von der Scheide des Fahnenblattes umgeben, welche selbst kein Wachstum zeigt und daher als Bezugspunkt für den Zuwachs des daraus hervortretenden Halmsegments dienen kann

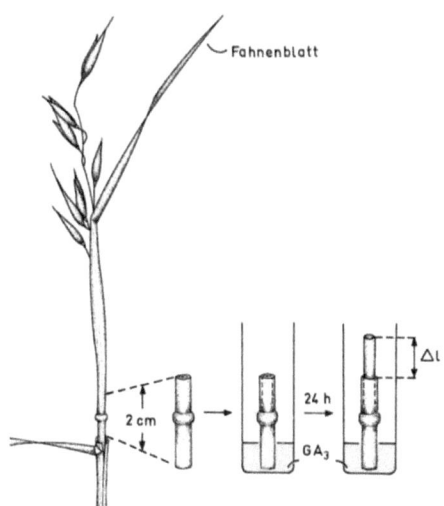

2. Welchen Einfluß hat *Licht* auf das Halmwachstum? (Segmente mit und ohne GA_3 im Licht und im Dunkeln wachsen lassen.)
3. Wie *spezifisch* ist diese Wachstumsreaktion für Gibberelline? (Segmente mit Auxin oder einem Cytokinin, z. B. Kinetin, behandeln.)
4. Welche Wirkung besitzen verschiedene kommerziell erhältliche *Herbizide* (z. B. Atrazin, 2,4-D, Dicamba, Dichlobenil, Glyphosat) und *Wachstumsregler* (z. B. Ethephon, Cycocel, α-Naphtylessigsäure) in diesem Wachstumstest?

10. Entwicklung von Pflanzenorganen

Vorbemerkungen

Die *Entwicklung* der Pflanze bzw. ihrer Organe läßt sich formal in drei Teilaspekte gliedern: das *Wachstum* als quantitative Vermehrung von Größe (Masse und Volumen), die *Differenzierung* als qualitatives Verschiedenwerden von Zellen und Geweben und die *Morphogenese* als das geordnete Zusammenspiel der Zellen bei der Ausbildung von Gestalt und Funktion im Kormus der vielzelligen Pflanze. Diese drei Aspekte können sowohl einzeln als auch miteinander gekoppelt in den verschiedenen Phasen der pflanzlichen Entwicklung auftreten.

Dieses Kapitel ist vorwiegend dem *Wachstum* gewidmet; Differenzierung und Morphogenese werden ausführlich in späteren Abschnitten behandelt (→ Kapitel 12–15). Das Wachstum der vielzelligen Pflanze äußert sich in einer irreversiblen Zunahme ihres *Volumens* und ihrer *Frischmasse* mit der Zeit. Da zumindest krautige Pflanzen zum größten Teil aus Wasser bestehen, ist Wachstum in der Regel vorwiegend eine Zunahme des Wassergehalts. Eine Vermehrung der Zellzahl durch Teilung trägt selbst nicht zum Wachstum bei, schafft jedoch die Voraussetzungen für ein zukünftiges Wachstum. Nach ihrer Bildung in meristematischen Zonen des Kormus können viele Zelltypen (z. B. die Epidermis- und Cortexzellen der Wurzel) unter Wasseraufnahme bis zum hundertfachen ihrer ursprünglichen Größe heranwachsen. Dieses Volumenwachstum wird durch die Dehnbarkeit der primären Zellwand ermöglicht, welche unter dem Einfluß des Turgordrucks zu einer plastischen (irreversiblen) Verformung fähig ist. Wachstumsfördernde Hormone (z. B. Auxin) entfalten ihre Wirkung durch eine Erhöhung der plastischen Dehnbarkeit von Primärwänden. Die Wachstumsphase der Zellen wird normalerweise durch Bildung von nicht mehr plastisch dehnbaren sekundären Zellwandschichten abgeschlossen. Wachstum ist also, mechanisch betrachtet, ein hydraulischer Prozeß, der unmittelbar von den physikalischen Eigenschaften der Wand und vom Wasserzustand der Zellen abhängt (→ Kapitel 7). Daher spielen die Wasserzustandsgrößen P_T, π und ψ

eine zentrale Rolle bei der experimentellen Untersuchung von Wachstumsprozessen. Parallel zur Volumenzunahme findet in der Regel eine Zunahme der organischen Zellsubstanz statt, welche durch einen aktiven anabolischen Stoffwechsel unter Verbrauch von Energie gebildet wird. Wachsende Gewebe sind daher durch hohe Atmungsaktivität gekennzeichnet und meist von der Zufuhr organischer Nährstoffe aus anderen Teilen der Pflanze abhängig.

Literatur

Dale JE (1988) The control of leaf expansion. Ann Rev Plant Physiol 39:267–295
Wareing PF, Phillips IDJ (1981) Growth and differentiation in plants. Pergamon Press, Oxford

Demonstrationsexperimente

10.1 (D) Lokalisierung der Wachstumszonen eines Maiskeimlings [1]

Der junge Graskeimling besteht aus drei achsenförmigen Organen: der *Koleoptile* (mit dem darin eingehüllten Primärblatt), dem *Mesokotyl* und der *Primärwurzel* (zu der nach kurzer Zeit sproßbürtige Seitenwurzeln hinzukommen). Diese drei Organe wachsen im Anschluß an die Keimung sehr rasch heran, wobei allerdings die räumliche Verteilung der Wachstumszonen sehr verschieden ist. Die Wachstumszonen pflanzlicher Organe bestimmt man sehr einfach mit Hilfe von Farbmarkierungen, welche sich z. B. in Form von kleinen Tuschepunkten anbringen lassen. Diese Methode wurde bereits von SACHS vor über 100 Jahren zur Beschreibung der Wachstumsverteilung in der Keimwurzel eingeführt. Anstelle von wasserlöslicher Tusche verwendet man heute besser eine hautfreundliche schwarze Farbemulsion, wie sie in Form eines kosmetischen „Eyeliners" zur Verfügung steht. [2] Der spitze Pinsel des Eyeliners eignet sich hervorragend, um sehr feine, scharfe Markierungsstriche auf Pflanzenoberflächen anzubringen.

---

[1] *Zea mays* (Poaceae), → Experiment 2.4.
[2] Wasserfeste Filzschreiber sind weniger gut geeignet, da sie organische Lösungsmittel enthalten, welche wachstumshemmend wirken.

Durchführung

Ein gerade gewachsener Maiskeimling (3–4 d bei 25 °C im Dunkeln auf Vermiculit angezogen; die Koleoptile sollte etwa 20 mm lang sein) wird im grünen Sicherheitslicht (→ Bd. 1: S. 78) vorsichtig aus dem Substrat herausgelöst, auf ein feuchtes Filterpapier gelegt und die Koleoptile und das Mesokotyl mit einer Reihe möglichst feiner Querstriche im Abstand von 1 mm versehen (Eyeliner, z. B. von Ellen Betrix). Als Maßstab dient ein Lineal, das man seitlich an die Sproßachse anlegt. (Es ist nützlich, diese Prozedur zuvor am hellen Licht zu üben.) Bei der Keimwurzel (vorderste 2 cm) verfährt man entsprechend. Nach der Markierung wird der Keimling in eine Plastikdose auf feuchtes Filterpapier gesetzt, so daß die Achse möglichst aufrecht steht (an die Wand anlehnen) und wieder im Dunkeln aufgestellt. Nach 3/6/9/12 h kontrolliert bzw. mißt man die Abstände zwischen den Marken mit einem Lineal. Eine genauere Messung ist mit einer Meßlupe möglich. Welchen Einfluß hat Licht auf die Verteilung des Wachstums in den drei Organen?

Anmerkung: Mit dieser Methode lassen sich auch die Wachstumszonen des *Hypokotyls* oder des *Epikotyls* von Dikotylenkeimlingen (z. B. bei *Cucumis, Helianthus, Phaseolus, Pisum*) sichtbar machen. Zur Untersuchung des zweidimensionalen Wachstumsmusters von Blättern (z. B. bei Primärblättern von *Phaseolus vulgaris*) kann man mit Hilfe einer Lochschablone ein quadratisches Punktmuster (Abstand 5 mm) auf der Blattoberfläche anbringen.

10.2 (D) Differentielles Flankenwachstum bei der Aufrechterhaltung und lichtinduzierten Öffnung des Plumulahakens der Gartenbohne [3]

Im Gegensatz zu den Monokotylen ist die Sproßachse bei den Dikotylen nicht von vornherein gerade gestreckt, sondern bildet im jungen Stadium unterhalb des Apex einen U-förmig nach unten gekrümmten Haken aus (Abb. 38). Die Funktion dieses *Plumulahakens* steht offensichtlich im Zusammenhang mit der Keimung unter der Erdoberfläche (→ Experiment 13.2). Wie kommt dieses auffällige morphologische Phänomen zustande? Die Beantwortung dieser Frage ist komplizierter, als es zunächst den Anschein hat. Bei der epigäisch keimenden Gartenbohne bildet sich der Plumu-

---

[3] *Phaseolus vulgaris* (Fabaceae), → Experiment 4.9.

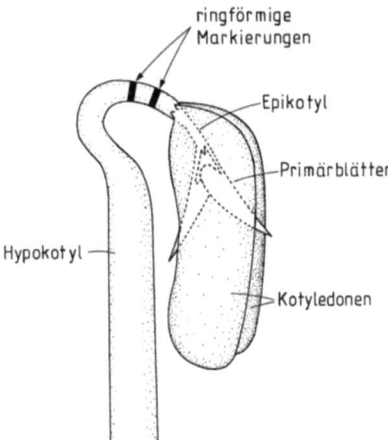

Abb. 38. Plumulahaken im apikalen Bereich des Hypokotyls eines etiolierten Keimlings von *Phaseolus vulgaris*. Mit Hilfe von ringförmigen Markierungen läßt sich das differentielle Wachstum sichtbar machen, das diese dynamische Struktur hervorbringt

lahaken im ganz jungen Keimling in einer etwa 10 mm langen Zone des Hypokotyls 5 mm unterhalb der Ansatzstelle der Kotyledonen aus. Er liegt damit im oberen Abschnitt der Wachstumszone des Hypokotyls. Dies bedeutet, daß beim Längenwachstum des Organs beständig Zellen in den apikalen Hakenbereich einbezogen werden, durch die Krümmungszone wandern und schließlich an der Hakenbasis an den geraden Teil des Hypokotyls abgegeben werden. Es handelt sich also um eine *dynamische Struktur*, deren Form unverändert bleibt, obwohl die sie bildenden Zellen in einem *Fließgleichgewicht* kontinuierlich ersetzt werden. Zur Erzeugung der Krümmung ist zunächst ein transversaler Wachstumsgradient (Zone differentiellen Wachstums) erforderlich, der das Streckungswachstum der Zellen auf der Innenseite relativ zur Außenseite verlangsamt. Dies allein ist jedoch nicht ausreichend, um einen *Haken* zu bilden, da ein derartiger Unterschied im Flankenwachstum nur einseitige Krümmung produzieren kann (d. h. das Hypokotyl würde in Form einer Spirale wachsen). Um einen halbkreisförmigen Haken zu bilden, ist offensichtlich außerdem ein entgegengesetzt gerichteter Wachstumsgradient erforderlich, der dafür sorgt, daß das Wachstum der Zellen der Hakeninnenseite beim Verlassen der Krümmungszone gegenüber der Außenseite verstärkt wird, so daß die Wirkung des einkrümmenden Gradienten rückgängig gemacht wird und die Zellen auf beiden Flanken wieder gleichlang sind. Durch diese komplizierte Wechselwirkung von zwei gegensinnig ausgerichteten Wachstumsgradienten kann der Plumulahaken im wachsenden Dunkelkeimling ohne erkennbare Gestaltänderung aufrechterhalten werden.

Im Licht öffnet sich der Plumulahaken bereits in sehr jungem Stadium (bei der Gartenbohne etwa 6–7 d nach der Aussaat). Im Dunkeln bleibt der Haken hingegen ständig erhalten und wandert im älteren Stadium (bei der Gartenbohne etwa 10 d nach der Aussaat) in das Epikotyl. Belichtung induziert zu jeder Zeit eine *Hakenöffnung*. Über die Regulation der lokalen Wachstumsprozesse im Plumulahaken und ihre Umsteuerung bei seiner Öffnung im Licht weiß man bis heute trotz intensiver Forschung noch sehr wenig. Insbesondere ist ungeklärt, ob hierbei Auxin oder andere Hormone beteiligt sind. Im Experiment fördert z. B. exogenes Ethylen die Hakenbildung, und die Entfernung des endogen produzierten Ethylens bewirkt Hakenöffnung. Es ist jedoch nicht geklärt, ob dieses gasförmige Hormon *steuernd* an der lichtinduzierten Hakenöffnung beteiligt ist oder nur eine Voraussetzung für die Hakenbildung darstellt. Im folgenden Experiment sollen die differentiellen Wachstumsprozesse auf den beiden Flanken des Plumulahakens sichtbar gemacht werden. Die Keimlinge von *Phaseolus vulgaris* sind wegen ihres kräftigen Hypokotyls für diesen Zweck besonders geeignet.

Durchführung

Samen von *Phaseolus vulgaris* werden in feuchtem Vermiculit bei 25 °C im Dunkeln zur Keimung gebracht. Es werden 2 Schalen mit jeweils etwa 10 Keimlingen benötigt. Nach 6 d (wenn das Hypokotyl etwa 10 cm Länge erreicht hat) werden die Hypokotyle von einigen Keimlingen im grünen Sicherheitslicht (→ Bd. 1: S. 78) mit Hilfe eines „Eyeliners" (→ Experiment 10.1) markiert: Man bringt auf dem apikalen (kurzen) Schenkel des Hakens 2 mm unterhalb des Ansatzes der Kotyledonen zwei parallele, ringförmige Markierungen im Abstand von 2 mm an (Abb. 38). Dieser Arbeitsgang erfordert eine ruhige Hand und sollte vorher am hellen Licht geübt werden. Eine Gruppe von Keimlingen wird in ein Lichtfeld (weißes oder hellrotes Licht), die andere im Dunkeln aufgestellt (25 °C). In den folgenden 3 d wird die Position und der Abstand (an der Innen- und Außenseite des Hakens) der Markierungsringe bei Licht- und Dunkelansätzen in 12-h-Abständen registriert. Auch die fortschreitende Verbreiterung der Markierungen liefert Information über das Wachstum bestimmter Hakenregionen. Wie wirkt sich die *Entfernung des Apex* (+ Kotyledonen) auf das Hakenwachstum aus? Welchen Einfluß hat *Auxin* (Wuchsstoffpaste, 1 mmol · l^{-1} IES; → Experiment 9.11), das auf den Hypokotylstumpf appliziert wird?

10.3 (D) Die Rolle des Cytoskeletts für die Wachstumsallometrie der Organe des Maiskeimlings [4]

Das Organwachstum der Pflanze ist durch eine charakteristische *Allometrie* ausgezeichnet, d. h. die Längenzunahme in den drei Richtungen des Raumes erfolgt in streng festgelegten Verhältnissen. Zum Beispiel wächst die Koleoptile des Maiskeimlings mit einem allometrischen Verhältnis von 7 : 1, d. h. die Intensität der Längenzunahme ist stets 7mal größer als die Intensität der Dickenzunahme. Auf diese Weise wird die charakteristische, längliche Gestalt dieses Organs festgelegt. Die Frage, wie diese strenge Wachstumsallometrie zustandekommt, ist eines der noch weitgehend ungeklärten Probleme der Morphogeneseforschung. Neuerdings beginnt sich jedoch eine Lösung dieses Problems abzuzeichnen. Zunächst ist klar, daß die treibende Kraft des Wachstums, der Turgordruck im Gewebe (→ Experiment 10.7), eine allseitig gleichförmig wirkende (*isotrope*) „Kraft" ist, und daher für die *Anisotropie* des Zellwachstums nicht verantwortlich sein kann. Wenn eine Zelle stärker in die Länge als in die Dicke wächst, so kann dies nur dadurch zustandekommen, daß ihre Wand in Längsrichtung leichter dehnbar ist als in Querrichtung. Wie kommt diese richtungsabhängig unterschiedliche Dehnbarkeit der Zellwand zustande? Es gibt neuerdings gute Hinweise, daß diese *Dehnungsanisotropie* durch die Anordnung der Cellulose-Mikrofibrillen in der Wand bestimmt wird. Diese Fibrillen besitzen bekanntlich eine außerordentlich hohe Festigkeit gegen Zugbelastung in Längsrichtung, sind jedoch in der Zellwandmatrix relativ leicht lateral gegeneinander verschiebbar. Wenn die Cellulosefibrillen ohne Vorzugsrichtung in der Ebene der Zellwand angeordnet sind (Zufallsverteilung), besitzt die Wand in allen Richtungen die gleiche Dehnbarkeit; d. h., die Zelle würde beim Wachstum die Form einer Kugel einnehmen (*isotropes Wachstum*). Wenn die Cellulosefibrillen hingegen parallel zueinander verlaufen, ergibt sich *Anisotropie:* die Wand wird in Richtung der Mikrofibrillen relativ steif und relativ flexibel senkrecht zur Richtung der Mikrofibrillen. In der Tat hat man bei zylinderförmigen, bevorzugt in Längsrichtung wachsenden Zellen in vielen Fällen zeigen können, daß die Mikrofibrillen der Längswände transversal verlaufen, d. h. die Zelle wie Faßreifen umschließen. In der äußeren Epidermiswand der Koleoptile, welche diesem Organ seine Form gibt (→ Experiment 9.6), wird die transversale Orientierung der Mikrofibrillen durch Auxin bewirkt.

---

[4] *Zea mays* (Poaceae), → Experiment 2.4.

Wie kommt die Anordnung der Cellulose-Mikrofibrillen in der Zellwand zustande? Obwohl der Mechanismus noch nicht im einzelnen aufgeklärt ist, kann als gesichert gelten, daß die Richtung der *corticalen Microtubuli* die Richtung festlegt, mit der die neu synthetisierten Mikrofibrillen in die Wand eingelagert werden. Die corticalen Microtubuli-Bündel auf der Innenseite der Plasmamembran bilden den auffälligsten Teil des *Cytoskeletts* wachsender Zellen. Man hat in vielen Fällen zeigen können, daß die gerade neu gebildeten Cellulose-Mikrofibrillen auf der Außenseite der Membran streng parallel zur Richtung der Microtubuli orientiert sind. Es gibt weiterhin eine Vielzahl von Beobachtungen, nach denen eine Richtungsänderung der corticalen Microtubuli eine entsprechende Richtungsänderung der anschließend gebildeten Mikrofibrillen zur Folge hat. Ein eindrucksvolles Beispiel hierfür ist die Küchenzwiebel, bei der die Induktion des Dickenwachstums der Blätter im Bereich der zukünftigen Zwiebel mit einer Umorientierung der Mikrofibrillen und der Microtubuli von transversal nach longitudinal einhergeht.

Die richtungsgebende Rolle der Microtubuli beim allometrischen Wachstum läßt sich mit Hilfe von *Colchicin* nachweisen, das spezifisch an das Tubulin bindet und dabei die Microtubuli zerstört. Dieses Alkaloid wird bekanntlich seit langer Zeit als „Spindelgift" zur Unterdrückung der Zellteilung benützt. Im Fall anisotrop wachsender Zellen sollte eine Zerstörung der Microtubuli zu einer Desorientierung der neu gebildeten Cellulose-Mikrofibrillen führen. Als Folge davon sollten die Zellen vom anisotropen zum isotropen Wachstum übergehen, wobei die Schnelligkeit dieser Umsteuerung davon abhängt, wie rasch die neu synthetisierten Mikrofibrillen bestimmend für die Dehnungseigenschaften der Zellwände werden. Diese Vorhersage wird im folgenden Experiment überprüft.

Literatur

Bergfeld R, Speth V, Schopfer P (1988) Reorientation of microfibrils and microtubules at the outer epidermal wall of maize coleoptiles during auxin-mediated growth. Bot Acta 101:31–41

Durchführung

Maiskeimlinge werden nach 2 d Dunkelanzucht auf Vermiculit (25°C) im grünen Sicherheitslicht (→ Bd. 1: S. 78) in Plastikdosen überführt und mit einer dünnen Schicht Vermiculit bedeckt, welches bis zur Sättigung mit einer Colchicin-Lösung (2,5 mmol · l^{-1}) versetzt wurde (Vorsicht, Gift!). Ein zweiter Ansatz wird mit dest. Wasser hergestellt (Wasserkontrolle). Nach 3–4 d im Dunkeln werden die morphologischen Veränderungen an der Wurzelspitze, am apikalen Ende des Mesokotyls und an der Koleoptile registriert. Welche Beziehungen bestehen zu den *Wachstumszonen* der drei Organe (→ Experiment 10.1)? Noch drastischere morphogenetische Effekte ergeben sich, wenn die Caryopsen direkt in Colchicin-Lösung ausgesät werden.

10.4 (D) Beeinflussen sich genetisch verschiedene Pfropfpartner gegenseitig in ihrer Entwicklung?

In der Regel lassen sich Pflanzen einer Art (oder einer Gattung) leicht durch *Pfropfung* zu einem lebensfähigen Hybridorganismus zusammenfügen. Pfropfexperimente können für eine Vielzahl entwicklungsphysiologischer Fragestellungen eingesetzt werden, z. B. zur Untersuchung der Entwicklungsintegration im Kormus. Eine Grundfrage lautet beispielsweise: Welche Rolle spielen Entwicklungssignale (z. B. vermittelt durch *Hormone*) zwischen Wurzel und Sproß bei der Steuerung von Wachstumsprozessen? Da bei der Pfropfung eine voll funktionsfähige, leitende Verbindung zwischen den beiden Partnern hergestellt wird, kann man diese Frage durch Kombination von zwei Genotypen mit unterschiedlichen Wachstumseigenschaften untersuchen. Hierzu bietet sich z. B. die Art *Pisum sativum* an, von der durch Züchtung Zwergformen entwickelt wurden, welche sich nur in einem Gen von der normalwüchsigen Ausgangsform unterscheiden (→ Experiment 9.9). Reziproke Pfropfungen zwischen normalwüchsigen Erbsen und Zwergerbsen, begleitet von den notwendigen Kontrollexperimenten (homologe Kombinationen) haben die Vorstellung untermauert, daß die Entwicklungssteuerung pflanzlicher Organe in erster Linie autonom erfolgt, d. h. nur wenig von anderen Teilen der Pflanze beeinflußt wird. Die ältere Vorstellung, daß z. B. das Wachstum des Sprosses durch stoffliche Signale aus der Wurzel (sog. „Rhizocaline") gesteuert würde, konnte auf diese Weise elegant widerlegt werden.

Literatur

Lockard RG, Grunwald C (1970) Grafting and gibberellin effects on the growth of tall and dwarf peas. Plant Physiol 45:160–162

McComb AJ, McComb JA (1970) Growth substances and the relation between phenotype and genotype in *Pisum sativum*. Planta 91:235–245

Durchführung

Normal- und zwergwüchsige Sorten von *Pisum sativum* eignen sich besonders gut für dieses Experiment. Pflanzen beider Sorten (z. B. der Sorten

„Alderman" oder „Großhülsige Schnabel" (Normal) bzw. „Progress Nr. 9" oder „Kleine Rheinländerin" (Zwerg) werden auf Vermiculit und HOAG-LANDscher Nährlösung (→ S. 440) im Licht bei 22–27 °C angezogen. Wenn das 3. Internodium eine Länge von mindestens 12 mm erreicht hat (nach 10–16 d, sortenabhängig) werden folgende Pfropfkombinationen hergestellt: 1. *Normal* auf *Zwerg*, 2. *Normal* auf *Normal*, 3. *Zwerg* auf *Normal*, 4. *Zwerg* auf *Zwerg* (jeweils 10 Pflanzen, Abb. 39). Ungepfropfte Pflanzen werden als Kontrollen mitgeführt. Bis zum Zusammenwachsen der Partner (1–2 Wochen) müssen die Pflanzen bei hoher Luftfeuchtigkeit (feuchte Kammer, z. B. mit Glasplatte abgedeckte, mit feuchtem Filterpapier ausgeschlagene Plastikwanne) gehalten werden. Anschließend kann man das Wachstum und die Differenzierung des Sprosses in der Klimakammer (oder an einem hellen Fenster) weiter verfolgen. Wie wirkt sich die Pfropfung auf das Wachstum der Achselknospen ober- und unterhalb der Pfropfstelle aus (apikale Dominanz; → Experiment 10.5)? Die histologischen Differenzierungen im Bereich der Verwachsungsstelle, insbesondere die Verknüpfung der Leitbahnen beider Partner, lassen sich mit der in Experiment 14.8 beschriebenen Methode untersuchen.

Anmerkungen: Dieses experimentelle System kann bei einer Vielzahl von Fragestellungen Verwendung finden, z. B. zur Untersuchung der *Mobilität von Gibberellin* [Kann durch Gibberellinsäure (0,1 mmol · l^{-1}), die man auf den Apex appliziert, das Internodienwachstum einer Zwergerbsensorte unterhalb der Pfropfstelle beeinflußt werden? → Experiment 9.9] oder der *Übertragung eines Blühstimulus* (Beeinflussen sich früh- bzw. spätblühende Pfropfpartner in ihrem Blühzeitpunkt?). Die Durchlässigkeit der Pfropfstelle für den *Wassertransport* läßt sich mit Hilfe von Farbstoffen testen

---

Abb. 39a–f. Durchführung der Pfropfung an Erbsensprossen. Pflanzen, deren 3. Internodium mindestens 12 mm lang ist, werden aus ihrem Substrat gelöst, ohne die Wurzel zu beschädigen. Als „Pfropfreis" (**a**) dient ein apikales, direkt über dem 3. Knoten (III) abgeschnittenes, keilförmig zugeschnittenes Sproßstück (**c**). Die „Unterlage" (**b**) besteht aus einer basalen Restpflanze, bei welcher der obere Sproßabschnitt direkt unter dem 4. Knoten (IV) abgeschnitten und dessen Stumpf durch einen senkrechten Schnitt gespalten wurde (**d**). (Die Pfropfung kann auch in einem anderen Internodium durchgeführt werden, welches mindestens 12 mm lang ist.) Die spaltfrei zusammengefügten Enden der Pfropfpartner werden am Rand eines 12 × 20 mm großen Stückes Klebeband (Leukoplast) fixiert (**e**). Anschließend wickelt man vorsichtig das freie Ende des Klebebandes um die Pfropfstelle, so daß eine feste Manschette entsteht (**f**). Auf ähnliche Weise kann man auch junge Wurzeln (vor der Bildung von Seitenwurzeln) für Pfropfexperimente einsetzen

Demonstrationsexperimente 263

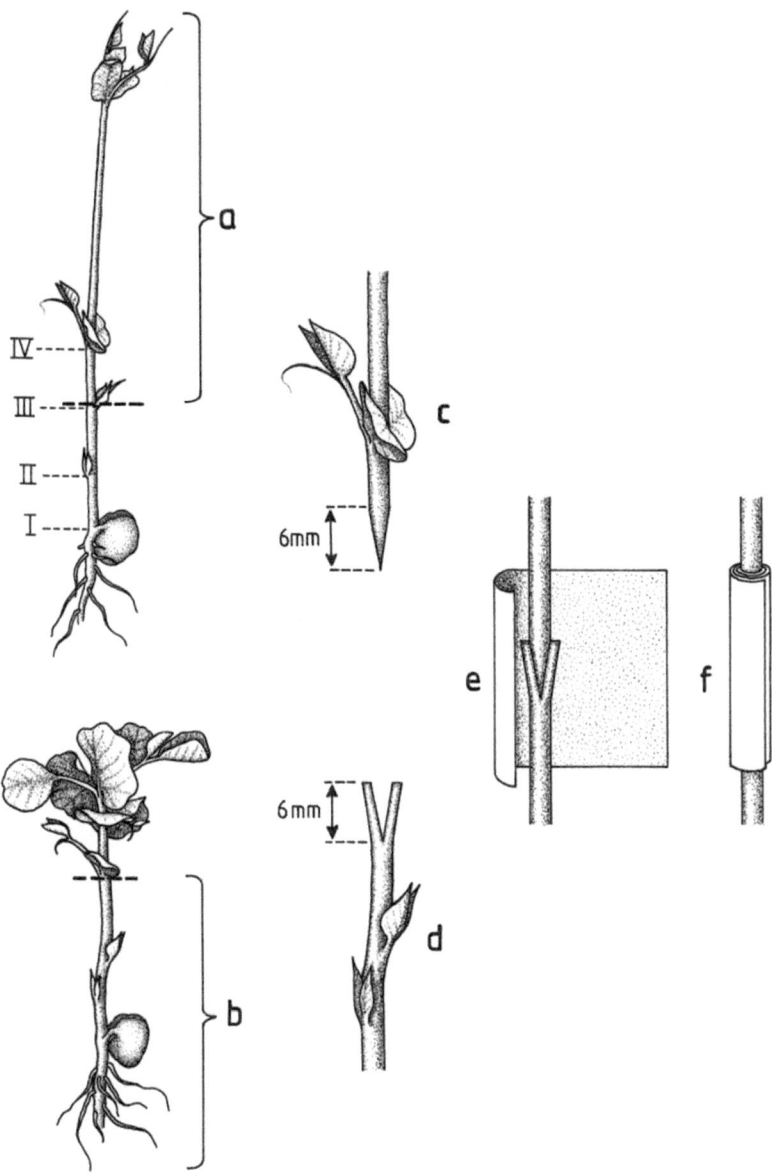

(→ Experiment 7.3). Eine Variation dieses Experiments besteht darin, zwei nebeneinander gepflanzte Pflanzen *seitlich* aneinanderzupfropfen und nach erfolgreicher Fusion die unerwünschten Teile abzuschneiden.

10.5 (D) Repression des Wachstums von Seitenknospen durch den Apex (apikale Dominanz)

Normalerweise besitzt der Sproß der höheren Pflanzen die Fähigkeit, in jeder Blattachsel Seitenzweige auszubilden. Diese *Verzweigung* wird allerdings durch den Apex des Hauptsprosses mehr oder minder stark gehemmt, so daß Seitenzweige entweder überhaupt nicht oder nur in einem bestimmten Abstand (Hemmzone) vom Apex auftreten. Diese *apikale Dominanz* ist ein besonderes augenfälliges Beispiel für die *korrelativen Wechselwirkungen,* welche zwischen den Teilen des Kormus bestehen und die harmonische Entwicklung des Organismus sicherstellen (auch dann, wenn die Sproßspitze verloren geht und ein „Ersatzsproß" benötigt wird).

Für die vom Apex ausgehende Hemmwirkung, welche die Seitenknospen am Austreiben hindert, wird vor allem das Phytohormon *Auxin* verantwortlich gemacht, welches vom Apex produziert wird, in die tiefer liegenden Sproßbereiche transportiert wird und dort die Seitenknospen in einem *Ruhezustand* (vergleichbar der Keimruhe dormanter Samen) hält. Die experimentelle Begründung für diese Vorstellung beruht im wesentlichen auf dem Befund, daß die Entfernung des Apex die Seitenknospen aus ihrem Ruhezustand entläßt und daß diese Enthemmung durch exogenes Auxin, das anstelle der Endknospe appliziert wird, verhindert werden kann. Allerdings wirkt die Behandlung mit exogenem Auxin nur, wenn sie unmittelbar nach der Entfernung der Endknospe erfolgt. Offensichtlich reicht bereits eine kurze Unterbrechung des Auxinstroms zur Seitenknospe aus, um diese irreversibel aus der Entwicklungsruhe zu befreien. Neben Auxin können auch andere Phytohormone (z. B. Gibberellin, Cytokinin; → Experiment 9.2) bei exogener Applikation einen Einfluß auf das Austreiben von Knospen ausüben; es ist daher bisher nicht eindeutig geklärt, ob die Apikaldominanz ausschließlich auf die Wirkung eines einzigen Hormons zurückgeht.

Die Aufhebung der apikalen Dominanz durch Entfernung der Endknospe läßt sich an praktisch allen Pflanzen sehr einfach demonstrieren. Besonders geeignet sind hierzu normalerweise monopodial organisierte, schnell wachsende Arten, z. B. aus der Familie der Fabaceen.

Durchführung

Bei einigen jungen Pflanzen von *Phaseolus vulgaris* oder *Pisum sativum* (2-3 Wochen auf Vermiculit im Licht angezogen) wird mit einer Rasierklinge die Endknospe (einschließlich der jungen Blätter) abgeschnitten. Dekapitierte Pflanzen zusammen mit unveränderten Kontrollpflanzen im Licht weiter kultivieren. Bereits nach wenigen Tagen beobachtet man das Austreiben von Achselknospen an den tiefer liegenden Nodien. Kann dieser Effekt durch Applikation von auxinhaltiger Wuchsstoffpaste (→ Experiment 9.11) verhindert werden?

10.6 (D) Differentielle Wirkung von Wasserstreß auf das Wachstum von Sproß und Wurzel

Das Sproßwachstum der Pflanze reagiert im allgemeinen außerordentlich empfindlich auf Wasserstreß. Dies ist nicht verwunderlich, da sich Wassermangel (Ausbildung eines negativen Wasserpotentials) primär in einem Abfall des Turgordrucks niederschlägt und so die treibende Kraft der Volumenexpansion von Zellen direkt betroffen ist (→ Experiment 10.7). Man kann die Hemmung des Wachstums auch als Adaptation auffassen, welche verhindert, daß die Pflanze bei unzureichender Wasserversorgung durch Wachstum (Dehnung der Zellwände) in einen Welkezustand gerät.
Eine ganz anders geartete Adaptation an Wassermangel läßt sich an der Wurzel beobachten. Bei vielen Pflanzen hat man gefunden, daß das Wachstum der Wurzel bei Wasserstreß im Vergleich zum Sproßwachstum *gefördert* wird. Auf diese Weise kann die Pflanze das Wasserreservoir von zusätzlichen Bodenzonen erschließen und damit dem Wasserstreß entgegenwirken. Diese Leistung erfordert ein besonders hohes osmotisches Potential (π) in den wachsenden Bereichen der Wurzel, welches durch osmotische Adaptation aufrecht erhalten wird. Durch Anzucht von Keimlingen in einer Reihe von Medien mit definierten Wasserpotentialen kann man die ökologisch unmittelbar einleuchtende, unterschiedliche Reaktion von Sproß und Wurzel auf Wasserstreß eindrucksvoll demonstrieren.

Durchführung

Drei Tage alte, auf wassergetränktem Filterpapier angezogene Keimlinge von *Zea mays* (*Brassica napus*, *Helianthus annuus* u. a.) werden in geschlossene Plastikdosen mit 5 Lagen Filterpapier überführt, welches zuvor reichlich mit verschiedenen osmotischen Lösungen getränkt wurde (Polyethylenglycol 6000, $\pi = 0/3/6/9/12/15/18/21/24$ bar; → Tabelle 4, S. 186). Die Lösungen sollen die Wurzeln knapp bedecken. Nach 3 d Kultur bei 25 °C werden Sproßlänge und Wurzellänge (oder die Frischmassen von Sproß und Wurzeln) bestimmt und ihre Abhängigkeit vom osmotischen Potential des Mediums untersucht. Wie ändert sich das Sproß/Wurzel-Verhältnis bei steigendem Wasserstreß?

Analytische Experimente

10.7 (A) Bestimmung der elastischen und der plastischen Zellwanddehnung beim Wachstum der Maiskoleoptile [5]

Das Wachstum pflanzlicher Organe äußert sich in einer Volumenzunahme durch Aufnahme von Wasser, welches entlang eines Wasserpotentialgradienten in die wachsenden Zellen einströmt (→ Experiment 7.1). Dadurch werden die Zellwände elastisch gespannt, der Turgor steigt an und würde den weiteren Wassereinstrom nach kurzer Zeit blockieren, wenn nicht gleichzeitig durch Dehnung der Zellwände deren Spannung abgebaut und dadurch der Turgor erniedrigt würde. Dieser kontinuierliche Spannungsabbau erfolgt durch eine plastische (irreversible) Streckung der Wand in Wachstumsrichtung. Man muß also bei der Volumenexpansion einer Zelle oder eines Organs unterscheiden zwischen einer *reversiblen* (*elastischen*) Komponente und einer *irreversiblen* (*plastischen*) Komponente. Nur letztere kann zu einer bleibenden Volumenzunahme und damit zu echtem Wachstum führen. Die elastische Dehnung ist zwar zur Aufrechterhaltung der Wandspannung unbedingt notwendig, liefert jedoch keinen direkten Beitrag zum Wachstum.

Bei der Bestimmung der Volumen- oder Längenzunahme eines wachsenden Organs gehen sowohl die elastische als auch die plastische Dehnung in die Messung ein, wobei man meist implizit von der Annahme ausgeht, daß die elastische Dehnung konstant bleibt und die Gesamtdehnung daher die plastische Dehnung repräsentiert. Diese Annahme ist nicht notwendigerweise richtig; sie setzt z. B. einen konstanten Turgor voraus. In diesem Experiment sollen Gesamtdehnung und deren plastischer Anteil an wach-

---

[5] *Zea mays* (Poaceae), → Experiment 2.4.

senden Koleoptilen gemessen werden. Das Ausmaß der elastischen Dehnung und deren Konstanz während des Wachstums läßt sich als Differenz zwischen der gesamten und der plastischen Dehnung berechnen. Letztere erhält man als irreversible Längenzunahme nach Elimination des Turgordrucks durch Einfrieren und Auftauen der Organe.

Material und Geräte

1. Keimlinge von *Zea mays* (3,5 d alt, Anzucht im Dunkeln auf Vermiculit bei 25 °C; → Experiment 9.10). Die Koleoptilen sollen anfänglich 10–15 mm lang sein. Es werden 5 Dosen mit je 10 gut entwickelten Keimlingen benötigt.
2. Tiefkühleinrichtung (≤ -20 °C, z.B. Kühltruhe; es kann auch ein Kältespray[6] oder Trockeneis verwendet werden), Maßstab mit Millimeter-Teilung (Lineal), Glasplatte.

Durchführung (Grundexperiment)

1. Zu jedem Auswertzeitpunkt (0/12/24/36/48 h) werden die Sprosse von je 10 Keimlingen über dem Korn abgeschnitten und die Koleoptillänge sofort anschließend auf $\pm 0{,}5$ mm genau gemessen.
2. Sofort nach der Messung Sprosse auf einer Glasplatte auslegen und einfrieren, 30 min bei Zimmertemperatur auftauen lassen und erneut messen.

Auswertung

Man berechnet zu jedem Zeitpunkt die Ausgangslänge der turgeszenten Koleoptilen und die geschrumpfte Länge nach Elimination des Turgordrucks (Mittelwerte $\pm$ Standardfehler). Hieraus kann man den prozentualen Anteil der elastischen Dehnung an der Länge des turgeszenten Organs ermitteln.

Probleme (weiterführende Experimente)

1. Das von der Koleoptile eingeschlossene *Primärblatt* wächst während der Versuchszeit ebenfalls stark in die Länge. Wie groß ist die elastische bzw. die plastische Dehnung bei diesem Organ?
2. Ändert sich die elastische Dehnung, wenn die Koleoptile ihr *Wachstum einstellt* (erkennbar am Durchbruch des Primärblattes)?
3. Wie ändern sich der elastische Anteil der Koleoptillänge, wenn das Wachstum bei *vermindertem Turgordruck* erfolgt? [Keimlinge in geschlossenen Dosen auf osmotischen Lösungen (Polyethylenglycol 6000, z.B. $\pi = 0/2/4/6$ bar; → Tabelle 4, S. 186) wachsen lassen.]

---

[6] z.B. Kälte-Spray 75 von Kontakt-Chemie, Rastatt.

4. Wie ändert sich die elastische Dehnung *entlang des Hypokotyls* von 8 d alten Keimlingen von *Phaseolus vulgaris?* Besteht eine Beziehung zur *Gewebespannung* in den verschiedenen Abschnitten des Organs (→ Experiment 9.6)?

10.8 (A) Bestimmung des Wachstumspotentials von Maiskoleoptilsegmenten[7]

Das Wachstum pflanzlicher Organe wird normalerweise als *irreversible Volumenzunahme mit der Zeit* definiert (→ Experiment 10.7). Dieser Prozeß ist prinzipiell unabhängig von der Zellteilung (obwohl Wachstum und Zellteilung in vielen Geweben fast gleichzeitig stattfinden). Physikalisch betrachtet kommt das Wachstum einer turgeszenten Zelle dadurch zustande, daß ihre durch den Turgor elastisch gespannten Wände unter dem Einfluß des Protoplasten eine plastische Dehnung erfahren. Dies führt zu einem Nachlassen der elastischen Wandspannung, der Turgordruck (und damit das zelluläre Wasserpotential) fällt ab, Wasser aus der Umgebung strömt ein, und dies führt zu einer bleibenden Volumenzunahme der Zelle. Dieser Wachstumsprozeß wird näherungsweise von der durch LOCKHART entwickelten Wachstumsgleichung quantitativ beschrieben:

$$\frac{dV}{dt} = \frac{m \cdot L}{m+L} (\Delta\psi + P_T - Y). \tag{1}$$

Hierbei bedeuten dV/dt = Volumenzunahme durch Wachstum, L = hydraulischer Wasserleitfähigkeitskoeffizient der Zelle, m = Extensibilitätskoeffizient (plastische Dehnbarkeit) der Zellwand, $\Delta\psi$ = Wasserpotentialdifferenz zwischen Außenmedium und Protoplast, P_T = Turgordruck, Y = Grenzwert des Turgors, der überschritten werden muß, um eine plastische (irreversible) Dehnung der Zellwand zu bewirken. Diese Gleichung sagt aus, daß das Wachstum im Prinzip als Produkt von zwei komplexen Größen beschrieben werden kann:
1. dem *Wachstumspotential* ($\Delta\psi + P_T - Y$; Einheit: bar), welches die „Triebkraft" des Wachstums angibt, und
2. dem *Wachstumskoeffizienten* [(m · L)/(m + L), Einheit: $m^3 \cdot s^{-1} \cdot bar^{-1}$], der als Proportionalitätskoeffizient das Wachstum mit der herrschenden Triebkraft in Zusammenhang bringt. Da in aller Regel die Wasserleitfähig-

---

[7] *Zea mays* (Poaceae), → Experiment 2.4.

keit der Zellmembranen groß ist im Vergleich zur Dehnbarkeit der Zellwand ($L \gg m$), ist der Wasserpotentialunterschied zwischen Zelle und Umgebung sehr klein ($\Delta\psi \approx 0$). Gleichung (1) vereinfacht sich unter diesen Bedingungen zu

$$\frac{dV}{dt} = m\,(P_T - Y), \qquad (2)$$

d. h. das Wachstumspotential enthält nur noch den beim Wachstum wirksamen Anteil des Turgordrucks und der Wachstumskoeffizient ist gleich dem Extensibilitätskoeffizient der Zellwand. Diese vereinfachte Gleichung kann mit guter Näherung auch zur Beschreibung des Streckungswachstums von Organen, wie z. B. einer Koleoptile, herangezogen werden. Die graphische Darstellung (Abb. 40) ergibt eine Gerade mit der Steigung m und dem Abszissenabschnitt $P-Y$. Durch Messung der Wachstumsintensität (dV/dt) bei experimentell variiertem Turgordruck kann diese Funktion empirisch ermittelt und daraus $P_T - Y$ (und m) bestimmt werden (Abb. 40). Diese Analyse kann wichtige Aufschlüsse über die Steuerung eines Wachstumsprozesses liefern. So bewirkt z. B. Auxin (IES) Wachstum durch eine Erhöhung von m bei unverändertem Wachstumspotential. Hingegen wirken sich z. B. Wasserstreß-induzierte osmotische Veränderungen des Zellsaftes (osmotische Adaptation) auf das Wachstumspotential aus.

Literatur

Cosgrove D (1986) Biophysical control of plant cell growth. Ann Rev Plant Physiol 37: 377–405

Schopfer P, Plachy C (1985) Control of seed germination by abscisic acid. III. Effect of embryo growth potential (minimum turgor pressure) and growth coefficient (cell wall extensibility) in *Brassica napus* L. Plant Physiol 77: 676–686

Material und Geräte

1. Keimlinge von *Zea mays* (4 d alt, Anzucht im Dunkeln auf Vermiculit bei 25 °C; → Experiment 9.10)
2. IES-Stammlösung (→ Experiment 9.10)
3. Inkubationsmedien (mit 10 µmol · l^{-1} IES): Die Lösungen werden mit Polyethylenglycol 6000 auf $\pi = 0/2/4/6/8/10$ bar eingestellt (→ Tabelle 4, S. 186).
4. Geräte wie bei Experiment 9.10.

Durchführung (Grundexperiment)

Die Messung der Wachstumskinetik von Koleoptilsegmenten (über eine Periode von 5 h, Ablesung alle 60 min) in den verschieden konzentrierten osmotischen Medien wird, wie bei Experiment 9.10 beschrieben, durchgeführt (3–4 Parallelen für jedes Medium).

270 Entwicklung von Pflanzenorganen

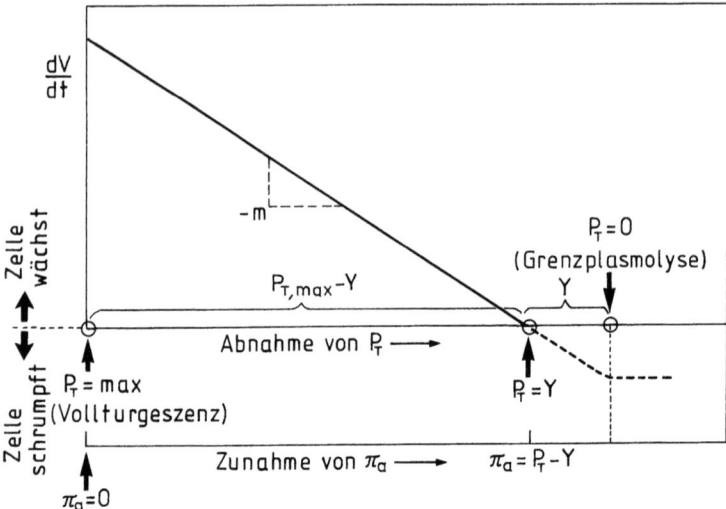

Abb. 40. Funktionaler Zusammenhang zwischen Wachstumsintensität (dV/dt) und Turgordruck (P_T) nach der vereinfachten Wachstumsgleichung $dV/dt = m(P_T - Y)$. Zur Bestimmung von m und ($P_T - Y$) muß die Wachstumsintensität als Funktion des experimentell variierten Turgordrucks gemessen werden. Letzteres ist z. B. durch osmotische Inkubationsmedien mit abgestuftem osmotischem Potential (π_a) möglich, wobei eine Zunahme von π_a einer numerisch gleich großen Abnahme von P_T entspricht (Voraussetzungen: Wasserpotentialgleichgewicht zwischen Gewebe und Medium, keine Zunahme von π_i durch Bildung oder Aufnahme osmotisch wirksamer Teilchen in den Zellen). Dasjenige π_a, welches die Wachstumsintensität gerade auf Null einstellt, entspricht dem Wachstumspotential $P_T - Y$. Wenn P_T bei Vollturgeszenz ($\pi_a = 0$) bekannt ist (z. B. durch Bestimmung von π_i; $\pi_i = P_T - \psi$, wobei $\psi = 0$), kann auch Y berechnet werden [π_a = osmotisches Potential des äußeren Mediums, π_i = osmotisches Potential des Zellinneren (Vakuolenflüssigkeit)]

Auswertung

Die Steigung im linearen Abschnitt der Wachstumskurven (nach etwa 2 h) wird als Funktion von π_a in ein Diagramm eingetragen. Durch Interpolation wird $P_T - Y$ bestimmt (Schnittpunkt mit der x-Achse). Die Anfangssteigung der Kurve (im Bereich 0–4 bar) liefert m (→Abb. 40).

Probleme (weiterführende Experimente)

1. Welchen Einfluß hat eine wachstumshemmende Konzentration von *Abscisinsäure* (z. B. 0,2 mmol · l^{-1}, in Gegenwart von 10 μmol · l^{-1} IES) auf das Wachstumspotential (bzw. auf den Wachstumskoeffizient)?

2. Wie wird der Wachstumskoeffizient durch Anzucht der Keimlinge unter *mildem Wasserstreß* verändert? (Keimlinge vor der Isolierung der Koleoptilsegmente für 12 h unter leichten Welkebedingungen halten; zur Erzeugung von definiertem Wasserstreß → Experiment 7.9.)

10.9 (A) Verteilungsfunktion (Probitanalyse) des Hypokotylwachstums in einer Population von Rapskeimlingen [8]

Die Kenntnis der *Verteilungsfunktion* einer physiologischen Meßgröße ist eine entscheidend wichtige Voraussetzung für die korrekte Berechnung von Mittelwerten und deren Fehlerabweichungen (→ Bd. 1: S. 7). Nur wenn die Verteilungsfunktion zumindest näherungsweise eine *Normalverteilung* ist, können z. B. die gängigen Verfahren zur Berechnung des *mittleren Fehlers des Mittelwertes* ($s_{\bar{x}}$) angewendet werden. Darüber hinaus liefert die Kenntnis der *Standardabweichung* (σ) Information über die Einheitlichkeit des Versuchsmaterials und die Synchronisierung der einzelnen Individuen einer Population bei ihrer Reaktion auf veränderte Versuchsbedingungen. Da bei biochemischen Meßgrößen die genaue Bestimmung der Verteilungsfunktion mit vertretbarem Aufwand nur selten möglich ist, ermittelt man häufig stellvertretend die Verteilungsfunktion eines morphologischen Merkmals, das rasch und genau an einer großen Zahl von Individuen gemessen werden kann. Dies ist legitim, wenn man davon ausgehen kann, daß das morphologische Merkmal die Population auch in Hinsicht auf das biochemische Merkmal angemessen repräsentiert. Im Zusammenhang mit entwicklungsphysiologischen Fragestellungen ist in vielen Fällen das *Wachstum* ein brauchbares morphologisches Merkmal für die statistische Charakterisierung des Untersuchungsmaterials. Die Verteilungsfunktion von Wachstumsparametern sollte grundsätzlich aufgestellt werden, bevor man ein neues Pflanzenmaterial für quantitative physiologische Studien einsetzt. In diesem Experiment wird die Verteilung des Hypokotylwachstums in einer Population von Rapskeimlingen untersucht. In entsprechender Weise kann mit anderen Pflanzen verfahren werden.

Literatur

Geigy AG (Hrsg) (1968) Documenta Geigy Wissenschaftliche Tabellen, 7. Aufl (8. Aufl 1980 als wissenschaftliche Tabellen Geigy: Statistik) Geigy AG, Basel (oder anderes statistisches Tabellenwerk)

---

[8] *Brassica napus* (Brassicaceae), → Experiment 1.12.

Material und Geräte

1. Etiolierte Keimpflanzen von *Brassica napus* (300 Stück auf Filterpapier und dest. Wasser in Plastikdosen im Dunkeln für 3 d bei 25 °C angezogen)
2. Maßstab (ein 5 × 15 cm großes Stück Millimeterpapier auf einer festen Unterlage fixieren und mit transparenter Folie überkleben), Pinzette, Probittabelle oder Wahrscheinlichkeitspapier.

Durchführung (Grundexperiment)

Die Keimlinge werden vorsichtig vom Keimpapier abgenommen und die Länge des Hypokotyls (Wurzelansatz bis Gabelung der Kotyledonen-Petioli) auf ±0,5 mm genau ausgemessen. Man hält hierzu den Keimling mit einer Hand an der Wurzel auf der Meßplatte fest, greift die Kotyledonen mit einer Pinzette und zieht den Hypokotylhaken gerade (ohne ihn abzubrechen). Die Meßwerte (x) werden untereinander in eine Spalte einer vorbereiteten Tabelle eingetragen, auf der Platz für die weiteren Berechnungen vorgesehen ist.

Auswertung (→ Bd. 1: S. 14)

Anhand der Meßwerte wird zunächst der *Mittelwert* $\left(\mu = \frac{\sum x}{n}\right)$ und die *Häufigkeitsverteilung* $[P_x = f(x)]$ ermittelt, indem man die *Spannweite* $(x_{max} - x_{min})$ in 12 besetzte, gleichgroße *Klassen* einteilt. Man zeichnet die (glockenförmige) Verteilung als Treppenpolygon (Histogramm), indem man die Häufigkeit (Ordinate) gegen die in Klassen eingeteilten Längenwerte (Abszisse) aufträgt. Als nächstes ermittelt man die *Summenhäufigkeitsverteilung* $\left(\sum P_x = \int_0^x P \cdot dx\right)$, indem man die Häufigkeiten Klasse für Klasse schrittweise aufaddiert (P_1, $P_1 + P_2$, $P_1 + P_2 + P_3$ usw.) und zeichnet die (sigmoide) Verteilung als Treppenpolygon. Schließlich transformiert man die Summenhäufigkeitskurve (nach Umrechnung in relative Werte, 0–100%) in *Probits*. Hierzu gibt es zwei Wege: Entweder trägt man die relativen Summenhäufigkeiten in ein *Wahrscheinlichkeitsnetz* (graphisches Papier, bei dem die Ordinate nach dem GAUSSschen Integral geteilt ist) ein, oder man berechnet die *Probitwerte* mit Hilfe einer Tabelle und trägt diese auf normales, linear geteiltes Papier auf. Wie gut liegen die Kurvenpunkte (im auswertbaren Bereich von 5–95% relative Summenhäufigkeit oder Probit 3–7) auf einer Geraden? Wie groß ist die *Standardabweichung* bzw. der *Standardfehler?* Welche *Korrekturen* (systematische Eliminierung von zu kleinen oder zu großen Individuen) müssen durchgeführt werden, um die erhaltene Verteilung befriedigend an die Normalverteilung anzunähern?

Probleme (weiterführende Experimente)
1. Wie hängt die Zuverlässigkeit der berechneten Verteilungsfunktion von der *Anzahl der Meßwerte* (n) ab? (Vergleich von Stichproben mit n = 10, n = 50, n = 100, n = 300, welche man durch ein Zufallsverfahren aus der Liste der Meßwerte entnimmt.)
2. Welchen Einfluß hat *Licht* (12 oder 24 h Weißlicht vor der Auswertung) auf Form und Lage der Verteilung im Vergleich zur Dunkelkontrolle? Welche Signifikanz besitzt die Mittelwertdifferenz?
3. Welchen Einfluß haben die *Kotyledonen* auf Form und Lage der Verteilungsfunktion des Hypokotylwachstums? [Kotyledonen bei der Hälfte einer Population von 600 Keimlingen im grünen Sicherheitslicht (→ Bd. 1: S. 78) 24 h vor der Auswertung abschneiden.]
4. Wie unterscheiden sich Populationen von Rapskeimlingen, welche aus *Saatgut verschiedener Herkünfte* (oder verschiedenen Alters) stammen, bezüglich ihrer Verteilungsfunktion?

10.10 (A) Induktion von „negativem Wachstum" bei Bohnenblättern [9] durch Wasserstreß

Jede Abweichung vom vollturgeszenten Zustand der Pflanze (Turgordruck maximal, Wasserpotential gleich Null) ist mit einer Erniedrigung der Zellwandspannung verbunden. Wenn die Wandspannung und der Turgor gegen Null gehen, macht sich dies durch morphologische Veränderungen bemerkbar, die man als *Welke* bezeichnet. Dieses Phänomen tritt bei krautigen Pflanzen auf, wenn die Wasseraufnahme aus dem Boden mit der Wasserabgabe durch Transpiration nicht mehr Schritt halten kann und hierdurch der Wassergehalt in den Zellen um 10–20% unter den Sättigungswert abfällt (→ S. 173). Da die durch den Turgordruck bewirkte Zellwandspannung die treibende Kraft der irreversiblen Zellvergrößerung ist, können welke Pflanzenteile nicht mehr wachsen (→ Experiment 10.7).

Die durch die Turgorabsenkung bewirkte Welke kann durch Wasserzufuhr innerhalb von kurzer Zeit vollständig rückgängig gemacht werden. Interessanterweise sind jedoch viele Pflanzen in der Lage, nach einer Zeit der Adaptation auch ohne erneute Wasseraufnahme wieder turgeszent zu werden. Diese Erscheinung läßt sich z.B. an isolierten Blättern demonstrieren, welche man zunächst bis zum Einsetzen der Welke trocknet und dann in

---

[9] Gartenbohne, *Phaseolus vulgaris* (Fabaceae), → Experiment 4.9.

einer wasserdampfgesättigten Atmosphäre adaptieren läßt. Die Blätter können unter diesen Bedingungen weder Wasser abgeben noch aufnehmen; trotzdem verschwinden die Welkesymptome langsam, und nach einigen Stunden ist kein morphologischer Unterschied mehr zu wassergesättigten Blättern zu beobachten.

Wie kann man dieses zunächst paradox erscheinende Phänomen der Turgorregeneration ohne Wasseraufnahme erklären? Pflanzliche Zellen reagieren auf Wasserstreß häufig mit einer Erhöhung des osmotischen Potentials des Zellsaftes (*osmotische Adaptation,* → Experiment 7.9), jedoch kann dies naturgemäß nur in Verbindung mit Wasseraufnahme zu einer Turgorsteigerung führen. Es wäre theoretisch denkbar, daß die Zellen Wasser aus dem Apoplasten (z. B. aus dem Lumen der Gefäße) aufnehmen können. Berechnungen zeigen jedoch, daß der Wassergehalt des Apoplasten (meist weniger als 10% des Wassergehalts im Symplasten) nicht ausreichen würde, um die beobachtete Turgorregeneration zu ermöglichen. Weiterhin kann ausgeschlossen werden, daß der Wassergehalt der Zellen durch Neubildung von Wasser aus organischer Substanz meßbar ansteigt. Es bleibt daher nur die Annahme, daß es während der Adaptationsphase zu einer *Kontraktion der Zellwände* kommt, wodurch die Wandspannung und damit auch der Turgordruck erneut aufgebaut werden kann. Ein derartiger aktiver Kontraktionsprozeß muß theoretisch mit einer Schrumpfung des Blattvolumens einhergehen und läßt sich daher experimentell feststellen.

Die Turgorentwicklung durch *aktives Schrumpfen* als Adaptation an Wassermangel geht offensichtlich auf Veränderungen in den mechanischen Eigenschaften der Zellwände zurück. Dieser im einzelnen noch nicht näher aufgeklärte Wandkontraktionsprozeß ermöglicht also ein „negatives Wachstum", formal beschreibbar als Umkehrung der Wandlockerung, welche normalerweise die Dehnung der Zellwände während des (positiven) Wachstums ermöglicht (→ Experiment 10.8). Die physiologischen Vorteile des „negativen Wachstums" für die Pflanze sind evident. Diese Anpassung ermöglicht u. a. die Öffnung der Stomata (und damit die Photosynthese) bei mildem Wasserstreß, welcher zwar zu einem Abfall des Turgors führen würde, aber noch keine ernste Gefährdung der Wasserversorgung darstellt.

In diesem Experiment soll die Turgorregeneration und der aktive Schrumpfungsprozeß von Bohnenblättern untersucht werden. Da die zur Turgorerzeugung erforderliche Zellkontraktion nicht sehr groß ist, werden hohe Anforderungen an die Meßgenauigkeit gestellt. Außerdem muß darauf geachtet werden, daß nur vollständig ausgewachsene Blätter verwendet werden, da die Größenabnahme sonst durch „positives Wachstum" überlagert wird. Die Zellvolumenänderungen bei Wachstumsprozessen beinhalten einen turgorabhängigen, reversiblen Anteil (elastische Zellwanddehnung bzw. -schrumpfung) und einen irreversiblen Anteil (plastische Zellwanddehnung bzw. -schrumpfung), welche getrennt gemessen werden können (→ Experiment 10.7).

Literatur

Levitt J (1986) Recovery of turgor by wilted, excised cabbage leaves in the absence of water uptake. A new factor in drought acclimation. Plant Physiol 82: 147–153

Material und Geräte

1. Pflanzen von *Phaseolus vulgaris* mit vollständig ausgewachsenen Primärblättern [20–30 Exemplare, 3–4 Wochen auf Vermiculit und HOAGLANDscher Nährlösung (→ S. 440) oder auf Erde im Gewächshaus angezogen, regelmäßig reichlich gießen!]
2. Feuchte Kammer (große Plastikdose mit Einlegerost über einer Schicht nassem Vermiculit, luftdicht schließender, durchsichtiger Deckel), 30 Reagenzgläser in Gestell und mit Glasplatte abgedeckter Behälter hierfür, Feinwaage (± 1 mg), flexibles, kurzes Lineal (10 cm, z. B. aus Millimeterpapier herstellen, das beidseitig mit Tesafilm beklebt wird), weicher Filzschreiber, Filterpapiere (10 × 10 cm), Kühlschrank mit Tiefkühlfach.

Durchführung (Grundexperiment)

1. Die Primärblätter werden unter Wasser an der Basis des Petiolus abgeschnitten und sofort einzeln in bis zum Rand mit Wasser gefüllte Reagenzgläser gehängt. Nur völlig flache, gerade gewachsene Blätter mit intakter Spitze verwenden (insgesamt 30 Stück).
2. Blätter zur Sättigung mit Wasser in geschlossenem Gefäß am Licht für 4 h stehenlassen (18–22 °C).
3. Blätter einzeln entnehmen und auf der Rückseite mit einer Nummer versehen (Filzschreiber). Außerdem wird ein Lineal an der breitesten Stelle des Blattes senkrecht zur Mittelrippe angelegt und die gegenüberliegenden Blattkanten mit einem Punkt markiert. Entlang der so markierten Linie Blattbreite auf 0,5 mm genau messen. Ebenso Länge der Blattspreite entlang der Mittelrippe messen. Blatt auf eine Waage legen und Frischmasse (± 1 mg) bestimmen.
4. Nach der Messung 10 Blätter (*Ansatz 1*) mit der Unterseite nach oben auf Filterpapierblätter legen und auf einer Unterlage (Plastikplatte) einfrieren. Blätter nach 1 h auftauen lassen und Länge/Breite messen (Lineal *vorsichtig* auflegen und nicht mehr verschieben!).
5. Weitere 10 Blätter werden sofort nach der Vermessung wieder ins Wasser gehängt und im Licht bei 20–25 °C bis zur Auswertung von Ansatz 3 stehengelassen (nicht-gestreßte Kontrollblätter, *Ansatz 2*).
6. Die restlichen 10 Blätter werden in leere Reagenzgläser gehängt und im Licht offen aufgestellt, bis Welke einsetzt (gestreßte Blätter, *Ansatz 3*). Dies

kann je nach Luftfeuchtigkeit verschieden lange dauern. Um einen gleichmäßigen Wasserverlust im Blatt zu gewährleisten, darf die Austrocknung nicht zu schnell erfolgen (optimal: 1–2 h). Die Trocknung wird abgebrochen, wenn bei waagrechter Haltung des Blattes die Spitze deutlich mehr als 45° schlaff nach unten geneigt ist (*Welketest;* das Blatt soll zwar schlapp, aber noch nicht knitterig sein). In diesem Stadium sollte die Frischmasse um 14–16% abgenommen haben. Breite, Länge und Frischmasse bestimmen und Blätter mit der Unterseite nach oben auf den Rost einer feuchten Kammer legen und im Licht bei 20–25 °C für 12–24 h stehenlassen.

7. Nach der Inkubation werden die Blätter von Ansatz 3 einzeln aus der feuchten Kammer entnommen und ihr Welkezustand mit dem Welketest bestimmt. Dann Breite, Länge und Frischmasse bestimmen. Anschließend Blattstiele am Ende kreuzweise 1 cm weit einschneiden, Blätter wieder in Reagenzgläser mit Wasser hängen und bis zur vollständigen Wassersättigung (konstante Frischmasse, nach 4–6 h) in einem geschlossenen Gefäß im Licht aufstellen.

8. Nachdem Blätter, die nicht vollständig turgeszent geworden sind, ausgeschieden wurden, Blattdimensionen und Frischmasse von Ansatz 3 bestimmen. Entsprechend werden auch die Blätter von Ansatz 2 nochmals vermessen (wobei sich keine signifikante Veränderung zur vorhergehenden Messung ergeben sollte). Anschließend die Blätter beider Ansätze einfrieren und nach dem Auftauen erneut Blattdimensionen messen.

Auswertung

Zunächst prüft man, ob die Veränderung des Welkezustandes bei Ansatz 3 nach der Inkubation in der feuchten Kammer durch eine Veränderung des Wassergehaltes erklärt werden kann. Dann berechnet man durch Vergleich von Ansatz 1 und 3 die prozentualen Veränderungen von Blattbreite und -länge (Mittelwerte ± Standardfehler), die nach der Trocknung bzw. nach der erneuten Wassersättigung der Blätter entstanden sind. Diese Berechnung kann einmal für die lebenden Blätter und zum anderen für die durch Einfrieren abgetöteten Blätter durchgeführt werden. Im ersten Fall ist die (von der Turgeszenz abhängige) elastische Dehnung eingeschlossen, während im zweiten Fall nur die irreversiblen Größenveränderungen erfaßt werden. Zur Kontrolle führt man entsprechende Berechnungen für Ansatz 1 und 2 durch. Welche reversiblen und irreversiblen Veränderungen der Blattgröße ergeben sich nach der Trocknung bzw. nach der Adaptationsphase in der feuchten Kammer im Vergleich zur nicht-gestreßten Kontrolle?

Probleme (weiterführende Experimente)

1. Wie verändert sich das *osmotische Potential* (π) des Zellsaftes während der Trocknungs- bzw. der Adaptationsphase? (Blätter einfrieren und nach dem Auftauen auspressen; Bestimmung der Osmolalität des Preßsaftes z. B. mit Gefrierpunktosmometer; → Experiment 7.6.)
2. Bei starkem Wasserverlust kann das Blatt keine Turgorregeneration durch aktives Schrumpfen mehr durchführen. Bis zu welcher *Wassergehaltsabsenkung* ist noch Turgorregeneration möglich? (Blätter bis zu einem Wassergehalt von 90/87/84/81/78/75/72/69% austrocknen lassen und anschließend in feuchter Kammer inkubieren.)
3. Kann diese Grenze durch *Wiederholung der Adaptationscyclen* weiter nach unten verschoben werden?
4. Wie wirkt sich die Turgorregeneration auf den Öffnungszustand der *Stomata* und die Intensität der *Transpiration* aus? (→ Experiment 4.12 bzw. 7.8.)

11. Reifung und Keimung von Samen und Pollen

Vorbemerkungen

Die höheren Pflanzen bilden Verbreitungseinheiten mit embryonalem Charakter aus, welche nach ihrer Ausreifung in eine physiologische Ruhephase übergehen, um in dieser Form ungünstige Umweltbedingungen zu überdauern und beim Eintreten von günstigen Umweltbedingungen ihre Entwicklung fortzusetzen. Neben *vegetativen* Verbreitungseinheiten (z. B. *Brutknospen, Brutknollen, Turionen*) haben vor allem die *sexuellen* Verbreitungseinheiten (*Samen, Früchte*) eine zentrale Bedeutung für die Vermehrung und Ausbreitung von Pflanzen. Die physiologischen Eigenschaften von vegetativen und sexuellen Verbreitungseinheiten sind trotz deren unterschiedlicher entwicklungsgeschichtlicher Herkunft erstaunlich ähnlich. Entscheidend sind vor allem ihre außergewöhnliche *Austrocknungstoleranz*, welche es diesen embryonalen Entwicklungsstadien erlaubt, im praktisch vollständig dehydratisierten Zustand oft viele Jahre zu überleben, und die *Einlagerung von Speicherstoffen* für die Weiterführung der Entwicklung nach der Keimung.

Der *Same* der höheren Pflanze besteht aus einem relativ weit entwickelten Embryo, der in Keimblätter (*Kotyledonen*), Keimstengel (*Hypokotyl*) und Keimwurzel (*Radicula*) gegliedert ist. Die Keimachse (Stengel+Wurzel) ist an beiden Enden mit ruhenden Meristemen ausgestattet. Der Embryo ist von verschiedenartigen Hüllstrukturen umgeben. In manchen Fällen ist ein extraembryonales Nährgewebe vorhanden (*Endosperm*, entstanden aus dem Embryosack; oder *Perisperm*, entstanden aus dem *Nucellus*). Als äußere Schutzhülle dient die meist derbe Samenschale (*Testa*, entstanden aus den *Integumenten*). Bei vielen Arten werden die Nährgewebe bereits während der frühen Phase der Samenreifung abgebaut und funktionell von einer intraembryonalen Speicherstoffablagerung abgelöst (meist in den Kotyledonen).

Eine wichtige Voraussetzung für die Weiterführung der zeitweilig unterbrochenen Entwicklung des Samens ist die Rehydratisierung der Gewebe auf einen relativen Wassergehalt von 40–50%. Bei vielen Arten reicht jedoch die Wasseraufnahme alleine nicht aus, um den Übergang vom ruhenden Zustand in einen Zustand aktiver Entwicklung auszulösen. Diese *dormanten* Samen benötigen im gequollenen Zustand einen zusätzlichen Keimstimulus, z. B. in Form einer Belichtung oder Kältebehandlung. Nach Einleitung der Keimung beobachtet man als erstes eine Steigerung der (im Ruhezustand meist sehr niedrigen) Stoffwechselaktivität, gefolgt von einem Streckungswachstum des Embryos, der daraufhin sehr bald seine Austrocknungstoleranz verliert. An diesem Punkt geht der Embryo irreversibel in eine junge Pflanze (Keimling) über. Die Gesamtheit der Prozesse, die diesen Übergang bewirken, nennt man *Keimung*.

Während der Keimung treten im Samen eine Vielzahl von strukturellen und biochemischen Veränderungen auf, welche im Prinzip zur experimentellen Charakterisierung dieses Entwicklungsprozesses dienen können. In der Regel kann man ein einfaches morphologisches Kriterium zur Feststellung der Keimung heranziehen: das Austreten der wachsenden Radicula durch die aufgesprengte Testa. Der Vorgang zeigt an, daß der Embryo nicht nur gequollen ist (und dadurch passiv expandiert wurde), sondern außerdem im Bereich der Wurzel zu einem *aktiven Streckungswachstum* übergegangen ist. Dieser Wachstumsprozeß ist mit einem Verlust der Austrocknungstoleranz der Wurzelzellen verbunden und ist daher ein zuverlässiges Kriterium für die irreversible Weiterentwicklung des Embryos zum Keimling.

Keimexperimente erfordern einen relativ geringen experimentellen Aufwand. Die Samen der meisten Arten lassen sich in Petrischalen auf feuchtem Filterpapier oder Zellstoff zur Keimung bringen. Die Samen sollen zwar in Kontakt mit flüssigem Wasser, jedoch nicht mit Wasser bedeckt sein, da sonst die Atmung behindert wird. Die Keimung ist meist stark temperaturabhängig; daher ist eine präzise Kontrolle dieses Umweltfaktors eine wichtige Voraussetzung für reproduzierbare Resultate.

Auch die Keimung von *Pollenkörnern* zeigt gewisse physiologische Ähnlichkeiten zur Samenkeimung und wird daher in dieses Kapitel einbezogen. Pollenkörner besitzen jedoch eine wesentlich geringere Austrocknungstoleranz und eine kürzere Lebensdauer im ruhenden Zustand. Die Keimung wird hier nicht einfach durch Wasseraufnahme ausgelöst, sondern erfordert zusätzliche chemische Faktoren, welche von der empfängnisbereiten Narbe ausgeschieden werden.

Literatur

Bewley JD, Black M (1985) Seeds. Physiology of development and germination. Plenum Press, New York London

Khan AA (ed) (1982) The physiology and biochemistry of seed development, dormancy and germination. Elsevier, Amsterdam
Murray DR (ed) (1984) Seed physiology. vol 1: Development; vol 2: Germination and reserve mobilization. Academic Press, London

Demonstrationsexperimente

11.1 (D) Prüfung der Keimfähigkeit von Saatgut

Für die Qualitätsbestimmung von Saatgut, z. B. bei Getreide, ist ein Test auf Keimfähigkeit von großer Bedeutung. Eine Methode, der sich auch die amtliche Keimprüfung bedient, besteht darin, die zu testenden Samen oder Früchte unter Standardbedingungen auszusäen und den Keimprozentsatz auszuzählen. Einige Nachteile dieses Verfahrens (langer Zeitbedarf, spezifische Standardbedingungen, viele Samen können erst nach Ablauf der Nachreife untersucht werden) können durch einen biochemischen Test vermieden werden, der, streng genommen, nicht die Keimungsfähigkeit, sondern den Energiestoffwechsel von Samen widerspiegelt. Er beruht auf der Tatsache, daß lebendige (= keimfähige) Samen auch im Ruhezustand in geringem Umfang atmen. Die lebenden Zellen des Embryos und, wenn vorhanden, des Endosperms erzeugen beständig ein gewisses *Reduktionspotential* (z. B. in Form von NADH), welches mit geeigneten Redoxindikatoren nachgewiesen werden kann. *Tetrazoliumsalze* sind hierfür besonders geeignet, da sie stark gefärbte, wasserunlösliche Reduktionsprodukte (*Formazane*) ergeben, welche gegen Luftsauerstoff beständig sind (→ Experiment 5.9).

Durchführung

Trockene Samen (z. B. von *Phaseolus, Brassica, Helianthus*) werden halbiert und mit der Schnittfläche in einer Petrischale auf Filterpapier ausgelegt, welches zuvor reichlich mit einer Lösung von 2,3,5-Triphenyltetrazoliumchlorid ($10 \text{ g} \cdot \text{l}^{-1}$) getränkt wurde. Die Formazanbildung ist meist nach 6–12 h (20–25 °C) deutlich zu beobachten. Als Kontrolle dienen Hitze-abgetötete (30 min bei 100 °C) Samen. Nach 24 h bestimmt man den Prozentsatz positiv reagierender Samen.

Anmerkung: Mit dieser Methode läßt sich auch der Nachweis führen, welche Samengewebe außer dem Embryo aus lebendigen Zellen bestehen. In reifen

Getreidecaryopsen (z. B. *Zea, Hordeum*) sind nur die Aleuronzellen, nicht aber die inneren, stärkehaltigen Zellen des Endosperms lebendig. Das Endosperm der Dikotylen (z. B. *Ricinus, Lactuca, Chenopodium, Lycopersicon*) ist stets lebendig, nicht aber das Perisperm (z. B. *Agrostemma*). Viele Samen (z. B. *Sinapis, Cucumis*) besitzen in der Testa (inneres Integument) eine Schicht lebendiger Zellen (sog. „Aleuronzellen"), welche sich ebenfalls an der Keimung beteiligen [Literatur: Bergfeld R, Schopfer P (1986) Ann Bot 57: 25–33].

11.2 (D) Samendormanz und ihre Aufhebung durch Kältebehandlung (Stratifikation)

Die Samen unserer einheimischen Wildpflanzen sind in aller Regel direkt nach Beendigung der Reife nicht keimfähig, auch wenn alle äußeren Faktoren (z. B. Wasserzufuhr, Temperatur) günstig sind. Diese durch *innere Faktoren* bedingte Keimruhe nennt man *Dormanz* (im Gegensatz zur *Quieszenz*, welche im ausgetrockneten, aber keimfähigen Zustand vorliegt). In manchen Fällen verschwindet die Dormanz nach einiger Zeit der Nachreife automatisch, wenn der Embryo im Samen auf Kosten des Endosperms weiter herangewachsen ist (z. B. bei der Esche). Meistens ist jedoch der Embryo dormanter Samen beim Samenabwurf vollständig ausgewachsen und ausgetrocknet. Seine Keimfähigkeit wird durch physiologische Faktoren verhindert, welche bisher kaum bekannt sind. In vielen Fällen kann diese Dormanz beim gequollenen Samen durch eine mehr oder minder lange Kälteperiode gebrochen werden. Dieses Phänomen nennt man *Stratifikation*. In der Natur wird auf diese Weise gewährleistet, daß die Keimruhe auch bei vollständiger Quellung des Samens normalerweise erst im nächsten Frühjahr unterbrochen wird und so eine volle Vegetationsperiode für die Entwicklung der Pflanze zur Verfügung steht. Häufig geht die Dormanz nach einiger Zeit verloren; d. h. ältere Samen keimen auch ohne Kältebehandlung. Der ökologische Vorteil dieser Einrichtung ist evident. Bei der Züchtung unserer Kulturpflanzen ging die Dormanz meist verloren, da sie für domestizierte Pflanzen keinen Selektionsvorteil, sondern einen Nachteil für den Anbau darstellt. Auch viele Arten, welche auf milde, feuchte Klimazonen beschränkt sind, zeigen keine Samendormanz. Der molekulare Mechanismus, über den die Kältebehandlung wirkt, ist noch nicht bekannt.

Für die Kältebehandlung eignet sich besonders eine Temperatur von 3–5 °C. Sie ist nur dann erfolgreich, wenn die Samen ausreichend gequollen sind. Im lufttrockenen Zustand kann sich die Kältebehandlung nicht auswirken.

282 Reifung und Keimung von Samen und Pollen

Durchführung

Frisch geerntete, im trockenen Zustand bei 4 °C gelagerte Samen verschiedener Wildpflanzen (besonders geeignet sind Ruderalpflanzen, z. B. *Chenopodium-*, *Atriplex-*, *Oenothera*-Arten) werden auf feuchtem Filterpapier (3 Lagen in Petrischale, so viel dest. Wasser zugeben, daß die Samen benetzt sind, aber nicht wegschwimmen) ausgesät und eine Woche bei 20–25 °C im Dunkeln aufgestellt. Beim Vorliegen von Dormanz werden die Ansätze anschließend für 0/12/24/48/72 h in einen Kühlschrank (3–5 °C) gestellt und anschließend wieder bei Raumtemperatur gehalten. In hartnäckigen Fällen muß die Kälteperiode (24 h) im Abstand von einigen Tagen mehrfach wiederholt werden. Gegebenenfalls muß verdunstendes Wasser ergänzt werden.

Anmerkung: In entsprechender Weise lassen sich auch *Licht* (→ Experiment 13.4), *Gibberellinsäure* (0,01 – 1 mmol · l^{-1}), oder *Ethylen* (z. B. in Form von Ethephon, 0,1 – 10 mM; → Experiment 9.8) als Dormanz-brechende Faktoren untersuchen.

11.3 (D) Beschleunigung der Keimung durch Vorbehandlung der Samen mit Osmoticum (seed priming)

Die Samen mancher Kulturpflanzen (z. B. *Allium*, *Apium*, *Beta*) keimen relativ langsam und ungleichmäßig. In ungünstigen Fällen kann sich die Keimung einer Population solcher Samen über mehrere Wochen hinziehen, ohne daß dies durch Außenfaktoren (Temperatur, Licht) erheblich zu beeinflussen ist. Man hat eine Vielzahl von Behandlungsmethoden erprobt, um die Keimung solcher Arten zu beschleunigen bzw. besser zu synchronisieren. Hierbei hat sich eine Vorbehandlung der Samen mit einem chemisch inerten Osmoticum, z. B. *Polyethylenglycol*, besonders bewährt. Die Samen werden zunächst in einer Lösung ausgesät, deren osmotisches Potential so hoch liegt, daß die Keimung gehemmt ist (d. h. knapp jenseits des Keimungspotentials, → Experiment 11.8). Die unter diesen Bedingungen mögliche Hydratisierung des Samens gestattet jedoch das Einsetzen metabolischer Aktivität (→ Experiment 11.5) und damit den Ablauf von Prozessen, welche es dem Samen erlauben, bei der Überführung in reines Wasser sehr rasch und gleichmäßig zu keimen. Über die Natur dieser keimungsfördernden Prozesse während der osmotisch kontrollierten, unvollständigen Quellung ist bisher noch wenig bekannt; möglicherweise handelt es sich um eine Verminderung der Zellwandfestigkeit (→ Experiment 10.7). Die Verbesserung der Keimbereitschaft durch eine derartige Vorbehandlung ist von großer praktischer Bedeutung, da auf diese Weise die Keimung im Freiland auf eine kurze Periode beschränkt bleibt und damit Ausfälle durch Austrocknung, Vogelfraß u.a. verringert werden können. Außerdem wird durch die Vorbehandlung die Keimfähigkeit bei niedrigen Temperaturen erheblich verbessert.

Literatur

Bodsworth S, Bewley JD (1979) Osmotic priming of seeds of crop species with polyethylene glycol as a means of enhancing early and synchronous germination at cool temperatures. Can J Bot 59:672–676

Hegarty TW (1978) The physiology of seed hydration, and the relation between water stress and the control of germination: A review. Plant Cell Environ 1:101–119

Durchführung

Samen von *Lycopersicon esculentum, Beta vulgaris, Brassica napus, Zea mays,* oder anderen Arten werden in Petrischalen auf 3 Lagen Filterpapier ausgesät, welche mit einer Polyethylenglycol-Lösung von $\pi = 12$ bar (31,6 g PEG 6000 + 100 ml dest. Wasser; → Tabelle 4, S. 186) angefeuchtet wurden. Die Samen sollen gut benetzt sein, aber nicht wegschwimmen. Schalen mit einem Streifen Parafilm luftdicht verschließen. Nach 7 d Samen kurz abspülen und in ähnlicher Weise auf dest. Wasser aussäen (zusammen mit einer Probe nicht vorbehandelter Samen). Die keimbeschleunigende Wirkung der Vorbehandlung kann durch Variation der PEG-Konzentration ($\pi = 10-16$ bar) und der Inkubationszeit (3 bis 14 d) optimiert werden. Besonders deutlich tritt die Keimförderung in Erscheinung, wenn die Keimtests bei niedriger Temperatur (10–12 °C) durchgeführt werden.

Können die vorbehandelten Samen ohne Verlust der Keimförderung auf Silikagel-Trockenperlen zurückgetrocknet werden? Kann die Wirkung einer osmotischen Vorbehandlung durch *Stratifikation* (→ Experiment 11.2) gesteigert werden?

11.4 (D) Induktion der Dormanz durch Abscisinsäure

Eine wichtige physiologische Funktion des Phytohormons Abscisinsäure (ABA) ist die Einleitung und Aufrechterhaltung von *Ruhezuständen* während der pflanzlichen Entwicklung (z.B. bei der Knospenruhe). Auch während der frühen Reifungsphase des Embryos in der Samenanlage verhindert ABA die spontane Weiterentwicklung zum Keimling (*Viviparie*) und erzwingt die Weiterentwicklung (unter Speicherstoffeinlagerung) zum reifen, austrocknungstoleranten Samen (→ Experiment 11.7). Der ausgereifte Same enthält normalerweise keine nennenswerten Mengen an ABA. Auch in reifen, natürlicherweise dormanten Samen hat man bisher keine ABA nachweisen können, so daß die natürliche Keimhemmung nicht mit diesem Hormon in Zusammenhang gebracht werden kann. Andererseits sind auch reife Samen, ähnlich wie junge Embryonen, hochgradig *kompetent,* auf eine äußerliche Zufuhr von ABA mit Entwicklungsruhe zu reagieren. Bei der Aussaat keimfähiger Samen in ABA-Lösung findet zunächst eine normale Samenquellung statt; die Wachstumsphase (→ Experiment 11.5) wird jedoch vollständig unterdrückt. ABA-behandelte Samen können so in Anwesenheit von Wasser bei optimalen Keimtemperaturen für viele Tage in einem erzwungenen Ruhezustand gehalten werden, der jedoch bei Entfernung des Hormons (durch Auswaschen) sehr rasch wieder aufgehoben wird. Die Keimhemmung durch ABA ist also vollständig reversibel.

ABA ist als synthetisches Racemat aus (+)-ABA und (−)-ABA kommerziell erhältlich. Damit läßt sich im Experiment das natürlich vorkommende Enantiomer (+)-ABA vollwertig ersetzen.

Literatur

Schopfer P, Bajracharya D, Plachy C (1979) Control of seed germination by abscisic acid. I. Time course fo action in *Sinapis alba* L. Plant Physiol 64:822–827

Durchführung

Samen von *Brassica napus, Sinapis alba* oder anderen Arten werden in Petrischalen auf 3 Lagen Filterpapier ausgesät, welches zuvor mit ABA-Lösung (0/2,5/5/10/20/40/80 µmol · l^{-1}) getränkt wurde (je 50 Samen in 9-cm-Schalen). Schalen mit Parafilmstreifen luftdicht verschließen und bei 20–25 °C im Dunkeln zur Keimung aufstellen. Der Prozentsatz gekeimter Samen (austretende Radicula größer als 2 mm) wird (im Licht) im Abstand von 12 h ausgezählt, bis sich die Werte nicht mehr ändern (der endgültige Keimprozentsatz ist meist nach 4–5 d erreicht). Samen, bei denen zwar die Testa vom Embryo aufgesprengt wird, jedoch kein sichtbares Radicula-Wachstum folgt, gelten als *nicht gekeimt.* ABA-gehemmte Samen können jederzeit innerhalb von wenigen Stunden zur Keimung gebracht werden, indem man sie für 10 min in dest. Wasser wäscht und auf Wasser-getränktes Filterpapier erneut aussät.

Analytische Experimente

11.5 (A) Aktivierung des Energiestoffwechsels während der Quellungs- und der Wachstumsphase keimender Rapssamen [1]

Die bei der Samenkeimung ablaufenden Entwicklungsprozesse sind am einfachsten anhand der Wasseraufnahme zu charakterisieren. Wenn ein keimbereiter Same bei günstiger Temperatur mit Wasser in Kontakt kommt, nimmt er zunächst sehr rasch Wasser bis zu einem Sättigungswert auf. Diese *Quellungsphase* ist meist nach wenigen Stunden abgeschlossen (beim Raps nach etwa 8 h). Nach einer mehr oder minder langen Pause folgt eine zweite, lang andauernde Phase der Wasseraufnahme, welche mit echtem (irreversiblem) Wachstum des Embryos verbunden ist und schließlich zur sichtbaren Keimung (Austritt und Verlängerung der Radicula) führt (*Wachstumsphase*). Bereits während der Quellungsphase ist ein Anstieg der metabolischen Aktivität (z. B. ATP-Synthese, Proteinsynthese) im Embryo zu beobachten, die allerdings auf einem begrenzten Niveau stehen bleibt, um in der Wachstumsphase dramatisch weiter anzusteigen. Diese durch Hydratisierung des Protoplasmas ausgelöste Stoffwechselaktivierung geht (vor allem in der Wachstumsphase) mit Änderungen in der Zellstruktur einher. So werden z. B. die im ruhenden Samen in Form von kleinen, wenig strukturierten *Promitochondrien* vorliegenden Atmungsorganellen in dieser Zeit in normale Mitochondrien mit umfangreich gefalteten inneren Membranen umgewandelt.

Das Einsetzen der metabolischen Aktivität während des Keimprozesses läßt sich z. B. am Ausmaß der hierbei induzierten *Atmung* verfolgen, die als O_2-Aufnahme mit der O_2-Elektrode sehr genau gemessen werden kann (→ Bd. 1: S. 147).

Literatur

Schopfer P, Plachy C (1984) Control of seed germination by abscisic acid. II. Effect of embryo water uptake in *Brassica napus* L. Plant Physiol 76:155–160

Material und Geräte

1. Samen von *Brassica napus* (Winterraps, frische Ernte; beschädigte, kleine und mißgebildete Samen entfernen.)
2. Petrischalen (9 cm, Plastik) mit Filterpapiereinlagen, Konstantraum (25 °C, Licht oder Dunkelheit) O_2-Elektrode mit Schreiber, Feinwaage (± 1 mg).

---

[1] *Brassica napus* (Brassicaceae), → Experiment 1.12.

Durchführung (Grundexperiment)

1. Jeweils 20 Samen werden in Petrischalen auf 3 Lagen Filterpapier und 10 ml dest. Wasser zur Keimung ausgelegt.
2. Nach verschiedenen Ankeimzeiten (z. B. nach 0/1/3/6/12/18/24/30 h) werden nach dem Auszählen der gekeimten Samen (Keimkriterium: Die Keimwurzel tritt aus der Testa aus und ist länger als 2 mm) jeweils 10 Samen auf Filterpapier kurz abgetrocknet und gewogen. Die restlichen 10 Samen werden kurz abgespült und mit 3 ml luftgesättigtem dest. Wasser in den Reaktionsraum der zuvor geeichten O_2-Elektrode[2] gegeben. Der Abfall des O_2-Partialdrucks wird über 15 min registriert (Schreiber).

Auswertung

Aus den Meßwerten wird die Zunahme der Anzahl gekeimter Samen [%], des Wassergehalts [mg · Same^{-1}] und der *Atmungsintensität* [− nmol O_2 · min^{-1} · Same^{-1}] berechnet und als Funktion der Ankeimzeit in ein Diagramm eingetragen. Eine befriedigende Genauigkeit der Kinetiken ist bei Mittelwerten aus 3–4 Meßwerten pro Kurvenpunkt zu erwarten.

Probleme (weiterführende Experimente)

1. Wie verläuft die Aktivierung der O_2-Aufnahme, wenn die Keimung (nicht aber die Quellung) durch *osmotischen Streß* verhindert wird? (Samen in Polyethylenglycol 6000 bei $\pi_a = 12$ bar inkubieren; → Experiment 11.3.)
2. Welchen Einfluß hat das keimungshemmende Hormon *Abscisinsäure* auf Wasseraufnahme und Atmungsaktivierung? (Samen in 0,1 mmol · l^{-1} Abscisinsäure-Lösung inkubieren; → Experiment 11.4.)
3. Bei manchen Samen hat man gefunden, daß die O_2-Aufnahme zum Teil auf die *CN^--insensitive Atmungskette* zurückgeht. Wie verhält sich dies bei Raps-Samen? (Messung der Atmung in Gegenwart von 1 mmol · l^{-1} KCN durchführen.)
4. Wie groß ist der *Respiratorische Quotient* während der Quellungs- bzw. der Wachstumsphase? (parallele Messung von O_2-Aufnahme und CO_2-Abgabe mit der WARBURG-Apparatur; → Bd. 1: S. 63.)

---

[2] Vorbereitung, Eichung und Bedienung der O_2-Elektrode sind ausführlich bei Experiment 4.6 beschrieben.

11.6 (A) Messung des Quellungsdrucks keimender Samen

Lufttrockene Samen besitzen meist einen Wassergehalt um 5% und damit ein extrem negatives Wasserpotential (→ Bd. 1: S. 151). Kommen diese Samen mit Wasser in Berührung (*Imbibition*), so baut sich ein Wasserpotentialgradient von anfänglich mehreren tausend bar auf, der zu einem raschen Einstrom von Wasser führt. In aller Regel ist die Testa für Wasser relativ leicht permeabel, so daß sie dem Einstrom keinen erheblichen Widerstand entgegensetzt. Diese rein passive Phase der Wasseraufnahme, welche der eigentlichen Keimung vorausgeht, wird als *Quellungsphase* bezeichnet (→ Experiment 11.5). In dieser Zeit baut sich durch Hydratisierung des Plasmas in den Zellen des Embryos ein *Turgordruck* auf, der nachher als treibende Kraft für das Wachstum während des Keimprozesses dient. Da die Zellen keine mit einer echten Lösung gefüllten Vakuolen besitzen, geht dieser Druck ausschließlich auf die Hydratisierung des Plasmas (vor allem der Proteine) zurück und ist daher als *kolloidosmotischer Druck* anzusprechen.

Der Quellungsdruck von Samen kann außerordentlich hohe Werte annehmen. Eine Füllung mit quellenden Erbsensamen reicht bekanntlich aus, um ein Glasgefäß mittlerer Wandstärke zu sprengen. Um den Quellungsdruck zu messen, benötigt man ein Druckmeßgerät, welches eine mechanische Kraft in ein Meßsignal umsetzt, ohne daß hierbei räumliche Veränderungen in der Probe auftreten (*wegfreie Messung*). Solche Kraftmeßzellen sind in der Technik vielfältig·im Einsatz; z.B. in elektronischen Waagen, welche nach dem Prinzip der elektromagnetischen Kraftkompensation arbeiten (→ Bd. 1: S. 55). Mit Hilfe einer solchen Waage läßt sich daher die Entwicklung des Quellungsdrucks imbibierender Samen sehr genau quantitativ bestimmen.

Material und Geräte

1. Trockene Samen von *Brassica napus* (oder ähnlich große Samen anderer Arten)
2. Oberschalige elektronische Waage (± 1 g, Maximallast 1–5 kg), 5-ml-Meßzylinder mit locker sitzendem Plexiglasstempel (→Abb. 41), stabiles Stativmaterial.

Durchführung (Grundexperiment)

1. Der Boden des Meßzylinders wird mit einer Lage dicht gepackter Samen (etwa 30 Stück) beschickt und der Stempel aufgelegt. Der Zylinder wird in die Schalenmitte der Waage gestellt und der Stempel an einer genau axial angeordneten Klemme fest eingespannt (Abb. 41). Die Anzeige der Waage sollte nur wenige Gramm über dem Eigengewicht des gefüllten Meßzylinders liegen.

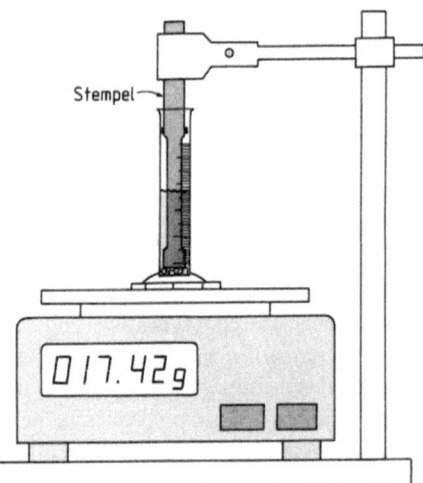

Abb. 41. Vorrichtung zur Messung des Quellungsdrucks von imbibierenden Samen mit Hilfe einer elektronischen Waage. Der Stempel (Plexiglas) besitzt oben einen Führungsring. Damit Luftblasen entweichen können, sollte der Kolbendurchmesser 0,8 mm kleiner als der innere Durchmesser des Meßzylinders (5 ml) sein. Nach dem Festklemmen des Stempels in der Stativklemme wird mit einer Spritze Wasser eingefüllt und die sich entwickelnde Kraft registriert. Eine korrekte Messung setzt voraus, daß der Abstand zwischen Kolben und Meßzylinder durch die ansteigende Kraft nicht verändert wird (wegfreie Messung) und erfordert daher einen mechanisch stabilen Versuchsaufbau

2. Zylinder mit Wasser bis zur 5-ml-Marke auffüllen und Anfangsgewicht ablesen. Messung in regelmäßigen Abständen wiederholen (z. B. alle 60 min), bis sich ein nahezu konstanter Wert eingestellt hat (nach 8–12 h).

Auswertung

Der von den Samen auf den Stempel ausgeübte Druck läßt sich als *Kraft pro Fläche* berechnen. Die Anzeige der Waage [kg] läßt sich leicht in Krafteinheiten [$N = kg \cdot m \cdot s^{-2}$] umrechnen ($\rightarrow$ Bd. 1: S. 54).

Probleme (weiterführende Experimente)

1. Wie unterscheiden sich *lebende* und *abgetötete* (1 h bei 100 °C erhitzen) Samen in ihrem Quellungsdruck?
2. Welchen Einfluß haben die *Salze der „lyotropen Reihe"* (LiCl, NaCl, KCl, RbCl, CsCl; jeweils $1 \text{ mol} \cdot l^{-1}$) auf die Samenquellung?

3. K$^+$ wird eine *quellungsfördernde*, Ca^{2+} eine *quellungshemmende* Wirkung auf das Plasma zugeschrieben. Läßt sich dieser Unterschied am Quellungsdruck von Rapssamen demonstrieren? (Lösungen von KCl bzw. CaCl$_2$, z. B. 1 mol·l^{-1}, verwenden.)
4. In der in Abb. 41 dargestellten Apparatur werden die quellenden Samen durch einen äußeren Druck komprimiert. In Abwesenheit dieses äußeren Drucks würden die Samen durch Wasseraufnahme expandieren, bis der sich entwickelnde Gegendruck der Embryo-Zellwände und der Testa eine weitere Expansion verhindert. Kann man die *Volumenexpansion* imbibierender Rapssamen messen? [Samenproben (3 ml) in 5-ml-Meßzylinder bei locker aufgelegtem Stempel quellen lassen und Volumenänderung verfolgen. Genauere Daten liefert die Messung der *Frischmassezunahme*, wozu die Samen dem Wasser jeweils entnommen und auf Filterpapier kurz oberflächlich abgetrocknet werden müssen.]

11.7 (A) Entwicklung und Verlust der Austrocknungstoleranz während der Reifung bzw. Keimung von Senfsamen [3]

Die Zellen der höheren krautigen Pflanzen besitzen meist einen Wassergehalt um 90% und reagieren in der Regel sehr empfindlich auf eine Verminderung dieses Wertes. Eine Absenkung um 20–30% durch Wasserstreß wird nur in Ausnahmefällen lebend überstanden. Es gibt allerdings im Lebenscyclus jeder höheren Pflanze ein Stadium, das durch eine extrem hohe *Austrocknungstoleranz* ausgezeichnet ist: der nach einer Periode der Reifung in einen Ruhezustand übergehende *Embryo* und das ihn umgebende lebendige *Endosperm* (falls vorhanden). Der auf der Mutterpflanze reifende Same verliert nach dem Abschluß der Speicherstoffeinlagerung über 90% seines Wassergehalts (*Desiccationsphase*) und entwickelt gleichzeitig die Fähigkeit, die damit einhergehende Dehydratisierung des Protoplasmas problemlos zu überstehen. Diese erstaunliche Eigenschaft erfordert spezielle Anpassungen (z. B. zur Intakthaltung der Zellmembranen), welche bisher noch kaum untersucht sind. Eine wichtige Voraussetzung der Austrocknungstoleranz ist u. a. das Fehlen von zellsafterfüllten Vakuolen, wodurch eine Plasmolyse der Zellen verhindert wird. [Die Vakuolen des reifen Embryos sind mit Speicherprotein angefüllt (= protein bodies) und kollabieren daher beim Austrocknen nicht.]

---

[3] Weißer Senf, *Sinapis alba* (Brassicaceae) → Experiment 2.6.

Nach der Aussaat bleibt die Austrocknungstoleranz des gequollenen Samens in der Regel unverändert erhalten, solange die Keimung noch nicht stattgefunden hat. Erst mit dem Einsetzen der Keimungsprozesse verlieren die Zellen der wachsenden Organe die Fähigkeit zur schadensfreien Austrocknung, d. h. sie werden *austrocknungsintolerant*. Dies geht u. a. mit dem Abbau des Speicherproteins und der Ausbildung zellsafterfüllter Vakuolen einher. Der ungekeimte Same behält also die Fähigkeit, nach einer vorübergehenden Quellung wieder ohne Schädigung in den trockenen Zustand zurückzukehren, solange er nicht einen kritischen Punkt der Entwicklung („point of no return") überschritten hat. Bei dormanten Samen (→ Experiment 11.2) kann dieser Punkt wochen- oder monatelang hinausgeschoben sein.

Sowohl das Einsetzen als auch der Verlust der Austrocknungstoleranz von Samen lassen sich in einem *Rücktrocknungsexperiment* quantitativ bestimmen. Man trocknet die Samen in verschiedenen Entwicklungsstadien unter schonenden Bedingungen rasch bis auf wenige Prozent Wassergehalt zurück und prüft anschließend im Keimtest die Schäden, die sich hierdurch ergeben.

Die Samen von *Sinapis alba* eignen sich aufgrund ihrer geringen Größe besonders gut für dieses Experiment. Diese insektenblütige Pflanze bietet weiterhin den Vorteil, daß eine gleichzeitige Entwicklung von Samen in größerer Anzahl, ausgelöst durch manuelle Bestäubung, technisch relativ einfach zu bewerkstelligen ist. Im Gegensatz zu vielen anderen Pflanzen sind beim Senf auch unreife Samen ab einem bestimmten Alter bereits keimfähig, wenn sie von der Mutterpflanze entfernt werden.

Literatur

Bewley JD (1979) Physiological aspects of desiccation tolerance. Ann Rev Plant Physiol 30:195–238

Fischer W, Bergfeld R, Plachy C, Schäfer R, Schopfer P (1988) Accumulation of storage materials, precocious germination and development of desiccation tolerance during seed maturation in mustard (*Sinapis alba* L.). Bot Acta 101:344–354

Schopfer P, Bajracharya D, Plachy C (1979) Control of seed germination by abscisic acid. I. Time course of action in *Sinapis alba* L. Plant Physiol 64:822–827

Material und Geräte

1. Samen von *Sinapis alba*[4] (ausgelesenes Saatgut)
2. Blühende Pflanzen von *Sinapis alba:* Etwa 20 Pflanzen, Anzucht in Töpfen auf Komposterde im Gewächshaus oder in der Klimakammer bei 18–22 °C und

---

[4] Vom Autor erhältlich.

> 16 h Licht pro Tag. Im Dauerlicht bei 20 °C blühen die Pflanzen etwa 4 Wochen nach der Aussaat.
3. Feinwaage (± 1 mg), Plastik-Petrischalen (9 cm) mit Filterpapiereinlagen, Konstantraum (25 °C, Licht), Silikagel-Trockenperlen (frisch getrocknet), feinmaschiges Plastiknetz, 500-ml-Glas mit dichtem Deckel, weicher kleiner Pinsel, Schere, Skalpell, Pinzette.

Durchführung (Grundexperiment)

1. *Einsetzen der Austrocknungstoleranz während der Reifung:* Reichlich blühende Pflanzen werden durch Übertragung von Pollen auf die Narbe (von einer Pflanze auf eine andere) mit Hilfe eines Pinsels bestäubt. Zuvor werden alle länger als 2 d geöffneten und alle ungeöffneten Blüten abgeschnitten. Auf diese Weise erhält man eine sich weitgehend synchron entwickelnde Population von Samen. Nach 2/3/4/5/6 Wochen (oder in kürzeren Abständen) werden (von verschiedenen Pflanzen) Früchte geerntet, die Samen herauspräpariert, gewogen und 50 Stück in einem verschlossenen Glasgefäß auf 100 g Trockenperlen ausgelegt, welche mit einem Plastiknetz abgedeckt sind. Die Trocknung (bis zur Gewichtskonstanz) erfordert 3–5 h. Anschließend werden die Samen zu je 25 in Petrischalen auf 3 Lagen Filterpapier und 10 ml dest. Wasser ausgelegt und die Keimung nach 3tägiger Inkubation im Licht bei 25 °C ausgezählt (Keimkriterium: Keimwurzel länger als 2 mm). Eine gleichzeitig geerntete Probe von 50 Samen wird sofort nach dem Herauspräparieren in frischem Zustand zur Keimung ausgelegt.

2. *Verlust der Austrocknungstoleranz während der Keimung:* 18 Proben mit je 25 trockenen, reifen Samen werden gleichzeitig zur Keimung ausgelegt und nach 6/12/18/24/30/36 h auf Trockenperlen zurückgetrocknet (je 3 Schalen pro Zeitpunkt). Anschließend werden die einzelnen Samenproben in neue Schalen ausgesät und im Licht zur Keimung aufgestellt (einschließlich eines Kontrollansatzes mit nicht-vorbehandelten Samen). Nach 3 d werden als Indikatoren einer normalen Entwicklung folgende qualitativen Merkmale ausgezählt: Anzahl der Keimlinge mit ausgewachsener Radicula (>2 mm), Anzahl der Keimlinge mit rot gefärbtem Hypokotyl, Anzahl der Keimlinge mit ergrünten Kotyledonen.

Auswertung

Die ausgezählten Werte (in Prozent) werden als Funktion des Entwicklungszustandes (Samenalter bzw. Ankeimzeit beim Zurücktrocknen) in ein Diagramm eingezeichnet. Durch Interpolation für 50% erhält man (als Mittelwert der Population) die Zeitpunkte für den Beginn der Keimfähigkeit und der Austrocknungstoleranz während der Samenreifung bzw. für das Verschwinden der Austrocknungstoleranz in den drei Embryonalorganen während der Keimung.

Probleme (weiterführende Experimente)

1. Welchen Einfluß hat die *Testa* auf die Austrocknungstoleranz reifender Embryonen? (Testa bei geeigneten Stadien vorsichtig abpräparieren.)
2. Kann die Keimfähigkeit reifender Embryonen durch *Entfernung der Testa* verbessert werden?
3. Bleibt die Austrocknungstoleranz von Samen erhalten, wenn sie durch *Abscisinsäure* an der Keimung gehindert werden? (Ankeimung für 1/2/3/4 d in 0,1 mmol $\cdot$ l^{-1} Abscisinsäure; → Experiment 11.4.)
4. Bleibt die Austrocknungstoleranz von Samen erhalten, wenn sie durch *niedrige Temperatur* an der Keimung gehindert werden? (Ankeimung für 1/2/3/4 d bei 5 °C.)

11.8 (A) Bestimmung des Keimungspotentials von Rapssamen[5]

Die Samenkeimung kann als ein Wachstumsprozeß aufgefaßt werden, bei dem der Embryo nicht kontinuierlich größer wird, sondern sprungartig vom nicht wachsenden (ruhenden) in den wachsenden (gekeimten) Zustand übergeht. Keimung als Alles-oder-Nichts-Ereignis ist danach die Überwindung einer Hemmschwelle durch eine vom Embryo gegen die begrenzenden Hüllstrukturen gerichtete, mechanische „Triebkraft", welche vom Turgor der Embryozellen erzeugt wird (→ Experiment 11.6). Als einengende Hüllstrukturen kommen hier nicht nur Samenschale (Testa) und – wenn vorhanden – das Endosperm in Betracht, sondern auch die Zellwände des wachsenden Embryos. Ein Same keimt, wenn der Turgordruck im Embryo größer ist als die Summe der mechanischen Widerstände der Hüllstrukturen. Die Auslösung der Keimung kann daher prinzipiell auf zwei verschiedene Weisen erfolgen: 1. durch *Erhöhung des Turgors* in den Zellen des Embryos über einen kritischen Wert, und 2. durch *Erniedrigung des mechanischen Widerstandes* der einengenden Hüllstrukturen unter einen kritischen Wert. Bei manchen Samen (z. B. bei der Tomate) konnte gezeigt werden, daß eine Erweichung des Endospermgewebes im Bereich der Keimwurzel die Keimung auslöst. Beim Rapssamen, der kein Endosperm und eine nur sehr dünne Testa besitzt, ist die Lockerung der Zellwände des Embryos der entscheidene Schritt, der die Keimung des gequollenen Samens ermöglicht.

---

[5] *Brassica napus* L. (Brassicaceae), → Experiment 1.12.

In Experiment 10.7 wurde dargelegt, daß die mechanische Triebkraft eines wachsenden Gewebes durch das *Wachstumspotential* charakterisiert werden kann. Dieses Konzept (und die in Abb. 40 dargestellte Methode zur Messung dieser physiologischen Größe) kann auch auf den Keimungsprozeß angewendet werden. Man legt die Samen unter standardisierten Bedingungen in einer abgestuften Serie von osmotischen Medien zur Keimung aus und bestimmt dasjenige Wasserpotential des Mediums ($\psi_a = -\pi_a$), das gerade 50% Keimung (als stabilen Endwert) in der Samenpopulation zuläßt. Dieser Wert charakterisiert die osmomechanische Gleichgewichtslage zwischen der Tendenz des Embryos, unter Wasseraufnahme die Hüllstrukturen zu sprengen und der Tendenz des Mediums, die Embryozellen durch Wasserentzug an der Expansion zu hindern. Das für die Einstellung dieses kritischen Gleichgewichts notwendige Wasserpotential repräsentiert das *Wachstumspotentials* der Samen. Da hier nicht das *Wachstum* im engeren Sinn (Zunahme des Volumens oder der Frischmasse), sondern die *Keimung* als Kriterium zur Festlegung der Gleichgewichtslage dient, bezeichnet man dieses Potential als *Keimungspotential*. Diese Größe ist also ein leicht zu bestimmendes, quantitatives Maß für den Druck, der von keimenden Embryonen entwickelt werden kann, um den mechanischen Widerstand der einengenden Hüllstrukturen zu brechen. Das *Keimungspotential* darf nicht mit dem in den Samen herrschenden *Wasserpotential* verwechselt werden (das sich bei guter Wasserpermeabilität der Samen stets nur wenig unter dem Wasserpotential des Mediums einstellen dürfte).

Als Osmoticum verwendet man bei Keimungsexperimenten in der Regel hochmolekulares Polyethylenglycol (z. B. PEG 6000), eine chemisch stabile, biologisch inerte Substanz, welche im Gegensatz zu Mannit nicht in den Zellwandraum des inkubierten Gewebes eindringt. Dieses Osmoticum wird von Mikroorganismen nur sehr langsam angegriffen und kann daher auch bei Langzeitinkubationen unter nicht-sterilen Bedingungen verwendet werden. Das Wasserpotential von osmotischen Standardlösungen kann sich durch Verdunstung von Wasser erheblich ändern; daher sind die Versuche in luftdicht verschlossenen Gefäßen durchzuführen.

Literatur

Schopfer P, Plachy C (1985) Control of seed germination by abscisic acid. III. Effect of embryo growth potential (minimum turgor pressure) and growth coefficient (cell wall extensibility) in *Brassica napus* L. Plant Physiol 77: 676–686

Material und Geräte

1. Samen von *Brassica napus* (Winterraps, frische Ernte; beschädigte, kleine und mißgebildete Samen entfernen.)

2. Inkubationsmedien: Dest. Wasser mit PEG 6000 auf π = 0/2/4/6/8/10/12/14/16/18/ 20 bar einstellen → Tabelle 4, S. 186. Gut verschlossen und gekühlt wochenlang haltbar.
3. Petrischalen (9 cm, Plastik) mit Filterpapiereinlagen, flexible Verschlußfolie (z. B. Parafilm), Konstantraum (25 °C, Licht oder Dunkelheit).

Durchführung (Grundexperiment)

Je 25 Samen in einer Schale auf 3 Lagen Filterpapier und 8–10 ml Lösung auslegen (die Samen sollen gut benetzt sein, aber nicht schwimmen). Schalen durch Umwickeln mit einem Streifen Folie luftdicht abschließen und bei Standardtemperatur (25 °C) aufstellen. Für jeden π-Wert werden 3 Schalen angesetzt.

Auswertung

Die Anzahl der gekeimten Samen pro Schale wird nach 1/2/3/4/5 d ausgezählt und in eine Tabelle eingetragen (Keimkriterium: Die Keimwurzel tritt aus der Testa aus und ist länger als 2 mm.) Der endgültige Keimprozentsatz (der z. B. nach 3 d erreicht wird) wird als Funktion von ψ_a dargestellt und daraus durch Interpolation für 50% Keimung das Keimungspotential (als Mittelwert der Samenpopulation) bestimmt.

Probleme (weiterführende Experimente)

1. Wie wird die *Intensität* der Keimung („Keimgeschwindigkeit") durch ψ_a beeinflußt? (Messung der Keimkinetik in 3-h-Intervallen.)
2. Welchen Einfluß hat das keimungshemmende Hormon *Abscisinsäure* auf das Keimungspotential? (z. B. Konzentrationsreihe mit 0/1/2/4/8/16/ 32 µmol · l^{-1} Abscisinsäure; → Experiment 11.4.)
3. Bei den Samen von Cucurbitaceen (Kürbis, Gurke, Zuccini) kann man (nach kurzer Einweichung in Wasser) die äußere (harte) Samenschale und die innere Samenschale (ein dünnes Häutchen) mit Hilfe eines Skalpells und einer sehr feinen Pinzette entfernen, ohne den Embryo zu beschädigen. (→ Experiment 9.12). An diesen Objekten läßt sich der Beitrag dieser *Hüllstrukturen* zum mechanischen Widerstand untersuchen, den der keimende Embryo im intakten Samen überwinden muß. Wie hoch ist das Keimungspotential des nackten Embryos (bzw. des nur von der inneren Samenschale umgebenen Embryos) im Vergleich zum intakten Samen? (Keimansätze im Dunkeln durchführen, da die Keimung durch Licht häufig gehemmt wird.)

11.9 (A) Lebensfähigkeit und Keimfähigkeit von Pollenkörnern der Nachtkerze [6]

Pollenkörner enthalten den rudimentären *männlichen Gametophyten* der höheren Pflanzen (Spermatophyten). Ihr Protoplast geht aus einer haploiden Mikrospore hervor und umschließt, neben dem vegetativen Kern, eine *generative Zelle*. Diese teilt sich (meist erst im Pollenschlauch) in zwei *Spermazellen*, deren Kerne nach dem Eindringen in den Embryosack der Samenanlage die für die Angiospermen charakteristische „doppelte Befruchtung" durchführen. Reife Pollenkörner sind von einer zweischichtigen Wand (*Sporoderm*) umgeben. Die feste Außenschicht (*Exine*) besitzt charakteristische, häufig sehr bizarr gestaltete Oberflächenstrukturen. Durch Inkrustation mit *Sporopollenin* (lipophiles, phenolhaltiges Polymer, dessen chemische Struktur noch nicht genau bekannt ist) erhält die Exine eine sehr hohe mechanische und chemische Widerstandsfähigkeit. Die Innenschicht (*Intine*) ist eine relativ leicht dehnbare, pektinreiche Zellwand. Die Pollenkeimung erfolgt durch Austritt des Pollenschlauchs durch eine vorgeformte Bruchstelle („Keimpore") des Sporoderms unter Neubildung einer Pollenschlauchwand.

Unter natürlichen Bedingungen büßen freigesetzte Pollenkörner ihre Keimfähigkeit meist sehr rasch ein. Dieser Alterungsprozeß (je nach Art einige Minuten bis einen Tag) wird vor allem durch Austrocknung (Wasserstreß) beschleunigt. Kurz nach dem Aufplatzen der Antheren besitzen die Pollen einen relativen Wassergehalt von 40–60%. Die Grenze der Austrocknungstoleranz liegt im Bereich von 20–30% Wassergehalt. Offenbar werden bei stärkerer Dehydratisierung des Plasmas vor allem Biomembranen irreversibel geschädigt. Auch die Temperatur spielt für die Lebensdauer der Pollen eine große Rolle. Die *Streßresistenz* von Pollen ist naturgemäß ein entscheidender Faktor für die Verbreitungskapazität einer Art. Bei Kürbis konnte gezeigt werden, daß durch Wasserstreß geschädigter Pollen zwar noch die Fruchtentwicklung, jedoch nicht mehr die Samenbildung auslösen kann und daher parthenokarpe Früchte liefert. Die Ermittlung der Lagerfähigkeit von Pollen in voll vitalem Zustand ist eine wichtige Voraussetzung für die Anlage von Genbanken zu züchterischen Zwecken.

---

[6] *Oenothera biennis* (Oenotheraceae); Zierpflanze aus Nordamerika, häufig verwildert, z. B. an Eisenbahndämmen, Blütezeit Juni–August. (Für diesen Versuch eignen sich auch Pollen vieler anderer Pflanzen, z. B. von *Impatiens, Zea, Helianthus, Nicotiana, Vicia, Cucumis, Lilium. Oenothera*-Arten besitzen sehr große Pollenschläuche, welche bereits mit dem bloßen Auge sichtbar sind.)

Die *Pollenkeimung* auf der Narbe erfolgt meist als Resultat einer komplexen Wechselwirkung zwischen Pollenkorn und Narbenoberfläche, wobei die Narbe neben einem geeigneten osmotischen Milieu für die Hydratisierung der Pollen auch durch chemische Faktoren in den Keimprozeß eingreifen kann (z. B. durch Hemmfaktoren beim Vorliegen von genetischer Inkompatibilität). Die Pollen vieler Pflanzen können jedoch auch in vitro auf einem relativ einfachen Medium zur Keimung gebracht werden, so daß ihre Keimfähigkeit unabhängig vom Einfluß der Narbe studiert werden kann. Neben einigen Ionen, welche sich als günstig für die Keimung erwiesen haben, enthält dieses Medium lediglich Saccharose. Da der Turgor des Protoplasten als „treibende Kraft" für die Keimung eine entscheidende Rolle spielt, ist die Einhaltung eines günstigen osmotischen Potentials im Keimmedium wichtig und muß gegebenenfalls durch Variation der Saccharosekonzentration empirisch ermittelt werden (zu hohe Konzentration verhindert die Ausbildung des für die Keimung kritischen Turgordrucks; zu niedrige Konzentration führt zum Platzen der Pollenkörner). Die optimale Saccharosekonzentration liegt z. B. bei *Oenothera* im Bereich von $0,6 \text{ mol} \cdot l^{-1}$, bei *Lilium* im Bereich von $0,3 \text{ mol} \cdot l^{-1}$.

Außer durch die direkte experimentelle Prüfung der in-vitro-Keimfähigkeit kann die Lebensfähigkeit von Pollen auch mit einem einfachen *Vitalitätstest* untersucht werden. Der (nicht fluoreszierende) Ester *Fluoreszeindiacetat* wird nur von physiologisch intakten Pollenkörnern rasch durch die Plasmamembran aufgenommen und durch cytoplasmatische Esterasen gespalten. Die Freisetzung und Akkumulation von *Fluoreszein,* das durch die intakte Plasmamembran nicht austreten kann, führt zur Fluoreszenz dieser Pollenkörner, welche fluoreszenzmikroskopisch festgestellt werden kann. Ausschlaggebend für einen positiven Test ist die physiologische Intaktheit der Plasmamembran, welche ihrerseits mit der Lebensfähigkeit der Pollen korreliert ist. Dieser Fluoreszenztest, der z. B. auch bei Protoplasten angewendet werden kann (→ Experiment 3.2), hat gegenüber anderen Vitalfärbungen den Vorteil, daß er auch bei Pollen mit stark pigmentierter Exine funktioniert.

Literatur

Barnabas B (1985) Effect of water loss on germination ability of maize (*Zea mays* L.) pollen. Ann Bot 55: 201–204

Gay G, Kerhoas C, Dumas C (1987) Quality of a stress-sensitive *Cucurbita pepo* L. pollen. Planta 171: 82–87

Kerhoas C, Gay G, Dumas C (1987) A multidisciplinary approach to the study of the plasma membrane of *Zea mays* pollen during controlled dehydration. Planta 171: 1–10

A. Cytologischer Test der Lebensfähigkeit

Material und Geräte

1. Frisch geernteter *Oenothera*-Pollen (Die Blüten der Nachtkerze öffnen sich innerhalb weniger Sekunden beim Einsetzen der Dämmerung. Pollen innerhalb der nächsten 24 h von den geöffneten Antheren abstreifen und in einem geschlossenen Gläschen aufbewahren.)
2. Fluoreszeindiacetat-Stammlösung (1 mmol · l^{-1}, in Aceton lösen)
3. Testlösung: 20 µl Fluoreszeindiacetat-Stammlösung mit 20 ml Saccharose-Lösung (200 g · l^{-1}) mischen.
4. Fluoreszenzmikroskop mit Anregungsfilter 420–490 nm/Sperrfilter 510 nm (50–100 ×), Objektträger, Deckgläser, Haemacytometer (THOMA-Zählkammer).

Durchführung[7] (Grundexperiment)

1. Eine kleine Probe der Pollen wird auf einem Objektträger in einem Tropfen Testlösung suspendiert und mit einem Deckglas bedeckt.
2. Nach 15–30 min wird die Probe im Mikroskop bei normalem Durchlicht bzw. im kurzwelligen Anregungslicht (+Sperrfilter) betrachtet. Lebensfähige Pollen geben sich durch eine intensive gelbgrüne Fluoreszenz zu erkennen. (Die häufig beobachtete Eigenfluoreszenz der Pollenwand geht auf Bestandteile der Exine zurück.) Durch Wiederholung des Tests in einer Zählkammer läßt sich der Prozentsatz lebensfähiger Pollenkörner quantitativ bestimmen.

B. Test der Keimfähigkeit

Material und Geräte

1. Frisch geerntete Pollenkörner (wie bei A)
2. Testagarplatten: 1 mmol · l^{-1} H$_3$BO$_3$, 1 mmol · l^{-1} Ca(NO$_3$)$_2$, 0,6 mol · l^{-1} Saccharose, 5 g · l^{-1} Agar bis zum Lösen des Agars erhitzen (Wasserbad) und als 1–2 mm dicke Schicht in Plastik-Petrischalen ausgießen.
3. Mikroskop (50–100 ×), Haemacytometer (THOMA-Zählkammer).

Durchführung[8] (Grundexperiment)

1. Eine kleine Probe der Pollen wird auf einer Testplatte mit Hilfe eines Spatels ausgestrichen (keine Klumpen, nicht zu dicht!).
2. Die verschlossenen Testplatten werden bei 20–25 °C aufgestellt und in 15-min-Abständen mikroskopisch auf gekeimte Pollenkörner untersucht.

---

[7] Nach Heslop-Harrison J, Heslop-Harrison Y (1970) Stain Technology 45: 115–120.
[8] Nach Heslop-Harrison J, Heslop-Harrison Y (1985) J Cell Sci 73: 135–157.

3. Zur quantitativen Auswertung bestimmt man den Prozentsatz gekeimter Pollenkörner nach einem geeigneten Zeitraum in einer Zählkammer (bevor das Bild durch die auswachsenden Pollenschläuche zu unübersichtlich wird, z. B. nach 1 h).

Anmerkungen: Die *Wachstumsintensität* der Pollenschläuche läßt sich (an gerade wachsenden Exemplaren) mit Hilfe eines Okularmikrometers und einer Stoppuhr messen. – In den Pollenschläuchen kann man eine intensive, aufwärts und abwärts gerichtete *Plasmaströmung* beobachten: Zellorganellen (vor allem Mitochondrien) werden auf cytoplasmatischen „Straßen" (Aktin-haltige Mikrofilamente) durch die Zelle transportiert. Die Geschwindigkeit dieses Transports läßt sich durch Verfolgung eines markanten Partikels entlang der Mikrometerskala messen.

Probleme (weiterführende Experimente)

1. Wie hängt die Pollenkeimung (und das Pollenschlauchwachstum) bei *Oenothera* (*Impatiens, Zea, Helianthus, Nicotiana, Cucumis, Lilium*) von der *Saccharosekonzentration* des Testmediums ab (Bestimmung der optimalen osmotischen Bedingungen für die Keimung)? (Keimtests bei verschiedenen Saccharosekonzentrationen, z. B. bei 0,3/0,4/0,5/0,6/0,7 mol · l^{-1}, durchführen.)
2. Wie unterscheiden sich operationale *Lebensfähigkeit* und *Keimfähigkeit* bei den verschiedenen Pollenproben?
3. Welche Wirkung hat eine *Dehydratisierung* der Pollen (Wasserstreß) auf Lebens- und Keimfähigkeit? (Pollen ausgebreitet an der Luft für 1/2/3/4 ... h trocknen lassen und anschließend testen. Für eine genaue Erfassung der Dehydratisierung muß der Abfall des relativen Wassergehalts durch Bestimmung der Frisch- und Trockenmasse ermittelt werden; → Experiment 1.4.)
4. Können Pollen bei *niedriger Temperatur* (+5 °C) oder *tiefgefroren* (−20 °C) lebens- und keimfähig gelagert werden? (Hinweis: Es ist zu erwarten, daß eine erfolgreiche Lagerung unter dem Gefrierpunkt vom Wassergehalt der Pollen abhängt.)

12. Seneszenz

Vorbemerkungen

Das natürliche Absterben von Pflanzen oder einzelnen Pflanzenorganen ist nicht einfach ein irreversibler Alterungsprozeß, der auf eine zeitabhängige Abnützung von Zellstrukturen, Membranen oder Makromolekülen zurückgeführt werden kann. Pflanzliche Zellen sind vielmehr von Natur aus unsterblich; ihr Tod zu einem bestimmten Zeitpunkt der Ontogenie muß daher im Rahmen eines präzis gesteuerten Absterbeprozesses von der Pflanze aktiv herbeigeführt werden. Diesen Prozeß nennt man *Seneszenz*. Die Vorgänge bei der Seneszenz sind auf der deskriptiven Ebene relativ gut bekannt. In aller Regel beobachtet man als erstes biochemisches Phänomen eine verstärkte Synthese von *hydrolytischen Enzymen* (z. B. Proteinase, Glucosidase, RNase), häufig begleitet von einem *Atmungsanstieg*. Die Enzyme bauen anschließend alle Makromoleküle zu transportierbaren Bruchstücken (z. B. Aminosäuren) ab, welche aus dem seneszierenden Organ abgezogen werden. Der Hauptort dieser *Autolyse* ist die *Zellvakuole,* welche daher auch als „Friedhof der Zelle" bezeichnet wird.

Die *Steuerung* der Seneszenz ist bis heute noch weitgehend ungeklärt. Man weiß aus zahlreichen Untersuchungen, daß die Seneszenz von vielen verschiedenen inneren und äußeren Faktoren abhängen kann. Es gibt daher auch eine große Zahl von experimentellen Möglichkeiten, die Seneszenz zu fördern oder zu hemmen. In vielen Fällen lassen sich Alterungsprozesse – die noch nicht allzuweit fortgeschritten sind – durch Entfernung der seneszenzauslösenden Faktoren wieder rückgängig machen. Dieses als *Rejuvenation* bezeichnete Phänomen zeigt, daß die Seneszenz der Zelle ein im Prinzip reversibler, von außen steuerbarer Vorgang ist. Auch für das programmierte Altern tierischer Organe oder ganzer Organismen dürfte ähnliches gelten. Da jedoch Tiere auch in diesem Zusammenhang sehr viel weniger leicht experimentell zugänglich sind, bietet es sich an, die Steuerungsmechanismen der Seneszenz zunächst an Pflanzen aufzuklären.

Literatur

Leshem YY, Halevy AH, Frenkel C (1986) Processes and control of plant senescence. Elsevier, Amsterdam

Thomson WW, Nothnagel EA, Huffaker RC (1987) Plant senescence: Its biochemistry and physiology. Amer Soc Plant Physiol, Rockville

Woolhouse HW, Jenkins GI (1983) Physiological responses, metabolic changes and regulation during leaf senescence. In: Dale JE, Milthorpe FL (eds) The growth and functioning of leaves. Cambridge University Press, Cambridge, pp 449–487

Demonstrationsexperimente

12.1 (D) Blattseneszenz als intraorganismisch gesteuerter Entwicklungsprozeß bei der Gartenbohne [1]

Zur Demonstration der Grundphänomene der Blattseneszenz eignen sich Bohnenpflanzen besonders gut. Auf einem ionenfreien Substrat ausgepflanzt, sind die Pflanzen geschlossene Systeme für alle Nährelemente, welche normalerweise durch die Wurzel aus der Bodenlösung aufgenommen werden. Die im Samen vorhandenen, begrenzten Vorräte an Stickstoff, Schwefel, Phosphor usw. reichen nach einiger Zeit nicht mehr aus, um alle nachwachsenden Blätter ausreichend zu versorgen. Diese Mangelsituation führt dazu, daß in den ältesten (untersten) Blättern Seneszenz eingeleitet wird. Die durch den kontrollierten Abbau dort freigesetzten Nährelemente (vor allem Stickstoff in Form von Aminosäuren) werden in die jüngeren (oberen) Blätter verschoben, um deren Wachstum zu ermöglichen.

Nach einer kurzen Periode photosynthetischer Aktivität werden auch diese Blätter von der Seneszenz erfaßt und die wachstumsbegrenzenden Nährelemente weiter nach oben verlagert. Auf diese Weise kann die Pflanze auch mit einem geringen, konstanten Vorrat an Nährelementen in ihrem oberen Bereich noch weiterwachsen. Nach einigen Wochen entstehen Blüten und Früchte, welche schließlich als letzte Station alle Nährelemente an sich ziehen, während alle Blätter seneszent werden und absterben.

Die Abhängigkeit der Seneszenz tiefer liegender Blätter vom Nährstoffbedarf der jungen, wachsenden Sproßteile läßt sich eindrucksvoll durch Am-

---

[1] *Phaseolus vulgaris* (Fabaceae), → Experiment 4.9.

putationsexperimente demonstrieren: Die Entfernung des apikalen „sink" für Nährelemente verhindert (oder verzögert) die Seneszenz. Auf diese Weise können Blätter theoretisch beliebig lange künstlich am Leben erhalten werden.

Als einfach zu erkennendes Merkmal für Seneszenz verwendet man häufig das Ausbleichen des Chlorophylls (Vergilbung). Dieses Phänomen ist ein äußeres Anzeichen für den Abbau der Chloroplasten, welche den Hauptanteil des zellulären Proteinstickstoffs enthalten. Feinstrukturelle und biochemische Untersuchungen zeigen, daß neben den Chloroplasten nach und nach auch alle anderen protoplasmatischen Zellbestandteile abgebaut werden, so daß schließlich nur noch das Gerüst der Zellwände im toten Gewebe („Stroh") übrig bleibt.

Durchführung

Samen von *Phaseolus vulgaris* werden auf Vermiculit (mit dest. Wasser angefeuchtet) zur Keimung gebracht und im hellen Licht bei 20–25 °C aufgestellt. Es werden 7 Gruppen (Pflanzschalen) mit je 10 gleich entwickelten Pflanzen benötigt. Bei Gruppen von je 10 Pflanzen entfernt man nach 4/5/6/7/8/9 Wochen das Epikotyl oberhalb der Primärblätter und dann regelmäßig alle in der Folgezeit austreibenden Seitenknospen[2]. Eine weitere Gruppe von Pflanzen bleibt intakt; hier setzt die Seneszenz (Vergilbung) der Primärblätter nach 5–6 Wochen ein. Der Vergleich mit den amputierten Pflanzen veranschaulicht die Seneszenzverhinderung durch Entfernung des Apex. Bis zu welchem Seneszenzstadium kann dieser Effekt noch wirksam werden? Kann die Seneszenz der Primärblätter (im frühen Stadium) durch die Amputation rückgängig gemacht werden? Welchen Einfluß hat die Zugabe einer Nährlösung (→ S. 440) oder die Induktion der Wurzelknöllchenbildung (→ Experiment 6.2)?

Anmerkung: In ähnlicher Weise läßt sich durch Amputation des Sprosses *unter den Primärblättern* die Seneszenzverhinderung bei den *Kotyledonen* demonstrieren, welche unter diesen Bedingungen ergrünen und Laubblattfunktionen übernehmen.

---

[2] Aufhebung der Apikaldominanz (→ Experiment 10.5).

12.2 (D) Lokale Seneszenzverhinderung und Rejuvenation von Bohnenblättern [3] durch Cytokinine

Die in Experiment 12.5 genauer studierte seneszenzhemmende Wirkung von Cytokininen läßt sich auch in einem einfachen Demonstrationsexperiment veranschaulichen. *Benzyladenin* (oder *Kinetin*), in hoher Konzentration lokal auf ein seneszenzbereites Blatt einer intakten Pflanze aufgebracht, verhindert an dieser Stelle die Alterung. Selbst nach dem Beginn des Chlorophyllabbaus kann dieser Effekt noch beobachtet werden. An geeigneten Stadien kann man zeigen, daß das Cytokinin sogar eine Umkehr der Seneszenz bewirkt, d. h. die behandelten Blattbezirke werden wieder „verjüngt", äußerlich sichtbar an einer erneut einsetzenden Chlorophyllakkumulation.

Durchführung [4]

Pflanzen von *Phaseolus vulgaris* werden auf nährstoffarmer Erde oder auf Vermiculit (plus 1 : 4 verdünnte HOAGLANDsche Nährlösung, →S. 440) im Licht angezogen (20–25 °C, z. B. im Gewächshaus). Beginnend 4 Wochen nach der Aussaat wird eines der beiden Primärblätter bei einer Gruppe von 5 Pflanzen wöchentlich mit Hilfe eines feinen Pinsels auf der Unterseite mit Benzyladenin-Lösung (100 µmol · l^{-1}; mit einer Spur Netzmittel, z. B. 0,01 Vol.% Tween 80) bestrichen; das andere wird entsprechend mit dest. Wasser behandelt (+ Netzmittel, Kontrolle). Die Behandlung kann variiert werden, indem man entweder das ganze Blatt, nur die proximale Hälfte, nur die distale Hälfte oder nur einen kleinen (mit Tuschepunkten markierten) Blattbezirk behandelt. Als weitere Kontrolle läßt man eine Gruppe von 10 Pflanzen völlig unbehandelt. Bei 5 dieser Pflanzen bestreicht man ein Primärblatt mit Benzyladenin-Lösung, nachdem sie durch die einsetzende Seneszenz eine hellgrüne Verfärbung zeigen (nach etwa 6 Wochen). Das Ausbleichen des Chlorophylls bzw. die Hemmung (oder Revertierung) dieses Seneszenzmerkmals dient als physiologische Indikatorreaktion für die Wirksamkeit der Hormonbehandlung. Die Effekte sind 2–3 Wochen nach Behandlungsbeginn deutlich sichtbar.

---

[3] *Phaseolus vulgaris* (Fabaceae), → Experiment 4.9.
[4] Nach Adedipe NO, Fletcher RA (1971) Can J Bot 49: 59–61 (verändert).

12.3 (D) Seneszenz der Blütenkronröhre bei der Prunkwinde[5] und ihre Steuerung durch Ethylen

Die Blütenkronröhre (Korolle) der Prunkwinde öffnet sich am frühen Morgen, bleibt etwa 8 h geöffnet und stirbt anschließend rasch ab. Dieses Objekt durchläuft innerhalb weniger Stunden alle Stadien der Seneszenz und ist daher zum Studium der physiologischen und biochemischen Ursachen dieses „Alterungsprozesses" besonders gut geeignet. Das Einsetzen der Seneszenz macht sich am beginnenden Ausbleichen der Blütenfarbstoffe (Anthocyane) und an einem Einrollen der zuvor nach auswärts gestreckten Blütenrippen bemerkbar. Diese Reaktion wird durch einen Turgorabfall als Folge erhöhter Membranpermeabilität für Ionen in bestimmten Zellen der Rippen bewirkt. Gleichzeitig tritt ein starker Anstieg der *Ethylenproduktion* auf. In den Zellen der Korolle setzt zu diesem Zeitpunkt die Synthese von hydrolytischen Enzymen (z. B. RNase, DNase und Glucosidase) ein, welche anschließend das Protoplasma einschließlich der Zellorganellen abbauen.

Eine Behandlung von Blütenknospen mit Ethylen einen Tag vor dem Aufblühen führt – nach dem Aufblühen – zur vorzeitigen Einleitung der Seneszenz. Zwei oder mehr Tage vor dem Aufblühen ist Ethylen hingegen noch wirkungslos; die Blüten entwickeln offenbar erst kurz vor dem Aufblühen die Kompetenz für das Hormon. Nach dem Einsetzen der Kompetenz kann die Ethylenwirkung mit Hemmstoffen der Ethylenbiosynthese verzögert, aber nicht unterbunden werden. Da unter diesen Bedingungen kein Ethylen synthetisiert wird, muß man den Schluß ziehen, daß das Hormon nicht der eigentliche Auslöser der Seneszenz ist, sondern lediglich diesen Prozeß verstärken kann, nachdem er durch einen anderen (noch unbekannten) Faktor induziert wurde. Das Ethylen scheint in diesem System „autokatalytisch" seine eigene Synthese zu fördern und damit eine beschleunigte, synchrone Umsteuerung der Entwicklung in der gesamten Kronröhre zu bewirken.

Die Seneszenz der *Ipomoea*-Korolle und die beschleunigende Wirkung von Ethylen läßt sich an abgeschnittenen Blüten im Labor verfolgen. Anstelle ganzer Blüten kann man auch mit Segmenten (Rippen) arbeiten, welche aus ungeöffneten Korollen isoliert werden können.

---

[5] *Ipomoea tricolor* (oder *I. purpurea*) (Convolvulaceae), eine einjährige Windepflanze, die wegen ihrer ornamentalen Blüten als Zierpflanze verbreitet ist. Als *Kurztagpflanze* auch für Photoperiodismus-Experimente oft verwendet (→ Experiment 17.4).

Literatur

Kende H, Hanson AD (1976) Relationship between ethylene evolution and senescence in morning-glory flower tissue. Plant Physiol 57: 523–527

Matile P, Winkenbach F (1971) Function of lysosomes and lysosomal enzymes in the senescing corolla of morning glory (*Ipomoea purpurea*). J Exp Bot 22: 759–771

Durchführung

Ipomoea-Pflanzen lassen sich im Freiland (Blütezeit Spätsommer) oder im Gewächshaus (bei 12–14 h Licht pro Tag) ohne Schwierigkeiten aus Samen anziehen. Von blühenden Pflanzen isoliert man Blütenknospen (+2 cm Stiel) einen Tag vor dem Aufblühen. Dieses Knospenstadium läßt sich anhand der Länge (etwa 5 cm) und der lockeren Faltung der (chlorophyllfreien) Korolle leicht identifizieren. (Zwei Tage vor dem Aufblühen sind die Knospen nur etwa 3 cm lang und besitzen eine eng gefaltete, noch deutlich grün gefärbte Korolle.) Die Knospen werden einzeln in kleine Gläschen mit Wasser gestellt und bis zum nächsten Tag im Dunkeln bei 20–25 °C aufbewahrt. Am nächsten Morgen (etwa um 7 Uhr) holt man die Blüten ins Licht und verfolgt Aufblühen und Seneszenz während der folgenden 12 h anhand der Farbänderung und der Aus- bzw. Einkrümmung der Korollenrippen. Zur Demonstration der Ethylenwirkung stellt man einige Blütenknospen in ein luftdicht verschließbares Gefäß (Exsiccator, 1–2 l) und injiziert mit einer Spritze Ethylen durch ein Gummi-Diaphragma, so daß die Konzentration im Gefäß 10 µl · l^{-1}) erreicht. Dieselbe Wirkung wird erreicht, wenn man die Knospen auf Wasser mit Ethrel[6] (verdünnt auf 0,5 ml · l^{-1}) umsetzt. Auch ein angeschnittener (oder fauliger) Apfel erzeugt in einem geschlossenen Gefäß wirksame Mengen an Ethylen. Zusatz von Hg(ClO$_4$)$_2$-Lösung (0,2 mol · l^{-1}, 10 ml in einer Petrischale am Boden des Exsiccators aufstellen; →Anmerkungen zu Experiment 9.8) absorbiert Ethylen und kann daher zur Eliminierung des von den Blüten produzierten Hormons (Verzögerung der Seneszenz) verwendet werden.

Alternativ kann man diese Experimente auch an isolierten Korollen-Segmenten durchführen, welche man aus Blüten einen Tag vor dem Aufblühen gewinnen kann. Man schneidet aus der gefalteten Korolle ein 20 mm langes Stück 2 mm unter der Spitze hieraus, entfaltet es vorsichtig und isoliert einzelne Rippen (+2 mm Zwischengewebe auf beiden Seiten). In der Petrischale auf KCl-Lösung (5 mmol · l^{-1}) schwimmend zeigen diese Segmente die gleiche Aus- bzw. Einkrümmung wie die intakten Korollen.

---

[6] Handelspräparat zur Förderung der Fruchtreife, das durch Freisetzung von Ethylen wirkt (→ Experiment 9.8).

Anmerkung: Durch Einstellen in Ethrel-Lösung (0,5 ml · l^{-1}) kann man viele Schnittblumen (z. B. Nelken) innerhalb von wenigen Stunden zum „Verwelken" bringen.

Analytische Experimente

12.4 (A) Einfluß der Stickstoffversorgung auf die Seneszenz der Kotyledonen junger Senfpflanzen [7]

Die Kotyledonen von Senf und den meisten anderen epigäisch keimenden Dikotylen besitzen eine Doppelfunktion: Sie werden zunächst während der Embryonalentwicklung als *Speicherorgane* angelegt, jedoch bald nach der Keimung (lichtabhängig) zu photosynthetisch aktiven *Laubblättern* umdifferenziert (→ Experiment 13.1). Als älteste Blätter der heranwachsenden Pflanze unterliegen sie als erste der Seneszenz (→ Experiment 12.1). Der Zeitpunkt, an dem die Seneszenz der Kotyledonen einsetzt, ist nicht genau festgelegt, sondern hängt von verschiedenen inneren und äußeren Bedingungen ab. Im folgenden Experiment soll die Bedeutung der *Stickstoffernährung* in diesem Zusammenhang genauer untersucht werden. In ähnlicher Weise kann man an diesem Objekt auch die Wirkung anderer seneszenzauslösender Umweltfaktoren (z. B. hohe Temperatur, Lichtmangel, Wassermangel) studieren.

Material und Geräte

1. Samen von *Sinapis alba*[8] (homogenes, gleichmäßig keimendes Saatgut)
2. N-freie Nährlösung (10 l): 2,5 mol · l^{-1} K$_2$SO$_4$; 2 mmol · l^{-1} MgSO$_4$; 1 mmol · l^{-1} KH$_2$PO$_4$; 1 ml · l^{-1} Mikroelemente-Lösung nach HOAGLAND (einschließlich Fe, → S. 440); mit KOH auf pH 5,8 einstellen.
3. Ca(NO$_3$)$_2$-Lösung (1 mol · l^{-1})
4. CaCl$_2$-Lösung (1 mol · l^{-1})
5. Extraktionsmedium und Geräte zur Bestimmung von Chlorophyll in Rohextrakten (→ Experiment 1.11, Teil A)
6. Plastikschalen (500 ml, mit Glasplatte abgedeckt), Vermiculit, Lichtfeld (10–20 klx, 25 °C), Tiefkühltruhe (−20 °C).

---

[7] Weißer Senf, *Sinapis alba* (Brassicaceae), → Experiment 2.6.
[8] Saatgut vom Autor erhältlich.

Durchführung (Grundexperiment)

1. *Ansetzen der Nährlösungen:* Lösungen mit 0/1/2/3/4/5/6/10 mmol $\cdot$ l^{-1} Nitrat werden hergestellt, indem man 0/0,5/1,0/1,5/2,0/2,5/3,0/5,0 ml Ca(NO$_3$)$_2$-Lösung mit CaCl$_2$-Lösung auf 5,0 ml ergänzt und mit N-freier Nährlösung auf 1 l auffüllt.
2. *Aussaat:* 32 Pflanzenschalen werden mit 400 ml Vermiculit gefüllt und, nach Flachdrücken der Oberfläche, mit 250 ml Nährlösung versetzt (4 Parallelansätze von jeder Nitratkonzentration). Dann je 30 Samen gleichmäßig auf der Oberfläche verteilen und die abgedeckten Schalen bei 25 °C im Dauerlicht (oder Langtag, z. B. 16 h Licht/8 h Dunkel) aufstellen. Nach 2 d Glasplatte abnehmen.
3. *Auswertung:* Das Wachstum der Pflanzen und die Grünfärbung der Kotyledonen wird während der nächsten Wochen im Abstand von 3 d registriert und das verdunstete Wasser durch Zugabe von dest. Wasser ersetzt. Nach 14 d werden aus jeder Dose die 5 kleinsten Pflanzen (einschließlich nicht-gekeimter Samen) vorsichtig entfernt. Nachdem in einem oder mehreren der Ansätze eine beginnende Vergilbung der Kotyledonen sichtbar wird (nach 2–3 Wochen), entnimmt man aus jeder Schale eine Zufallsstichprobe von 5 Kotyledonenpaaren zur Bestimmung des Chlorophyllgehalts. Weitere Auswertungen können nach Ablauf von 4/8/12/16 d erfolgen. Die geernteten Kotyledonen können bei −20 °C eingefroren und bis zur Aufarbeitung gesammelt werden. Die Extraktion und photometrische Bestimmung des Chlorophyllgehalts erfolgt wie bei Experiment 1.11, Teil A beschrieben.

Probleme (weiterführende Experimente)

1. Der Abbau von Chlorophyll während der Seneszenz ist ein Indikator für die Degradation der Chloroplasten. Ist dieser Prozeß auch mit einem entsprechenden *Abbau der Carotinoide* verbunden? (Bestimmung des Carotinoidgehalts der Kotyledonen nach der bei Experiment 1.11, Teil A beschriebenen Methode.)
2. Ist die durch Nitratmangel induzierte Seneszenz der Kotyledonen durch nachträgliche Zufuhr von Nitrat *aufzuhalten* oder *rückgängig* zu machen? (Pflanzen mit teilweise oder vollständig vergilbten Kotyledonen mit Ca(NO$_3$)$_2$ versorgen und Änderung des Chlorophyllgehaltes verfolgen.)
4. Ist frühzeitige Seneszenz eine für N-Mangel spezifische Reaktion, oder kann man ähnliche Effekte auch durch *P-Mangel* oder *K-Mangel* erzeugen? (Nährlösung entsprechend modifizieren.)
5. Wie ändert sich der *Proteingehalt* der Kotyledonen während der Seneszenz? (Bestimmung von Gesamtprotein nach der bei Experiment 1.12, Teil A beschriebenen Methode.)

12.5 (A) Steuerung von Seneszenz und Rejuvenation von Roggenblättern [9] durch Cytokinine

Die Seneszenz der Blätter und Blüten krautiger Pflanzen wird durch das Abschneiden der Wurzel stark beschleunigt. Daher „verwelken" z. B. Schnittblumen in der Regel sehr viel rascher als intakte Pflanzen. Die seneszenzhemmende Wirkung der Wurzel kann auf einen hormonellen Einfluß auf die Organe des Sprosses zurückgeführt werden: Die Wurzel produziert *Cytokinin*, welches akropetal in den Sproß transportiert wird und dort z. B. die Seneszenz der Blätter hemmt. An abgeschnittenen Blättern kann diese Wirkung durch exogen zugeführtes Cytokinin erzeugt werden. Man verwendet hierzu meist *Benzyladenin* oder *Kinetin*, zwei synthetisch leicht herzustellende Cytokinine, welche zwar in Pflanzen nicht vorkommen, aber eine sehr ähnliche Wirkung wie natürliche Cytokinine (z. B. *Zeatin*) besitzen (→ Experiment 9.12).

Die Wirkungsweise des Cytokinins als Gegenspieler seneszenzfördernder, organismuseigener Faktoren ist bisher nur unvollkommen bekannt. Nach Cytokininbehandlung kann man, im Vergleich zu seneszierenden Kontrollpflanzen, eine Vielzahl von physiologischen und biochemischen Veränderungen beobachten, welche als Anzeichen für eine allgemeine Stimulation des anabolischen (aufbauenden) Stoffwechsels gedeutet werden können. Besonders auffällig ist die starke Förderung des Aufbaus von funktionsfähigen Chloroplasten (→ Experiment 9.12). Die vielfältigen, durch Cytokinin stimulierten Prozesse gehen mit einer erhöhten Synthese vieler Enzyme und der entsprechenden mRNAs einher. Ähnlich wie bei der phytochromabhängigen Photomorphogenese (→ Kapitel 13) hat man viele Anhaltspunkte dafür, daß eine gesteigerte Genaktivität eine wichtige Rolle für die Ausprägung der Cytokininwirkung spielt. Die auf der Genebene beobachtbaren Effekte müssen jedoch ihrerseits von einer Primärwirkung des Cytokinins verursacht werden, welche derzeit noch völlig ungeklärt ist.

Junge Gramineenkeimlinge eignen sich besonders gut für das Studium der hormongesteuerten Seneszenz. Da die Nährstoffversorgung aus dem Endosperm der Caryopse den Bedarf des wachsenden Sprosses für längere Zeit befriedigen kann, ist die amputierte Pflanze ernährungsmäßig von der Wurzel unabhängig. Da auch die nach Entfernung der Primärwurzel regenerierenden Adventivwurzeln Cytokinin produzieren, müssen diese regelmäßig

---

[9] *Secale cereale* (Poaceae), aus Kleinasien stammende Getreideart, die wegen ihrer hohen Standort- und Klimatoleranz seit der Hallstattzeit (1000 v. Chr.) in Mittel- und Nordeuropa weit verbreitet ist. Roggen wird in aller Regel in der winterannuellen Form („Winterroggen") angebaut.

entfernt werden, um die Abhängigkeit der Restpflanze von exogen zugeführtem Cytokinin zu gewährleisten.

Im folgenden wird der wurzellose Roggenkeimling dazu verwendet, um die Cytokinin-Mangeleffekte bei der Entwicklung des Primärblattes festzustellen und zu prüfen, ob diese Effekte durch exogen zugeführtes Cytokinin (Benzyladenin = BA) aufgehoben werden können. Neben *Wachstumsparametern* (Frischmasse, Trockenmasse, Proteingehalt) werden zwei biochemische Marker der *Chloroplastenentwicklung* (Chlorophyllgehalt und ein Enzym des CALVIN-Cyclus) bestimmt, welche sich als besonders empfindliche Indikatoren für die durch Cytokininmangel ausgelöste Blattseneszenz erwiesen haben.

Literatur

Parthier B (1979) The role of phytohormones (cytokinins) in chloroplast development. Biochem Physiol Pflanzen 174:173–214

Torrey JG (1976) Root hormones and plant growth. Ann Rev Plant Physiol 27: 435–459

Material und Geräte

1. Caryopsen von *Secale cereale* (Winterroggen, rasch und gleichmäßig keimendes Saatgut aus neuester Ernte)
2. NaOCl-Lösung (0,5% wirksames Chlor)
3. Benzyladenin(BA)-Lösung (0,2 mmol · l^{-1})
4. Extraktionsmedium und Geräte zur Bestimmung von Chlorophyll in Rohextrakten (→ Experiment 1.11, Teil A)
5. Reagenzien und Geräte zur Bestimmung von Protein (→ Experiment 1.12, Teil A)
6. Extraktionspuffer und Reagenzien zur Bestimmung der Glycerinaldehydphosphatdehydrogenase(NADP$^+$) (→ Experiment 3.5)
7. Petrischalen (9 cm, Plastik) mit Filterpapiereinlagen, Lichtschrank oder Lichtkammer (etwa 5 klx Weißlicht, 25 °C), feine Schere, Erlenmeyer-Kolben (100 ml, Weithals), Schüttler für 16 Erlenmeyer-Kolben, transparente Plastikdosen mit Filterpapiereinlagen (10 × 10 × 12 cm), Wägegläschen, Feinwaage (±0,1 mg), Trockenschrank (80 °C).

Durchführung [10] (Grundexperiment)

1. *Anzucht der Versuchspflanzen:* 600 Caryopsen von *Secale cereale* werden für 5 min in 100 ml NaOCl-Lösung geschüttelt, zweimal kurz mit 100 ml dest. Wasser gespült und in Petrischalen auf 3 Lagen gut mit dest. Wasser angefeuchtetes Filterpapier ausgelegt (16 Schalen mit je 35 Caryopsen). Ansätze bei 25 °C im Licht zur Keimung aufstellen. Nach 24 h in 8 Schalen

---

[10] Nach Feierabend J (1969) Planta 84:11–29; Feierabend J, De Boer J (1978) Planta 142:75–82 (verändert).

alle auswachsenden Wurzeln mit einer feinen Schere direkt am Korn abschneiden.

2. *Experimentelle Behandlung:* Wenn der Sproß (Koleoptile) eine Länge von etwa 25 mm erreicht hat (nach etwa 48 h), werden aus 4 Schalen je 25 gleich entwickelte, wurzelamputierte Keimlinge entnommen. Wenn nicht bereits vom Primärblatt durchbrochen, werden die Koleoptilspitzen abgeschnitten, ohne das Primärblatt zu beschädigen. Außerdem alle nachgewachsenen Wurzeln entfernen. Je 25 Keimlinge in einen Erlenmeyer-Kolben mit 25 ml BA-Lösung überführen und auf einem Schüttler bei 50 Bewegungen min^{-1} für 3 h inkubieren (*Ansatz 1*). Anschließend Keimlinge auf Zellstofftuch oberflächlich abtrocknen, in Plastikdosen auf 3 Lagen mit dest. Wasser angefeuchtetem Filterpapier auslegen und im Licht bei 25 °C aufstellen. Keimlinge täglich inspizieren und alle nachwachsenden Wurzeln entfernen.

In ähnlicher Weise wird ein Ansatz (4 × 25 Keimlinge) hergestellt, bei dem wurzelamputierte Keimlinge in dest. Wasser geschüttelt werden (*Ansatz 2*). Zwei weitere Ansätze werden mit intakten Keimlingen hergestellt (*Ansatz 3:* mit BA behandelt, *Ansatz 4:* mit dest. Wasser behandelt).

3. Die Messung erfolgt als Endpunktauswertung am 5. d nach der Hormonbehandlung. Hierzu werden die Primärblätter isoliert (vorsichtig aus der Koleoptile herausziehen) und bis zur Analyse (0–2 h) in der Kälte aufbewahrt.

a) *Frisch- und Trockenmasse.* Fünf Blätter werden sofort nach der Isolierung bzw. nach Trocknung bei 80 °C in Wägegläschen überführt und gewogen (→ Experiment 1.4).

b) *Chlorophyllgehalt.* Die Extraktion und Messung des Pigments erfolgt nach der bei Experiment 1.11, Teil A dargestellten Vorschrift unter Verwendung von 5 Blättern.

c) *Aktivität der Glycerinaldehydphosphatdehydrogenase (NADP$^+$).* Die Herstellung eines Enzymrohextraktes (8 ml) aus 15 Blättern und die Bestimmung des Enzyms erfolgt nach der bei Experiment 3.5 beschriebenen Methode.

d) *Lösliches Protein.* In Anteilen von 4 und 2 ml des bei c hergestellten Enzymextraktes wird das Protein durch Zusatz von gleichen Volumina Trichloressigsäure-Lösung (100 g · l^{-1}) gefällt und mit der Biuret-Methode bestimmt, wie bei Experiment 1.12, Teil A beschrieben. Zur Erhöhung der Empfindlichkeit des Tests sollte man jedoch das gefällte Protein direkt in 1 ml Biuret-Reagenz auflösen und in einer Halbmikroküvette (1 cm, 1 ml) messen.

Auswertung

Die Ergebnisse der biochemischen Analysen werden sowohl auf die Einheit *Blatt* (biologische Einheit) als auch auf die physiologischen Einheiten *Frischmasse* und *Trockenmasse* bezogen und die Mittelwerte aus den 4 Parallelen ($\pm$ Schätzung des Standardfehlers) in einer Tabelle vergleichend zusammengestellt.

Probleme (weiterführende Experimente)
(siehe auch Probleme zu Experiment 9.12)

1. Welche Wirkung hat BA auf Enzyme der *Mitochondrien*, (z. B. *Fumarase*) und *Peroxisomen* (z. B. *Glycolatoxidase*)? (Zur Messung dieser Enzymaktivitäten → Experiment 3.5.)
2. Wann setzt der seneszenzverhindernde Effekt des Hormons *während der Entwicklung* des Sprosses ein? (Analyse 0/1/2/3/4/5/6 d nach der Inkubation mit BA.)
3. Wie verläuft die Blattentwicklung, wenn die nach der ersten Amputation *nachwachsenden Wurzeln* an den Pflanzen belassen werden?
4. Welche Wirkung besitzt *Ethylen* (appliziert in Form von *Ethephon*, → Experiment 9.8) auf die Seneszenz in Abwesenheit und Gegenwart von BA?

12.6 (A) Proteinstoffwechsel während der durch Verdunkelung induzierten Seneszenz von Weizenblättern [11]

Die auffälligsten biochemischen Veränderungen in einem seneszierenden Blatt sind, neben dem Verschwinden des Chlorophylls, der Abbau der stickstoffreichen Makromoleküle, insbesondere der *Proteine*. Das ausgewachsene Primärblatt junger Weizenpflanzen ist ein beliebtes Objekt für experimentelle Studien des Proteinstoffwechsels während der Seneszenz, die in diesem System, z. B. durch *Lichtentzug,* ausgelöst werden kann. Der größte Teil des Gesamtproteins des ausgewachsenen Blattes besteht aus Chloroplastenproteinen (vor allem aus dem Enzym *Ribulosebisphosphatcarboxylase*, welches alleine etwa 50% des löslichen Blattproteins ausmacht). Die Hydrolyse dieses Proteins erfolgt in intakten Chloroplasten, d. h. nicht durch eine „Verdauung" ganzer Organellen in der Vakuole.

---

[11] *Triticum aestivum* (Poaceae), → Experiment 1.4.

Der Proteingehalt des Blattes wird durch die Balance zwischen Synthese und Abbau festgelegt. Theoretisch kann also eine Verminderung des Proteingehalts entweder durch eine *Hemmung der Synthese* (bei unverändertem Abbau) oder durch eine *Stimulation des Abbaus* (bei unveränderter Synthese) bewirkt werden. Zur Unterscheidung zwischen diesen beiden Alternativen muß man daher Proteinsynthese und -abbau getrennt messen und nachprüfen, wie die *Raten* dieser Prozesse während der Seneszenz verändert werden. Während die Proteinsynthese relativ einfach anhand des Einbaus radioaktiver Aminosäuren zu bestimmen ist, ergeben sich bei der Messung des Proteinabbaus bei intakten Pflanzen erhebliche technische Probleme (→ Literatur). Das im folgenden beschriebene Experiment beschränkt sich daher auf die Messung des *Proteingehalts* und der *Proteinsynthese;* der Abbau von Protein wird lediglich qualitativ anhand der Akkumulation von Aminosäuren untersucht. Ein Vergleich von Proteinsynthese und Proteingehalt während des Seneszenz erlaubt jedoch auch auf indirektem Weg Rückschlüsse über die Natur des Seneszenz-gesteuerten Prozesses. Als einfach zu messende Vergleichsgröße wird außerdem der Abbau von *Chlorophyll* bestimmt.

Der Gehalt an Aminosäuren läßt sich mit einem colorimetrischen Test bestimmen, der auf der Reaktion von *Ninhydrin* mit α-Amino-Stickstoffverbindungen beruht und zu einem violetten Produkt führt. Es werden alle natürlichen Aminosäuren (außer Prolin und Hydroxyprolin) erfaßt.

Die Messung der Proteinsynthesekapazität erfordert die Zufuhr einer radioaktiv markierten Aminosäure in die Blattzellen. Man verwendet für solche Markierungsexperimente in der Regel die Aminosäure *Leucin* (mit ^{3}H oder ^{14}C markiert), welche von Pflanzenzellen gut aufgenommen und meist nur geringfügig im Grundstoffwechsel metabolisiert wird. Dies ist wichtig, um den Einbau von Radioaktivität in andere Moleküle als Protein möglichst niedrig zu halten. Damit der Einbau von Leucin die Proteinsynthese korrekt wiedergibt, müssen zwei Voraussetzungen erfüllt sein: Erstens muß dafür gesorgt werden, daß die *Aufnahme* der Aminosäure nicht begrenzend ist, und zweitens muß der endogene Leucin-pool, der zur Proteinsynthese dient, mit markiertem Leucin gesättigt sein (spezifische Aktivität des endogenen pools = spezifische Aktivität des angebotenen Leucins). Diese Voraussetzungen werden erfüllt, indem man eine hohe Konzentration von Leucin von außen anbietet, welche eine relativ kleine Menge an radioaktiven Leucin-Molekülen enthält. Eine genaue Analyse zeigt, daß unter den beschriebenen Bedingungen etwa 90% Durchmarkierung des endogenen Leucin-pools erreicht werden kann (→ Literatur).

Da das radioaktiv markierte Leucin praktisch nur in Protein eingebaut wird, kann man auf eine Isolierung des Proteins verzichten und einfach die

Radioaktivität in der makromolekularen Gewebefraktion messen. Eine besonders elegante Methode besteht darin, das unzerstörte Gewebe zur Fällung der Proteine mit Trichloressigsäure zu behandeln und dann zur Entfernung von nicht in Protein eingebauter Radioaktivität durch eine Serie von Waschgängen zu schleusen. Anschließend wird das Material in einem Gewebelöser (Lösungsvermittler) aufgelöst und die hierbei freigesetzte Radioaktivität im Szintillationszähler gemessen (→ Bd. 1: S. 112). Diese Methode läßt sich im Prinzip immer dann einsetzen, wenn der Einbau einer radioaktiven Vorstufe in fällbares Material (z. B. auch von [^{3}H]Uridin in RNA) bestimmt werden soll und die Spezifität des Einbaus ausreichend gewährleistet ist.

Literatur

Lamattina L, Lezica RP, Conde RD (1985) Protein metabolism in senescing leaves. Determination of synthesis and degradation rates and their effects on protein loss. Plant Physiol 77: 587–590

Lamattina L, Anchoverri V, Conde RD, Lezica RP (1987) Quantification of the kinetin effect on protein synthesis and degradation in senescing wheat leaves. Plant Physiol 83: 497–499

Material und Geräte

1. Caryopsen von *Triticum aestivum* (Sommer- oder Winterweizen)
2. HOAGLANDsche Nährlösung (1 : 4 verdünnt, → S. 440)
3. Extraktionsmedium und Geräte zur Bestimmung von Chlorophyll in Rohextrakten (→ Experiment 1.11, Teil A)
4. Reagenzien und Geräte zur Bestimmung von Protein (→ Experiment 1.12, Teil A)
5. Aceton
6. NaOH-Lösung (0,25 mol · l^{-1})
7. Ethanol (80 Vol.%)
8. NaCN-Lösung (10 mmol · l^{-1}, *Vorsicht, Gift!*)
9. Acetatpuffer: 163 g Na-Acetat in 200 ml dest. Wasser lösen, 50 ml Eisessig zusetzen und auf 750 ml auffüllen (pH 5,3–5,4).
10. Acetat/Cyanid-Lösung: 2 ml NaCN-Lösung + 98 ml Acetatpuffer mischen (frisch ansetzen!).
11. Ninhydrin-Lösung: 3 g Ninhydrin in 100 ml Ethylenglycolmonomethylether lösen.
12. Isopropylalkohol (50 Vol.%)
13. Leucin-Standardlösung (500 μmol · l^{-1})
14. [^{3}H]Leucin-Lösung (100 μmol · ml^{-1} L-Leucin + 10 kBq · ml^{-1} L-[3,4^{3}H]Leucin[12])
15. TCA-Lösungen (100 g · l^{-1} und 50 g · l^{-1} Trichloressigsäure; *Vorsicht, Hautkontakt vermeiden!*)
16. Leucin-Lösung (10 mmol · l^{-1})

---

[12] Der unmarkierten Leucin-Lösung wird eine entsprechende Menge radioaktiv markiertes Leucin einer hohen spezifischen Radioaktivität zugegeben (z. B. L-[3,4 ^{3}H]-Leucin mit 2 TBq · mmol^{-1} von Amersham-Buchler (→ S. 444).

17. Ameisensäure-Lösung (2,5 g · l^{-1} in Methanol)
18. Diethylether/Ethanol (gleiche Volumenteile mischen)
19. Gewebelöser[13] (*Vorsicht, stark ätzend!*)
20. Ascorbat-Lösung (200 g · l^{-1})
21. Szintillationscocktail (normaler PPO/POPOP/Toluol-Cocktail[14])
22. Pflanzschalen (Plastik), Lichtkammer (25 °C, 5–10 klx Weißlicht) oder Gewächshaus, Dunkelraum gleicher Temperatur mit grünem Sicherheitslicht (→ Bd. 1: S. 78), lichtdichter Karton, Fön, Wasserbad (50 °C, 100 °C), Zentrifuge (5000 × g), Reibschale, Quarzsand, graduierte Zentrifugengläser (10 ml), Saugpipetten (Pasteurpipetten mit Saugball), Kolbenpipette (bis 1000 µl, variabel), Photometer (570 oder 578 nm), Küvetten (3 ml, 1 cm, Plastik), Schere, Rollrandgläschen (5 ml), Szintillationsgläschen (20 ml, Glas), Schütteltisch mit Halterung für Szintillationsgläschen, Saugpipette, Szintillationszähler.

Durchführung[15] (Grundexperiment)

1. *Anzucht der Versuchspflanzen:* 500 Caryopsen von *Triticum aestivum* werden im Abstand von 1 cm auf eine 5 cm hohe Schicht feuchtes Vermiculit in Pflanzenschalen ausgelegt. Schalen mit Glasplatten abdecken und im Licht (Dauerlicht oder natürlicher Tag/Nacht-Wechsel) bei 25 °C aufstellen. Nach der Ankeimung (etwa 48 h) Glasplatten abnehmen und Pflanzen regelmäßig mit Nährlösung gießen. Es werden insgesamt mindestens 420 gleich entwickelte Pflanzen in zwei Gruppen benötigt.

2. *Auslösung der Seneszenz:* Wenn das Primärblatt voll ausgewachsen ist (15–20 cm lang, nach etwa 10 d), wird eine Hälfte der Pflanzen in einem lichtdichten Karton in einen Dunkelraum (25 °C) gestellt. Die andere Hälfte bleibt unter sonst gleichen Bedingungen im Licht. Nach 0/2/4/6 d werden Proben von je 60 zufallsmäßig ausgewählten Pflanzen aus beiden Ansätzen entnommen (Dunkelansatz: grünes Sicherheitslicht!). Die apikalen Blatthälften werden in einer Länge von genau 8 cm abgeschnitten und damit die folgenden Analysen durchgeführt (je 4 Parallelansätze):

a) *Bestimmung des Chlorophyllgehalts:* Die Extraktion und Messung des Pigments erfolgt nach der bei Experiment 1.11, Teil A dargestellten Vorschrift unter Verwendung von 4 Proben mit je 5 Blättern.

b) *Bestimmung des Proteingehalts:* Der nach der Extraktion des Chlorophylls mit 80% Aceton verbleibende Rückstand wird mit Aceton mehrmals gewaschen (5 min schütteln und dann abzentrifugieren), bis er farb-

---

[13] Hochkonzentrierte organische Base (quarternäres Ammoniumhydroxid), das Gewebe auflöst oder in einen gelartigen Zustand versetzt. Hierbei wird die Radioaktivität freigesetzt und homogen in der Szintillator-Lösung verteilt. Erhältlich z. B. als „Soluene-350" von Packard (→ S. 444).
[14] z. B. „Rotiszint 11" von Roth (→ S. 444).
[15] Nach Wittenbach VA (1977) Plant Physiol 59:1039–1042 (verändert).

los ist. Nachdem man das restliche Aceton mit Hilfe eines warmen Föns ausgetrieben hat, wird der Rückstand mit 2 ml NaOH-Lösung verrührt und für 1 h bei 50 °C inkubiert. Nach Abzentrifugieren des unlöslichen Rückstands (5000 × **g**, 15 min) wird im klaren Überstand das Protein mit der Biuret-Methode bestimmt, wie bei Experiment 1.12, Teil A beschrieben (z. B. 0,5 ml Extrakt + 2 ml Biuret-Reagenz).

c) *Bestimmung des Aminosäuregehalts:* Vier Proben mit je 5 Blättern werden mit 3 ml Ethanol und 500 mg Quarzsand in einer Reibschale homogenisiert. Homogenat in graduiertes Zentrifugenglas überführen und zweimal mit je 3 ml Ethanol nachwaschen. Homogenat zur vollständigen Extraktion der Aminosäuren für 15 min auf 50 °C erhitzen, nach dem Abkühlen gut mischen, mit Ethanol auf genau 10 ml auffüllen und abzentrifugieren. Zur colorimetrischen Bestimmung des Gehaltes an α-Amino-N [16] muß zunächst eine Eichkurve mit einer Leucin-Standardlösung gemessen werden. Man pipettiert 0/100/200/300/400 µl Standardlösung in Reagenzgläser, füllt mit dest. Wasser auf 400 µl auf, fügt 200 µl Acetat/Cyanid-Lösung und 200 µl Ninhydrin-Lösung hinzu und erhitzt die Mischung für 15 min im kochenden Wasserbad. Sofort nach Entnahme aus dem Wasserbad 2 ml Isopropanol zufügen und gut schütteln. Nach dem Abkühlen Extinktion bei 570 (oder 578) nm gegen Luft messen. Entsprechend wird mit einem Anteil des Blattextraktes verfahren, dessen Konzentration an Aminosäuren durch passende Verdünnung in den Bereich der Eichkurve gebracht werden muß.

d) *Bestimmung der Proteinsynthese* [17] *durch Einbau von radioaktiv markiertem Leucin* [18]: Vier Proben mit je 5 Blättern werden in einem Rollrandgläschen mit der Schnittfläche in 0,5 ml einer [^{3}H]Leucin-Lösung (10 kBq · ml^{-1}) gestellt und für 4 h im Licht inkubiert. Hierbei werden die Ansätze in einem kräftigen Luftstrom (kalter Fön in 50 cm Abstand) gehalten, um die Transpiration (und damit die Aufnahme der Leucin-Lösung) zu fördern. Nachdem die Lösung vollständig aufgenommen wurde, nicht-radioaktive Leucin-Lösung nachfüllen. Nach der Inkubation Blätter mit einer Schere in 1-cm-Abschnitte zerschneiden und diese in einem Szintillationsgläschen mit 10 ml TCA-Lösung (100 g · l^{-1}) und 1 ml Leu-

---

[16] Nach Rosen H (1957) Arch Biochem Biophys 67:10–15.
[17] Aufarbeitung des Pflanzenmaterials nach Gulati DK, Rosenthal GA, Sabharwal PS (1979) J Exp Bot 30: 919–924.
[18] Die hier eingesetzten Radioaktivitätsmengen liegen weit unter der Freigrenze für ^{3}H (3,7 MBq). Trotzdem müssen die speziellen Vorsichtsmaßnahmen für das Arbeiten mit radioaktiven Substanzen peinlich beachtet werden. Insbesondere sind alle radioaktiv kontaminierten Abfälle, Waschlösungen usw. in besonderen Behältern zu sammeln und zu entsorgen (→ Bd. 1: S. 114).

cin-Lösung (10 mmol · l^{-1}) für 10 min im kochenden Wasserbad erhitzen. Flüssigkeit mit Saugpipette absaugen. Es folgen Waschgänge mit TCA-Lösung (50 g · l^{-1}, dreimal), Ameisensäure-Lösung (einmal) und Ether/Ethanol (zweimal). Hierzu jeweils 10 ml der Waschlösung zugeben, verschlossene Gläschen für 30 min kräftig schütteln (Schütteltisch) und Flüssigkeit absaugen. Nach dem letzten Waschvorgang Lösungsmittel mit warmen Fön austreiben und Proben in 70 µl dest. Wasser aufquellen lassen. 500 µl Gewebelöser zugeben, schütteln und Proben für 12 h stehenlassen. 30 µl Ascorbat-Lösung und anschließend 10 ml Szintillationscocktail zugeben. Nach kurzem Schütteln Gläschen bis zum Abklingen der Chemilumineszenz ruhig stehenlassen (5–10 h) und anschließend Radioaktivität im Szintillationszähler messen. Die Zählzeit sollte so bemessen werden, daß der Meßfehler unter 5% liegt.

Auswertung

Die Meßwerte werden in eine Tabelle eingetragen und die Mittelwerte (± Schätzung des Standardfehlers) aus den 4 Parallelbestimmungen berechnet. Die Radioaktivitätsmessung liefert zunächst *cpm* (*counts per min*), welche unter Berücksichtigung der Zählausbeute (etwa 25%) in die Einheit *Bq* (*Zerfälle pro s*) umgerechnet werden können. Anschließend stellt man die Daten als Funktion der Seneszenzdauer graphisch dar und interpretiert sie in Hinsicht auf den mutmaßlichen Regulationsmechanismus.

Probleme (weiterführende Experimente)

1. Kann die Seneszenz des Primärblattes – und die damit verbundenen Veränderungen im Proteinstoffwechsel – *rückgängig* gemacht werden, wenn die Pflanzen nach 2/4/6/8 d Verdunkelung wieder ins Licht gebracht werden?
2. Wie verändert sich der Proteinstoffwechsel in *isolierten Primärblättern*, in denen die Abbauprodukte nicht abtransportiert werden können, im Licht und nach Verdunkelung? (Blätter nach 10 d Anzucht abschneiden und in Wasser stehend im Licht bzw. Dunkeln halten.)
3. Kann die durch Verdunkelung induzierte Seneszenz isolierter Blätter mit *Cytokinin* aufgehalten werden (→ Experiment 12.5)? Wie wirkt Cytokinin auf Proteinsynthese und -abbau, wenn die Blätter im Dunkeln nach 0/2/4/6 d auf eine Hormonlösung (100 µmol · l^{-1} Benzyladenin oder Kinetin) umgesetzt werden?

12.7 (A) Hormonelle Kontrolle der Blattabszission bei der Gartenbohne [19]

Die Ablösung (*Abszission*) von Blättern oder Früchten von der Pflanze ist ein aktiver, durch viele Umweltfaktoren (z. B. Licht, Temperatur, Wasserversorgung) beeinflußbarer Entwicklungsprozeß. Er unterliegt einer komplexen Kontrolle durch Hormone und kann daher auch experimentell durch Hormonbehandlung gesteuert werden. Eine besonders wirksame Substanz zur Auslösung der Abszission ist *Ethylen,* während z. B. *Auxin* und *Cytokinine* hemmend wirken. Ethylen wird daher häufig zur Erzeugung einer gleichmäßig niedrigen Bruchfestigkeit von Fruchtstielen vor der maschinellen Ernte (z. B. bei Baumwolle) und zur Entlaubung eingesetzt.

Die Abszission verläuft bei Früchten und Blättern in prinzipiell ähnlicher Weise. In vorgegebenen („kompetenten") Organzonen wird durch Zellteilungen in einem *Trennkambium* senkrecht zur Organachse ein speziell differenziertes *Trenngewebe* aus mehreren Zellschichten gebildet. Dort findet nach kurzer Zeit ein Abbau der Zellwände (z. B. durch Cellulase) statt. An den späteren Bruchflächen bildet sich ein *Abschlußgewebe* aus. Durch diese Vorgänge entsteht eine *präformierte Bruchzone,* welche einer mechanischen Krafteinwirkung nur noch geringen Widerstand entgegensetzt und daher einen „spontanen" Abfall der Frucht (oder des Blattes) erlaubt.

Das Primärblatt von Bohnenpflanzen besitzt zwei prospektive Trennungszonen an den beiden Enden des Blattstiels (*Petiolus*), unmittelbar unterhalb der dort lokalisierten Gelenke (*Pulvini,* → Experiment 16.13). An diesem Objekt wurden viele Studien zur Aufklärung der strukturellen und biochemischen Vorgänge bei der Abszission durchgeführt. Im einfachsten Fall führt die Entfernung (oder Seneszenz) der Blattspreite (*Lamina*) zur Auslösung der Abszission, vermutlich durch die Unterbrechung des von dort ausgehenden Zustroms von Auxin. Darüber hinaus reagiert dieses Objekt sehr empfindlich auf alle von außen zugeführten Substanzen mit abszissionsfördernder oder -hemmender Wirksamkeit. Im folgenden sind einige Methoden zur Untersuchung der morphologischen, mechanischen und histologischen Veränderungen der Blattabszission des Bohnenblattes zusammengestellt.

---

[19] *Phaseolus vulgaris* (Fabaceae), → Experiment 4.9.

Literatur

Abeles FB (1973) Ethylene in plant biology. Academic Press, New York
Cracker LE, Chadwick AV, Leather GR (1970) Abscission. Movement and conjugation of auxin. Plant Physiol 45: 790–793
Webster BD (1968) Anatomical aspects of abscission. Plant Physiol 43: 1512–1544

A. Förderung und Hemmung der Abszission durch Hormonbehandlung

Material und Geräte

1. Junge Pflanzen von *Phaseolus vulgaris* (20 d auf Vermiculit bei 22–25 °C im Licht angezogen, 150 gleichmäßig entwickelte Pflanzen)
2. Ethrel[20]
3. Benzyladenin (BA-)Stammlösung (200 µmol · l^{-1})
4. Auxinpasten (mit 0/10/32/100/320/1000 µmol · l^{-1} IES, in Plastikspritzen abgefüllt; → Experiment 9.11)
5. Filzschreiber.

Durchführung (Grundexperimente)

1. *Wirkung von Ethylen* (Ethephon): Eine Reihe von Testlösungen (je 100 ml in Erlenmeyer-Kolben) mit 0/12,5/25/50/100/200 mg · l^{-1} Ethephon wird vorbereitet. Von 30 gleich entwickelten Pflanzen wird die Wurzel abgeschnitten, und jeweils 5 Sprosse werden in eine Testlösung gestellt. Ansätze im Licht bei 22–25 °C stehenlassen und die Anzahl der abgefallenen Blätter in den folgenden 6–8 d registrieren.
2. *Wirkung von Cytokinin* (*Benzyladenin*): Testlösungen mit 0/5/10/20/40 µmol · l^{-1} Benzyladenin einmal ohne und einmal mit 50 mg · l^{-1} Ethephon ansetzen, und wie unter 1 auf ihre Wirksamkeit prüfen.
3. *Wirkung von Auxin* (*IES*): Bei 25 wurzellosen Pflanzen werden die Laminae der Primärblätter kurz unterhalb des Blattgrundes (unter dem oberen Pulvinus, →Abb. 42) abgeschnitten. Je 5 dieser Explantate werden in 5 100-ml-Erlenmeyer-Kolben mit Wasser gestellt. Bei jedem Explantat wird auf die Schnittfläche des einen Petiolus etwa 10 mg Kontrollpaste (ohne IES) aufgetragen. Dieser Petiolus wird mit einem Filzschreiber markiert. Auf die Schnittfläche des gegenüberliegenden Petiolus wird eine gleiche Menge Auxinpaste aufgetragen (10/32/100/320/1000 µmol · l^{-1} IES, jeweils eine Gruppe von 5 Explantaten für jede Konzentration) und der Abfall der Petioli in den folgenden 6–8 d registriert.

---

[20] Im Handel erhältliches Wachstumsregulator-Präparat; enthält *Ethephon* = (2-Chlorethyl)phosphonsäure, welches nach Aufnahme in die Pflanze Ethylen freisetzt (→ Experiment 9.8).

Seneszenz

B. Quantitative Bestimmung der Ethylen-induzierten Abszission mit einem mechanischen Bruchtest

Material und Geräte

1. Junge Bohnenpflanzen (Anzucht wie in Abschnitt A, 100 Stück)
2. Gerät zur Messung der Bruchstärke (→Abb. 42).

Durchführung (Grundexperiment)

1. Die Pflanzen werden am Wurzelansatz abgeschnitten und zu je 50 in Ethephon-Lösung (50 mg · l^{-1}, →Abschnitt A) bzw. dest. Wasser gestellt. Nach 0/6/12/18/24/30/36/42/48/54 h (Licht, 25 °C) werden aus beiden Ansätzen jeweils 5 Pflanzen entnommen und die Bruchlast der Trennungszone an der Petiolus-Basis wie folgt gemessen.
2. Aus den zu testenden Pflanzen werden Explantate hergestellt, indem man einen etwa 4 cm langen Abschnitt der Sproßachse isoliert, welcher in der Mitte den Primärblattknoten enthält. Die Primärblattspreiten werden abgeschnitten (→Abb. 42).
3. Die Explantate werden mit einem Petiolus nach unten in die Halterung der in Abb. 42 dargestellten Apparatur geschoben, bis die Sproßachse direkt auf der horizontalen Auflagefläche liegt. Leere Flasche am Petiolusende befestigen und langsam mit Wasser füllen, bis der Bruch eintritt. Aus dem Gewicht der abgefallenen Flasche läßt sich die Bruchlast (in Newton) bestimmen. (Auf diese Weise kann auch die Bruchfestigkeit der Abszissionszone bei allen anderen im Abschnitt A beschriebenen Ansätze gemessen werden.)

C. Histologische Veränderungen in der Trennzone vor der Abszission

Material und Geräte

1. Abgeschnittene Sprosse von Bohnenpflanzen der in Abschnitt A beschriebenen Ansätze in verschiedenen Stadien der Abszission
2. Rutheniumrot[21] (10 mg · l^{-1})
3. Mikroskop (25 ×, 100 ×) mit Auflichteinrichtung, Objektträger, Rasierklinge.

---

[21] Farbstoff, welcher spezifisch das Pektin der Zellwände anfärbt (z. B. von Serva, → S. 445).

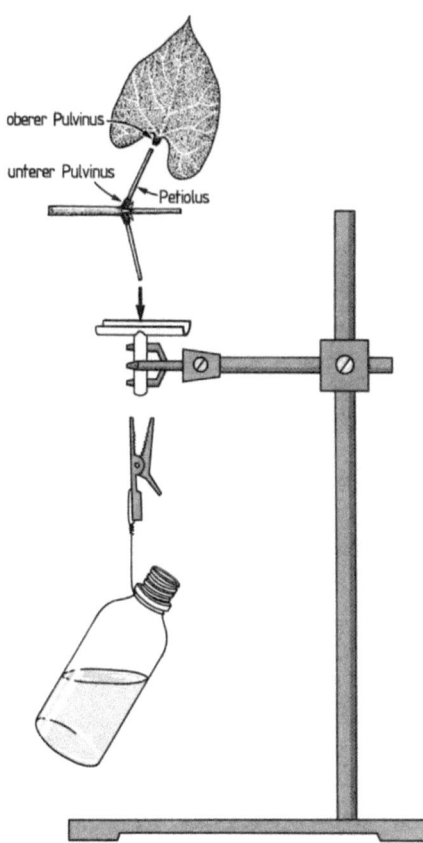

Abb. 42. Apparatur zur Messung der Bruchstärke der Trennungszone an der Petiolus-Basis von Bohnen-Primärblättern. Explantate des Primärblattknotens mit den beiden Blattstielen (Petioli) werden wie gezeigt zugeschnitten und in eine Halterung (Plastik-Dreiwege-Verbindungsstück mit 4–5 mm Innendurchmesser, bei dem die obere Hälfte des horizontalen Teils abgesägt wurde) gesteckt. Pflanzen, bei denen die Petioli weniger als 60° vom Stengel abstehen, sind für die Messung nicht geeignet und müssen vorher ausgeschieden werden. Am Ende des senkrecht nach unten gerichteten Petiolus befestigt man eine Krokodil-Klemme mit angehängter 50-ml-Plastikflasche. Um einen festen Griff zu gewährleisten, beklebt man die Backen der Klemme innen mit Gummistreifen. Arbeitsweise: Die Flasche wird langsam mit Wasser gefüllt (Spritzflasche), bis der Petiolus abreißt. Durch Wiegen der Flasche läßt sich die Kraft bestimmen, welche zum Abreißen erforderlich war (1 kg besitzt die Gewichtskraft 9,81 N, → Bd. 1: S. 54)

Seneszenz

Durchführung (Grundexperiment)

1. Die Petioli der zu untersuchenden Pflanze werden kurz über dem unteren Pulvinus abgeschnitten. Außerdem schneidet man die Sproßachse über bzw. unter dem Primärblattknoten bis auf einen Rest von 2 bzw. 10 mm ab. Dieses Explantat wird mit einer neuen Rasierklinge durch einen Längsschnitt so halbiert, daß die Stümpfe der Petioli in der Mitte getroffen werden.
2. Die Explantathälften werden für 1 min mit der Schnittfläche nach unten in einen Tropfen Rutheniumrot-Lösung gelegt, kurz abgespült, mit Zellstoff abgetupft und mit Auflicht unter dem Mikroskop bei 25- und 100facher Vergrößerung analysiert. Nach Anfärbung der Zellwände lassen sich die Ausbildung des Abszissionskambiums und die späteren histologischen Veränderungen in der Trennzone, z. B. die Auflösung der Zellwände im Cortex und in den Leitbündeln gut verfolgen. [Literatur: Webster BD (1973) Amer J Bot 60:436–447.]

Probleme (weiterführende Experimente)

1. Wie wirkt sich *Gibberellinsäure* und *Abscisinsäure* auf die Abszission aus? (Hormonlösungen im Bereich von 0,1–100 µmol · l^{-1} testen.)
2. Kann die Abszission durch *Hemmung der Proteinsynthese* verhindert werden? (Testlösungen mit 20 µmol · l^{-1} Cycloheximid testen; → Experiment 14.9.)
3. Wie wirkt sich der *Zusatz von Ca^{2+}* (50 mmol · l^{-1} CaCl$_2$) auf die spontane bzw. Ethylen-induzierte Abszission aus?
4. Kann man mit Hilfe des bei Experiment 14.9 beschriebenen histochemischen Tests eine *Suberinisierung* der Zellwände in der Trennungszone nachweisen? (Schnitte vor und nach erfolgter Abszission herstellen und mit Sudan IV anfärben.)

13. Photomorphogenese

Vorbemerkungen

Licht ist für die Pflanze nicht nur eine Quelle für Energie (→ Kapitel 4), sondern auch für Information zur Steuerung von Stoffwechsel und Entwicklung. Obwohl hierbei nicht nur morphologische, sondern auch zahllose physiologische und metabolische Prozesse beteiligt sind, nennt man dieses Phänomen aus Traditionsgründen *Photomorphogenese*. Hierzu zählt z. B. auch der *Phototropismus,* der jedoch im Zusammenhang mit der Bewegungsphysiologie (Kapitel 16) behandelt wird. Photomorphogenetische Reaktionen der Pflanze setzen *Photoreceptoren* voraus, welche die wirksame Strahlung absorbieren und die so gewonnene Information in eine biochemische Signalkette einspeisen, an deren Ende eine *Photomorphose* (morphologische oder biochemische Antwort, z. B. Wachstumsänderung) steht. Das bekannteste Photoreceptorpigment ist das *Phytochrom*. Daneben gibt es bei höheren Pflanzen mindestens ein Blau/UV-empfindliches Photomorphogenesepigment, dessen chemische Identität noch nicht endgültig geklärt ist („Cryptochrom"). Die vom angeregten Photoreceptorpigment ausgelöste Primärreaktion und die anschließende Signalkette konnte bisher in keinem Fall aufgeklärt werden. Zumindest bei vielen phytochromgesteuerten Entwicklungsprozessen ist jedoch in den letzten Jahren gezeigt worden, daß die Signaltransduction, wie schon lange vermutet, über eine Aktivierung bzw. Inaktivierung von bestimmten Genen verläuft.

Photobiologische Experimente mit Pflanzen setzen einige Einrichtungen und Geräte voraus, die normalerweise in einem pflanzenphysiologischen Laboratorium nicht vorhanden sind, jedoch ohne größere Schwierigkeiten beschafft werden können. Für die Handhabung von Pflanzen im „Dunkeln" benötigt man einen *Dunkelraum,* der durch eine *Schleuse* (Vorhang aus doppeltem schwarzem Tuch), begehbar und mit *grünem Sicherheitslicht* (→ Bd. 1: S. 78) ausgestattet ist. Nützlich ist auch eine mit einem Grünfilter versehene Taschenlampe. Diese Lichtquellen dürfen kein Licht außerhalb eines schmalen Bandes um 500 nm abgeben (mit Handspektroskop überprüfen!). Das Phytochrom ist ein außerordentlich lichtempfindliches Pigmentsystem, das auf kleinste Spuren von Licht reagiert. Manche Photomorphosen werden (im Weißlicht) bereits bei Energieflüssen um 1 nW · m^{-2}, d.h. bei einem Bruchteil des Mondlichts (Energiefluß maximal 1 mW · m^{-2}) ausgelöst. Daher sollte das Pflanzenmaterial auch dem Sicherheitslicht nur kurzzeitig und bei möglichst niedrigem Energiefluß ausgesetzt werden. Zur definierten Bestrahlung von Pflanzen mit weißem oder farbigem Licht (z. B. *hellrotem* oder *dunkelrotem* Licht) kann man sich mit Hilfe von Plexiglasfilterplatten mit wenig Aufwand perfekte Lichtfelder einrichten (→ Bd. 1: S. 74). Dunkelansätze bewahrt man am besten in Plastikdosen auf, welche in schwarzes Tuch eingeschlagen und in einen lichtdichten (innen und außen geschwärzten) Karton gestellt werden. In dieser Verpackung können die Pflanzen gefahrlos am Licht gehalten werden; man sollte jedoch beachten, daß die Nähe einer Lichtquelle zu einer unerwünschten Aufheizung führen kann. Gut reproduzierbare Ergebnisse setzen eine konstante Temperatur (z. B. $25{,}0 \pm 0{,}5\,°C$) während der Entwicklung der Pflanzen im Licht oder Dunkeln voraus, welche mit einem empfindlichen Thermometer beständig kontrolliert werden sollte.

Als Objekte für Photomorphogenese-Experimente verwendet man in aller Regel junge Keimlinge. Dies hat verschiedene Gründe. Einmal zeigen Pflanzen in diesem Entwicklungsstadium besonders drastische lichtgesteuerte Wachstums- und Differenzierungsprozesse. Zum anderen haben junge Keimlinge den unschätzbaren Vorteil, daß sie für einige Zeit ausreichend mit Nährstoffen versorgt sind und daher unabhängig von der Photosynthese sind, d.h. auch in völliger Dunkelheit eine vom Energiemetabolismus nicht limitierte Entwicklung durchführen können. Schließlich fällt auch ins Gewicht, daß Keimlinge im Gegensatz zu adulten Pflanzen in wenigen Tagen in großen Zahlen anzuziehen sind und auf begrenztem Raum mit bestimmten experimentellen Lichtprogrammen behandelt werden können.

Literatur

Kendrick RE, Kronenberg GHM (eds) (1986) Photomorphogenesis in plants. Martinus Nijhoff, Dordrecht Boston Lancaster

Schopfer P (1984) Photomorphogenesis. In: Wilkins MB (ed) Advanced plant physiology. Pitman, London, pp 380–407

Shropshire W, Mohr H (eds) (1983) Photomorphogenesis. Encycl Plant Physiol NS, Vol 16 A + B, Springer, Berlin Heidelberg New York Tokyo

Smith H, Holmes MG (eds) (1984) Techniques in photomorphogenesis. Academic Press, London

Tevini M, Häder D-P (1985) Allgemeine Photobiologie. Thieme, Stuttgart

Demonstrationsexperimente

13.1 (D) Skoto- und Photomorphogenese während der Keimlingsentwicklung bei Monokotylen und Dikotylen

Bei der Keimung sind die Samen höherer Pflanzen häufig mit einer lichtdichten Schicht Boden abgedeckt. Die jungen Keimlinge besitzen einen begrenzten Vorrat an Speichersubstanzen, der nur eine kurze Zeit (einige Tage) für die Unterhaltung des Wachstumsstoffwechsels ausreicht. Anschließend sind die Pflanzen auf die photosynthetische Produktion von energiereichen Verbindungen angewiesen. Wenn ein Keimling nicht vor der Erschöpfung seiner Reserven ans Licht kommen kann, ist er zum Untergang verurteilt. Es ist daher verständlich, daß sich im Laufe der Evolution Anpassungen entwickelt haben, welche eine größtmögliche Ökonomie während dieser kritischen Entwicklungsphase gewährleisten. Man kann in diesem Zusammenhang zwei Entwicklungsstrategien unterscheiden: 1. Die *Skotomorphogenese* (Etiolement, Vergeilung) bewirkt, daß der Keimling im Dunkeln vor allem ein rasches Längenwachstum der Sproßachse durchführt, deren Apex bei den Dikotylen durch eine hakenförmige Einkrümmung (*Plumulahaken*) optimal zum Durchbohren des Bodens geeignet ist (→ Experiment 10.2). (Bei den Gräsern wird diese Funktion von der lanzettartig geformten Koleoptile übernommen.) Hingegen unterbleiben im Dunkeln alle Entwicklungsprozesse, welche im Zusammenhang mit der Photosynthese stehen, z. B. die Chlorophyllsynthese und das Blattwachstum. 2. Die *Photomorphogenese* setzt sofort ein, wenn der Sproßapex (zunächst mit dem Scheitel des Hakens) die Erdoberfläche durchbricht und ans Licht kommt: Das Achsenwachstum wird stark verlangsamt, der Haken öffnet sich, die Blätter (Kotyledonen) wachsen und entfalten sich und die Ergrünung deutet darauf hin, daß funktionsfähige Chloroplasten entstehen. Bei vielen Pflanzen wird außerdem durch Licht die Bildung von „Jugendanthocyan" in den peripheren Zellschichten induziert, welches offensichtlich als Lichtschutzpigment während dieser kritischen Phase dient (→ Experiment 13.9). Diese charakteristischen funktionellen Anpassungen lassen sich im Prinzip an allen morphologischen Typen von Keimlingen beobachten. So wird z. B. der Plumulahaken bei epigäisch keimenden Pflanzen vom *Hypokotyl* gebildet, während Pflanzen mit hypogäischer Keimung einen Haken im Bereich des *Epikotyls* ausbilden.

Der Übergang von der Skoto- zur Photomorphogenese wird durch das *Phytochromsystem* gesteuert. Sowohl Dauerbestrahlung mit dunkelrotem

Licht (*Hochintensitätsreaktion* des Phytochroms) als auch induktive Pulse mit hellrotem Licht – deren Wirkung durch sofort anschließend gegebene Dunkelrotpulse revertiert werden können – führen zur Ausbildung einzelner *Photomorphosen* (→ Experiment 13.5). Dies zeigt, daß die Photomorphogenese auf der Bildung von *aktivem Phytochrom* (P_{fr}) beruht. Skotomorphogenese tritt dann ein, wenn in den Keimlingen kein P_{fr} gebildet wird (d. h. wenn das Phytochrom in der inaktiven Form P_r vorliegt). Diese beiden für das Überleben des jungen Keimlings entscheidenden, umweltabhängigen Entwicklungsstrategien lassen sich an praktisch allen Pflanzen demonstrieren. Besonders eindrucksvoll ist der Vergleich von Pflanzen mit abweichendem Bauplan, z. B. von Mono- und Dikotyledonen.

Durchführung

Samen von Hafer (*Avena sativa*), Gartenbohnen (*Phaseolus vulgaris*), Erbsen (*Pisum sativum*, Sorte „Progress Nr. 9") und Rettich (*Raphanus sativus*) werden in Plastikdosen auf eine 5-cm-Schicht feuchtes Vermiculit ausgelegt und mit 1 cm feuchtem Vermiculit abgedeckt (4 Dosen pro Art). Jeweils 2 Dosen werden im Licht (≥ 1 klx), die anderen beiden im Dunkeln aufgestellt (25 °C). Nach 3 d (Hafer, Rettich) bzw. 7 d (Bohne, Erbse) wird jeweils einer der Dunkelansätze ins Licht und ein Lichtansatz ins Dunkle umgestellt und dort für weitere 3 d bzw. 7 d gehalten. Bei der täglichen Inspektion der Keimlinge (Dunkelansätze: grünes Sicherheitslicht!) registriert man das Wachstum von Hypokotyl, Epikotylinternodien und Blättern im Licht und im Dunkeln. Wie rasch können sich die Pflanzen von Skoto- auf Photomorphogenese (und umgekehrt) umstellen? Die Kotyledonen der Rettichkeimlinge eignen sich besonders für die Untersuchung der histologischen Veränderungen bei der Photomorphogenese. Die Aufsicht auf die Epidermis der Kotyledonenunterseite mit dem Stereomikroskop zeigt die lichtinduzierte Ausdifferenzierung der Stomata und die Ausbildung von Haaren. Über die lichtinduzierte Differenzierung des Mesophylls informieren mikroskopische Handschnitte.

Die Beteiligung des *Phytochroms* als Photoreceptor für die morphogenetisch wirksame Strahlung kann prinzipiell auf zwei Wegen erfolgen: 1. Man bestrahlt Keimlinge im Abstand von 12 h mit 5-min-Pulsen hellroten Lichts (≥ 1 W · m^{-2}), welches das Photogleichgewicht des Phytochroms maximal in Richtung auf die physiologisch aktive Form (P_{fr}) verschiebt ($\varphi_{660} = [P_{fr}]/[P_{tot}]$ bei 660 nm = 0,8). Eine dichtere Folge von Pulsen vergrößert die photomorphogenetischen Effekte. Wenn die Hellrotpulse sofort anschließend von 5 min dunkelrotem Licht (≥ 1 W · m^{-2}) gefolgt werden, welches ein φ_{720} von etwa 0,03 (d. h. 3% P_{fr}) einstellt, so bleibt der etiolierte Zustand mehr oder minder erhalten (*Revertierung* der Hellrotwirkung). Genauer gesagt: die Keimlinge entwickeln sich genauso, wie sie dies unter dem Einfluß des kleinen P_{fr}-Pegels von 3% tun, der durch die revertierende Dunkelrotbestrahlung erzeugt wird. Bei sehr P_{fr}-empfindlichen Photomorphosen (z. B. bei der Anthocyansynthese von Rettich- oder Senfkeimlingen) führt auch diese kleine P_{fr}-Menge zu einer deutlichen Reaktion. Es ist daher bei Revertierungsexperimenten stets erforderlich, neben der Dunkelkontrolle auch eine *Dunkelrot*-Kontrolle (5 min Dunkelrot an jedem Bestrahlungstermin) mitzuführen und die Hellrot-Wirkungen auf letztere zu beziehen.

13.2 (D) Bedeutung des Plumulahakens für die Keimung unter der Erde

Unter natürlichen Bedingungen ist der keimende Same häufig von einer mehrere Zentimeter mächtigen, festen Bodenschicht bedeckt, welche von der wachsenden Sproßachse durchdrungen werden muß, um die Blätter ans Licht zu bringen. Die *Skotomorphogenese* des jungen Keimlings ist in erster Linie als Anpassung an diese kritische Entwicklungsphase aufzufassen (→ Experiment 13.1). Hierbei spielt der Haken unter der Spitze der jungen Sproßachse (bei epigäisch keimenden Arten im *Hypokotyl,* bei hypogäisch keimenden Arten im *Epikotyl*) eine hervorragende Rolle. Durch diese Konstruktion wird gewährleistet, daß der Apex mit den eingefalteten Kotyledonen (bzw. jungen Blättern) mit dem Blattstiel voran durch das Erdreich nach oben *gezogen* wird. Die mechanische Belastung bei der Durchdringung des Bodens kommt also nicht auf den empfindlichen Apex, sondern den Scheitel des Hakens, der hier die Funktion eines „Bohrkopfes" übernimmt. Es ist leicht einsehbar, daß sich ein aufrechter Apex mit seinen nach oben gerichteten, abstehenden Blättern (Kotyledonen) nicht unbeschädigt durch den Boden *schieben* lassen würde. Die lebenswichtige, mechanische Funktion des Hakens beim Durchbrechen des Bodens kann auf einfache Weise eindrucksvoll demonstriert werden, indem man Keimlinge unter einer lichtdurchlässigen Schicht Quarzsand zur Photomorphogenese bringt.

Durchführung

In zwei 15 cm hohe, schmale Glasküvetten (Grundfläche etwa 4×10 cm) werden je 10 Samen von *Sinapis alba* (oder *Brassica napus*) auf einer 3 cm hohen Schicht Vermiculit ausgelegt, welche zuvor mit einer Nährlösung (→ S. 440) bis zur selben Höhe aufgefüllt wurde. Samen mit einer 8 cm hohen Schicht Quarzsand (rein weiß, grobkörnig) abdecken. Eine Küvette, in lichtdichtes Tuch eingepackt, in einen schwarzen Karton stellen; die andere bleibt am Licht (Dauerweißlicht, ≥ 5 klx) bei 20–25 °C. Nach 8–10 d werden die Keimlinge vorsichtig ausgegraben und verglichen. Durch Variation der Höhe der Quarzschicht kann man herausfinden, welche Strecke die Keimlinge im Boden maximal durchdringen können, wenn sie Skotomorphogenese oder Photomorphogenese durchführen.

13.3 (D) Regulation der photonastischen Blattbewegung bei *Albizzia*[1] durch Phytochrom

Die Blätter vieler dikotyler Pflanzen besitzen die Eigenschaft, *photonastisch* zu reagieren, das heißt, sie führen lichtabhängige, tagesperiodische Bewegungen (sog. „Schlafbewegungen") aus. Besonders eindrucksvoll lassen sich diese Bewegungen an den Blattgelenken vieler Leguminosen beobachten. Bei *Mimosa pudica* reagieren die Fiederblättchen nicht nur auf Erschütterung (→ Experiment 16.6), sondern auch auf Verdunklung mit einer Schließbewegung. Bei dieser Pflanze konnte man zeigen, daß die photonastische Schließbewegung durch das Phytochromsystem ausgelöst wird. Die sekundären Fiederblättchen schließen sich, wenn zu Beginn der Dunkelphase P_{fr} in den Zellen der Gelenke vorliegt. Bestrahlt man die Pflanzen mit weißem oder hellrotem Licht und verdunkelt sie anschließend, so schließen sich die Fiederblättchen innerhalb von 20 min. Bestrahlt man die Pflanzen dagegen zu Beginn der Dunkelphase mit dunkelrotem Licht, so bleiben die Blättchen geöffnet. Während der Lichtphase (z. B. im Weißlicht) bleiben die Blättchen geöffnet, obwohl P_{fr} in den Zellen vorhanden ist. Die Wirkung von P_{fr} kann sich erst manifestieren, wenn die Pflanzen ins Dunkle gebracht werden. Es muß also ein zusätzlicher, lichtabhängiger Mechanismus existieren, der die Blättchen im Licht trotz der Anwesenheit von P_{fr} offenhält. Die Öffnung der Fiederblättchen am Anfang der Lichtperiode wird ebenfalls durch Licht gesteuert. Die Natur des verantwortlichen (Blaulicht-empfindlichen) Photoreceptors ist jedoch noch nicht eindeutig geklärt.

Die phytochromgesteuerte Schließbewegung kann auch bei einer Reihe anderer Mimosaceen beobachtet werden. Wir verwenden hier *Albizzia julibrissin*, deren Blätter im Gegensatz zu Mimosa keine seismonastischen Bewegungen ausführen und daher zur Untersuchung der Photonastie viel ge-

---

[1] *Albizzia julibrissin* (Mimosaceae), ein nicht winterharter, in Asien, Amerika und Afrika verbreiteter Strauch; bei uns häufig in Botanischen Gärten gehalten.

eigneter sind. Die Schließbewegung von *Albizzia*-Blättern steht zusätzlich unter dem Einfluß einer *endogenen Rhythmik*. Hält man die Pflanzen im Langtag (z. B. 16 h Licht täglich), so ist die Bereitschaft, auf P_{fr} zu reagieren, zu Beginn der Lichtphase am größten und sinkt dann innerhalb einiger Stunden auf Null. Pflanzen, die im Kurztag (<12 h Licht täglich) gehalten werden, stellen ihr Blattwachstum ein. Im Dauerlicht erlischt die Fähigkeit zu photonastischen Bewegungen völlig.

Der Bewegungsvorgang der Fiederblättchen wird durch *Ionenverschiebungen* und den damit verbundenen *Turgoränderungen* in speziellen Zellen (*Motorzellen*) an der Ober- und Unterseite der scharnierartig funktionierenden Gelenke (Pulvini) bewirkt (→ Experiment 16.6). Es ist bis heute noch nicht geklärt, auf welche Weise das aktive Phytochrom die Membranpermeabilität für Ionen in den Motorzellen verändern kann. Die nachfolgend beschriebene Demonstration der phytochrominduzierten Blattbewegung führt zu zwei allgemein wichtigen Schlüssen: 1. Das Phytochromsystem ist nicht nur für die Steuerung der Photomorphogene junger Keimpflanzen zuständig, sondern kommt auch in der adulten Pflanze in aktiver Form vor. 2. Phytochrom ist nicht nur ein Effektor von genabhängigen Entwicklungsprozessen, sondern kann auch in andere physiologische Funktionen der Pflanze eingreifen, z. B. in den Transport von Ionen durch Membranen. Diese Transportkontrolle arbeitet erheblich schneller als die Entwicklungssteuerung und führt im Gegensatz zu letzterer zu rasch und vollständig *reversiblen Anpassungen* an den Umweltfaktor Licht.

Literatur

Fondeville JC, Borthwick HA, Hendricks SB (1966) Leaflet movement of *Mimosa pudica* L. indicative of phytochrome action. Planta 69: 357–364

Koukkari WL, Hillman WS (1968) Pulvini as the photoreceptors in the phytochrome effect on nyctinasty in *Albizzia julibrissin*. Plant Physiol 43: 698–704

Satter R, Galston AW (1973) Leaf movements: Rosetta stone of plant behavior? Bio Science 23: 407–416

Durchführung [2]

Von einer im Langtag (täglich 14–16 h Licht) wachsenden Topfpflanze von *Albizzia julibrissin,* welche bei Beginn der Dunkelphase eine rasche Schließreaktion der Fiederblättchen zeigt, werden am frühen Morgen (1–3 h nach Einsetzen der Lichtperiode) von ausgewachsenen Blättern mittleren Alters einige Fiedern 1. Ordnung abgeschnitten. Durch Zerschneiden der Rhachis erhält man aus der mittleren Blattregion 5–6 Paare gleichgroßer Fiedern

---

[2] Nach Hillman WS, Koukkari WL (1967) Plant Physiol 42: 1413–1418.

2. Ordnung, welche im Licht auf Wasser schwimmend gesammelt werden. Nach dem Randomisieren je 10 Fiederpaare in 6 Petrischalen auf feuchtes Filterpapier auslegen. Diese Arbeitsgänge sollten am Standort der Pflanze durchgeführt werden, da Änderungen des Lichtflusses zu einer vorzeitigen Schließbewegung führen können. Von den 6 Schalen bleibt eine im Weißlicht als Kontrolle, die 5 anderen werden nach folgendem Programm in Feldern für hellrotes Licht (HR) bzw. dunkelrotes Licht (DR) bestrahlt und anschließend ins Dunkle gebracht:

Schale 1: 5 min HR → Dunkel
Schale 2: 5 min DR → Dunkel
Schale 3: 5 min HR → 5 min DR → Dunkel
Schale 4: 5 min DR → 5 min HR → Dunkel
Schale 5: Weißlicht → Dunkel

Die angegebenen Bestrahlungszeiten reichen bei einem Energiefluß von $1 \, W \cdot m^{-2}$ aus, um die Photoreaktionen des Phytochroms zu sättigen. Nach 60–120 min sind die induzierten Veränderungen der Blattstellung meist abgeschlossen. Durch Anlegen der Fiederpaare mit einer Pinzette an einen Winkelmesser[3] kann man den Öffnungswinkel zwischen den Blättchen recht genau bestimmen (Alternative: Messung des Abstandes zwischen den Spitzen der Blättchen). Wie lange dauert die *lag-Phase* zwischen Ende der Bestrahlung und dem Einsetzen der Reaktion? Durch lichtdichtes Abdecken der unteren oder oberen Hälfte einer intakten Fieder 1. Ordnung während einer HR-Bestrahlung läßt sich die Frage klären, ob der Phytochromstimulus in der Rhachis wandern kann.

Anmerkung: *Albizzia*-Pflanzen können auch zur Demonstration der *endogenen Rhythmik* verwendet werden. Nach Etablierung der Rhythmik im Langtag (mindestens 3 d) behalten die Pflanzen die tagesperiodische Öffnung und Schließung der Blattfiederchen auch im Dauerlicht oder im Dauerdunkel für einige Tage bei (→ Experiment 17.5).

---

[3] Eine geeignete Version läßt sich aus Plastik-überzogenem Millimeterpapier herstellen.

Analytische Experimente

13.4 (A) Phytochrominduzierte Keimung von *Lactuca*-Achänen [4]

Die Samen der meisten Pflanzen sind nach Abschluß der Reife im Zustand der *Dormanz*, d.h. sie keimen nicht sofort nach der Quellung, sondern benötigen einen zusätzlichen, spezifischen Keimstimulus (→ Experiment 11.2). In vielen Fällen (*skotodormante* Samen) kann dieser Stimulus durch *Licht* geliefert werden. Für die Untersuchung dieses ökologisch wichtigen Phänomens hat man vor allem nach Arten gesucht, bei denen (im gequollenen Zustand) ein kurzer Lichtpuls (z. B. 1 min) ausreicht, um die Dormanz zu brechen. Eine solche Art ist *Lactuca sativa*, an deren *Achänen* [5] um 1950 das Phytochromsystem als „photoreversibles Hellrot-Dunkelrot-Reaktionssystem" physiologisch entdeckt wurde. Obwohl sich in der Folgezeit herausstellte, daß sich auch Samen anderer Arten ganz ähnlich verhalten, sind die Salatfrüchte ein bevorzugtes Objekt zur Erforschung der phytochromgesteuerten Keimung geblieben. Wichtige methodische Vorteile dieses Objekts sind einmal die hohe Lichtempfindlichkeit (hellrotes Licht einer Fluenz von $20 \, J \cdot m^{-2}$ reicht zur Keiminduktion aus) und zum anderen das rasche, gleichmäßige Eintreten der induzierten Keimung in der Population (nach etwa 24 h bei 25 °C). Der längsgestreckte Embryo ist von einem Endosperm umgeben, welches der sich streckenden Embryonalachse einen erheblichen mechanischen Widerstand entgegensetzt und damit zur Stärke der Dormanz beiträgt. Dies ergibt sich z. B. aus dem Befund, daß die Keimung durch Entfernung des Endosperms am Wurzelpol (schmales Ende der Achäne) stark gefördert werden kann. Bei der lichtinduzierten Keimung hat man sowohl im Embryo als auch im Endosperm eine phytochromabhängige Aktivierung des Stoffwechsels beobachtet. Entscheidend für den Durchbruch der Radicula durch das Endosperm ist jedoch in erster Linie die Entwicklung einer phytochrominduzierten Expansionskraft im Embryo, die sich als *Keimungspotential* experimentell messen läßt (→ Experiment 11.8).

Durch physiologische Untersuchungen an lichtempfindlichen *Lactuca*-Achänen konnten viele grundlegende Eigenschaften des Phytochroms aufgeklärt werden, insbesondere seine reversible Aktivierung und Inaktivierung

---

[4] *Lactuca sativa* var. *capitata*, Kopfsalat (Asteraceae), → Experiment 9.5.
[5] Die Verbreitungseinheiten der Asteraceen werden als *Achänen* bezeichnet. Es handelt sich um *Früchte*, bei denen Samenschale (Testa) und Fruchtwand (Perikarp) verwachsen sind.

durch hellrotes bzw. dunkelrotes Licht. Dies war möglich, weil die Keimung der Achänen nur dann abläuft, wenn ein *kritischer Schwellenwert* an aktivem Phytochrom (P_{fr}) überschritten wird. Hellrot-Bestrahlung (660 nm) führt zu dem Photogleichgewicht[6] $\varphi_{660} = 0,8$ (80% P_{fr}), während Dunkelrot-Bestrahlung $\varphi_{720} \approx 0,03$ (3% P_{fr}) einstellt. Da diese Werte normalerweise deutlich über bzw. unter dem Schwellenwert für die Auslösung der Keimung (etwa 10% P_{fr}) liegen, ist der Hellrot/Dunkelrot-Antagonismus im Revertierungsexperiment leicht zu verstehen. Auch der zunächst irritierende Umstand, daß in vielen Fällen ein erheblicher Anteil der Achänen auch in völliger Dunkelheit keimt (je nach Saatgut zwischen 10 und 80%), fügt sich zwanglos in dieses Bild ein. Die „Dunkelkeimer" können nämlich durch dunkelrotes Licht meist vollständig dormant gehalten werden. Daraus folgt, daß in diesen Achänen auch ohne Bestrahlung ein überkritischer Pegel an P_{fr} vorliegt, der offensichtlich bereits im nicht-gequollenen Zustand vorhanden war oder nach der Quellung aus einer P_{fr}-Vorstufe ohne Licht freigesetzt wurde. Man muß damit rechnen, daß die Achänen P_{fr} (oder eine unmittelbare Vorstufe von P_{fr}) enthalten, das während der Fruchtreife gebildet und dann „eingetrocknet" wurde. (Im dehydratisierten Zustand sind die photochemischen Reaktionen des Phytochroms gehemmt.) Es ist daher verständlich, daß die Lichtbedürftigkeit der Keimung bei einzelnen Saatgutchargen sehr stark von deren physiologischem Zustand und den Umweltbedingungen abhängt. Frisches, im Licht voll ausgereiftes Saatgut enthält relativ viel „Dunkel-P_{fr}" und zeigt daher eine hohe Dunkelkeimung, die jedoch bei der Lagerung langsam abnimmt. Hohe Keimtemperaturen erhöhen die Lichtbedürftigkeit; niedere Keimtemperaturen haben die umgekehrte Wirkung. Daher kann man bei Achänen, die z. B. bei 20 °C vollständig im Dunkeln keimen, durch eine Erhöhung der *Temperatur* (z. B. auf 28 °C) eine Lichtbedürftigkeit induzieren. Auch eine Erniedrigung des *Wasserpotentials* (Osmoticum statt reinem Wasser als Keimmedium) hat eine entsprechende Wirkung. Es ist offensichtlich, daß P_{fr} für die Auslösung der Keimung nur einer von mehreren potentiell limitierenden Faktoren darstellt, dessen regulierende Funktion nur dann deutlich in Erscheinung tritt, wenn andere fördernde Faktoren ausgeschaltet und damit die „Empfindlichkeit" für P_{fr} erhöht wird. Praktisch bedeutet dies, daß verschiedene *Lactuca*-Sorten (bzw. Chargen einer Sorte) durch Wahl der geeigneten Temperatur und/oder Osmoticumkonzentration auf eine bestimmte Lichtbedürftigkeit eingestellt werden können. Die für viele klassische Experimente verwendete Sorte

---

[6] Als *Photogleichgewicht* φ_λ bezeichnet man das wellenlängenabhängige Mengenverhältnis [P_{fr}]/[P_{tot}] bei Lichtsättigung der photochemischen Reaktionen $P_r \rightarrow P_{fr}$ und $P_{fr} \rightarrow P_r$ ($P_{tot} = P_{fr} + P_r$).

„Grand Rapids"[7] zeigt bei 25 °C im Wasser eine Dunkelkeimrate im Bereich von 10–40%. Andere Sorten (z. B. „Maikönig" oder „Great Lakes") besitzen unter diesen Bedingungen meist eine höhere Keimfähigkeit im Dunkeln, können jedoch durch hohe Temperaturen (28–35 °C) oder osmotischen Streß (0–6 bar) in lichtbedürftiges Material verwandelt werden. Das Fehlen einer Lichtbedürftigkeit unter Normalbedingungen (z. B. 25 °C, reines Wasser) darf also aus den angeführten Gründen auf keinen Fall als Anzeichen für die Abwesenheit oder Inaktivität des Phytochrom gewertet werden.

Als *Keimung* bezeichnet man die Gesamtheit derjenigen Entwicklungsprozesse, die einen ruhenden (quieszenten oder dormanten) Embryo in einen Keimling überführen. Als *operationale Definition,* die im Experiment eine einfache Feststellung der Keimung ermöglicht, dient der Austritt der wachsenden Radicula aus der Samen- bzw. Fruchthülle. Dieses Keimkriterium wird durch die allgemeine Erfahrung gerechtfertigt, daß das beginnende Wurzelwachstum ein zuverlässiger Indikator für die irreversible Einleitung der Keimlingsentwicklung darstellt. Nach diesem Kriterium ist die Keimung einer einzelnen Achäne ein *Alles-oder-Nichts-Phänomen,* das in der Population mit einer gewissen *Wahrscheinlichkeit* eintritt. Diese kann als *Keimhäufigkeit (Keimrate)* in einer Stichprobe quantitativ gemessen und in Bezug zum induzierenden Licht gesetzt werden. Man ermittelt die maximale Keimrate (Prozentsatz gekeimter Achänen) als Endwert zu einem Zeitpunkt, bei dem alle keimwilligen Achänen tatsächlich gekeimt sind. Darüber hinaus kann man die *Keimintensität* („*Keimgeschwindigkeit*") der Population durch regelmäßiges Auszählen der Keimrate vor dem Erreichen des Endwerts bestimmen. Man erhält auf diese Weise eine *akkumulative Keimkinetik* der Population mit einem normalerweise symmetrisch sigmoiden Kurvenverlauf (Wendepunkt bei 50% der maximalen Keimrate). Die Steilheit dieser Kurve im Bereich des Wendepunkts ist ein Maß für die *Homogenität* der Population bei ihrer Reaktion auf den Keimstimulus. Im folgenden wird als Grundexperiment der operationale Nachweis des Phytochromsystems durch Bestrahlung mit hellrotem und dunkelrotem Licht beschrieben. Darüber hinaus lassen sich an diesem Objekt eine Fülle photobiologischer und keimphysiologischer Fragestellungen studieren.

Literatur

Frankland B, Taylorson R (1983) Light control of seed germination. In: Shropshire W, Mohr H (eds) Photomorphogenesis. Encycl Plant Physiol NS, Vol 16 A, Springer, Berlin Heidelberg New York Tokyo, pp 428–456

---

[7] Erhältlich von Ferry-Morse Seed Company, Box 7274, Mountain View, California 94039 (USA); andere geeignete Sorten auch im Samenfachhandel.

Photomorphogenese

Material und Geräte

1. Saatgut von *Lactuca sativa* var. *capitata* (Population einer Sorte mit einer Dunkelkeimrate von 10–30%; die Bedingungen hierfür müssen in Vorversuchen ermittelt werden.)
2. Petrischalen (9 cm, Plastik) mit Filterpapipereinlagen, Bestrahlungsanlagen für hellrotes und dunkelrotes Licht (Energiefluß ≥ 1 W $\cdot$ m^{-2}) in temperaturkontrolliertem Raum, Dunkelraum mit grünem Sicherheitslicht ($\rightarrow$ Bd. 1: S. 78), lichtdichte Tücher, geschwärzte Kartons, Stoppuhr, feine Pinzette.

Durchführung [8] (Grundexperiment)

1. In 24 Petrischalen mit 3 Lagen Filterpapier wird soviel dest. Wasser gegeben, daß darauf ausgelegte Achänen gerade noch nicht wegschwimmen (ca. 5 ml, vorher durch Ausprobieren ermitteln).
2. *Aussaat:* In jede Schale werden 50 Achänen gleichmäßig verteilt ausgelegt. Die Aussaat sollte sicherheitshalber im schwachen Grünlicht erfolgen, da die Achänen nach der Quellung sehr rasch lichtempfindlich werden. Schalen sofort nach der Aussaat ins Dunkle stellen.
3. *Bestrahlung:* Nach 2 h Dunkelinkubation haben die Achänen ihre maximale Lichtempfindlichkeit erreicht. Die Schalen werden nach folgendem Programm mit hellrotem (HR) bzw. dunkelrotem (DR) Licht bestrahlt (je 3 Schalen):

Ansatz 1: 2 min HR $\rightarrow$ Dunkel
Ansatz 2: 2 min DR $\rightarrow$ Dunkel
Ansatz 3: 2 min HR $\rightarrow$ 2 min DR $\rightarrow$ Dunkel
Ansatz 4: 2 min HR $\rightarrow$ 2 min DR $\rightarrow$ 2 min HR $\rightarrow$ Dunkel
Ansatz 5: 2 min DR $\rightarrow$ 2 min HR
Ansatz 6: Dauer-HR
Ansatz 7: Dauer-DR
Ansatz 8: Dunkelkontrolle (Dauer-Dunkel)

Es ist unbedingt darauf zu achten, daß die Achänen beim Aus- und Einpacken der Schalen kein Fremdlicht erhalten.

4. *Auswertung:* Nach 24–48 h bei konstanter Temperatur (z. B. 25 °C) ist der maximale Keimprozentsatz erreicht. (Der genaue Zeitpunkt läßt sich am Dauer-HR-Ansatz feststellen.) Die Schalen werden zur Auszählung der gekeimten Achänen ans Licht geholt. Als gekeimt gilt eine Achäne, wenn die Radicula die Achänenwand durchbrochen hat und mindestens 1 mm *recht-*

---

[8] Nach Borthwick HA, Hendricks SB, Parker MW, Toole EH, Toole VK (1952) Proc Natl Acad Sci USA 38: 662–666.

winklig gebogen aus der Achäne herausragt. (In manchen Fällen kommt es zwar zu einer Ausdehnung des Embryos (+Endosperm) aber zu keinem echten Wachstum; diese Achänen werden als nicht gekeimt betrachtet. Die Keimprozentsätze werden in einer Tabelle zusammengestellt.

Probleme (weiterführende Experimente)

1. Wie verläuft die *Keimkinetik* in der Population unter den verschiedenen Lichtbedingungen? (Auszählen der Keimrate im 2-h-Abstand unter schwachem grünem Sicherheitslicht. Die sigmoiden Keimkinetiken können durch *Probit-Transformation* in Geraden verwandelt werden; → Bd. 1. S. 14.)
2. Für die vorstehend beschriebenen Experimente werden Bestrahlungszeiten verwendet, welche das Photogleichgewicht des Phytochroms einstellen, d.h. ca. 80% P_{fr} im HR und ca. 3% P_{fr} im DR. Wie reagieren die Achänen auf *niedrigere Bestrahlungszeiten?* (Bestimmung der Bestrahlungsdauer-Effekt-Kurve für die Induktion durch HR bzw. für die Reversion eines sättigenden HR-Pulses mit DR, z.B. mit Bestrahlungszeiten von 1/3/9/27/81/243 s.)
3. Gilt für die Keiminduktion (bzw. für deren Reversion) das *Reziprozitätsgesetz?* (Nach diesem Gesetz kommt es für die Wirksamkeit eines induzierenden Lichtpulses weder auf die *Dauer* noch auf den *Fluß* der Bestrahlung, sondern auf die *Menge an eingestrahlten Photonen [Photonenfluenz, das Produkt von Fluß und Dauer]* an: $J \cdot t = konst$. Zur Überprüfung dieser Gesetzmäßigkeit bestrahlt man mit verschiedenen Energieflüssen [$J \cdot m^{-2} \cdot s^{-1}$] und verschiedenen Zeiten [s], welche zur gleichen Photonenmenge, gemessen als *Energiefluenz* [$J \cdot m^{-2}$], führen. Diese sollte so gewählt werden, daß sie etwa 50% Effekt erzeugt [also z.B. 60% Keimung bei 20% Dunkelkeimung]. Zur Abstufung des Energieflusses deckt man die Keimschalen mit definierten Neutralfiltern [z.B. 10/1/0,1% Durchlässigkeit] ab, wobei seitlicher Lichteinfall ausgeschlossen werden muß.)
4. Wie lange dauert es nach einem induzierenden HR-Puls, um die *Keiminduktion irreversibel festzulegen,* d.h. unabhängig von der Anwesenheit von P_{fr} zu machen? (Achänen nach der HR-Bestrahlung für 0/3/6/9/12/15 h im Dunkeln halten und dann mit einem DR-Puls bestrahlen; Kontrollen: DR-Pulse ohne HR-Vorbestrahlung.)
5. Dauer-DR führt zu einer starken Hemmung der Keimung (*Photodormanz*). Können die Achänen auch nach längerer DR-Bestrahlung durch HR wieder zur Keimung induziert werden? (Achänen für 0/12/24/36/48/60/72 h im Dauer-DR halten und dann mit einem HR-Puls bestrahlen und ins Dunkle stellen.)

6. Die Samen von *Amaranthus caudatus* var. *viridis* [grüner Fuchsschwanz (Amaranthaceae), eine verbreitete Gartenpflanze] keimen vollständig im Dunkeln und im Weißlicht. Dunkelrotes Licht hemmt jedoch die Keimung. Wie ist dieses Phänomen zu verstehen? [Literatur: Frankland RE, Frankland B (1969) Planta 85: 326–339.]

13.5 (A) Phytochrominduzierte Flavonoidbiosynthese in den Kotyledonen des Senfkeimlings [9]

Die Synthese von *Anthocyan* („Jugendanthocyan") und anderen *Flavonoiden* (→Abb. 5, S. 27) im jungen Keimling ist bei vielen Pflanzen vom Licht abhängig. Dieser Entwicklungsprozeß wurde in den letzten Jahren auf der enzymatischen Ebene weitgehend aufgeklärt und kann als Paradebeispiel für eine „biochemische Photomorphose" gelten. Die lichtinduzierte Synthese von Flavonoid-Pigmenten hat sich als besonders geeignet erwiesen, um Information über die Signal-Reaktionskette zwischen Photoreceptor-Anregung und terminaler photomorphogenetischer Antwort zu gewinnen (→ Literatur). Zunächst konnte an Zellkulturen, später auch an geeigneten intakten Pflanzen der Nachweis geführt werden, daß die Synthese aller bisher bekannten Enzyme dieses Biosyntheseweges durch Licht über die Bildung der entsprechenden mRNAs gesteuert werden kann. Es handelt sich hier also um eine lichtabhängige Genexpression, bei der eine ganze Gruppe funktionell zusammengehöriger Enzyme gleichzeitig durch eine Aktivierung der Gentranskription gebildet wird. Als Photoreceptor-Pigmente dienen entweder Phytochrom oder Blau/UV-absorbierende Moleküle.

Im belichteten Senfkeimling produziert der Flavonoid-Biosyntheseweg eine Reihe von Anthocyanen (alle mit *Cyanidin* als Aglycon) und Flavonole (mit *Kaempferol* und *Quercetin* als Aglyca; chemische Struktur → Literatur). Diese Flavonoide sind in den Kotyledonen auf die Epidermis beschränkt. Auch innerhalb dieses Gewebes ist die Fähigkeit zur Flavonoidsynthese nicht gleichmäßig verteilt. So wird z. B. das Anthocyan in den Kotyledonen bevorzugt in der *unteren* Epidermis gebildet, während die Flavonole in der *oberen* Epidermis zu finden sind. Diese Photomorphose gehorcht also einem komplizierten *räumlichen Kompetenzmuster,* das zu einem entsprechenden *räumlichen Differenzierungsmuster* führt. Der wichtigste Photoreceptor für die Realisierung dieses Differenzierungsmusters ist das *Phytochrom*, das in allen Zellen des Keimlings in gleicher Weise gebildet wird und daher nicht

---

[9] Weißer Senf, *Sinapis alba* (Brassicaceae), → Experiment 2.6.

für die Gewebespezifität der Reaktion verantwortlich gemacht werden kann. Die Intensität der Flavonoidsynthese ist mit der Menge an P_{fr} korreliert, welche durch eine bestimmte Belichtung in den kompetenten Geweben des Keimlings erzeugt wird. Bereits kleine Mengen an P_{fr} (z. B. bei einer Einstellung von $\varphi_\lambda = 0{,}01$, s. Fußnote S. 330) induzieren einen gut meßbaren Anstieg des Anthocyangehalts. Im Dunkeln werden praktisch keine Flavonoide gebildet, was für die Messung kleiner Lichteffekte besonders günstig ist. Wenn der P_{fr}-Pegel durch Destruktion im Dunkeln (oder Reversion mit dunkelrotem Licht) abgesenkt wird, beobachtet man nach kurzer Zeit eine entsprechende Verminderung der Flavonoidsyntheseintensität.

Zur experimentellen Induktion der phytochromabhängigen Flavonoidbiosynthese wählt man häufig nicht induktive Lichtpulse mit hellrotem Licht, sondern eine *Dauer-Dunkelrotbestrahlung,* welche die *Hochintensitätsreaktion* des Phytochroms anregt. Unter diesen Bedingungen ist eine zwar niedrige, aber weitgehend konstante, hochwirksame Menge an P_{fr} aktiv, welche eine konstante Stimulation der Photomorphogenese liefert. Man erzeugt also, im Gegensatz zur Pulsbestrahlung, stationäre Induktionsbedingungen; der zeitliche Verlauf der photomorphogenetischen Prozesse wird daher nicht durch Veränderungen der P_{fr}-Menge kompliziert. Als Bezugssystem ($\rightarrow$ Bd. 1: S. 26) für die quantitative Beschreibung der photomorphogenetischen Reaktion ist die *biologische Einheit* (z. B. „Kotyledonenpaar") geeignet. Da während der Keimlingsentwicklung in den Kotyledonen keine Zellteilung und auch keine Vermehrung der DNA stattfindet, repräsentiert diese Bezugsgröße unter allen Bedingungen eine konstante Anzahl von Zellen mit konstanter Genomgröße.

Im folgenden soll in den Kotyledonen von Senfkeimlingen während der Kompetenzphase für die Flavonoidbildung die Induktion von *Anthocyan* und *Flavonolen* durch Phytochrom quantitativ untersucht werden. Zusätzlich kann, als Beispiel für ein am Phenylpropanstoffwechsel beteiligtes Enzym, die *Phenylalaninammoniumlyase* (PAL, EC 4.3.1.5) durch einen einfachen optischen Test gemessen werden. Dieses Enzym katalysiert den ersten Schritt der Biosynthesekette zu den Flavonoiden ($\rightarrow$ Literatur) und nimmt daher eine Schlüsselposition an der Nahtstelle zwischen Grund- und Sekundärstoffwechsel ein. Der Enzymtest beruht auf der Messung der gebildeten trans-Zimtsäure, welche, im Gegensatz zum Phenylalanin, eine starke Absorptionsbande bei 290 nm aufweist.

Literatur

Beggs CJ, Wellmann E, Grisebach H (1986) Photocontrol of flavonoid biosynthesis. In: Kendrick RE, Kronenberg GHM (eds) Photomorphogenesis in plants. Martinus Nijhoff, Dordrecht, pp 467–499

Grisebach H, Hahlbrock K (1977) Pflanzliche Zellkulturen zur Aufklärung von Biosynthesewegen. Biologie in unserer Zeit 7:170–177
Mohr H (1983) Pattern specification and realization in photomorphogenesis. In: Shropshire W, Mohr H (eds) Encycl Plant Physiol NS, Vol 16 A, Springer, Berlin Heidelberg New York Tokyo, pp 336–357

A. Messung der Anthocyansynthesekinetik

Material und Geräte

1. Samen von *Sinapis alba*[10] (auf gleiche Größe und Gestalt ausgelesenes, homogen keimendes Saatgut)
2. Extraktionsmedium: n-Propanol – 32 Gew.% HCl – H_2O (18 : 1 : 81 Volumenteile)
3. Keimdosen (z. B. Kühlschrankdosen aus Polystyrol, 10 × 10 cm Grundfläche, 6 cm hoch, mit durchsichtigem Deckel) mit Filterpapiereinlage (8 × 8 cm), lichtdichte Tücher, geschwärzte Kartons, Bestrahlungsanlage für dunkelrotes Licht (Energiefluß ≥ 1 W · m^{-2}) in temperaturkontrolliertem Raum (25 °C), feine Pinzette, Skalpell, Szintillationsgläschen mit Schraubdeckel (20 ml), Wasserbad (100 °C), Zentrifuge (10 000 × g), Zentrifugenbecher (Plastik, 10 ml), Photometer (535, 650 nm), Küvetten (1 cm, Glas oder Plastik).

Durchführung[11] (Grundexperiment)

1. *Aussaat und Anzucht der Keimlinge:* In 24 Keimdosen werden jeweils 25 Samen auf 4 Lagen Filterpapier äquidistant ausgelegt und soviel dest. Wasser zugegeben, daß die Samen voll benetzt sind (aber noch nicht wegschwimmen, ca. 12 ml). Dosen sofort anschließend in lichtdichte Tücher einwickeln und in zwei schwarze Kartons (9 bzw. 15 Dosen) verpackt bei 25 °C aufstellen.
2. *Bestrahlung:* Nach 36 h Dunkelanzucht werden die 15 Dosen einer Schachtel ausgepackt und in ein Dunkelrot-Lichtfeld (25 °C) gestellt.
3. *Extraktion und Messung des Anthocyans:* 3/6/12/18/24 h nach Beginn der Bestrahlung werden jeweils 3 Dosen mit belichteten Keimlingen aufgearbeitet. Je 3 Dosen Dunkelkeimlinge werden 36, 48 und 60 h nach Aussaat (0/12/24 h nach Bestrahlungsbeginn) aufgearbeitet. Man wählt aus jeder Dose die 20 Keimlinge mit den längsten Hypokotylen aus, schneidet ihre Kotyledonen an der Basis der Lamina ab und wirft diese in vorbereitete Szintillationsgläschen mit 10 ml Extraktionsmedium. Die Gläschen werden verschlossen für 5 min im kochenden Wasserbad erhitzt und zur vollständigen Extraktion für 3 h im Dunkeln stehengelassen. Anschließend werden die Extrakte in Zentrifugenbecher überführt und für 10 min bei 10 000 × g zen-

---

[10] Saatgut vom Autor erhältlich.
[11] Nach Lange H, Shropshire W, Mohr H (1971) Plant Physiol 47:649–655.

trifugiert. Der klare Überstand (2–3 ml) wird vorsichtig in eine 1-cm-Küvette gefüllt und seine Extinktion bei 535 und 650 nm gegen eine Referenzküvette mit reinem Extraktionsmedium gemessen.

Auswertung

Das Anthocyan besitzt in saurer Lösung einen breiten Extinktionsgipfel um 535 nm, der zur photometrischen Messung ausgenützt wird. Um für eine unvermeidbare Resttrübung der Meßlösung zu korrigieren, mißt man zusätzlich die Extinktion bei 650 nm, einer Wellenlänge außerhalb des Anthocyangipfels, und berechnet daraus nach dem RALEIGHschen Streuungsgesetz den trübungsbedingten Extinktionsanteil bei 535 nm. Für die Streuungskorrektur gilt dann:

$$\Delta E_{Anth} = E_{535} - 2{,}2\, E_{650}.$$

Die ΔE_{Anth}-Werte stellen *relative Werte* für die Menge an Anthocyan in 20 Kotyledonenpaaren dar. Man berechnet Mittelwerte aus 3 Parallelen ($\pm$ Schwankungsbreite) und stellt die Kinetik im DR und Dunkeln als Kurvenzüge dar.

B. Messung der Flavonolakkumulation nach chromatographischer Reinigung

Material und Methoden

1. 72 h alte Keimlinge von *Sinapis alba* (Anzucht: 72 h Dunkel bzw. 36 h Dunkel + 36 h DR, jeweils 20 Keimlinge; → Teil A.)
2. Reagenzien und Geräte wie bei Experiment 1.9, Teil B
3. Pasteurpipetten mit Saugball, Mikroreaktionsgefäße (1,5 ml, Plastik) und dafür geeignete Zentrifuge (1000 × **g**), Kolbenpipette (50 µl), Spektralphotometer (200–500 nm), Küvetten (1 cm, 1 ml, Quarz).

Durchführung (Grundexperiment)

1. *Extraktion und Hydrolyse:* Die Flavonoide werden aus den Kotyledonen von 20 Dunkel- bzw. DR-Keimlingen in einem Schraubdeckelgläschen mit 1 ml HCl-Lösung (2 mol · l^{-1}) für 60 min bei 100 °C extrahiert und gleichzeitig hydrolysiert (→ Experiment 1.9, Teil B). Nach dem Abkühlen wird der Extrakt mit einer Pasteurpipette abgesaugt und in einem Mikroreaktionsgefäß mit 250 µl Ethylacetat kräftig geschüttelt. Nach kurzer Zentrifugation trennt sich eine fast farblose Oberphase von einer roten Unterphase ab.
2. *Chromatographie:* Von der Oberphase werden 4 × 50 µl mit einer Kolbenpipette abgenommen und als 5 cm breites Band auf die Auftragslinie einer

Cellulose-Dünnschichtplatte aufgetragen. Die Chromatographie erfolgt wie bei Experiment 1.9, Teil B beschrieben. Wenn die Front etwa 10 cm weit gewandert ist (nach 2–3 h) wird die Chromatographie abgebrochen. Die hellgelbe Bande bei $R_f \approx 0{,}5$ (die im NH_3-Dampf deutlicher sichtbar wird) enthält die unter diesen Bedingungen gemeinsam laufenden Flavonole Quercetin und Kaempferol. Außerdem treten bei $R_f \approx 0{,}7-0{,}9$ einige gelbe Banden auf, die auf verschiedene Zimtsäurederivate (z. B. Sinapinsäure, Ferulasäure) zurückgehen.

3. *Messung:* Die Flavonolbande wird mit einem Spatel herausgekratzt, das Pulver in ein Mikroreaktionsgefäß überführt, mit 1 ml 70 Vol.% Methanol versetzt, durch Schütteln extrahiert und durch Zentrifugieren geklärt. Überstand in eine Küvette füllen und Absorptionsspektrum (220–450 nm) registrieren. Nach Einstellung eines alkalischen pH-Wertes (Zusatz von 5 µl Boratpuffer) tritt eine charakteristische Verschiebung des langwelligen Absorptionsgipfels (≈ 370 nm) um etwa 50 nm zu längeren Wellenlängen ein (*batochrome Verschiebung*). Die Extinktion im Scheitelpunkt des Gipfels (vor oder nach Alkalisierung) kann als relatives Maß für die Flavonoidkonzentration im Extrakt verwendet werden.

C. Messung der Induktionskinetik von Phenylalaninammoniumlyase

Material und Geräte

1. Keimlinge von *Sinapis alba* (Anzucht: 36 h Dunkel +0/3/6/12/18/24 h DR bzw. Dunkel, jeweils 50 Keimlinge; → Teil A)
2. Boratpuffer (0,2 mol · l^{-1} an Borat, pH 8,8): 15,3 g $Na_2B_4O_7 \cdot 10\ H_2O$, 2,5 g H_3BO_3 und 0,6 g NaCl in 1 l lösen, mit konz. HCl auf pH 8,8 einstellen, filtrieren.
3. Phenylalanin-Lösung (0,1 mol · l^{-1} in Boratpuffer)
4. Reibschale (7 cm), Quarzsand, Eisbad, Kühlzentrifuge (30 000 × **g**, 5 °C), Zentrifugenbecher (10 ml, Plastik), 2 Sephadex-Säulen (→Abb. 43), Zentrifuge mit Ausschwingrotor (1200 × **g**), Pasteurpipetten mit Saugball, Exsiccator mit Wasserstrahlpumpe, Photometer (290 nm, mit temperiertem Küvettenhalter, 25 °C), Kolbenpipetten (200, 1000 µl), Küvetten (1 cm, 1 ml, Quarz), Stoppuhr.

Durchführung[12] (Grundexperiment)

1. *Herstellung des Enzymextrakts:* 40 Kotyledonenpaare eines Ansatzes werden in einer eisgekühlten Reibschale mit 1 g Quarzsand und 3 ml Boratpuffer zu einer feinen Suspension homogenisiert (5 min). Homogenat mit weiteren 3 ml Puffer verrühren und in einen Zentrifugenbecher überführen. Nach der Zentrifugation (20 min, 40 000 × **g**, 5 °C) kann man vorsichtig mit einer

---

[12] Nach Schopfer P, Mohr H (1972) Plant Physiol 49: 8–10.

Saugpipette ca. 4 ml *klaren* Überstand unter der Fettschicht abnehmen. (Der Überstand muß völlig trübungsfrei sein, gegebenenfalls Zentrifugation wiederholen.)

2. *Reinigung des Enzymextrakts:* Zur Entfernung von niedermolekularem UV-absorbierendem Material wird der Extrakt durch eine Sephadex-Säule filtriert[13] (Abb. 43). Eine mit Boratpuffer äquilibrierte, bei 1200 × **g** für 2 min vorzentrifugierte, gekühlte Säule wird mit 3 ml Extrakt beladen. Nachdem der Extrakt völlig in das Säulenmaterial eingedrungen ist, wird die Säule erneut bei 1200 × **g** für 2 min zentrifugiert und das Eluat aufgefangen (gekühlt aufbewahren).

3. *Messung der Enzymaktivität*[14]: 1,0 ml Enzymextrakt + 200 µl Phenylalanin-Lösung bzw. 1,0 ml Enzymextrakt + 200 µl Boratpuffer (Leerprobe) werden in Küvetten gut gemischt und zur Vermeidung von Luftblasenbildung während der Messung kurz entgast (Küvetten in einem Halter in Exsiccator stellen und diesen mit Wasserstrahlpumpe evakuieren). Die Küvetten werden im Photometer auf 25 °C temperiert. Nach 30 min erfolgt die erste Ablesung der Extinktion (290 nm, Referenz: Leerprobe). Der Extinktionsanstieg ΔE_{290} durch Bildung von Zimtsäure wird in regelmäßigen Abständen (z. B. alle 20 min) gemessen, bis sich aus der linearen Kinetik ein genauer Wert für die Steigung ermitteln läßt.

Auswertung

Der Extinktionskoeffizient für *trans*-Zimtsäure ist $\varepsilon_{290} = 10^4 \, l \cdot mol^{-1} \cdot cm^{-1}$. Mit Hilfe dieses Werts läßt sich nach dem LAMBERT-BEERschen Gesetz (→ Bd. 1: S. 82) aus ΔE_{290} die Zimtsäurekonzentration in der Küvette und deren Änderung mit der Zeit berechnen. Berücksichtigt man, daß diese Konzentrationsänderung in 1,2 ml Meßlösung stattfindet und dafür 1 ml von insgesamt 6 ml Enzymextrakt, gewonnen aus 40 Kotyledonenpaaren, eingesetzt wurde, so kann man die Enzymaktivität nach folgender Formel berechnen (→ Bd. 1: S. 102):

$$\text{Enzymaktivität } [kat \cdot Kotyledonenpaar^{-1}] =$$

$$= \frac{\Delta E_{290} \cdot 1{,}2 \cdot 10^{-3} \, l \cdot 6 \, ml}{\Delta t \, [s] \cdot \varepsilon_{290} \cdot 1 \, cm \cdot 1 \, ml \cdot 40 \, Kot.p.}$$

---

[13] Alternativ kann man diese Störsubstanzen auch durch Adsorption an Aktivkohle reduzieren (Zusatz von 1 g *gekörnter* Aktivkohle zum Extrakt, anschließend abzentrifugieren). Die Sephadex-Filtration ist jedoch erheblich wirkungsvoller.
[14] Man überzeuge sich durch Variation der Substratkonzentration, daß die operationalen Kriterien für eine korrekte Bestimmung der Enzymaktivität (→ Bd. 1: S. 105) erfüllt sind.

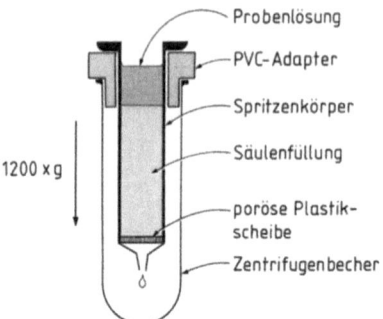

Abb. 43. Vorrichtung zur Reinigung von Enzymextrakten durch Gelchromatographie an Sephadex G-25. Die Trennsäule besteht aus dem Rohr einer stabilen 10-ml-Plastikspritze (Polypropylen), in welches unten ein Scheibchen aus porösem Polyethylen (Frittenmaterial) dicht eingesetzt wurde. Dieses Rohr wird mit Hilfe eines Adapters in einen Plastik-Zentrifugenbecher gesteckt. Arbeitsweise: Die Säule wird mit einer Suspension von Sephadex[15] G-25 (fine) aufgefüllt, bis nach Ablaufen der Flüssigkeit 10 ml gepackte Säulenfüllung übrig bleibt. Das Gelbett wird mit 10 ml des gewünschten Puffers durchgewaschen (äquilibriert) und anschließend für 2 min bei 1200 × g in einem Schwenkbecherrotor zentrifugiert. Hierbei wird lediglich die mobile Flüssigkeitsphase entfernt. Verschlossen kann die Säule in dieser Form bis zum Gebrauch aufbewahrt werden (5 °C). Der zu reinigende Enzymextrakt (1–3 ml) wird mit einer Pipette vorsichtig auf die Säule aufgetragen. Nachdem die Probe vollständig in das Gel eingedrungen ist, erfolgt eine zweite Zentrifugation von 2 min bei 1200 × g. Hierbei wandern alle Makromoleküle (> 5 kDa) in der mobilen Phase durch das Gelbett, während alle kleineren Moleküle in die stationäre Phase eindringen und dort festgehalten werden. Das bei der 2. Zentrifugation erhaltene Eluat hat das gleiche Volumen wie die aufgetragene Probe; es tritt daher keine Konzentrationsänderung der Makromoleküle ein. Diese sehr einfache und schnelle Reinigungsmethode für Makromoleküle arbeitet praktisch verlustfrei und kann auch noch weiter miniaturisiert werden. Sie ist z. B. auch zum Entsalzen und Umpuffern von Protein-Lösungen geeignet. [Literatur: Helmhorst E., Stokes GB (1980) Anal Biochem 104:130–135.]

---

[15] Granuliertes, poröses Gel auf Dextranbasis (→ Bd. 1: S. 138) von Pharmacia LKB (→ S. 444).

Analytische Experimente 341

Probleme (weiterführende Experimente)

Mit den hier beschriebenen Methoden lassen sich eine Fülle von Fragestellungen experimentell untersuchen, von denen hier nur drei Komplexe herausgegriffen werden sollen. Bei den quantitativen Fragestellungen werden hohe Anforderungen an die Sorgfalt bei der Aufarbeitung und Messung gestellt. Klare Resultate sind mit ≥ 4 unabhängigen Parallelen pro Kurvenpunkt zu erwarten.

1. Das Phytochrom liegt in den Senfsamen bereits wenige Stunden nach der Quellung in lichtempfindlicher Form vor. Die Anthocyansynthese setzt jedoch in belichteten Kotyledonen erst ein, wenn die Epidermiszellen *kompetent* für P_{fr} bezüglich der Fähigkeit zur Anthocyanbildung geworden sind. Der Beginn der Kompetenz wird als „Startpunkt" bezeichnet. Eine andere Frage ist, bis zu welchem Zeitpunkt der Keimlingsentwicklung das P_{fr} noch ohne Folgen auf die Anthocyansynthese revertiert werden kann. Wenn die Reversibilität verloren geht, hat das P_{fr} offensichtlich eine Signalkette in Gang gesetzt, welche auch dann weiter abläuft, wenn das P_{fr} zum inaktiven P_r revertiert wird. Der Zeitpunkt, an dem dies passiert, wird als „Kopplungspunkt" bezeichnet. [Literatur: Steinitz B, Drumm H, Mohr H (1976) Planta 130: 23–31.]
  a) Wann setzt die *Kompetenz* der Anthocyansynthese für P_{fr} genau ein? (Bestimmung des „Startpunktes"; Keimlinge von der Aussaat an mit Dauer-HR bestrahlen und nach 24/27/30/33/36 h den Anthocyangehalt messen. Kontrolle: Dunkelkeimlinge.)
  b) Bis zu welchem Zeitpunkt ist die Induktion der Anthocyansynthese noch *voll revertierbar?* (Bestimmung des „Kopplungspunktes"; Keimlinge von der Aussaat an mit Dauer-HR bestrahlen, nach 24/27/30/33/36 für 10 min mit DR[16] bestrahlen und 60 h nach der Aussaat den Anthocyangehalt messen. Kontrollen: 1. nur 10 min DR zum jeweiligen Zeitpunkt. 2. Dauer-HR ohne DR-Puls.)
2. Verlaufen die *Induktionskinetiken* für *Anthocyan* und *Flavonole* in den Senfkotyledonen im dunkelroten Dauerlicht parallel, oder treten spezifische Unterschiede zwischen diesen beiden Endprodukten des Flavonoidbiosyntheseweges auf? (Anthocyan direkt im Rohextrakt, Flavonole nach Hydrolyse und chromatographischer Reinigung photometrisch bestimmen.)
3. PAL wird in vivo relativ schnell wieder abgebaut. Wie verändert sich der *Enzympegel,* wenn das induzierende Dauer-DR-Licht nach einer längeren

---

[16] Eine bessere Revertierungswirkung erhält man mit längerwelligem DR (z. B. 756-nm-Licht, das sich mit einem RG-9-Filter von Schott isolieren läßt; $\varphi_{756} \leq 0{,}01$).

Bestrahlungszeit abgeschaltet wird? [Keimlinge nach 36 h Dunkelanzucht für 12 h mit DR bestrahlen und dann für 12 h im Dunkeln halten (Kontrolle: für die gesamten 24 h im DR halten). Messung der Enzymaktivität im Zeitraum 48–60 h nach Aussaat in 3-h-Abständen. (Literatur: Acton GJ, Fischer W, Schopfer P (1980) Planta 150: 53–57.)]

13.6 (A) Messung der lichtinduzierten Chlorophyllbildung in Bohnenblättern[17] in vivo und in vitro

Die Angiospermen bilden Chlorophyll nur im Licht (→ Experiment 13.1). Bei der Erforschung des Biosyntheseweges, welcher vom δ-Aminolävulinat zum Chlorophyll *a* führt (→ Lehrbücher der pflanzlichen Biochemie), hat man nur einen Reaktionsschritt gefunden, der bei diesen Pflanzen direkt vom Licht abhängt: die Reduktion von *Protochlorophyllid* (*PChlid*) zum *Chlorophyllid a* (*Chlid*). Bei dieser Reaktion werden 2 Wasserstoffatome an die Positionen 7 und 8 des Pyrrolringes IV von PChlid angelagert, wozu das Pigmentmolekül durch Absorption eines Photons in einen angeregten Zustand versetzt werden muß. PChlid ist also der Photoreceptor seiner eigenen Umwandlung. Diese *Photoreduktion* läßt sich photometrisch verfolgen, da durch die Veränderungen im System der konjugierten Doppelbindungen markante Verschiebungen im Absorptionsspektrum des Pigments auftreten.

In der Zelle findet die Phototransformation von PChlid zu Chlid an einem Proteinkomplex statt, der als *Protochlorophyllid-Holochrom* (*PCH*) bezeichnet wird. Dieser im Prolamellarkörper der Etioplasten lokaliserte Komplex kann aus etiolierten Angiospermenblättern in aktiver Form isoliert werden. Im gereinigten PCH wird das gebundene PChlid durch Licht innerhalb von 10^{-5} s zu Chlid reduziert, ohne daß hierfür der Zusatz eines Reduktanten erforderlich wäre. Man muß daraus schließen, daß der übertragene Wasserstoff aus dem Holochrom selbst stammt. Eine kontinuierliche Photoreduktion von zugesetztem PChlid in vitro kann mit einem Enzym durchgeführt werden, welches NADPH als Elektronendonator verwendet. Diese *PChlid-Oxidoreductase* liegt offenbar im isolierten Holochrom in ausreichend reduzierter Form vor, um das gebundene Pigment zu reduzieren. Im belichteten Etioplasten wird das neu gebildete Chlid anschließend vom Holochrom abgespalten, in Chlorophyll *a* und *b* umgewandelt (Bildung der Phytolester) und in dieser Form in die verschiedenen Pigment-Proteinkomplexe der Photosysteme in der sich gleichzeitig bildenden Thylakoidmembran eingebaut. Bei diesen komplizierten Umbaureaktionen treten Veränderungen in den Wechselwirkungen zwischen den Chlorophyllmolekülen und ihrer unmittel-

---

[17] Gartenbohne, *Phaseolus vulgaris* (Fabaceae), → Experiment 4.9.

baren Umgebung auf, was zu deutlich meßbaren Verschiebungen ihres langwelligen Absorptionsgipfels führt (SHIBATA-shift).
Mit Hilfe der *in-vivo-Spektroskopie* (→ Bd. 1: S. 89) kann man die lichtinduzierte Umwandlung von PChlid in Chlid und den SHIBATA-shift direkt im intakten Blatt verfolgen. Da die Messung an lichtstreuenden Proben erfolgt, ist allerdings das LAMBERT-BEERsche Gesetz (→ Bd. 1: S. 82) nicht anwendbar, so daß keine absoluten Messungen der Pigmentkonzentrationen möglich sind. Nach Extraktion des PCH mit einem geeigneten Medium (in dem ein *Detergenz* zur Auflösung von Membranen und *Glycerin* zur Stabilisierung des Holochroms enthalten ist) kann man die Photoreduktion des PChlids quantitativ korrekt in Lösung messen. Da das Pigment im Holochrom nicht-covalent gebunden vorliegt, ist es ohne Schwierigkeiten quantitativ mit einem organischen Lösungsmittel zu extrahieren.

Als Objekte für das Studium dieser Schlüsselreaktion der Ergänzung von Pflanzen eignen sich im Prinzip alle Angiospermenarten mit der Fähigkeit, auch im Dunkeln größere Blätter auszubilden. Neben Gräsern wie Mais oder Gerste sind hierfür vor allem etiolierte Keimlinge der Gartenbohne gut geeignet, welche relativ große, rasch ergrünungsfähige Primärblätter besitzen. In diesem Material macht das PCH etwa 15% des gesamten Proteingehaltes aus.

Literatur

Boardman NK (1966) Protochlorophyll. In: Vernon LP, Seely GR (eds) The chlorophylls. Academic Press, New York, pp 437–479
Kirk JTO, Tilney-Bassett RAE (1978) The plastids. 2. edn. Elsevier/North Holland, Amsterdam
Schopfer P, Siegelman HW (1968) Purification of protochlorophyllide holochrome. Plant Physiol 43:990–996

A. In-vivo-Messung der Protochlorophyllidreduktion

Material und Geräte

1. Etiolierte Keimlinge von *Phaseolus vulgaris* (10–12 d auf Vermiculit bei 25 °C in lichtdichtem Kasten angezogen)
2. Zweistrahl-Spektralphotometer mit ausreichend hoher Empfindlichkeit (bis Extinktion 4, 400–730 nm, automatischer Wellenlängenvorschub), 2 Opalglasscheiben[18] (Milchglas; 12,5 mm breite, 50 mm lange Streifen, die sich in den Küvettenhalter des Photometers einsetzen lassen), Dunkelraum mit grünem Sicherheitslicht (→ Bd. 1: S. 78), Tesafilm (1 cm breit), Elektronenblitzgerät.

---

[18] Als „Opal-Überfangglas" im Handel erhältlich. Ähnlich geeignet ist milchig-trübes Plastikmaterial oder eine Glasscheibe (Küvette), die mit dünnem Filterpapier beklebt ist.

Durchführung[19] (Grundexperiment)

Das Photometer sollte in einem Dunkelraum aufgestellt sein, der mit grünem Sicherheitslicht ausgestattet ist. Schwaches Streulicht aus dem Lampengehäuse des Photometers, Skalenbeleuchtung usw. schaden nichts, wenn der Arbeitsplatz nicht direkt betroffen ist. Zur Bedienung des Photometers ist eine mit einem Grünfilter abgeschirmte Taschenlampe (→ Bd. 1: S. 78) nützlich.

1. Aus dem lichtdichten Anzuchtkasten wird ein Keimling unter dem Grünlicht entnommen und ein Primärblatt abgeschnitten. Das entfaltete Primärblatt[20] wird flach auf einen Streifen Tesafilm geklebt und dieser seinerseits flach auf die trübe Seite der Opalglasscheibe geklebt. Photometer auf 730 nm einstellen und Opalglasscheibe im Küvettenhalter senkrecht zum Meßstrahl befestigen (festklemmen). Es ist darauf zu achten, daß das Blatt den Meßstrahl vollständig abdeckt (in Vorversuch prüfen). Die zweite Opalglasscheibe wird als Referenzprobe im Vergleichsstrahlengang angebracht.
2. Nach Verschluß der Küvettenkammer kann zur Messung die normale Raumbeleuchtung eingeschaltet werden. Extinktion auf Null abgleichen und Spektrum in Richtung auf kürzere Wellenlängen abfahren, bis die Extinktion den Wert 1 übersteigt.
3. Nach Zurückstellen des Photometers auf 730 nm wird die Küvettenkammer geöffnet und das Blatt an Ort und Stelle mit einem Blitz belichtet. (Alternativ kann 30 s Licht aus einer hellen Weißlichtlampe gegeben werden.) Spektrum sofort anschließend erneut abfahren.
4. Durch Wiederholung der Belichtung kann man sich davon überzeugen, daß der Blitz alles transformierbare PChlid in Chlid umgewandelt hat. Anschließend wiederholt man die Messung am dunkel gehaltenen Blatt in 15-min-Abständen während der nächsten 2 h, um die spektrale Verschiebung des Chlid-Absorptionsgipfels zu erfassen.

Auswertung

Aus den aufgezeichneten Spektren kann man die Gipfelposition von PChlid bzw. neu gebildetem Chlid in vivo und deren Veränderungen mit der Zeit entnehmen. Als Maß für die Transformation nach nicht-saturierender Belichtung bestimmt man das Verhältnis zwischen Chlid-Gipfelhöhe und

---

[19] Nach Akoyunoglou GA, Siegelman H (1986) Plant Physiol 43: 66–68.
[20] Falls es die Empfindlichkeit des Photometers zuläßt, können auch 2 Blätter übereinander gelegt werden.

PChlid-Gipfelhöhe, wobei schräge Basislinien als Tangenten an die tiefsten Punkte auf beiden Seiten der Gipfel angelegt werden müssen, um für die unspezifische Absorption in der Probe zu korrigieren.

B. In-vitro-Messung der Protochlorophyllidreduktion

Material und Geräte (siehe auch Teil A)

1. Etwa 250 etiolierte Keimlinge von *Phaseolus vulgaris* (→ Teil A)
2. Extraktionsmedium: 0,1 mol·l^{-1} Tris, 0,06 Vol.% Triton X-100[21], 25 Vol.% Glycerin mit konz. HCl auf pH 8,6 einstellen.
3. Quarzsand, Reibschale (15 cm), Eisbad, Verbandmull (4 Lagen, 20 × 20 cm), Kühlzentrifuge (30 000 × **g**, 5 °C), Zentrifugenbecher (50 ml, Plastik), Spektralphotometer (400–730 nm), lichtdichte Dose, Küvetten (1 cm, 3 ml Plastik oder Glas), Elektronenblitzgerät.

Durchführung[22] (Grundexperiment)

Die Aufarbeitung muß in einem Dunkelraum mit grünem Sicherheitslicht durchgeführt werden (→ Teil A). Zum Transport von Extrakten usw. im Licht dient eine lichtdicht verschließbare Blechdose.

1. Zwanzig Gramm etiolierte Primärblätter werden im grünen Sicherheitslicht geerntet und in einer eisgekühlten Reibschale mit 40 ml Extraktionsmedium und 5 g Sand homogenisiert (5–10 min).
2. Die Suspension wird durch 4 Lagen Mull in ein Becherglas abgepreßt und der erhaltene Extrakt für 30 min bei 30 000 × **g** (5 °C) zentrifugiert. Der klare Überstand wird vorsichtig dekantiert. (Ein eventuell vorhandener Lipidfilm auf dem Extrakt kann mit einer Saugpipette vorsichtig abgenommen werden.)
3. Von dem auf Eis im Dunkeln aufbewahrten Extrakt wird eine 3-ml-Probe in eine Küvette gefüllt und das Spektrum zwischen 730 und ca. 580 nm vor bzw. nach einer Belichtung aufgenommen (→ Teil A).

Probleme (weiterführende Experimente)

1. Weder die in-vivo- noch die in-vitro-Messung der Pigmente lassen eine exakte Bestimmung der Konzentrationen von PChlid und Chlid zu, da die

---

[21] Triton X-100 = Octylphenol-polyethylenglycolether, ein nichtionisches Detergenz, das häufig zur Zerstörung von Biomembranen und Solubilisierung von membrangebundenen Proteinen im nativen Zustand verwendet wird (→ S. 73).
[22] Nach Siegelman HW, Schopfer P (1971) Methods in Enzymology, Vol XXIII: 578–582 (verändert).

Extinktionskoeffizienten der Pigmente durch äußere Einflüsse (z. B. Bindung an Protein) verändert sind. Wie groß sind die genauen *molaren Mengen von PChlid und Chlid* in den Blättern bzw. im Extrakt vor und nach der (maximalen) Phototransformation? (Proben mit ammoniakalischem Aceton (80 Vol.%) extrahieren und Pigmentkonzentrationen photometrisch bestimmen. PChlid: $\varepsilon_{626} = 31{,}3 \cdot 10^3 \, l \cdot mol^{-1} \cdot cm^{-1}$, Chlid: $\varepsilon_{665} = 73{,}3 \cdot 10^3 \, l \cdot mol^{-1} \cdot cm^{-1}$; → Experiment 1.11.)

2. Wie schnell erfolgt die *Auffüllung des PChlid-pools*, wenn Primärblätter nach einem saturierenden Lichtpuls weiter im Dunkeln gehalten werden? (Für diesen Versuch sollten Primärblätter von 6–7 d alten Keimlingen verwendet werden, da die Fähigkeit zur PChlid-Regeneration bei älteren Blättern stark abnimmt.)

3. Die Nachsynthese von PChlid nach einer kurzen Belichtung läuft nur so lange, bis die ursprüngliche Menge an transformierbarem PCH wieder erreicht ist; dann kommt die Porphyrinsynthese wieder zum Stillstand. Dieses Phänomen wird durch feed-back-Regulation erklärt: PChlid hemmt einen oder mehrere Schritte seiner Biosynthesebahn. Greift diese Hemmung *vor oder nach der Synthese von Aminolävulinat (ALA)* in die Porphyrinsynthese ein? (Diese Frage läßt sich prüfen, indem man isolierte Bohnenblätter im Dunkeln mit einer auf pH 6,0 eingestellten Lösung von 10 mmol · l^{-1} ALA und 0,1 mol · l^{-1} Saccharose an der Wasserstrahlpumpe für 1 min infiltriert und dann für 24 h bei 25 °C auf feuchtem Filterpapier im Dunkeln inkubiert. Ein Kontrollansatz wird in gleicher Weise ohne ALA durchgeführt. Können die Blätter die gefütterte ALA zur PChlid-Synthese verwenden? Wenn ja, ist das gebildete PChlid phototransformierbar? Literatur: Gassman M, Bogorad L (1967) Plant Physiol 42: 781–784.)

4. Ein wichtiger Schritt der Chlorophyllbiosynthese ist die Bildung des Cyclopentanonrings am Porphyrinring III. Die Enzyme für diesen Schritt sind noch nicht genau bekannt. Man weiß jedoch, daß hierbei zur Einführung von Sauerstoff eine Hydroxylase mit Fe als Cofaktor benötigt wird. Kann man diese Hydroxylase durch Wegfangen des Fe mit Schwermetallkomplexbildnern hemmen und dadurch eine Anhäufung der Zwischenstufen *Mg-Protoporphyrin* und *Mg-Protoporphyrinmonomethylester* erzwingen? [Bohnenblätter, wie oben beschrieben, mit Saccharose-Lösung inkubieren, welche 10 mmol · l^{-1} α,α'-Dipyridyl, o-Phenanthrolin oder Pyridin-2-carbaldehyd enthält. Gleichzeitige Zufuhr von ALA fördert den Effekt stark. Lävulinat, ein kompetitiver Inhibitor der ALA-Dehydratase, hemmt im Konzentrationsbereich 10–20 mmol · l^{-1}. Mg-Protoporphyrine sind rot gefärbt (Absorptionsgipfel zwischen 500 und 600 nm)

und geben im UV eine starke Rotfluoreszenz. Literatur: Duggan J, Gassman M (1974) Plant Physiol 53:206–215.]

13.7 (A) Lichtregulation des Ascorbatgehalts in den Kotyledonen des Senfkeimlings [23]. Identifizierung des verantwortlichen Photoreceptors

Ascorbat (Vitamin C) wird in Pflanzen über einige Zwischenstufen aus Glucose gebildet (→ Lehrbücher der Biochemie). Im Licht gewachsene Pflanzen enthalten in aller Regel erheblich mehr Ascorbat als vergleichbare Dunkelpflanzen. Dieser seit langem bekannte, für die ernährungsphysiologische Qualität von Gemüse- und Salatpflanzen bedeutsame Sachverhalt wurde früher als Folge der günstigeren Photosynthesebedingungen angesehen. Es gelang jedoch nicht, den Beweis für einen direkten Zusammenhang zwischen Ascorbatsynthese und photosynthetischem Kohlenhydratstoffwechsel zu liefern. Nach der Entdeckung des Phytochroms und seiner vielfältigen biochemischen Steuerungsfunktionen bei der Photomorphogenese stellte sich die Frage, ob die lichtabhängige Ascorbatsynthese nicht ebenfalls eine durch Phytochrom regulierte, biochemische „Photomorphose" ist. Dieser Frage soll im folgenden Experiment nachgegangen werden.

Zur Unterscheidung zwischen *Photosynthese* und *Photomorphogenese* können im Prinzip folgende Kriterien herangezogen werden:

Photosynthese:
– Abhängig von photosynthetisch aktiven Plastiden (Chloroplasten),
– abhängig von einer intakten Elektronentransportkette,
– abhängig von CO_2,
– abhängig von relativ starker, längerfristiger Bestrahlung mit Licht, das von Chlorophyll (und Carotinoiden) absorbiert werden kann.

Photomorphogenese (Phytochrom):
– Abhängig von Licht, das von P_r/P_{fr} absorbiert werden kann, *insbesondere:*
– induzierbar durch kurze Bestrahlung mit hellrotem Licht,
– Hellrotwirkung revertierbar durch direkt nachfolgende, kurze Bestrahlung mit dunkelrotem Licht,
– induzierbar durch Dauer-Bestrahlung mit dunkelrotem Licht (Hochintensitätsreaktion), welches weder von Protochlorophyll noch von Chlorophyll absorbiert werden kann.

---

[23] Weißer Senf, *Sinapis alba* (Brassicaceae), → Experiment 2.6.

Anhand dieser Kriterien können Experimente geplant und durchgeführt werden, mit dem Ziel, das für die Lichtinduktion der Ascorbatakkumulation verantwortliche Photoreaktionssystem zu identifizieren. Dazu einige Hinweise: Die Anzucht der Senfkeimlinge kann wie bei Experiment 13.5 erfolgen. Für Bestrahlungsexperimente eignet sich der Zeitraum 36–72 h nach der Aussaat. Zur Hemmung des photosynthetischen Elektronentransports kann dem Keimmedium DCMU (0,1 mmol · l^{-1}; → Experiment 4.7) zugesetzt werden. Zum Ausschluß von CO_2 kann man die Keimdosen in luftdicht schließende Einmachgläser auf eine Schicht CO_2-absorbierenden Natronkalk stellen (auf ausreichende Wasserversorgung achten!). Für Induktions- und Reversionsexperimente mit hellrotem bzw. dunkelrotem Licht kann man 5-min-Lichtpulse bei 1 W · m^{-2} geben, welche im Abstand von 6 h wiederholt werden (→ Experiment 13.5).

Material und Geräte

1. Etiolierte Keimlinge von *Sinapis alba* (Anzucht auf Filterpapier in Plastikdosen für 36 h bei 25 °C in völliger Dunkelheit, 25 Keimlinge pro Dose; → Experiment 13.5, Teil A.)
2. Chemikalien und Geräte zur Extraktion und Bestimmung von Ascorbat (→ Experiment 1.13, Teil B)
3. Bestrahlungsfelder für dunkelrotes und hellrotes Licht ($\geq$ 1 W · m^{-2}), Weißlichtfeld (5–10 klx), jeweils bei konstanter Temperatur (25 °C).

Durchführung [24] (Grundexperiment)

Nach der experimentellen Vorbehandlung werden jeweils 20 normal gewachsene Keimlinge einer Dose entnommen und die Kotyledonen isoliert. Die Extraktion und Bestimmung des Ascorbatgehaltes der Kotyledonen erfolgt nach der bei Experiment 1.13, Teil B dargestellten Vorschrift.

Auswertung

Die Meßwerte werden in die Einheit [nmol Ascorbat · Kotyledonenpaar^{-1}] umgerechnet (Mittelwerte ± Schätzung des Standardfehlers) und in eine Tabelle oder Graphik eingetragen.

Probleme (weiterführende Experimente)

1. Bilden neben den Kotyledonen auch das *Hypokotyl* und die *Keimwurzel* Ascorbat? Wenn ja, ist auch in diesen Organen eine *Lichtregulation* nachzuweisen?

---

[24] Nach Schopfer P (1966) Planta 69: 158–177 (verändert).

2. Wie schnell nimmt der Ascorbatgehalt in den Kotyledonen ab, wenn diese nach längerer Belichtung, z.B. für 12 h, ins *Dunkle* überführt werden? (Hinweis: Eine eventuelle Nachwirkung von P_{fr}, das zu Beginn der Dunkelperiode in der Pflanze vorliegt, kann durch eine kurze Belichtung mit dunkelrotem Licht weitgehend verhindert werden.)
3. Eine weitere Möglichkeit zur selektiven Ausschaltung der Photosynthese während der Photomorphogenese ergibt sich aus der Verwendung von Pflanzen, welche im Licht nicht ergrünen können (z.B. Albino-Mutanten). *Phänotypische Albinos* können auch durch Applikation von verschiedenen Chemikalien oder hoher Anzuchttemperatur erzeugt werden, z.B. durch Zugabe von 0,2 g · l^{-1} *Chloramphenicol*[25] bzw. 0,2 mg · l^{-1} *Norflurazon*[26] zum Anzuchtmedium oder eine *Temperaturerhöhung* auf 34 °C. Diese Behandlungen, gegeben nach der Keimung (z.B. 24 h nach der Aussaat der Senfkeimlinge) verhindern die Entwicklung funktionsfähiger Chloroplasten im Licht, ohne andere Zellkompartimente direkt zu beeinflussen. [Literatur: Feierabend J, Mikus M (1977) Plant Physiol 59: 863–867; Feierabend J, Schubert B (1978) Plant Physiol 61: 1017–1022; Bajracharya D, Bergfeld R, Hatzfeld W-D, Klein S, Schopfer P (1986) J Plant Physiol 126: 421–436.] Wie wirken sich diese Behandlungen auf die Ascorbatsynthese (und andere photomorphogenetische Reaktionen) des Senfkeimlings aus?

13.8 (A) Lichtinduktion der Nitratreductase in den Kotyledonen des Senfkeimlings[27]

Als Beispiel für ein lichtreguliertes Enzym aus dem Grundstoffwechsel kann die *Nitratreductase* (NR, EC 1.6.6.1) dienen. Dieses pflanzenspezifische Enzym ist, zusammen mit der ebenfalls lichtregulierten *Nitritreductase*, für die

---

[25] *Chloramphenicol* ist ein Antibioticum, das selektiv die Proteinsynthese an den 70-S-Ribosomen der Bakterien (und daher auch der Chloroplasten) hemmt. Die Hemmung der Chloroplastenproteinsynthese führt zum Fehlen bestimmter Thylakoidproteine, welche für die Stabilisierung des Chlorophylls im Licht erforderlich sind.

[26] *Norflurazon* ist eine Pyridazinonverbindung, die unter dem Namen SAN 9789 von der Fa. Sandoz A.G. (Sparte Agro, Ch 4108 Witterswil) als „bleichendes" Herbizid hergestellt wird (nicht im Handel erhältlich). Es handelt sich um einen Hemmstoff, der die Bildung gefärbter Carotinoide blockiert. Das Fehlen der Carotinoide führt im Licht zu einer Photooxidation des Chlorophylls und zur Zerstörung der Thylakoide, Ribosomen und Enzymproteine in den Chloroplasten [Literatur: Reiss T, Bergfeld R, Link G, Thien W, Mohr H (1983) Planta 159: 518–528].

[27] Weißer Senf, *Sinapis alba* (Brassicaceae), → Experiment 2.6.

Reduktion des Nitrations zum Ammoniumion verantwortlich und besitzt daher eine entscheidende Bedeutung für die Bildung aller organischer Stickstoffverbindungen. Die Reduktion von NO_3^- ist in der Pflanze meist an die Photosynthese gekoppelt, kann aber auch in nichtgrünen Pflanzenorganen ablaufen. Im Gegensatz zur Nitritreductase, welche stets an das Plastidenkompartiment gebunden ist, liegt die NR als lösliches Enzym im Cytoplasma vor.

Die Regulation der NR ist ein komplizierter, bisher nur teilweise verstandener Prozeß. In Pflanzen, welche im Dunkeln gehalten werden, liegt in der Regel eine geringe NR-Aktivität vor. Belichtung führt bei solchen Pflanzen zu einem raschen Anstieg der NR-Aktivität durch Enzymneusynthese. Außerdem ist schon lange bekannt, daß auch das *Substrat* NO_3^- als Induktor der NR-Synthese dienen kann. Der Mechanismus dieser doppelten Kontrolle und der wechselseitigen Abhängigkeiten zwischen den beiden steuernden Faktoren sind noch weitgehend unklar und liefert interessante Ansatzpunkte zur Erforschung der Enzymregulation bei höheren Pflanzen. Im folgenden Grundexperiment wird zunächst die Wirkung von Licht auf die NR-Aktivität in den Kotyledonen von Senfkeimlingen in Gegenwart von NO_3^- untersucht. Durch Variation der experimentellen Bedingungen bei der Keimlingsanzucht können an diesem System eine große Zahl weiterführender Fragestellungen angegangen werden.

NR ist ein *Cytochrom b, Flavin, Fe* und *Mo* enthaltender Enzymkomplex von etwa 100 kDa, der in einer mehrstufigen Reaktion NO_3^- zu NO_2^- reduzieren kann, wobei NADH (oder NADPH) als Reduktant dient:

$$NO_3^- + NADH + H^+ \rightarrow NO_2^- + NAD^+ + H_2O.$$

Eine Methode zur spezifischen Messung dieses Enzyms besteht darin, das gebildete NO_2^- mit Sulfanilamid und Naphtylethylendiamin zu einem roten Azofarbstoff umzusetzen, der colorimetrisch leicht meßbar ist. Da die Diazotierungsreaktion nicht im Enzymreaktionsansatz durchgeführt werden kann, muß die Enzymbestimmung als *Stopptest* angesetzt werden, d. h. man unterbricht die Enzymreaktion nach einer geeigneten Zeitspanne und mißt die gebildete Menge NO_2^- in einer nachgeschalteten Indikatorreaktion. Diese Methode setzt voraus, daß die Enzymreaktion während der Reaktionszeit mit konstanter Intensität abläuft und daher auch eine Endpunktmessung die Rate der Reaktion korrekt wiedergibt.

Literatur

Lewis OAM (1986) Plants and nitrogen. Arnold, London
Müntz K (1984) Stickstoffmetabolismus der Pflanzen. Fischer, Stuttgart

Rajasekhar VK, Oelmüller R (1987) Regulation of induction of nitrate reductase and nitrite reductase in higher plants. Physiol Plant 71:517–521
Schopfer P (1977) Phytochrome control of enzymes. Ann Rev Plant Physiol 28: 223–252

Material und Geräte

1. Keimlinge von *Sinapis alba:* Je 25 Keimlinge im Dunkeln bzw. Weißlicht von 5–10 klx bei 25 °C in Plastikdosen auf Filterpapier, getränkt mit 15 mmol · l^{-1} KNO$_3$-Lösung, für 72 h anziehen (→ Experiment 13.5, Teil A).
2. Extraktionspuffer: 50 mmol · l^{-1} Tris-HCl, pH 8,0; mit 3 mmol · l^{-1} Na$_2$-EDTA
3. K-Phosphatpuffer (100 mmol · l^{-1}, pH 7,5)
4. KNO$_3$-Lösung (200 mmol · l^{-1})
5. NADH-Lösung (2 mmol · l^{-1}, frisch ansetzen)
6. Zn-Acetat-Lösung (1 mol · l^{-1})
7. SFA-Lösung: 10 g · l^{-1} Sulfanilamid in 1,5 mol · l^{-1} HCl-Lösung lösen.
8. NED-Lösung [0,2 g · l^{-1} N-(1-Naphtyl)-ethylendiamindihydrochlorid]
9. Plastik-Anzuchtdosen (8 × 8 × 6 cm), lichtdichte Tücher und Kartons, Quarzsand, Reibschale (7 cm), Eisbad, Kühlzentrifuge (40 000 × **g**, 5 °C), Zentrifugenbecher (10 ml, Plastik), Pasteurpipetten mit Saugball, Photometer (540 nm), Küvetten 1 cm, 1 ml, Glas oder Plastik), Mikroreaktionsgefäße (1,5 ml, Plastik), dazu passende Temperiereinrichtung (25 °C) und Zentrifuge (3000 × **g**), Kolbenpipetten (50, 100, 250, 300, 500 µl), Stoppuhr, Vortex-Mischer, Weißlichtfeld (5–10 klx, 25 °C).

Durchführung [28] (Grundexperiment)

1. *Herstellung des Enzymextrakts:* Die Kotyledonen von 20 normal entwickelten Keimlingen einer Dose werden isoliert und in einer eisgekühlten Reibschale mit 2 ml Extraktionspuffer und 1 g Quarzsand zu einem feinen Brei homogenisiert (5 min). Weitere 4 ml kalten Puffer zusetzen und gut vermischen. Suspension in Zentrifugenbecher überführen und bei 40 000 × **g** für 20 min bei 5 °C zentrifugieren. Vorsichtig etwa 1 ml klaren Überstand mit einer Saugpipette unter der Fettschicht entnehmen und auf Eis aufbewahren.
2. *Messung der Enzymaktivität* [29]: 500 µl Phosphatpuffer, 100 µl KNO$_3$-Lösung und 100 µl NADH-Lösung werden in ein Mikroreaktionsgefäß pipettiert und auf 25 °C temperiert. Die Reaktion wird durch Zusatz von 100 µl Enzymextrakt gestartet (gut mischen) und nach 20 min durch Zusatz von 50 µl Zn-Acetat-Lösung abgestoppt. (Hierdurch wird das überschüssige NADH ausgefällt, welches die nachfolgende Farbreaktion stören würde.) Ein Referenzansatz (Leerprobe) wird in gleicher Weise angesetzt, außer daß

---

[28] Nach Schuster C, Oelmüller R, Mohr H (1987) Planta 171:136–143.
[29] Man überzeuge sich durch Variation der Substratkonzentration und der Reaktionszeit, daß die operationalen Kriterien für eine korrekte Bestimmung der Enzymaktivität (→ Bd. 1: S. 105) erfüllt sind.

die Zn-Acetat-Lösung bereits vor dem Enzymextrakt zugegeben wird. Beide Ansätze 5 min bei 3000 × **g** zentrifugieren. Zum Nachweis des gebildeten NO_2^- werden 300 µl Überstand und 200 µl dest. Wasser in ein neues Mikroreaktionsgefäß pipettiert und 250 µl SFA-Lösung zugesetzt. Gut mischen, 250 µl NED-Lösung zugeben und erneut mischen. Nach 15 min Stehen bei Zimmertemperatur wird die Extinktion von Meß- und Referenzprobe bei 540 nm gemessen (gegen Luft). Die Differenz zwischen beiden Werten (ΔE_{540}) ist proportional zur Menge an NO_2^-, welche in der Reaktionszeit von 20 min durch das Enzym gebildet wurde.

Auswertung

Unter den oben beschriebenen Bedingungen entspricht $\Delta E_{540} = 1$ einer NO_2^--Konzentration von 20 µmol · l^{-1} in der Meßlösung. Dies entspricht einem apparenten Extinktionskoeffizienten $\varepsilon_{540} = 5 \cdot 10^4$ l · mol^{-1} · cm^{-1}. Berücksichtigt man, daß die gemessene Menge an NO_2^- in 300 von insgesamt 850 µl Reaktionslösung enthalten war und daß die Gesamtmenge an NO_2^- innerhalb von 1200 s durch 0,1 ml von insgesamt 6 ml Enzymextrakt, gewonnen aus 20 Kotyledonenpaaren, gebildet wurde, so kann man die Enzymaktivität nach folgender Formel berechnen (→ Bd. 1: S. 102):

$$\text{Enzymaktivität [kat · Kotyledonenpaar}^{-1}] = $$
$$= \frac{\Delta E_{540} \cdot 10^{-3} \, l \cdot 850 \, \mu l \cdot 6 \, ml}{1200 \, s \cdot \varepsilon_{540} \cdot 1 \, cm \cdot 300 \, \mu l \cdot 0,1 \, ml \cdot 20 \, \text{Kot.p.}}$$

Probleme (weiterführende Experimente)

1. Für Weißlichteffekte kommen im Prinzip mehrere *Photoreceptor-Pigmente* in Frage [z. B. Blaulicht-Receptor, Phytochrom, Chlorophylle (Photosynthese)]. Wie kann man durch spezifische Belichtungsprogramme den für die Induktion der NR verantwortlichen Photoreceptor identifizieren? (→ Experiment 13.7.)
2. Ist die Lichtinduktion der NR für die Kotyledonen spezifisch, oder reagieren *Hypokotyl* und *Radicula* in ähnlicher Weise?
3. Tritt die lichtinduzierte NR-Bildung auch dann ein, wenn den Keimlingen *kein NO_3^-* von außen zugeführt wird? (Bestimmung der NR-Aktivität in 24/48/72 h alten Keimlingen, welche im Licht oder Dunkeln auf dest. Wasser oder KNO_3-Lösung angezogen wurden.)
4. Welche Wirkung besitzen folgende, häufig in Nährlösungen verwendete *Salze* auf die Ausbildung der NR-Aktivität (jeweils 15 mmol · l^{-1}): KCl, $NaNO_3$, NH_4Cl, NH_4NO_3?

5. Kann die Lichtwirkung und die NO_3^--Wirkung auf die NR-Aktivität *zeitlich entkoppelt* werden? [Keimlinge z. B. für 48 h im Licht auf dest. Wasser anziehen und dann für 24 h im Dunkeln auf KNO_3-Lösung (90 mmol · l^{-1}) weiter wachsen lassen. Kontrollen: a) dest. Wasser anstelle von KNO_3-Lösung. b) Anzucht für 48 h im Dunkeln.]

13.9 (A) UV-induzierte Flavonoidsynthese als Schutzmechanismus gegen kurzwellige Strahlung im Begonienblatt [30]

UV-Strahlung im Bereich von 280–320 nm (*UV-B-Strahlung*) wirkt auf Pflanzen destruktiv. In diesem Spektralbereich absorbieren viele Zellbestandteile, u. a. Proteine und Nucleinsäuren. Die bei elektronischer Anregung dieser Moleküle induzierten chemischen Umsetzungen führen zu mehr oder minder gravierenden Störungen im Stoffwechsel und damit zu äußerlich beobachtbaren *Strahlenschäden* (z. B. Hemmung des Wachstums, Ausbleichung, Nekrosen). Auch im Sonnenlicht ist Strahlung aus diesem Wellenlängenbereich in physiologisch wirksamen Mengen vertreten, da die Ozonschicht der Erdhülle nicht ausreicht, um den starken UV-Anteil der ungefilterten Sonnenstrahlung vollständig zu absorbieren.

Die Landpflanzen haben Schutzmechanismen entwickelt, um Strahlenschäden durch UV-B zu vermeiden. Die durch diese Mechanismen erzeugte *UV-Resistenz* ist jedoch häufig nicht konstitutiv, sondern wird erst durch eine Bestrahlung mit blau-violettem Licht oder *UV-A-Strahlung* (langwelliges UV, 320–400 nm) erzeugt. Bei diesem *induzierten Strahlenschutz* spielt die Synthese von Schirmpigmenten aus der Gruppe der *Flavonoide* eine herausragende Rolle. Flavonoide besitzen im UV-B-Bereich eine ausgeprägte Absorption. Sie sind in der Vakuole lokalisiert (meist mit Zuckern verestert) und können dort hohe Konzentrationen erreichen (→ Experiment 1.9). Die Synthese der Flavonoide wird in vielen Pflanzen durch Licht induziert, wobei sowohl Phytochrom als auch Blau-UV-Photoreceptoren beteiligt sein können (→ Experiment 13.5). Die Induktion verläuft über eine Aktivierung von Genen der am Flavonoidbiosyntheseweg beteiligten Enzyme; sie ist bezeichnenderweise meist auf die *Epidermiszellen* beschränkt.

In diesem Experiment soll die Induktion von UV-Schutzpigment (Anthocyan) in Blättern von Begonienpflanzen durch längerwellige UV-Strahlung

---

[30] *Begonia semperflorens* (Begoniaceae), rotblühende Form (die weißblühende Form ist nicht geeignet); eine als Zimmerpflanze gebräuchliche Begonienart.

untersucht werden. Wie viele andere Arten bilden Begonien keine Schutzpigmente aus, wenn sie unter Glas (z. B. im Gewächshaus) gehalten werden. Daher kommt es bei Überführung solcher Pflanzen ins Freiland zu mehr oder minder ausgeprägten Lichtstreßfolgen („Auspflanzschock"), und, wenn die Pflanzen überleben, zur Ausbildung von Resistenz durch Schutzpigmentbildung. Dieses Phänomen kann mit einer künstlichen Strahlenquelle simuliert werden, welche sowohl UV-B- als auch UV-A-Strahlung abgibt. Durch Herausfiltern der kürzerwelligen Spektralbereiche mit *UV-Kantenfiltern* (→ Bd. 1: S. 74) kann diese Strahlung schrittweise eingeengt und die destruktive bzw. schutzerzeugende Wirkung der Reststrahlung sichtbar gemacht werden.

Literatur

Caldwell MM (1981) Plant response to solar ultraviolet radiation. In: Lange OL, Nobel PS, Osmond CB, Ziegler H (eds) Physiological plant ecology I. Responses to the physical environment. Encycl Plant Physiol NS, Vol 12 A, Springer, Berlin Heidelberg New York Tokyo pp 169–197

Wellmann E (1983) UV radiation in photomorphogenesis. In: Mohr H, Shropshire W (eds) Photomorphogenesis. Encycl Plant Physiol NS, Vol 16 B, Springer, Berlin Heidelberg New York Tokyo pp 745–756

Material und Geräte

1. Topfpflanze von *Begonia semperflorens* (im Gewächshaus angezogen)
2. UV-Strahlungsquelle (UV-A + UV-B)[31]: Leuchtstoffröhren Philips TL 40 W/12 und Osram L 36/73 (frühere Bezeichnung: 40 W/73), je 3 Röhren alternierend im Abstand von 10 cm zu einer Lichtbank zusammengestellt. Der Energiefluß beträgt im Abstand von 30 cm etwa $8 \text{ W} \cdot \text{m}^{-2}$.
3. Kantenfilter[32] mit Absorptionskante (halbmaximale Transmission) bei 305, 320 und 335 nm, 10 × 10 mm große Scheibchen.
4. Kleine feuchte Kammer, mit Quarzglasplatte[33] abgedeckt (z. B. mit feuchtem Filterpapier ausgelegte Petrischale).

Durchführung[34] (Grundexperiment)

Man schneidet ein etwa 5 cm langes, auf der Unterseite noch nicht rot gefärbtes Blatt (+1 cm Blattstiel) ab und legt es mit der Unterseite nach oben in die feuchte Kammer. Teilbereiche der Blattfläche werden mit Filter-

---

[31] Die Philips-Röhre emittiert vor allem im UV-B-Bereich (Maximum bei 310 nm). Diese Strahlung erfordert unbedingt das Tragen einer Schutzbrille! Die Osram-Röhre liefert den sich anschließenden UV-A-Bereich (Maximum bei 355 nm).
[32] z. B. Kantenabsorptionsgläser von Schott (→ S. 445): Typ WG 305, WG 320, WG 335 (gehärtet; z. B. aus 5 × 5 × 0,1 cm großen Platten ausschneiden).
[33] Anstelle von Quarzglas kann auch das preiswertere UV-durchlässige Plexiglas verwendet werden.
[34] Nach einer persönlichen Mitteilung von Prof. E. Wellmann.

plättchen der drei Typen bedeckt. Die geschlossene Kammer wird ins UV-Feld gestellt (Abstand von den Röhren 30 cm). Die induzierten Effekte lassen sich nach 24–48 h beobachten (Schäden: bräunliche Verfärbung und Kollabierung des Gewebes; Synthese von Schutzpigment: Rotfärbung durch Anthocyan).

Probleme (weiterführende Experimente)
1. Welche Veränderungen treten auf, wenn man das Blatt nach Entfernung der Filterplättchen als Ganzes mit einem *320-nm-Filter* abdeckt und nochmals für 2 d bestrahlt?
2. Kann der UV-Effekt auch mit *Sonnenlicht* erzeugt werden? (Volles Sonnenlicht, Lichtfluß mit feinmaschigem Drahtnetz auf etwa 10% reduziert.)
3. In welchen *Geweben* des Blattes tritt Anthocyansynthese ein? (Mikroskopische Untersuchung.)
4. Werden neben Anthocyan auch *andere Flavonoide* (z. B. in der oberen Blattepidermis) durch UV induziert? (Extraktion und chromatographische Analyse nach der in Experiment 13.5, Teil B beschriebenen Methode.)
5. Wie wirkt die UV-Strahlung (UV-Feld oder Sonnenlicht) auf ein Blatt, welches zuvor unter einem 320-nm-Filter zur *kräftigen Flavonoidbildung angeregt* wurde? (Vergleich mit nicht-vorbestrahltem Blatt.)
6. Wie verändert sich die Wirksamkeit des UV-Feldes, wenn man a) die kurzwellige Komponente (Philips-Lampen) und b) die längerwellige Komponente (Osram-Lampen) abschaltet? (→ Experiment 13.10.)

13.10 (A) Photoreaktivierung eines UV-Schadens an Kotyledonen des Senfkeimlings[35] durch blauviolettes Licht

Neben der Ausbildung von Schirmpigmenten (→ Experiment 13.9) besitzt die Pflanze einen zweiten Resistenzmechanismus gegen schädigende UV-Strahlung, der ebenfalls lichtabhängig ist. Dieser als *Photoreaktivierung* bezeichnete Mechanismus betrifft die Reparatur von Schäden an DNA-Molekülen. Obwohl im Prinzip auch viele andere Molekültypen (z. B. Proteine, RNA) durch Absorption von UV-Quanten im UV-B-Bereich (280–320 nm) geschädigt werden können, wirken sich solche Ereignisse naturgemäß beim

---

[35] Weißer Senf, *Sinapis alba* (Brassicaceae); → Experiment 2.6.

genetischen Material besonders massiv aus, da von einem Gen normalerweise nur zwei Kopien in der Zelle existieren. Absorption von UV-Strahlung führt in der DNA zu Brüchen und zur Ausbildung von covalenten Bindungen zwischen benachbarten Thyminresten im selben Strang oder zwischen den beiden Strängen eines Moleküls (Bildung von *Thymin-Dimeren*). Diese chemisch sehr stabilen Veränderungen verhindern eine korrekte Ablesung des betroffenen Gens und führen daher zum Ausfall der Synthese bestimmter Proteine. Wie die meisten anderen Organismen verfügen auch Pflanzen über ein Enzym, welches die Thymin-Dimere wieder spaltet und damit UV-induzierte DNA-Schäden reparieren kann. Dieses Enzym wird durch Strahlung im Bereich von 300–500 nm (UV-A/violett/Blau-Wellenband) aktiviert und daher als *Photolyase* bezeichnet. Das Enzym bindet im Dunkeln an das Dimer; die katalytische Reaktion erfolgt jedoch nur im Licht.

Die lichtabhängige Wirkung der Photolyase läßt sich z.B. an etiolierten Senfkeimlingen untersuchen, wobei die ihrerseits lichtabhängige Anthocyansynthese als Maß für den UV-Schaden dienen kann. Diese gut bekannte photomorphogenetische Reaktion (→ Experiment 13.5) verläuft über die phytochrominduzierte Aktivierung einer Reihe von Genen und ist daher von der Thymidin-Dimerenbildung unmittelbar betroffen. Das Bestrahlungsprogramm zum Nachweis der Photoreaktivierung besteht aus einer Kombination von drei Teilbestrahlungen: *UV-B* induziert die Defekte an der DNA, *UV-A* aktiviert die Photolyase und führt zur Reparatur der DNA, und *hellrotes Licht* aktiviert das Phytochromsystem und damit die Transkription der Anthocyangene, wodurch das Ausmaß des UV-Schadens bzw. dessen Reparatur sichtbar gemacht wird. Die Hellrotbestrahlung wird an den Schluß gesetzt, um unter allen Bedingungen eine praktisch gleichstarke Induktion des Phytochroms zu gewährleisten (Photogleichgewicht $[P_{fr}]/[P_{tot}] = 0,8$, → Experiment 13.4).

Literatur

McLennan AG (1987) The repair of ultraviolet light-induced DNA damage in plant cells. Mutation Research 181:1–7

Sutherland BM (1981) Photoreactivation. BioScience 31:439–444

Material und Geräte

1. Etiolierte Keimlinge von *Sinapis alba:* Anzucht für 36 h in Plastikdosen auf Filterpapier bei 25°C im Dunkeln (→ Experiment 13.5, Teil A), 6 Dosen mit je 20 Keimlingen.
2. UV-B-Strahlungsquelle: eine Leuchtstoffröhre Philips TL 40 W/12
3. UV-A-Strahlungsquelle: eine Leuchtstoffröhre Osram L 36/73
4. Lichtfeld für hellrotes Licht ($0,5-1\ W \cdot m^{-2}$, → Bd. 1: S. 76)

5. Chemikalien und Geräte zur Bestimmung von Anthocyan (→ Experiment 13.5, Teil A)
6. Kleine feuchte Kammern mit UV-durchlässiger Abdeckung (→ Experiment 13.9), lichtdichter Karton, Dunkelraum (25 °C) mit grünem Sicherheitslicht (→ Bd. 1: S. 78), Skalpell, Pinzette.

Durchführung[36] (Grundexperiment)

1. *Herstellung der Ansätze:* Im Sicherheitslicht werden aus jeder Dose 15 gleich entwickelte Keimlinge entnommen. Die größere der beiden Kotyledonen abschneiden, entlang der Mittelrippe halbieren und die beiden Hälften mit der Unterseite nach oben in zwei feuchte Kammern (A, B) auslegen (jeweils die linke Hälfte in Kammer A, die rechte Hälfte in Kammer B; Anordnung in einer Reihe, so daß die Zuordnung der Hälften erkennbar bleibt). Hierbei darf die Kotyledonenoberfläche nicht beschädigt werden. Auf diese Weise werden 6 Kammerpaare beschickt, von denen 1 Paar als Dunkelkontrolle verpackt und zur Seite gestellt wird.
2. *Bestrahlung:* Sofort anschließend jeweils ein weiteres Kammerpaar für 0/1/2/4/8 min mit UV-B bestrahlen (15 cm Abstand zur Röhre). Anschließend Kammer A zur Photoreaktivierung für 30 min mit UV-A bestrahlen (15 cm Abstand zur Röhre) und ins Dunkle stellen. Kammer B (keine Photoreaktivierung) sofort nach der ersten Bestrahlung ins Dunkle stellen. Unmittelbar nach Beendigung der letzten Bestrahlung werden alle 10 Kammern für 10 min ins Hellrotfeld gestellt und dann ebenfalls lichtdicht verpackt aufgestellt (25 °C).
3. *Auswertung:* Nach 24 h werden die Ansätze (und die einzelnen zusammengehörigen Kotyledonenhälften) hinsichtlich ihrer Rotfärbung verglichen. Zur quantitativen Bestimmung des Anthocyangehalts werden die 15 Kotyledonenhälften einer Kammer nach der in Experiment 13.5 (Teil A) beschriebenen Methode mit 1 ml Extraktionsmedium extrahiert und die Extinktion des Extraktes (entspricht dem relativen Anthocyangehalt der Kotyledonen) bei 535 nm gemessen. Die Resultate werden in einer Tabelle zusammengestellt.

Probleme (weiterführende Experimente)

1. In welchen *Geweben* der Kotyledone ist das gebildete Anthocyan lokalisiert? (Mikroskopische Untersuchung von Querschnitten.)
2. Läßt sich dieses Experiment auch mit der Epidermis der *Blattoberseite* durchführen? (Induktion von gelben Flavonoiden, → Experiment 13.5, Teil B.)

---
[36] Nach Wellmann E, Schneider-Ziebert U, Beggs CJ (1984) Plant Physiol 75: 997–1000 (verändert).

3. Wie wirkt sich eine P_{fr}-revertierende *Dunkelrot-Bestrahlung,* unmittelbar nach der Hellrot-Bestrahlung gegeben, auf die Anthocyansynthese aus? (→ Experiment 13.5, Teil A.)
4. Kann der UV-B-induzierte Schaden (Hemmung der Anthocyansynthese) auch durch *Sonnenlicht* (10–20 min) rückgängig gemacht werden?
5. Wie lange kann man die UV-B-Bestrahlung ausdehnen, um noch *vollständige Photoreaktivierung* mit 30 min UV-A-Strahlung zu erhalten?
6. Wirkt sich die UV-A-Bestrahlung auch dann photoreaktivierend aus, wenn sie *vor (oder gleichzeitig mit) der schädigenden UV-B-Bestrahlung* erfolgt?
7. Gute Objekte zur Demonstration der Photoreaktivierung von UV-Schäden sind *unreife (grüne) Bananenfrüchte,* bei denen der Zelltod durch eine auffällige Schwarzfärbung (Melaninbildung durch freigesetzte Phenoloxidase, → Experiment 2.1) sichtbar wird. Man bestrahlt eine teilweise mit einer Glasplatte abgedeckte Banane für 5 min aus 50 cm Abstand mit einer Hg-Niederdrucklampe (254 nm). Läßt sich der nach 2–3 d im Dunkeln eintretende Schaden durch Bestrahlung mit UV (oder Tageslicht bzw. Fluoreszenz-Weißlicht, 5 min) aufheben?

14. Regeneration

Vorbemerkungen

Im Gegensatz zum höheren Tier ist die höhere Pflanze in großem Umfang in der Lage, verlorengegangene Gewebe und Organe wieder nachzubilden. Diese Fähigkeit zur Regeneration beruht einmal auf dem Umstand, daß auch im adulten pflanzlichen Kormus an vielen Stellen *potentiell aktive Meristeme* vorhanden sind, welche bei Bedarf zur Neubildung von Zellen übergehen können. Zum anderen besitzen die meisten Zellen des Kormus eine weitgehende *Entwicklungsplastizität*, d. h. selbst im ausgewachsenen („ausdifferenzierten") Zustand besteht noch die Möglichkeit zur *Umdifferenzierung* in einen anderen Zellphänotyp. Solche Umdifferenzierungen werden z. B. durch bestimmte Signale ausgelöst, welche als Folge einer Störung der *korrelativen Wechselwirkungen* zwischen den Zellen der intakten Pflanze auftreten. Diese Signale bewirken, daß der vorher eingestellte Differenzierungszustand (d. h. das Muster der aktiven Gene) gelöscht und durch einen anderen Differenzierungszustand ersetzt wird. Die Amputation von Organen oder andere Verletzungen führen in der Regel zu einer Umdifferenzierung bestimmter Zellen in einen „embryonalen" Zustand, d. h. diese Zellen gewinnen wieder die Fähigkeit, sich zu teilen. Damit kann im Prinzip ein Entwicklungsprozeß hin zu neuen Organen und Geweben in Gang gesetzt werden, wie er normalerweise bei der Differenzierung meristematischer Zellen abläuft. Die *Reembryonalisierung* von ausdifferenzierten Zellen bildet die Grundlage für die in-vitro-Kultur von Zellen und Geweben, welche die Regeneration vollständiger Pflanzen aus kultivierten Einzelzellen einschließt (→ Kapitel 15). In manchen Fällen werden verlorengegangene Zelltypen auch durch direkte Umdifferenzierung (d. h. ohne zwischengeschaltete Zellteilung) aus anderen Zelltypen gebildet; Mitosen sind daher offenbar keine obligatorische Voraussetzung für die Änderung des Differenzierungszustandes.

Regenerationsprozesse sind für die Entwicklungsphysiologie von großem theoretischem Interesse. Durch Verletzung werden experimentelle Eingriffe in den Ablauf des Entwicklungsgeschehens gemacht, welche im Prinzip Informationen über die kausalen Vorgänge bei der Zelldifferenzierung und der Organbildung liefern können. Bis heute sind jedoch die entwicklungssteuernden „Signale" und die „korrelativen Wechselwirkungen" innerhalb der Pflanze, welche bei der Regeneration eine Rolle spielen, noch weitgehend unbekannt. Obwohl in vielen Fällen eine Beteiligung von Auxin und Cytokinin bei der Organneubildung naheliegt, gibt es doch keine definitiven experimentellen Belege für eine generelle Funktion von *Phytohormonen* bei der Regeneration. Auch das Phänomen der *Polarität*, d. h. die auf der Ebene der Zellen fixierte, axiale Organisation (Oben → Unten-Achse) des Kormus, die sich bei der Organregeneration besonders auffällig bemerkbar macht, ist bisher auf der strukturellen und biochemischen Ebene noch kaum verstanden.

Die Bildung von *Tumoren* kann als Ausdruck einer pathologischen, fehlgeleiteten Regeneration aufgefaßt werden und wird daher an einem experimentellen Beispiel in diesem Zusammenhang behandelt. Die Regenerationsleistungen kultivierter Zellen sind Gegenstand des nachfolgenden Kapitels.

Literatur

Beiderbeck R (1977) Pflanzentumoren. Ein Problem der pflanzlichen Entwicklung. Ulmer, Stuttgart

Bünning E (1953) Entwicklungs- und Bewegungsphysiologie der Pflanze. 3. Aufl, Springer, Berlin Göttingen Heidelberg

Green PB (1980) Organogenesis – a biophysical view. Ann Rev Plant Physiol 31: 51–82

Demonstrationsexperimente

14.1 (D) Regeneration von Adventivembryonen an isolierten Begonienblättern [1]

Die Regeneration einer vollständigen Pflanze aus einer einzelnen, ausdifferenzierten Zelle ist ein überzeugender Beleg für die *Omnipotenz* (*Totipotenz*) pflanzlicher Zellen. Darunter versteht man den Sachverhalt, daß auch eine ausdifferenzierte, funktionell spezialisierte Zelle im Prinzip noch über die volle genetische Information der befruchteten Eizelle verfügt und unter

---

[1] *Begonia rex* (Begoniaceae) oder andere großblättrige Begonienart.

geeigneten Bedingungen auch wieder in einen embryonalen Zustand zurückkehren kann. Zelldifferenzierung im sich entwickelnden vielzelligen Organismus kann also nicht mit einer fortschreitenden Einengung der genetischen Information (Verlust von Genen) erklärt werden. Man muß vielmehr annehmen, daß der gesamte Genbestand der befruchteten Eizelle über viele Mitosen hinweg unverändert an alle Zellen des Organismus weitergegeben wird und daß die Differenzierung zum spezialisierten Zellphänotyp auf einer *selektiven Aktivierung* bestimmter Teile des Zellgenoms beruht, welche zumindest in vielen Fällen reversibel ist. Daraus folgt, daß die Zelldifferenzierung unter dem Einfluß von *modifizierenden Faktoren* stattfindet, welche aus der Umgebung der Zelle stammen. Wenn die Wirkung dieser Faktoren verlorengeht, z.B. durch die Unterbrechung von Zellkontakten bei einer Verwundung, so kann die Zelle in den nicht-spezialisierten (embryonalen) Zustand zurückkehren und zum Ausgangspunkt eines neuen Organismus werden.

Das klassische Beispiel für die Regeneration einer neuen Pflanze aus einer Einzelzelle ist die Begonie, deren Blätter in der Nähe verwundeter Leitbündel Adventivembryonen bilden können, welche aus einer einzigen „reembryonalisierten" Epidermiszelle hervorgehen. Diese Fähigkeit wird in der gärtnerischen Praxis zur vegetativen Vermehrung (Klonierung) ausgenützt. Auch viele Succulenten (z. B. *Kalanchoe, Sedum, Crassula*) bilden am Wundrand abgeschnittener Blätter neue Pflanzen. Wahrscheinlich gelingt die Regeneration besonders gut an solchen Objekten, deren Blätter auch im isolierten oder verletzten Zustand noch längerfristig lebensfähig sind. Ausgehend von Zellkulturen auf künstlichen Nährmedien konnte inzwischen auch bei vielen anderen Pflanzen Einzelzellregeneration herbeigeführt werden (→ Experiment 15.5), so daß das Prinzip der Omnipotenz pflanzlicher Zellen heute allgemeine Gültigkeit beanspruchen kann.

Regenerationsexperimente benötigen meist mehrere Tage oder Wochen, um zu einem makroskopisch wahrnehmbaren Resultat zu führen. Sie gelingen besonders gut in einer „feuchten Kammer" (z. B. in einer von einer Glasplatte abgedeckten Glas- oder Plastikwanne mit einer Schicht feuchtem Vermiculit am Boden), welche an einem nicht zu hellen Standort bei 20–25 °C aufgestellt wird. Gelegentlich treten dabei Probleme durch Verpilzung auf; diese kann durch Waschen mit NaOCl-Lösung (→ Bd. 1: S. 50) oder Behandlung mit Fungiziden bekämpft werden.

Literatur

Chlyah A, Tran Thanh Van M (1984) Histological changes in epidermal and subepidermal cell layers of *Begonia rex* induced to form de novo unicellular hairs, buds, and roots. Bot Gaz 145: 55–59

Durchführung

An kräftigen Blättern von *Begonia rex* werden mit einem Skalpell 3 × 3 mm große Stückchen a) mit Blattadern und b) aus den Intercostalbereichen herausgeschnitten. Alternative: Mit einem durchgehenden, kreisförmigen Schnitt eine Scheibe von 2–3 cm Durchmesser aus der Blattmitte herausschneiden. *Kontrolle:* Intakte Blätter (mit Blattstiel). Die Blätter bzw. Blattfragmente werden in einer Plastikdose auf feuchtes Vermiculit ausgelegt (Blattstiele eingraben) und im diffusen Licht bei ca. 25 °C aufgestellt (3–6 Wochen). Welche Beziehung besteht zwischen Regeneration und Schnittführung? Welche Wirkung hat das Besprühen mit *Hormonen* (z. B. Cytokinin, → Experiment 12.2) auf die Regeneration?

14.2 (D) Adventivwurzelregeneration an isolierten Sprossen und Blättern

Isolierte Sproßsegmente (z. B. Seitenzweige) der meisten höheren Pflanzen besitzen die Fähigkeit zur Regeneration von Wurzeln im Bereich der basalen Wundstelle. Dies wird bei vielen Kulturpflanzen zur *vegetativen Vermehrung* in der gärtnerischen Praxis ausgenützt (*Klonkultur* durch Stecklingsvermehrung). In vielen Fällen erfolgt die Wurzelregeneration ohne weiteres Zutun, wenn man die Stecklinge in einer feuchten Atmosphäre vor Verpilzung geschützt aufstellt. Bei manchen Arten wird die Bewurzelung erst nach Behandlung der Wundstelle mit *Auxin* möglich. Starkes Licht hemmt in der Regel die Wurzelbildung. Auch isolierte Blätter sind häufig zur Wurzelregeneration befähigt, gegebenenfalls nach Behandlung mit Auxin. Solche bewurzelten Blätter können jedoch meist keine vollständigen Pflanzen regenerieren, da ein Sproßmeristem fehlt und auch nicht neu gebildet werden kann.

Durchführung

1. *Stecklingsbewurzelung:* Zweige oder ganze Sprosse von krautigen Pflanzen (z. B. Tomate, Kartoffel, Erbse, *Coleus*) oder von Holzpflanzen (z. B. Johannisbeere, Himbeere, Stechpalme, Oleander) ohne Vorbehandlung bzw. nach Aufbringen von Auxinpaste (1 mmol · l^{-1} IES, → Experiment 9.11) an der Wundstelle in feuchtes Vermiculit oder feuchten Sand pflanzen und in einer feuchten Kammer im schwachen Licht aufstellen (1–3 Wochen). Im Abstand von 1 Woche Stecklinge zur Inspektion ausgraben.
2. *Spontane Blattbewurzelung:* Kräftige Blätter vom Efeu (*Hedera helix*) in feuchten Sand pflanzen. Die nach 3–6 Wochen bewurzelten Blätter können anschließend jahrelang als Topfpflanzen weitergehalten werden.

3. *Auxin-induzierte Blattbewurzelung:* Primärblätter von *Phaseolus vulgaris* einschließlich Blattstiel abschneiden und für 2 h Stielende 1–2 cm tief in Auxin-Lösungen (0/0,01/0,1/1/10/100 µmol · l^{-1} IES, → Experiment 9.2) stellen. Anschließend Blätter in Plastikdose auf feuchtes Filterpapier auslegen und im Licht (z. B. am Fenster) aufstellen, bis sich Adventivwurzeln gebildet haben (nach 1–2 Wochen).

14.3 (D) Sproßregeneration an Wurzeln

Die mit Speicherstoffen gut versorgten Pfahlwurzeln mancher Pflanzen sind in aller Regel befähigt, bei Entfernung des Sprosses einen oder mehrere *Ersatzsprosse* zu regenerieren. Für Experimente sind besonders die Wurzeln des Löwenzahns (*Taraxacum officinale*), des Beinwells (*Symphytum officinale*) oder der Wegwarte (*Cichorium intybus*) geeignet. Auch die Speicherwurzeln der Ackerwinde (*Convolvulus arvensis*) regenerieren Sproßmeristeme, wobei Licht (über das Phytochromsystem) als Auslöser des Austreibens wirkt.

Durchführung

Kräftige Wurzeln der oben erwähnten Arten von anhaftender Erde reinigen und in 2 cm lange Segmente zerlegen. Apikale Schnittfläche durch Kerbe markieren. Segmente für 10 min in NaOCl-Lösung (0,5%) waschen, auf rostfreie Stecknadeln aufspießen und in normaler und inverser Lage in einer feuchten Kammer bei 18–22 °C aufhängen oder auf Agarmedium (5 g · l^{-1}) auslegen (3–6 Wochen). Welche Beziehung besteht zwischen Regeneration und Orientierung des Segments?

14.4 (D) Regeneration von Sproß und Wurzel an Segmenten des *Linum*-Keimlings [2]

Das Hypokotyl des *Linum*-Keimlings besitzt die seltene Fähigkeit, bei Verwundung sowohl Wurzel- als auch Sproßregenerate zu bilden. Wenn man das Hypokotyl junger Keimlinge durchtrennt, entstehen am Stumpf des

---

[2] *Linum usitatissimum* (Linaceae), Saat-Lein = Flachs, einjährige Kulturpflanze südeuropäischen Ursprungs, in verschiedenen Sorten als Faserlein oder Öllein angebaut. Wildform unbekannt.

apikalen Segments erwartungsgemäß *Adventivwurzeln* (→ Experiment 14.2), während am Stumpf des basalen Segments meist mehrere Sproßknopsen auftreten, welche zu *Adventivsprossen* auswachsen können. Hierbei läßt sich sehr schön das Phänomen der *apikalen Dominanz* der als ersten angelegten Knospe beobachten (→ Experiment 10.5). Dieses Objekt demonstriert die Bedeutung der *Interorgankorrelationen* innerhalb der polar organisierten Pflanze: Ein und derselbe Abschnitt aus dem Hypokotyl kann, je nachdem, ob er nach der Amputation am unteren Ende des apikalen Segments oder am oberen Ende des basalen Segments verbleibt, völlig verschiedene Regenerationsprodukte liefern. Die Wurzelregenerate entstehen, wie bei anderen Pflanzen, aus neugebildeten Meristemen im Interfaszikularbereich des Zentralzylinders (Perizykel). Die Sproßregenerate nehmen ihren Ursprung aus reembryonalisierten Epidermiszellen, welche durch mehrere radiale und tangentiale Teilungen zunächst ein Meristemoid bilden. Der *Adventivembryo* wächst zu einer warzenförmigen Primordialknospe heran; diese induziert im benachbarten Subepidermis- und Cortexgewebe weitere Zellteilungen und die Bildung von Leitbündeln, welche die austreibende Knospe mit den zentralen Leitbündeln des Hypokotyls verbinden. Weder das Wurzel- noch das Sproßmeristem entstehen über ein zwischengeschaltetes Wundkallusstadium. Durch Applikation von Auxin an der Schnittstelle läßt sich die Sproßregeneration unterdrücken. Dies spricht dafür, daß im intakten Hypokotyl der basipetale Auxinstrom maßgeblich an der Aufrechterhaltung des „korrelativen Zwanges" beteiligt ist, welcher die Epidermiszellen in der intakten Pflanze an der Reembryonalisierung hindert. Die hohe Regenerationskapazität des *Linum*-Hypokotyls läßt sich auch für die in-vitro-Kultur ausnützen (→ Experiment 15.2).

Literatur

Link GKK, Eggers V (1946) Mode, site and time of initiation of hypocotyledonary bud primordia in *Linum usitatissimum* L. Botan Gaz 107:441–454

Sqalli M, Chlyah H (1985) Divisions cellulaires au niveau de l'épiderme de l'hypocotyle du lin (*Linum usitatissimum*) cultivé in vitro. Can J Bot 63:1691–1695

Durchführung

Linum-Keimlinge werden auf Vermiculit im Licht bei 25°C angezogen (ca. 1 Woche). Jeweils einige Keimlinge 2/5/8/11/14 mm unter dem Kotyledonarknoten dekapitieren bzw. unverletzt lassen. Apikale Segmente auf feuchtem Filterpapier im diffusen Licht (am Fenster) zur Regeneration von Adventivwurzeln auslegen (1 Woche). Die basalen Segmente bleiben im Vermiculit und werden ebenfalls bei hoher Luftfeuchtigkeit im Licht aufgestellt (3–4 Wochen). Die Meristemoidbildung (einige Millimeter von den Schnittstellen entfernt) läßt sich unter dem Stereomikroskop (20–40 ×) bzw. anhand mikroskopischer Schnitte nach Anfärbung mit Carminessigsäure (→ Experiment 14.6) verfolgen. Die Lignifizierung der neu gebildeten Xylemelemente wird nach Anfärbung mit Phloroglucin/HCl sichtbar (→ Experiment 14.8). Welche Wirkung besitzt *Auxin* bzw. *Cytokinin* auf die Regeneration? (Applikation als Hormonpaste mit $1 \text{ mmol} \cdot l^{-1}$ IES oder $100 \text{ μmol} \cdot l^{-1}$ Benzyladenin an den Schnittstellen; → Experiment 9.11, 15.2.)

14.5 (D) Regeneration von Sklereiden im Blatt der Kamelie [3]

Die Familie der Camelliaceen, zu der auch der Teestrauch *Thea* (= *Camellia*) *sinensis* gehört, ist durch derbe, lederartige Blätter ausgezeichnet, welche in ihrem Mesophyll bizarr geformte *Steinzellen* (*Sklereiden*) mit stark verdickten, verholzten Zellwänden besitzen. Diese spezialisierten Zellen haben den Charakter von *Idioblasten*, d. h. sie sind einzelne, mehr oder minder unregelmäßig ins Gewebe eingestreute Zellen mit einem scharf von den umgebenden Zellen abgesetzten Differenzierungszustand. Die Sklereiden entstehen als histologisch identifizierbarer Zelltyp im Zuge der Ausdifferenzierung des Mesophylls während der Wachstumsphase des Blattes, lange nachdem die Zellteilungen abgeschlossen sind. Bei der Kamelie sind die ersten Sklereiden mit dem Mikroskop an der Blattspitze zu beobachten, wenn die Blattlänge etwa 4 cm erreicht hat. Von dort aus schreitet die Differenzierung der Sklereiden kontinuierlich von der Mittelrippe und vom äußersten Blattrand aus (vor allem im Bereich der Zähne) bis zur Blattbasis fort. Im ausgewachsenen Blatt sind auch die übrigen Blattbereiche mit einem lockeren Muster dieser auffälligen Idioblasten durchsetzt.

Die Sklereidbildung im wachsenden Blatt der Kamelie ist ein hervorragendes Modellsystem zum Studium der *Zelldifferenzierung* im vielzelligen Organismus. Die Grundfrage lautet: Wie kommt es, daß genetisch gleichartige Zellen, welche im Gewebeverband direkt aneinander grenzen, einen so drastisch *qualitativ verschiedenen* Differenzierungszustand ausbilden können, wie dies z. B. bei einer Palisadenparenchymzelle und einer benachbarten Sklereidzelle in diesem Objekt vor Augen geführt wird? Im folgenden Experiment werden zwei Teilaspekte dieser bis heute noch nicht befriedigend

---

[3] *Camellia japonica* (Camelliaceae = Theaceae), immergrüne, strauchige Holzpflanze der Tropen und Subtropen, bei uns wegen ihrer ornamentalen Blüten als Zimmerpflanze gehalten.

beantwortbaren Frage untersucht:
1. Wird das spätere Entwicklungsschicksal der Zellen bereits frühzeitig (z. B. nach der Zellteilung im Meristem) starr fixiert (*Determination*), oder sind die Zellen bis zum Einsetzen der sichtbaren spezifischen Merkmalsausprägung noch unbestimmt und daher experimentell beeinflußbar?
2. Ist das spezifische räumliche Zellmuster (z. B. die Häufung der Sklereiden am Blattrand) genetisch starr vorgegeben, oder hängt dieses Muster von der relativen *Position* der Zellen im Organ ab?

Um diese Alternativen zu überprüfen, beschneidet man wachsende Kamelienblätter derart, daß neue, künstliche Blattränder erzeugt werden. Es zeigt sich, daß durch diesen Eingriff junge Mesophyllzellen, welche normalerweise z. B. den Differenzierungszustand einer photosynthetisch aktiven Palisadenzelle erreicht hätten, zu Sklereiden *umdifferenziert* werden können. Darüber hinaus bildet sich wieder ein typisches Sklereidenband an den neuen Blatträndern aus, d. h. das räumliche Differenzierungsmuster ist durch die Nähe der Organgrenze bestimmt (*Positionseffekt*). Weiterhin ist bemerkenswert, daß diese von außen induzierbare Zellumdifferenzierung keine Zellteilung voraussetzt. Damit wird die verbreitete Vorstellung widerlegt, die Umdifferenzierung einer Zelle setze eine Löschung der vorherigen „Programmierung" der Genaktivitäten durch eine Mitose voraus.

Dieses Experiment illustriert auf eindrucksvolle Weise die außergewöhnlich große *Entwicklungsplastizität* pflanzlicher Zellen gegenüber modifizierenden Außenfaktoren, insbesondere die Tatsache, daß ihr Entwicklungsschicksal nicht notwendigerweise bereits bei der Zellteilung festgelegt wird. Außerdem wird die übergeordnete Rolle des *Organs* bei der Steuerung der Zelldifferenzierung deutlich vor Augen geführt.

Durchführung [4]

Die Sklereiden lassen sich an ausgewachsenen, intakten Blättern von *Camellia japonica* unschwer nach Extraktion der Blattfarbstoffe mit heißem Ethanol (1 h) und Anfärbung der lignifizierten Zellwände mit Phloroglucin/HCl (kleine Blattstückchen schneiden und 15–30 min anfärben lassen; → Experiment 14.8) unter dem Mikroskop oder Stereomikroskop (20–40×, Blattunterseite nach oben, Auflicht) als tief rot gefärbte, große Zellen mit unregelmäßigen, spitzen Fortsätzen erkennen (nicht zu verwechseln mit den ebenfalls – im Umriß – angefärbten Stomata und den Gefäßsträngen der Leitbündel). Ein genaueres Bild der Zellmorphologie ergeben dünne Querschnitte, welche leicht mit Hilfe von Holundermark von Hand herzustellen

---

[4] Nach Foard DE (1959) Nature 184: 1663–1664.

sind. Man beschneidet an einer kräftig wachsenden Pflanze (meist kurz nach der Blüte) junge, 3–4 cm lange Blätter, welche kurz vor der Sklereidenausbildung stehen, durch a) Entfernen eines 2 mm breiten Streifens am Blattrand, b) Ausschneiden einer 1 × 1 cm großen Fläche aus der Blattmitte, c) Einkerben des Blattrandes (5 mm tief), d) rechtwinkliges Einschneiden des Blattrandes (5 mm tief). Einige unbeschnittene Blätter gleichen Entwicklungszustands dienen als Kontrolle. Die mikroskopische Auswertung der histologischen Veränderungen an den künstlichen Blatträndern kann erfolgen, wenn die Blätter ihre Endgröße erreicht haben (Länge etwa 8 cm, nach 3–6 Wochen).

Analytische Experimente

14.6 (A) Induktion der Adventivwurzelbildung beim Senfkeimling [5] durch Licht und Hormone

Die für die Steuerung der pflanzlichen Zelldifferenzierung verantwortlichen Faktoren sind noch weitgehend unbekannt. Die de-novo-Bildung eines Organs, z. B. einer Adventivwurzel, kann als Modellsystem für die Identifizierung und die Analyse der Wirkungsweise solcher Entwicklungsfaktoren dienen. Apikale Segmente von Senfkeimlingen sind in diesem Zusammenhang besonders gut geeignete Objekte, nicht nur, weil sie in ihren Kotyledonen reichlich mit Speicherstoffen versorgt (und daher unabhängig von der Photosynthese) sind, sondern auch, weil sie durch ihre Senfölglycoside einen Schutz gegen Pilzinfektion besitzen. Die Anlage von Adventivwurzeln im Perizykelbereich des Zentralzylinders (→ Experiment 14.7) läßt sich mit histochemischen Methoden lange vor der makroskopisch sichtbaren Regeneration feststellen: Man nützt die Tatsache aus, daß die neugebildeten Zellen der Wurzelprimordien im Verhältnis zu den Hypokotylzellen sehr klein sind und daher bereits im frühen Stadium durch Anfärbung der relativ großen Zellkerne (DNA) sichtbar gemacht werden können.

---

[5] Weißer Senf, *Sinapis alba* (Brassicaceae), → Experiment 2.6.

Material und Geräte

1. Vierhundert 36 h alte Keimlinge von *Sinapis alba*, unter Standardbedingungen (25 °C, dunkel) auf Chromatographiepapier und dest. Wasser in Plastikdosen angezogen (→ Experiment 13.5, Teil A).
2. Fixierungslösung: Formaldehyd (40 Vol.%)-Eisessig-Ethanol (50 Vol.%) = 5 : 5 : 90 Volumenteile.
3. Acetocarmin-Lösung: 2 g Carmin in 100 ml Essigsäure (45 Vol.%) am Rückflußkühler für 60 min kochen, abfiltrieren.
4. Salicylsäuremethylester
5. *tert*-Butanol
6. 10-ml-Rollrandgläschen, Saugpipetten, Skalpell, Bestrahlungsanlage für weißes Licht (25 °C, 5–10 klx), Arbeitsplatz in Dunkelraum mit grünem Sicherheitslicht (→ Bd. 1: S. 78), Mikroskop oder Stereomikroskop (25 ×), lichtdichte Tücher, geschwärzte Kartons.

Durchführung [6] (Grundexperiment)

1. *Herstellung der Segmente:* Im grünen Sicherheitslicht werden 360 apikale Keimlingssegmente isoliert (Schnittführung 2 mm unter dem Kotyledonarknoten). Je 20 Segmente in 18 vorbereitete Keimdosen auf feuchtes Chromatographiepapier (4 Lagen vorgequollenes Papier, zusätzlich 5 ml freies dest. Wasser) auslegen. Dosen in lichtdichte Tücher einschlagen und in lichtdichten Kartons verpacken.
2. *Experimentelle Behandlung:* Jeweils 3 Dosen für 1/10/100/1000 min mit Weißlicht belichten. Je 3 weitere Dosen bleiben im Dunkeln bzw. erhalten Dauerlicht (25 °C). 5 d nach Belichtungsbeginn die Segmente einer Dose in einem Rollrandgläschen mit 10 ml Fixierungslösung übergießen und verschlossen stehenlassen.

Histologische Auswertung

Nach 24 h Fixierungslösung absaugen und durch Acetocarmin-Lösung ersetzen. Nach 2 h Färben in einer aufsteigenden Alkoholreihe (0/20/40/60/80/100 Vol.% Butanol, je 30 min) entwässern und für >3 h in Salicylsäuremethylester aufhellen. Die Primordien sind nun als rote Zonen in dem glasig-durchscheinenden Gewebe bei schwacher Vergrößerung leicht zu erkennen und auszuzählen (Bestimmung der regenerierenden Segmente und der Regenerate pro Segment).

---

[6] Nach Pfaff W, Schopfer P (1980) Planta 150: 321–329.

Probleme (weiterführende Experimente)
1. Wie verhalten sich *isolierte Kotyledonen* unter diesen Bedingungen?
2. Kann der Lichteffekt auf die *Photosynthese* zurückgeführt werden? (Inkubation der Segmente in 0,1 mmol · l^{-1} DCMU-Lösung, → Experiment 4.7.)
3. Ist das *Phytochromsystem* für den Lichteffekt verantwortlich? (Bestrahlung der Segmente mit Dauer-Dunkelrot bzw. mit Lichtpulsprogrammen (→ Experiment 13.5), z. B.:
    a) 6 × [5 min Hellrot + 12 h Dunkel],
    b) 6 × [5 min Hellrot + 5 min Dunkelrot + 12 h Dunkel],
    c) 6 × [5 min Dunkelrot + 12 h Dunkel].)
4. Setzt die Lichtwirkung die *Amputation* voraus, oder kann auch der intakte Keimling bereits durch Licht beeinflußt werden? (Keimlinge vor der Amputation belichten und Segmente anschließend im Dunkeln halten.)

14.7 (A) Polare Adventivwurzelregeneration am Hypokotyl von Bohnenkeimlingen [7]

Wie bei vielen anderen Pflanzen regenerieren Sproßsegmente junger Bohnenpflanzen Adventivwurzeln am basalen Ende. Diese Regeneration wird durch die Verwundung ausgelöst und kann durch Auxin (IES) stark gefördert werden (→ Experiment 14.2). Allerdings treten die Adventivwurzeln normalerweise nie am apikalen (physiologisch oberen), sondern stets am basalen (physiologisch unteren) Wundstumpf auf; die Regeneration ist also nicht einfach die Folge der Verletzung. Diese *Polarität* der Regenerationsfähigkeit (→ Experiment 14.8) soll im Folgenden näher untersucht werden.

Material und Geräte

1. Etiolierte Keimlinge von *Phaseolus vulgaris* (6–10 d bei 20–25 °C im Dunkeln auf Vermiculit angezogen, Hypokotyl ca. 10 cm lang.)
2. Auxin-Lösung (0,1 mmol · l^{-1} IES, → Experiment 9.10)
3. Filzschreiber, Plastikdosen (z. B. Kühlschrankdosen 20 × 20 × 5 cm), Filterpapier, Skalpell.

Durchführung (Grundexperiment)

Zehn Keimlinge werden durch einen Schnitt in der Mitte des Hypokotyls in 2 Hälften zerlegt. Die apikalen und basalen Hälften von 5 Keimlingen mit

---

[7] *Phaseolus vulgaris* (Fabaceae), → Experiment 4.9.

dem Stumpf ca. 2 cm tief in IES-Lösung (Kontrollansätze in dest. Wasser) eintauchen und für 3 h stehen lassen. Anschließend Keimlingshälften in Plastikdose auf 5 Lagen gut angefeuchtetes Filterpapier auslegen, und für 1 Woche im Dunkeln bei 25 °C aufbewahren.

Auswertung

Die Anzahl der Wurzelregenerate pro Teilkeimling und ihre Lage am Hypokotyl werden registriert.

Probleme (weiterführende Experimente)

1. Wird die Polarität der Regeneration durch die Tatsache bedingt, daß die Teilkeimlinge einen *intakten Apex* (Vegetationspunkt, Primärblätter, Kotyledonen) bzw. eine *intakte Wurzel* besitzen? (Isolierte Hypokotyle in 1 cm lange Segmente zerlegen, apikalen Stumpf mit Filzschreiber-Punkt markieren.)
2. Hängt die Polarität der Regenerationsfähigkeit damit zusammen, daß sich in den Segmenten durch *basipetalen Auxintransport* am basalen Stumpf Auxin ansammelt, während der apikale Stumpf an Auxin verarmt? (Wenn ja, müßte dieser Gradient durch Inkubation der Segmente in IES-Lösung aufgehoben werden können.)
3. Reagieren die verschiedenen Zonen des Hypokotyls unterschiedlich gut auf Auxin? Gibt es einen *Gradient der Reaktionsfähigkeit* auf Auxin?
4. Wirkt sich die Unterbrechung der Gewebekontinuität auf den ganzen Querschnitt des Hypokotyls aus, oder bleibt dieser Effekt begrenzt auf den verletzten Bereich? (Hypokotyl durch 2 rechtwinklige Schnitte bis zur Mitte einkerben.)
5. In welchem Gewebe des Hypokotyls nimmt die Adventivwurzelbildung ihren Ausgang? (Mikroskopische Untersuchung von Gewebeschnitten verschiedener Entwicklungsstadien.)

14.8 (A) Wundinduzierte Regeneration von Xylemelementen am Hypokotyl von Bohnenkeimlingen[8] und ihre Bedeutung für die Zelldifferenzierung

Die höheren Pflanzen („Gefäßpflanzen") besitzen in den Leitbündeln ein kombiniertes Transportsystem für Wasser (*Xylem*) und organische Moleküle (*Phloem*), welches den gesamten Kormus als kompliziertes, dreidimensio-

---

[8] *Phaseolus vulgaris* (Fabaceae), → Experiment 4.9.

nales Netzwerk durchzieht. Die auffälligsten und funktionell wichtigsten Bestandteile des Xylems sind die *Xylemelemente,* langgestreckte röhrenförmige Glieder einer Zellreihe mit durchbrochenen Querwänden, welche im reifen Zustand nur noch aus der Zellwand bestehen und deren wassererfülltes Lumen daher dem apoplastischen Raum der Pflanze zuzurechnen ist. Die Bildung der Xylemelemente ist einer der auffälligsten Differenzierungsprozesse während der pflanzlichen Entwicklung. Das *primäre Xylem* entsteht aus bestimmten Zellreihen proximal vom Sproß- oder Wurzelapex in einem spezifischen, radialen oder kollateralen Muster und läßt sich z. B. in der Differenzierungszone einer Sproßspitze kontinuierlich verfolgen. Die vom apikalen Meristem abstammenden, isodiametrischen Xyleminitalen strekken sich mit zunehmendem Abstand vom Meristem immer mehr in die Länge und nehmen schließlich eine röhrenförmige Gestalt an. Bevor die Querwände teilweise aufgelöst werden und der Protoplast abstirbt, bildet dieser in Längsrichtung eine dicke, durch ringförmige, schraubige oder netzartige Leisten versteifte Sekundärwand aus, welche zusätzlich eine Einlagerung von *Lignin* erhält. Auf ähnliche Weise entsteht im Zuge des sekundären Dickenwachstums das *sekundäre Xylem* aus tangential vom Kambium nach innen abgegebenen meristematischen Zellen. Primäres und sekundäres Xylem bilden später ein kontinuierliches System von Leitbahnen, dessen zweifacher Ursprung nicht mehr deutlich erkennbar ist.

Führt die Verwundung einer Pflanze zur Unterbrechung eines Leitbündels, so können Zellen aus dem umgebenden Parenchymgewebe zu Xylem- und Phloemelementen umgebildet werden. Aus aneinandergrenzenden Parenchymzellen bilden sich neue Leitbahnen aus, welche Anschluß an die offenen Enden des unterbrochenen Leitbündels finden und so die Lücke überbrücken. Diese Regenerationsleistung ist ein weiteres Beispiel für die Fähigkeit pflanzlicher Zellen zur *Umdifferenzierung,* ausgelöst durch ein Signal, das aus der Umgebung der Zelle stammt. Im Gegensatz zu dem in Experiment 14.5 geschilderten Fall gehen der Wundxylembildung Zellteilungen im regenerierenden Parenchymgewebe voraus (Induktion eines *Wundmeristems*).

Die *wundinduzierte Xylogenese* bietet sich als experimentell leicht zugängliches System zur Erforschung der Zelldifferenzierung an. Die Vorteile dieses Systems liegen auf der Hand: Durch einen einfachen experimentellen Eingriff läßt sich ein Umdifferenzierungsprozeß induzieren, der nach kurzer Zeit zu einem morphologisch diskreten, klar identifizierbaren Zellphänotyp führt. Der Beginn dieses Prozesses ist also eindeutig festgelegt. Im Gegensatz dazu ist es bei der regulären Xylembildung kaum möglich zu entscheiden, in welchem Entwicklungsstadium den meristematischen Zellen der zukünftige Differenzierungszustand eines Xylemelements aufgeprägt wird.

Es gibt viele indirekte Hinweise dafür, daß *Auxin* eine wichtige Rolle bei der Xylogenese spielt (→ Literatur). Darüber hinaus ist schon seit VÖCHTING's Untersuchungen aus dem letzten Jahrhundert bekannt, daß die Fähigkeit zur Wundxylembildung eine *polare* Eigenschaft ist, d. h. einen strengen Bezug zur Richtung der Kormusachse aufweist, ganz ähnlich wie dies z. B. bei der Fähigkeit zur Adventivwurzelregeneration zu beobachten ist (→ Experiment 14.7). Nach einer neueren Hypothese von SACHS wird die *Regenerationspolarität* mit dem polaren (basipetalen) Transport von Auxin entlang der Kormusachse in Zusammenhang gebracht. Nach dieser Hypothese ist das basipetal von seinem Bildungsort an der Sproßspitze zum Wurzelpol strömende Auxin der Auslöser der Xylemdifferenzierung in den kompetenten Geweben der Pflanze. Die Polarität der Xylogenese ist demzufolge ein Ausdruck des gerichteten Transports einer spezifischen Signalsubstanz. Die Hypothese macht darüber hinaus folgende Annahmen: Der Transport des Auxins erfolgt entlang der Xylembahnen. Wird eine solche Bahn unterbrochen, so sucht sich das Auxin einen neuen Weg um die Verletzungsstelle, wobei der gekappte Xylemstumpf unter der Wunde als „Anziehungszentrum" wirkt. Das Auxin erzeugt im Parenchymgewebe eine Polarisierung von aneinandergrenzenden Zellen und damit neue Bahnen für den basipetalen Transport des Hormons und gleichzeitig ihre Umdifferenzierung zu Xylemelementen. Diese konkrete Hypothese läßt sich auf relativ einfache und elegante Weise testen: Man müßte erwarten, wenn die Hypothese zutrifft, daß die Xylemdifferenzierung streng an den Fluß von Auxin im Gewebe gebunden ist. Jeder experimentelle Eingriff in die Intensität und Richtung des Auxintransports müßte daher sehr genau vorhersagbare Konsequenzen für die Bildung und Anordnung neuer Xylemelemente haben. Einige experimentelle Ansätze, die sich aus dieser Überlegung ergeben, sind im folgenden dargestellt. Als Objekt werden junge Bohnenkeimlinge verwendet, deren Hypokotyl sich für mikrochirurgische Eingriffe besonders gut eignet. Daneben werden auch Erbsenkeimlinge oder junge Internodien von *Coleus*-Pflanzen häufig für derartige Experimente eingesetzt. In diesen Objekten lassen sich Xylemzellen im aufgehellten Gewebe leicht durch Anfärbung des Lignins mit Phloroglucin/HCl sichtbar machen.

Literatur

Jacobs WP (1984) Functions of hormones at tissue level of organization. In: Hormonal regulation of development II. The functions of hormones from the level of the cell to the whole plant. Scott TK (ed) Encycl Plant Physiol NS, vol 10, Springer, Berlin Heidelberg New York Tokyo, pp 149–171

Sachs T (1986) Cellular patterns determined by polar transport. In: Bopp M (ed) Plant Growth Substances 1985, Springer, Berlin Heidelberg, pp 231–235

Torrey JG, Fosket DE, Hepler PK (1971) Xylem formation: A paradigm of cytodifferentiation in higher plants. Amer Sci 59: 338–352

Material und Geräte

1. Keimlinge von *Phaseolus vulgaris:* 18 Stück, für etwa 6 d bei 25 °C im Licht auf feuchtem Vermiculit angezogen; das Hypokotyl sollte 5–8 cm lang und die Primärblätter noch zwischen den Kotyledonen verborgen sein, → Abb. 38, S. 257.
2. Gerät zum Ausstanzen von Gewebeproben („Mini-Korkbohrer", läßt sich leicht durch Anschärfen einer Stahlkanüle mit 1,2 mm Außendurchmesser herstellen, in die ein 0,8 mm dicker Stift als Ausstoßer gesteckt wird.)
3. Auxin-Paste (1 mmol · l^{-1} IES) und Kontrollpaste (Wasser), → Experiment 9.11.
4. Milchsäure (85–88 Gew.%)
5. Phloroglucin-Lösung (1 g in 100 ml Ethanol)
6. HCl-Lösung (25 Gew.%)
7. Bunsenbrenner, Stereomikroskop mit Auflicht (20–40 ×), spitze Pinzette, Lanzettnadel, Skalpell, Objektträger mit napfförmigen Vertiefungen (Hohlschliffobjektträger), Mikroskop (200 ×), normale Objektträger, Deckgläser.

Durchführung [9] (Grundexperiment)

1. Aus dem Hypokotyl von 18 Keimlingen werden an verschiedenen Stellen 1 mm dicke Gewebezylinder ausgestanzt. Bohrer senkrecht aufsetzen und mit drehender Bewegung langsam in der Organmitte durchstoßen (Abb. 44a). Bei 12 Keimlingen wird die Plumula direkt unter den Primärblättern (zwischen den Kotyledonen) abgeschnitten. Bei der Hälfte dieser dekapitierten Keimlinge wird eine kleine Portion IES-Paste auf den Epikotylstumpf appliziert; die andere Hälfte erhält Kontrollpaste. Die 3 Gruppen von Keimlingen für 5 d im Licht bei 25 °C weiterwachsen lassen.
2. Zur mikroskopischen Auswertung werden 1 cm lange Hypotkotylabschnitte mit der Verwundungsstelle in der Mitte isoliert (morphologische Oberseite durch Einkerbung markieren!), durch einen Längsschnitt senkrecht zum Wundkanal halbiert und in einem Reagenzglas in 1–2 ml Milchsäure über dem Bunsenbrenner kurz aufgekocht. Nach ≥ 1 h bei Raumtemperatur (je länger, desto besser) sind die Segmente weitgehend transparent geworden und können nun unter dem Stereomikroskop analysiert werden. Zur Anfärbung der lignifizierten Xylemzellwände bedeckt man die Gewebestücke auf einem Objektträger mit Phloroglucin-Lösung und fügt einige Tropfen HCl hinzu. Eine optimale Ansicht der Regenerationszone erhält man, wenn man die äußere Gewebeschicht (Epidermis + Rinde) abpräpariert und die freigelegte Grenzfläche des Zentralzylinders untersucht. Durch weiteres vorsichtiges Auseinanderzupfen des Gewebes kann man sich Klar-

---

[9] Nach Sachs T (1968) Ann Bot 32: 391–399, 781–790; und Sachs T (1969) Ann Bot 33: 263–275.

374 Regeneration

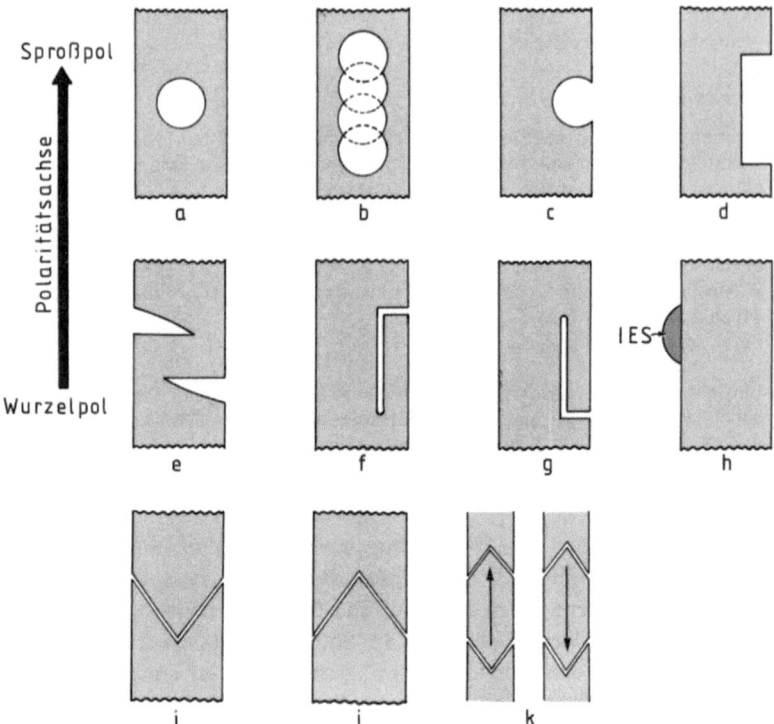

Abb. 44 a–k. Verschiedene Verletzungsformen einer Sproßachse (z. B. Hypokotyl des Bohnenkeimlings) zur Auslösung einer polaren Regeneration von Xylemelementen. Die Verletzungen werden mit einem „Mini-Korkbohrer" (**a–c**) oder einem kleinen Skalpell (**d–g, i–k**) ausgeführt. In ähnlicher Weise kann die Wirkung einer künstlichen Auxinquelle (IES-Paste) getestet werden (**h**). Auch eine auf verschiedene Weise durchführbare, einfache oder doppelte Pfropfung (**i–k**) führt zu einem charakteristischen Bild bei der Xylemregeneration in den Verwachsungszonen. (Nach Sachs, 1986; ergänzt)

heit über den dreidimensionalen Verlauf der neu angelegten Xylemstränge verschaffen und feststellen, inwieweit ihr Muster dem Bild einer basipetalen Strömung um ein Hindernis entspricht. Zur genaueren Untersuchung der Zellstrukturen betrachtet man kleine Gewebefragmente unter dem Mikroskop (100–200 ×).

Probleme (weiterführende Experimente)

1. Steht der *zeitliche Verlauf* der Xylemregeneration in Übereinstimmung mit einer basipetalen Polarität? (Verwundete Hypokotyle nach 2/3/4/5 d Regenerationszeit analysieren.)
2. In Abb. 44 b-g sind einige Möglichkeiten aufgeführt, wie die postulierte Korrelation zwischen basipetalem Auxintransport und Xylemregeneration mit Hilfe *mikrochirurgischer Eingriffe* überprüft werden kann. Ergibt sich in jedem Fall das Bild einer basipetalen Strömung?
3. Kann eine (basipetal orientierte) Xylemregeneration ausgelöst werden, indem man einem unter- oder oberhalb der Kotyledonen *dekapitierten* bzw. einem *intakten* Sproß seitlich am Hypokotyl eine kleine Portion Auxin-Paste appliziert (Abb. 44 h)?
4. Induziert die sich entwickelnde *Sproßknospe* an einem dekapitierten *Linum*-Keimling (→ Experiment 14.4) eine Xylemregeneration im darunterliegenden Rindengewebe?

14.9 (A) Stoffwechselaktivierung bei der Regeneration eines neuen Abschlußgewebes an isoliertem Speichergewebe der Kartoffelknolle[10]

Die Verletzung einer Pflanze setzt in den umliegenden Geweben Reaktionen in Gang, welche zu einem Verschluß der Wunde und zur Ausbildung eines neuen Abschlußgewebes führen. Zellen des Wundrandes gewinnen die Fähigkeit, sich zu teilen (Bildung eines *Wundmeristems*); es entsteht ein *Wundkallus*, dessen Zellen nach einiger Zeit die Teilungsaktivität wieder verlieren und sich ortsgemäß erneut in spezialisierte Zellen differenzieren (z.B. in Epidermiszellen oder Xylemzellen).

Die im Prinzip bei allen Pflanzenorganen beobachteten Wundheilungsprozesse können besonders gut an den dormanten Parenchymzellen von *Speicherknollen* studiert werden, bei denen die Entwicklungsruhe durch eine Verletzung gebrochen wird. Ein beliebtes Objekt ist die Kartoffelknolle, deren stärke- und proteinreiches Speicherparenchym von einem derben *Periderm* gegen Wasserverlust, Infektion und andere Umwelteinflüsse geschützt ist. Dieses sekundäre Abschlußgewebe entsteht aus einem Korkkambium (*Phellogen*), welches durch perikline (tangentiale) Teilungen Zellen mit der Fähigkeit zur Ausbildung suberinisierter Zellwände nach außen abgibt.

---

[10] *Solanum tuberosum* (Solanaceae), → Experiment 2.1.

Suberin ist ein chemisch schlecht definiertes, stark hydrophobes Polymer aus esterartig gebundenen Hydroxyfettsäuren und Dicarbonsäuren mit 14–32 C-Atomen, das lamellenartig zwischen Wachsschichten den Wänden verkorkter Zellen aufgelagert ist und diesen eine sehr geringe Permeabilität für Wasser verleiht. Aufgrund ihrer Hydrophobizität können suberinisierte Zellwände – ähnlich wie cutinisierte Zellwände – durch die lipophilen Sudanfarbstoffe in Gewebeschnitten selektiv angefärbt werden. Neuerdings hat man auch aromatische Bestandteile (Phenolsäuren, z. B. Cumar- und Ferulasäure) in suberinisierten Zellwänden nachweisen können.

Die Entfernung des Periderms regt in den freigelegten Speicherparenchymzellen der Kartoffelknolle innerhalb weniger Tage die Ausbildung eines neuen Phellogens und die Umwandlung der peripheren Zellschichten zu Korkzellen an. Genphysiologisch läßt sich dieser Regenerationsprozeß als eine partielle *Derepression* von Genaktivitäten beschreiben: Ausdifferenzierte, metabolisch weitgehend inaktive Zellen mit stark reprimiertem Genom werden durch die Verletzung derart stimuliert, daß zuvor inaktive Gene wieder in Betrieb genommen werden. Die entstehenden Genprodukte (letztlich neu synthetisierte Proteine) erlauben es den Zellen, neue biochemische Funktionen zu übernehmen. In der Tat beobachtet man an frisch erzeugten Wundflächen bereits nach wenigen Stunden eine erhöhte Synthese von RNA und eine Umstellung des Musters der zellulären Proteine; sichere Anzeichen für umfangreiche Aktivierungsvorgänge am Chromatin. Die molekulare Signalkette, über welche diese Prozesse im Zellkern ausgelöst werden, ist noch völlig unbekannt. Die intensive Suche nach einem Wundhormon („Traumatin") hat bisher zu keinen greifbaren Resultaten geführt.

Von den vielen cytologischen und biochemischen Aspekten der Peridermregeneration der Kartoffelknolle (→ Literatur) soll in diesem Versuchsprogramm die wundinduzierte Aktivierung des dissimilatorischen Stoffwechsels herausgegriffen werden. Es liegt auf der Hand, daß Speicherparenchymzellen sehr gut ausgestattet sind, um Energie und Metaboliten für die hierbei notwendigen, vielfältigen Synthesen zu liefern. Ein integrales Maß für die dissimilatorische Aktivität ist die *respiratorische O_2-Aufnahme,* die mit der O_2-*Elektrode* (→ Bd. 1: S. 147; oder mit dem *WARBURG-Manometer,* → Bd. 1: S. 63) gemessen werden kann. Ein weiteres Experiment betrifft den *Mechanismus der Wundatmungsinduktion.* Drei Vorstellungen sind denkbar: 1. Die für den Abbau von Speichermaterial notwendigen Enzyme (z. B. die Enzyme der Glycolyse oder der Atmungskette) sind bereits im dormanten Gewebe vorhanden und werden nach Verwundung vom inaktiven in den aktiven Zustand umgewandelt. (Die *Aktivierung* von Enzymmolekülen, z. B. durch Ionen oder Metaboliten, ist vielfach bekannt.) 2. Die erhöhte Aktivität der dissimilatorischen Enzyme geht auf die *Neusynthese* dieser Proteine an *bereits vorhandenen mRNAs* zurück. 3. Die erhöhte Aktivität dieser Enzyme ist auf deren Neusynthese an *mRNAs* zurückzuführen, welche *nach Verwundung synthetisiert* werden. Zwischen diesen drei Arbeitshypothesen, welche die regulatorischen Vorgänge alternativ auf der Ebene der *Enzymaktivität,* der *Enzymsynthese* (*Translation*) oder der *mRNA-Synthese* (*Transkription*) postulieren, kann man mit Hilfe geeigneter Inhibitoren unterscheiden. Wir verwenden hier *Cycloheximid* und *Actinomycin D* als Hemmstoffe der Proteinsynthese am Ribosom bzw. der Ablesung des DNA-Codes bei der RNA-Synthese. Beide Substanzen dringen gut in die Zelle ein und hemmen die jeweiligen Prozesse spezifisch. Sie können immer dann mit Erfolg eingesetzt werden, wenn es darum geht, die Abhängigkeit eines physiologischen Prozesses von einer intakten Protein- oder RNA-Synthese zu prüfen.

Literatur

Kahl G (1973) Genetic and metabolic regulation in differentiating plant storage tissue cells. Bot Rev 39: 274–299

Kahl G (1974) Metabolism in plant storage tissue slices Bot Rev 40: 263–314

Kahl G (ed) (1978) Biochemistry of wounded plant tissues. De Gruyter, Berlin New York

Rittinger PA, Biggs AR, Peirson DR (1987) Histochemistry of lignin and suberin deposition in boundary layers formed after wounding in various plant species and organs. Can J Bot 65: 1886–1892

Zimmermann HJ, Kahl G (1982) Wundheilung in höheren Pflanzen. Biologie in unserer Zeit 12: 49–58

A. Analyse der cytologischen Veränderungen und der Atmungsaktivierung an der Wundfläche

Material und Geräte

1. Unbeschädigte, ausgereifte (abgelagerte) Kartoffelknollen mittlerer Größe (ohne austreibende „Augen")
2. NaOCl-Lösung (0,5% wirksames Chlor)
3. Steriles Wasser (autoklaviert oder abgekocht, 1 l)
4. Sudan-IV-Lösung: 25 ml einer gesättigten Lösung des Farbstoffs in 95 Gew.% Ethanol werden mit 25 ml Glycerin gemischt und die Lösung filtriert.
5. Ethanol (30 Vol.%)
6. Waschlösung: 25 ml Glycerin + 25 ml 95 Gew.% Ethanol mischen.
7. Jod-Lösung (→ Experiment 1.5)
8. Phosphatpuffer (10 mmol $\cdot$ l^{-1} K-Phosphat, pH 6,5)
9. Küchenmesser, feuchte Kammer (abgedeckte Plastikdose mit 1 cm Wasser am Boden), kleiner Gemüsehobel, Rasierklingen, spitze Pinzette, Mikroskop oder Stereomikroskop (20–100 ×), Objektträger, Deckgläser, Färbenäpfchen, Korkbohrer (5 mm), O_2-Elektrode (→ Bd. 1: S. 147), Feinwaage ($\pm$1 mg).

Durchführung (Grundexperiment)

1. *Induktion der Regeneration:* Zwanzig sauber gewaschene Knollen werden der Länge nach durch einen ebenen Schnitt halbiert, für 5 min in NaOCl-Lösung untergetaucht und anschließend auf die gleiche Weise 3mal mit sterilem Wasser gewaschen. Knollenstücke mit der Schnittfläche nach oben in eine feuchte Kammer legen und bei 25 °C aufstellen.

2. *Histologische Untersuchung:* Sofort anschließend und dann während der folgenden 9 d werden täglich zur gleichen Zeit Proben entnommen und mit einer neuen Rasierklinge dünne Handschnitte der Regenerationszone (senkrecht zur Oberfläche, ziehender Schnitt) hergestellt, welche etwa 5 mm weit ins Gewebe reichen. An solchen Schnitten werden folgende histologische Tests durchgeführt:

a) *Anfärbung der Stärkekörner:* Schnitt in Wasser waschen und mit einem Tropfen Jod-Lösung auf Objektträger unter einem Deckglas einbetten.

b) Schnitt in 30% Ethanol waschen, 5 min in Sudan-IV-Lösung färben, 5 min in Waschlösung waschen und in Waschlösung einbetten.

Die Präparate werden unter dem Mikroskop (20–100 ×) untersucht. (Bei dicken Schnitten ist ein Stereomikroskop mit Auflicht besser geeignet.) Jod-Lösung färbt Stärke sofort blau (schwarz) an. Sudan IV färbt verkorkte Zellwände in einer langsameren Reaktion orangerot an. (Die Anfärbung wird deutlicher, wenn man die Präparate 1 d liegenläßt.) Man achte auf die genaue Zonierung der Anfärbung in den verschiedenen Zellschichten und auf das Auftreten frisch geteilter Zellen (schmale, parallel zur Wundfläche orientierte Zellen, 2–3 Lagen unterhalb der Wundfläche).

3. *Messung der O_2-Aufnahme:* An jedem Auswertermin werden mit einem Gemüsehobel an 3 Knollenhälften eine etwa 2 mm dicke Scheibe mit der Wundfläche abgehoben und daraus mit einem Korkbohrer 20 5 mm große Gewebescheibchen gestanzt. Scheibchen in Puffer waschen und randomisieren. Proben von 5 Scheibchen werden gewogen und zur Messung der O_2-Aufnahme in 3 ml Luft-gesättigtem Puffer im Reaktionsgefäß einer O_2-Elektrode suspendiert. Die Handhabung dieses Geräts ist bei Experiment 4.6 ausführlich beschrieben.

Auswertung

Die Resultate der Atmungsmessungen werden in der Einheit [mol $O_2 \cdot h^{-1} \cdot$ g Frischmasse^{-1}] berechnet (Mittelwerte $\pm$ Schätzung des Standardfehlers) und als Funktion der Regenerationszeit in ein Diagramm eingetragen.

Analytische Experimente 379

B. Abhängigkeit der Stoffwechselaktivierung von der RNA- und Proteinsynthese

Material und Geräte (zusätzlich zu Teil A)

1. Cycloheximid-Lösung (20 mg · l^{-1}, mit sterilem Wasser ansetzen)
2. Actinomycin-D-Lösung (20 mg · l^{-1}, mit sterilem Wasser ansetzen)
3. Sterile Petrischalen mit 1 Lage Filterpapier (9 cm).

Durchführung (Grundexperiment)

1. Aus einigen frischen Knollen werden mit dem Gemüsehobel gleichmäßig dicke 2-mm-Scheiben geschnitten und daraus mit dem Korkbohrer 600 Scheibchen (5 mm Durchmesser) ausgestanzt. Scheibchen 5 min in NaOCl-Lösung inkubieren und dann 3 × 5 min mit sterilem Wasser waschen. Nach dem Randomisieren werden je 20 Scheibchen in 30 Petrischalen ausgelegt. Je 10 Schalen werden mit 5 ml Cycloheximid-Lösung, 5 ml Actinomycin-D-Lösung oder dest. Wasser beschickt und bei 25 °C aufgestellt.
2. Unmittelbar anschließend, und dann täglich zur gleichen Zeit während der folgenden 9 d [11], wird jeweils eine Schale der 3 Ansätze zur Messung der O$_2$-Aufnahmeintensität verwendet (siehe unter A).

Probleme (weiterführende Experimente)

1. Die Lignifizierung von Zellwänden ist eine häufig beobachtete Wundreakton zur Abwehr von Infektionen. Findet während der Wundperidermbildung der Kartoffelknolle auch eine *Einlagerung von Lignin* in die Zellwände statt? Kommt es im tiefer liegenden Parenchymgewebe zur Differenzierung von *lignifizierten Xylemelementen?* (→ Experiment 14.8.)
2. Sowohl Suberin als auch Lignin enthalten Phenylpropanbausteine, welche aus Phenylalanin synthetisiert werden müssen. Kommt es im Verlauf der Wundperidermbildung zur Induktion der *Phenylalaninammoniumlyase* (PAL), dem Schlüsselenzym dieses Stoffwechselweges? (Messung der PAL-Aktivität an Pufferextrakten aus regenerierenden Gewebescheiben, → Experiment 13.5, Teil C.) Bestimmte Isoenzyme der *Peroxidase* sind an der Ligninkondensation in der Zellwand beteiligt. Wird dieses Enzym ebenfalls induziert? (→ Experiment 2.2, 2.5.)
3. Tris-(hydroxymethyl)-aminomethan (Tris-Puffer) unterdrückt in diesem System die Zellteilung. Kann mit Hilfe dieser Substanz *Zellteilung und*

---

[11] Wenn man 9 d lang täglich eine Portion Scheibchen isoliert und in den 3 Medien ansetzt, kann man die Messungen gemeinsam an einem Termin durchführen.

Suberinsynthese entkoppelt werden? Diese Frage steht in Zusammenhang mit dem allgemeinen Problem, ob die Umdifferenzierung einer spezialisierten Zelle (hier: einer Speicherzelle zu einer Korkzelle) direkt möglich ist oder eine Zellteilung erfordert (→ Experiment 14.5).

4. Welche *Zeit* verstreicht zwischen der Verletzung und dem meßbaren Einsetzen der Wundatmung? (Messung einer genaueren Kinetik.)
5. Wie kann man die *Synthese von DNA, RNA und Protein* im Verlauf der Regeneration mit Hilfe von radioaktiven Vorstufen bestimmen? (Gewebescheibchen zu verschiedenen Zeiten nach dem Schneiden für 3 h in Tritium-markiertem Thymidin, Uridin bzw. Leucin (10 kBq · ml^{-1}) inkubieren und Einbau nach der in Experiment 12.6 beschriebenen Methode messen.)
6. Kommt es während der wundinduzierten Stoffwechselaktivierung zu einer Synthese von *Ascorbat*? (Messung des Ascorbatgehaltes an metaphosphorsauren Extrakten aus regenerierenden Gewebescheibchen, → Experiment 1.13.)

14.10 (A) Bildung genetischer Tumoren als Entwicklungsanomalie bei Tabakhybriden [12]

Im vorigen Experiment wurde die Neubildung von Geweben behandelt, welche, als Antwort auf eine Verletzung, zu einem neuen Abschlußgewebe führt. Bei der Wundheilung handelt es sich stets um eine *vorübergehende* Induktion der Zellteilung (Wundkallusbildung), gefolgt von einer ortsabhängigen Differenzierung der neu gebildeten Zellen. Wenn hingegen ausdifferenzierte Gewebe zur erneuten Zellteilung *ohne zeitliche Begrenzung* und *ohne Integration der neugebildeten Zellen in den Organismus* übergehen, spricht man von *Tumorwachstum*. Ein Tumor (neoplastisches Gewebe) steht nicht mehr unter der Entwicklungskontrolle des Muttergewebes, sondern wächst als *Kallus* oder irregulär differenziertes *Teratom* im Prinzip bis zur Erschöpfung der Nährstoffquellen in der Pflanze weiter. Die Umstimmung von geordnetem Wachstum zu Tumorwachstum ist in aller Regel ein irreversibler Vorgang, d. h. die Modifikation „Tumorzelle" ist außerordentlich stabil. Ähnlich wie beim Tier können manche Formen von Pflanzenkrebs durch bestimmte virale oder bakterielle Krankheitserreger ausgelöst werden

---

[12] *Nicotiana suaveolens* × *langsdorffii* (Solanaceae) ist eine häufig verwendete amphidiploide Hybridart mit Tumordisposition. Ähnlich geeignet ist *N. glauca* × *langsdorffii*. Samenmaterial von Hybrid und Eltern sind vom Autor erhältlich.

(z. B. die sog. „Wurzelhalstumoren"). Hier soll eine andere Form von Tumoren untersucht werden, welche als Folge bestimmter Genkombinationen in Artbastarden erblich auftreten und daher als *genetische Tumoren* bezeichnet werden. Der „genetische" Charakter dieser Entwicklungsanomalie tritt im Kreuzungsexperiment deutlich in Erscheinung: Die Fähigkeit zur Tumorbildung kann z. B. durch Rückkreuzung mit einem Elter (im Rahmen der MENDELschen Regeln) wieder eliminiert werden.

Genetische Tumoren treten in einer ganzen Reihe von Pflanzengattungen auf (z. B. bei *Brassica, Lilium, Lycopersicon*). Die bevorzugten Objekte zum Studium dieses Phänomens sind jedoch die amphidiploiden Artbastarde [13] von *Nicotiana*. Von den 64 bekannten Arten der Gattung *Nicotiana* lassen sich viele untereinander kreuzen. (So ist z. B. die Kulturform *N. tabacum* durch mehrfache, heute nicht mehr im einzelnen nachvollziehbare Kreuzung aus Wildarten entstanden.) Von 30 der über 300 bekannten *Nicotiana*-Hybriden weiß man, daß sie eine genetische Disposition zur Tumorbildung besitzen. Die Ursache hierfür liegt in der Kombination bestimmter artspezifischer Gene (*genetische Komplementation*) im Hybridgenom, deren genaue Funktion noch nicht bekannt ist. Diese genetische Unverträglichkeit führt offenbar zu einer Schwächung der korrelativen Wechselwirkungen, welche normalerweise eine geordnete Morphogenese im Kormus bewirken. Die Hybridpflanzen wachsen unter optimalen Bedingungen zunächst ohne erkennbare Krankheitssymptome heran (und können daher auch normale Samen bilden). Sobald die Pflanzen jedoch unter Streß geraten (z. B. unter Wasserstreß in der Wurzel oder UV-Streß in den Blättern), werden Zellen in den betroffenen Geweben zu Tumorzellen transformiert. Weitere tumorauslösende Streßfaktoren sind z. B. ionisierende Strahlung, hohe Temperatur und Benzolderivate. Durch das neoplastische, potentiell unbegrenzte Teilungswachstum entstehen kallusartige oder irregulär differenzierte Wucherungen, die rasch an Größe zunehmen und der Pflanze nach einiger Zeit ein bizarres Erscheinungsbild verleihen. Formal läßt sich also die Auslösung der Tumorgenese als ein *Zweistufenprozeß* beschreiben: 1. Die genetisch festgelegte Disposition führt zu einem labilen Entwicklungsmuster, welches jedoch unter optimalen Wachstumsbedingungen noch eine normale Entwicklung ermöglicht. 2. Beim Vorliegen dieser Disposition genügt bereits eine geringfügige Belastung des Organismus durch einen unspezifischen Umweltstreß, um die Tumorbildung auszulösen. In dieser Hinsicht sind die genetischen Tumoren des Tabaks ein gutes Modellsystem für viele Formen

---

[13] Amphidiploide Bastarde (Additionsbastarde) kommen durch Verschmelzung diploider Gameten zustande. Sie sind daher tetraploid und (im Gegensatz zu anderen Artbastarden) zu einer normalen sexuellen Fortpflanzung befähigt.

malignen Wachstums bei Tier und Mensch. So sind z. B. die Melanome bestimmter Zahnkarpfenhybriden ein nahezu perfektes Gegenstück zu den Tabaktumoren.

Die biochemischen Vorgänge bei der Auslösung der Tumorbildung sind noch weitgehend unbekannt. Das Tumorgewebe ist offensichtlich unabhängig von der Versorgung mit teilungs- und wachstumsfördernden Hormonen durch die Pflanze und enthält z. B. einen stark erhöhten Pegel an Auxin. Auch andere Befunde haben zu der Vorstellung geführt, daß Hormone (Auxin, Cytokinin) eine Rolle beim Tumorwachstum spielen.

Literatur

Beyer MH (1982) Genetic tumors: Physiological aspects of tumor formation in interspecies hybrids. In: Kahl G, Schell JS (eds) Molecular biology of plant tumors. Academic Press, New York, pp 33–67
Braun AC (1978) Plant tumors. Biochim Biophys Acta 516:167–191
Hock B (1986) Tumorbildung bei Pflanzen. Naturwiss Rdsch 39:333–340

A. Tumorinduktion an älteren Pflanzen durch Verletzung

Material und Geräte

1. Samen von *Nicotiana suaveolens* × *langsdorffii* und beider Elternarten
2. Klarsicht-Plastikdosen mit Filterpapiereinlage, Pflanzenschalen mit Komposterde, Abdeckhaube aus Klarsichtplastik, Federpinzette, Skalpell, Gewächshaus oder heller Fensterplatz im Labor.

Durchführung (Grundexperiment)

1. *Anzucht der Pflanzen:* Die Samen des Bastards und der beiden Eltern werden auf gut angefeuchtetem Filterpapier in geschlossenen Plastikdosen im Licht angekeimt (20–25 °C). Nach 2–3 d (die Keimwurzel darf noch nicht am Papier festhaften) einzelne Keimlinge vorsichtig auf Komposterde übertragen und im diffusen Licht und guter Wasserversorgung weiterkultivieren (10 Pflanzen jeder Art). [Nachdem die Pflanzen eine Höhe von 20 cm erreicht haben, kann man sie (ab Mai) auch im Freiland halten und dort nach 2–3 Monaten zur Samenbildung bringen.]
2. *Auslösung der Tumorbildung:* Man erzeugt an mehreren Hybrid- und Elternpflanzen mit einem Skalpell gleichartige, kleine Einschnitte an Stengel, Blattachseln, Blattstiel, Blattadern, Apikalknospe. Anschließend Pflanzen mit lichtdurchlässiger Haube abdecken (hohe Luftfeuchtigkeit!). Die Entwicklung von Tumoren an den Verletzungsstellen der Hybridpflanzen kann in den folgenden Wochen makroskopisch verfolgt werden. Als Kontrolle (normaler Wundverschluß) dienen die parallel behandelten Elternpflanzen.

B. Tumorinduktion an Keimlingen durch Auxin

Material und Geräte

1. Samen von *Nicotiana suaveolens* × *langsdorffii* und beiden Elternarten
2. HOAGLANDsche Nährlösung (1 : 2 verdünnt, → S. 440)
3. Agar
4. NaOCl-Lösung (0,5% wirksames Chlor)
5. Steriles (abgekochtes) Wasser
6. Hormon-Stammlösung: 1 mmol · l^{-1} Indol-3-Essigsäure (IES, → Experiment 9.10).
7. Petrischalen (5 cm, Plastik), Pinzette, feinmaschiges Plastik-Teesieb, Lichtfeld (5–10 klx, 25 °C), 5-µl-Kolbenpipette, größere Plastikdosen mit Klarsichtdeckel, Stereomikroskop (5 ×).

Durchführung [14] (Grundexperiment)

1. *Anzucht steriler Keimlinge:* Etwa 400 Samen (etwa 80 mg) der drei Arten werden in NaOCl-Lösung in einem Erlenmeyer-Kolben für 10 min geschüttelt, kurz mit sterilem Wasser gewaschen (Teesieb) und mit einer Pinzette auf steril hergestelltem Agarmedium (500 ml Nährlösung mit 2 g Agar verfestigt, 5-mm-Schicht in Petrischalen gießen) äquidistant ausgelegt. Insgesamt werden für jede Art 15 Petrischalen mit je 20 Samen angesetzt. Schalen in größeren, geschlossenen Dosen (Verdunstungsschutz!) für 8–10 d im Lichtfeld aufstellen.

2. *Hormonbehandlung:* Aus der IES-Stammlösung werden Testlösungen mit 0/0,01/0,1/0,5/1 mmol · l^{-1} IES hergestellt. Die Keimlinge von jeweils 3 Schalen werden mit einer dieser Testlösungen behandelt. Hierzu pipettiert man vorsichtig einen 5-µl-Tropfen Lösung auf den Apex (zwischen die Kotyledonen) der Pflänzchen. Schalen (ohne Deckel, in geschlossenen Plastikdosen) wieder ins Lichtfeld stellen.

Auswertung

Die Keimlinge werden unter dem Stereomikroskop in den folgenden 20 d täglich auf das Auftreten von makroskopisch sichtbaren Wucherungen untersucht und die Anzahl der tumorösen Individuen registriert. Anhand der Daten kann man Aussagen über die Schnelligkeit der Tumorauslösung und die Empfindlichkeit der Pflanzen für Hormon (IES) machen.

---

[14] Nach Schaeffer GW (1962) Nature 196:1326–1327 (verändert); siehe auch Ames IH (1972) Can J Bot 50:2235–2238.

Regeneration

Probleme (weiterführende Experimente)

1. Kann die Tumorbildung (an der Wurzel) auch durch *Wasserstreß* (Aussetzen der Wasserversorgung bis zur Welke), *Wärmestreß* (27–30 °C) oder *zu dichtes Auspflanzen* ausgelöst werden?
2. Gibt es Hinweise für ein *„tumorinduzierendes Agens"*, das von einer tumorösen Pflanze in eine gesunde Pflanze übertragen werden kann? (Reziproke Pfropfungen von tumorösem Hybrid und nichttumorösem Elter nach der in Experiment 10.4 beschriebenen Methode.) Führen Pfropfungen zwischen den beiden Elternarten (*somatische Komplementation*) zur Tumordisposition?
3. Läßt sich aus einem Tumor (bzw. aus dem Sproßsegment einer nicht-tumorösen Elternart) eine *Gewebekultur* anlegen? (Eine Methode hierfür ist in Experiment 15.4 beschrieben.) Wie wachsen die Kulturen a) auf hormonhaltigen Medium, b) auf hormonfreiem Medium (ohne Auxin und Cytokinin)?
4. Welche *Gewebetypen* treten im Tumorgewebe von Keimlingen auf, und wie sind sie – im Vergleich zur normal entwickelten Kontrolle – räumlich organisiert? (Mikroskopische Analyse von Gewebeschnitten.)

15. Wachstum und Differenzierung von Geweben und Zellen in vitro

Vorbemerkungen

Die Zellen der höheren Pflanzen sind im Prinzip *omnipotent*. Sie entstehen alle aus der befruchteten Eizelle durch mitotische Teilungen, bei denen das Erbgut identisch weitergegeben wird. Bei den verschiedenartigen Differenzierungen, welche Zellen im Laufe der Entwicklung des Kormus erfahren, bleibt das Genom unberührt. Daher können der Pflanze ausdifferenzierte Zellen entnommen und auf einem künstlichen Substrat durch den Einfluß bestimmter Hormone so umdifferenziert werden, daß sie wieder embryonale Eigenschaften annehmen. Dies ist die Grundlage der Gewebe- oder Zellkultur, welche in der Pflanzenphysiologie eine große Bedeutung besitzt. Die ersten Versuche zur künstlichen Kultur pflanzlicher Gewebe wurden von HABERLANDT zu Beginn des 20. Jahrhunderts durchgeführt. Eine breite Anwendung gewann diese Methode jedoch erst ab 1940, nachdem es gelang, die Ernährungsbedürfnisse pflanzlicher Zellen in Hinsicht auf einige Vitamine aufzuklären und sterile Kulturbedingungen zu schaffen. Heute werden in vitro kultivierte Zellen und Gewebe auf breiter Basis für Forschung und Biotechnologie eingesetzt. Pflanzliche Zellkulturen können z. B. ähnlich wie Mikroorganismen im industriellen Maßstab in Fermenteranlagen zur biotechnologischen Erzeugung von pharmakologisch interessanten Inhaltsstoffen eingesetzt werden. Durch Änderungen in der Zusammensetzung des Kulturmediums können viele Zellkulturen zur „Selbstorganisation" gebracht werden, wobei wieder normal differenzierte Organe oder ganze Pflanzen entstehen. Für die Züchtungsforschung ist in diesem Zusammenhang die Regeneration von genetisch identischen Nachkommen (Klonierung) aus vermehrten Zellen von großer Bedeutung. Auch ist es in neuerer Zeit gelungen, kultivierte Zellen (nach Entfernung der Zellwände) zur Fusion zu bringen, um auf asexuellem Weg Hybridorganismen zu erzeugen.

In diesem Kapitel werden einige wenige Anwendungsbeispiele für die in-vitro-Kultur pflanzlicher Zellen und Gewebe dargestellt. Anhand der umfangreichen methodischen Literatur können die hierbei gewonnenen Einblicke weiter vertieft werden.

Literatur

Barz W, Reinhard E, Zenk MH (eds) (1977) Plant tissue culture and its biotechnological application. Springer, Berlin Heidelberg New York

Dixon RA (ed) (1985) Plant cell culture. A practical approach. IRL Press, Oxford Washington

Dodds JH, Roberts LW (1985) Experiments in plant tissue culture. 2. edn, Cambridge University Press, Cambridge

Pierik RLM (1987) In vitro culture of higher plants. Martinus Nijhoff, Dodrecht

Reinert J, Bajaj YPS (eds) (1977) Applied and fundamental aspects of plant cell, tissue, and organ culture. Springer, Berlin Heidelberg New York

Reinert J, Yeoman MM (1982) Plant cell and tissue culture. A laboratory manual. Springer, Berlin Heidelberg New York

Seitz HU, Seitz U, Alfermann W (1985) Pflanzliche Gewebekultur. Ein Praktikum. Fischer, Stuttgart New York

Demonstrationsexperimente

15.1 (D) Wundkallusbildung an Zweigsegmenten der Pappel [1]

Die durch Verletzung ausgelöste Kallusbildung läßt sich an verholzten Pflanzenteilen besonders gut beobachten. Zum Beispiel regenerieren isolierte Segmente aus jungen Zweigen der Pappel an den Schnittflächen unter Beteiligung des Kambiums sehr rasch umfangreiche Wundgewebe, welche nach einiger Zeit zur Bildung von neuen Sprossen übergehen. Hierbei stehen die im Holz eingelagerten Speicherstoffe als Nährstoffquelle für das neugebildete Gewebe zur Verfügung. Ein Zusatz von zellteilungsfördernden Hormonen ist nicht erforderlich, da auch diese Faktoren vom Segment geliefert werden können. Es handelt sich hier also um eine Gewebekultur auf einem natürlichen Substrat. Aus dem gebildeten Kallusgewebe können Fragmente entnommen und ohne Schwierigkeit in eine echte in-vitro-Kultur, d. h. auf ein künstliches Nährmedium überführt werden.

Neben der Wundkallusbildung kann man an Pappelzweigsegmenten ein weiteres Regenerationsphänomen beobachten: die Derepression des Wachstums ruhender Wurzelknospen. Diese lassen sich als kleine Erhebungen am Holzteil eines geschälten Zweiges leicht fühlen. Die Abtrennung eines Zweiges vom Baum induziert in der Nähe der Wundstelle das Austreiben dieser Knospen, welche nach wenigen Tagen die Rindenschichten durchdringen

---

[1] Pyramidenpappel, *Populus nigra* ssp. *italica* (Salicaceae).

und zu plagiotropisch wachsenden Adventivwurzeln auswachsen. Auch diese Wurzeln geben ein gutes Ausgangsmaterial für in-vitro-Kulturen ab (→ Literatur).

Literatur

Brand R, Venverloo CJ (1973) The formation of aventitious organs. II. The origin of buds formed on young adventitious roots of *Populus nigra* L. „*italica*". Acta Bot Neerl 22: 399–406

Durchführung

Dieses Experiment gelingt besonders gut mit den speicherstoffreichen, 2–3 Jahre alten Zweigen einer Pappel in den Monaten Dezember bis März. Aus unverzweigten Bereichen schneidet man mit einem scharfen Messer 10 cm lange Segmente heraus und legt sie für 12 h ins Wasser. Die Segmente anschließend für 60 min in NaOCl-Lösung (1 % wirksames Chlor) legen und mit Hilfe von plastikummanteltem Bindedraht in einer feuchten Kammer (verschließbares Glasgefäß, mit feuchtem Filterpapier ausgelegt) aufhängen (z. B. an einer unter dem Oberrand quer eingespannten Leiste). Das Gefäß wird im Dunkeln bei 25 °C aufgestellt. Die Kallusbildung an den Schnittflächen ist nach 2 Wochen deutlich zu erkennen und läßt sich anschließend über mehrere Wochen weiterverfolgen. An Schnittpräparaten von verschieden alten Kalli kann man die histologischen Veränderungen bei der einsetzenden Sproßknospenregeneration mit dem Mikroskop verfolgen. Welche Folgen hat eine Behandlung der Wundflächen mit *Cytokinin* (10 µmol · l^{-1} Kinetin) und/oder *Auxin* (10 µmol · l^{-1} 2,4-D; → Experiment 15.4)? Wie verläuft die Regeneration im *Licht* im Vergleich zu Dunkelheit?

15.2 (D) Adventivpflanzenbildung an Hypokotylexplantaten von *Linum*-Keimlingen [2]

Das Hypokotyl des *Linum*-Keimlings besitzt eine hohe Kapazität zur Regeneration von Sproßknospen (→ Experiment 14.4). Dies läßt sich zur Erzeugung von Sproßregeneraten an Explantaten in vitro ausnützen. Die Ausbildung der Adventivsprosse wird in Kultur durch Zufuhr von *Cytokinin* (z. B. Benzyladenin) stark gefördert, während hohe Konzentrationen von *Auxin* hemmend wirken. Wie zu erwarten (→ Experiment 14.2), fördert Auxin die

---

[2] Lein, *Linum usitatissimum* (Linaceae), → Experiment 14.4.

Ausbildung von Wurzeln. Dieses Objekt eignet sich sehr gut, um die Grundlagen der in-vitro-Kultur mit vergleichsweise geringem Aufwand eindrucksvoll zu demonstrieren.

Durchführung[3]

Etwa 50 Samen von *Linum usitatissimum* werden kurz in Ethanol (70 Vol.%) gewaschen und dann zur Oberflächensterilisation 20 min in NaOCl-Lösung (1% wirksames Chlor) geschüttelt. Nach dem Abspülen mit sterilem Wasser Samen in sterilen Plastikdosen auf feuchtes Filterpapier auslegen und bei 22–25°C im Licht keimen lassen. Wenn das Hypokotyl eine Länge von 2–3 cm erreicht hat (nach 5–6 d), werden die Keimlinge 1 mm unter dem Kotyledonarknoten dekapitiert (sterile Schere). Nach weiteren 3 d werden unter sterilen Bedingungen (Sterilbank) 1 cm lange Segmente vom Hypokotylstumpf isoliert und zu je 3 auf sterile Nährböden (50 ml in 100-ml-Erlenmeyer-Kolben) übertragen. Der Nährboden enthält die Bestandteile der Nährlösung nach MURASHIGE und SKOOG (mit 6 g · l^{-1} Agar verfestigt, → Tabelle 5, S. 394) mit 1 µmol · l^{-1} Benzyladenin und 0,1 µmol · l^{-1} Auxin (IES, → Experiment 15.4). Außerdem wird ein Kontroll-Nährboden (ohne Hormone) hergestellt. Mit beiden Nährböden werden je 5 Ansätze hergestellt und bei 25°C im Licht (etwa 5 klx) aufgestellt. Die Regeneration von Sprossen läßt sich in den nächsten 3 Wochen verfolgen. Erhöhung der Auxinkonzentration (z. B. auf 1 µmol · l^{-1} IES) unterdrückt die Sproßentwicklung und führt zur Induktion der Wurzelbildung. Übertragung der Sproßregenerate auf ein IES-haltiges Medium (ohne Benzyladenin) führt zur Regeneration vollständiger Pflanzen.

15.3 (D) Regeneration haploider Embryonen aus unreifen Tabakpollen[4]

Haploide Organismen verfügen im Regelfall nur über eine Kopie der im Kern deponierten genetischen Information. Daher entfallen bei ihnen Phänomene wie Dominanz und Rezessivität bei der phänotypischen Ausprägung von Genen; rezessive Mutationen treten im Phänotyp direkt in Erscheinung. Aus diesem Grund ist es von erheblichem theoretischem und praktischem Interesse, aus haploiden Stadien eines Diplonten Adventivem-

---

[3] Nach Gamborg OL, Shyluk JP (1976) Bot Gaz 137: 301–306 (verändert).
[4] *Nicotiana tabacum* (Solanaceae), Rauchtabak, durch Kreuzung aus unbekannten Wildarten in Amerika entstanden.

bryonen und daraus adulte *haploide Organismen* zu regenerieren. Durch Diploidisierung, z. B. mit Colchicin, können diese in homozygot diploide Organismen umgewandet werden. Bei der höheren Pflanze gelingt die Herstellung haploider Pflanzen (Sporophyten) durch eine in-vitro-Kultur von Mikrosporen, den Meioseprodukten bei der Ausbildung der Pollenkörner (=männliche Gametophyten im rudimentären Generationswechsel der Spermatophyten). Der reife Pollen, in dem durch mitotische Teilung des haploiden Mikrosporenkerns bereits ein *vegetativer* und ein *generativer* Kern (in der generativen Zelle) ausgebildet wurde, ist allerdings meist nicht mehr zur Reembryonalisierung zu bringen. Die Erfahrung hat vielmehr gezeigt, daß die Mikrospore nur kurz vor (oder während) der ersten Mitose eine relativ hohe Bereitschaft zur Adventivembryonenbildung zeigt, wenn man den unreifen Pollen (oder die ganze Anthere) von der Mutterpflanze isoliert und auf ein geeignetes Nährmedium bringt. Durch genaue histologische Untersuchungen konnte man feststellen, daß hierbei der frisch entstandene vegetative Kern in den Differenzierungszustand eines (befruchteten) Eizellkerns versetzt werden kann und eine entsprechende Entwicklung zum Embryo einleitet. Exogene Hormone sind für diesen Prozeß nicht erforderlich, sondern haben häufig eine hemmende Wirkung.

Die Bildung „androgener" Embryonen aus Mikrosporen gelingt relativ leicht bei Solanaceaen; insbesondere der *Tabak* hat sich hierfür als günstiges Objekt erwiesen. Das Gelingen dieses Experiments hängt aber auch hier von einer Reihe empirischer Faktoren ab, insbesondere vom richtigen Zeitpunkt der Antherenisolation. Es ist daher gegebenenfalls nötig, die experimentellen Bedingungen zu variieren, um zum Erfolg zu kommen.

Literatur

Bajaj YPS (1983) In vitro production of haploids. In: Evans, DA, Sharp WR, Ammirato PV, Yamada Y (eds) Handbook of plant cell culture. vol 1. Macmillan, New York, pp. 228–287

Sunderland N, Wicks FM (1971) Embryoid formation in pollen grains of *Nicotiana tabacum*. J exp Bot 22:213–226

Vasil IK, Nitsch C (1975) Experimental production of pollen haploids and their uses. Z Pflanzenphysiol 76:191–212

Durchführung [5]

Junge Blütenknospen von *Nicotiana tabacum,* bei denen die Korolle den Kelch um 0,5–1 mm überragt, werden isoliert [6] und zur Oberflächensterili-

---

[5] Nach Dodds JH, Roberts LW (1985) Experiments in plant tissue culture. 2. edn, Cambridge University Press, Cambridge (verändert).
[6] Zur Steigerung der Ausbeute an Regeneraten wird auch empfohlen, die Knospen vor der Aufarbeitung für 12 d bei 7–8 °C zu lagern.

sation für 15 min in NaOCl-Lösung (1% wirksames Chlor) inkubiert. Nach zweimaligem Abspülen mit sterilem Wasser (je 5 min) Knospen in sterile Petrischale legen und mit feiner Pinzette und Lanzettnadel (steril) die 5 Antheren herauspräparieren (Stereomikroskop, 5×). Vier der Antheren (ohne Filamente) werden auf einen sterilen Nährboden (Nährmedium nach MURASHIGE und SKOOG *ohne Hormone,* mit 6 g · l^{-1} Agar verfestigt; → Experiment 15.4) in einer Petrischale ausgelegt. Die 5. Anthere wird für eine histologische Untersuchung aufbewahrt. Es empfiehlt sich, eine größere Anzahl von Knospen von verschiedenen Pflanzen auf diese Weise aufzuarbeiten. Die Petrischalen werden am Rand mit einem Streifen dehnbarer Folie (Parafilm) abgedichtet (Austrocknungsschutz!) und bei 25 °C im diffusen Licht (2 – 5 klx) aufgestellt. Nach 3 – 5 Wochen treten kleine Pflänzchen aus den Antheren aus (frühere Embryonalstadien sind nach Öffnen der Antheren und mikroskopischer Analyse des Inhalts zu entdecken). Wenn die Pflänzchen etwa 2 cm Größe erreicht haben, kann man sie auf ein anorganisches Medium (z. B. Agar mit HOAGLANDscher Nährlösung, → S. 440, oder Komposterde) übertragen und großziehen. Eine Anthere jeder Blüte wird unmittelbar nach der Isolierung auf einem Objektträger in Acetocarmin-Lösung (→ Experiment 14.6) aufgedrückt und die austretende Pollenmasse mikroskopisch untersucht. Der optimale Zeitpunkt für den Beginn der Antherenkultur ist dann erreicht, wenn der in der Meiose gebildete, haploide Mikrosporenkern gerade die erste mitotische Teilung durchführt. Verschiedene Entwicklungsstadien sind bei Sunderland N, Wicks FM (1971) J exp Bot 22:213–226) abgebildet. Anhand von Quetschpräparaten von Wurzelspitzen (Anfärbung mit Acetocarmin, Vergleich mit Ursprungspflanze) kann man sich vom haploiden Charakter der regenerierten Tabakpflanzen überzeugen (n = 24).

Analytische Experimente

15.4 (A) Regeneration von Sproß- und Wurzelanlagen an einer Kalluskultur aus Tabakgewebe[7]

Das Markparenchym aus dem Stamm von Tabakpflanzen läßt sich, in steriler Form entnommen, auf einem künstlichen Nährmedium leicht zum Wachstum bringen; es ist daher eines der bevorzugten Ausgangsgewebe für

---

[7] *Nicotiana tabacum* (Solanaceae), → Experiment 15.3.

die Anlage einer *Kalluskultur*. Auf dem mit Agar verfestigten Substrat wächst die Kultur relativ rasch heran und kann nach kurzer Zeit durch Teilung und Subkultur nahezu beliebig vermehrt werden. Solche genetisch und in ihrem Entwicklungszustand weitgehend einheitlichen Zellaggregate eignen sich zur Bearbeitung einer Vielzahl von physiologischen Fragestellungen.

Für die in-vitro-Kultur pflanzlicher Gewebe verwendet man ein Nährmedium, das neben Nährsalzen Saccharose (als Kohlenstoffquelle) und einige Vitamine enthält. Zum Beispiel hat sich das WHITEsche Medium, das ursprünglich für die Kultur isolierter Wurzeln entwickelt wurde (→ Experiment 6.7), nach einigen Modifikationen auch für die Gewebekultur im Prinzip gut bewährt. Um Wachstum zu erhalten, müssen diesem Medium zellwachstums- und zellteilungsfördernde hormonelle Faktoren zugesetzt werden, wie sie z. B. im flüssigen Endosperm der Cocosnuß („Cocosnuß-milch") vorliegen (welches daher häufig in älteren Rezepten für Gewebekulturmedien auftritt). Diese Endospermfaktoren werden heutzutage in der Regel durch eine geeignete Mischung von *Auxin* (Indol-3-essigsäure = IES, oder die schwerer abbaubare 2,4-Dichlorphenoxyessigsäure = 2,4-D) und *Cytokinin* (meist Kinetin) ersetzt. Das Verhältnis dieser beiden Hormone im Medium hat eine entscheidende Wirkung auf die nach einiger Zeit im Kallus einsetzenden Differenzierungsvorgänge: Bei niedrigem Auxin/Cytokinin-Verhältnis erhält man bevorzugt *Sproßregenerate*, im umgekehrten Fall bevorzugt *Wurzelregenerate*. Die zugesetzten Hormone wirken hier offenbar als Ersatz für die endogenen Faktoren, welche für die Differenzierung der Organe in der intakten Pflanze verantwortlich sind. Bezeichnenderweise sind Gewebekulturen aus Tumorzellen (→ Experiment 14.10) *hormonautonom*, d. h. sie bilden die benötigten Hormone selbst und wachsen daher auch auf einem hormonfreien Medium. In nicht-tumorösen Zellen scheint die Synthese von Auxin und Cytokinin in der Regel reprimiert zu sein.

In diesem Versuch soll zunächst eine Kalluskultur aus Tabakmarkzellen hergestellt werden. Als Substrat wird das klassische Medium von MURASHIGE und SKOOG verwendet, welches von diesen Pionieren der Gewebekulturforschung Anfang der 60er Jahre entwickelt wurde. Dieses Medium hat sich inzwischen auch für viele andere Pflanzenarten bewährt. Durch Einstellung verschiedener Auxin/Cytokinin-Verhältnisse soll versucht werden, die Differenzierung der Kulturen zu beeinflussen.

Es ist selbstverständlich, daß bei diesem Experiment die Regeln für steriles Arbeiten strikt eingehalten werden müssen (Bd. 1: S. 49).

Literatur

Murashige T, Skoog F (1962) A revised medium for rapid growth and bio assays with tobacco tissue cultures. Physiol Plant 15:473–497

Material und Geräte

1. Kräftige Pflanze von *Nicotiana tabacum* (Stengeldurchmesser etwa 1 cm)
2. NaOCl-Lösung (1% wirksames Chlor)
3. Bestandteile des Nährmediums nach MURASHIGE und SKOOG (→ Tabelle 5, S. 394), soweit erhältlich p.a.-Qualität.
4. Agar (für Gewebekultur)
5. IES-Stammlösung (0,8 mg · ml^{-1} in 70 Vol.% Ethanol, frisch ansetzen)
6. Kinetin-Stammlösung (4 mg · ml^{-1} in 70 Vol.% Ethanol)
7. Ethanol (70 Vol.%)
8. HCl-Lösung (1 mol · l^{-1})
9. NaOH-Lösung (1 mol · l^{-1})
10. Große Bechergläser (1 l), Meßkolben (0,1/0,5/1 l), Kulturgefäße (100-ml-Weithals-Erlenmeyer-Kolben mit Zellstoffstopfen), Magnetrührer, Feinwaage ($\pm$0,1 mg), pH-Meter, Kühlschrank, Autoklav, Wasserbad (100 °C), Sterilfilter (sterile Einwegfilteraufsätze für Spritzen, 0,45 µm Porenweite, → Bd. 1: S. 51), Plastikspritzen (1 ml), Kolbenpipetten (25, 100 µl), Sterilbank, kleiner Alkoholbrenner zum Abflammen der Geräte, Aluminiumfolie, Skalpell, Pinzette, Korkbohrer (5 mm Innendurchmesser) mit Ausstoßer (passender Glasstab), Kulturschrank (22–25 °C, diffuses Licht von 5–10 klx).

Durchführung[8] (Grundexperiment)

1. *Herstellung der Nährlösung:* Alle Lösungen sind mit frisch destilliertem (besser: doppelt-destilliertem) Wasser anzusetzen.
a) *Spurenelement-Stammlösung:* $MnSO_4$, $ZnSO_4$, H_3BO_3, KI, Na_2MoO_4, $CuSO_4$ und $CoCl_2$ *100fach konzentrierter* als in Tabelle 5 angegeben in 1 l lösen.
b) *FeNa-EDTA-Lösung:* 745 mg Na_2-EDTA · 2 H_2O und 557 mg $FeSO_4$ · 7 H_2O in 100 ml lösen (in dieser Reihenfolge, wenn nötig zum Lösen erwärmen).
c) *Vitamin-Lösung:* Glycin, Nicotinsäure, Pyridoxin und Thiamin *100fach konzentrierter* als in Tabelle 5 angegeben in 500 ml lösen (gekühlt aufbewahren).

Unter Verwendung dieser Stammlösungen wird das Basisnährmedium hergestellt (1 l), indem man in einem Becherglas folgende Zutaten in etwa 500 ml dest. Wasser einrührt (Magnetrührer):

---

[8] Nach Murashige T, Skoog F (1962) Physiol Plant 15:473–497.

1. Nährsalze: $(NH_4)NO_3$, KNO_3, $CaCl_2$, $MgSO_4$, KH_2PO_4 nach Tabelle 5.
2. Saccharose: 30 g.
3. Spurenelement-Stammlösung: 10 ml.
4. FeNa-EDTA-Lösung: 5 ml.
5. *myo*-Inosit: 100 mg.

Lösung auf etwa 800 ml auffüllen und pH am pH-Meter auf 5,7 mit NaOH oder HCl einstellen. Lösung in 1-l-Meßkolben überführen und mit Nachwasch bis zur Marke auffüllen (gekühlt für einige Tage haltbar).

2. *Herstellung der Nährböden:* In 20 100-ml-Erlenmeyer-Kolben werden jeweils 40 ml Basisnährmedium mit 400 mg Agar im Wasserbad erwärmt bis sich der Agar gelöst hat. Kolben mit Zellstoffstopfen und Kappe aus Alufolie verschließen und autoklavieren (20 min bei 120 °C). Nachdem die Medien auf einer Sterilbank auf etwa 50 °C abgekühlt sind, werden zu jedem Kolben 400 µl Vitamin-Lösung aus einer 1-ml-Plastikspritze mit aufgestecktem Sterilfilter zugegeben. Vier Kolben für Kontrollansätze (ohne Hormone) zur Seite stellen. In die restlichen 16 Kolben werden jeweils 100 µl IES-Stammlösung (Endkonzentration $2 \text{ mg} \cdot \text{l}^{-1}$) gegeben. Entsprechend werden die Kolben mit Kinetin-Stammlösung versetzt: Ansätze mit 0/0,05/0,5/2,5/ $10 \text{ mg} \cdot \text{l}^{-1}$ Endkonzentration (jeweils 4 Kolben) werden erhalten, indem man 0/0,5/5/25/100 µl Stammlösung zum Medium zugibt (für die niedrigen Konzentrationen Stammlösung 1 : 10 verdünnen!). Medien vor dem Erstarren durch vorsichtiges Schütteln mischen. Kolben beschriften und gekühlt aufbewahren.

3. *Herstellung der Explantate:* Die folgenden Arbeitsgänge sind mit sterilen Geräten auf einer Sterilbank durchzuführen. Aus dem Stengel einer Tabakpflanze werden aus den Internodien 12 Segmente von etwa 2,5 cm Länge herausgeschnitten und für 10 min in NaOCl-Lösung geschüttelt. Nach Abtupfen der Lösung wird das Markparenchym mit einem scharfen Korkbohrer herausgestochen, in eine Petrischale gelegt und mit einem Skalpell in Scheibchen von etwa 3 mm Dicke zerlegt (insgesamt 60 Stück, Endstücke verwerfen). Mit einer Pinzette werden nun jeweils 3 Scheibchen in die vorbereiteten Kulturkolben gegeben und diese im Licht bei 22–25 °C aufgestellt.

Auswertung

Die Entwicklung der Kulturen wird in den nächsten 4–8 Wochen verfolgt und die Veränderungen in einem Protokoll (oder durch photographische Dokumentation) festgehalten.

Tabelle 5. Rezeptur einiger gebräuchlicher Kulturmedien[a]. MS: Medium nach Murashige T, Skoog F (1962) Physiol Plant 15:473–497. B 5: Medium nach Gamborg OL, Miller RA, Ojima K (1968) Exp Cell Res 50:151–158. WH: Medium nach White in der Modifikation von Singh M, Krikorian AD (1981) Ann Bot 47:133–139. Die Herstellung aus Stammlösungen ist am Beispiel des MS-Mediums bei Experiment 15.4 erläutert

	Endkonzentration [mg·l^{-1}]		
	MS	B5	WH
1. Nährsalze I (Makroelemente)			
NH_4NO_3	1 650	–	–
$(NH_4)_2SO_4$	–	134	–
KNO_3	1 900	2 500	80
$CaCl_2 \cdot 2 H_2O$	440	150	–
$Ca(NO_3)_2 \cdot 4 H_2O$	–	–	288
$MgSO_4 \cdot 7 H_2O$	370	250	737
KH_2PO_4	170	–	–
KCl	–	–	65
$NaH_2PO_4 \cdot H_2O$	–	150	19
$Na_2SO_4 \cdot 10 H_2O$	–	–	460
2. Nährsalze II (Mikroelemente)			
$FeSO_4 \cdot 7 H_2O$	27,8	12	3,5
$Na_2\text{-EDTA} \cdot 2 H_2O$[b]	37,2	16	4,7
$MnSO_4 \cdot H_2O$	16,9	10	5
$ZnSO_4 \cdot 7 H_2O$	8,6	2,0	2,67
H_3BO_3	6,2	3,0	–
KI	0,83	0,75	0,75
$Na_2MoO_4 \cdot 2 H_2O$	0,25	0,25	–
$CuSO_4 \cdot 5 H_2O$	0,025	0,039	–
$CoCl_2 \cdot 6 H_2O$	0,025	0,025	–
3. Vitamine			
Glycin	2,0	–	3,0
Nicotinsäure	0,5	1,0	0,5
Pyridoxin·HCl	0,5	1,0	0,1
Thiamin·HCl	0,1	10,0	0,1
myo-Inosit	100	100	–

[a] Die Basismedien sind (in etwas abweichender Form) als fertig gemischte Pulverformulierung von Serva (→ S. 445) erhältlich.
[b] Dinatriumsalz der Ethylendiamintetraessigsäure (=Titriplex III), dient zur Bindung des Eisens als Chelat. $FeSO_4$ plus Na_2-EDTA getrennt als 200fach konzentrierte Stammlösung ansetzen, davon 5 ml pro 1 Nährlösung zugeben.
[c] Für die meisten Zwecke sind 0,1 mg·l^{-1} optimal.
[d] Für die meisten Zwecke sind 10 mg·l^{-1} optimal.

Tabelle 5. Fortsetzung

	Endkonzentration [mg·l⁻¹]		
	MS	B5	WH
4. Hormone			
Kinetin	0,04–10 c	–	–
Indol-3-essigsäure (IES)	1,0 –30 d	–	–
2,4-Dichlorphenoxyessigsäure (2,4-D)	–	2,0	–
5. Organische C-Quelle			
Saccharose	30 000	20 000	20 000
6. Verfestigungsmittel			
Agar (nicht bei Flüssigkultur)	8 000	8 000	8 000
pH-Wert (Agarmedium)	5,7	–	5,5
pH-Wert (Flüssigmedium)	5,0	5,5	5,0

Probleme (weiterführende Experimente)
1. Wie wachsen die Kulturen, wenn dem Medium anstelle von IES das künstliche Auxin *2,4-Dichlorphenoxyessigsäure* (2,4-D) zugesetzt wird?
2. Lassen sich aus den verschieden entwickelten Kulturen *Subkulturen* herstellen? Sind die hormonabhängigen Differenzierungsprozesse reversibel?
3. Kann man (ältere) Sproßregenerate isolieren und nach Übertragung auf ein anorganisches Substrat (z. B. Agar mit HOAGLANDscher Nährlösung, → S. 440) zu *vollständigen Pflanzen* regenerieren?
4. Kann Kinetin-(und/oder Auxin-) Zusatz zum Medium durch *Cocosnuß-Milch* ersetzt werden? (Aus einer Cocosnuß das flüssige Endosperm entnehmen, kurz aufkochen und den noch heißen Überstand dem Nährmedium anstelle der Hormone zusetzen (10 Vol.%).

15.5 (A) Herstellung einer Zellsuspensionskultur aus Karottenwurzelgewebe [9]

Die Speicherwurzel der Karotte ist ein leicht zu beschaffendes Ausgangsmaterial für Gewebe- und Zellkulturen. Explantate aus der Kambiumzone der Wurzel bilden auf einem Auxin-haltigen Medium schnell ein umfangreiches

---

[9] *Daucus carota* (Apicaceae), → Experiment 1.3.

Kallusgewebe, welches in Flüssigkultur übertragen werden kann und dort durch mechanische Bewegung auf einem Schütteltisch langsam in kleinere Zellaggregate und Einzelzellen zerfällt. Eine völlige Zerlegung in einzelne Zellen ist jedoch in aller Regel nicht zu erreichen. Derartige Suspensionskulturen lassen sich durch Subkultivierung nahezu beliebig vermehren. Sie sind nicht nur als unkomplizierte Studienobjekte für viele analytische Fragestellungen zu verwenden, sondern dienen bei geeigneten Ausgangspflanzen auch zur präparativen Gewinnung bestimmter Inhaltsstoffe im industriellen Maßstab (→ Problem 8). In vielen Fällen ist es auch möglich, Zellen (oder kleine Kalli) durch Ausplattieren auf einem geeigneten Agarmedium dazu zu bringen, *somatische Embryonen* (*Adventivembryonen*) auszubilden, welche sich, z. B. im Torpedostadium, morphologisch und physiologisch kaum von genetisch erzeugten Embryonen unterscheiden. Solche somatischen Embryonen entwickeln sich ohne Schwierigkeiten zu ganzen Pflanzen und bilden daher die Grundlage für die unbegrenzte *Klonierung* eines Genotyps.

Die großen experimentellen Vorteile pflanzlicher Zellkulturen werden durch ein Phänomen beeinträchtigt, das man *Habituierung* nennt. Darunter versteht man den Befund, daß Zellkulturen häufig nach einiger Zeit der Subkultivierung (manchmal erst nach Monaten oder Jahren) sprunghaft ihre Eigenschaften ändern können, z. B. hormonunabhängig wachsen oder die Fähigkeit zur Regeneration somatischer Embryonen verlieren. Hierbei handelt es sich offensichtlich um spontane Veränderungen des Erbmaterials (Mutationen). Es ist daher mitunter schwierig, neue Kulturen mit exakt reproduzierbaren Eigenschaften zu erzeugen. Die karyologische Analyse kultivierter Zellen zeigt häufig Veränderungen in der Chromosomenzahl (Polyploidie, Aneuploidie) oder Chromosomenmißbildungen; ein weiterer Hinweis darauf, daß ihre Eigenschaften nicht unbesehen mit denen der Ausgangspflanze verglichen werden dürfen.

Die Karottenwurzel ist ein Standardobjekt für die Herstellung von Zellkulturen und wird daher auch im folgenden Versuchsprogramm verwendet. Bei der Durchführung ist insbesondere auf die peinliche Einhaltung steriler Kultur- und Arbeitsbedingungen zu achten, die in der Arbeitsanleitung nicht mehr im einzelnen erwähnt werden (→ Bd. 1; S. 49).

Material und Geräte

1. Eine etwa 20 cm lange, kräftige Wurzel von *Daucus carota*
2. Ethanol (70 Vol.%)
3. NaOCl-Lösung (1% wirksames Chlor)
4. Steriles Wasser: je 500 ml dest. Wasser in zwei 1-l-Weithals-Erlenmeyer-Kolben autoklavieren.
5. Sterile Zellstofftücher (Papierhandtücher, 30 × 30 cm)

6. Chemikalien und Geräte zur Herstellung des Nährmediums nach MURASHIGE und SKOOG (Basismedium + Vitamine, → Experiment 15.4, Tabelle 5).
7. 2.4-D (2,4-Dichlorphenoxyessigsäure)
8. Toluidin-Blau-Lösung ($0,5 \text{ g} \cdot \text{l}^{-1}$)
9. Autoklav, Sterilbank, kleiner Alkoholbrenner zum Abflammen der Geräte, Plastik-Teesieb (0,25 mm Porenweite), 1 große (9 cm) und 15 kleine (5 cm) Petrischalen (Plastik oder Glas), Skalpell, Spatel, Pinzette, scharfer Korkbohrer (5 mm Innendurchmesser) mit Ausstoßer (passender Glasstab), Aluminiumfolie, Kulturschrank (22–25 °C, ohne Beleuchtung), Schütteltisch (rotierend, mit Halterungen für 250- und 1000-ml-Erlenmeyer-Kolben), Mikroskop (100 ×), Objektträger, Deckgläser, Glaspipetten (10 ml, Öffnung auf 0,5–1 mm erweitern), kleine Filternutsche (mit Fritte G1, Durchmesser 2 cm) auf Saugflasche, Wasserstrahlpumpe, Feinwaage (± 1 mg), Wägegläschen.

Durchführung[10] (Grundexperiment)

1. *Vorbereitende Arbeiten:* Die Geräte (Pinzette, Skalpell, Korkbohrer; einzeln in Alufolie verpackt) und 2 Kolben mit dest. Wasser (mit Zellstoffstopfen verschlossen) werden durch Autoklavieren sterilisiert (30 min, 120 °C). Auch die (Glas-)Petrischalen müssen verpackt autoklaviert werden, falls nicht sterile (Plastik-)Petrischalen zur Verfügung stehen. Das Nährmedium wird nach der in Experiment 15.4 beschriebenen Vorschrift hergestellt, wobei als einziges Hormon 50 µg · l^{-1} 2,4-D zugesetzt wird. Es werden 10 kleine Kulturgefäße (100-ml-Kolben mit je 40 ml Agar-verfestigtem Medium) und 3 große Kulturgefäße (250-ml-Kolben mit je 60 ml flüssigem Medium) benötigt. (Später werden für Subkulturen zusätzlich größere Mengen an Flüssigmedium benötigt, welches bereits jetzt hergestellt, autoklaviert und bei 5 °C aufbewahrt werden kann.)

2. *Ansatz der Kalluskultur:* Die Karotte wird unter fließendem Wasser sorgfältig gesäubert und die Außenschicht mit einem Messer abgeschabt. Dann wird ein 5 cm langer Abschnitt aus der Mitte herausgeschnitten und zur Oberflächensterilisation für 30 min in NaOCl-Lösung inkubiert. Auf einer Sterilbank Wurzelstück zweimal 5 min in 500 ml sterilem Wasser leicht schütteln (zum Wechseln Kolben ausgießen und Wurzelstück in einem zuvor mit Ethanol sterilisierten Teesieb auffangen). Das Wurzelstück wird mit einem Zellstofftuch abgetrocknet und in eine große Petrischale gelegt. Mit dem Skalpell an jedem Ende eine 5 mm dicke Scheibe abschneiden und verwerfen. Vom Reststück werden 10 gleichmäßige Scheiben von etwa 1 mm Dicke abgeschnitten und einzeln in kleine Petrischalen gelegt (sofort wieder verschließen). Mit dem Korkbohrer werden aus jeder Scheibe zwei 5 mm

---

[10] Nach Reinert J, Yeoman MM (1982) Plant cell and tissue culture. A laboratory manual. Springer, Berlin Heidelberg New York (verändert).

breite Scheibchen ausgestanzt, und zwar so, daß eine Hälfte aus Xylem (zentrale Zone von etwa 1 cm Durchmesser), die andere aus Phloem (periphere Zone) besteht. Je 2 Scheibchen werden mit der Pinzette in eines der vorbereiteten Kulturgefäße überführt. Zellstoffstopfen der Gefäße mit Kappe aus Alufolie abdecken. Die beschickten Kolben werden bei 22–25 °C im Dunkeln aufgestellt. Innerhalb der nächsten 3–4 Wochen erreichen die Kalli eine Frischmasse von etwa 1 g.

3. *Herstellung der Zellsuspensionskultur:* Vier kräftig gewachsene Kalli werden mit dem Spatel in eine sterile Petrischale überführt. In einem zweiten Schritt werden die Kalli in ein großes Kulturgefäß mit 60 ml Flüssigmedium übertragen. Zellstoffstopfen der Kolben mit Kappe aus Alufolie abdecken. Auf diese Weise werden zwei weitere Kulturgefäße beschickt und anschließend im Dunkeln (oder schwachen Licht) auf einem Schütteltisch kräftig bewegt (100–120 min^{-1}). Nach einer Woche werden die Kulturen in neue (sterile) Kolben umgefüllt, wobei größere Gewebebrocken durch ein (steriles) Teesieb zurückgehalten werden. Man läßt die Zellen der filtrierten Suspension sedimentieren und dekantiert dann den klaren Überstand ab. 60 ml frisches Medium zufügen und Kolben verschließen. Nach einer weiteren einwöchigen Kultur auf dem Schüttler wird dieser Schritt wiederholt, wobei die Zellen jedoch in 300 ml Medium (1-l-Kolben) überführt werden. Bei jedem Transfer wird die Zusammensetzung der Kultur mikroskopisch überprüft. Hierbei ist eine Anfärbung mit Toluidin-Blau hilfreich. Während am Anfang vorwiegend vielzellige Aggregate zu finden sind, nimmt der Prozentsatz an Einzelzellen (oder wenigzelligen Aggregaten) zu, wenn man die Kulturen noch 2–3 mal auf diese Weise selektioniert (jeweils etwa 20% der Zellen einer Kultur in 300 ml frisches Medium übertragen und weiter schütteln). Die so gewonnene Kultur kann nun theoretisch unbeschränkt lange durch Subkultivierung am Leben erhalten werden. Eine Überprüfung der „Lebendigkeit" der Zellen ist mit der Fluoreszeindiacetat-Probe oder der Tetrazolium-Probe möglich (→ Experimente 3.2, 5.9).

4. *Bestimmung des Wachstums:* Von 3 frisch angesetzten Subkulturen entnimmt man täglich 10 ml Suspension mit einer sterilen Pipette (mit weiter Öffnung; Suspension schütteln um Sedimentation zu vermeiden!) und überträgt sie auf eine kleine Filternutsche. Nach Absaugen der Flüssigkeit Zellen mit Spatel entnehmen, in vorgewogene Wägegläschen überführen und Frischmasse bestimmen (→ Experiment 1.4).

Die Wachstumskurve wird bis zum Erreichen der stationären Phase (nach 8–10 d) verfolgt.

Probleme (weiterführende Experimente)

1. Kann das Wachstum des Kallus durch *Erhöhung der 2,4-D-Konzentration* (z. B. auf 0,2/1/5 mg · l⁻¹) und/oder *Zusatz von Kinetin* (z. B. 0,1 mg · l⁻¹) verbessert werden (→ Experiment 15.4)?
2. Wie gut eignen sich die drei in Tabelle 5 zusammengestellten Nährmedien für die Flüssigkultur von Karottenzellen? (Subkulturen mit den 3 Medien, jeweils mit 50 µg · l⁻¹ 2,4-D als einzigem Hormon, aus einer gemeinsamen Stammkultur ansetzen und Wachstum messend verfolgen.)
3. Wie entwickeln sich Kalluskulturen aus *reinem Xylem-* und *reinem Phloem-Gewebe* im Vergleich zu einem kambiumhaltigen Explantat?
4. Lassen sich Kalluskulturen durch geeignete Veränderung der Kulturbedingungen (z. B. Weglassen von 2,4-D im Medium) zur Ausbildung von *somatischen Embryonen* anregen? [Literatur: Reinert und Yeoman (1982), pp. 26–27.]
5. Kann man mit dieser Methode auch aus *Kartoffel-, Radieschen-, Kohlrabi-* oder *Sellerieknollen* Zellkulturen herstellen?
6. Kann man aus Kallus oder Zellususpension *Protoplasten* herstellen? (→ Experiment 3.2.)
7. Kann man durch *Ausplattieren* einer Zellsuspension auf Agarmedium (Petrischale) wieder Kalli (somatische Embryonen) erzeugen?
8. Kann man mit dieser Methode eine *Alkaloid-produzierende Gewebekultur* aus Schlafmohn (*Papaver somniferum,* oder eine andere Mohnart) herstellen? (Aus steril angezogenen Keimlingen Hypokotylsegmente isolieren und auf einem B5-Agarmedium (→ Tabelle 5) auslegen, bis sich, nach ca. 8 Wochen Kultur in schwachem Licht, Kalli gebildet haben. Diese lassen sich in einem B5-Flüssigmedium in eine Suspensionskultur überführen. Überführung auf ein 2,4-D-freies B5-Medium induziert die Embryogenese. In diesem Stadium prüft man das Auftreten von Alkaloiden vom Sanguinarin-Typ mit der bei Experiment 1.10 beschriebenen Methode. (Literatur: Schuchmann R, Wellmann E (1983) Plant Cell Reports 2: 88–91; dort ist auch eine Methode zum Nachweis von Morphin-Alkaloiden beschrieben.)

16. Bewegung und Orientierung im Raum

Vorbemerkungen

In diesem Kapitel werden einige Beispiele für bewegungsphysiologische Phänomene bei Pflanzen (und Bakterien) behandelt. Die *freie Ortsbewegung* durch motorische Antriebssysteme ist naturgemäß auf freilebende, ein- oder wenigzellige Pflanzen beschränkt. Aber auch die höheren Pflanzen mit ihrer fast ausnahmslos sessilen Lebensweise zeigen eine Fülle von Bewegungsphänomenen. In vielen Zellen findet eine aktive *Bewegung von Organellen* und eine beständige *Plasmaströmung* statt. Organe, z. B. Blätter, können an kompliziert gebauten Gelenken durch *Motorgewebe* bewegt werden. Schließlich führt *differentielles Wachstum* in verschiedenen Teilen eines Organs zu Wachstumsasymmetrien, z. B. zum *Krümmungswachstum*. Unabhängig von den verschiedenen physikalischen und biochemischen Mechanismen dieser Bewegungsvorgänge unterscheidet man formal drei Kategorien: 1. *Taxien* (freie Ortsbewegung), 2. *Nastien* (Bewegungsvorgänge, bei denen die Richtung der Bewegung nicht durch die Richtung des auslösenden Reizes, sondern durch die Struktur des Organs bestimmt ist) und *Tropismen* (Bewegungsvorgänge mit eindeutigem Bezug zwischen Reizrichtung und Bewegungsrichtung). In den meisten Fällen stehen diese Bewegungsvorgänge in einem offenkundigen Zusammenhang mit der optimalen Lokalisierung oder Orientierung der Pflanze gegenüber lebenswichtigen Umweltfaktoren, z. B. dem Licht. Die experimentelle Untersuchung konzentriert sich daher häufig auf folgende Fragen: 1. Wie werden Stärke (und Richtung) des relevanten Umweltfaktors perzipiert und in physiologische Signale umgewandelt? 2. Wie werden diese Signale weitergeleitet und verstärkt? 3. Wie werden die Bewegungsvorgänge auf Zell- und Organebene ausgelöst? Es ist bisher noch in keinem Fall möglich gewesen, diese Fragen befriedigend aufzuklären und die Signal-Reaktionskette eines induzierten Bewegungsprozesses vollständig zu beschreiben.

Literatur

Brauner L, Rau W (1966) Versuche zur Bewegungsphysiologie der Pflanzen. Springer, Berlin Heidelberg New York
Firn RD, Digby J (1980) The establishment of tropic curvature in plants. Ann Rev Plant Physiol 31: 131–148
Haupt W (1977) Bewegungsphysiologie der Pflanzen. Thieme, Stuttgart
Haupt W, Feinleib ME (eds) (1979) Physiology of movements. Encycl Plant Physiol NS, vol 7, Springer, Berlin Heidelberg New York

Demonstrationsexperimente

16.1 (D) Photophobische Reaktion bei *Rhodospirillum*[1]

Die begeißelten Zellen photosynthetisch aktiver Algen und Bakterien besitzen häufig die Fähigkeit, eine kurzfristige Bewegungsreaktion auf eine einmalige Änderung des Lichtflusses hin auszuführen. Hierdurch wird eine „Suchreaktion" ausgelöst, wenn die Zellen zufällig an eine Licht → Dunkel-Grenze gelangen. Diese *photophobische Reaktion* führt zum Lichtfalleneffekt: Die Zellen in der beleuchteten Zone einer Kultur werden daran gehindert, die Licht → Dunkel-Grenze zu passieren. Da die Überschreitung dieser Grenze in der umgekehrten Richtung nicht beeinflußt wird, sammeln sich im Laufe der Zeit alle Zellen der Kultur in der beleuchteten Zone an. In diesem Fall führt eine plötzliche Erniedrigung des Lichtgenusses zur photophobischen Reaktion. Bei sehr hohen Lichtflüssen kann die umgekehrte Reaktion eintreten, d. h. die Zellen werden durch eine Erhöhung des Lichtflusses (also an der Dunkel → Licht-Grenze) zu einer Bewegung veranlaßt, welche sie am Eintritt in die Lichtzone hindert, und sammeln sich daher in einer „Dunkelfalle" an.

---

[1] *Rhodospirillum rubrum* (Rhodospirillaceae), ein Purpurbacterium, welches unter anaeroben Bedingungen zur Photosynthese befähigt ist. Bezugsquelle: Deutsche Sammlung von Mikroorganismen, Grisebachstr. 8, D-3400 Göttingen. Anzucht: im Licht (1–2 klx, Glühlampe) auf autoklavierter Nährlösung folgender Zusammensetzung (in 1 l): 2,5 g Äpfelsäure, 1,2 g NH_4Cl, 0,2 g $MgSO_4 \cdot 7 H_2O$, 0,07 g $CaCl_2 \cdot 2 H_2O$, 0,9 g KH_2PO_4, 0,6 g K_2HPO_4, 0,5 g Hefeextrakt (Difco), 10 ml Erdextrakt (50 g Komposterde + 500 ml Wasser kochen und filtrieren); auf pH 6,7 einstellen. Angeimpfte Kulturen in Schraubdeckelflaschen bis zum Rand auffüllen und luftdicht verschließen.

Das stäbchenförmige Purpurbacterium *Rhodospirillum rubrum* bewegt sich aktiv mit Hilfe von zwei bipolar angeordneten Geißelschöpfen in einer schraubigen Bahn in Längsrichtung der Zelle durch das Wasser. Der Bewegungsapparat läßt lediglich eine Richtungsabweichung von 180 °C zu (Umschalten von vorwärts auf rückwärts durch Umkehrung der Schlagrichtung der Geißelschöpfe). Zu einer derartigen Bewegungsumkehr kommt es bei der photophobischen Reaktion; es handelt sich hier also nicht um eine Steuerung der *Bewegungsrichtung*.

Durchführung

Ein Tropfen einer relativ dichten *Rhodospirillum*-Kultur wird auf einen Objektträger gegeben und mit einem Deckglas bedeckt. Die Randspalte des Deckglases wird mit erwärmtem Paraffin verschlossen. Nach 10 min Dunkeladaptation wird das Präparat mit einer Schablone aus Aluminiumfolie bedeckt, welche ein Loch von 3 mm Durchmesser frei läßt, und für 30 min von oben belichtet (0,5 klx). Nach Abnehmen der Schablone kann man die Ansammlung der Zellen in der „Lichtfalle" registrieren.

Anmerkung: Die photophobische Reaktion läßt sich auch mit den zu einer Kriechbewegung (z. B. auf einer Agarplatte) befähigten Trichomen bestimmter Blaualgen demonstrieren (z. B. mit *Phormidium*- oder *Oscillatoria*-Arten). [Literatur: Häder D-P (1984, 1985) Biologie in unserer Zeit 14: 78 – 83 und 15: 27 – 29.]

16.2 (D) Phototaxis bei *Euglena*[2]

Die gerichtete Bewegung freilebender Organismen im Lichtgradient bezeichnet man als *Phototaxis*. Sie kann positiv (zur Lichtquelle hin, bei niederen Lichtflüssen) oder negativ (von der Lichtquelle weg, bei hohen Lichtflüssen) sein. Das phototaktische Steuerungssystem erlaubt diesen Organismen, aktiv den Bereich optimalen Lichtflusses aufzusuchen.

---

[2] *Euglena gracilis* (Flagellatae), häufig in eutrophen Tümpeln, Mistpfützen usw., Bezugsquelle: Sammlung von Algenkulturen, Pflanzenphysiol. Institut der Universität, Nikolausberger Weg 18, D-3400 Göttingen. Anzucht: auf autoklaviertem Erdextrakt (→ Experiment 16.1), mit je 5 g · l^{-1} Pepton und Glucose angereichert. Dieser Versuch kann z. B. auch mit *Chlamydomonas reinhardii* durchgeführt werden (Anzucht im Licht auf Erdextrakt mit 1 g · l^{-1} KNO$_3$, 0,1 g · l^{-1} Ca(NO$_3$)$_2$, 0,2 g · l^{-1} K$_2$HPO$_4$, 0,1 g · l^{-1} MgSO$_4$ · 7 H$_2$O, 0,001 g · l^{-1} FeCl$_3$.)

Der eingeißelige Flagellat *Euglena* besitzt die Fähigkeit, bei einer Erniedrigung des Lichtflusses kurzzeitig seinen Geißelschlag derart zu ändern, daß eine Drehbewegung und damit eine Abweichung von der ursprünglichen Schwimmrichtung resultiert. Dies führt z. B. zu einer photophobischen Reaktion, wenn die Zelle an eine Licht → Dunkel-Grenze stößt; man kann daher das Phänomen der Lichtfalle auch mit *Euglena* demonstrieren (→ Experiment 16.1).

Für eine gerichtete Bewegung benötigt der Organismus einen Photoreceptor, der nicht nur die Stärke, sondern auch die Richtung des Lichts registrieren kann. Der für die Phototaxis der *Euglena*-Zelle verantwortliche Photoreceptor besteht aus Blaulicht-absorbierenden Pigmentmolekülen (wahrscheinlich ein Flavoprotein), welche dichtgepackt in einer Anschwellung der Geißelbasis, dem *Paraflagellarkörper*, lokalisiert sind. Die stäbchenförmigen Pigmentmoleküle sind alle in einer Ebene senkrecht zur Zellachse ausgerichtet (dichroitische Ordnung) und absorbieren daher Licht, das parallel zur Zellachse auftrifft, sehr viel besser als von der Seite einstrahlendes Licht (*Absorptionsdichroismus*, → Experiment 16.10). Die Zelle bewegt sich normalerweise in einer Schraubenbahn mit dem Geißelpol nach vorne durch das Wasser. Im Schwachlicht orientiert sie sich derart, daß dem Photoreceptor eine maximale Lichtabsorption ermöglicht wird, d. h. mit dem Geißelpol zum Licht (*positive Phototaxis*). Beim Überschreiten eines Schwellenwerts der Lichtstärke schaltet die Zelle auf eine Meidungsreaktion um. Sie orientiert sich nun derart, daß der Photoreceptor eine minimale Lichtabsorption durchführt. Dies ist dann der Fall, wenn er maximal durch den Zelleib abgeschattet wird, d. h. wenn der Geißelpol vom Licht weg orientiert ist (*negative Phototaxis*). Neben der Phototaxis führt *Euglena* eine *negative gravitaktische Bewegung* aus, welche dafür verantwortlich ist, daß sich die Zellen im Dunkeln an der Oberfläche des Mediums ansammeln. Eine stärkere Belichtung von oben führt zu einer Überlagerung von Gravitaxis und (negativer) Phototaxis; die Zellen konzentrieren sich in der Zone des Lichtgradienten, in der sich die beiden gegenläufigen Tendenzen gerade kompensieren.

Durchführung

Zur Demonstration der Phototaxis wird eine zuvor für 18 h verdunkelte Suspension von *Euglena gracilis* in einer Glasküvette von der Seite mit einem Projektor vor einem dunklen Hintergrund bestrahlt. Der Lichtfluß läßt sich mit Neutralfiltern (Gaugläser) oder durch Abstandsänderung modifizieren. Man beobachtet zunächst bei relativ niedrigem Lichtfluß, daß sich die Zellen an der dem Licht zugewandten Küvettenwand ansammeln. Bei ausreichender Erhöhung des Lichtflusses schlägt die positive in eine negative Phototaxis um, d. h. die Zellen sammeln sich an der lichtabgewandten Küvettenwand. Werden gleichstarke Lichtflüsse von beiden Seiten gegeben (z. B. mit einer zweiarmigen Schwanenhalslampe), sammeln sich die Zellen in einer Ebene in der Mitte der Küvette an. Die Gleichgewichtslage zwischen Gravi- und (negativem) Phototropismus läßt sich bei Belichtung von oben demonstrieren.

Literatur

Häder D-P (1987) Polarotaxis, gravitaxis and vertical phototaxis in the green flagellate, *Euglena gracilis*. Arch Microbiol 147:179–183
Wolken JJ (1967) *Euglena*. An experimental organism for biochemical and biophysical studies. 2. edn. Appleton-Century Crofts, New York

16.3 (D) Lichtabhängige Chloroplastenorientierung bei *Funaria*[3] und *Mougeotia*[4]

Die Chloroplasten vieler höherer Pflanzen können Orientierungsbewegungen durchführen, welche der Optimierung der Photosynthese unter wechselnden Lichtbedingungen dienen. Bei niederen Lichtflüssen werden die Chloroplasten an die senkrecht zur Lichtrichtung orientierte (lichtzugewandte) Zellflanke verlagert (*Schwachlichtstellung*, maximale Lichtabsorption). Bei hohen Lichtflüssen findet eine Verlagerung an die parallel zur Lichtrichtung verlaufenden Zellflanken statt (*Starklichtstellung*, minimale Lichtabsorption). Die Chloroplasten liegen also stets mit ihrer flachen Seite parallel zu einer Zellwandfläche; die Umorientierung ist nicht allein durch eine Drehbewegung, sondern durch einen Ortswechsel zwischen zwei senkrecht zueinander orientierten Zellflanken bedingt. Sehr wahrscheinlich werden die Chloroplasten an Aktinfilamenten durch das Plasma bewegt und an der jeweiligen Zellflanke im Ectoplasma verankert (→ Experiment 16.5). Für die Umorientierung ist ein typischer *Blaulicht-Photoreceptor* verantwortlich, der nicht in den Chloroplasten, sondern in der Nähe der Plasmamembran lokalisiert ist (→ Experiment 16.10).

---

[3] *Funaria hygrometrica*, Drehmoos (Musci, Bryales), im Freiland häufig zu finden, z. B. im Wald an alten Brandstellen.
[4] *Mougeotia* spec. (Conjugales), in Tümpeln häufig mit *Spirogyra* zusammen zu finden. Bezugsquelle → Experiment 16.2.

Auch viele Algen zeigen Orientierungsbewegungen der Chloroplasten. Besonders eindrucksvoll ist die Rotationsbewegung der Chloroplasten bei der Grünalge *Mougeotia*. Die Zellen dieser Fadenalge enthalten einen großen, plattenförmigen Chloroplasten, der sich im Schwachlicht mit seiner Fläche, im Starklicht mit seiner Kante zum Licht dreht. Die Schwachlichtbewegung wird über das Phytochromsystem gesteuert, während die Starklichtbewegung eine Blaulicht-abhängige Reaktion ist. Auch hier werden Aktinfilamente für die Bewegung und Verankerung des Chloroplasten verantwortlich gemacht.

Literatur

Haupt W (1973) Role of light in chloroplast movement. BioScience 23: 289–296

Durchführung

a) Die Chloroplastenverlagerung läßt sich bei vielen höheren Pflanzen nachweisen. Ein beliebtes Objekt sind z. B. die subepidermalen „Rindenzellen" von *Lemna*-Sprossen. Aus optischen Gründen besonders gut geeignet sind die einschichtigen Blättchen vieler Moose, z. B. von *Funaria hygrometrica* oder *Mnium*-Arten. Man bestrahlt jeweils eine Gruppe frischer Moos-Sprosse für 1 h mit Schwachlicht (ca. 1 klx) bzw. Starklicht (10–20 klx) und registriert die Lage der Chloroplasten an abgezupften (senkrecht zum Licht orientierten) Blättchen unter dem Mikroskop (100 ×, Zeichnung oder Photographie). Dann werden die Pflanzen vertauscht und nach 1 h die Umorientierung der Chloroplasten erneut registriert. Bei passender Beleuchtungseinstellung läßt sich die Chloroplastenverlagerung auch direkt unter dem Mikroskop verfolgen (→ Experiment 16.10).

b) Die 90°-Drehung des *Mougeotia*-Chloroplasten läßt sich innerhalb von 20–30 min direkt unter dem Mikroskop beobachten. Zunächst werden die Chloroplasten eines Zellfadens durch Schwachlicht (1–2 klx, Mikroskoplampe entsprechend einstellen) in der Flächenstellung ausgerichtet. Umstellung auf Starklicht (10–20 klx) bewirkt eine Drehung in die Kantenstellung. Umstellung auf Schwachlicht bewirkt wieder Flächenstellung. Mit Hilfe hellroter bzw. dunkelroter Farbgläser (→ Bd. 1: S. 76) läßt sich die Induktion der Schwachlichtstellung durch *Phytochrom* demonstrieren. Weiterhin kann unter Verwendung eines Polarisationsfilters die *dichroitische* Anordnung des Phytochroms überprüft werden (→ Experiment 16.10).

16.4 (D) Nachweis der photosynthetischen O_2-Produktion durch die Chemotaxis von Bakterien[5] (ENGELMANNscher Versuch)

Die beweglichen Zellen aerober Bakterien besitzen die Fähigkeit, sich aktiv auf eine O_2-Quelle hin zu bewegen. Diese *positive Chemotaxis,* die Bewegung in einem chemischen Gradienten in Richtung zur höheren Konzentration, wurde bereits im Jahr 1881 von ENGELMANN in einem sehr eleganten Experiment dazu verwendet, die „Assimilationscurve im objectiven Sonnenspectrum" (d. h. im Prinzip das *Wirkungsspektrum* der Photosynthese) zu bestimmen. Er projizierte das mit Hilfe eines Prismas in seine Spektralfarben zerlegte Licht in Längsrichtung auf einen Algenfaden und zählte die Bakterienzellen, welche sich in den verschiedenen Spektralbereichen chemotaktisch ansammelten. Die erstaunlich präzisen Kurven, die mit dieser Methode erhalten wurden, zeigen u.a. die unterschiedliche Zusammensetzung der Antennenpigmente bei Grün- und Rotalgen. Neuerdings wurde die Reaktion zum Nachweis der Photosynthese einzelner Blatt-Protoplasten eingesetzt. Die Nachweisgrenze dieses Biotests liegt bei $60 \cdot 10^{-15}$ mol O_2.

Literatur

Hampp R, Mehrle W, Zimmermann U (1986) Assay of photosynthetic oxygen evolution from single protoplasts. Plant Physiol 81:854–858

Pfeffer W (1897) Pflanzenphysiologie Bd I, 2. Aufl Engelmann, Leipzig pp 325–338

Durchführung

Die chemotaktische Anlockung durch O_2-ausscheidende Algenzellen läßt sich einfach mit Hilfe einer relativ dichten Flüssigkultur eines aeroben Bacteriums (z. B. von *Pseudomonas aeroginosa*) unter dem Mikroskop demonstrieren. Ein Deckglas wird mit einem dünnen Ring aus Vaseline versehen. In diesen Ring bringt man einen Algenfaden (z. B. *Spirogyra* spec.) und einem Tropfen Bakteriensuspension. Das Deckglas wird umgedreht auf einen Objektträger gelegt und vorsichtig festgedrückt. Das Präparat soll luftdicht abgeschlossen sein. Nach kurzer Zeit kann man bei eingeschalteter Mikroskoplampe die Ansammlung der Bakterien in der Nähe der Chloroplasten beobachten (100fache Vergrößerung). Bei Verdunkelung verteilen sich die Bakterien wieder gleichmäßig in der Flüssigkeit.

---

[5] z. B. *Pseudomonas aeroginosa* (Pseudomonadaceae), Bezugsquelle → Experiment 16.1. Anzucht: auf autoklaviertem Medium (3 g · l^{-1} Fleischextrakt, 5 g · l^{-1} Caseinpepton, 2 g · l^{-1} NaCl, 0,1 g · l^{-1} KCl; pH 7; 30°C; 6–12 h unter Luftzutritt schütteln).

16.5 (D) Plasmaströmung in den Epidermiszellen der Haferkoleoptile [6]

In vielen pflanzlichen Zellen kann man mit dem Mikroskop eine aktive Bewegung von Organellen (Kern, Plastiden, Mitochondrien) entlang der Zellwände beobachten. Dieses als „Plasmaströmung" bezeichnete Phänomen kommt nicht einfach durch eine strömende Bewegung des gesamten Protoplasmas zustande, sondern besteht in Wirklichkeit aus einer Vielzahl von einzelnen Transportprozessen entlang unsichtbarer „Straßen", auf denen Partikel in verschiedenen Richtungen und mit unterschiedlicher Geschwindigkeit fortbewegt werden. Es gibt neuerdings viele Belege dafür, daß dieser Transport mit Hilfe des *Aktin-Myosin-Systems* bewerkstelligt wird. Im Cytoplasma sind, als Teil des *Cytoskeletts,* stationäre *Aktinfilamente* an der Grenzfläche zwischen dem beweglichen Endoplasma und dem festliegenden *Ectoplasma* ausgespannt. Die Membranoberfläche von Mitochondrien und anderen Organellen ist vermutlich mit Myosin besetzt, welches in Wechselwirkung mit den Aktinfilamenten treten kann und sich dabei ähnlich wie im tierischen Muskel unter ATP-Verbrauch verschiebt. Auch bestimmte Bereiche des endoplasmatischen Reticulums (ER) können auf diese Weise an Aktinfilamenten entlangwandern; die dort erzeugten Scherkräfte führen zu einer Verschiebung des gesamten ER-Netzwerkes im Endoplasma gegenüber dem Ectoplasma. Ein gutes Indiz für einen solchen Mechanismus ist z. B. der Befund, daß *Cytochalasin,* ein Hemmstoff der Aktin-Funktion, auch die Plasmaströmung stoppt. Wie zu erwarten, hemmen auch alle Atmungsgifte (z. B. KCN) diesen Prozeß. Die Plasmaströmung hängt sehr empfindlich von Umweltfaktoren ab; sie wird z. B. durch *Licht* und *Auxin* gefördert und durch O_2-*Mangel* gehemmt.

Literatur

Kachar B, Reese TS (1988) The mechanism of cytoplasmic streaming in characean algal cells: Sliding of endoplasmic reticulum along actin filaments. J Cell Biol 106:1545–1552

Sweeney BM, Thimann KV (1937) The effect of auxins on protoplasmic streaming, II. J Gen Physiol 21:439–461

---

[6] *Avena sativa* (Poaceae), → Experiment 3.2. Andere Objekte mit gut beobachtbarer Plasmaströmung sind die Staubfadenhaare der Blüte von *Tradescantia*-Arten, die Blattepidermis in den Schuppenblättern der Küchenzwiebel (*Allium cepa*), die jungen Blätter an (zuvor 12 h verdunkelten) *Elodea*-Sprossen, die Internodialzellen von *Chara*- und *Nitella*-Arten und die Pollenschläuche vieler Arten (→ Experiment 11.9).

408 Bewegung und Orientierung im Raum

Durchführung

Von 4–5 d alten, im Dunkeln auf Vermiculit angezogenen Haferkeimlingen werden Koleoptilen (3–4 cm lang) abgeschnitten und durch einen Längsschnitt entlang der langen Achse des elliptischen Querschnitts halbiert. Primärblatt entfernen und ein 5 mm langes Stück aus dem oberen Drittel einer Koleoptilhälfte mit der äußeren Epidermis nach unten auf ein Deckglas legen. So viel Wasser zugeben, daß das Gewebestück gerade an der Glasoberfläche haftet. Deckglas umgedreht auf einen Objektträger legen und leicht festdrücken. Nach Fokussierung auf die Epidermis läßt sich nun in der Mitte des Objekts die Bewegung von Cytoplasma und Organellen mit dem Mikroskop (200–400fache Vergrößerung, lichtstarkes Objektiv und starke Lichtquelle, z. B. Niedervoltleuchte) im Durchlicht sehr gut beobachten. Mit Hilfe eines Okularmikrometers und einer Stoppuhr kann man die Geschwindigkeit des Transports markanter Partikel recht genau messen. Nach einiger Zeit kommt die Bewegung zum Stillstand, kann jedoch durch Einbetten des Gewebes in eine Zucker-Lösung (z. B. 10 g · l^{-1} Fructose) für längere Zeit aufrechterhalten werden. Zusatz von KCN (1 mmol · l^{-1}) oder Cytochalasin D (20 µmol · l^{-1}) hemmt die Bewegung unter Verklumpung des Cytoplasmas nach kurzer Zeit (10–20 min). Nach Auswaschen des Cytochalasins setzt die Bewegung wieder ein.

16.6 (D) Seismonastische Bewegung der *Mimosa*-Blätter [7]

Als *Nastien* bezeichnet man Krümmungs- und Klappbewegungen pflanzlicher Organe, deren Richtung nicht durch Außenfaktoren, sondern endogen (z. B. durch die Lage von Scharniergelenken) festgelegt ist. Solche Bewegungen werden entweder durch differentielles Streckungswachstum auf der Organober- und Organunterseite (z. B. bei der Blütenöffnung und -schließung mancher Pflanzen) oder durch differentielle Turgoränderungen in den Motorzellen von Gelenken bewirkt. Besonders rasche Turgorbewegungen zeigt das doppelt gefiederte Blatt von *Mimosa*. An der Blattbasis, an der Basis der Fiedern 1. Ordnung und an der Basis der Fiedern 2. Ordnung befinden sich Scharniergelenke (primäre, sekundäre und tertiäre *Pulvini*), welche bei „Reizung" innerhalb von 1–2 s eine Klappbewegung ausführen. Durch eine anschließende, viel langsamere Bewegung (Restitutionsphase,

---

[7] *Mimosa pudica* (Mimosaceae), tropisches Unkraut. Bezugsquelle: Botanische Gärten. Anzucht unschwierig im Gewächshaus oder an einem warmen, hellen Fenster (ca. 20 °C).

ca. 30 min) wird die ursprüngliche Blattorientierung autonom wiederhergestellt. Die hydraulische Bewegung der Pulvini wird ausgelöst, indem die an der einkrümmenden Gelenkseite befindlichen Motorzellen Ionen aus der Vakuole an den Apoplast abgeben (Aufhebung der Semipermeabilität der Plasmagrenzmembranen). Hierdurch wird das Wasserpotential dieser Zellen schlagartig erhöht, Wasser strömt aus, und der Turgordruck bricht zusammen. Die unverändert turgeszenten Zellen der gegenüberliegenden, als Antagonist wirkenden Gelenkseite expandieren und drücken den Blattstiel in die vorgegebene Richtung. Während der Restitutionsphase wird der Ausgangszustand durch aktive Ionenaufnahme der erschlafften Motorzellen wiederhergestellt. Die Ionenverschiebungen in den „gereizten" Gelenken führen zu leicht meßbaren elektrischen Potentialänderungen („Aktionspotentiale"). Es ist jedoch noch nicht gelungen, die Reiz-Reaktionskette elektrophysiologisch befriedigend zu beschreiben.

Durchführung

Das Umklappen der *Mimosa*-Blattgelenke läßt sich am einfachsten durch Erschütterung oder Berührung auslösen (*Seismonastie*). Wenn man ein Fiederblatt 1. Ordnung am apikalen Ende „reizt", kann man die Ausbreitungsgeschwindigkeit der „Erregung" durch das ganze Blatt verfolgen. Der Erschütterungsreiz kann durch viele andere Auslöser ersetzt werden, z. B. durch einen Licht/Dunkel-Wechsel (*Photonastie*), Abschneiden eines Fiederblättchen-Paares (*Traumatonastie*), Auftropfen von kaltem Wasser (0 °C, *Thermonastie*), chemische Faktoren, z. B. bestimmte Aminosäuren oder Ethanol (*Chemonastie*). Die photonastischen „Schlafbewegungen" des *Mimosa*-Blattes werden, wie bei der nahe verwandten *Albizzia*, durch das Phytochromsystem und die endogene Rhythmik gesteuert (→ Experiment 13.3).

16.7 (D) Grundphänomene und Wellenlängenabhängigkeit des Phototropismus junger Keimpflanzen

Im Gegensatz zur nastischen Bewegung ist die Richtung der tropischen Bewegung durch die Richtung des auslösenden Faktors festgelegt. So orientieren Pflanzen in der Regel ihren Sproßapex, ihre Blätter oder ihre Blüten zum Licht hin (*positiver Phototropismus*) und ihren Wurzelapex vom Licht weg (*negativer Phototropismus*). Diese Bewegungen gehen stets auf differentielles Wachstum an den lichtzugewandten bzw. -abgewandten Organflanken zurück. Die wirksame Strahlung wird über einen Blaulichtphotorezeptor, wahrscheinlich ein Flavin, absorbiert.

Durchführung

1. Die Grundphänomene des Phototropismus sind praktisch an allen rasch wachsenden Keimlingen leicht zu beobachten. Man zieht Keimlinge (z. B. von Hafer, Mais, Sonnenblume, Senf, Kresse, Rettich, *Amaranthus*) unter Belichtung von oben an. (Etiolierte Keimlinge zeigen meist eine sehr geringe phototropische Reaktionsfähigkeit.) Belichtung von der Seite (durch einen Diaprojektor oder am hellen Fenster) löst nach 1–2 h die positive phototropische Krümmung der Koleoptilen bzw. Hypokotyle aus. Die negative phototropische Krümmung der Wurzelspitze läßt sich einfach an der Keimwurzel von Senf oder Rettich mit der bei Experiment 16.9 beschriebenen Methode demonstrieren. Manche Pflanzen (z. B. Mais) zeigen keinen ausgeprägten Wurzelphototropismus.

2. Die Wirkung verschiedener Wellenlängen bei der phototropischen Reaktion kann demonstriert werden, indem man Keimlinge in eine Serie von Plastikdosen stellt, welche durch Bemalen mit schwarzer Lackfarbe oder Bekleben mit schwarzer Klebefolie bis auf ein seitliches Fenster (5 × 5 cm) lichtdicht gemacht wurden. Auch der Deckel muß lichtdicht schließen. Auf dem Fenster wird mit schwarzem Klebstreifen (Tesaband) ein Farbfilter befestigt. Geeignete Filterkombinationen für die Isolierung der vier Hauptlichtfarben sind[8]: BG 12/1 mm (Blau), BG 18/3 mm + OG 530/3 mm (Grün), BG 38/3 mm + OG 590/3 mm (Gelb), RG 630/3 mm (Hellrot), RG N9/3 mm (Dunkelrot). Die Transmissionsspektren dieser Filter sind in Bd. 1: S. 75 dargestellt. Als Lichtquelle kann Tageslicht (helles Fenster) oder Glühlampenlicht verwendet werden.

16.8 (D) Photonastische und phototropische Bewegung der Primärblätter der Gartenbohne [9]

Der Unterschied zwischen tropischer und nastischer Bewegung läßt sich besonders schön an den Primärblättern junger Bohnenpflanzen demonstrieren. Diese führen an ihren Gelenken tagesperiodische Turgorbewegungen („Schlafbewegungen") aus, welche alle Charakteristika einer *Photonastie* zeigen (→ Experiment 13.3). Wenn man die Pflanzen von der Seite beleuchtet, wenden sie ihre Blätter, unbeschadet der photonastischen Reaktion, mit der Oberfläche dem Licht zu. Dies wird durch eine *phototropische* Wachs-

---

[8] Farbgläser (5 × 5 cm) von Schott (→ S. 445).
[9] *Phaseolus vulgaris* (Fabaceae), → Experiment 4.9.

tumsreaktion im Bereich des Gelenks an der Basis der Blattspreite bewirkt. Diese Torsionsbewegung ist ebenfalls innerhalb von wenigen Stunden reversibel. Unter natürlichen Bedingungen kann die Pflanze mit Hilfe dieser Bewegung den Tagesgang der Sonne nachvollziehen.

Durchführung

Das Nebeneinander von nastischer Reaktion (tagesperiodische Änderung des Winkels zwischen Blattstiel und Blattrippe) und tropischer Reaktion (Nachführung des Winkels zwischen Blattfläche und Lichtrichtung) kann sehr gut an einer oberhalb der Primärblätter dekapitierten Bohnenpflanze verfolgt werden. Man stellt die Pflanze (2–3 Wochen nach der Aussaat) z. B. an ein helles Fenster und ändert im Abstand von 3 h ihre Orientierung zum Licht um 180°.

16.9 (D) Grundphänomene des Gravitropismus junger Keimpflanzen

Die Organe der höheren Pflanze besitzen die Fähigkeit, ihre räumliche Orientierung nach der *Schwerkraft* auszurichten. Wurzeln wachsen z. B. in der Regel senkrecht auf den Erdmittelpunkt zu (*positiver* Gravitropismus oder Geotropismus), Sprosse senkrecht vom Erdmittelpunkt weg (*negativer* Gravitropismus oder Geotropismus). Blätter orientieren sich häufig in einem rechten Winkel zur Richtung der Schwerkraft (*Diagravitropismus*). Die Richtung der Schwerkraft wird über die Verlagerung von *Statolithen* (meist Amyloplasten) perzipiert; die Reaktion erfolgt wie beim Phototropismus (→ Experiment 16.7) durch differentielles Wachstum der dem Reiz zu- bzw. abgewandten Organflanken.

Durchführung

1. Negativer und positiver Gravitropismus von Wurzel bzw. Sproß lassen sich z. B. einfach an der Koleoptile und der Radicula junger Maiskeimlinge (*Zea mays*) demonstrieren. Maiscaryopsen werden in einer Petrischale mit Wasser für 24–36 h bei 25 °C vorgequollen. (Die Körner sollten hierbei nur zur Hälfte im Wasser liegen; bei Bedarf Wasser nachfüllen). Wenn die Radiculaspitze aus der Koleorrhiza austritt, werden die Caryopsen mit der Embryoseite nach oben (Wurzelpol nach unten) auf eine mit 3 Lagen Zellstoff bespannte, quadratische Styroporplatte gelegt und mit einer rostfreien Stecknadel festgesteckt (Nadel seitlich oben durch das Korn stecken). Die

beschickte Platte wird tropfnaß mit Wasser besprizt und dann senkrecht in eine feuchte Kammer (Glas- oder Klarsichtplastik-Gefäß) gestellt. Wenn die senkrecht nach unten gerichteten Keimwurzeln eine Länge von 10–15 mm erreicht haben (nach 12–24 h), Platte um 90° drehen (Wurzeln horizontal orientiert). Die gravitropische Krümmung von Radicula und Koleoptile läßt sich nach einer Latenzzeit von 60–90 min beobachten.

2. Für kleinere Keimlinge (z. B. Kressekeimlinge) bietet sich ein anderes Verfahren an: Auf die Außenseite des Bodens einer Petrischale wird mit Filzschreiber eine gerade Linie durch den Mittelpunkt der Schale gezeichnet. Dann gießt man die Schale bis zum Rand mit Agar (5 g · l^{-1}) aus. Nach dem Erkalten teilt man den Agar entlang der vorgezeichneten Linie in zwei Hälften, von denen man eine entfernt. Nun wird eine Reihe von 6 Kressesamen (*Lepidium sativum*) mit dem Wurzelpol senkrecht in die Schnittfläche leicht eingedrückt. Die Dose wird mit dem Deckel verschlossen (mit Klebeband fixieren) und aufrecht (Wurzelpol nach unten) im schwachen, diffusen Licht (kein horizontaler Lichtgradient!) aufgestellt, bis Hypokotyl und Radicula eine Länge von 1–2 cm erreicht haben (nach etwa 4 d). Die Gravistimulation kann (in einem definierten Winkel) durch entsprechende Drehung der Schale erfolgen, wobei die Markierungslinie als Orientierungshilfe dient. Die Ausmessung der Krümmungswinkel von Hypokotyl und Radicula erfolgt mit Hilfe einer Winkelskala (auf Millimeterpapier zeichnen), welche am Schalenboden angelegt wird.

Die Aufhebung der einseitigen Gravistimulation ist mit Hilfe eines *Klinostaten* möglich, der sich einfach aus einem kleinen Elektromotor mit Getriebe herstellen läßt (2 Umdrehungen pro min). Auf der horizontal orientierten Antriebsachse wird eine senkrecht rotierende Scheibe mit Haltevorrichtungen für die Petrischalen befestigt. Auf dem Klinostaten rotierende Pflanzen zeigen keine Gravireaktion. Die Reaktion auf einen kurzen Gravistimulus läßt sich während einer anschließenden Klinostatenrotation unter *allseitig einwirkender* Erdanziehung studieren. (Experimente in *Abwesenheit* des Gravistimulus sind nur im Weltraum möglich).

Anmerkungen: Mit Hilfe eines seitlich aufgestellten Diaprojektors lassen sich auch die *phototropischen Reaktionen* von Wurzel und Sproß demonstrieren (→ Experiment 16.7). – Die Bedeutung des Sproßapex (Koleoptilspitze bei Monokotylen, apikales Meristem und/oder Kotyledonen bei Dikotylen) für die gravitropische Reaktionsfähigkeit läßt sich nach Entfernung der betreffenden Organe überprüfen.

Analytische Experimente

16.10 (A) Wirkungsdichroismus bei der lichtinduzierten Starklichtorientierung der Chloroplasten im *Funaria*-Blatt [10]

Die in Experiment 16.3 demonstrierte Chloroplastenorientierungsbewegung im Moosblatt ist, ähnlich wie die Drehbewegung des *Mougeotia*-Chloroplasten, ein beliebtes System für photobiologische Studien über die Eigenschaften der beteiligten Photoreceptoren. So haben z. B. Messungen der Quantenwirksamkeit bei verschiedenen Wellenlängen das Wirkungsspektrum eines Blaulicht-Photoreceptors vom Flavin-Typ ergeben, wie man es unter anderem auch für den Phototropismus der Graskoleoptile kennt. (→ Experiment 16.7). In diesem Versuch soll mit Hilfe von *polarisiertem Licht* die *Lokalisierung* und *Orientierung* des Photoreceptors untersucht werden. *Flavine* (Isoalloxazin-Derivate, Abb. 45) absorbieren Blaulicht bevorzugt, wenn der elektrische Vektor parallel zur langen Achse des Moleküls schwingt, während senkrecht dazu schwingendes Licht schlecht absorbiert wird (*Absorptionsdichroismus*). Dieses Phänomen läßt sich im Prinzip dadurch nachweisen, daß man parallel geordnete Moleküle mit linear polarisiertem Licht bestrahlt und die Absorption als Funktion des Polarisationswinkels mißt. Wenn ein dichroitisch absorbierendes Photoreceptorpigment in der Zelle in ungeordneter Form vorliegt (z. B. gelöst im Cytoplasma), kann sich der Absorptionsdichroismus der einzelnen Moleküle natürlich nicht auswirken, d. h. die Lichtabsorption und die dadurch ausgelöste biologische Wirkung zeigen keine Abhängigkeit von der Polarisationsebene des eingestrahlten Lichtes. Wenn jedoch die Wirkung – also z. B. die Umlagerung der Chloroplasten in die Starklichtstellung – von der Polarisationsebene des eingestrahlten Lichtes abhängt, so bedeutet dies, daß die verantwortlichen Photoreceptor-Pigmentmoleküle in einer bestimmten Orientierung in einer geordneten Struktur in der Zelle lokalisiert sein müssen. Dies ist der Grundgedanke bei der Messung des *Wirkungsdichroismus*.

Das Vorliegen von Wirkungsdichroismus bei der Chloroplastenbewegung in der *Funaria*-Blattzelle läßt sich im Prinzip einfach überprüfen. Wenn die Chloroplasten bei der Starklichtreaktion im unpolarisierten Licht an die seitlichen Zellwände (Profilstellung, parallel zur Lichtrichtung) verlagert werden, erfolgt dies gleichermaßen an die langen und an die kurzen Wände

---

[10] *Funaria hygrometrica*, Drehmoos (Musci, Bryales), → Experiment 16.3.

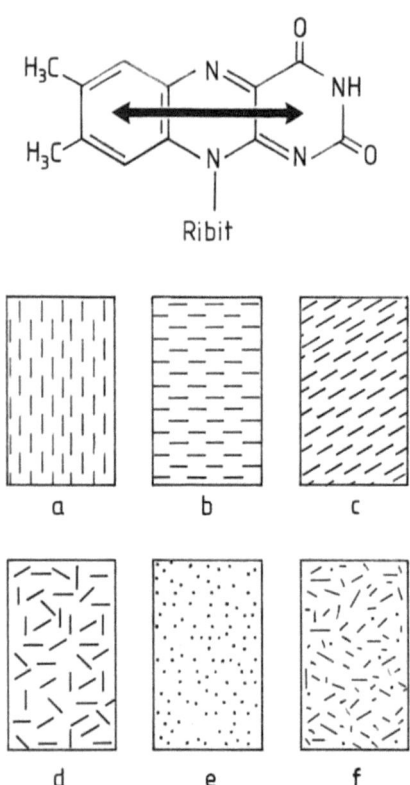

Abb. 45. Oben: Struktur des Riboflavins. Der Doppelpfeil repräsentiert den Absorptionsvektor des Moleküls. Licht, dessen elektrischer Vektor in dieser Richtung schwingt, führt zu einer maximalen Absorptionswahrscheinlichkeit. **Unten:** Verschiedene Möglichkeiten der Anordnung dichroitisch absorbierender Photoreceptormoleküle in der Zelle. Es wird davon ausgegangen, daß die Photoreceptormoleküle in einer Schicht in der Peripherie des Protoplasten (z. B. in der Plasmamembran) unbeweglich fixiert sind. Es sind Ausschnitte aus dieser Schicht in Aufsicht dargestellt. Jeder Strich entspricht einem Photoreceptormolekül. Dieses absorbiert bevorzugt Licht, dessen elektrischer Vektor parallel zu seiner Längsachse schwingt. Die Lichtrichtung sei senkrecht zur Papierebene. In **a–d** liegen alle Moleküle in der Papierebene; in **e** senkrecht zur Papierebene und in **f** ohne jede Vorzugsrichtung

der längsgestreckten Zellen. Beim Vorliegen von Wirkungsdichroismus kann man jedoch erwarten, daß diese Gleichverteilung im polarisierten Starklicht nicht mehr eintritt. Die Chloroplasten müßten sich vielmehr in Abhängigkeit von der Polarisationsebene des Starklichtes bevorzugt an bestimmten Zellflanken ansammeln, und zwar dort, wo für den Photoreceptor eine minimale Lichtabsorption gegeben ist.

Literatur

Zurzycki J (1967) Properties and localization of the photoreceptor active in displacements of chloroplasts in *Funaria hygrometrica*. II. Studies with polarized light. Acta Soc Bot Polon 36:143–152

Material und Geräte

1. Kräftig entwickelte Pflänzchen von *Funaria hygrometrica*. (Im Freiland gesammelte Pflanzen dieses verbreiteten Mooses lassen sich leicht auf Komposterde im Gewächshaus kultivieren.)
2. Feuchte Kammer: Plastik-Petrischale mit feuchtem Filterpapier auslegen (mit zentraler Aussparung für Strahlengang), zentrales Loch im Deckel für Objektivdurchtritt.
3. Polarisationsmikroskop (oder Standardmikroskop mit einem vor dem Kondensor eingesetzten Polarisationsfilter[11]; 100×) mit Starklichtquelle, z. B. Xenonlampe. Blaufilter (z. B. blaues Plexiglas, → Bd. 1: S. 76). Der Lichtfluß des „Starklichts" sollte in der Ebene des Objektträgers bei 20–50 W · m^{-2} liegen[12]; mit Strahlungsmeßgerät überprüfen! Objektträger, Deckgläser, Lanzettnadel, feine Pinzette, Schwachlichtfeld (Weißlicht, ca. 1 klx).

Durchführung[13] (Grundexperiment)

1. *Vorbereitung der Moosblättchen:* Mit einer Rasierklinge werden aus dem oberen Sproßbereich eines *Funaria*-Stämmchens (unterhalb des drittobersten Wirtels) Blättchen an der Basis abgeschnitten und mit einer Pinzette in einer Petrischale auf Wasser ausgelegt (Blättchen nur an der Basis anfassen!). Schalen von oben für 3 h mit Schwachlicht bestrahlen. Hierbei wandern die Chloroplasten an die periklinen Zellwände (Schwachlichtposition). Dies dient als Ausgangslage für die folgenden Experimente.

---

[11] z. B. von Mikroskopherstellern als Zubehör erhältlich. Die Richtung der Polarisationsebene ist markiert. Sie kann mit Hilfe eines zweiten, z. B. im Okular eingesetzten Polarisationsfilters überprüft werden (maximale Lichtauslöschung bei gekreuzter Anordnung der beiden Filter).
[12] Der Versuch läßt sich auch mit polarisiertem Weißlicht („Starklicht" = 10 klx) durchführen.
[13] Nach Zurzycki J (1967) Acta Soc Bot Polon 36:143–152 (verändert); unter Einbeziehung praktischer Hinweise von Prof. E. Schönbohm.

2. *Herstellung der Präparate:* Einzelne Blättchen auf einem Objektträger unter einem *kleinen* Deckglasstückchen (O_2-Versorgung!) in Wasser einbetten. Hierbei Blätter mit ihrer langen Achse parallel zur kurzen Objektträgerkante orientieren.

3. *Bestrahlung:* Präparat in feuchter Kammer auf den Objekttisch des Mikroskops[14] legen und Ausschnitt auf einen Bereich in der Mitte einer Blatthälfte legen (100fache Vergrößerung). Bei schwacher Beleuchtung Polarisationsebene des Lichts durch Drehen des Polarisators parallel zur langen Blattachse (= lange Zellachse) einstellen. (Beim Polarisationsmikroskop werden Polarisator und Analysator parallel ausgerichtet.) Blaufilter einlegen und Lichtfluß auf „Starklicht" hochstellen. Nach 90–120 min sollte die Endposition der Chloroplasten erreicht sein und kann – am besten photographisch – dokumentiert werden.

4. Mit neu angefertigten Blattpräparaten wird das Experiment wiederholt, wobei die Polarisationsebene des Lichts um 30/60/90° gegen die lange Blattachse gedreht wird. Durch Wiederholung der verschiedenen Einstellungen überzeuge man sich von der Reproduzierbarkeit der Resultate.

Auswertung

Unter Berücksichtigung der räumlichen Gegebenheiten in der Zelle und der Tatsache, daß die Chloroplasten sich im Starklicht an die Orte mit minimaler Lichtabsorption im verantwortlichen Photoreceptor bewegen, versucht man anhand von Abb. 45 (unten) diejenige(n) der theoretisch denkbaren Photoreceptoranordnungen zu ermitteln, welche mit den experimentellen Resultaten verträglich ist (sind).

Probleme (weiterführende Experimente)

1. Wie *schnell* verläuft die Umorientierung der Chloroplasten in die Starklichtstellung? (Aufstellung der Kinetik der Verlagerung durch photographische Dokumentation.) Wie schnell verläuft die Zurückführung in die Schwachlichtstellung?
2. Ist die Anordnung der Chloroplasten in einer bestimmten Position im linear polarisierten Licht durch *Änderung der Polarisationsebene* reversibel? Auf welchem Weg verläuft die Ortsverlagerung der Chloroplasten?
3. Ist die Chloroplastenbewegung von funktionsfähigem *Aktin* abhängig? [Zerstörung von funktionellem Aktin durch Cytochalasin B oder D (25 µg · ml^{-1}), Blättchen für 30 min im Schwachlicht vorinkubieren.]

---

[14] Die Bestrahlung mit polarisiertem Starklicht kann im Prinzip auch mit einem Projektor außerhalb des Mikroskops erfolgen.

4. Hängt die Chloroplastenbewegung energetisch von der *ATP-Synthese* ab? (Hemmung der Phosphorylierung z. B. durch CCCP, → Problem 2, Experiment 5.12.)

16.11 (A) Gravitropische Reaktion des Sonnenblumenhypokotyls[15] und der Maiskoleoptile[16] – ein Vergleich

Die Koleoptile der Monokotylen und das Hypokotyl der Dikotylen führen negative gravitropische Wachstumsbewegungen aus, welche phänomenologisch große Ähnlichkeiten aufweisen. Es ist jedoch bis heute keineswegs klar, inwieweit sich die Mechanismen der Reizaufnahme (*Perception*), Reizleitung (*Transduction*) und Reizantwort (*Reaktion*) bei beiden Objekten gleichen. Während z. B. für die Maiskoleoptile die Existenz und Wirksamkeit von *Statolithen* in Form von Stärkekörnern (Amyloplasten) gut belegt ist, fehlen entsprechende Befunde für das Dikotylenhypokotyl. Auch die laterale Ablenkung des basipetalen Auxinstromes als mögliche Ursache des differentiellen Längenwachstums der beiden Organflanken (CHOLODNY-WENT-Theorie → Experiment 9.11,) konnte bisher nur für Koleoptilen überzeugend nachgewiesen werden. Die folgenden Experimente sollen Anregungen für eine vergleichende Studie der beiden Systeme geben.

Literatur

Brauner L, Hager A (1958) Versuche zur Analyse der geotropischen Perception. I. Planta 51:115–147

Firn RD, Digby J, Hall A (1981) The role of the shoot apex in geotropism. Plant Cell Environ 4:125–129

Hart JW, MacDonald IR (1984) Is there a role for the apex in shoot geotropism? Plant Physiol 74:272–277

Schönbohm E (1973) Versuche zum Geotropismus der Pflanzen. Biologie in unserer Zeit 3:155–160

Material und Geräte

1. Keimlinge von *Helianthus annuus* and *Zea mays:* 10-ml-Rollrandgläschen (2 cm Durchmesser) bis zum Rand mit feuchtem Vermiculit füllen. Je eine Achäne bzw. Caryopse mit dem Wurzelpol nach unten 1 cm in das Vermiculit drücken und 2 ml Wasser zugeben. Gläschen in geschlossener Klarsichtdose im Licht (von oben!) bei 25°C aufstellen, bis Hypokotyle bzw. Koleoptilen 2–3 cm lang sind (nach etwa 4 d). Es werden mindestens 15 gleich entwickelte, gerade gewachsene Keimlinge beider Arten benötigt.

---

[15] *Helianthus annuus* (Asteraceae, Dicotyledoneae), → Experiment 9.11.
[16] *Zea mays* (Poaceae, Monocotyledoneae), → Experiment 2.4.

2. Rechtwinkelig geschnittene Styroporwürfel (5 cm Kantenlänge) mit zentraler Bohrung zur Aufnahme eines Rollrandgläschens (mit scharfem Korkbohrer senkrecht ausstanzen)
3. Diaprojektor mit Rotfilter (5 × 5 cm, Plexiglas Nr. 501/3 mm[17] im Diaschieber), Projektionsschirm: senkrecht stehende Glasplatte in fester Halterung, 25 × 35 cm, mit DIN A 4-Bogen Millimeterpapier belegt (grüner oder blauer Druck, mit Tesafilm festkleben).

Durchführung (Grundexperiment)

1. *Versuchsaufbau:* Je 3 Gläschen mit *Helianthus*- bzw. *Zea*-Keimlingen werden in Styroporwürfel gesteckt und auf einer waagrechten Fläche, horizontal orientiert, in etwa 10 cm Abstand vor dem Projektionsschirm (Millimeterpapier auf der Rückseite) aufgestellt. Die *Helianthus*-Keimlinge einheitlich so orientieren (drehen), daß die Kotyledonen vertikal von der Keimlingsachse abstehen. Die Maiskeimlinge mit der breiten Koleoptilflanke nach unten orientieren. Die Keimlinge von der Seite aus 1–2 m Abstand mit Rotlicht beleuchten und durch Justierung des Projektionsobjektivs in einem scharfen Schattenriß auf den Schirm abbilden.
2. *Messung der Krümmung:* Schattenrisse der sich krümmenden Keimlinge mit einem spitzen Bleistift in Abständen von 15 min nachzeichnen. Verschiebung des Schirms und der Keimlinge während der Messung vermeiden!

Anmerkung: Es ist darauf zu achten, daß die Keimlinge keinem horizontalen Lichtgradienten im Raum ausgesetzt sind (Kontrollkeimlinge aufstellen!). Das zur Abbildung verwendete Rotlicht ist phototropisch unwirksam (→ Experiment 16.7).

Auswertung

Anhand der Schattenrisse wird die Veränderung des Krümmungswinkels α (oder von tan α) bestimmt (→ Abb. 46, S. 421). Aus den aufgezeichneten Krümmungskinetiken läßt sich, nach dem Ende der lag-Phase, die anfänglich konstante Krümmungsgeschwindigkeit und der erreichte Endwert entnehmen. Zur statistischen Absicherung sind mindestens 5 unabhängige Messungen (mit jeweils frischen Keimlingen) erforderlich. Man berechnet Mittelwerte ± Schätzungen des Standardfehlers. Differenzen zwischen verschiedenen Experimenten sind auf Signifikanz zu prüfen (→ Bd. 1: S. 18).

---

[17] von Röhm (→ S. 444).

Probleme (weiterführende Experimente)

1. *Wie schnell* setzt die gravitropische Reaktion bei den beiden Organen nach dem Beginn einer Dauerstimulation ein? Wie schnell ist die *Rückkrümmung* nach Reorientierung in die ursprüngliche Lage? (Keimlinge horizontal stellen und die Kinetik der Krümmung über 3–4 h verfolgen. Anschließend Kinetik der Revertierung nach Umstellung in die Ausgangslage verfolgen.)
2. Wie hängt die gravitropische Reaktion von der *Präsentationszeit* des Reizes ab? Gibt es einen *Schwellenwert* der Präsentationszeit, unterhalb dessen keine Reaktion zu beobachten ist? Wenn ja, lassen sich unterschwellige Stimulationen *akkumulieren,* um eine Reaktion auszulösen? (Zur Beantwortung der beiden ersten Fragen Keimlinge zunächst z. B. für 0,5/1/2/4/8/16/32/64 min horizontal orientieren und nach Umstellung in die Ausgangslage die Krümmungskinetik messen.[18] Kontrollen: a) keine Stimulation, b) Dauerstimulation. Anschließend prüfen, ob diese Abstufung der Präsentationszeit sinnvoll ist oder durch eine anders abgestufte Serie ersetzt werden muß. Zur Beantwortung der letzten Frage z. B. eine Serie von 3/6/9 unterschwelligen Stimulationen mit gleichlangen Pausen durchführen.
3. Kann man *Graviperception* und *Gravireaktion* experimentell trennen? Die Sedimentation von Statolithen sollte im Gegensatz zum Zellstreckungswachstum temperaturunabhängig sein. Es ist daher denkbar, daß die Graviperception auch bei wachstumshemmenden Temperaturen funktioniert. [Test: Keimlinge (nach 10 min Vorkühlung) bei 4–5°C (Kühlschrank) zunächst für 60 min horizontal und dann für weitere 60 min vertikal stellen. Anschließend Krümmung der vertikal stehenden Keimlinge bei Raumtemperatur verfolgen. Einige Keimlinge bleiben als Kontrolle in der Kälte.]
4. Welche *Organe* bzw. *Organbereiche* sind für die Perception des Gravistimulus essentiell? [z. B. die Spitze (3/6/9 mm) der Koleoptile bzw. den Apex (einschließlich Kotyledonen, +3/6/9 mm Hypokotylspitze) des Dikotylenkeimlings entfernen und die gravitropische Reaktionsfähigkeit der basalen Restkeimlinge gegenüber intakten Kontrollkeimlingen prüfen. Bei *Helianthus* lassen sich auch die Meristemknospe ohne Kotyledonen, ein oder beide Kotyledonen oder Apex plus oberstes 5-mm-Segment des Hy-

---

[18] Da es sich beim Gravitropismus um einen Regelkreis mit erheblicher Hysteresis handelt, treten unter diesen Bedingungen periodische Schwingungen auf (→ Experiment 17.1). Um den Einfluß des Schwereeizes nach der Stimulation zu eliminieren, kann man die Keimlinge in horizontaler Lage auf einem Klinostaten (2 min^{-1}) drehen (→ Experiment 16.9). Man erhält hierbei eine stärkere Gravireaktion.

pokotyls entfernen. Apikale Restkeimlinge (Amputation der Wurzel plus mehr oder minder großes Segment der Sproßbasis), isolierte Hypokotyle (Amputation von Sproß und Wurzel) und intakte Keimlinge werden mittels flach liegenden Wäscheklammern in einer feuchten Plastikdose horizontal orientiert.] Werden die Auswirkungen dieser Amputationen vom zeitlichen Abstand zwischen Operation und Gravistimulation beeinflußt?
5. Können die durch Amputation bewirkten Ausfallserscheinungen durch *exogene Auxinapplikation* aufgehoben werden? [Eine kleine Portion Auxinpaste (1 mmol · l^{-1} IES, → Experiment 9.11) auf den Organstumpf aufbringen und die gravitropische Reaktionsfähigkeit gegenüber nichtbehandelten (Kontrollpaste!) und intakten Kontrollkeimlingen bestimmen. Auf diese Weise läßt sich z. B. auch die Wirkung von Gibberellin und anderen „Wuchsstoffen" prüfen.]

16.12 (A) Die phototropische Reaktion der Haferkoleoptile[19]

Seit der ersten Beschreibung des Phototropismus durch DARWIN (1880) ist die Haferkoleoptile ein Standardobjekt für die Erforschung dieses Phänomens geblieben. Trotz vieler Bemühungen gibt es auch heute noch keine allgemein akzeptierte Vorstellung über die Reiz/Reaktionskette lichtinduzierter, tropischer Wachstumsbewegungen (→ Literatur und Experiment 9.11). Die Komplexität der phototropischen Reaktion wird z. B. anhand ihrer Abhängigkeit von der *Fluenz*[20] des seitlich auf das Organ auftreffenden Lichtes deutlich. Bestrahlt man Koleoptilen von der Seite mit steigenden Expositionszeiten an Blaulicht, so ergibt sich für die Krümmungsreaktion eine zweigipfelige Kurve mit einem Optimum bei niedriger Fluenz (*1. positive Krümmung*) und einer weiteren Krümmung bei höherer Fluenz (*2. positive Krümmung*). Diese beiden Reaktionen besitzen in vieler Hinsicht verschiedene Eigenschaften und gehen daher vermutlich auf unabhängige Reaktionssysteme zurück.

In diesem Experiment sollen einige Charakteristika der 1. positiven Krümmungsreaktion mit photobiologischen Methoden näher untersucht werden. Hierzu benötigt man eine definierte Strahlungsquelle für Blaulicht,

---

[19] *Avena sativa* (Poaceae), → Experiment 3.2; Varietät mit gut ausgebildeter, rasch wachsender Koleoptile, z. B. var. „Siegeshafer" („Victory"), erhältlich von Svalöf AB, International Division, S-26800 Svalöv (Schweden).
[20] *Fluenz* [mol Photonen · m^{-2}] beschreibt die *Photonenmenge* [mol], die auf eine bestimmte Fläche fällt (inkorrekterweise auch als „Dosis" bezeichnet). Als *Photonenfluß* (englisch: *photon fluence rate*) bezeichnet man die *Fluenz pro Zeiteinheit* [mol Photonen · m^{-2} · s^{-1}] (→ S. 441).

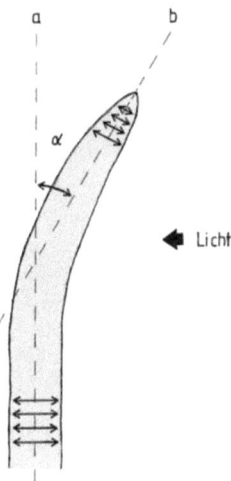

Abb. 46. Graphische Bestimmung des Krümmungswinkels α an Schattenrissen von phototropisch gekrümmten Haferkoleoptilen. Man zeichnet Linie *a* als Symmetrieachse der ungekrümmten Koleoptilbasis und die Linie *b* als Symmetrieachse der Koleoptilspitze (oberste 5 mm) über die mit einem Kopiergerät hergestellten Schattenrisse. Der Winkel α zwischen beiden Geraden kann durch Anlegen eines Winkelmessers leicht auf ±2° genau bestimmt werden

die mit einem Diaprojektor leicht eingerichtet werden kann. Zur genauen Einstellung des Photonenflusses[20] ist ein Strahlungsmeßgerät erforderlich. Steht kein Meßgerät für Photonen zur Verfügung, kann man sich z. B. auch mit einem einfachen Luxmeter behelfen, welches im verwendeten Blaulicht gegen ein Photonenmeter geeicht wurde. Außerdem wird zur Vorbehandlung der Keimlinge ein einfaches Rotlichtfeld (→ Bd. 1: S. 76) benötigt. Als quantitatives Maß für die Organkrümmung verwendet man den operational nach Abb. 46 definierten *Krümmungswinkel* α. Dieser läßt sich einfach und genau anhand von Schattenrissen der Koleoptilen bestimmen, die man mit einem Kopiergerät leicht herstellen kann.

Quantitative photobiologische Experimente stellen hohe Anforderungen an die Einheitlichkeit der Versuchspflanzen und die Sorgfalt bei ihrer experimentellen Behandlung und Messung. Insbesondere muß darauf geachtet werden, daß die Pflanzen während Anzucht und experimenteller Bestrahlung keinem unbeabsichtigten Störlicht ausgesetzt werden. Da in völliger Dunkelheit angezogene Haferkeimlinge ein langes, meist gekrümmt wachsendes Mesokotyl ausbilden, sind sie für Phototropismusexperimente wenig geeignet. Dieses Problem läßt sich sehr elegant beheben, indem man die Anzucht im schwachen Rotlicht durchführt, welches das Mesokotylwachstum unterdrückt und gerade ausgerichtete Koleoptilen liefert (→ Experiment 13.1). Nach einer 24stündigen Verdunkelung sind solche „re-etiolierten" Keimlinge wieder voll an Dunkelheit adaptiert. Sie reagieren jetzt sehr empfindlich auf Störlicht und dürfen daher nur noch der im Versuch vorgesehenen Bestrahlung ausgesetzt werden. Um eine einheitliche Bestrahlungsgeometrie zu erhalten, werden die Keimlinge so orientiert, daß die Koleoptilen mit ihrer Schmalseite zur Lichtquelle weist (lange Achse des eliptischen Organquerschnitts parallel zur Lichtrichtung). Dies ist bei der Anzucht der Versuchspflanzen zu beachten.

Literatur

Blaauw OH, Blaauw-Jansen G (1970) The phototropic responses of *Avena* coleoptiles. Acta Bot Neerl 19: 755–763

Briggs WR, Baskin TI (1988) Phototropism in higher plants – controversies and caveats. Bot Acta 101: 133–139

Firn RD (1986) Phototropism. In: Kendrick RE, Kronenberg GHM (eds) Photomorphogenesis in plants. Martinus Nijhoff, Dordrecht, pp 367–389

Material und Geräte

1. Caryopsen von *Avena sativa*[21] (gut keimendes, homogenes Saatgut)
2. Größere Anzuchtdosen aus Plastik (mit Klarsichtdeckel, z.B. Glasplatte), Zellstoff- oder Filterpapiereinlagen.
3. Schmale, längliche Versuchsschalen aus Plastik (ohne Deckel, etwa 15 × 5 cm Grundfläche, 5 cm hoch), Vermiculit.
4. Blaulichtquelle (250-W-Diaprojektor mit Blaufilter im Diaschieber; z.B. Farbglas BG 12[22] oder Interferenzfilter[22] mit Transmissionsmaximum bei 400–450 nm), Neutralfilter mit Transmission 0,1% (z.B. NG-Glas[22]).
5. Rotlichtfeld (Hellrot-Lichtfeld mit $0,1-1 \text{ W} \cdot \text{m}^{-2}$; → Bd. 1: S. 76)
6. Photonenmeter (oder entsprechend geeichtes Watt- oder Luxmeter)
7. Dunkelraum (25 °C) mit grünem Sicherheitslicht (→ Bd. 1: S. 78), Pinzette, lichtdichte Kartons und Tücher, Stoppuhr, Plexiglasleiste (Lineal) mit einem 1 cm überstehenden Streifen Tesafilm beklebt, Kopiergerät.

Durchführung (Grundexperiment)

1. *Anzucht der Keimlinge:* Etwa 150 entspelzte Hafercaryopsen werden in einer Anzuchtdose auf Zellstoff oder 5 Lagen Filterpapier ausgelegt (Embryo nach oben, Abstand 2 cm) und soviel Wasser zugegeben, daß die Caryopsen gerade nicht wegschwimmen. Dosen abdecken und im Rotlichtfeld zur Keimung aufstellen (25 °C). Nach 36 h (Koleoptilen etwa 5 mm lang) werden 110 gleichmäßig gekeimte Pflänzchen ausgewählt und (im Rotlicht) in Gruppen von je 10 Stück in einer Reihe (Abstand 1,5 cm) in Versuchsschalen umgepflanzt, welche bis 1 cm unter den Rand mit feuchtem Vermiculit gefüllt sind. Dies gelingt am einfachsten, indem man die Pflänz-

---

[21] Anstelle von Hafer kann auch Mais verwendet werden.
[22] Von Schott (→ S. 445).

chen in der richtigen Position (Korn in Richtung der Reihe, Wurzelpol nach unten) auf das Vermiculitbett setzt und mit einer dünnen Schicht trockenem Vermiculit bedeckt, welche anschließend mit Hilfe einer Spritzflasche ebenfalls angefeuchtet wird. Die 11 Schalen einzeln in lichtdichte Kartons verpacken und bei 25 °C im Dunkeln aufstellen, bis die Koleoptilen eine Länge von 25–30 mm erreicht haben (etwa 72 h nach der Aussaat).

2. *Ausmessung des Lichtbündels:* Der Projektor wird horizontal ausgerichtet und so aufgestellt, daß eine im Lichtstrahl quer aufgestellte Versuchsschale homogen beleuchtet werden kann (Dunkelraum, Bestrahlungsposition gegen Streulicht des Projektors mit schwarzem Tuch abschirmen). Die unten angegebenen Fluenzen können im Prinzip durch Variation des Abstandes vom Objektiv, Variation der Bestrahlungszeit (bis maximal 2 min), Spreizung des Lichtbündels (Verdrehen des Objektivs) oder Einsetzen von Neutralgläsern in den Strahlengang eingestellt werden. Man kann z. B. folgendermaßen vorgehen: Zunächst sucht man mit dem Strahlungsmeßgerät diejenige Position im (divergierenden) Lichtbündel, an der der Lichtfluß 1 $\mu mol \cdot m^{-2} \cdot s^{-1}$ (etwa 10 $mW \cdot m^{-2} \cdot s^{-1}$) beträgt und bringt dort eine Markierung an. Eine an dieser Stelle aufgestellte Keimlingsreihe erhält also bei 1 s Bestrahlungszeit die Fluenz 1 $\mu mol \cdot m^{-2}$. Bis zu 100mal größere Fluenzen können nun durch entsprechende Verlängerung der Bestrahlungszeit erreicht werden. Zur Einstellung niedrigerer Fluenzen reduziert man den Photonenfluß mit einem Neutralfilter auf 0,1% und verschiebt so die Fluenzskala um den Faktor 10^{-3}. Auf diese Weise kann ein Fluenzbereich von 6 Zehnerpotenzen überstrichen werden.

3. *Bestrahlung:* Eine Schale mit 10 Keimlingen wird ausgepackt und an der markierten Position quer in den Strahlengang des dauernd eingeschalteten (mit dem Objektivdeckel abgeschirmten) Projektors gestellt. Die Bestrahlung erfolgt durch kurzzeitige Abnahme des Objektivdeckels (Stoppuhr!). Bestrahlte Keimlinge sofort wieder lichtdicht einpacken. Zeit notieren. Auf diese Weise werden nacheinander Bestrahlungen mit folgenden Fluenzen durchgeführt: $10^{-3}/3,2 \cdot 10^{-3}/10^{-2}/3,2 \cdot 10^{-2}/10^{-1}/3,2 \cdot 10^{-1}/10^{0}/3,2 \cdot 10^{0}/10^{1}/3,2 \cdot 10^{1}/10^{2}$ $\mu mol \cdot m^{-2}$.

4. *Messung des Krümmungswinkels:* Nach 90 min im Dunkeln werden die Koleoptilen an der Basis abgeschnitten und in einer Reihe so auf dem überstehenden Klebeband einer Plastikleiste befestigt, daß die Krümmungsebene parallel zur Leiste orientiert ist, und (ohne Abdeckung) auf ein Kopiergerät gelegt. An den in der Kopie festgehaltenen, scharfkantigen Schattenrissen (wenn möglich, vergrößert) wird der Krümmungswinkel nach Abb. 46 ausgemessen.

Auswertung

Die aus 10 Einzelmessungen ermittelten Mittelwerte ($\pm$ Schätzungen des Standardfehlers) werden in einem Diagramm gegen die Photonenfluenz aufgetragen.

Probleme (weiterführende Experimente)

1. Für photobiologische Induktionseffekte gilt theoretisch das *Reziprozitätsgesetz:* $J \cdot t =$ konst. In Worten: Die Wirkung einer Bestrahlung hängt weder vom Photonenfluß (J), noch von der Bestrahlungszeit (t), sondern von der *Fluenz* ($J \cdot t$) ab. Gilt dieses Gesetz für die 1. phototropische Krümmung der Haferkoleoptile? (Fluenz für optimale Krümmung mit verschiedenen Lichtflüssen und entsprechend veränderten Bestrahlungszeiten einstrahlen, z. B. 0,5 J bei 2 t, 0,1 J bei 10 t usw. Wenn das Reziprozitätsgesetz gilt, müßte sich stets die gleiche Wirkung ergeben.) Bis zu welcher *Bestrahlungsdauer* gilt diese Gesetzmäßigkeit?
2. Man geht vielfach davon aus, daß der Lichtstimulus für die Auslösung der 1. phototropischen Krümmung der Haferkoleoptile nicht in der Krümmungszone, sondern in der äußersten Spitze des Organs percipiert wird. Wie wirkt sich die *Entfernung der Koleoptilspitze* (1 mm) auf die Fluenz/Effekt-Kurve aus? Wie wirken längere Bestrahlungszeiten (z. B. 90 min) auf dekapitierte Koleoptilen? (Kontrolle: intakte Koleoptilen.)
3. Kann ein induktiver phototropischer Reiz durch einen von der Gegenseite gegebenen *Gegenreiz* gleicher Fluenz kompensiert werden? Wie wirkt sich eine (verschieden lange) Dunkelpause zwischen beiden Reizen aus?
4. Die Unwirksamkeit von seitlich gegebenem Rotlicht zeigt an, daß das *Phytochrom* nicht als Photoreceptor der phototropischen Reaktion fungiert ($\rightarrow$ Experiment 16.7). Dies schließt jedoch einen Einfluß des Phytochroms auf die Ausprägung der phototropischen Reaktion im Blaulicht nicht aus. Welche Wirkung besitzt eine Vorbestrahlung von 5 min Hellrotlicht (1 W $\cdot$ m^{-2}, von oben), 2 h vor einem induktiven Blaulicht gegeben, auf die Fluenz/Effekt-Kurve des Phototropismus? Läßt sich die Hellrotwirkung durch einen anschließenden 5-min-Puls mit dunkelrotem Licht ($\rightarrow$ Experiment 13.4) revertieren?
5. Die vorne beschriebene Versuchsdurchführung hat einen offenkundigen Nachteil: Sobald die phototropische Krümmung einsetzt, entsteht eine Reizlage für eine gravitropische Gegenkrümmung; d. h. es tritt eine Interaktion mit dem *Gravitropismus* ein. Dieses Problem läßt sich unter Verwendung eines Klinostaten ($\rightarrow$ Experiment 16.9) umgehen. Wie wird die Fluenz/Effekt-Kurve verändert, wenn man die Keimlinge nach der induk-

tiven Belichtung im Dunkeln für 90 min auf einem Klinostaten bei 0,5–2 min^{-1} dreht?
6. Welche Unterschiede bestehen zwischen der *Koleoptile* und dem *Hypokotyl* eines Dikotylenkeimlings (z. B. *Brassica napus*, *Lepidium sativum* oder *Helianthus annuus*) bezüglich der Fluenz/Effekt-Kurve des Phototropismus?

16.13 (A) Auslösung der nastischen Bewegung des Bohnenprimärblattes[23] durch Auxin

Das Heben und Senken der Primärblattspreite bei Bohnenpflanzen (→ Experiment 16.8) wird durch ein Gelenk (*Pulvinus*) ermöglicht, in dem Turgorinduzierte Längenveränderungen in speziellen Geweben mit „Motorzellen" zu einer hydraulischen Scharnierbewegung führen. Eine relative Erhöhung des Turgors im Cortexbereich der oberen Gelenkhälfte (*Flexor*) führt zur Blattsenkung, eine entsprechende Veränderung in der unteren Gelenkhälfte (*Extensor*) zur Blatthebung. Wie bei anderen Turgorbewegungen (→ z. B. Experiment 16.6) werden die differentiellen Turgorveränderungen in den antagonistischen Gelenkhälften durch Ionenverschiebungen bewirkt. Zum einen tritt eine Verlagerung von Ionen (vor allem K$^+$) zwischen Flexor und Extensor ein, zum anderen kommt es zu schnellen Verschiebungen zwischen Symplast und Apoplast der Motorzellen. Es handelt sich also um leicht reversible (elastische) Schwellungs- und Schrumpfungsreaktionen von Zellen und nicht um Zellwachstum.

In diesem Experiment wird der Frage nachgegangen, ob das Phytohormon *Auxin* einen Einfluß auf die Ionenverschiebungen im Pulvinus und damit auf die Blattbewegung ausüben kann. Man weiß, daß das Hormon bei der Induktion des Streckungswachstums (→ Experiment 9.10) *nicht* durch Turgorsteigerung, sondern durch eine Erhöhung der Zellwanddehnbarkeit wirksam wird (*irreversible Zellexpansion*). Ein Objekt, in dem Auxin eine *reversible Zellexpansion* durch Turgorregulation steuert, ist daher von großem Interesse für die noch ausstehende Aufklärung der primären Angriffsstelle des Hormons im Zellstoffwechsel.

Wie bei allen anderen Experimenten, bei denen Hormone oder andere Wirkstoffe von außen an eine Pflanze appliziert werden, muß man sich hüten, aus den beobachteten „pharmakologischen" Effekten auf eine regulierende Funktion dieser Substanz in der Zelle zu schließen. In der Tat ist es

---

[23] *Phaseolus vulgaris* (Fabaceae), → Experiment 4.9.

bis heute nicht eindeutig geklärt, ob die Turgorbewegung des Pulvinus durch Veränderungen im endogenen Auxingehalt der Motorzellen bewirkt wird.

Literatur

Freudling C, Starrach N, Flach D, Gradmann D, Mayer W-E (1988) Cell walls as reservoirs of potassium ions for reversible volume changes of pulvinar motor cells during rhythmic leaf movements. Planta 175:193–203

Krieger KG (1978) Early time course and specificity of auxin effects on turgor movement of the bean pulvinus. Planta 140:107–109

Material und Geräte

1. Einige 2–3 Wochen im Licht angezogene Topfpflanzen von *Phaseolus vulgaris*, bei denen Epikotyl und alle später austreibenden Seitenknospen entfernt wurden (→ Experiment 17.5).
2. Winkelmeßgerät (oder Kymograph) zur Bestimmung der Blattbewegung (→ Abb. 47).
3. Auxinpaste (1 mmol · l^{-1} IES und IES-freie Kontrollpaste, in Dosierspritze abgefüllt, Herstellung → Experiment 9.11)
4. Lichtquelle (zur konstanten Belichtung der Pflanze während der Messung von oben, 5–10 klx)

Abb. 47. a Winkelmeßgerät zur Erfassung von Blattbewegungen [nach Krieger KG (1981) Praxis der Naturwiss 30:65–73; verändert]. Das Gerät besteht aus einer Plexiglasplatte (12 × 12 × 0,8 cm) mit einer Halterung zur Befestigung an einer Stativklemme. Auf die Platte ist ein Winkelmesser aufgeklebt. Am Anlegepunkt des Winkelmessers ist ein Nagel als Drehachse für einen Zeiger befestigt. Der Zeiger besteht aus einem 12 cm langen Stück Bindedraht (0,7 mm dick), welches in der Mitte zu einer engen Schleife um den Nagel gebogen ist. Am hinteren Ende besitzt der Zeiger eine Ausbuchtung (Abstand zur Drehachse 20 mm), in die der zum Blatt führende Faden eingehängt wird. Der Zeiger soll leicht beweglich, und, im unbelasteten Zustand, in waagerechter Position stehen bleiben (d. h. beide Arme sollen etwa gleich schwer sein). Um den Faden während der Messung gespannt zu halten, belastet man die Zeigerspitze zusätzlich durch ein Gewicht von 50 mg (gewinkeltes Drahtstück). Das untere Fadenende wird mit einem 2 cm breiten Stück Klebeband entlang der Mittelrippe des Primärblatts befestigt. Der Abstand zwischen Meßpunkt und Blattgelenk soll 20 mm betragen. Der Blattstiel wird mit einer (mit Schaumstoff ausgekleideten) Klemme fixiert. **b** Abgewandelter Zeiger zur Messung der Krümmungsbewegung vertikal orientierter Objekte z. B. Sproßachsen. **c** Meßanordnung zur Registrierung der Blattbewegung mit einem *Kymographen* (1 Umdrehung pro Woche). Die Bewegung wird mit einem Faden vom Blatt auf einen locker gelagerten Metallzeiger übertragen, der mit seinem Gewicht leicht auf die Trommel drückt. Anstelle der üblichen geschwärzten Trommeloberfläche (Benzolflamme) hat sich die elektrische Registrierung auf metallbeschichtetem Papier bewährt. Ein Selbstbau ist unter Verwendung eines kräftigen Uhrwerks oder eines mechanischen Hygrographen leicht zu bewerkstelligen. Eine elegantere (aber aufwendigere) Meßanordnung wird durch Übertragung der Bewegung auf einen elektronischen Wegaufnehmer ermöglicht, dessen Ausgangsspannung von einem Kompensationsschreiber registriert wird

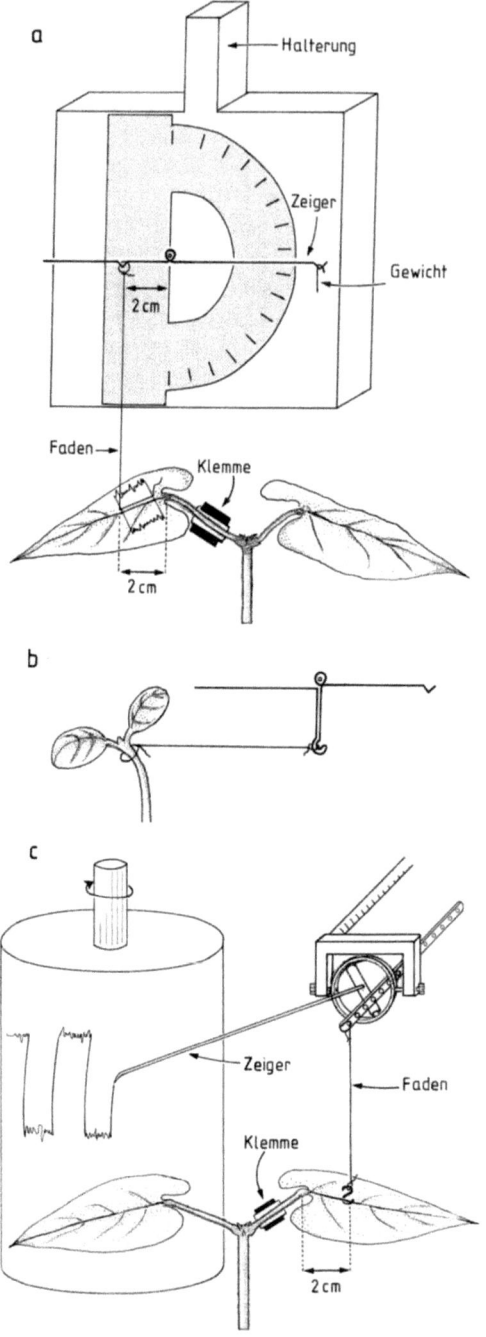

Durchführung [24] (Grundexperiment)

1. Ein Primärblatt einer Pflanze wird im Verlauf des Vormittags in die Meßapparatur (Abb. 47) eingespannt.
2. Nachdem sich eine konstante Blattposition eingestellt hat (z. B. nach 2 h), appliziert man vorsichtig etwa 3 mg Auxinpaste (1 cm Pastenstrang) auf die Oberseite des Gelenks an der Basis der Lamina. Die Veränderung der Blattstellung wird im Abstand von 5 min über eine Stunde hinweg abgelesen. Kontrolle: Messung der Blattbewegung nach Applikation einer gleichen Menge von Kontrollpaste (ohne Auxin). Stehen zwei Winkelmeßgeräte zur Verfügung, kann man die Kontrollmessung gleichzeitig am zweiten Primärblatt der mit Auxinpaste behandelten Pflanze durchführen.

Probleme (weiterführende Experimente)

1. In welchem *Konzentrationsbereich* ist Auxin wirksam? (Auxinpasten mit $0/0,001/0,01/0,1/1$ mmol $\cdot$ l^{-1} IES testen.)
2. Kann das natürliche Auxin (IES) durch *synthetische Auxine* ersetzt werden? (Auxinpasten mit 2,4-Dichlorphenoxyessigsäure, α-Naphtylessigsäure oder β-Naphtylessigsäure testen.)
3. Welche Wirkung hat eine Applikation von Auxin auf die *Unterseite* des Gelenks?
4. *Abscisinsäure* bewirkt in Schließzellen einen schnellen Turgorabfall durch Ausströmen von K$^+$ ($\rightarrow$ Problem 4, Experiment 4.12). Kann eine ähnliche Reaktion auch im Blattgelenk hervorgerufen werden? [Abscisinsäure-haltige Paste (0,1 mmol $\cdot$ l^{-1}) mit oder ohne Auxin testen.]

---

[24] Nach Krieger KG (1981) Praxis der Naturwiss. 30:65–73 (verändert).

17. Biorhythmen: Endogene Rhythmik („innere Uhr") und Photoperiodismus

Vorbemerkungen

Viele Stoffwechsel- und Entwicklungsprozesse zeigen in der Pflanze normalerweise einen rhythmischen Verlauf, ohne daß hierzu entsprechende rhythmische Änderungen der Umwelt notwendig sind; man spricht daher von *endogenen Rhythmen*. Die Periodenlängen dieser Rhythmen können im Bereich von Minuten bis Tagen liegen. Am bekanntesten sind die *circadianen Rhythmen* (Periodenlänge *circa* 24 h), welche in den folgenden Experimenten im Vordergrund stehen. Die Fähigkeit, Schwingungen auszuführen, ist eine Systemeigenschaft des Organismus; sie resultiert aus der Tatsache, daß die Steuerung der Lebensprozesse durch ein Netzwerk von Regelkreisen erfolgt. Ähnlich wie ein einfacher elektrischer Schwingkreis sind solche Systeme unter bestimmten Bedingungen zu endogenen Schwingungen befähigt. Diese Schwingungen werden meist durch ein sprunghafte Veränderung der Umweltbedingungen (*Zeitgeber-Ereignis*) ausgelöst und laufen dann mit weitgehend konstanter Periodenlänge weiter. In der Regel schwächt sich die Amplitude im Laufe der Zeit ab (*Dämpfung*). Die typischen circadianen Rhythmen zeigen eine weitgehende Temperaturunabhängigkeit der Periodenlänge. Der Steuermechanismus endogen rhythmischer Prozesse (die „innere Uhr") ist bis heute eines der größten Rätsel der Biologie geblieben. Daher behandeln auch die in diesem Kapitel beschriebenen Experimente vor allem die Phänomenologie der endogenen Rhythmik.

Viele Entwicklungsprozesse in der Ontogenie der höheren Pflanze werden durch die *Tageslänge* (genauer: durch die Länge der täglichen Nacht) gesteuert. Hierzu gehören bei vielen Pflanzen die Blütenbildung, die Ausbildung von Speicherknollen oder die Einleitung der Seneszenz. Auch bei diesem, als *Photoperiodismus* bekannten Phänomen ist ein Zeitmeßvorgang beteiligt. Als Photoreceptor zur Registrierung des Licht/Dunkel-Wechsels konnte in vielen photoperiodisch reagierenden Pflanzen das *Phytochromsystem* nachgewiesen werden. Die Art und Weise, wie eine Pflanze auf eine bestimmte Photoperiode reagiert (z. B. die Auslösung der Blütenbildung beim Unterschreiten einer kritischen Lichtperiode in Kurztagpflanzen) hängt wiederum von der „inneren Uhr" ab, welche die Empfindlichkeit für das aktive Phytochrom (P_{fr}) an den verschiedenen Tageszeiten festlegt. Auch hier ist man allerdings dem Mechanismus dieser Steuerung noch nicht wesentlich nähergekommen.

Literatur

Bünning E (1973) The physiological clock. Circadian rhythms and biological chronometry. Springer, Berlin Heidelberg New York

Engelmann W, Klemke W (1983) Biorhythmen. Quelle und Meyer, Heidelberg

Haupt W (1977) Bewegungsphysiologie der Pflanzen. Thieme, Stuttgart

Sweeney BM (1987) Rhythmic phenomena in plants. 2. edn. Academic Press, New York

Vince-Prue D, Thomas B, Cockshull KE (eds) (1984) Light and the flowering process. Academic Press, London

Demonstrationsexperimente

17.1 (D) Schwingungsauslösung durch überschießende Reaktion bei der Gravireaktion des Sonnenblumenhypokotyls [1] („gravitropisches Pendel")

Ein einfaches biologisches Modellsystem für einen endogen rhythmischen Prozeß ist die gravitropisch ausgelöste Pendelbewegung von Sproßachsen. Dieses Phänomen läßt sich z. B. am Hypokotyl von *Helianthus*-Keimlingen studieren. Das Organ führt nach einer kurzen Gravistimulation eine Krümmung, gefolgt von einer Rückkrümmung aus. Letztere schießt über die Ausgangslage in die Gegenrichtung hinaus, wodurch wiederum eine Gravistimulation, gefolgt von einer Krümmung in die ursprüngliche Richtung, ausgelöst wird. Lediglich der Umstand, daß das Überschießen bei jedem „Pendelausschlag" etwas kleiner wird, führt zu einer allmählichen Dämpfung dieser Rhythmik. Überschießende Reaktionen, hier bedingt durch ein zeitliches Hinterherhinken der Wachstumsreaktion gegenüber der Perception des auslösenden Reizes (*Hysteresis*) sind typische Merkmale kybernetischer Regelkreise und dürften im Prinzip auch bei anderen endogen rhythmischen, biologischen Prozessen eine Rolle spielen.

---

[1] *Helianthus annuus* (Asteraceae), → Experiment 9.11.

Durchführung

Im Licht angezogene *Helianthus*-Keimlinge (4–5 d, 25 °C; → Experiment 16.11) werden durch 1 h Horizontallage gravitropisch stimuliert und dann wieder vertikal gestellt. Die Krümmungsbewegungen des Hypokotyls werden in den folgenden Stunden verfolgt, z. B. durch Nachzeichnen des Schattenrisses auf Millimeter-Papier (→ Experiment 16.11). Man kann die Bewegung auch mit einem am oberen Ende des Hypokotyls befestigten Fadens auf einen Zeiger übertragen und als Ausschlag auf einer Winkelmesser-Skala ablesen (→ Abb. 47 b).

17.2 (D) Transpirationsrhythmik bei Bohnenpflanzen [2]

Unter sonst unveränderten Bedingungen von Licht, Wasserversorgung usw. wird die Einstellung der Stomaweite im Blatt vieler Pflanzen durch die „innere Uhr" gesteuert. Dies führt zu einer rhythmisch zu- und abnehmenden Transpiration, die sich anhand der Gewichtsänderung der Pflanze feststellen läßt.

Durchführung

Der Sproß einer 2 Wochen alten Bohnenpflanze (im natürlichen Licht/Dunkel-Wechsel angezogen) wird am Wurzelansatz abgeschnitten und sofort in ein Reagenzglas mit 10 ml Wasser gestellt. Auf die Wasseroberfläche wird als Verdunstungsschutz 2 ml flüssiges Paraffin geschichtet. Reagenzglas in einem Ständer (z. B. Styroporblock) auf eine Feinwaage (± 1 mg) stellen und Gewichtsänderung in 2-h-Intervallen registrieren. Während des Versuchs sollte die Pflanze im konstanten Licht (5–10 klx) bei konstanter Temperatur (um 25 °C) und konstanter Luftfeuchtigkeit (60–70%) gehalten werden. Wie ist die Transpirationsrhythmik mit der Blattstellungsrhythmik (→ Experiment 17.5) und der Wurzelexudationsrhythmik (→ Experiment 17.3) zeitlich korreliert?

---

[2] *Phaseolus vulgaris* (Fabaceae), → Experiment 4.9.

17.3 (D) Exudationsrhythmik der Wurzel dekapitierter Bohnenpflanzen [3]

Der Wurzeldruck bewirkt den Austritt von Xylemsaft am Stumpf einer oberhalb des Wurzelansatzes abgeschnittenen Pflanze (→ Experiment 7.5). Die Exudation unterliegt der Steuerung durch die „innere Uhr". Zur Demonstration dieses Phänomens, das bereits 1862 von HOFMEISTER beschrieben wurde, kann man das in Abb. 28 (S. 182) dargestellte Volumeter (abgewandeltes Potetometer) benützen.

Literatur

Fiscus EL (1986) Diurnal changes in volume and solute transport coefficients of *Phaseolus* roots. Plant Physiol 80: 752–759

Durchführung

Der Versuch sollte bei konstanten Licht- und Temperaturbedingungen (5–10 klx bzw. 25 °C) durchgeführt werden. Einige etwa 4 Wochen alte, auf Vermiculit und Wasser im natürlichen Licht/Dunkel-Wechsel angezogene Bohnenpflanzen werden 1 cm über dem Wurzelansatz abgeschnitten. Man beobachtet die Exudation am Hypokotylstumpf für einige Stunden (dicht sitzendes Schlauchstück aus Silikongummi aufsetzen) und wählt dann eine Wurzel mit hoher Exudationsrate aus. An dieser Wurzel wird das in Experiment 7.5 beschriebene Volumeter angesetzt und (mit der Spritze) luftblasenfrei mit Wasser bis zur Nullmarke gefüllt. Man registriert die Volumenzunahme der Flüssigkeit im Abstand von 2 h und trägt die Exudationsrate [$\mu l \cdot h^{-1}$] gegen die Tageszeit in ein Diagramm ein. Die rhythmische Exudation läßt sich auf diese Weise über mehrere Tage verfolgen. Im Prinzip können auch die bei Experiment 17.5 beschriebenen Ansätze zur physiologischen Charakterisierung der endogenen Rhythmik mit diesem Versuchsobjekt durchgeführt werden.

Anmerkung: Der Meßvorgang läßt sich automatisieren, indem man das Exudat mit einem Kapillarschlauch zum Tropfenzähler eines Fraktionssammlers leitet, welcher über ein Relais Federausschläge (Ereignismarkierung) auf einem Schreiber erzeugt. (Man kann das Exudat auch direkt auf das mit $10\ cm \cdot h^{-1}$ laufende Schreiberpapier tropfen lassen und die Abstände der Tropfflecken ausmessen.) Eine andere Möglichkeit besteht im

---

[3] *Phaseolus vulgaris* oder *coccineus* (Fabaceae), → Experiment 4.9. Es können z. B. auch 3–4 Wochen alte Pflanzen von *Helianthus annuus* verwendet werden.

Auffangen der Tropfen auf einer elektrischen Waage mit Gewichtsregistrierung. Eine spezielle, leicht nachzubauende Registriereinrichtung für die gleichzeitige Registrierung mehrerer Pflanzen ist bei Hassbargen (1960, Z Bot 48: 1–31) beschrieben.

17.4 (D) Photoperiodismus der Blühinduktion bei der Kurztagpflanze *Chenopodium rubrum*[4] und der Langtagpflanze *Sinapis alba*[5]

Viele Entwicklungsprozesse der höheren Pflanze unterliegen einer Steuerung durch die Länge der täglichen Lichtperiode, welche – außer am Äquator – im Jahresgang präzisen Veränderungen unterworfen ist und daher als zuverlässiger physikalischer Indikator für die Jahreszeit dienen kann. Photoperiodisch gesteuerte Prozesse sind z. B. die Knollenbildung bei der Kartoffel oder die Ausläuferbildung an Erdbeerpflanzen, welche auf diese Weise im Entwicklungscyclus der Pflanzen sehr genau jahreszeitlich terminiert werden können. Bei vielen Pflanzen ist auch die *Blütenbildung*, also der Übergang von der rein vegetativen zur generativen Entwicklung, durch die Photoperiode kontrolliert. Für die experimentelle Untersuchung dieses Phänomens haben vor allem zwei Typen photoperiodisch gesteuerter Pflanzen Bedeutung: 1. *Kurztagpflanzen* (KTP), welche beim *Unterschreiten* einer kritischen Tageslänge blühinduziert werden, und 2. *Langtagpflanzen* (LTP), welche beim *Überschreiten* einer kritischen Tageslänge blühinduziert werden. Die kritischen Tageslängen sind artspezifisch festgelegt und können bei verschiedenen Arten in einem weiten Bereich variieren. In der Regel ist die kritische Tageslänge einer Art (oder des Ökotyps einer Art) ein scharfer Schwellenwert, der eine klare Beziehung zur geographischen Breite des natürlichen Wuchsortes zeigt. Mit geeigneten Bestrahlungsprogrammen konnte gezeigt werden, daß die aktuelle Tageslänge durch das *Phytochromsystem* in den *Blättern* der Pflanzen registriert wird. Das aktive Phytochrom löst im Zusammenwirken mit der „inneren Uhr" die Blütenbildung beim Unter- oder Überschreiten der kritischen Tageslänge aus. In der gärtnerischen Praxis wird die photoperiodische Blühinduktion vielfach zur termingerechten Herstellung verkaufsfertiger Zierpflanzen eingesetzt (z. B. bei Weihnachtskaktus, Weihnachtsstern oder Chrysanthemen).

---

[4] roter Gänsefuß (Chenopodiaceae), eine z. B. in Südeuropa verbreitete, formenreiche Ruderalpflanze mit kurzem Lebenscyclus (unter geeigneten Bedingungen wenige Wochen).

[5] Weißer Senf (Brassicaceae), → Experiment 2.6.

Eine für experimentelle Zwecke beliebte KTP ist *Chenopodium rubrum*, welche in verschiedenen geographischen Breiten vorkommt und dort entsprechend angepaßte photoperiodische Rassen (Ökotypen) ausgebildet hat. Diese Art besitzt den entscheidenden Vorteil, daß sie bereits im Keimlingsstadium (etwa 10 d nach der Keimung) kompetent für einen photoperiodischen Blühstimulus wird. Wenige Tage mit einer unterkritischen Lichtperiode reichen aus, um den Vegetationspunkt in Richtung auf die Bildung von sichtbaren Blütenorganen (Fruchtknoten und Staubblätter) umzustimmen. Aufgrund seiner geringen Abmessungen können photoperiodische Experimente mit diesem Objekt auch in Petrischalen durchgeführt werden.

Ein ähnlich handliches Experimentierobjekt ist die LTP *Sinapis alba*, welche (nach Erreichen der vollen Kompetenz für einen photoperiodischen Blühstimulus) bereits durch eine einzige überkritische Lichtperiode blühinduziert werden kann. Durch Verwendung derartiger günstiger Versuchspflanzen ist es möglich, den sonst recht hohen zeitlichen und apparativen Aufwand bei photoperiodischen Experimenten zu reduzieren. Anstelle von programmierbaren Phytokammern reichen kleinere Lichtschränke aus, bei denen die Lichtperiode (bei konstanter Temperatur) durch eine einfache Schaltuhr gesteuert werden kann. Notfalls kann man die Pflanzen auch im Tageslicht (wenn nötig, verlängert durch Zusatzlicht, Langtag) halten und den Kurztag durch vorzeitiges Abdecken mit einem lichtdichten (geschwärzten) Kasten bewerkstelligen. Für die im folgenden beschriebenen Demonstrationsexperimente sind Lichtflüsse von 5–10 klx während des Tages bei 20–25 °C (tags und nachts) optimal. Wegen der hohen Lichtempfindlichkeit des Phytochroms (→ S. 322) muß auf eine perfekte Abdunkelung der Pflanzen während der Nacht geachtet werden.

Literatur

Bernier G (1963) *Sinapis alba* L., a new long-day plant requiring a single photoinductive cycle. Naturwiss 50:101

Wagner E, Leonhard J (1985) Photoperiodische Induktion der Blütenbildung bei der Kurztagpflanze *Chenopodium rubrum* L. Biologie in unserer Zeit 15:120–125

Durchführung

Chenopodium-Samen[6] sind normalerweise dormant und müssen nach Aussaat auf feuchtes Filterpapier durch eine Kälte-Behandlung (2–3 Temperaturcyclen von 12 h 25 °C/12 h 4 °C) keiminduziert werden. Die gekeimten Samen kann man entweder in Petrischalen auf Filterpapier oder in größeren

---

[6] Nachzucht der Selektionen 184 oder 194 von Cumming BC (1963) Can J Bot 41:901–926; erhältlich von Prof. E. Wagner, Biol. Institut II der Universität, D-7800 Freiburg, Schänzlestr. 1.

Pflanzenschalen auf Vermiculit weiterkultivieren. *Sinapis*-Samen sät man direkt in Pflanzschalen auf Vermiculit aus. Von jeder Art werden 2 Schalen mit je 25 Pflanzen benötigt. Beide Arten blühen besonders rasch, wenn sie mit einer 1 : 3 verdünnten HOAGLANDschen Nährlösung (→ S. 440) angezogen werden (einmalige Gabe von 12 ml pro Pflanze bei der Aussaat, anschließend Vermiculit mit dest. Wasser feucht halten). Die Keimlinge werden von der Aussaat an bei 25 °C zunächst unter nicht-induktiven Bedingungen gehalten (*Chenopodium:* 16 : $\overline{8}$, d. h. 16 h Licht + 8 h Dunkelheit = LT; *Sinapis:* 12 : $\overline{12}$ = KT). Nach 14 d wird jeweils die Hälfte der Pflanzen unter induktive Bedingungen gebracht (KT für *Chenopodium*, LT für *Sinapis*) und der Vegetationspunkt täglich auf das Auftreten von Blütenorganen untersucht (Stereomikroskop, 25 ×). Der (mittlere) Blühzeitpunkt ist erreicht, wenn 50% der Pflanzen einer Gruppe deutliche Blühmerkmale zeigen. In weiteren Versuchsansätzen kann man die minimale Anzahl induktiver Lichtperioden bestimmen (z. B. 14 d alte *Sinapis*-Pflanzen für 1/2/3... d im LT und dann im KT halten) oder die Dauer der kritischen Tageslänge messen (z. B. 14 d alte *Sinapis*-Pflanzen für weitere 14 d bei 16 : $\overline{8}$, 15 : $\overline{9}$, 14 : $\overline{10}$, 13 : $\overline{11}$, 12 : $\overline{12}$ halten). Weiterhin kann man prüfen, ob ein KT plus hellrotes Störlicht (10 min) in der Mitte der Dunkelperiode von *Chenopodium*-Pflanzen als LT registriert wird und ob die Wirkung dieses Störlichts durch eine sofort anschließende Dunkelrot-Bestrahlung (10 min) aufgehoben werden kann (Nachweis des Phytochroms als Photoreceptorpigment für die Messung der Tageslänge).

Anmerkung: Ähnlich gut geeignet für Photoperiodismus-Experimente sind auch die an Ruderalstandorten heimischen Arten *Arabidopsis thaliana* oder *Hyoscyamus niger* (LTP) und *Chenopodium album* oder *C. polyspermum* (KTP). Viele Chrysanthemensorten (z. B. „Puritan") wachsen nur im LT; im KT (8 : $\overline{16}$) stellen diese Pflanzen ihr Wachstum sofort ein und beginnen zu blühen.

Analytische Experimente

17.5 (A) Kontinuierliche Registrierung der Blattbewegungsrhythmik bei Bohnenpflanzen [7]

Die diurnale Turgorbewegung des Laminargelenks am Primärblatt von *Phaseolus* (→ Experiment 16.8) ist ein klassisches System für das Studium

---

[7] *Phaseolus vulgaris* (Fabaceae), → Experiment 4.9.

der „inneren Uhr" und ihrer Synchronisation durch Umweltfaktoren (Zeitgeber). BÜNNING konnte vor etwa 50 Jahren alle wesentlichen Charakteristika der endogenen Rhythmik von Pflanze und Tier an diesem Objekt aufzeigen. Als Zeitgeber der Rhythmik eignen sich besonders gut Licht/Dunkel-Signale; sie werden im folgenden Experiment verwendet, um die Adaptation der „inneren Uhr" an rhythmische Umweltbedingungen (Licht/Dunkel-Periodik) zu studieren.

Literatur

Gorton HL, Satter RL (1983) Circadian rhythmicity in leaf pulvini. BioScience 33:451–457

Material und Geräte

1. Junge Pflanzen von *Phaseolus vulgaris*. Anzucht in Plastiktöpfen auf Erde oder Vermiculit (mit Wasser oder Nährlösung) bei 25 °C im natürlichen Licht/Dunkel-Wechsel („Naturtag"). Nach der Entfaltung der Primärblätter Apikalknospe und alle später austreibenden Achselknospen regelmäßig entfernen. Man erhält auf diese Weise innerhalb von 2–3 Wochen Pflanzen konstanter Sproßlänge mit langlebigen Primärblättern (→ Experiment 12.1).
2. Winkelmeßgerät (Eigenbau nach Abb. 47a, S. 427) oder Kymograph mit Fallzeiger (1 Trommelumdrehung in 7 d, Abb. 47c), 2 cm breites Klebeband (z. B. Tesafilm), Uhr, dünner Faden (Nähgarn), Dunkelraum mit Temperaturkontrolle (± 1 °C), Lichtquelle (z. B. Schreibtischlampe, 100 W), welche sich mit einer Schaltuhr ein- und ausschalten läßt.

Durchführung (Grundexperiment)

1. Der Versuch wird in einem verdunkelbaren Raum aufgebaut. Das eine Primärblatt einer Bohnenpflanze wird in seiner natürlichen Lage mit einer Schaumstoff-ausgelegten Klammer an einem Stativ befestigt. In 2 cm Abstand vom Gelenk wird ein dünner Faden mit einem Stück Klebeband befestigt. Das andere Ende des Fadens wird mit einer Schlaufe versehen und am Zeiger eingehängt (→Abb. 47a, S. 427). Der Faden soll durch ein schwaches Gegengewicht von etwa 50 mg gespannt gehalten werden. Position des Zeigers so einjustieren, daß das Hebelsystem bei vorsichtigem Heben und Senken der Blattfläche die Bewegung ruckfrei in beide Richtungen überträgt. Lampe 1 m senkrecht über der Pflanze anbringen.
2. Schaltuhr für die Beleuchtung auf den natürlichen Licht/Dunkel-Wechsel programmieren, z. B. 15 h Licht: 9 h Dunkel (abgekürzt 15 : $\bar{9}$) mit Umschaltung um 21 und 6 Uhr. Blattbewegung für 3 d registrieren. Anschließend Umstellen auf Dauerlicht; Blattbewegung weitere 4 d registrieren. Erneut Umstellen auf natürlichen Licht/Dunkel-Wechsel; Blattbewegung weitere 4 d registrieren. Bei Verwendung des in Abb. 47a dargestellten Winkelmeß-

geräts muß der angezeigte Winkel im 1-h-Abstand abgelesen und in ein Diagramm eingetragen werden.

Auswertung

Anhand der aufgezeichneten Meßkurven kann die Periodenlänge und Amplitude für jede Schwingung (beim Kymograph nach Eichung der Zeitachse) bestimmt werden. Es ergibt sich die Periodenlänge und die Amplitudendämpfung der durch den exogenen Zeitgeber synchronisierten bzw. der unter konstanten Bedingungen „frei oszillierenden" Uhr.

Probleme (weiterführende Experimente)

1. Wie verhalten sich Bohnenpflanzen, welche während der Aufzucht *keinen tagesperiodisch schwankenden* Umweltbedingungen ausgesetzt waren? (Anzucht aus Samen im Dauerlicht bei konst. Temperatur.) Wie wirkt sich eine *einzelne Dunkelperiode* (z. B. 18 h) im nachfolgenden Dauerlicht aus?
2. Welchen Einfluß hat die *Temperatur* auf die Amplitude und die Periodenlänge der frei schwingenden Rhythmik? (z. B. Vergleich der Blattbewegung bei 20 °C und 30 °C.)
3. Gibt es eine *zentrale* „Hauptuhr" in der Pflanze oder *autonome* „Bezirksuhren" in den einzelnen Organen? (Mit Hilfe von lichtdichtem Stoff (Plastikfolie) und schwarzem Klebeband lassen sich die beiden Primärblätter einer Pflanze optisch trennen und können nun verschiedenen Synchronisierungsprogrammen ausgesetzt werden.)
4. Läßt sich die Rhythmik auf eine *kürzere als die 24-h-Tagesperiode* synchronisieren? (z. B. folgende Lichtprogramme testen: 12 : $\overline{12}$, 10 : $\overline{10}$, 8 : $\overline{8}$, 6 : $\overline{6}$.) Zeigt die Pflanze eine *Adaptation* an kürzere Tagesperioden, wenn man die Rhythmik anschließend frei schwingen läßt?
5. Wie lange dauert die Umstellung der Uhr bei einer *Phasenverschiebung*, (z. B. um 12 h)? (Pflanzen im Licht/Dunkel-Wechsel einmalig eine um 12 h verlängerte Licht- oder Dunkelperiode bieten.)

17.6 (A) Auslösung der Knollenbildung an Kartoffelstecklingen[8] durch unterkritische Photoperioden

Kartoffelpflanzen sind in Hinsicht auf Knollenbildung *Kurztagpflanzen*, d. h. die Auslösung dieser morphogenetischen Umsteuerung erfolgt, wenn

---

[8] *Solanum tuberosum* (Solanaceae), → Experiment 2.1.

die Tageslänge einen kritischen Wert *unterschreitet.* Je nach Genotyp liegt die untere kritische Tageslänge bei 12 bis 16 h („frühe" oder „späte" Sorten). Intakte Pflanzen bilden nur an unterirdischen Stolonen Knollen. Wenn man jedoch beblätterte Stecklinge herstellt, so bilden diese in den Blattachseln sogenannte „Luftknollen". Diese leicht beobachtbare Reaktion und der Umstand, daß sich Kartoffelpflanzen leicht pfropfen lassen, machen dieses System zu einem geeigneten Objekt für Photoperiodismus-Studien.

Literatur

Gregory LE (1956) Some factors for tuberization in the potato plant. Amer J Bot 43:281–288

Material und Geräte

1. Zwanzig junge Pflanzen von *Solanum tuberosum:* Anzucht aus (geteilten) Knollen im Gewächshaus oder in der Klimakammer im Langtag (≥ 16 h Licht pro Tag), bis Sprosse mit 3–4 Internodien gebildet sind.
2. Klimakammer mit Lichtsteuerung (oder lichtdichter Kasten zum Abdecken der Pflanzen im Gewächshaus, 18–20 °C, 8–12 klx)
3. Plastikpflanztöpfe (10–15 cm), Rasierklinge, HOAGLANDsche Nährlösung (→ S. 440), feuchte Kammer [größere Plastikdose(n) mit feuchter Filterpapiereinlage und transparentem Deckel].

Durchführung [9] (Grundexperiment)

1. *Vorbehandlung der Pflanzen:* Je 10 Pflanzen werden für 10 d im Langtag (16 : $\overline{8}$) bzw. im Kurztag (8 : $\overline{16}$) gehalten.
2. *Herstellung von Stecklingen:* Von jeder Pflanze werden 3 einblättrige Sproßfragmente, bestehend aus einem Knoten mit (voll ausgewachsenem) Blatt (+je 1 cm Internodium ober- und unterhalb des Knotens) isoliert. Diese Stecklinge [10] werden in Töpfe mit Vermiculit ausgepflanzt, so daß das Stengelfragment mit der Achselknospe von einer 1 cm hohen Schicht bedeckt ist, und bei hoher Luftfeuchtigkeit im Langtag aufgestellt. Substrat mit Nährlösung ständig feucht halten. Nach 8/14/21 d werden die Blattachseln vorsichtig freigelegt und auf Knollenbildung untersucht.

---

[9] Nach Ewing EE, Wareing PF (1978) Plant Physiol 61:348–353 (verändert).
[10] Stecklinge mit mehreren Blättern reagieren ähnlich wie dieses Minimalsystem. Die Abdeckung der Blattachsel ist nicht unbedingt notwendig, fördert jedoch die Knollenbildung.

Analytische Experimente 439

Probleme (weiterführende Experimente)
1. Wie lang ist die *kritische Tageslänge* für die Knolleninduktion bei der verwendeten Kartoffelsorte? (Pflanzen vor der Entnahme von Stecklingen für 14 d z. B. bei 8/10/12/14/16 h Licht pro Tag halten.)
2. Wie viele *induktive Photoperioden* sind zur Auslösung der Reaktion erforderlich? (Pflanzen vor der Entnahme von Stecklingen z. B. für 2/4/6/8/10/12/14 d im Kurztag halten.)
3. Ist der *Knollenbildungsstimulus* im *Blatt* oder in der *Achselknospe* (+ Stengelfragment) lokalisiert? (einblättrigen Steckling von einer induzierten Pflanze (z. B. nach 10 Kurztagen) unmittelbar nach der Entnahme auf einen entsprechenden Steckling aus einer nicht-induzierten Pflanze pfropfen: V-förmig zugeschnittene Schnittflächen zusammenfügen und mit Leukoplast mehrfach fest umwickeln (→ Experiment 10.4). Blatt der nicht-induzierten Pflanze entfernen. Entsprechend reziproke Pfropfung herstellen. Pflanzen weiter im Langtag halten.

Anhang

1. Herstellung einer HOAGLANDschen Nährlösung

Es werden die in der Tabelle aufgeführten 5 *Stammlösungen der Makroelemente*, eine *Mikroelemente-Stammlösung* und eine *Eisen-Stammlösung* angesetzt (unbegrenzt haltbar). Die angegebenen Volumina dieser Stammlösungen werden zu 900 ml dest. Wasser zugegeben, der pH-Wert am pH-Meter auf 5,5 eingestellt und mit dest. Wasser auf 1 l aufgefüllt. *Anmerkung:* Von der HOAGLANDschen Nährlösung gibt es verschiedene Versionen. Das nachstehende Rezept besteht im Prinzip aus „HOAGLAND's Lösung No. 3" (Makroelemente) +„ARNON's A4-Lösung" +chelatgebundenes Eisen in der Version nach Wagner E, Leonhard J (1985) Biologie in unserer Zeit 15: 120–125. In Bd. 1: S. 47 ist eine leicht abweichende Variante dargestellt.

Salz	Konzentrationen der Stammlösungen		Menge an Stammlösung in 1 l Nährlösung [ml]	Endkonzentration in der Nährlösung	
	$[mol \cdot l^{-1}]$	$[g \cdot l^{-1}]$		$[mmol \cdot l^{-1}]$	$[mg \cdot l^{-1}]$
1. Makroelemente (einzelne Stammlösungen):					
KNO_3	1	101,1	5	5	506
$Ca(NO_3)_2 \cdot 4 H_2O$	1	236,2	5	5	1181
KH_2PO_4	1	136,1	1	1	136
$MgSO_4 \cdot 7 H_2O$	1	246,5	2	2	493
2. Mikroelemente (gemeinsame Stammlösung):					
H_3BO_3	0,046	2,86	1	0,046	2,86
$MnCl_2 \cdot 4 H_2O$	0,0092	1,81		0,0092	1,81
$ZnCl_2$	0,00081	0,11		0,00081	0,11
$CuCl_2 \cdot 2 H_2O$	0,00029	0,05		0,00029	0,05
$Na_2MoO_4 \cdot 2 H_2O$	0,00010	0,025		0,00010	0,025
3. komplex gebundenes Eisen:					
FeNa-EDTA[a]	0,036	13,2	5	0,18	66,1

Mit H_2SO_4/KOH auf pH 5,5 einstellen.

[a] Von Fluka (→ S. 444), oder nach Tabelle 5 (S. 394) aus $FeSO_4$ und Na_2-EDTA herstellen.

2. Physikalische Meßgrößen, Einheiten, Umrechnungsfaktoren und Konstanten

A. Basisgrößen, Basiseinheiten und Einheitensymbole des SI (Système International d'Unités)

Länge (l):	Meter [m]	*Supplementeinheiten:*
Masse (m):	Kilogramm [kg]	ebener Winkel: Radiant [rad]
Zeit (t):	Sekunde [s]	Raumwinkel: Steradiant [sr]
elektrischer Strom (I):	Ampere [A]	
Temperatur (T):	Kelvin [K]	
Lichtstärke:	Candela [cd]	
Stoffmenge (n):	Mol [mol]	

B. Wichtige abgeleitete SI-Einheiten (eine Auswahl)

Kraft (F):	Newton [N]; $1\,N = 1\,kg \cdot m \cdot s^{-2}$
Energie (E):	Joule [J]; $1\,J = 1\,W \cdot s = 1\,N \cdot m = 1\,kg \cdot m^2 \cdot s^{-2}$
Leistung:	Watt [W]; $1\,W = 1\,kg \cdot m^2 \cdot s^{-3} = 1\,J \cdot s^{-1}$
Druck (P):	Pascal [Pa]; $1\,Pa = 1\,N \cdot m^{-2} = 1\,kg \cdot m^{-1} \cdot s^{-2}$
elektrische Ladung (Q):	Coulomb [C]; $1\,C = 1\,A \cdot s = 1\,J \cdot V^{-1}$
elektrische Spannung (E):	Volt [V]; $1\,V = 1\,J \cdot A^{-1} \cdot s^{-1} = 1\,W \cdot A^{-1}$
Radioaktivität:	Becquerel [Bq]; $1\,Bq = 1\,s^{-1}$
Lichtstrom (I):	Lumen [lm]; $1\,lm = 1\,cd \cdot sr$
Lichtfluß (J) (= Beleuchtungsstärke):	Lux [lx]; $1\,lx = 1\,lm \cdot m^{-2}$
Energiedosis (ionisierende Strahlung):	Gray [Gy]; $1\,Gy = 1\,J \cdot kg^{-1}$

Außerdem werden folgende Einheiten für **photochemisch wirksame Strahlung** verwendet:

Lichtmenge [lm · s]
Lichtfluenz [lm · m^{-2} · s]
Quanten(Photonen-)menge [mol]
Quanten(Photonen-)strom [mol · s^{-1}]
Quanten(Photonen-)fluenz [mol · m^{-2}]
Quanten(Photonen-)fluß [mol · m^{-2} · s^{-1}] [englisch: *quantum(photon)fluence rate*]
Energiemenge [J]
Energiestrom [J · s^{-1}]
Energiefluenz [J · m^{-2}]
Energiefluß [J · m^{-2} · s^{-1}] = [W · m^{-2}]

Anhang

Transportvorgänge werden charakterisiert durch den
Strom (I) [mol·s^{-1}] oder [m^3·s^{-1}], bzw. den
Fluß (J) [mol·m^{-2}·s^{-1}] oder [m^3·m^{-2}·s^{-1}]=[m·s^{-1}].
In diesem Zusammenhang ist es wichtig zu unterscheiden zwischen dem *Widerstand* [s·m^{-3}] oder [s·bar·m^{-3}]=*Leitfähigkeit*$^{-1}$ [m^3·s^{-1}]$^{-1}$ oder [m^3·bar^{-1}·s^{-1}]$^{-1}$ und dem *Widerstandskoeffizient* [s·m^{-1}] oder [s·bar·m^{-1}]=*Leitfähigkeitskoeffizient*$^{-1}$ [m·s^{-1}]$^{-1}$ oder [m·bar^{-1}·s^{-1}]$^{-1}$. Der *Widerstand* korrespondiert mit dem *Strom* I (OHMsches Gesetz), der *Widerstandskoeffizient* mit dem *Fluß* J.

Sonstige Prozesse (z.B. chemische Reaktionen, Wachstum) werden charakterisiert durch die

Intensität, z.B. [mol·s^{-1}], [m·s^{-1}]
(bei Enzymreaktionen: katalytische Aktivität [mol·s^{-1}]=[kat];
bei Bewegungsvorgängen: Geschwindigkeit [m·s^{-1}]).

Weiterhin werden folgende **in der Physiologie aus praktischen Gründen kaum ersetzbare (jedoch im SI nicht enthaltene) Einheiten** verwendet:

Volumen (V): Liter [l]; 1 l = 10^{-3} m^3
Masse (m): Tonne [t]; 1 t = 10^3 kg
Druck (P): Bar [bar]; 1 bar = 10^5 Pa = 10^5 N·m^{-2}
Zeit (t): Minute [min]; Stunde [h]; Tag [d]; Jahr [a]
Temperatur (T): Grad Celsius [°C]; 0 °C ≙ 273,15 K
Molmasse
(= „Molekulargewicht"): Gramm pro Mol [10^{-3} kg·mol^{-1}]
numerisch äquivalent ist die
Teilchenmasse: Dalton [Da];
1 Da = ^{1}/$_{12}$ der Masse von ^{12}C = 1,6605·10^{-27} kg
(Häufig wird auch das Vielfache dieser Einheit als M$_r$ [ohne Dimension] angegeben.)
Stoffmengenkonzentration (c): Mol pro Liter [mol·l^{-1}] (anstelle der SI-Einheit mol·m^{-3})
Bei Konzentrationsangaben von Lösungen sind folgende Unterscheidungen wichtig:
Molarität (M): Mol pro Liter Lösung
Molalität (M'): Mol pro Kilogramm Lösungsmittel
Osmolalität: Mol osmotisch wirksamer Teilchen pro Kilogramm Lösungsmittel (Wasser)
Extinktion (E): log J$_0$/J (J$_0$, auffallender Quantenfluß; J, transmit-
(englisch: *absorbance, A*) tierter Quantenfluß)
Absorption (A): (J$_0$−J)/J$_0$
(englisch: *absorptance, A*)

Der Begriff „Absorption" wird häufig auch als Überbegriff für E und A verwendet.

C. Umrechnungsfaktoren für früher gebräuchliche, jedoch nicht mehr zulässige Einheiten

1 Kalorie [cal]	$= 4{,}1868$ J
1 Ångström [Å]	$= 0{,}1$ nm $= 10^{-10}$ m
1 Micron [µ]	$= 1$ µm $= 10^{-6}$ m
1 erg	$= 0{,}1$ µJ $= 10^{-7}$ J
1 Torr $= 1$ mm Hg	$= 1{,}333$ mbar $= 133{,}3$ Pa
1 Atmosphäre [at] ($= 760$ mm Hg)	$= 1{,}013$ bar $= 1{,}013 \cdot 10^5$ Pa
1 Curie [Ci]	$= 3{,}77 \cdot 10^{10}$ Bq $= 3{,}77 \cdot 10^{10} \cdot \text{s}^{-1}$
1 Röntgen [R]	$= 2{,}58 \cdot 10^{-4}$ C $\cdot$ kg^{-1}
1 Rad [rd]	$= 0{,}01$ Gy $= 0{,}01$ J $\cdot$ kg^{-1}

D. Dezimale Erweiterung von Einheiten, ausgedrückt durch Vorsetzen von Vorsilben (Vorsätze)

10^{-1}:	Dezi- (d), z. B. dm	–	
10^{-2}:	Zenti- (c), z. B. cm	–	
10^{-3}:	Milli- (m), z. B. mm	10^3:	kilo- (k), z. B. km
10^{-6}:	Mikro- (µ), z.B. µm	10^6:	Mega- (M), z. B. Mm
10^{-9}:	Nano- (n), z. B. nm	10^9:	Giga- (G), z. B. Gm
10^{-12}:	Pico- (p), z. B. pm	10^{12}:	Tera- (T), z. B. Tm

E. Einige Naturkonstanten [Nach Cordes (1972) Naturwiss 59: 177–182.]

Lichtgeschwindigkeit (im Vakuum)	$c = 2{,}998 \cdot 10^8$ m $\cdot$ s^{-1}
LOSCHMIDTsche Zahl	$N = 6{,}022 \cdot 10^{23}$ mol^{-1}
PLANCKsche Konstante	$h = 6{,}626 \cdot 10^{-34}$ J $\cdot$ s
Gaskonstante	$R = k \cdot N = 8{,}314$ J $\cdot$ mol^{-1} $\cdot$ K^{-1}
BOLTZMANNsche Konstante	$k = R \cdot N^{-1} = 1{,}381 \cdot 10^{-23}$ J $\cdot$ K^{-1}
FARADAYsche Konstante	$F = e \cdot N = 9{,}649 \cdot 10^4$ C $\cdot$ mol^{-1}
	(C $\cdot$ mol^{-1} = A $\cdot$ s $\cdot$ mol^{-1} = J $\cdot$ V^{-1} $\cdot$ mol^{-1})
elektrische Elementarladung	$e = F \cdot N^{-1} = 1{,}602 \cdot 10^{-19}$ C (A $\cdot$ s)
Gravitationsbeschleunigung (Meeresniveau, 45° Breite)	$g = 9{,}806$ m $\cdot$ s^{-2}

F. Weitere wichtige Konstanten (bezogen auf Normaldruck $= 1{,}013$ bar)

Molarität von Wasser:	55,509 mol $\cdot$ l^{-1} (0 °C)
Molvolumen von Wasser:	18,015 ml $\cdot$ mol^{-1} (0 °C);
	18,05 ml $\cdot$ mol^{-1} (25 °C)
Molvolumen idealer Gase:	22,415 l $\cdot$ mol^{-1} (0 °C);
	24,79 l $\cdot$ mol^{-1} (25 °C)

444 Anhang

3. Anschriften der im Text erwähnten Firmen

Amersham Buchler GmbH & Co KG   Postfach 11 20
                                       D-3300 Braunschweig

Boehringer Mannheim GmbH Biochemica   Postfach 31 01 20
                                       D-6800 Mannheim 31

Rudolf Brand GmbH + Co   Postfach 3 10
                                       D-6980 Wertheim/Main 1

Calbiochem GmbH   Postfach 80 02 44
                                       D-6230 Frankfurt 80

Desaga GmbH   Postfach 10 19 69
                                       D-6900 Heidelberg 1

Fluka Feinchemikalien GmbH   Messerschmittstraße 17
                                       D-7910 Neu-Ulm

E. Merck   Postfach 41 19
                                       D-6100 Darmstadt 1

Packard Instrument GmbH   Hanauer Landstraße 220
                                       D-6000 Frankfurt/Main 1

Pharmacia LKB GmbH   Postfach 54 80
                                       D-7800 Freiburg 1

Pharmaseal Laboratories GmbH   Postfach 10 07
                                       D-8034 Germering

Reichelt Chemietechnik GmbH + Co   Englerstraße 18
                                       D-6900 Heidelberg 1

Röhm GmbH   Postfach 42 42
                                       D-6100 Darmstadt 1

Carl Roth GmbH + Co KG   Postfach 21 11 62
                                       D-7500 Karlsruhe 21

Sarstedt	Rommelsdorf D-5223 Nümbrecht
Sartorius GmbH	Postfach 32 43 D-3400 Göttingen
Schleicher & Schuell GmbH	Postfach 4 D-3354 Dassel
Schott Glaswerke	Postfach 24 80 D-6500 Mainz
Serva Feinbiochemica GmbH & Co	Postfach 10 52 60 D-6900 Heidelberg 1
Sigma Chemie GmbH	Grünwälder Weg 30 D-8024 Deisenhofen
Starna GmbH	Postfach 12 06 D-6102 Pfungstadt
Wacker Chemie GmbH	Postfach D-8000 München 22

Sachverzeichnis

Abscisinsäure 221, 224, 238, 245, 251, 286, 294
–, Abszission 320
–, Samendormanz 283
–, Stomataregulation 126
–, Wassertransport 194
Absorptionsgipfel, Carotine 6
Absorptionsspektrum, Nucleinsäuren 23
–, Protein 20
Abszission, Blatt 316
Acetocarmin, histochemischer DNA-Nachweis 365, 368
Achänen 329
Ackerwinde, siehe *Convolvulus arvensis*
Actinomycin D, Hemmung der RNA-Synthese 377
adaptive Enzyme, Hefe 156
Adsorptionschromatographie, Carotin-Isomere 6
Adventivembryobildung, Begonienblatt 360
Adventivwurzelbildung, Induktion durch Licht, Hormone 367
Adventivwurzelregeneration 362
aerobe Dissimilation, Messung 145
Aglyca der Flavonoide, chromatographische Analyse 29
Agrostemma githago, Stärkeabbau im Perisperm 225, 251
Albinopflanzen, Herstellung 349
Albizzia julibrissin, Blattbewegung 326
Aldosen, Nachweis 11
Aleuron, Amylaseinduktion 222, 246
Alkaloide, Mohngewebekultur 399
–, Schöllkraut 30
Alkoholdehydrogenase, Induktion 151
–, photometrische Bestimmung 153

alkoholische Gärung 151
Allium cepa, Plasmaströmung 407
–, Plasmolyse 177
allometrisches Verhältnis, Wachstum 259
Amaranthus caudatus, Keiminduktion 334
Aminosäuren, Ninhydrin-Reaktion 311
Amylase, Induktion durch Gibberellin 222, 246
–, Nachweis 53, 59
–, photometrische Bestimmung 248
Amyloglucosidase 41
Amylopektin 12, 41
Amylose 12, 41
anaerobe Dissimilation, Messung 145
Anaerobiose, Enzyminduktion 151
anisotropes Wachstum 259
Anthocyan, photometrische Bestimmung 336
Anthocyane 26, 27
Anthocyanidine 26, 27
Anthocyansynthese, Lichtinduktion 334
–, UV-Induktion 353
Anthron-Methode, Zuckerbestimmung 47, 48, 212
apikale Dominanz 264, 364
Apoplast 199, 203
apparente Photosynthese 105
Armoracia lapathifolia, Peroxidasebestimmung 58, 64
Ascorbatoxidase 48
Ascorbatsynthese, Lichtregulation 347
–, Wundperidermbildung 380
Ascorbinsäure, enzymatische Bestimmung 47, 49

Assimilationsstärke, Nachweis im Blatt 102
Assimilattranslocation 114
Atmung 130
–, Hemmstoffe 147
–, manometrischer Nachweis 134
–, Samenkeimung 285
Atmungskette, Modellreaktion 131
Aurone 26, 27
Aussalzen, Protein 19
Austrocknungsexperiment, Wasserstreß 195
Austrocknungstoleranz, Samen 289
Autoradiographie 114
Auxin, Adventivpflanzenbildung 387
–, Auslösung der Blattbewegung 425
–, Extraktion 238
–, Gewebekultur 391
–, multiple Wirkung 219
–, Organwachstum 220, 226, 235
–, Tumorinduktion 383
–, Xylogenese 372
Auxinpaste, Xylogenese 373
–, Adventivwurzelbildung 362
–, Blattabszission 317
–, Gravitropismus 420
–, Herstellung 240
Avena sativa, CO_2-Kompensationspunkt 124
–, Halmsegmenttest 251
–, Photomorphogenese 324
–, Phototropismus 420
–, Plasmaströmung 407
–, Protoplastenherstellung 78

B5-Medium, Zellkultur 394
Bacteroide, Wurzelknöllchen 158
Bananenfrucht, Photoreaktivierung von UV-Schäden 358
BARFOED-Reaktion, Zuckernachweis 12
BAUMANNscher Versuch 131
Bäckerhefe, siehe *Saccharomyces cerevisiae*
Begonia rex, Adventivembryobildung 360
Begonia semperflorens, Flavonoidinduktion durch UV 353

Beinwell, siehe *Symphytum officinale*
Benzyladenin 221, 243, 302, 307, 315, 317
–, Adventivpflanzenbildung 387
–, Kotyledonenentwicklung 243
Berberin 31
Berlinerblau-Reaktion 69, 142
Betalaine 26
Bewegungsprozesse 400
BIAL-Reagenz, Pentosenachweis 11
Biegetest, Grenzplasmolyse 188
Biorhythmen 429
Biuret-Reaktion, Protein 20, 40
Blattabszission, Bruchtest 318
–, Ethylen 316
Blattbewegung, *Albizzia* 326
–, Auslösung durch Auxin 425
–, Rhythmik 435
Blattperoxisomen 242
Blattseneszenz, Nährstoffmangel 300
–, Proteinabbau 310
–, Verdunkelung 310
Blattvergilbung, Seneszenz 301, 302
Blühinduktion, Photoperiodismus 433
Blütenfarbstoffe, Trennung 26
Blütenseneszenz, *Ipomoea* 303
Bohne, siehe *Phaseolus vulgaris*
Brassica napus, Dormanzinduktion 284
–, Hypokotylwachstum 271
–, Keimtest 280
–, Keimungspotential 292
–, Keimungsstoffwechsel 285
–, Phototropismus 425
–, Quellungsdruck der Samen 287
–, Samenspeicherstoffe 39
–, Wurzelwachstum 265
BRODIE-Lösung, Zusammensetzung 145
Bruchtest, Blattabszission 318

C_4-Pflanzen, Photosynthese 122
CA^{2+}-Nachweis 3
CAM-Pflanzen, Säurestoffwechsel 116
Camellia japonica, Sklereidenregeneration 365
Carminessigsäure, histochemischer DNA-Nachweis 365, 368

Carotin-Isomere, präparative Trennung 5
Carotinoide, Bestimmung und Trennung 33
CASPARY-Streifen, Endodermis 203
–, Wurzel 161
Cellulysin 80
Chalcone 26, 27
Chara, Plasmaströmung 407
Chelerythrin 31
Chelidonium majus, Alkaloide 30
Chemotaxis, Bakterien 406
Chenopodium rubrum, Blühinduktion 433
Chloramphenicol, Herstellung von Albinopflanzen 349
Chlorophyllabbau, Seneszenz 305, 308, 311
Chlorophylle, Bestimmung und Trennung 33
Chlorophyllsynthese, Lichtinduktion 342
Chloroplasten, enzymatische Charakterisierung 88
–, Isolierung 82, 88
Chloroplastenorientierung, Lichtsteuerung 404, 413
Chlorose, Nährstoffmangel 163
CHOLODNY-WENT-Theorie, Tropismus 238
Cichorium intybus, Sproßregeneration 363
Citratsynthase, photometrische Bestimmung 95
CLELANDs Reagenz 69
$^{14}CO_2$-Fixierung, Photosynthese 114
CO_2-Kompensationspunkt, Photosynthese 120, 122
Cocosnußmilch, Zellkultur 391, 394
Colchicin, Microtubuli 260
Convolvulus arvensis, Sproßregeneration 363
Coptisin 31
Crassula, Respiratorischer Quotient 138
Cryptochrom 321
Cu-Aufnahme, Wurzel 161
Cucumis sativus, Kotyledonenentwicklung 242
–, Organellenisolierung 88

Cycloheximid, Hemmung der Proteinsynthese 377
Cytochrome, Redoxzustand 132
Cytokinin, Adventivpflanzenbildung 387
–, Gewebekultur 391
–, Keimlingsentwicklung 221, 242
–, Kotyledonenentwicklung 242
Cytokinine, Rejuvenation 302, 307, 315
–, Seneszenzverhinderung 302, 307, 315
Cytoskelett, Wachstumsallometrie 259

Daucus carota, Carotin-Isomere 5
–, Zellsuspensionskultur 395
DCMU 108
–, Hemmung der Photosynthese 348
DCPIP 108
Dehydroascorbat 47
Denaturierung, Nucleinsäuren 23
–, Protein 19
Deplasmolyse 177
Desoxyribonucleinsäure, Isolierung und Nachweis 22
Determination, Zelldifferenzierung 366
Diagravitropismus 411
2,4-Dichlorphenoxyessigsäure, Gewebekultur 391, 395
Dichroismus 403, 405, 413
Dichtegradient, Fraktionierung 94
–, Herstellung 92
Dichtegradientenzentrifugation, Chloroplasten 84
Diethylstilböstrol (DES) 143, 207
differentielles Pelletieren, Chloroplasten 82
Diffusionstest, Gibberellin 224
–, Proteinase 62
Diphenylamin-Reaktion, DNA 23
Disaccharide, Nachweis 11
Dissimilation 130
–, Nachweis mit Tetrazoliumchlorid 140
Dithioerythrit 69
diurnaler Säurerhythmus 116
DNA-Synthese, Wundperidermbildung 380

Dodecylsulfat 23
Dormanz 329
–, Samen 281, 283
Druck-Volumen-Kurve, Wasserzustand 197
Druckstromtheorie, Phloemtransport 200
Dünnschicht-Chromatographie, Flavonole 337
–, Alkaloide 32

EDTA, Zellisolierung 77
Efeu, siehe *Hedera helix*
Eisenmangel, Symptome 165
Elektronentransport, Messung mit isolierten Mitochondrien 147
–, Photosynthese 112
–, Plasmamembran 141
Elektronenübertragung, Fe-Katalyse 131
Elektrophorese, Isoenzyme 68
Elodea canadensis, Photosynthese 101
Elodea, Plasmaströmung 407
Endodermis, Wassertransport 203
–, Wurzel 161
endogene Rhythmik 429
–, Blattbewegung 327
Energiemobilisierung, Dissimilation 137
Energiestoffwechsel, Samenkeimung 285
ENGELMANNscher Versuch, Bakterienchemotaxis 406
Entkoppler, Phosphorylierung 148
–, Protonenpumpe 209
Entwicklungsplastizität 359, 366
enzymatische Adaptation, Hefe 156
Enzymbestimmung, operationale Kriterien 75
Enzyme, Aktivitätsmessung 52
Enzyminduktion, Anaerobiose 151
– durch das Substrat 156
Enzymkinetik, Peroxidase 64
Erbse, siehe *Pisum sativum*
Erucasäure 14
essentielle Faktoren, Photosynthese 101
essentille Nährstoffe 162

Ethephon, Ethylenfreisetzung 230, 304, 310, 317
Ethrel, siehe Ethephon
Ethylen, Blattabszission 316
–, Seneszenz 303, 310
–, Sproßwachstum 230
Euglena gracilis, Phototaxis 402
EVAN's Blau, Apoplastenfärbung 81, 203, 204
Extinktionskoeffizienten, Carotine 6, 35
–, Chlorophylle 34
Extraktion, Fett 16, 17
–, Protein 18
Exudation, Wurzel 181
–, Rhythmik 432

Fällung, Nucleinsäuren 23
–, Protein 19
Fe^{3+}-Nachweis 4
Fe^{3+}-Reduktion, Wurzel 160
FEHLINGsche Lösung, Zuckernachweis 11, 12
Fermentation 131, 136, 151
–, Enzyminduktion 151
Fett→Kohlenhydrat-Umwandlung 139
Fett, enzymatische Bestimmung 41, 45
–, Isolierung und Nachweis 14
–, Verseifung 16
Fettsäuren 14
Flavan 27
Flavine, Blaulichtphotoreceptor 413
Flavone 26, 27
Flavonoidbiosynthese, Lichtinduktion 334
Flavonoide, chromatographische Reinigung 337
Flavonoidglycoside, chromatographische Analyse 27
Flavonoidsynthese, UV-Induktion 353
Flavonole 26, 27
–, photometrische Bestimmung 338
Fluoreszeindiacetat, Vitalitätstest 81, 296
Fluoreszenz, Chlorophyll 98
–, Quantenausbeute 100

Formazanprobe, Dehydrogenasenachweis 140
–, Keimfähigkeitsbestimmung 280
–, Vitalitätstest 81, 140, 204
fraktionierende Salzfällung, Protein 19
Frischmasse, Bestimmung 9
Fuchsschwanz, siehe *Amaranthus caudatus*
Fumarase, photometrische Bestimmung 72, 91
–, Seneszenz 310
Funaria hygrometrica, Chloroplastenorientierung 404, 413

Gartenbohne, siehe *Phaseolus vulgaris*
Gaswechselmessung, WARBURG-Manometer 145
Gärröhrchen nach EICHHORN 5
Gärung 130, 136, 151
–, manometrischer Nachweis 134
Gärungsenzyme, Induktion 151
Gelchromatographie, Reinigung von Enzymextrakten 340
genetische Tumoren, Tabakhybriden 380
Geotropismus 411
Gerste, siehe *Hordeum vulgare*
Gewebekultur 385
Gewebespannung, Maiskoleoptile 226
Gibberellin, Abszission 320
–, Amylaseinduktion 222, 246
–, Internodienwachstum 225
–, Organwachstum 220, 225, 237, 251
–, Wirkung bei Zwergmutanten 232
Glucose-1-Phosphat, präparative Darstellung 61
Glucose-6-Phosphat-Dehydrogenase 41
Gyceratkinase 41
Glycerinaldehydphosphatdehydrogenase (NAD$^+$), photometrische Bestimmung 91, 95
–, Seneszenz 309
Glycogen 12
Glycolatoxidase, photometrische Bestimmung 95
–, Seneszenz 310

Glyoxysomen 242
Gravireaktion, überschießende Reaktion 430
„gravitropisches Pendel" 430
Gravitropismus, CHOLODNY-WENT-Theorie 238
–, Grundphänomene 411
–, Messung 417
Grenzplasmolyse 173, 177, 188
Guajakol 55, 65
Gurke, siehe *Cucumis sativus*
Guttation 181

Habituierung, Zellkultur 396
Hafer, siehe *Avena sativa*
Halmsegmenttest, Gibberellin 251
Haplontenregeneration, Mikrosporen 388
Hedera helix, Blattbewurzelung 362
Hefe, siehe *Saccharomyces cerevisiae*
Helianthus annuus, Gravitropismus 417
–, Keimtest 280
–, Lipidextraktion 16, 17
–, Phototropismus 425
–, Respiratorischer Quotient 138
–, Schwingungsauslösung 430
–, Tropismus 238
–, Wurzelwachstum 265
heterotrophe Ernährung, Wurzelkultur 168
Hexokinase 41
Hg(ClO$_4$)$_2$-Falle, Ethylenabsorption 231
HILL-Reaktion 108
–, Demonstration 110
–, photometrische Bestimmung 110
histochemischer Enzymnachweis, Peroxidase 60
histochemischer Peroxidasenachweis 60
histochemischer Proteintest 22
HOAGLANDsche Nährlösung, Rezept 440
Hochintensitätsreaktion, Phytochrom 335
HOPKINS-COLE-Reagenz, Protein 20

Hordeum vulgare, Amylaseinduktion durch Gibberellin 222, 246
–, Ionenaufnahme der Wurzel 205
Hydrokultur 155, 165
Hydroxypyruvatreductase, photometrische Bestimmung 95
Hysteresis 430

Idioblasten, Sklereide 365
„innere Uhr" 429
in-vitro-Kultur von Zellen 385
in-vivo-Spektroskopie, Protochlorophyllidreduktion 343
Infektionsschlauch, Wurzelknöllchen 158
Internodienwachstum, Gibberellin 225
Ionenaufnahme 199
–, Wurzel 161, 205
Ionenpumpen 199
Ionenstärke, Berechnung 18
Ipomoea tricolor, Blütenseneszenz 303
Isocitratlyase, photometrische Bestimmung 95
isoelektrische Fällung, Protein 19
isoelektrischer Punkt, Protein 19
Isoenzyme, Peroxidase, Katalase 68
isopyknische Zentrifugation, Zellorganellen 89

Jod-Lösung, Stärke-Nachweis 13
Jodstärkereaktion, Stärke-Nachweis 12, 102, 215, 222, 378

K^+-Akkumulation, Schließzellen 103
K^+-Nachweis 4
Kallusbildung, Verwundung 386
Kalluskultur, Tabakgewebe 390
Kamelie, siehe *Camellia japonica*
Karotte, siehe *Daucus carota*
Kartoffel, siehe *Solanum tuberosum*
Kartoffelknolle, Katalase 57
–, Mitochondrienisolierung 85
–, Phosphorylase 59, 61

–, Regeneration eines Abschlußgewebes 375
–, Wasserpotentialbestimmung 184
Katal, Definition 73
Katalase, Nachweis 53, 57
–, photometrische Bestimmung 90
Keimbeschleunigung, Osmoticum 282
Keimprüfung, Saatgut 280
Keimung, Pollen 295
–, Samen 279
Keimungspotential, Samen 292
Ketohexose, Nachweis 11
Ketosen, Nachweis 11
Kinetin 238, 243
Klinostat, Gravitropismus 412
Klonierung, vegetative Vermehrung 361, 362
Klonkultur, Protoplasten 79
Knollenbildung, Kartoffelstecklinge 437
KNOPsche Nährlösung 162
Kohlenhydrate, biologischer Nachweis 4
– chemischer Nachweis 11
Koleoptile, auxininduziertes Wachstum 226, 235
Kompensationspunkte, Photosynthese 120, 122
Kompetenz, Hormone 218–220
konstitutive Enzyme, Hefe 156
Kopfsalat, siehe *Lactuca sativa*
Kornrade, siehe *Agrostemma githago*
Krümmungswinkel, Phototropismus 421
Kulturmedien, Zellkultur 394
Kurztagpflanzen 433
Küchenzwiebel, siehe *Allium cepa*

Laccase 55
Lactatdehydrogenase 41
–, Induktion 151
–, photometrische Bestimmung 153
Lactatgärung 151
Lactuca sativa, Internodienwachstum 225
–, Keimindukton 329
Langtagpflanzen 433
Leghämoglobin, Wurzelknöllchen 158

Lein, siehe *Linum usitatissimum*
Leitbündel, Wassertransport 178
Lepidium sativum, Gravitropismus 412
–, Phototropismus 425
Licht, Adventivwurzelinduktion 367
Lichtfalleneffekt, photophobische Reaktion 401
Lichtkompensationspunkt, Photosynthese 120, 122
Lignin-Nachweis, Phloroglucin 220, 365, 366, 373
Linolensäure 14
Linum usitatissimum, Adventivpflanzenbildung 387
–, Regeneration 363
–, Xylemregeneration 373
Lipide 14
LOCKHART-Gleichung, Wachstum 268
Löslichkeit, Protein 19
Löwenzahn, siehe *Taraxacum officinale*
Lycopersicon esculentum, Wurzelkultur in vitro 168

Mais, siehe *Zea mays*
Makroelemente, chemischer Nachweis 2
–, Ernährung 162
Malat, photometrische Bestimmung 119
Malatdehydrogenase 151
–, enzymatische Malatbestimmung 117
–, photometrische Bestimmung 94, 154
Malatsynthase, photometrische Bestimmung 95
Mangelkultur, Nährelemente 162
MARIOTTsche Flasche 8
Medien, Zellkultur 394
Meerrettich, siehe *Armoracia lapathifolia*
Melaninpigmente 55
Mesembryanthemum crystallinum, diurnaler Säurerhythmus 116
Methylenblau, Photoreduktion 97
Mg^{2+}-Nachweis 3

Microtubuli, Wachstumsallometrie 260
Mikroelemente, Ernährung 162
Milchsäuregärung 151
MILLONsche Probe, Protein 20
Mimosa pudica, Seismonastie 408
–, Blattbewegung 326
Mitochondrien, Elektronentransport 147
–, enzymatische Charakterisierung 88
–, Isolierung 85, 88
modifizierende Faktoren, Zelldifferenzierung 361
MOLISCH-Reaktion, Monosaccharid-Nachweis 11
Monosaccharide, Nachweis 11, 12
Morphin-Alkaloide, Mohngewebekultur 399
Mougeotia, Chloroplastenorientierung 404
MURASHIGE und SKOOG-Nährmedium 388, 390, 391, 394

N,N'-Dicyclohexylcarbodiimid (DCCD) 143, 207
Nachtkerze, siehe *Oenothera biennis*
nasser Aufschluß, Pflanzenmaterial 2
Nastien 400
nastische Bewegung, Auslösung durch Auxin 425
Nährelemente 162
Nährlösung, heterotrophe Wurzelkultur 169, 170
Nährmedium nach MURASHIGE and SKOOG 388, 390, 391, 394
Nährmedium nach WHITE 391, 394
Nährsalze 155
„negatives Wachstum", Wasserstreß 273
NESSLERs Reagenz, NH_3-Nachweis 3
Neutralrot, Vitalitätstest 81
Nicotiana glauca × langsdorffi, Tumorbildung 380
Nicotiana suaveolens × langsdorffi, Tumorbildung 380
Nicotiana tabacum, haploide Embryonen 388
–, Kalluskultur 390

Ninhydrin-Reaktion, Aminosäuren 311
Nitella, Plasmaströmung 407
Nitratreduktase, Lichtinduktion 349
–, photometrische Bestimmung 351
Nitrogenase, Wurzelknöllchen 158
Norflurazon,, Herstellung von Albinopflanzen 39, 349
Nucleinsäuren, Isolierung und Nachweis 22
Nucleoproteinkomplexe 23

o-Diphenoloxidasen 55
O_2-Elektrode 105
–, Messung mit isolierten Mitochondrien 147
O_2-Produktion, Nachweis mit chemotaktischen Bakterien 406
–, Photosynthese 105
–, polarographische Messung 105
Oenothera biennis, Pollenkeimung 295
Oleosomen 14
Omnipotenz der Zelle 360
Organentwicklung 254
Orthovanadat 143, 207
Oryza sativa, anaerobe Energiemobilisierung 137
Osazone, Zuckernachweis 12
Osmometer, Modellversuch 174
Osmose, Ψ-Gradient 174
osmotische Adaptation 195
osmotisches Potential (π) 173
–, Bestimmung 184, 188, 197
Ölsäure 14

p-Diphenoloxidasen 55
P/O-Verhältnis, Phosphorylierung 149
Palmitinsäure 14
Papaver somniferum, Gewebekultur 399
Pappel, siehe *Populus nigra*
PASTEUR-Effekt 136, 151
PbS-Methode, Protein 20
Pektinanfärbung, Rutheniumrot 318
Pektinase, Zellisolierung 77
Pentose, Nachweis 11

Peribacterioidmembran, Wurzelknöllchen 158
Peridermregeneration, Kartoffelknolle 375
Perisperm, *Agrostemma* 225, 251
Peroxidase, histochemischer Enzymnachweis 60
–, Nachweis 53, 58
–, photometrische Aktivitätsmessung 64
–, Wundperidermbildung 379
Peroxisomen 242
–, enzymatische Charakterisierung 88
–, Isolierung 88
PFEFFERsche Zelle 174
Pflanzenernährung 155
Pfropfung 261
pH-Indikatoren 124
Phaseolus vulgaris, Adventivwurzelregeneration 369
–, apikale Dominanz 264
–, Blattabszission 316
–, Blattbewegung 425, 435
–, Blattbewegungsrhythmik 435
–, Blattbewurzelung 363
–, Blattseneszenz 300
–, $^{14}CO_2$-Fixierung 114
–, Eisenmangelkultur 165
–, Exudationsrhythmik 432
–, Grenzplasmolyse 188
–, Keimtest 280
–, multiple Auxinwirkung 218
–, „negatives Wachstum" 273
–, Photomorphogenese 324
–, Photonostie 410
–, Phototropismus 410
–, Plumulahakenwachstum 256
–, Proteinextraktion 20
–, Protochlorophyllreduktion 342
–, Seneszenzverhinderung durch Cytokinin 302
–, Stärke-Nachweis im Blatt 102
–, Transpirationsrhythmik 431
–, transportaktive Wurzelzone 204
–, Wasserstreß 195
–, Wassertransport 191
–, Wuchsstoffwirkungen 220
–, Wurzeldruck, Exudation 181
–, Wurzelknöllchen 157
–, Xylemregeneration 370

Phäophytine 33
Phenoloxidase, Nachweis 53, 56, 58
Phenylalaninammoniumlyase, Lichtinduktion 335
–, photometrische Bestimmung 338
–, Wundperidermbildung 379
Phloembeladung, Blatt 213
–, Zuckertransport 213
Phloemtransport, Modellversuche 200
Phloroglucin, Lignin-Nachweis 220, 365, 366, 373
Phosphorylase, Nachweis 53, 59
–, Synthese von Glucose-1-Phosphat 61
Photodormanz, Samenkeimung 333
Photolyase, Photoreaktivierung 356
Photomorphogenese 321, 323, 347
Photomorphose 321
photonastische Blattbewegung, *Albizzia* 326
Photooxidation, Chlorophyll 39
Photoperiodismus 429
–, Blühinduktion 433
–, Knollenbildung 437
photophobische Reaktion, *Rhodospirillum* 401
Photophosphorylierung 112
Photoreaktivierung von UV-Schäden 355
Photosynthese, essentielle Faktoren 101
–, Nachweis mit chemotaktischen Bakterien 406
–, O_2-Produktion 105
Photosynthesepigmente, Bestimmung und Trennung 33
photosynthetischer Elektronentransport 108
Phototaxis, *Euglena* 402
Phototropismus, CHOLODNY-WENT-Theorie 238
– Grundphänomene 409
–, Haferkoleoptile 420
–, Wellenlängenabhängigkeit 409
Phytochrom, Ausbildung von Photomorphosen 321, 323
–, Blattbewegung 326
–, Flavonoidbiosynthese 334
–, Induktion der Ascorbatsynthese 347

–, Keimindukation 329
–, Photoperiodismus 429, 433
Phytohormone 217
Pisum sativum, anaerobe CO_2-Produktion 136
–, apikale Dominanz 264
–, Cytokininwirkung 221
–, Gewebespannung 227
–, Nucleinsäureextraktion 24
–, Pfropfung 261
–, Photomorphogenese 324
–, Samenspeicherstoffe 39
–, Zwergmutanten 232
Plasmaströmung, Beobachtung 407
–, Pollenschlauch 298
Plasmolyse 177
Plumulahaken 256, 323, 325
PO_4^{3-}-Nachweis 4
polarisiertes Licht, Wirkungsdichroismus 413
Polarität, Adventivwurzelbildung 369
Pollenkeimung 279, 295
Pollenschlauch, Plasmaströmung 298
–, Wachstum 298
Populus nigra, Wundkallusbildung 386
Positionseffekt, Zelldifferenzierung 366
Potetometer, Transpirationsmessung 179
Probitanalyse, Hypokotyllänge 271
Probit-Transformation, Keimkinetik 333
Protein, Isolierung und Nachweis 18
–, photometrische Bestimmung 42
Proteinabbau, Seneszenz 306, 309, 310
Proteinase, quantitative Bestimmung 62
Proteinate 19
Proteinsynthese, Bestimmung mit radioaktivem Leucin 311
–, Wundperidermbildung 380
Protochlorophyllid, photometrische Messung 346
Protochlorophyllid-Holochrom 342
–, Photoreduktion in vitro 345
Protochlorophyllid-Oxidoreduktase 342
Protochlorophyllidreduktion, spektroskopische Messung 342

Protochlorophyllidsynthese, Regulation 346
Protonenpumpe 199, 205, 209
–, Lichtinduktion 112
Protonensekretion, Auxin 228
–, Wurzel 141, 205
Protonentransport, Hemmstoffe 143, 207
–, Plasmamembran 141
Protonophoren 148
Protoplasten, Isolierung 78
Prunkwinde, siehe *Ipomoea tricolor*
Pulvini, Blattbewegungen 327
Pulvinus, Blattbewegung 408, 425
Purpurogallin-Reaktion 55
Pyrogallol 55
Pyruvatkinase 41

qualitative Analyse, Pflanzenmaterial 1
quantitative Analyse, Pflanzenmaterial 1
Quellungsdruck, Samenkeimung 286
Quellungsphase, Samenkeimung 285

Radialdiffusionstest, Proteinase 62
Raphanus sativus, Photomorphogenese 324
Raps, siehe *Brassica napus*
Reembryonalisierung 359
Reflexionskoeffizient (σ), Osmose 175
Regeneration 359
Reis, siehe *Oryza sativa*
Rejuvenation 299
–, Cytokinine 302, 307, 315
Respiratorische Kontrolle, Mitochondrien 86, 148
Respiratorischer Quotient 138, 286
Rettich, siehe *Raphanus sativus*
Reziprozitätsgesetz, Phototropismus 424
–, Phytochromwirkung 333
Rheo discolor, Plasmolyse 177
Rhizobium leguminosarum, Wurzelknöllchen 157
Rhodospirillum rubrum, photophobische Reaktion 401

Riboflavin, Blaulichtphotoreceptor 413
Ribonucleinsäure, Isolierung und Nachweis 22
Ricinus communis, Fett→Kohlenhydrat-Umwandlung 139
RNA-Synthese, Wundperidermbildung 380
Roggen, siehe *Secale cereale*
Rosa spec., Blütenfarbstoffe 26
Rutheniumrot, Pektinanfärbung 318

Saccharomyces cerevisiae, Cytochromnachweis 132
–, Gaswechselmessung 145
–, Induktion katabolischer Enzyme 156
–, Kohlenhydratabbau 4
–, Nachweis von Atmung und Gärung 135
Saccharose-Dichtegradient 84, 89
Saccharoseaufnahme, Scutellum 209
SAKAGUCHI-Reagenz, Protein 20
Samendormanz 281
Samenkeimung 279
–, Energiestoffwechsel 285
–, Lichtinduktion 329
Samenproteine, photometrische Bestimmung 42, 47
Samenreifung 279
Sanguinarin 31
Sauerstoffelektrode 105
–, Messung mit isolierten Mitochondrien 147
Säulenchromatographie, Carotin-Isomere 8
Säurestoffwechsel, CAM-Pflanzen 116
SCHARDAKOW-Methode, Wasserpotentialbestimmung 184, 197
Scharniergelenke, Blattbewegung 408, 425
Schattenpflanzen, Photosynthese 122
Schirmpigmente, UV-Schutz 353
Schlafbewegungen, Bohnenblatt 410, 425, 435
Schlafmohn, siehe *Papaver somniferum*
Schließzellen, lichtinduzierte Öffnung 103

Sachverzeichnis

SCHOLANDER-Bombe, Wasserpotentialbestimmung 197
Schöllkraut, siehe *Chelidonium majus*
Scutellum, Zuckeraufnahme 209
Secale cereale, Blattseneszenz 307
seed priming 282
Seismonastie, *Mimosa* 408
selektive Ionenaufnahme, Wurzel 161
Selektivitätskoeffizient (σ), Osmose 175
SELIWANOW-Reaktion, Ketohexosenachweis 11
Seneszenz 299
–, Enzymabbau 307
–, Ethylen 303, 310
–, Stickstoffernährung 305
Seneszenzverhinderung, Cytokinine 302, 307, 315
Senf, siehe *Sinapis alba*
Sephadex, Reinigung von Enzymextrakten 340
SHIBATA-shift, spektroskopische Messung 343
SI-Einheiten 441
Sinapis alba, Adventivwurzelbildung 367
–, Austrocknungstoleranz der Samen 289
–, Blühinduktion 433
–, Dormanzinduktion 284
–, Fumarasebestimmung 72
–, Ionenspeicherung 162
–, Isoenzymtrennung 68
–, Kotyledonenseneszenz 305
–, lichtinduzierte Ascorbatsynthese 347
–, lichtinduzierte Flavonoidsynthese 334
–, lichtinduzierte Nitratreductase 349
–, Mangelkultur 162
–, Photomorphogenese 325
–, Photoreaktivierung von UV-Schäden 355
–, selektive Ionenaufnahme 161
Sklereidenregeneration, *Camellia* 365
skotodormante Samen 329
Skotomorphogenese 323
SO_4^{2-}-Nachweis 4
Solanum tuberosum, Katalase 57
–, Knollenbildung 437
–, Mitochondrienisolierung 85

–, Phosphorylase 59, 61
–, Regeneration eines Abschlußgewebes 375
Somatische Embryonen, Zellkultur 396
somatische Hybridisierung, Protoplasten 79
Sonnenblume, siehe *Helianthus annuus*
SOXHLET-Apparatur 14
Speicherfett, Endosperm 139
Speicherknollen, Wundheilung 375
Speicherstoffe, Samen 39
Spinacia oleracea, Chloroplastenisolierung 82
–, HILL-Reaktion 110
–, Photosynthese 106
Spinat, siehe *Spinacia oleracea*
Sproßregeneration an Wurzeln 363
–, Kallus 390
Standardbedingungen, Enzymtest 72
Stärke, enzymatische Bestimmung 41, 43
–, Nachweis 12, 102, 215, 222, 378
Stärkegel, Elektrophorese 69
Stecklingsbewurzelung 362
Steinzellen, Regeneration 365
Stomataöffnung, Lichtinduktion 103
–, Regulation 126
Strahlenschäden, UV-B-Strahlung 353
Stratifikation, Samen 281
Streckungswachstum, Auxin 226, 235
–, Messung 236
Suberin, Periderm 376
Suberin-Nachweis, Sudan IV 378
Sudan III, IV; Fett-Nachweis 15
Symphytum officinale, Sproßregeneration 363
Symplast 199

Tabak, siehe *Nicotiana tabacum*
Tabakhybriden, Tumorbildung 380
tagesperiodische Bewegungen, Bohnenblatt 410, 435
Taraxacum officinale, Sproßregeneration 363

Taxien 400
Teratome, Tumorbildung 380
Tetramethylbenzidin-Reaktion 69
Tetrazoliumtest, Dehydrogenasenachweis 60
–, Atmungstest 60, 81, 140, 204
–, Keimfähigkeitsbestimmung 280
Thymin-Dimerenbildung, UV-Schäden 356
Tomate, siehe *Lycopersicon esculentum*
Totipotenz der Zelle 360
Tradescantia, Plasmaströmung 407
transitorische Stärke 102, 214
Translocation, anorganische Ionen 199
–, organische Moleküle 199
Transpiration, Messung 179, 197
–, Rhythmik 431
transportaktive Zone, Wurzel 204
Transportgleichung 191
TRAUBEsche Zelle 174
Trenngewebe, Blattabszission 316
Triacylglycerol, enzymatische Bestimmung 41, 45
–, Isolierung und Nachweis 14
Triple-Reaktion, Ethylen 230
Triticum aestivum, aerobe Energiemobilisierung 137
–, Amylase 59
–, Blattseneszenz 310
–, Frisch- und Trockenmasse 9
–, Respiratorischer Quotient 138
–, Samenspeicherstoffe 39
Triton X-100, Membransolubilisierung 73, 342
trockener Aufschluß, Pflanzenmaterial 3
Trockenmasse, Bestimmung 9
Tropaeolum majus, Stärke-Nachweis im Blatt 102
Tropismen 400
Tropismus, CHOLODNY-WENT-Theorie 238
Tumorbildung, Tabakhybriden 380
Tumorinduktion, Auxin 383
Turgorbewegungen 409, 425, 435
Turgordruck (P_T) 173
–, Wachstum 268
Turgorregulation, aktives Schrumpfen 274

Umdifferenzierung, Zelle 359, 366, 371
UV-A-Strahlung 353
UV-B-Strahlung 353
UV-Induktion der Flavonoidsynthese 353
UV-Schäden, Photoreaktivierung 355

vegetative Vermehrung 361, 362
Veraschung, Pflanzenmaterial 2
Verseifung, Fett 16
Verteilungschromatographie, Blattpigmente 35
Verteilungsfunktion, Hypokothyllänge 271
Vicia faba, Stomataöffnung 104, 127
Vitalitätstest, Pollenkörner 296
Vitamin C, enzymatische Bestimmung 47
Vitamine, Wurzelernährung 168
Viviparie, Samenentwicklung 283
Volumenstromtheorie, Phloemtransport 201

Wachstum 254, 266
Wachstumsphase, Samenkeimung 285
Wachstumspotential, LOCKHART-Gleichung 268, 293
Wachstumszonen, Maiskeimling 255
Wahrscheinlichkeitsnetz, Probitanalyse 272
WARBURG-Manometrie 145
Wasserfluß (J), Transportgleichung 194
Wassergehalt, Bestimmung 9
Wasserpotential (Ψ) 173
–, Atmosphäre 192
–, Bestimmung 184, 197
–, Wachstum 268
Wassersättigungsdefizit (rWSD), Bestimmung 187, 198
Wasserstreß, Wachstum 195, 265, 273
Wasserstrom (I), Transportgleichung 192

Wassertransport 173, 191
–, Leitbündel 178
–, Modellversuche 174
–, Wurzel 203, 204
Wasserzustandsparameter 173
Wärmeabgabe, Atmung 133
Wegwarte, siehe *Cichorium intybus*
Weizen, siehe *Triticum aestivum*
WHITEsches Nährmedium 394
–, Wurzelkultur 169, 170
Wirkungsdichroismus, Chloroplastenbewegung 413
Wuchsstoffpaste, Auxin 240
Wunderbaum, siehe *Ricinus communis*
Wundheilung, Speicherknollen 375
Wundkallusbildung, Zweigsegmente 386
Wundxylembildung 371
Wurzel, Exudationsrhythmik 432
–, heterotrophes Wachstum 168
Wurzeldruck 181
–, Wassertransport 194
Wurzelknöllchen, Induktion 157
Wurzelkultur, Nährlösung 168
Wurzelregeneration, Kallus 390
Wurzelwachstum, Wasserstreß 265

Xanthophylle 6
Xanthoproteinreaktion, Protein 20
Xylemelemente, Differenzierung 371
Xylemregeneration, Induktion durch Verwundung 370

Zea mays, CO_2-Kompensationspunkt 124
–, Elektronentransport an der Plasmamembran 141
–, Endodermisbarriere 203
–, Gewebespannung 226
–, Gravitropismus 411, 417
–, Guttation 182
–, Induktion fermentativer Enzyme 151
–, Koleoptilwachstum 226
–, Phloembeladung 209
–, Proteinasebestimmung 62
–, Protonensekretion 228
–, Stärkebildung im Blatt 103
–, Stomataöffnung 104, 127
–, Streckungswachstum 235
–, Tropismus 238
–, Wachstumsallometrie 259
–, Wachstumspotentialbestimmung 268
–, Wachstumszonen 255
–, Wurzelwachstum 265
–, Zellwanddehnung 266
–, Zuckeraufnahme am Scutellum 209
Zellisolierung 77
Zellkultur 385
Zellsaft, osmotisches Potential 178
Zellwanddehnung, Wachstum 266, 268
Zellwandspannung 173
Zucker, enzymatische Bestimmung 47, 48
Zuckeraufnahme, Scutellum 209
Zuckerferntransport, Blatt 213
–, Phloem 213
Zwergmutanten, Gibberellinwirkung 232
–, Pfropfung 261

H. Kindl,
Universität Marburg

Biochemie der Pflanzen

Ein Lehrbuch

2. völlig neubearb. Auflage 1987. 323 größtenteils 2-fbg. Abb. XII, 379 S. Geb. DM 98,–.
ISBN 3-540-17569-5

Inhaltsübersicht: Die Zelle und ihre Kompartimente. – Die Katalysatoren der Zelle: Enzyme. – Informationsfluß und seine Regulation. – Energie-Konversionen an Membranen. – Stoffwechsel des Chloroplasten. – Anaboler Stoffwechsel. – Katabolismus: Mobilisierung von Reservestoffen. – Das extrazelluläre Kompartiment. – Appendices. – Sachverzeichnis.

Die 2., völlig überarbeitete Auflage dieses Lehrbuches ist nicht nur inhaltlich auf dem neuesten Stand, der Autor hat darüberhinaus seine pädagogischen Erfahrungen zur Neugestaltung des Aufbaus genutzt. Für den Studenten sind die jetzt zusätzlich enthaltenen Methoden eine sehr wertvolle Ergänzung.

Aus den Rezensionen der 1. Auflage: „Das Buch enthält konzentrierte Information, seine Lektüre erfordert intensive Mitarbeit; ausgezeichnete Fotos sowie zahlreiche Abbildungen im Zweifarbendruck mit teilweise sehr ausführlichen Legenden sind wichtiger Bestandteil seines Inhaltes, in dessen Mittelpunkt die eukaryotische Pflanzenzelle steht. Es ist den Autoren gelungen, das Wesentliche der biochemischen Prozesse gründlich herauszuarbeiten. ... Überzeugend dargeboten ist auch das biologisch grundlegende Prinzip des Elektronentransportes an Membranen oder der Komplex der Photoautotrophie, um nur einige Beispiele zu nennen. Die Besonderheiten der pflanzlichen Biochemie im Gegensatz zur Biochemie der Tiere und der Mikroorganismen werden als Ausgangspunkte der Darlegungen herausgestellt und nicht nur als interessante Sonderfälle einer Allgemeinen Biochemie behandelt." *Biologisches Zentralblatt*

Springer-Verlag
Berlin Heidelberg
New York London
Paris Tokyo
Hong Kong

P. Schopfer, Universität Freiburg

Experimentelle Pflanzenphysiologie

Band 1
Einführung in die Methoden
1986. 45 Abb. X, 178 S. Brosch.
DM 36,-. ISBN 3-540-16414-6

Inhaltsübersicht: Theoretische Grundlagen des Experimentierens. – Planung und Auswertung von Experimenten (Fehlerstatistik). – Protokollierung von Experimenten. – Meßgrößen, Bezugsgrößen und ihre Einheiten. – Physiologische Faktorenanalyse. – Sicherheit im Labor. – Anzucht von Versuchspflanzen. – Arbeiten unter keimfreien Bedingungen. – Einige Grundregeln zum Ansetzen von Lösungen. – Manometrische Messung von Gaswechselprozessen. – Erzeugung und Messung von photobiologisch wirksamer Strahlung. – Photometrische Meßmethoden. – Enzymatische Analyse. – Radioaktive Isotope. – Zentrifugation. – Elektrophorese. – Chromatographie. – Potentiometrische Messung der Ionenaktivität (Ionenselektive Elektroden). – Polarographische Messung der O_2-Konzentration (O_2-Elektrode). – Messung von osmotischen Zustandsgrößen und Wassertransportparametern. – Anhang. – Sachverzeichnis.

Springer-Verlag
Berlin Heidelberg New York
London Paris Tokyo
Hong Kong

H. Mohr, P. Schopfer, Universität Freiburg

Lehrbuch der Pflanzenphysiologie

3., völlig neubearb. und erw. Aufl.
1978. Wesentlich korr. Nachdruck
1985. 639 Abb. XI, 608 S. Geb.
DM 98,-. ISBN 3-540-08739-7

Das Buch ist eine von Grund auf neu gestaltete, inhaltlich stark erweiterte Darstellung der gesamten Pflanzenphysiologie, insbesondere für Biologie-Studenten mittlerer und höherer Semester.

Wie in den früheren Auflagen steht der Verständnisprozeß (experimentelle Daten, Hypothesen, Theorien) im Vordergrund. Die Abschnitte über Stoffwechselphysiologie wurden erheblich erweitert und auf den neuesten Stand gebracht. Neu hinzugekommen ist ferner ein umfangreiches Kapitel über Ertragsphysiologie. Die exemplarische Darstellung – häufig anhand von Fallstudien – wurde noch stärker zur Bewältigung der Stoffülle ausgenützt. Neben einer ausgewogenen Darstellung der derzeitigen Theorien und Hypothesen legten die Autoren eine besondere Betonung auf die wesentlichen experimentellen Grundlagen. In 639 Abbildungen und 35 Tabellen präsentieren sie vorwiegend quantitative Daten in einheitlicher Nomenklatur unter Verwendung des SI-Einheitensystems. Nach jedem der 49 Kapitel folgen Angaben über weiterführende Literatur. Damit versteht sich dieses Lehrbuch als Grundlage und gleichzeitig auch als Brücke zur aktuellen Forschung.

MIX
Papier aus verantwortungsvollen Quellen
Paper from responsible sources
FSC® C105338

If you have any concerns about our products,
you can contact us on
ProductSafety@springernature.com

In case Publisher is established outside the EU,
the EU authorized representative is:
**Springer Nature Customer Service Center GmbH
Europaplatz 3, 69115 Heidelberg, Germany**

Printed by Libri Plureos GmbH
in Hamburg, Germany